从入门到实战·微课视频

Qt C++ 编程

从入门到实战

微课视频版

彭源 ◎ 主编

孙超超　田秀霞　李红娇 ◎ 副主编

清华大学出版社

北京

内容简介

本书基于Qt框架介绍C++面向对象程序设计机制。全书共9章：第1章介绍面向对象程序设计所需的预备知识；第2～8章的内容包括类和对象、继承与派生、类的静态成员与常成员、多态、友元与运算符重载等面向对象的知识，并同步穿插介绍了信号与槽、界面、Qt容器、事件系统与绘图、I/O设备、主窗口和多文档应用程序编程等Qt框架的知识；第9章以实际项目为背景，提供了3个完整的综合实例。本书注重知识点与实践的紧密结合，强调读者编程习惯的养成和自主能力的培养，内容编写上贯彻"实例式"学习法，提供的实例兼顾示范性、实用性、有趣性和拓展性。本书还提供了习题、实验和附录，以全方位支撑读者的实际学习需求。

本书可作为高等院校计算机相关专业"面向对象程序设计"课程的教材，也可作为各类软件开发人员的参考书。

图书在版编目(CIP)数据

Qt C++编程从入门到实战：微课视频版/彭源主编. —北京：清华大学出版社，2022.1(2024.8重印)
(从入门到实战·微课视频)
ISBN 978-7-302-58204-5

Ⅰ. ①Q… Ⅱ. ①彭… Ⅲ. ①C++语言－程序设计 Ⅳ. ①TP312.8

中国版本图书馆CIP数据核字(2021)第099884号

策划编辑：魏江江
责任编辑：王冰飞　吴彤云
封面设计：刘　键
责任校对：李建庄
责任印制：宋　林

出版发行：清华大学出版社
网　　址：https://www.tup.com.cn，https://www.wqxuetang.com
地　　址：北京清华大学学研大厦A座　　**邮　　编：**100084
社 总 机：010-83470000　　**邮　　购：**010-62786544
投稿与读者服务：010-62776969，c-service@tup.tsinghua.edu.cn
质量反馈：010-62772015，zhiliang@tup.tsinghua.edu.cn
课件下载：https://www.tup.com.cn，010-83470236
印 装 者：三河市天利华印刷装订有限公司
经　　销：全国新华书店
开　　本：185mm×260mm　　**印　张：**31.25　　**字　　数：**764千字
版　　次：2022年1月第1版　　**印　　次：**2024年8月第5次印刷
印　　数：5201～6700
定　　价：79.80元

产品编号：089715-01

内容介绍

党的二十大报告指出：教育、科技、人才是全面建设社会主义现代化国家的基础性、战略性支撑。必须坚持科技是第一生产力、人才是第一资源、创新是第一动力，深入实施科教兴国战略、人才强国战略、创新驱动发展战略，开辟发展新领域新赛道，不断塑造发展新动能新优势。高等教育与经济社会发展紧密相连，对促进就业创业、助力经济社会发展、增进人民福祉具有重要意义。

本书以图形界面编程框架 Qt 为载体讲授 C++面向对象机制，使读者能从面向过程编程迅速过渡到图形界面的面向对象编程，进而熟练地掌握 C++面向对象编程的基本知识和技能，为使用 C++语言工具开发图形用户交互界面、解决实际问题奠定坚实的程序设计基础和正确的编程思想。

面向的读者

本书适合已具备一定的面向过程程序设计的基础（掌握了数据类型、语句、分支、循环、函数、数组、指针等基础编程概念），希望进一步学习 C++面向对象程序设计和图形界面程序设计的读者。本书可作为高等院校计算机相关专业“面向对象程序设计”课程的入门教材，建议先修课程为“C 语言程序设计”。

因为 Java 是在 C++语言的基础上衍生出来的，若读者具有 Java 知识背景，则对本书所讲的一些面向对象机制不会陌生。但由于书中还涉及一些关于指针的操作，建议读者在开始阅读之前先对指针等相关概念进行了解。

如何使用本书

我们的目标是编写一本既能讲清楚 C++面向对象机制，又能让学生立刻上手进行图形界面程序编程的书籍，既适合作为教材由教师讲授，又能指导学生独立阅读和编程。为了实现这个目标，本书采用了以下方式。

1. 以 Qt 框架为载体，讲授 C++面向对象机制

读者在学习编程语言时普遍地希望能够尽快看到编程成果，以获得体验感；也希望运行效果能尽量和常见软件运行效果一致，以获得真实感和实用感。但多数传统讲授 C++面向对象机制的书籍只是讲授与面向对象相关的概念和知识，对于读者而言，虽然学了很久，程序仍运行在一个黑黑的、与大众普遍所接受的图形界面不一样的命令行界面，学习的成就感和兴趣就会大打折扣。同时，基础的面向过程程序设计的学习（如 C 语言）也是使用命令行界面，对于同样的场景、熟悉的运行界面，读者很难直观和快速地感受到面向对象机制的强大之处。一旦失去了兴趣，学习就很难进行下去。

本书基于 Qt 框架，从第 1 章就开始引入图形界面，并在前几章中迅速引入 Qt Designer 等界面设计工具和信号与槽等交互功能的实现机制，使读者能很快地写出简单的图形界面交互应用，然后在后续的章节中再持续引入面向对象机制中的概念，并结合这些概念介绍更多 Qt 类库的使用和 Qt 特有的机制，从而使读者能在 Qt 框架中循序渐进地掌握 C++面向对象机制，并从简单到复杂，写出更加完善、功能更加丰富的应用。

2. 贯彻“实例式”学习法，在实例中理解、掌握和深化概念

本书贯彻“实例式”学习法，每个知识点或通过实例引入，或通过实例加以说明和分析，读者可在实例中理解、掌握和深化概念。

每章包含一个比较综合的编程实例，帮助读者对本章所学进行了解和掌握。这些实例生动有趣，且大多涉及 C++之外的一些知识内容，希望读者能在觉得有趣、实用的同时尽量扩充知识面。

本书的第 9 章给出了 3 个完整的应用程序，目的是提供更多的实例资源，示范运行效果，引导读者针对实际应用需求进行分析和设计，最终完成开发工作。

3. 注重编程习惯的培养，注重与动手实践的衔接

在实现功能的基础上，编程人员还应养成良好的编程习惯。本书注重对编程习惯的培养。例如，书中从标识符的命名规范、文件的组织、类成员权限的设计理念、模块高内聚低耦合的追求等多个方面进行了引导，希望通过本书的学习，读者不只是能写出程序，而是能写出高质量的程序。

注重与动手实践的衔接，例如强调语言规范版本和编译器实现细节的不同之处，提示如何利用编程环境的自动补全等功能帮助开发，如何快速查看和获取帮助，介绍开发调试细节，帮助读者在学与做之间搭建一座理论与实践的桥梁。

4. 注意与前序、后继课程之间的衔接

本书对前序课程(基础编程知识，如一个学期的“C 语言程序设计”课程)与本课程相衔接的知识点进行了梳理，并进行了总结，以填补知识体系的漏洞，帮助读者尽快适应本课程的学习。

本书注意本课程和后继课程的联系，将一些概念融入本课程的知识点讲解和实例中。例如，在类相关指针、容器等章节中融入“数据结构”课程中的栈、队列、链表等概念；在 Qt 事件处理及绘图章节延伸出“数字图像处理”课程中的图像处理算法等；各章最后的编程实例分别涉及了“计算机病毒”“计算机网络”“算法分析与设计”等课程的一些知识，希望给读者留下一个浅显的印象，以便在后续课程中继续深入学习。

5. 具备知识的拓展性

本书的重点在于介绍面向对象机制，限于篇幅的关系，不能对 Qt 界面框架中的每个模块、每个类及其功能函数都详细地进行介绍，但书中对常用的操作进行了简单的描述，以期读者在未来面对更复杂的应用开发时，能在这些文字的指引下做更深入的学习与掌握。

课程进度安排

本书适合一个学期、3 个学分的教学设计。建议教学安排如下。

序号	教学形式	课时数	教 学 内 容
1	授课	2	第 1 章　程序设计基础(1.1 节～1.4 节)
2	授课	2	第 1 章　程序设计基础(1.5 节～1.6 节)

续表

序号	教学形式	课时数	教 学 内 容
3	实验	2	实验 1　C++和 GUI 编程初探
4	授课	2	第 2 章　类和对象(2.1 节～2.2 节)
5	授课	2	第 2 章　类和对象(2.3 节～2.4 节)
6	授课	2	第 2 章　类和对象(2.5 节～2.6 节)
7	实验	2	实验 2　类的使用以及简单 GUI 交互
8	授课	2	第 3 章　继承与派生(3.1 节～3.3 节)
9	授课	2	第 3 章　继承与派生(3.4 节～3.6 节)
10	实验	2	实验 3　派生类、信号与槽和界面设计
11	授课	2	第 4 章　类的静态成员与常成员
12	实验	2	实验 4　静态成员和常成员的使用
13	授课	2	第 5 章　多态(5.1 节～5.2 节)
14	授课	2	第 5 章　多态(5.3 节～5.4 节)
15	实验	2	实验 5　多态的实现与容器的使用
16	授课	2	第 6 章　Qt 事件及绘图(6.1 节～6.2 节)
17	授课	2	第 6 章　Qt 事件及绘图(6.3 节～6.4 节)
18	实验	2	实验 6　事件处理与绘图
19	授课	2	第 7 章　数据 I/O(7.1 节～7.3 节)
20	授课	2	第 7 章　数据 I/O(7.4 节～7.5 节)
21	实验	2	实验 7　文件读写和主窗口实现
22	授课	2	第 8 章　友元、运算符重载与多文档应用(8.1 节～8.2 节)
23	授课	2	第 8 章　友元、运算符重载与多文档应用(8.3 节及课程总复习)
24	实验	2	实验 8　友元、重载与多文档应用

为便于教学,本书提供丰富的配套资源,包括教学大纲、教学课件、电子教案、程序源码、习题答案、教学进度表和 500 分钟的微课视频。

资源下载提示

课件等资源:扫描封底的“课件下载”二维码,在公众号“书圈”下载。

素材(源码)等资源:扫描目录上方的二维码下载。

视频等资源:扫描封底的文泉云盘防盗码,再扫描书中相应章节中的二维码,可以在线学习。

由于编者水平所限,书中的错误和不足之处在所难免,敬请广大读者批评指正。

编　者

目 录

源码下载

第 1 章

程序设计基础

1.1 C++程序设计语言

视频讲解

1.1.1 程序设计语言的发展历史

由 0 和 1 组成的中央处理器(Central Processing Unit,CPU)指令的集合构成了最初的程序设计语言——机器语言。使用机器语言编写的程序能被计算机硬件直接执行,运行速度快,占用内存少,但由于它是完全面向机器的,所以缺点也很明显,即难编写、难理解、难修改、不符合人类的思维逻辑、容易出错,而且由于机器种类的不同,CPU 指令系统也会有所不同,因此采用机器语言编写的程序不具有通用性。

为了方便人类编程,一些领域内的专家将机器指令进行了符号化,采用一些助记符表示机器指令,这类语言称为汇编语言。与机器语言相比,汇编语言稍微直观一些,比较方便编程人员记忆和使用。但由于计算机不具备思维能力,不能直接识别汇编语言,所以编写好的汇编程序需要通过一个事先存放在计算机内存中的翻译程序(汇编器)翻译成机器代码指令序列,然后再由计算机硬件执行。

上述两种语言在编程时都是从机器工作的角度考虑问题的,它们是面向机器的语言,统称为低级语言。使用这类语言编写的程序,执行效率高。虽然现在因为 CPU 的规范化等原因,在一台机器上编译好的程序可以拿到另一台相同 CPU 指令系统的机器上去运行,但是难学、难记、难写、容易出错等缺点仍无法避免,所以机器语言并不是实际应用开发中普及的编程语言。

更直观的设计编程语言的想法是设计一种贴近人类自然语言、易于人类学习和掌握的程序设计语言,这类语言称为高级语言。例如,面向过程的 C 语言、面向对象的 C++和 Java 语言等都属于高级语言。使用高级语言编写程序的一个共同特点是在编程时无须考虑机器内部运行的细节问题,而是从业务逻辑的角度思考问题,编写出的程序易学、易懂、易修改,同时具有很好的通用性。需要注意的是,用高级语言编写的程序也不是计算机硬件能直接理解和执行的，需要有一个事先编写好的翻译程序(编译器)将其编译成由 0 和 1 组成的 CPU 指令序列，计算机才能识别执行。

图灵奖获得者 Alan J. Perlis 于 1960 年确立了一种面向问题的高级语言——ALGOL 60，它是现代高级程序设计语言的原型，适合数值计算，因此多用于科学计算机。1963 年，英国剑桥大学在该语言的基础上推出了 CPL 语言，后期又简化为 BCPL 语言。1970 年，美国贝尔实验室以 BCPL 语言为基础又做了进一步的简化，设计出一种简单且很接近硬件的 B 语言，并用 B 语言写出了第一个 UNIX 操作系统。之后，为了克服 B 语言中的诸多缺点与不足，1972—1973 年，贝尔实验室在 B 语言的基础上重新设计出一种新的语言——C 语言。它在继承和保持 B 语言精练、接近硬件等优点的同时又解决了 B 语言过于简单、无数据类型等缺点。

1980 年，Bjarne Stroustrup 对 C 语言进行扩充，引入了 Simula 语言中面向对象的概念，推出了“带类的 C”，后经多次修改，最后于 1983 年更名为 C++，又经过不断的改进，发展成为今天的 C++。C++在对 C 的不足之处进行改进的同时，保持了 C 的简洁性和高效性，并支持面向对象的程序设计。

1998 年，C++标准委员会发布了 C++语言的第一个国际标准——ISO/IEC 14882—1998，该标准即为大名鼎鼎的 C++ 98；2003 年，C++标准委员会针对 98 版本中存在的诸多问题进行了修订，发布了 C++ 03 语言规范标准；2011 年，许多新的语言特性被加入，形成了新的标准 C++ 11；2014 年，经 C++标准委员会投票通过，C++ 14 标准诞生；较新的 C++ 17 标准发布于 2017 年，旨在简化 C++的日常使用，使开发者可以更简单地编写和维护代码。

1.1.2 C 和 C++

C++可以简单地理解为在 C 的基础上添加了对面向对象的支持，在不涉及面向对象概念时，C 程序和 C++程序基本是一致的，只有少数语法规则和习惯上的不同。下面以面向过程程序设计的思路编写同样目的的一个 C 程序和一个 C++程序，并总结在一张图中，从而对比一下两种语言在语法规则和习惯上的不同之处。

值得说明的是，C++完全兼容 C。将图 1-1 左边 C 程序文件的扩展名改为.cpp 后，无须任何改动，就可以直接由 C++编译器进行编译。

图 1-1 中，左边项目 1_1 的 1_1.c 文件是 C 语言程序，右边项目 1_2 的 1_2.cpp 文件是 C++语言程序。两个程序的功能是一样的，都是等待用户输入长和宽两个值，分别存储于变量 length 和 width 中，然后调用函数 computeVolume()计算长度为 length、宽度为 width、默认高度为 3 的立方体的体积，并赋值给变量 volume，最后输出 volume 的值。

从程序的结构上来看，C 程序和 C++程序是类似的，都是由一个个函数构成，在每个程序中只能有且只有一个主函数，每个函数都包括函数头和函数体两部分，函数间通过参数和返回值传递信息，通过函数调用得以执行，需要时添加相应的头文件等。

在 C 和 C++中，控制语句(包括 if、if-else、do-while、while、for、switch 语句等)的结构、数组和指针的使用等都是完全一致的。

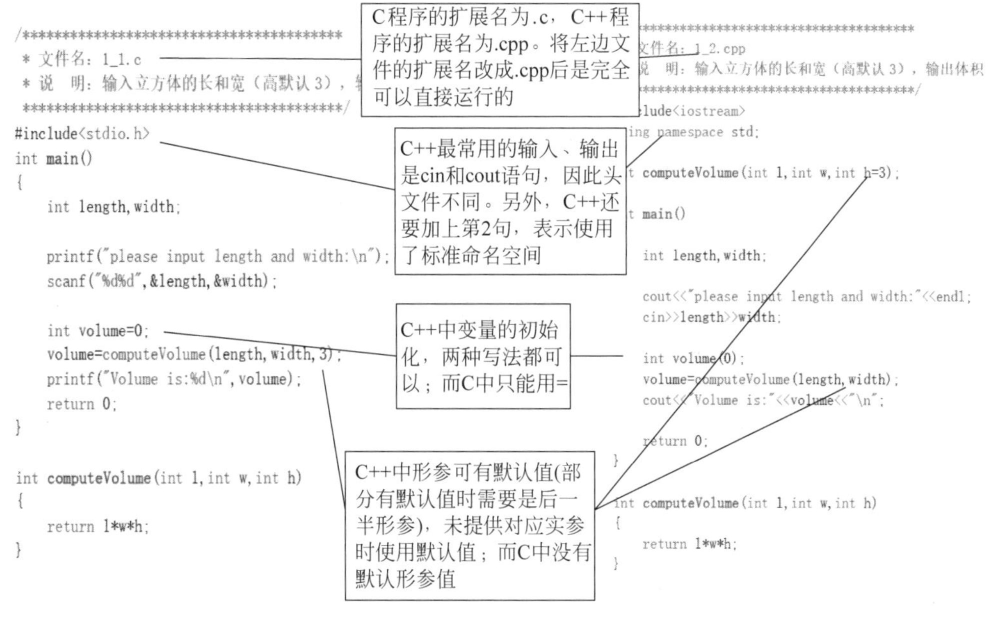

图 1-1　一张图看懂 C 和 C++的语法区别

1.2　不同于 C 语言的 C++常见语法

结合 1.1 节的例子，本节将介绍 C++中不同于 C 语言中的一些语法(除了后续将涉及的面向对象概念以外的语法)。

1.2.1　输入和输出操作

输入指从外部设备向程序内部输入数据，常见的输入设备包括键盘和鼠标等；输出是指从程序内部向外部设备输出数据，常见的外部输出设备有显示器、打印机等。在 C++中，输入和输出操作是通过流对象实现的。最常见的流对象是标准输入流对象 cin 和标准输出流对象 cout。如果要在程序中使用这些对象，首先应将标准输入输出流库的头文件 iostream 包含到源文件中，并使用标准命名空间 std，如下所示。

```
#include < iostream >
using namespace std;
```

另外，也可以只包含头文件 iostream(标准输入输出流库)到源文件，然后再以“std::cin”“std::cout”的形式使用这些流对象。::是域解析运算符，作用是指明使用的是命名空间 std 中定义的对象 cin 和 cout，而不是其他地方(如其他命名空间中)的 cin 和 cout。

cin 输入流对象从标准输入设备(键盘)接收各种类型的数据，并将之存储到对应的变量中，其语法如下。

```
cin >>变量名;
```

分号之前的部分可以看作一个表达式,>>是流提取运算符,cin 和变量是它的两个操作对象。该运算的作用是通过左操作对象(cin)从标准输入设备(键盘)中读入一个数据,存放到右操作对象(变量名)所在的内存空间中。

表达式都是有值的,以加法运算符(+)为例,表达式 1+2+4 会先将 1 和 2 送入运算器进行加法运算,将返回的结果值 3 作为表达式 1+2 的值,然后再使用该表达式的值 3 和后面的 4 进行加法运算。提取运算和普通的算术运算一样,在计算(操作)完毕后也会有表达式的值,这个值就是它的左操作对象(cin)。这就意味着还可以使用提取表达式的结果(cin)作为>>运算的左操作对象,再次进行提取运算,因此 cin 还有如下用法。

```
cin >>变量 1 >>变量 2 >> … >>变量 n;
```

提示:在程序运行过程中,当需要连续输入多个变量时,各个变量之间需要用空白符隔开,空白符包括空格、Tab 键和 Enter 键。

类似于 cin 的用法,cout 流对象配合流插入运算符<<,可将变量值、表达式的结果和字符串等输出到标准输出设备(屏幕)。类似地,表达式、变量和字符串也可以在一个输出语句中连续输出,其语法如下。

```
cout <<变量或常量;
cout <<变量或常量 1 <<变量或常量 2 << … <<变量或常量 n;
```

下面通过一个例子熟悉它们的使用。

```
/************************************************
 * 项目名: 1_3
 * 说   明: cin 和 cout 的使用
 ************************************************/
#include <iostream>
using namespace std;
int main()
{
    char ch;
    int a;
    double c;
    cout <<"please input a character:\n";
    cin >> ch;         //从键盘输入一个字符
    cout <<"please input an integer and a real number in turn:"<< endl;
    cin >> a >> c;    //连续输入几个变量的值,各个输入值之间加空白符
    cout <<"ch = "<< ch <<", a = "<< a <<", c = "<< c << endl;
    cout << showbase << oct << a <<"\t"<< scientific << c << endl;
    return 0;
}
```

运行结果如下。

```
please input a character:
a↙
please input an integer and a real number in turn:
34 56.7↙
ch = a,a = 34,c = 56.7
042      5.670000e + 001
```

程序中 cout 语句中的 endl 是在标准输入输出流库中定义的一个流操作，其作用与\n类似，都是在输出设备(屏幕)上输出一个换行符；不同的是，endl 还有输出后立即刷新输出缓冲区的作用。

输出也可以进行一些格式方面的控制，见项目 1_3 中的最后一个 cout 语句。其中使用到的 oct、scientific 等格式控制符实际上是在库中定义的枚举常量，分别起到将后面的整型数据以八进制形式输出、将浮点型数据以科学表示法的形式输出的作用。表 1-1 给出了部分常用枚举常量及其作用。

表 1-1　用于格式化输出的常用枚举常量及其作用

枚举常量	含义及作用	备　注
dec	使数值按十进制形式输出，是默认的输出格式	dec、oct 和 hex 这 3 个控制符在任意时刻只有一种有效
oct	使数值按八进制形式输出	
hex	使数值按十六进制形式输出	
showbase	在数值输出的前面加上“基指示符”，八进制数的基指示符为数字 0，十六进制数的基指示符为 0x，十进制数没有基指示符。默认为不设置，即在数值输出的前面不加基指示符	
showpoint	输出的浮点数中强制带有小数点和小数尾部的无效数字 0。默认为不设置	
uppercase	使输出的十六进制数和浮点数中使用的字母为大写。默认为不设置。即输出的十六进制数和浮点数中使用的字母为小写	
showpos	使输出的正数前带有正号“+”。默认为不设置。即输出的正数前不带任何符号	
scientific	使浮点数按科学表示法输出	只能设置为 scientific 和 fixed 其中一个。默认时由系统根据输出的数值选用合适的输出表示形式
fixed	使浮点数按定点表示法输出	

提示：

(1) 当 cout 语句要输出的项数很多时，若一行写不下，可以分成多行。

(2) 不建议将一项输出的内容从中间分开，最好写在一行。例如：

```
cout <<"abcd";
```

若碰到要输出的一个字符串实在太长的情况，如输出 a～z 的串，一行写不下，可以采用以下两种方法之一。

- 分成两个字符串输出，如下所示。

```
cout <<"abcdefghijklmn"
     <<"opqrstuvwxyz";
```

- 用反斜杠(\)续接，如下所示。

```
    cout <<"abcdefghijklmn\
opqrstuvwxyz";       //续接行要顶头写,前面不能有空格
```

视频讲解

1.2.2 bool 类型

bool 类型是 C++中的一种基本类型，其取值只有两种，即 true 或 false，表示真或假，这里 bool、true 和 false 均为关键字。

从理论上讲，由于 bool 类型的变量只有两种取值，在内存中只需要一位就可以存储了，但是因为内存是以字节为最小单位进行地址编码的，所以对该类型的变量仍会分配一字节(8 位)的存储空间，只是在存储的时候只存储两个值：对于 false，内存中实际存储的是数值 0；对于 true，内存中实际存储的是数值 1。

bool 类型的变量可以进行逻辑运算、比较运算和算术运算等。在将值存入 bool 类型的变量中时，会把所有非 0 的值都转换为 true，即存储为 1；会把 0 值认为是 false，即存储为 0。

```
/**********************************************
 * 项目名: 1_4
 * 说  明: bool 类型的使用
 **********************************************/
#include <iostream>
using namespace std;
int main()
{
    bool a;
    a = false + 3;
    cout << false + 3 <<'\t'<< a <<'\t'<< boolalpha << a;
    return 0;
}
```

运行结果如下。

```
3       1       true
```

在使用 cout 和提取运算符输出 bool 类型变量或常量的值时，默认输出的是数值 0 或 1，如果希望输出 false 或 true，可以在前面加上格式控制符 boolalpha，如项目中的 cout 语句。

1.2.3 函数的默认值与函数的声明

不同于C语言中可以在未声明和定义函数前调用函数(此时会自动默认函数的返回类型为int,见图1-1中的1_1.c),C++对函数进行了更严格的限制,必须先声明或定义函数才能使用该函数(见图1-1中的1_2.cpp)。

在函数调用时会将实参的值传递给形参,需要实参的个数和形参的个数相同。但有时可能会有这样的情形:绝大多数情况下调用某个函数时,传递给该函数的一个或几个形参的值总是不变的。为了简单起见,在C++中可以给函数的部分或全部形参设置默认值,这样就不需要每次调用时给这些形参传递值(使用默认值),只需要在函数调用非默认值时再设置实参就行了。

例如,图1-1中的1_2.cpp,调用函数computeVolume(length,width),在执行该函数时,形参l、w和h获取到的分别是实参length的值、实参width的值和默认值3。如果将该函数调用改为computeVolume(length,width,4),则形参l、w和h获取到的值分别是实参length的值、实参width的值和实参值4。

设置默认值需要遵循从右向左的规范,函数有多个形参时,可以给全部形参或后一半形参赋默认值。例如,对于函数:

```
int func(int a,double b,char c);
```

以下设置默认值的操作都是允许的。

```
int func(int a,double b,char c = 'a');
int func(int a,double b = 1,char c = 'a');
int func(int a = 2,double b = 1,char c = 'a');
```

注意,一旦某个形参被设置了默认值,则其后的所有形参也都应该有默认值。例如,以下这些写法是错误的。

```
int func(int a,double b = 1,char c);
int func(int a = 2,double b,char c = 'a');
int func(int a = 2,double b = 1,char c);
```

在函数调用时,实参的值只能按照顺序依次赋给对应的形参,不存在跳过中间某些有默认值形参的情形。例如,对于已经声明的函数:

```
int func(int a = 2,double b = 1,char c = 'a');
```

可以使用如下形式的函数调用。

```
func();              //等价于调用 func(2,1,'a');
func(3);             //等价于调用 func(3,1,'a');
func(3,4);           //等价于调用 func(3,4,'a');
func(3,4,'b');
```

读者可能希望跳过形参b(使用默认值1),而给形参a传递值3和给形参c传递值'b',从而写出如func(3,'b')的形式,但这并不能达到预期的目的。因为编译器只会按对应关系将 3 赋值给形参 a，将'b'隐式转换为其编码对应的浮点数 98.0 后再赋值给形参 b，并不会根据类型的不同跳过形参 b 而赋值给形参 c，所以 func(3，'b')等价于调用 func(3，'b'，'a')。

提示：

(1) 当存在函数声明语句时，应在函数声明语句中指定形参的默认值。

(2) 如果函数的定义在函数调用之前，则应在函数定义的函数头中给出形参的默认值，也就是必须在函数调用之前将默认值的信息通知编译系统。

(3) 不同于 C 语言，C++允许在同一范围中声明多个具有相同函数名的函数，但是这些同名函数的形参必须不同(指参数的个数不同、类型不同或者顺序不同)，这称为重载函数。当一个函数既有重载函数，又带默认参数值时，必须注意彼此之间应能相互区分，以免引起二义性。例如，对于如下函数声明的情形：

```
int func(int a,double b,char c = 'a');
int func(int a,double b);
```

在执行函数调用 fun(3,4)时，系统会因无法判断应当使用带两个参数的 func()函数还是使用带 3 个参数(第 3 个形参使用默认值)的 func()函数而导致编译出错。

(4) 如果在函数调用时少写一个参数，系统就会无法判断是利用重载函数还是利用带有默认形参的函数，从而使系统无法执行。

视频讲解

1.2.4 引用

引用(Reference)是 C++中新引入的一个概念，是指给某一变量定义的一个“别名”。在声明引用的同时必须指定是对哪个变量的引用，即必须同时对其进行初始化。引用的格式如下。

```
类型名 &引用名 = 目标变量名;
```

例如：

```
int a;
int &b = a;            //定义引用 b,它是变量 a 的引用
```

引用名的命名规则同变量名，须遵循标识符命名规则。这里的目标变量必须是已定义过的变量。引用的类型必须和目标变量的类型一致，可以是 C++中的基本数据类型，也可以是用户自定义的数据类型，如枚举类型、类(在后继章节会介绍)等。注意，符号 & 在此处的含义不是求地址运算，它只表示此处声明的是一个引用。

声明一个引用不是新定义一个变量，系统不给引用分配存储单元，它和目标变量名代表的是同一块存储空间。因此，使用变量名和引用名起到的作用是一样的。就好比一个人名叫“张三”，他还有个外号叫“大勇”，在实际使用时，“张三”也是指这个人，“大勇”也是指这个人。

给上述例子中的引用赋值，如“b=18;”，就等价于“a=18;”。

对引用求地址，就是对目标变量求地址，即 &b 与 &a 相等。

在引用声明完毕后，不能再把该引用名作为其他变量名的别名。例如，在上述代码的基础上如果再添加代码：

```
int c;
int &b = c;
```

会出现编译错误。原因在于 b 已经是变量 a 的别名了，不能再次被声明和作为变量 c 的别名。而代码：

```
int c = 1;
b = c;
cout << a;
```

会将 c 的值赋给引用 b，由于引用 b 和变量 a 代表的是同一块内存空间，所以 cout 语句会输出值 1。

既然引用和变量名实际上代表同一块存储空间，那么似乎用变量名就可以了，为什么还要用“引用”呢？关于引用的作用，通过下面的例子进行说明。

```
/*********************************************
* 项目名：1_5
* 说　明：引用的使用
*********************************************/
#include <iostream>
using namespace std;
void func(int bb, int& cc, int * ptrD)
{
    bb = 5;
    cc = 6;
    *ptrD = 7;
}
int main()
{
    int a = 1, &b = a, c(2), d(3);

    cout <<"a = "<< a <<", b = "<< b << endl;
    b = 4;
    cout <<"a = "<< a <<", b = "<< b << endl;

    func(b, c, &d);
    cout <<"a = "<< a <<", b = "<< b <<", c = "<< c <<", d = "<< d << endl;

    return 0;
}
```

运行结果如下。

```
a = 1, b = 1
a = 4, b = 4
a = 4, b = 4, c = 6, d = 7
```

该程序中声明了 b 为变量 a 的引用。前两个 cout 语句揭示了变量名 a 和引用名 b 实际上表示的是同一块内存空间的事实：在给 a 赋初值 1 时，该值被存储于分配给它的内存空间中，而在输出引用 b 的值时，由于实际上是同一块内存空间，所以输出的也是 1；同理，将引用 b 的值更新为 4 然后输出，则二者输出的均为 4。

语句“int c(2);”是 C++ 中给变量赋初值的另一种写法，等价于“int c=2;”。注意该写法只能在定义变量的同时赋初值时使用，不能在定义完成后再作为一种赋值的手段使用。也就是说，如下写法是错误的。

```
int c;
c(3);                    //错误,只能在定义变量时采用小括号初始化的方法
```

func()函数中有 3 个形参，第 1 个是普通的传值方式，第 3 个是传指针方式，而第 2 个则是本节内容所涉及的传引用方式。在函数调用前，b、c、d 的值分别为 4、2、3。在函数调用时，对于第 1 个形参 bb，会给它分配内存空间，然后将实参 b 的值 4 复制到该内存空间中，所以在函数内部修改 bb 的值不会导致 main()函数中变量 b 的值变化；对于第 2 个形参 cc，它被声明为实参 c 的引用，因此这里不会给 cc 分配内存空间，它代表的内存空间就是实参 c 的内存空间，因此在函数内部修改引用 cc 的值实际上就相当于修改了 main()函数中变量 c 的值；第 3 个形参 ptrD 是一个指针，在调用时给其分配内存空间，然后将传递进来的变量 d 的地址(注意不是变量 d 的值 3)复制到该内存空间，在函数内部采用的是 * ptrD 的形式访问该指针所指向的内存空间(实参 d)，因此可以实现对实参 d 进行修改的效果。

可以看到，由于实参 b、c、d 是 main()函数中的局部变量，所以它们的作用域局限于 main()函数，在 func()函数中是无法直接使用这些变量名访问它们对应的内存空间的。能够访问的方式有两种，即指针和引用。相对于指针，引用的方式更简洁和方便。

视频讲解

1.2.5 动态存储分配

在 C 语言中，在堆区动态申请一块内存空间采用的是 malloc()等函数，然后使用 free()函数释放分配的空间。在 C++ 中除了仍旧可以使用这些函数之外，还提供了 new 和 delete 运算符(均为 C++ 中的关键字)实现动态存储空间申请和释放的功能。

new 运算符申请一块指定数据类型的动态(无名)变量内存空间，不同于 malloc()函数在内存空间申请成功时返回的是 void * 类型的指针，new 运算符在内存空间申请成功时返回的指针类型与动态变量的数据类型严格匹配，无须类型转换。其语法如下。

```
new 类型名;
new 类型名(初始值);
```

例如：

```
int * ptr1 = new int;
double * ptr2;
ptr2 = new double(3.1);
```

指针 ptr1 指向一个整型动态变量(一块整型的内存空间)，该变量的初始值不确定。

ptr2 指向一个 double 类型的动态变量，初始值为 3.1。

提示：

(1) 指针的类型和动态变量的类型应当匹配。

(2) "new 类型名(初始值);"中的初始值也可以没有，即写为"new 类型名();"的形式，此时动态变量初始化为 0。

除了可以申请动态变量外，new 运算符也可以用来申请动态数组。不同于之前的普通数组需要在定义时指定数组的长度，动态数组的大小可以在程序的运行期间根据实际需要确定，这样可以避免以下问题。

(1) 估计的内存空间太小，以至于不能满足程序数据的内存空间需求。

(2) 估计的内存空间太大，造成浪费。

申请动态数组的语法如下。

```
new 数据类型[n];    //n 为值大于或等于 1 的整型常量或变量
```

例如：

```
int n;
cin >> n;
double * ptr = new double[n];
```

在上述代码中，动态数组的大小 n 在程序运行期间由用户根据自己的实际需要输入，注意该值应当是大于或等于 1 的整数。new 运算符申请由 n 个 double 类型的元素构成的数组，若申请成功，会将这 n * sizeof(double)字节连续内存空间的首地址(即动态数组中第 0 个数组元素的地址)作为返回值初始化指针 ptr；若申请不成功，则会返回空指针(nullptr)。

动态数组一旦申请成功，就可以像访问普通数组那样，利用指针运算或数组下标的形式访问数组中的各个元素。例如，在上例的基础上：

```
ptr[2] = 3;              //假设用户输入的 n 值大于或等于 3
cout << * (ptr + 2);
```

实现了给数组中下标为 2 的元素赋值 3，然后再输出它的值的功能。

在整个程序运行期间，动态变量和动态数组不会被自动销毁。因此，一旦该内存空间不再被使用，应及时释放它(交还给系统)。delete 运算符用来释放动态分配的内存空间，基本语法如下。

```
delete 指针名;        //释放指针名所指向的动态变量内存空间
delete []指针名;      //释放指针名所指向的动态数组内存空间
```

不加方括号的 delete 表示只销毁一个动态变量，加方括号表示要销毁的是一个动态数组，不需要指出数组的大小，系统会自动检查数组的长度，并释放它占用的存储空间。例如，上例中申请的空间可通过以下方式释放。

```
delete ptr1;
delete ptr2;
delete []ptr;
```

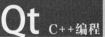

在使用 delete 运算符时务必注意：动态分配管理方法要求 delete 运算符的操作对象必须是一个 new 运算返回的指针，对于不是由 new 运算得到的任何其他地址，使用 delete 运算符可能会导致运行出错。

提示：定义一个指针变量并指向通过 new 运算得到的动态变量或动态数组后，在释放这些空间之前，最好不要对该指针变量重新赋值。因为这些申请到的内存空间都是没有名字的，只能通过指针存取，而指针变量修改为指向他处后，原动态变量或动态数组就无法访问和释放了。

视频讲解

1.2.6　初始化

在定义变量的同时可对其初始化。最常见的形式为采用等号(=)进行的初始化，称为复制初始化。其语法如下。

```
类型 变量名 = 初始值;            //复制初始化
```

编译器会将等号右侧的初始值复制到左边的变量中，例如：

```
int a = 2;
```

在源文件 1_5.cpp 中，展示了 C++中对变量进行初始化的另一种形式，称为直接初始化。其语法如下。

```
类型 变量名(初始值);            //直接初始化
```

例如：

```
int a(2);
```

如果在变量的后面加了一对圆括号，就一定要在其中给出初始值实现对变量的初始化。但在实际编程中读者可能会发现如下写法：

```
int a();
```

同样可以通过编译，而且若用语句“cout << a;”输出它的值，还会正常输出一个值。实际上，这里只是声明了一个名为 a、无参数、返回类型为 int 的函数，因此编译器不会报错。读者应能清楚两者的区别所在。

从 C++11 语言规范标准开始，引入了一种新的初始化方式——列表初始化。它采用一对花括号进行初始化，语法如下。

```
类型 变量名{初始值或空};            //列表初始化
```

或

```
类型 变量名 = {初始值或空};            //列表初始化,两种写法都可以
```

例如：

```
int a{2},b = {4};
int c{},d = {};
```

第 1 句将变量 a 初始化为 2，将变量 b 初始化为 4，前面的等号是否书写没有影响，两种写法是等价的；第 2 句将变量 c 和 d 都初始化为默认值 0。

1.2.7 结构体

视频讲解

在 C++结构体中不仅可以包含数据成员，还可以包含成员函数。例如：

```
struct Student
{
    int age;
    char name[10];
    void sing(){cout <<"is singing";}
};
```

上述语句声明了一个既包含了年龄(age)和姓名(name)属性，又包含了唱歌(sing()函数)动作的结构体类型。在使用时首先定义该结构体类型的对象，以下两种写法都是允许的。

```
struct 结构体类型名 对象名;
结构体类型名 对象名;
```

例如：

```
struct Student stu1;
Student stu2;
```

然后就可以通过圆点运算符(.)访问对象中的数据成员或成员函数了，例如：

```
stu1.age = 3;
stu1.sing();
```

第 1 句将 stu1 对象的 age 成员赋值为 3，第 2 句调用 stu2 对象的 sing()函数，执行该函数输出“is singing”。

实际上，C++结构体类型更类似于后面要讲的“类”的概念，结构体成员具有访问属性权限的概念，可以是 public、private、protected 三者之一。默认是具有 public 访问权限，因此上面的例子可以通过“对象名.成员”的形式访问到对象中的成员，而另外两种访问权限则不能。例如，修改上述结构体类型 Student 的定义：

```
struct Student
{
private:
    int age;
```

```
    char name[10];
    void sing(){cout <<"is singing";}
};
```

则下面的写法无法通过编译。

```
Student stu1;
stu1.age = 3;        //错误,不能访问私有数据成员 age
stu1.sing();         //错误,不能访问私有成员函数 sing
```

结构体和类从定义到使用都很相似,但它们并不是同样的概念,在细节上也有诸多不同之处,结构体的约束要比类多。理论上,结构体能做到的,类都能做到;但类能做到的,结构体却不一定能做到。读者可在后续有关类的章节中进一步了解访问权限等概念,以及分析结构体和类的不同。

视频讲解

1.2.8 强制类型转换

和 C 语言一样,在 C++中可采用以下强制数据类型转换形式。

```
(类型)值
```

或

```
(类型)(值)
```

例如:

```
int x;
x = (int)3.5;
```

除此之外,在 C++中还可以使用另外一种函数风格的表示法,如下所示。

```
类型(值)
```

例如:

```
int x;
x = int(3.5);
```

以上两种写法都是将 3.5 转换为整型的 3,然后赋值给整型变量 x。

除了使用上述格式外,在 C++中还提供了分别使用强制类型转换运算符 static_cast、dynamic_cast、reinterpret_cast、const_cast 实现的强制类型转换运算。它们的通用写法如下。

```
强制类型转换运算符<type>(express)
```

其中，type 代表要转换的目标类型；express 代表要转换的值。下面是关于 4 种强制类型转换运算符的说明。

（1）static_cast：静态转换。类型转换发生在编译期间，不提供运行时的检查，通常用于基础数据类型之间的转换、基类指针（或引用）和派生类指针（或引用）之间的转换、类型指针和 void * 之间的转换等。例如：

```
int x;
x = static_cast < int >(3.5);
```

（2）dynamic_cast：动态转换。它具有运行时类型检查的功能，以确保能进行正确的转换，但不能用于基础类型之间的转换。例如，将上例中的 static_cast 替换成关键字 dynamic_cast 会导致编译报错。该种强制转换运算主要用于支持多态（见第 5 章）的基类指针（或引用）与派生类指针（或引用）之间的转换。

（3）reinterpret_cast：重新解释。转换前和转换后的类型之间可以没有什么关系，通常用于将整型转换为指针或引用类型、将指针或引用类型转换为整型、改变指针或引用类型等情形下。由于转换过程仅执行按位的复制，所以在使用时需要特别谨慎。

（4）const_cast：去除指针或引用的 const 属性（只能用于指针或引用）。例如：

```
int i(0), * ptr1;
const int * ptr2 = &i;
ptr1 = const_cast < int * >(ptr2);
```

在该例中若直接使用赋值“ptr1＝ptr2;”，会因类型不一致而导致编译出错，必须使用 const_cast 强制转换运算去除 const 属性后才能赋值。

1.2.9　基于范围的 for 循环

视频讲解

在 C++中引入了一种新的 for 语句形式——基于范围的 for 循环（C++ 11 规范新增的语句形式）。其语法如下。

```
for(数据类型 迭代变量:范围)
{
    //循环体
}
```

范围要求必须是可以确定的，可以是数组，也可以是容器（见 5.2 节）。该语句每循环一次，依次将数组（或容器）中的一个元素赋值给迭代变量，然后执行循环体，直到最后一个元素处理完毕为止。语法中的“数据类型”也可以用关键字 auto，作用是让编译器自动推导出迭代变量的类型。和传统的 for 语句相比，基于范围的 for 循环的好处在于不必担心数组下标越界的问题。

例如：

```
int arr[5] = {1,3,5,7,9};
for(int i:arr)
    cout << i <<" ";
```

输出结果为1　3　5　7　9。

希望读者能够了解，语言的规则有很多，上面只给出了 C++区别于 C 语言的一些最常见的语法规则。C 语言和 C++自身在不断发展，如 C 语言分别经历了 C 89、C 95、C 99、C 11 等版本，较新的版本为 2011 年发布的 C11；C++分别经历了 C++ 98、C++ 03、C++ 11、C++ 14、C++ 17 等版本，较新的版本为 2017 年发布的 C++ 17(C++ 20 标准正在制定中)。随着标准的更新，更多新的语言特性被引入，而另外一些过时的或不安全的特性则被去除或修改。

例如，早期的 C 语言规范标准 C89 中要求(例如，Visual C++ 6.0 支持 C 语言程序，遵循 C89 标准)所有局部变量的定义都必须放在函数体开头的位置，即第 1 条可执行语句之前；而从 C99 标准开始，变量就可以放在函数体内的任何位置来定义了，变量在需要的时候才定义，缩短了它的生命周期，将其作用限制在最小的作用域，因此是更加合理的规范。

不同的编译器，支持的语言版本不同，在处理上也可能会有细节的不同。例如，scanf()函数是 C 语言标准支持的输入函数，在 Visual C++ 6.0 环境下使用该语句编译正常，但由于该函数在读取数据时并不检查边界，所以可能会造成内存访问越界；Visual C++ 2010 编译器对该语句会给出警告，并建议使用 scanf_s()函数代替；之后，新的语言规范标准 C11 纳入了 scanf_s()函数。如 1.2.6 节中，使用花括号对变量进行初始化的形式是 C++ 11 规范标准及以后才使用的写法。

对于初学者，较少有机会涉及某个语言的各个版本间的区别，因此无须太多关注于语言版本的更迭问题。对于 C 语言和 C++在语法上的区别，知道常见的即可。通常情况下 C++是兼容 C 语言的，少数情况下会有兼容性问题。在编程的过程中，不支持的语法可以根据编译时的提示进行更改并不断加深印象。当然，更建议读者直接使用编译器所支持的最新语言规范标准来编写 C++程序。

1.3　纯 C++项目的开发流程

本书采用 Qt Creator 4.9.1 集成开发环境，有关该开发环境的安装和相关介绍请参考本书的附录 A。需要说明的是，读者实际上可以使用任意一个 C++集成开发环境对书中不基于 Qt 框架的例子进行调试。若采用其他的开发环境，如 Visual Studio 等，则对于书中基于 Qt 框架的 C++项目，还需要在开发环境中配置 Qt。考虑到不同编译器对语言规范标准版本的支持，以及为了增加学习的便利性，建议读者采用和本书一致或更高版本的开发环境。

视频讲解

1.3.1　项目的创建过程

打开 Qt Creator 后，选择菜单栏中“文件”→“新建文件或项目”命令，在弹出的 New File or Project 窗口(见图 1-2)中选择 Non-Qt Project，表明当前创建的是一个不使用 Qt 框架的项目，选择 Plain C++ Application，表明创建一个普通的 C++程序。

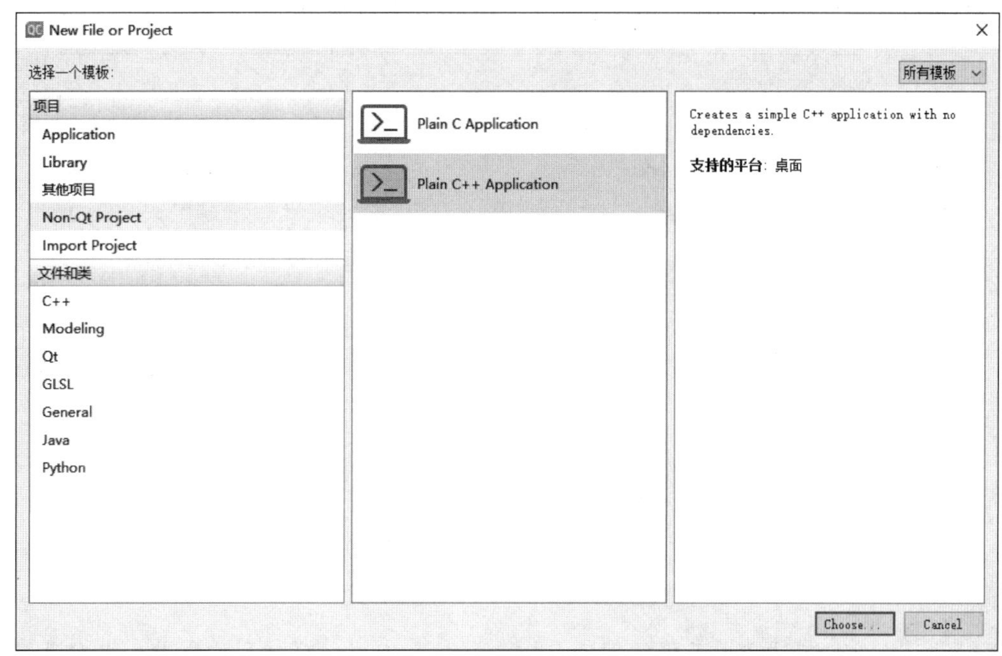

图 1-2 创建纯 C++程序

单击 Choose 按钮后会弹出如图 1-3 所示的界面,在此界面中选择项目存放的路径并设置项目名称。注意,由于编码格式的问题,在整个工程路径中不能包含中文,否则会出现 Cannot find file 之类的错误。

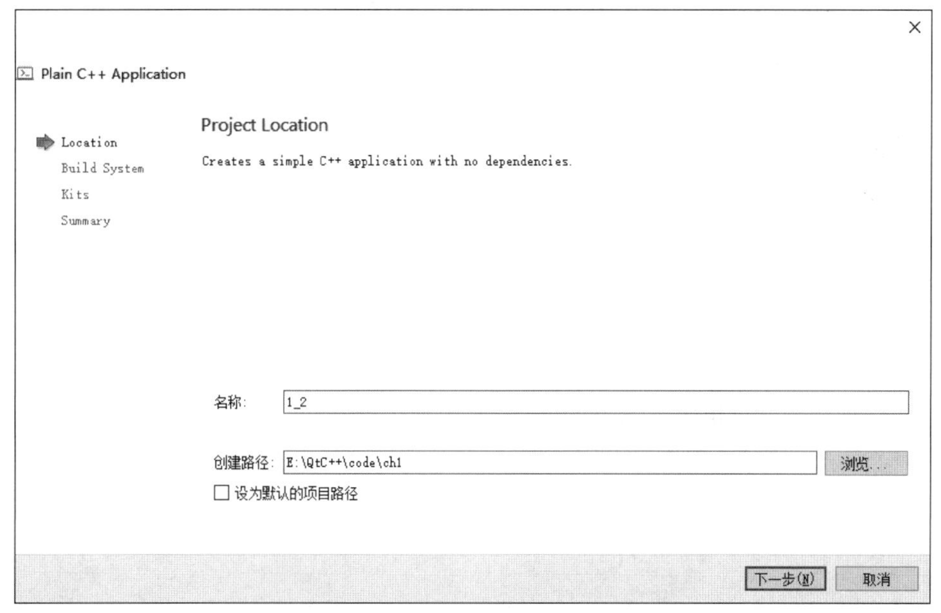

图 1-3 设置项目名称和存放的路径

设置好后,单击"下一步"按钮,出现如图 1-4 所示的构建系统界面,选择默认的 qmake 即可。该工具是一个 Qt 自带的、协助简化跨平台开发构建过程的工具,作用是根据工程文件(项目生成后目录下的.pro文件)生成适合当前操作系统平台的makefile文件。

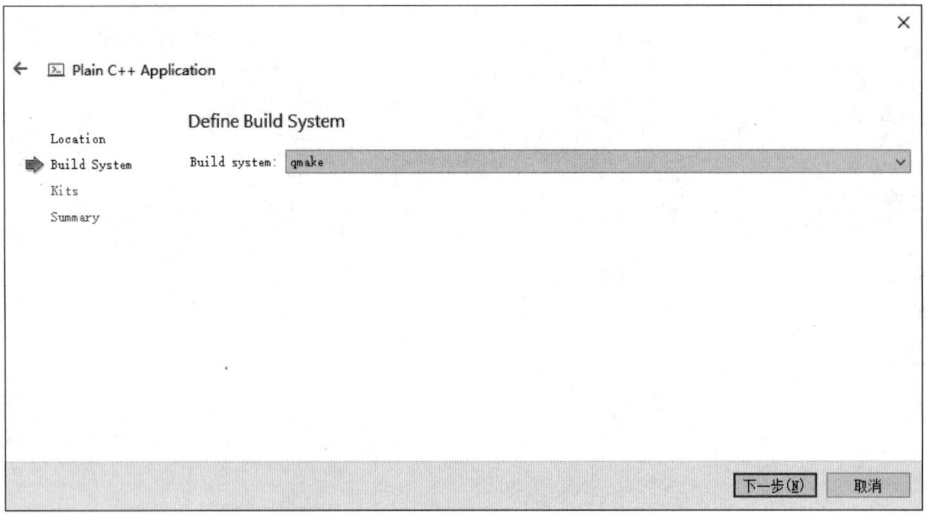

图 1-4 构建系统界面

makefile文件描述整个工程的编译、链接等规则,内容包括项目中哪些源文件需要编译、哪些需要先编译、哪些需要后编译、哪些需要重新编译;需要创建哪些目标文件以及如何创建这些文件;依赖于哪些库文件以及如何产生最终的可执行文件等。这实际上是一些很复杂的事情,但对于开发者,每次编译项目时qmake都会自动生成新的makefile文件,文件中包含了这些编译规则,并不需要用户干预。

单击“下一步”按钮,进入如图1-5所示的工具选择界面,这里主要设置将C++源代码编译成目标代码的编译工具、链接工具、安装和部署的工具等。根据安装时的选择不同,此处出现的工具可能会不同。在项目编译时,Qt Creator会调用这些工具,然后根据qmake生成的makefile文件中所列出的编译规则完成对项目文件的编译、链接等工作。

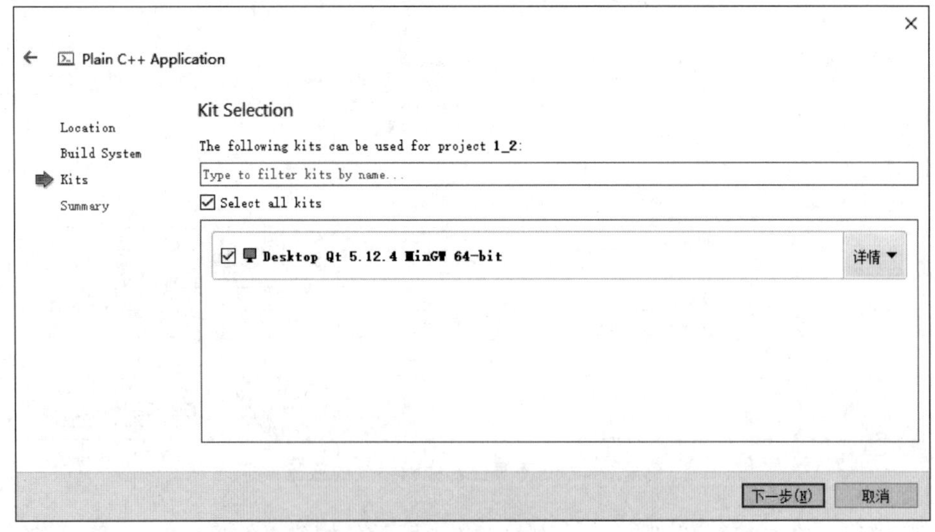

图 1-5 工具选择界面

单击“下一步”按钮，进入如图 1-6 所示的项目管理界面，配置当前项目是否作为一个子项目添加到其他项目，以及指明是否使用版本控制系统。此处使用默认设置即可。

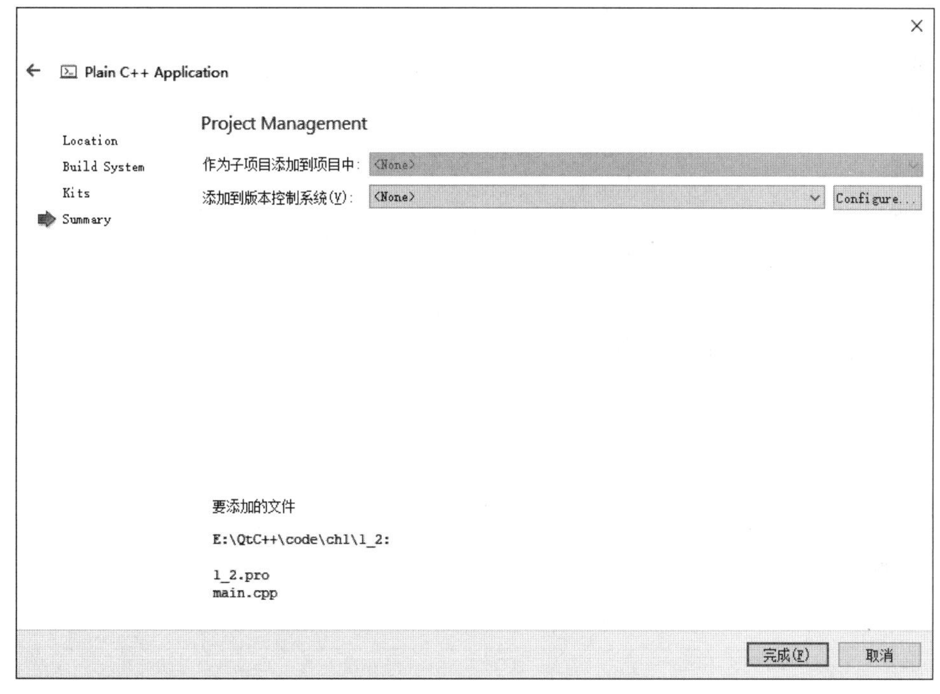

图 1-6　项目管理界面

单击“完成”按钮进入项目开发界面。如果读者希望在 Qt Creator 环境中开发纯 C 语言的程序，只需要在图 1-2 中选择 Plain C Application 即可。

1.3.2　项目内容

视频讲解

1. 项目的构成

在项目开发界面中，通过单击左侧工具栏中的“编辑”按钮，可以看到在项目子窗口中已默认创建了两个文件。其中扩展名为.pro 的项目文件用来告诉 qmake 工具关于给这个应用程序创建 makefile 文件所需要的细节。双击打开该文件可以看到其中包含了项目中源文件、头文件的列表，应用程序相关的特定配置等内容。在绝大多数情况下，该项目文件无须手工配置。

后缀名为.cpp 的文件是 C++程序的源文件，且默认已有了一些基础的代码，开发者可在此文件中编写自己的代码。这里将其替换为图 1-1 中文件 1_2.cpp 的代码，如图 1-7 所示。

根据开发的需要，也可以通过以下方式添加新的源文件或头文件：

首先选择“文件”→“新建文件或项目”命令，或在项目子窗口中的当前项目的根目录(1_2)处右击，在弹出的快捷菜单中选择“添加新文件”命令；然后在打开的窗口中(注意，采用上述第 2 种添加方式时界面略有不同，但作用是一样的)选择“文件和类”下的 C++；接着在中间的关联窗口中选择自己所需要的新建文件类型或 C++类，如图 1-8 所示。

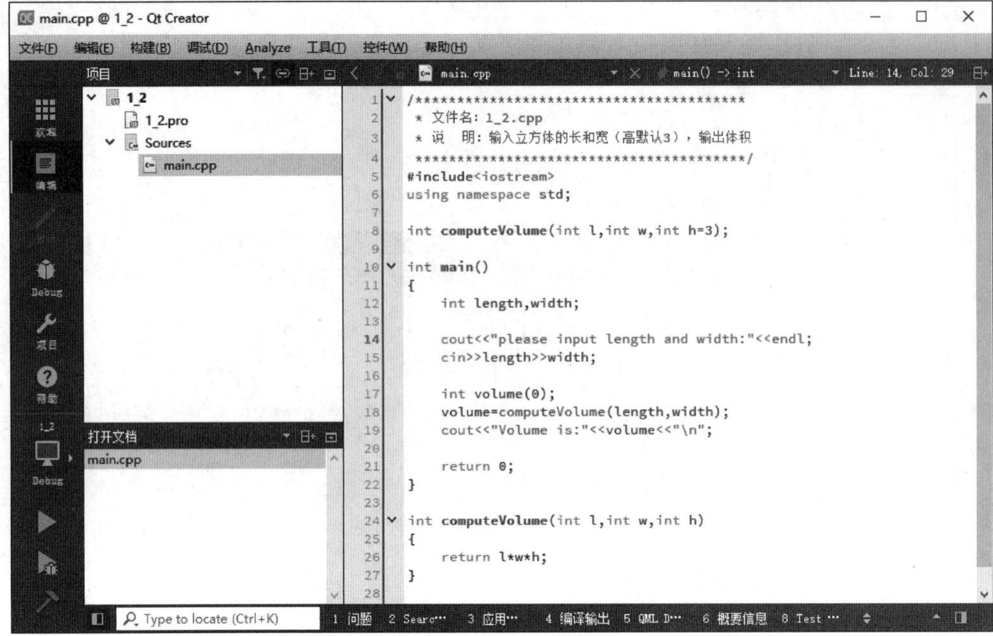

图 1-7　项目开发界面

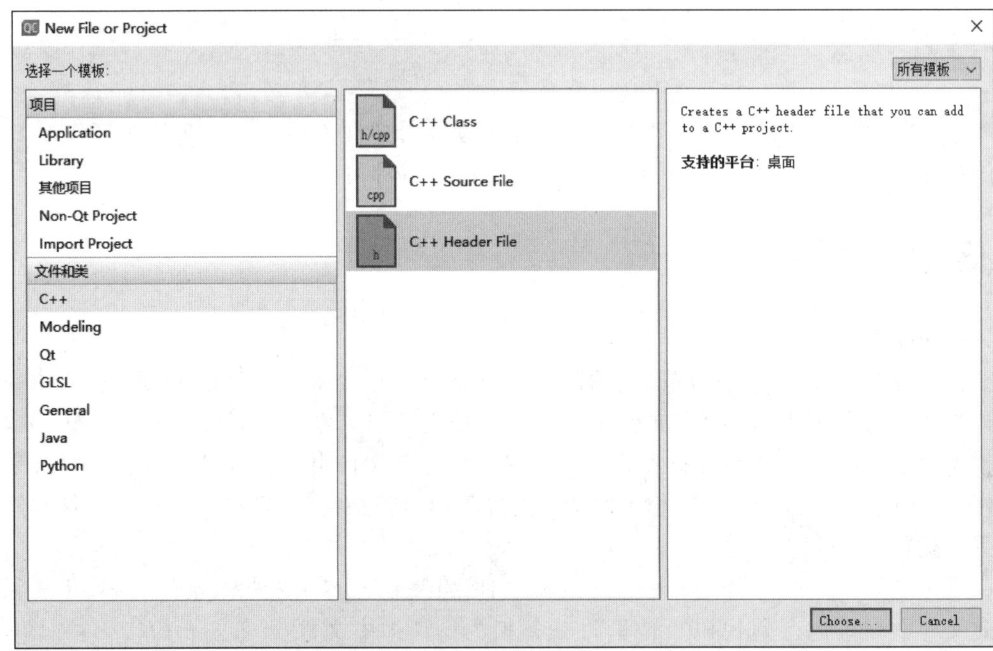

图 1-8　在项目中添加一个文件

以添加一个头文件为例，先按图 1-8 所示进行选择，单击 Choose 按钮，然后在后续的窗口中给出文件的名字，单击"下一步"按钮，选择要添加到的项目名，再单击"完成"按钮即可。图 1-9 所示为已为项目 1_2 添加了一个头文件 head.h 后的效果，在该头文件中默认预置了一些基础的预编译指令。

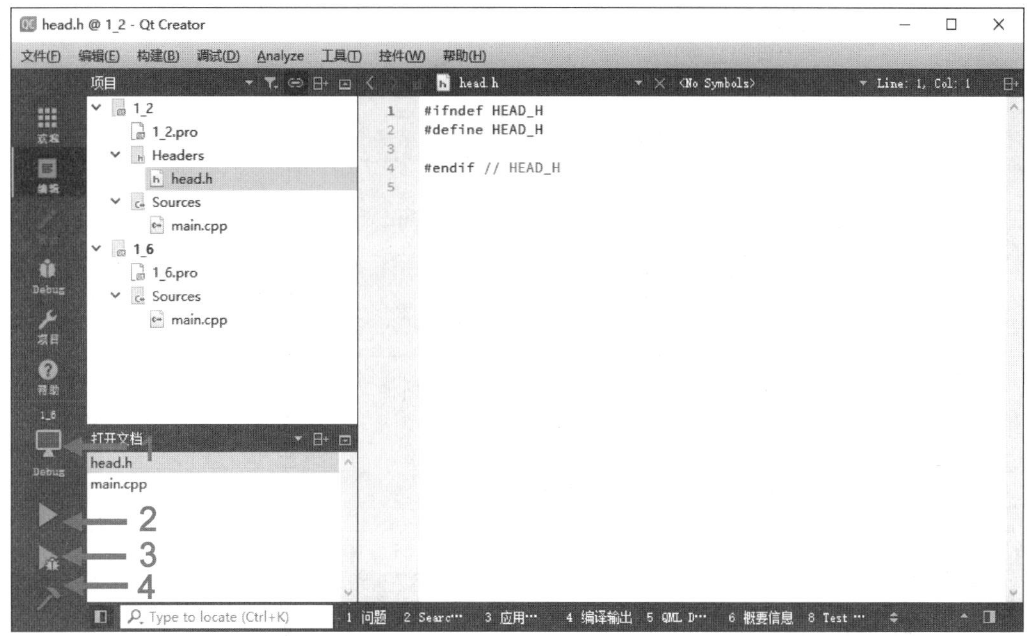

图 1-9　多个项目与活动项目

类似地，也可以通过在项目子窗口中的当前项目的根目录(1_2)处右击，在弹出的快捷菜单中选择“添加现有文件”命令，将已有的文件添加到项目中。

在 Qt Creator 中可以同时新建或打开多个项目，但同一时刻只有一个项目处于“活动”状态，活动项目的项目名称用粗体字体表示。例如，图 1-9 中的当前活动项目为项目 1_6。

2. 中文乱码问题

有读者习惯输出中文字符串信息，如图 1-10 中的第 14 行。此时可能会出现乱码问题，如图 1-10 中的运行结果所示。原因是在 Qt Creator 中编写的源代码默认以 UTF-8 编码格式存储，而 Windows 命令行窗口默认的编码格式为 GBK，两者的编码格式不一样。

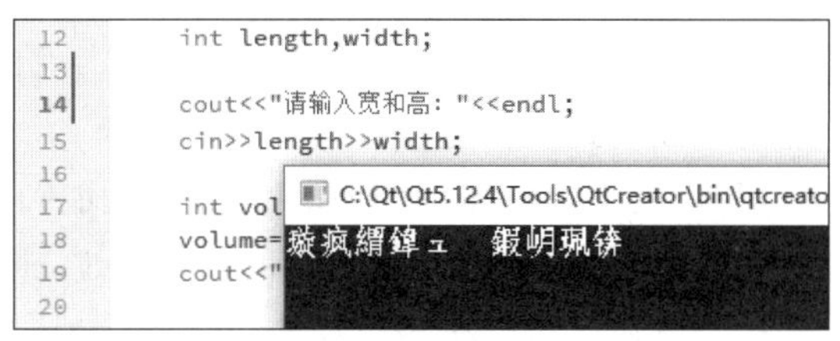

图 1-10　中文乱码问题

一个较为简便的方法是修改源程序文件的字符编码格式。在打开当前源文件(处于活动状态)的前提下选择“编辑”→Select Encoding 命令，弹出“文本编码”对话框。默认情况下的编码格式为 UTF-8，将其改为 GBK，如图 1-11 所示，然后单击“按编码保存”按钮，再重新编译运行即可。

但为了兼容各个操作系统平台，并不建议源文件使用 GBK 编码格式。在以后的章节中读者会看到 Qt 框架对中文字符有其他更合理的处理方式。

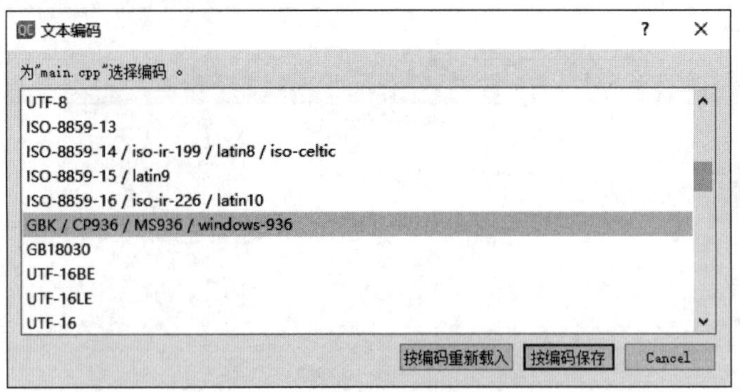

图 1-11 "文本编码"对话框

视频讲解

1.3.3 项目的构建与运行

在程序编写完成后，通过按 Ctrl+R 组合键或单击左侧工具栏的绿色三角按钮(图 1-9 中箭头 2 所指的按钮)进行编译和运行。

提示：

(1) 纯 C++项目默认将运行结果显示在命令行窗口中，如图 1-10 所示。

(2) 读者可打开.pro 工程文件，将代码中的单词 console 去掉，则运行结果会默认显示在应用程序输出窗口中。

这里需要提醒读者注意的是，当打开了多个项目时，编译和运行的是当前的活动项目，如图 1-9 中默认编译运行项目 1_6。如果需要编译和运行项目 1_2，可在项目子窗口中的该子项目节点处右击，选择"运行"命令；或将其设置为活动项目，然后再编译运行。在图 1-9 中左下角的 4 个箭头所指的地方是调试工具栏，下面介绍各个按钮的作用。

单击按钮 1 时会弹出一个菜单，用于选择项目的构建模式。

(1) Debug：在该模式下生成的目标文件中包含调试信息，因此目标文件的体积较大。

(2) Release：在该模式下生成的目标文件中不包含调试信息，因此目标文件的体积较小。在项目最终发布时应使用该模式。

(3) Profile：在上述两种模式之间取得一个平衡，兼顾了性能和调试。

按钮 2 和按钮 3 都对应运行模式，单击时如果项目被修改过，则首先会编译项目，然后再运行程序。两者的不同在于按钮 2 是直接运行模式，按钮 3 是调试运行模式。若在程序中设置了断点(断点的设置方法为在对应代码行编号的左侧单击，如图 1-12 中箭头所指的位置)，按钮 3 会运行到断点处暂停。注意，在使用调试运行模式时，按钮 1 需处于 Debug 模式下，否则即使单击按钮 3 也是直接编译运行，无法进入调试模式；而按钮 2 无论是否设置了断点，都会直接编译运行。

在调试运行模式下，界面中会出现调试窗口。在图 1-12 中，调试工具栏(实线框所示)中的按钮依次实现继续运行到下一个断点处、结束调试、单步运行且若碰到函数调用时不进入函数内部(Step Over)、单步运行且若碰到函数时进入函数内部(Step Into)、执行完当前函数剩下的部分并回到上一层函数(Step Out)、重置调试过程等功能。在调试过程期间，代码行编号左侧的箭头指示了程序当前运行到的地方。

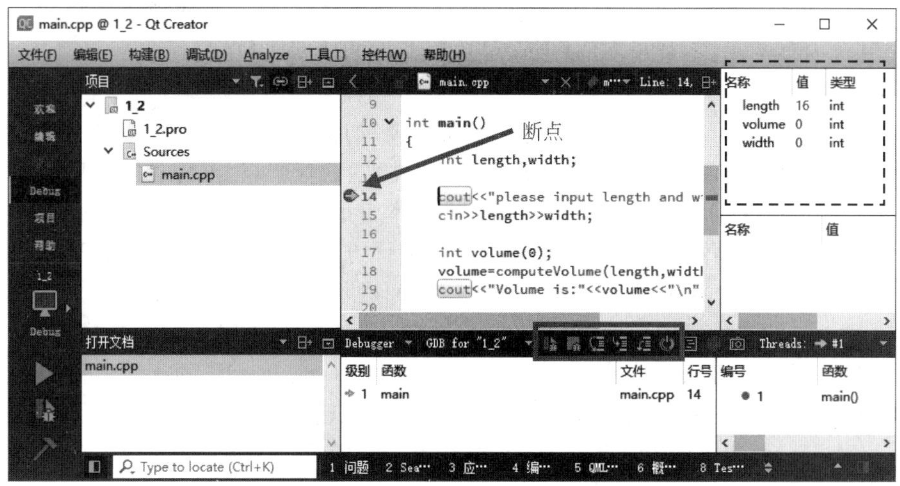

图 1-12　调试运行模式

界面右上角的 Locals 窗口(虚线框所示)展示了当前局部变量的值和类型等。读者可在此区域双击,以实现在它下面的 Expressions 窗口中添加新的变量,用于观测其值。

按钮 4 只对当前项目进行编译,不运行程序。

Qt Creator 默认工程目录和构建目录是分开的。如图 1-13 所示,1_2 是工程目录,其中包含了. pro 项目文件、. cpp 源文件、. h 头文件,以及以后会介绍的界面文件、资源文件等与项目开发有关的文件。在工程目录中还有一个. user 文件,该文件指明了当前开发环境中与该工程相关的本地设置。

1_2
build-1_2-Desktop_Qt_5_12_4_MinGW_64_bit-Debug
build-1_2-Desktop_Qt_5_12_4_MinGW_64_bit-Profile
build-1_2-Desktop_Qt_5_12_4_MinGW_64_bit-Release

图 1-13　工程目录和构建目录

单个. cpp 源文件经过编译会生成一个对应的扩展名为. o 的目标文件,各目标文件经过链接生成最终的. exe 可执行文件,这些文件存储在以"build-项目名"开头的构建目录的下面。其中以 Debug 结尾的是在 Debug 模式下编译程序后生成的目录,以 Release 和 Profile 结尾的分别是在 Release 和 Profile 模式下编译程序后生成的目录。在构建目录中还包含了由 qmake 工具生成的、用于编译的、与平台相关的 makefile 文件等。

读者也可以自行修改构建目录的默认名称和位置,具体方法是选择"工具"→"选项"命令,在弹出的对话框中选择"构建和运行"选项,然后在右侧的"概要"选项卡中设置 Default build directory。

1.3.4　编译方式

视频讲解

直接在文件浏览器中(而不是在 Qt Creator 环境下)打开工程 1_2 的构建目录,双击运行目录下生成的 1_2. exe 文件,发现可能会出现诸如"找不到 libstdc++-6. dll"之类的错误。该问题出现的原因在于集成开发环境中生成可执行文件时有两种方式——静态编译和动态编译,而 Qt Creator 默认使用了动态编译方式。

下面介绍这两种编译方式。

1. 静态编译

这种方式将程序中需要调用的所有库函数的机器代码从对应的静态库中提取出来,链接进.exe 可执行文件中，成为该文件的一部分。静态编译的好处在于程序运行时不依赖动态链接库，只有这一个可执行文件就够了；但缺点也很明显，在运行时所有的模块都将被加载，比较浪费内存资源，不利于库的更新，可执行文件的体积也较大。

2. 动态编译

这种方式生成的可执行文件中只包含它所需要的库函数的引用表，而没有相关库函数的代码，在运行时须调用相应动态链接库(.dll 文件)中的代码，因此程序需要附带相关的动态链接库才能运行。动态编译缩小了可执行文件本身的体积，加快了编译速度，有利于库的共享和更新，提高了可维护性和可扩展性。这种编译方式适合大规模的软件开发，使开发过程独立，耦合度小，便于不同开发者和开发组织之间进行开发和测试。

在项目 1_2 的源代码中包含 iostream.h 文件，默认按动态编译方式生成可执行文件，程序运行时需要有与之相关的动态链接库(如 libstdc++-6.dll 等)的支持。但直接在文件浏览器中双击 1_2.exe 文件执行时，并不知道这些动态链接库在哪里，因此无法正常运行。对于纯 C++项目，解决办法有以下 3 种，选择其中一种即可。

1) 将编译方式改成静态编译

在.pro 工程文件中加入以下语句：

```
QMAKE_CXXFLAGS =  - static
QMAKE_LFLAGS +=  - static
```

上述语句分别设置了 C++编译器和链接器的参数，使它们能够通过静态编译方式编译纯 C++项目。

提示：如果只是更新了.pro 项目文件，在编译时有可能并不会重新生成可执行文件，需要将原构建目录先删除，再重新生成。

2) 在系统环境变量 path 中添加动态链接库所在的目录

该操作的目的是使操作系统可以找到程序运行所需要的动态链接库文件。例如，本书所用的 Qt 安装在 C:\Qt\Qt5.12.4 目录下，使用的是 MingGW 编译工具，其动态链接库的存储位置为 C:\Qt\Qt5.12.4\5.12.4\mingw73_64\bin。读者根据自己实际的安装目录找到动态链接库的位置，然后将其添加到系统环境变量中即可。

由于系统路径只对当前计算机有效，所以该方法只适合本机上运行的程序，在将程序复制到其他计算机上时依旧会出现找不到动态链接库的问题。

3) 将涉及的动态链接库文件复制到可执行程序所在的目录

该方式需要在文件浏览器中双击生成的可执行文件来运行程序，然后根据错误提示依次将缺少的每个动态链接库文件复制到可执行程序文件所在的目录中。

视频讲解

1.4 程序设计方法

1.4.1 面向过程的结构化程序设计

面向过程程序设计是一种以过程为中心的编程思想，通过分析得出解决问题所需要的步骤，然后编程一步步实现。结构化是指将上述步骤划分为若干功能模块，各模块按要求单独编程。面向过程的结构化程序设计采用自顶向下、逐步求精的方法，即将复杂的大问题分解成若干较为简单的小问题，如果某些小问题仍然比较复杂，可以进一步分解成若干更小的子问题，如此操作，直到每个问题都足够简单为止。每个问题对应一个相对独立、功能单一、可供调用的实现模块（主要体现为函数），每个模块只有一个单一的入口和一个单一的出口。整个程序由各模块通过顺序、选择、循环等控制结构进行连接组合而成。

例如，项目 1_2 就对应一种面向过程的结构化程序设计方法，整个程序的结构可以分为给出提示信息、接受用户的输入、计算体积、输出结果几个步骤。其中计算体积是一个相对较为独立的功能，在项目中将其结构化为一个模块（函数），在主程序中按照一定的顺序调用模块（函数）完成预定的工作。

结构化的好处在于将大的、复杂的任务分解成一个个较小的、较简单的任务模块。各模块之间可以相互调用，但又相互独立。在规定好模块间相互通信和调用的接口后，就可以将不同的模块分别交给不同的开发人员独立地进行分析设计。然而，这种机制由于程序中操纵的数据（数据结构）和处理这些数据的方法（函数算法）之间是分离的，导致它也存在着众多的缺陷，具体表现如下。

1. 程序规模变大时难以理解和维护

操纵的数据和处理数据的方法之间没有清晰、明确的关系，当程序规模较大、数据较多、函数调用关系非常复杂时，很难直观地看出某个数据究竟被哪些函数进行了访问和修改，而某个函数又访问和操纵过哪些数据，因此程序逐渐变得难以理解，尤其是编写程序的过程将会变得异常困难，进而导致开发效率低下。另外，后期的维护也会因同样的原因变得困难，所以这种程序设计方式不适合大型软件的设计。

2. 代码的可重用性差

不同的项目之间经常存在大量相同或类似的功能实现，人们自然希望能将这部分功能对应的源代码抽取出来，放到新的项目中直接使用，这称为代码的重用。但由于程序和数据密切相关，模块间的耦合度高，当要使用以前编写的某些子程序代码段时需要精心地检查和修改程序，否则很可能会出错。随着程序规模的扩大，大量函数和数据之间的关系错综复杂，要抽取出可重用的代码就会变得愈发困难，因此在这种设计方式下代码的可重用性很差。

3. 不利于修改和扩充

由于程序代码众多、算法复杂，当需要修改程序的某项功能时，很可能会牵一发而动全身，从而导致程序很难修改和扩充。例如，随着计算机应用的发展，它能处理的数据类型在不断扩展，数据量也在快速增加，当某个数据的类型有改动时，就需要把所有使用了该数据的语句都找出来进行修改，而这些语句可能分散在上百个模块（函数）中，这样做的成本显然是十分高昂的。

上述问题无法通过良好的编程习惯、优化模块分解等方式解决，它们是面向过程的结构化程序设计自身的特点所导致的。

1.4.2 面向对象程序设计

与上述面向过程的结构化程序设计不同，面向对象程序设计把数据和处理这些数据的方法封装在一起，整体进行处理，有效地解决了前者存在的问题。

下面将项目 1_2 通过面向对象程序设计的思路实现，具体如下：抽取所有立方体都共同拥有的属性和行为，如“长”“宽”“高”3个属性和对自身“求体积”的一个行为，从而抽象出一个“立方体类”的概念。当然，立方体可能不止这些共同的属性和行为，但从开发的角度而言，只要将那些编程中所关心的、用得到的属性和行为抽取出来就可以了。

有了立方体类的概念之后，就可以根据它创建一个或多个实际的、拥有属性值的立方体对象，立方体对象可调用“求体积”行为得到自身的体积值。由此可以看到，现实世界中与一个实体（具体的立方体）相关的多个数据（长、宽、高）以及处理这些数据的方法（根据数据求体积）都被整合到对象这个概念中，可作为一个整体进行处理。

```
/****************************************
 * 项目名: 1_6
 * 说  明: 采用面向对象程序设计思路,输出立方体的体积
 ****************************************/
#include <iostream>
using namespace std;

class Cube
{
public:
    Cube(int l, int w, int h = 3);          //构造函数
    int computeVolume();                    //成员函数
private:
    int len, wid, hei;                      //数据成员,分别代表立方体的长、宽、高
};

int main()
{
    int length, width;

    cout <<"please input length and width:"<< endl;
    cin >> length >> width;

    Cube cube(length, width);               //定义对象 cube,并自动调用构造函数
    cout << cube.computeVolume()<< endl;    //调用成员函数计算 cube 对象的体积,
                                            //并返回体积值
    return 0;
}

//在类外定义构造函数,功能为初始化对象的数据成员
Cube::Cube(int l, int w, int h):len(l), wid(w)
{
    hei = h;
}

int Cube::computeVolume()                   //在类外定义成员函数,根据长、宽、高计算对象的体积
{
    return len * wid * hei;
}
```

运行结果如下。

```
please input length and width:
2 3
volume is:18
```

从运行结果可以看到，项目 1_6 实现了和项目 1_2 完全相同的功能，都输出了立方体的体积。但从代码可以明显看出两种程序设计思想的不同，面向过程注重的是具体的步骤，而面向对象注重的是找出立方体共同的属性和行为，为此程序设计了 Cube 类，并将其属性和行为封装在其中。

在此项目中，用户使用 Cube 类创建一个具体的立方体对象，但并不清楚立方体对象内部都有哪些属性，叫什么名字（长、宽、高属性都被设置为具有私有的访问权限，因此对用户是不可见的）；在调用对象的"求体积"方法时，只知道会得到当前立方体对象的体积，并不清楚该体积的计算使用到当前立方体对象的哪些属性，也不知道是如何计算出来的，即行为的实现过程对用户来说也是不可见的。

对于初学者，只要根据注释了解该程序中每条语句的作用以及语句的写法即可，不需要完全理解每句代码背后的机制。在后续的章节中会再详细介绍。

面向对象具有 3 个基本特征，即封装和信息隐藏、继承和派生、多态，具体介绍如下。

1. 封装和信息隐藏

从"类"的角度来看，封装就是把对象的全部属性数据和针对这些数据（也可以是与数据无关，但与对象相关）的操作结合在一起，形成一个整体。信息隐藏，顾名思义就是把不该暴露的信息隐藏起来，即隐藏类中不需要对外告知的属性和实现细节等，对外只提供简洁的公有接口。使用者只能通过这些公有接口对类的对象进行不同的操作，并不能了解其具体是如何工作来实现所要求的功能的，也不清楚对象的内部究竟有哪些数据存在。

例如，从现实世界中抽象出"人"这样一个类，具有"存款余额""信用卡额度"等属性，具有"购物"等行为。这里的属性较为私密，不希望被外界所知，因此将其声明为私有属性，即隐藏于类的内部。"购物"行为可以是使用存款在商场中购物，也可以是使用信用卡在网络上购物，类对外只提供了如何调用该"购物"行为的接口，实现细节隐藏在类内部的"购物"成员函数的具体实现中。"人"可以实例化出许多具体的对象，如"张三""李四"等。安排"张三"去"购物"的人只知道"张三"可以去做"购物"等行为，但无法了解（当然也不必了解）他是如何完成购物的，也不清楚他有哪些或是有没有属性。这些属性（及其值）和实现细节都被封装在内部，只有对象自身才清楚。

封装最大的好处在于提升了代码的内聚性，从而提高了代码的可复用性和可维护性。信息隐藏使用户只能使用公有接口完成规定的动作，限制了对属性数据的不合理操作，降低了耦合性，增强了安全性。

2. 继承和派生

在定义一个类的时候，可以在一个已有类的基础之上进行，把这个已经存在的类所定义的内容作为新类内容的一部分，再加入若干新的内容即可。继承与派生是同一个过程从不同角度来看的，保持已有类的特性而构成新类的过程称为继承，在已有类的基础上新增自己的特性而产生新类的过程称为派生。被继承的已有类称为基类（或父类），派生出的新类称为派生类(或子类)。

例如,在"人"的基础上可以继续对其扩充形成新的"大学生"类。"大学生"类除了具有"人"的所有特性之外,还有新增的"学号""专业"等属性和"听课"等行为。这里"人"是基类,"大学生"是派生类。基类和派生类的概念是相对而言的。例如,在"大学生"类的基础上再派生出"学生会委员"类,此时"大学生"类就成为"学生会委员"类的基类。

继承和派生机制的好处在于能够更好地表达各个类型之间的关系,体现了面向对象的编程思想;减少了代码的重复编写,实现了代码重用,也减少了代码冗余;具有良好的可扩充性,就如同生物进化一样,可以派生出更加复杂、功能更加强大的类型。

3. 多态

多态,从字面意义上理解就是"多种状态",在面向对象语言中它指一个实体同时具有多种形式。在C++中,多态通过函数重载、运算符重载、模板和虚函数等机制实现。

所谓函数重载,是指在程序中定义若干名字相同的函数,但其形参的类型或个数不同。在调用函数时,会根据参数类型或个数的不同调用不同的函数。运算符重载可以看作特殊的函数重载,同样的运算符在实际使用时会根据操作数类型和个数的不同调用不同的运算符重载函数完成相应的功能。

模板包括函数模板和类模板,它们都采用数据类型作为参数,在编译时会根据实际的数据类型实例化出模板函数或模板类,以实现对通用程序设计的支持。

重载和模板都属于编译时的多态,即在编译时就能够确定实际调用的是哪个函数。

虚函数机制使通过基类的指针或引用在运行时动态调用实际绑定对象的函数行为成为可能。例如,"人"和"大学生"都有"工作"的行为,但两者"工作"的具体形式不太一样(由不同的虚函数实现),现在有一个"人"类型的指针,需要指向一个具体的"人"对象,以方便指挥他完成"工作"。实际指定的人可能是一个普通的"人",也可能是一个"大学生",因为"大学生"也属于"人"。虚函数机制能够根据派来的究竟是"人"还是"大学生"实际调用"人"的"工作"行为或"大学生"的"工作"行为。

虚函数机制是一种运行时的多态,即程序要到实际运行时才能够根据实际对象是什么类型以确定调用哪个基类或派生类的成员函数。它提供了一种父类调用子类代码的手段,让用户可以不用关心某个对象到底是什么具体类型就可以使用该对象的某些方法,从而以一种通用的方式进行通用的编程,具有高度灵活性和抽象的特点。

上述几个特点使面向对象程序设计具有以下优点。

(1) 可重用性高。封装和信息隐藏的特性提升了模块内的内聚度、降低了模块间的耦合度,因此很多模块都可以在各种应用程序中直接使用,或者稍加修改即可使用,故程序代码具有较高的可重用性。

(2) 效率高。面向对象程序设计方法将现实世界中的事物抽象成类,在编程时以对象操作为核心,更接近于日常生活和自然的思考方式。在重用已有类库的基础上,很多情况下只需要围绕对象编写少量的程序代码即可实现复杂的功能,从而大大提高了程序的开发效率,并且可以更好地支持大型应用程序的开发。

(3) 维护简单。类具有良好的封装性,程序可读性高,即使改变需求,维护也只是在局部模块进行,所以维护起来相对方便和低成本。

(4) 易扩展。根据面向对象的特征可以设计出高内聚、低耦合的系统,当系统想扩充新功能时,只需要在原有基础上添加新的类和对象,再进行接口交互即可。

尽管面向过程的程序设计方法有很多劣势,面向对象的程序设计方法有诸多优势,但两者却不是截然分开的。例如,类中各操作的实现就依赖于面向过程的程序设计方法。因此,所有面向对象编程语言都同时支持这两种程序设计方法。

1.5 Windows 图形用户界面编程

视频讲解

用户与操作系统的交互有两种方式。一种是命令行形式,即用户通过命令行界面直接输入命令和数据;另一种是图形用户界面(Graphic User Interface,GUI)形式,即利用鼠标单击、双击、拖动和键盘输入等方式(桌面操作系统),或利用手指点击、滑动等方式(移动操作系统)和视窗及菜单系统进行交互。相比于前者,后者更加直观且操作方便。

为了更有效地理解图形用户界面编程(GUI 编程),有必要在本节以 Windows 应用为例,对它的交互机制、程序设计方法等进行简单的介绍。对于本节提供的例子,读者(特别是初学者)应将重点放在理解其中的运行机制上,对有关代码的细节稍做了解即可。

1.5.1 基于事件驱动的消息机制

控制台应用程序采用命令行的形式与用户进行交互,程序设计是由过程驱动的,即代码中已经规定好运行时每步执行的顺序,用户根据执行到的步骤被动地进行交互。

更多的应用程序采用的是图形用户界面,在界面中提供了各个功能实现的用户接口,由用户自行决定下一步要进行的操作,代码的执行顺序由事件(如用户单击鼠标、按下快捷键等)发生的先后顺序控制,这种方式称为事件驱动的程序设计方法。例如,Windows 图形用户界面应用程序(简称 Windows 应用)就是一种事件驱动的应用程序。

Windows 应用与操作系统之间利用“消息”进行信息交换。操作系统给每个正在执行的 Windows 应用都建立了一个“消息队列”。当发生某个事件(如用户在应用窗口内部单击鼠标等)时,操作系统会感知到这个事件,并生成一个消息,然后将消息投递到对应应用程序的消息队列中,最后应用程序从消息队列中提取消息并作出响应。

下面以模拟完成某学生一天的学习任务为例,比较过程驱动和事件驱动程序的不同。

图 1-14 给出了两者的区别。可以看到,图 1-14(a)过程驱动程序的代码执行顺序是确定的,即使在其中再加入“请用户选择先学习哪门课程”的分支语句,其执行过程也是规定好的,不同的只是实际执行了哪条分支的代码而已。用户按照程序执行到的位置被动地进行选择。

事件驱动程序是围绕着消息的产生与处理而展开的,程序启动后就进入了不断地“从消息队列中取消息(没有消息时等待)、处理消息”的循环中。消息由事件引发,只取决于运行时各事件产生的先后顺序(如用户单击“学英语”“学高数”等按钮的先后顺序),不会以任何预先定义好的顺序出现。因此,程序的运行不由默认的顺序控制,而是由事件发生的先后来控制。

在图 1-14(b)中,学英语、学高数等事件产生的先后顺序并未指定,每个事件产生时生成相应的消息并被投入消息队列，消息处理循环从队列中取出消息并处理(完成实际的学习动作)，然后等待下一个消息到达队列。当处理到特定消息时(如关闭窗口事件导致的退出消息)，结束消息处理循环。

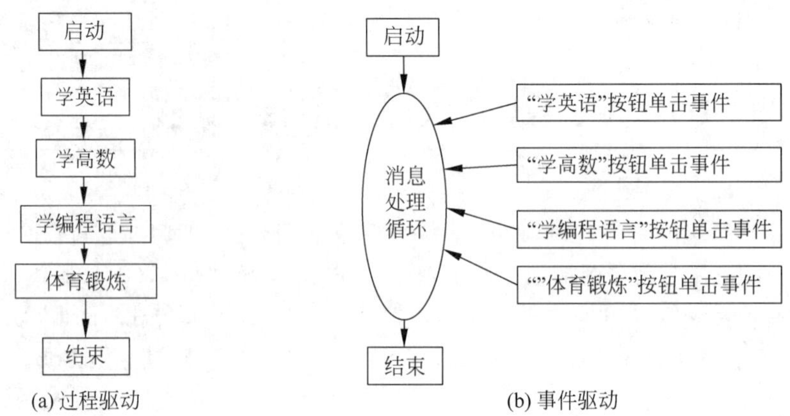

图 1-14　过程驱动程序与事件驱动程序的执行逻辑

1.5.2　一个最简单的 Windows GUI 程序

本节通过一个最简单的 Windows 应用程序展示一下图形界面。

按 1.3.1 节的步骤创建工程，并将.pro 文件中的语句"CONFIG＋＝console c++11"中的 console(作用是说明程序为控制台应用程序)去掉(否则程序运行时会弹出命令行窗口)，然后在源文件中输入以下代码。

```
/****************************************
 * 项目名: 1_7
 * 说　明: 一个最简单的 Windows 应用程序
 ****************************************/
#include <windows.h>

int WINAPI WinMain(HINSTANCE hInstance,HINSTANCE hPrevInstance,
                   LPSTR lpCmdLine, int nCmdShow)
{
    int a = MessageBox(nullptr, TEXT("欢迎!"), TEXT("^ - ^"), MB_OKCANCEL);
    if(a == IDOK)
        MessageBox(nullptr, TEXT("你单击了"确定"按钮"), TEXT("提示"), MB_OK);
    return 0;
}
```

控制台应用程序的入口主函数为 main()函数，但在 Windows 应用程序中，其入口主函数为 WinMain()，函数原型如代码所示。其中的 WINAPI 是调用约定，描述当一个函数被调用时参数怎么传递、由谁清理栈等。WINAPI 表明使用的是标准 Windows 调用约定，和默认的调用约定不同。

在头文件 windows. h 中封装了许多与 Windows 内核应用程序接口(Application Programming Interface,API)、图形界面接口、图形设备函数等相关的库函数和类,它是编写 Windows 应用程序必备的头文件。

提示:

(1) Windows API 是 Windows 操作系统提供的一套用来控制 Windows 各个部件外观和行为的预先定义好的函数,它们是 Windows 操作系统和 Windows 应用程序间的标准程序接口,放在系统目录下的动态链接库中。

(2) Windows 应用程序通过调用 Windows API 函数获取 Windows 操作系统提供的服务,达到开启视窗、描绘图形和使用周边设备等目的。

在本项目中调用的 MessageBox()函数就是此头文件提供的,作用是按照给出的参数显示一个图形化的消息框。第 1 个参数表明无父窗口,第 2 个参数设置了显示在消息框中的文字,第 3 个参数设置消息框标题,第 4 个参数指明消息框中显示的按钮。

运行时首先会显示如图 1-15(a)所示的消息框,在单击"确定"按钮后(MessageBox()函数的返回值为 1,即字面常量 IDOK 表示的值),按照程序逻辑会显示如图 1-15(b)所示的消息框。

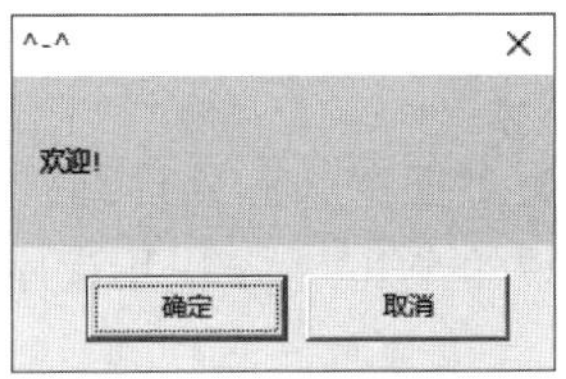

(a) 运行时显示的消息框　　(b) 单击"确定"按钮后的消息框

图 1-15　项目 1_7 的运行结果

nullptr 表示空指针常量,它是 C++11 语言规范标准中引入的新关键字。出于向下兼容的目的,在代码中也可以使用 0 或 NULL 代替它(程序编译时会有警告,但不影响运行)。在 C++ 中,NULL 是使用 #define 预处理指令定义的一个字面常量,其本质上就是一个整型常量 0。它们和 nullptr 关键字的区别在于: nullptr 的类型为 nullptr_t,能够被隐式转换为任何指针类型,但不能被转换为整型,也不能和整数做比较,这样就将空指针和整数 0 的概念区分开来。使用专门的 nullptr 关键字,能够避免在使用 0 时既可以表示整型数,又可以表示空指针而可能引起的二义性问题。

TEXT 宏用于处理传统字符编码与 Unicode 编码的兼容性问题,使运行时中文等字符也可以正常显示。MB_OK、MB_OKCANCEL、ID_OK 等是宏定义的字面常量,不同的值代表不同的消息框按钮组合或返回标识。

读者可以在这些代码处右击,在弹出的快捷菜单中选择 Follow Symbol Under Cursor 命令(见图 1-16),以打开相关的头文件查看其定义(见图 1-17)。读者也可以将自己代码中的 MB_OKCANCEL 等修改为如图 1-17 中所示的 MB_YESNO 等字面常量,运行以观察消息框的运行效果(注意,不要修改打开的头文件中的内容)。

本程序只是调用 Windows API 弹出一个标准的消息框,该消息框只有有限的几种形式,外观动作等也都已固定,只能由有限的几个参数进行调整。由于不能直接在消息框上添

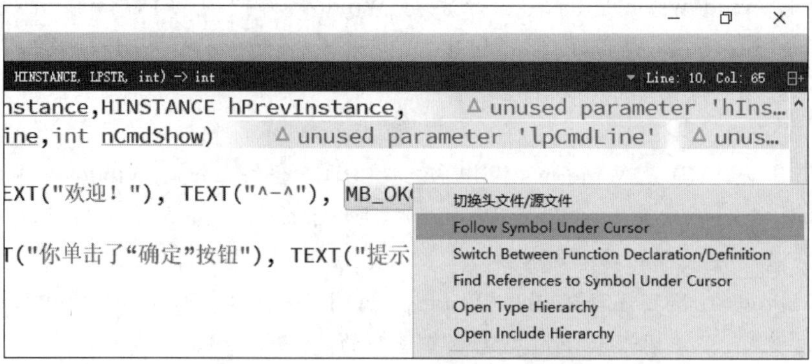

```
HINSTANCE, LPSTR, int) -> int                         Line: 10, Col: 65
nstance,HINSTANCE hPrevInstance,        △ unused parameter 'hIns...
ine,int nCmdShow)      △ unused parameter 'lpCmdLine'    △ unus...

EXT("欢迎！"), TEXT("^-^"), MB_OK(
                                    切换头文件/源文件
                                    Follow Symbol Under Cursor
T("你单击了“确定”按钮"), TEXT("提示  Switch Between Function Declaration/Definition
                                    Find References to Symbol Under Cursor
                                    Open Type Hierarchy
                                    Open Include Hierarchy
```

图 1-16　打开与选中内容有关的定义

```
#define MB_OK __MSABI_LONG(0x00000000)
#define MB_OKCANCEL __MSABI_LONG(0x00000001)
#define MB_ABORTRETRYIGNORE __MSABI_LONG(0x00000002)
#define MB_YESNOCANCEL __MSABI_LONG(0x00000003)
#define MB_YESNO __MSABI_LONG(0x00000004)
#define MB_RETRYCANCEL __MSABI_LONG(0x00000005)
```

图 1-17　消息框按钮类型

加诸如滚动条、文本框等部件，也不能直接设置消息框感知和处理某些特定的动作（如双击或输入文字等），所以该程序还不能称为一个完整的 Windows 应用程序。

1.5.3　一个完整的 Windows GUI 程序

本节将讨论一个不依赖于第三方框架的、完整的 Windows 应用程序。首先按 1.3.1 节的步骤创建工程，并去掉.pro 文件“CONFIG+=console c++11”语句中的 console，然后在源文件中输入以下代码。

```
/****************************************
 * 项目名: 1_8
 * 说　明: 一个不依赖于第三方框架的、完整的 Windows 应用程序
 ****************************************/
#include <windows.h>

//窗口函数的声明
LRESULT CALLBACK WndProc(HWND hWnd,UINT message,WPARAM wParam,LPARAM lParam);

int WINAPI WinMain(HINSTANCE hInstance,HINSTANCE hPrevInstance,
                   LPSTR lpCmdLine,int nCmdShow)
{
    WNDCLASSEX wcex;
    HWND hWnd;
```

```
    MSG msg;

//------------------以下初始化窗口类-------------
    wcex.cbSize = sizeof(WNDCLASSEX);                      //窗口的大小
    wcex.style = 0;                                        //窗口样式为默认样式
    wcex.lpfnWndProc = WndProc;                            //设置窗口消息处理函数名
    wcex.cbClsExtra = 0;                                   //窗口无扩展
    wcex.cbWndExtra = 0;                                   //窗口实例无扩展
    wcex.hInstance = hInstance;                            //当前运行的应用程序实例的句柄
    wcex.hIcon = LoadIcon(hInstance, IDI_APPLICATION);     //窗口图标为默认
    wcex.hCursor = LoadCursor(nullptr, IDC_ARROW);         //窗口采用箭头光标
    wcex.hbrBackground = HBRUSH(COLOR_GRAYTEXT);           //窗口的背景颜色
    wcex.lpszMenuName = nullptr;                           //窗口中无菜单
    wcex.lpszClassName = TEXT("MyWindowClass");            //注册的窗口类名为 MyWindowClass
    wcex.hIconSm = LoadIcon(wcex.hInstance, IDI_HAND);

//--------------------以下进行窗口类的注册-----------
    if(!RegisterClassEx(&wcex)) {
        MessageBox(nullptr, TEXT("窗口注册失败!"), TEXT("窗口注册"), MB_OK);
        return 1;
    }

//---------------------以下创建窗口实例-------------
    hWnd = CreateWindow(TEXT("MyWindowClass"), TEXT("标题名"), WS_OVERLAPPEDWINDOW,
            CW_USEDEFAULT, CW_USEDEFAULT, CW_USEDEFAULT, CW_USEDEFAULT,
            NULL, NULL, hInstance, NULL);
        //参数依次为窗口类名、窗口实例的标题名、窗口的风格
        //窗口左上角的 x 坐标和 y 坐标、窗口的高和宽
        //此窗口无父窗口、无主菜单、当前应用程序的句柄以及不使用该值
    if(!hWnd)
    {
        MessageBox(nullptr, TEXT("创建窗口实例失败!"), TEXT("创建窗口"), MB_OK);
         return 1;
    }
    ShowWindow(hWnd, nCmdShow);                            //显示窗口实例
    UpdateWindow(hWnd);                                    //刷新用户区
    while(GetMessage(&msg, nullptr, 0, 0))                 //消息循环
    {
        TranslateMessage(&msg);  //部分消息须转换,如将虚拟键消息转换为字符消息
        DispatchMessage(&msg);                             //将消息传送给指定的窗口函数
    }
    return msg.wParam;                                     //程序结束时将信息返回给系统
}

//------------以下是窗口函数的代码----------------
LRESULT CALLBACK WndProc(HWND hWnd, UINT message,
            WPARAM wParam, LPARAM lParam)
{
```

```
    switch(message){
    case WM_CLOSE:
        if(MessageBox(nullptr,TEXT("确定关闭?"),TEXT("提示"),MB_OKCANCEL) == IDOK)
        {
            DestroyWindow(hWnd);                    //销毁当前窗口实例
            PostQuitMessage(0);                     //调用此函数的目的是发出 WM_QUIT 消息
        }
        break;
    default:                                        //系统默认的消息处理函数
        return DefWindowProc(hWnd,message,wParam,lParam);
    }
    return 0;
}
```

主函数 WinMain()的程序流程如图 1-18 所示。

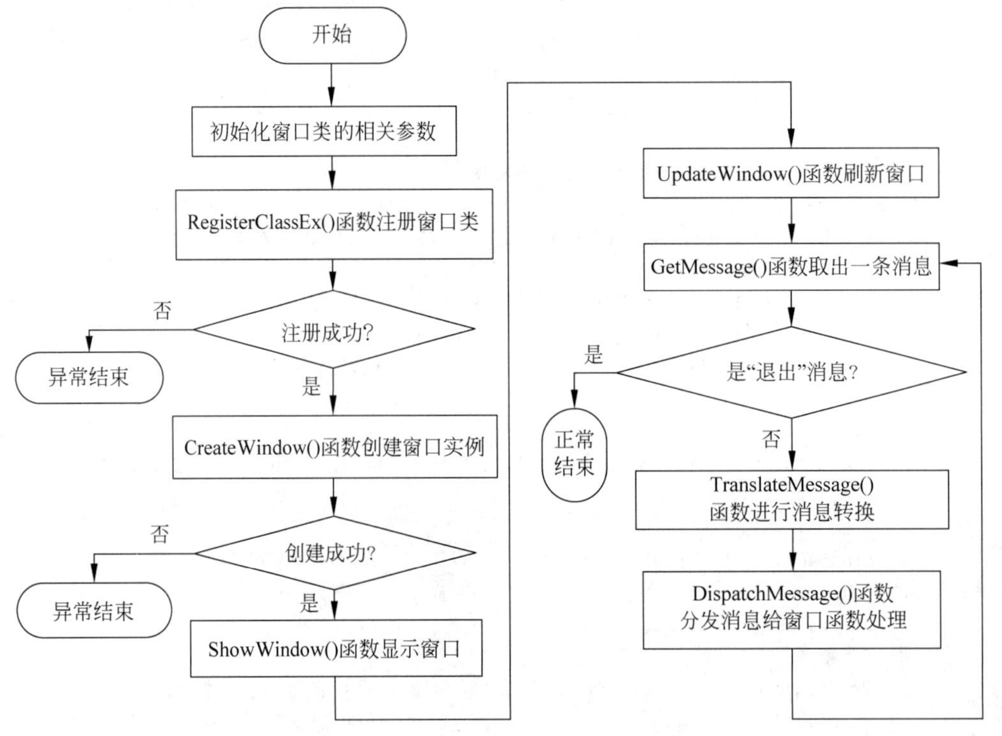

图 1-18　主函数 WinMain()的程序流程

首先初始化要注册的窗口类的相关参数,即指明窗口的大小、样式、背景颜色,以及使用的光标、有无菜单、窗口类名等。接下来使用 RegisterClassEx()函数完成窗口类的注册,窗口类必须注册到操作系统才能被用于创建实例,具体的注册操作是请求操作系统根据相关参数的设置生成窗口类,并保存在操作系统中。然后通过 CreateWindow()函数请求操作系统使用指定名称的窗口类(上一步已注册过)创建一个窗口实例(对象)。接着就可以通过

ShowWindow()函数显示这个窗口实例，必要时可调用 UpdateWindow()函数刷新一下该窗口实例中的用户区。至此就完成了基本的初始化和窗口显示等操作。

最后产生消息循环，该循环不断地调用 GetMessage()函数从应用程序的消息队列中取出消息，然后由 DispatchMessage()函数调用相应的窗口函数(本例为 WndProc()函数)对消息进行处理，当检索到 WM_QUIT 消息时，GetMessage()函数返回值为 0，从而结束了消息循环，整个程序运行结束。

窗口函数(或称为窗口消息处理函数)是与一个特定的窗口类相关的函数，与该窗口类的实例相关的消息(如在它的窗口实例上单击、滚动鼠标滚轮等用户事件产生的消息)会被 DispatchMessage()函数分发给该窗口函数处理。在代码中，初始化部分的语句：

```
wcex.lpfnWndProc = WndProc;
```

指明此窗口类的窗口函数为 WndProc。在本项目中，窗口函数的程序流程如图 1-19 所示。

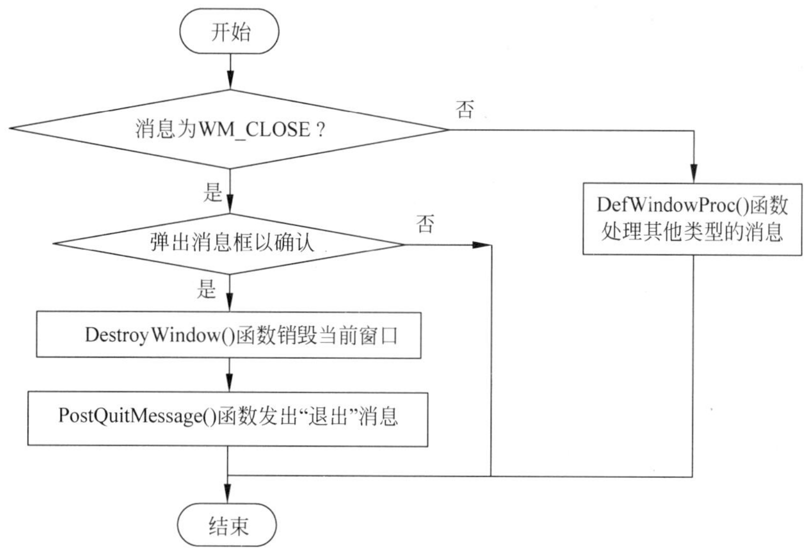

图 1-19　窗口函数的程序流程

窗口函数主要通过一个 switch 语句对各种类型的消息进行处理。在实际应用中，用户还可以根据需要添加更多的 case 部分，以分别用于处理不同类型的消息。

这里对本项目中关闭窗口(单击窗口右上角的叉号按钮)事件产生的 WM_CLOSE 消息进行的处理(窗口函数 switch 语句中的 case WM_CLOSE)进行说明。首先执行 if 语句中的 MessageBox()函数，弹出一个消息框，请用户确定是否关闭，单击“取消”按钮时，if 条件不满足，消息处理完毕；单击“确定”按钮时返回 IDOK，if 条件满足，执行 DestroyWindow()函数销毁句柄 hWnd 表示的当前窗口实例，此时该窗口实例虽然被销毁了，但程序仍然在运行；然后再执行 PostQuitMessage()函数，该函数的作用是发出一个 WM_QUIT 消息。

操作系统将该 WM_QUIT 消息放入应用程序的消息队列，被 GetMessage()函数取出后会结束消息循环(当取出 WM_QUIT 消息时，GetMessage()函数的返回值为 0)，程序运行完毕。

对于其他类型的消息，通过 switch 语句的 default 部分进行处理：调用操作系统的默认处理函数 DefWindowProc()完成其他类型消息的默认处理。

项目 1-8 的运行效果如图 1-20 所示，首先出现下方的窗口，当单击窗口右上角的叉号（“关闭”按钮）时弹出上方的消息框，之后单击“确定”按钮可结束整个程序；单击“取消”按钮则关闭消息框，回到下方的窗口。

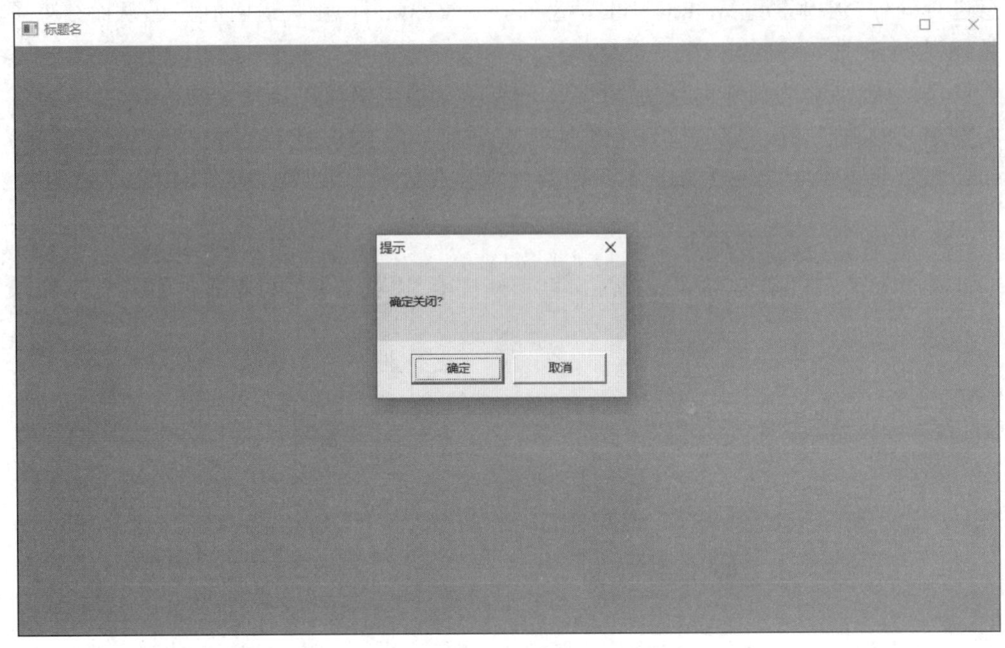

图 1-20　项目 1_8 的运行效果

1.6　基于 Qt 的图形用户界面编程

读者是不是感觉项目 1_8 的代码过于烦琐呢？出于快速开发的需求，市面上存在着各种 C++的 GUI（图形用户界面）框架，它们在操作系统 API 的基础上进行了进一步封装，如最早流行的微软基础类库（Microsoft Foundation Classes，MFC）框架、目前使用最广泛的 Qt 框架等。在实际应用开发中，绝大多数情况都是采用这些框架中的一种或几种进行快速、有效的开发。

本节将通过一个简单的例子对基于 Qt 框架的图形用户界面程序的编程进行简单的介绍，以使读者有个直观的印象。值得说明的是，不同于项目 1_7 和项目 1_8 调用的是 Windows 操作系统的 API（如 MessageBox()函数等）只能运行在 Windows 操作系统上，Qt 框架是跨操作系统平台的，即针对每种操作系统，Qt 都设计了一套对应的底层类库，而上层开放给编程人员的接口是完全一致的，代码的编写者几乎感觉不到任何区别。只要是使用 Qt 框架开发的程序代码，放在任何一个操作系统平台下，几乎不需要任何改动就可以在 Qt 库的支持下进行编译（前提条件是程序中没有使用某个操作系统所特有的机制），并最终生成不同平台上的各个可执行版本，从而大大减少了软件开发人员的工作量。

1.6.1 一个最简单的 Qt GUI 程序

视频讲解

本节采用纯手工方式实现一个最简单的 Qt 图形用户界面程序(Qt GUI),与 1.5.3 节中不使用任何框架的 Windows 图形用户界面程序进行比较。

选择"文件"→"新建文件或项目"菜单命令,在弹出的对话框(见图 1-21)中选择"其他项目"→Empty qmake Project,后续按照 1.3.1 节剩下的步骤操作即可。

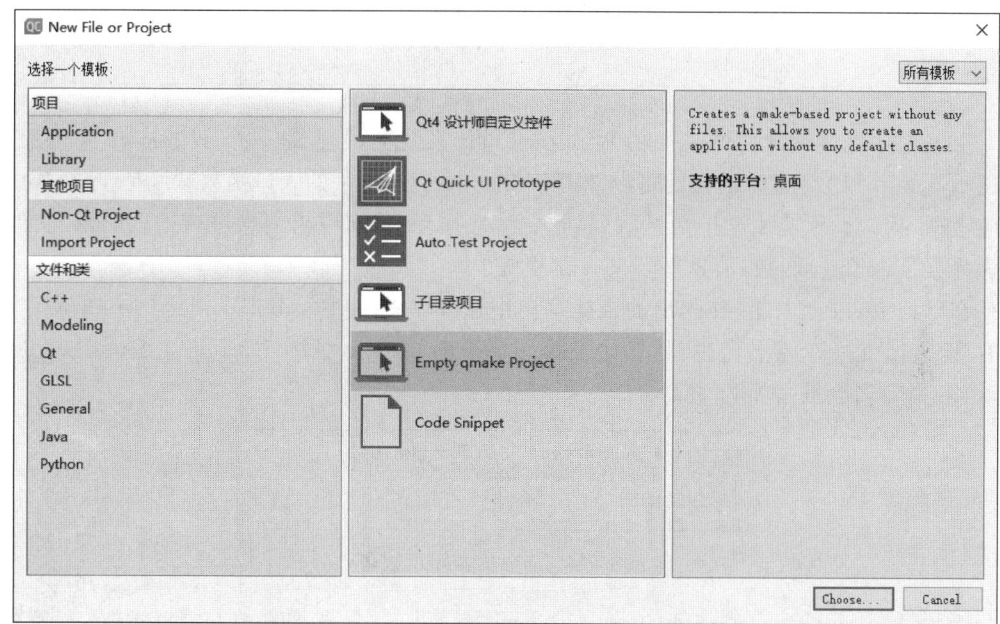

图 1-21 创建空项目

最终单击"完成"按钮后,会发现生成的项目中只有一个空的.pro 工程文件。在该工程文件中添加语句:

```
QT += widgets
```

widgets 是 Qt 中的一个模块,提供了各种可视的图形窗口和部件类(如基本窗口、对话框、按钮、标签、文本框、状态栏、菜单等)及其相关类,以创建经典的、桌面风格的用户界面。本书的 Qt GUI 项目主要使用该模块。

提示:除了 widgets 模块,Qt 还提供了 Qt Quick 模块实现图形用户界面。Qt Quick 使用 QML 语言(一种描述性的脚本语言),感兴趣的读者可自行了解两种方式的区别。

然后为工程添加一个 C++源文件(添加方式参考 1.3.2 节),代码如下。

```
/****************************************
 * 项目名: 1_9
 * 说  明: 一个最简单的基于 Qt 的图形用户界面程序
 ****************************************/
```

```
#include <QApplication>             //应用程序类的头文件,该类管理GUI程序的控制流和主要设置
#include <QWidget>                  //基本窗口类的头文件

int main(int argc,char * argv[])    //Qt应用程序的入口函数
{
    QApplication a(argc,argv);      //GUI程序必须有且只有一个该类的对象
    QWidget w;                      //创建窗口对象实例
    w.show();                       //显示窗口
    return a.exec();                //在exec()函数中进入事件循环,等待可能的输入并进行响应
}
```

上述程序经过编译后可运行在 Windows 操作系统上，因此是一个 Windows 应用程序。通过 1.5.2 节和 1.5.3 节的介绍可以知道，Windows 应用程序的入口函数默认是 WinMain()，且应遵循 Windows 应用维护消息队列、建立消息循环、依次取出消息进行处理的模式，但这里为什么是 main()函数，消息循环又在哪里呢？

在单词 main 上右击，在弹出的快捷菜单中选择 Follow Symbol Under Cursor 命令，可以看到 main 是一个宏名，它实际上代表的是字符串 qMain(见图 1-22)。在编译时，程序中的 main 函数名会被替换为 qMain。

```
#if defined(QT_NEEDS_QMAIN)
#define main qMain
#endif
```

图 1-22　main 的实际函数名

因此，这并不是大家所理解的 main()主函数，而是一个普通的 qMain()函数，该函数由系统库中的默认入口函数 WinMain()调用。读者在 Qt Creator 中打开“安装目录\版本号\Src\qtbase\src\winmain\qtmain_win.cpp”文件，可以看到该文件中有个 WinMain()函数。在程序运行时会先执行 WinMain()函数，而该函数中的语句：

```
const int exitCode = main(argc,argv);
```

调用了自己编写的 qMain()函数。

为了证实此事，读者可以在该句之前、之后分别设置两个断点，在自己的 qMain()函数内部设置一个断点，然后进行调试运行，以观察函数之间的调用情况。

当单击图 1-23 中“开始调试”箭头指向的按钮时，程序以调试模式运行(需在 Debug 模式下)，直到遇到一个断点，即暂停在右侧 qtmain_win.cpp 文件代码的第 96 行，这说明程序首先会运行此文件中 WinMain()的代码。再单击“运行到下一断点”箭头指向的按钮，程序继续运行第 97 行，调用左侧 main.cpp 中的 qMain()函数，执行到该文件中的第 11 行时暂停，图 1-22 展示了此时的情形。从函数调用栈可以看到，qMain()函数是由 WinMain()函数调用的。再单击“运行到下一断点”箭头指向的按钮，程序就会继续往下执行。

QApplication 应用程序类的对象 a 用于处理应用程序的初始化和收尾工作，并提供对话管理等，它是 Qt GUI 应用程序后台管理的命脉。任何 Qt 的 GUI 应用程序，不管这个应用当前有没有显示窗口或显示了多少个窗口，都需要有且仅有一个该类的对象。

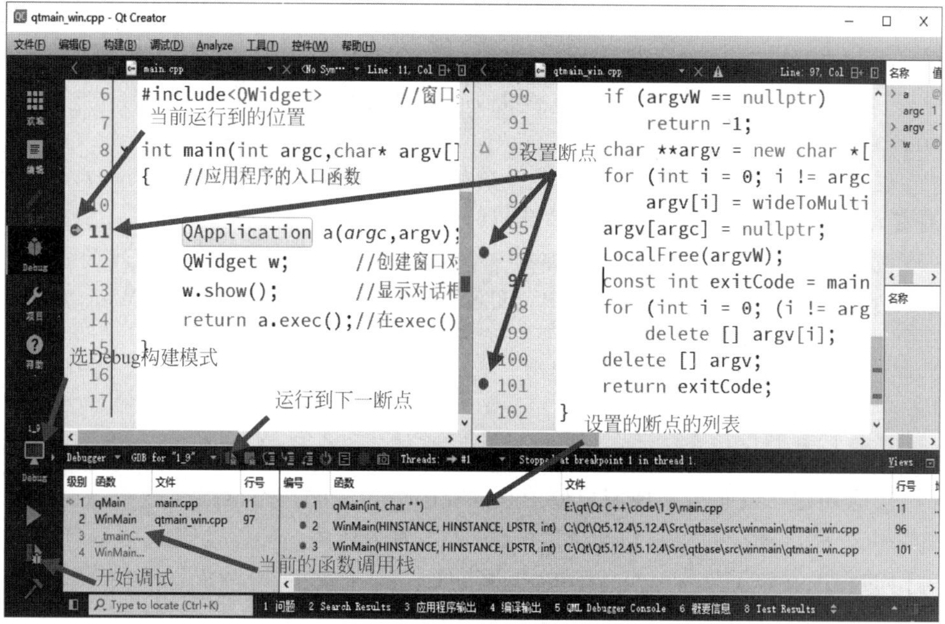

图 1-23　断点调试

接下来定义了一个基本窗口类型的对象 w，并调用 show()成员函数将自己显示出来。然后由应用程序对象 a 调用自身的成员函数 exec()开始应用程序的事件循环(是 Qt 中的概念，它对 Windows 应用的消息循环进行了进一步封装)和处理，直到 exit()函数被调用或主窗口被销毁时 exec()函数执行结束，结束整个程序。

窗口仍在显示期间，程序一直运行于 exec()函数处，因此要在关闭窗口后程序才能继续运行到下一个断点处，即 qtmain_win.cpp 文件的第 101 行，之后再次单击“运行到下一断点”箭头指向的按钮，完成整个程序的执行过程。

项目 1-9 的运行效果如图 1-24 所示。此例目前还不能实现如项目 1_8 单击右上角的叉号(“关闭”按钮)时弹出消息对话框的操作，本书将在 2.6 节讲解界面如何响应用户事件。另外，在以后的程序开发中还可以使用工程向导和 Qt Designer 工具进一步方便、快速地开发程序，在 3.4.1 节、3.5.2 节会涉及这部分内容。

图 1-24　项目 1_9 的运行效果

提示：

(1) 代码自动补全功能：在输入代码的过程中(如输入#i之后)会出现关联菜单，此时可用键盘上的上下键进行选择，或输入单词的首字母快速定位。当关联菜单中的项高亮时按Enter键可自动输入。

(2) 查看帮助：选中代码后按F1键。例如，在项目1_9中选中单词show，按F1键可以看到有关QWidget的show()成员函数的帮助文档。

(3) 包含的头文件：Qt的每个类都有一个与其同名的头文件，在使用Qt的类时应将相关的头文件包含进来。例如，项目1_9中使用的QWidget类与包含进来的QWidget头文件。

视频讲解

1.6.2 Qt程序的发布

Qt Creator默认使用动态编译方式，且Qt官方未提供用于Qt应用的静态库，因此将写好的Qt应用程序发布给其他用户使用时需要附带相关的动态链接库。

如果由程序员查找并复制动态链接库(如1.3.4节所述)，非常烦琐且容易出错。Qt提供了专门的程序发布工具windeployqt，可以方便地查找Qt应用所依赖的动态链接库和自动创建可发布的文件夹。对其使用过程说明如下。

(1) 建议采用Release模式对项目进行构建，生成.exe可执行文件。

(2) 将需要发布的.exe文件存放于一个单独的文件夹中。

(3) 在操作系统的“开始”菜单中找到Qt命令行工具(名字为Qt 5.12.4(MinGW 7.3.0 64-bit))，如图1-25所示，单击运行，进入Qt环境的命令行界面。

(4) 在命令行界面中输入以下命令后按Enter键，等待程序运行完毕。

```
windeployqt  可执行文件所在的目录
```

图1-25　Qt命令行工具

例如，将项目1_9生成的可执行文件1_9.exe放在E:\1_9deploy\目录下，然后输入如图1-26中虚线框中所示的命令。

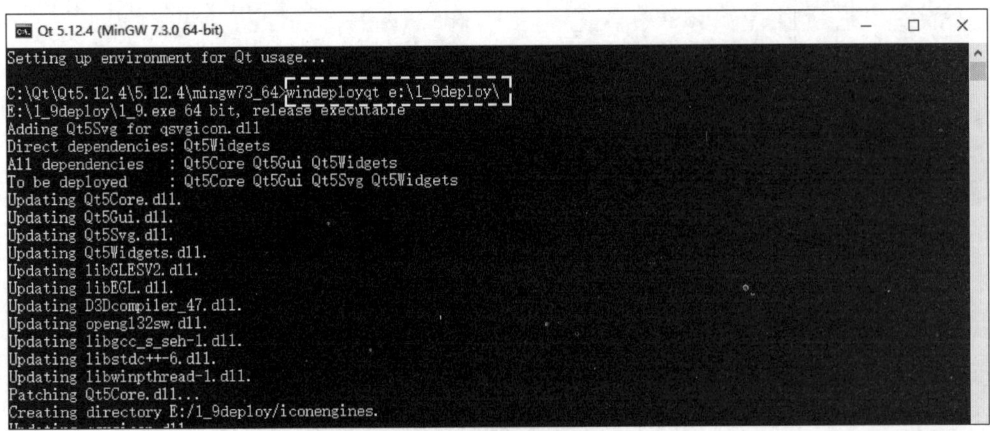

```
Qt 5.12.4 (MinGW 7.3.0 64-bit)
Setting up environment for Qt usage...

C:\Qt\Qt5.12.4\5.12.4\mingw73_64>windeployqt e:\1_9deploy\
E:\1_9deploy\1_9.exe 64 bit, release executable
Adding Qt5Svg for qsvgicon.dll
Direct dependencies: Qt5Widgets
All dependencies   : Qt5Core Qt5Gui Qt5Widgets
To be deployed     : Qt5Core Qt5Gui Qt5Svg Qt5Widgets
Updating Qt5Core.dll.
Updating Qt5Gui.dll.
Updating Qt5Svg.dll.
Updating Qt5Widgets.dll.
Updating libGLESV2.dll.
Updating libEGL.dll.
Updating D3Dcompiler_47.dll.
Updating opengl32sw.dll.
Updating libgcc_s_seh-1.dll.
Updating libstdc++-6.dll.
Updating libwinpthread-1.dll.
Patching Qt5Core.dll...
Creating directory E:/1_9deploy/iconengines.
```

图1-26　使用windeployqt工具

完成后，所依赖的文件已自动复制到该目录下，如图 1-27 所示。将整个文件夹一起复制到其他机器（同 Windows 平台）上可直接运行。

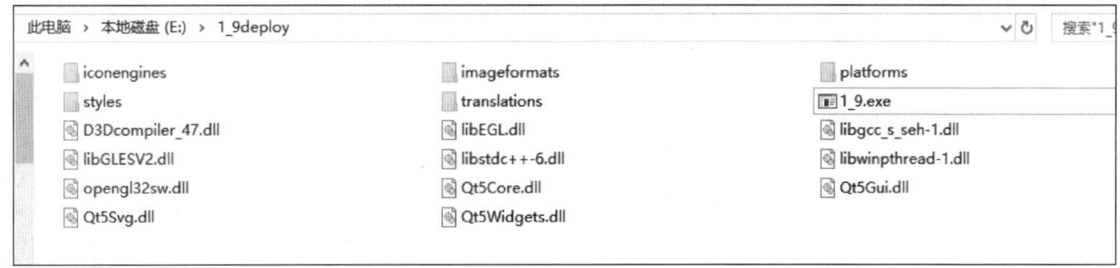

图 1-27　可发布的文件夹

1.6.3　设置程序图标

视频讲解

用户可以给应用程序设置一个图标，该图标会显示在程序窗口标题栏的左上角，同时作为生成的.exe 可执行文件的图标。

设置程序图标的步骤如下。

（1）将要使用的图标文件复制到工程目录下，如图 1-28(a)中的 computer.ico。

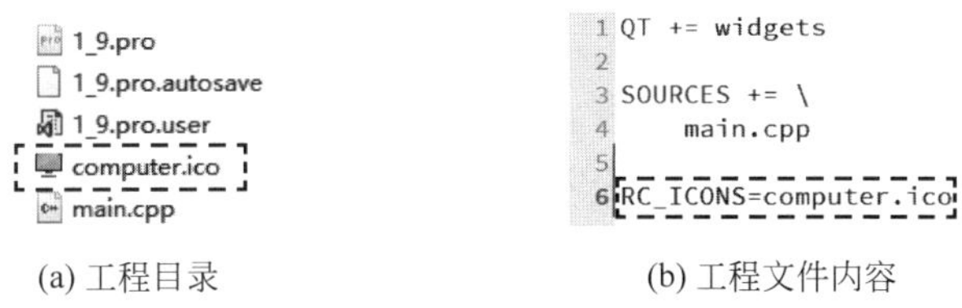

(a) 工程目录　　(b) 工程文件内容

图 1-28　设置程序图标

（2）在.pro 项目文件中加入如下语句，如图 1-28(b)中第 6 行的代码。

```
RC_ICONS = 图标文件名
```

再次构建项目，重新生成.exe 可执行文件。

图标设置效果如图 1-29 所示。

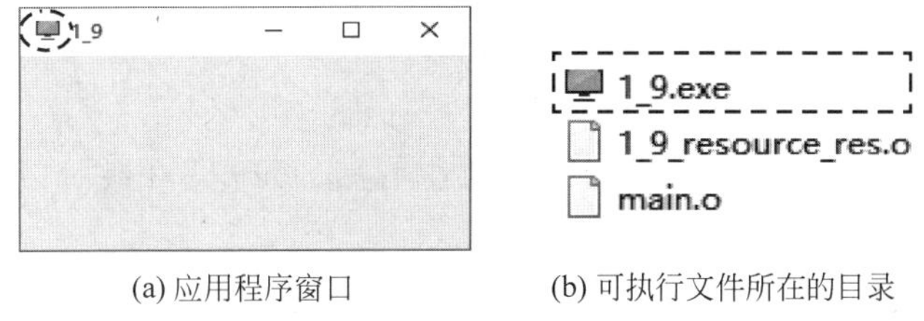

(a) 应用程序窗口　　(b) 可执行文件所在的目录

图 1-29　图标设置效果

如需在发布的程序中使用图标，只要更新可执行文件。例如项目 1_9，用本节生成的 1_9.exe 替换掉原 1_9.exe 文件即可。

1.7 编程实例——模拟病毒程序

传染性、破坏性都是计算机病毒的特征，本节将通过一个实例模拟展示病毒的感染和破坏功能。具体为当程序运行后会对自身进行复制，然后在 Windows 注册表中添加开机自启动项（以便能够在开机时自动运行已复制的程序），最后在计算机的 D 盘下生成若干垃圾文件（模拟病毒的破坏性）。本实例并不会对读者的计算机造成破坏，在本节的最后也给出了消除程序影响的方法。

提示：该程序是专门针对 Windows 操作系统编写的，只能运行于 Windows 平台。

1. 程序代码

创建一个纯 C++项目，并编写代码如下。

```
/****************************************
 * 项目名: 1_10
 * 说  明: 模拟病毒程序
 ****************************************/
#include <iostream>
#include <string>
#include <fstream>
#include <ctime>
#define NUMBER 5                    //要生成的垃圾文件数量
using namespace std;

string getRand()                    //功能: 返回一个字符串类型的随机数字串
{
    int n = rand();
    return to_string(n);
}

int main(int argc, char * argv[])
{
    string progName = argv[0];      //当前程序文件名
    cout << "Now Running Program:"<< endl << progName << endl << endl;

    //程序自我复制
    srand(time(0));                 //使用当前时间,初始化随机发生器
    string randstr = getRand();
    string copyfileName = "d:\\copyProgram_" + randstr + ".exe";
    string copyCMD = "copy " + progName + " " + copyfileName;  //系统复制文件命令
    cout <<"Copy Now Running Program to: "<< copyfileName << endl;
    system(copyCMD.c_str());        //执行系统复制文件命令

    //向注册表的特定位置写入启动项,以开机自动运行.exe 文件
    cout << endl <<"Write to Registry(for Start Automatically):"<< endl
```

```
            <<"Location => HKEY_LOCAL_MACHINE\\SOFTWARE\\Microsoft"
            <<"\\Windows\\CurrentVersion\\Run\\Virus"<< randstr << endl;
    string regadd = "reg add \"HKEY_LOCAL_MACHINE\\SOFTWARE\\"
             + string("Microsoft\\Windows\\CurrentVersion\\Run\" /v Virus")
             + randstr + " /d " + copyfileName + " /f";
    system(regadd.c_str());
    cout << endl;

    for(int i = 0;i < NUMBER;i++)  //生成垃圾文件
    {
        string filename = "d:\\Junk_" + getRand() + ".txt"; //文件名
        ofstream output(filename,ios::out);
        if(!output.fail())
        {
            output <<"content.";
            output.close();
            cout <<"Generate Junk File:"<< filename << endl;
        }
    }
    system("pause");              //系统暂停,按任意键继续
    return 0;
}
```

getRand()函数用于返回一个 string 类型(在 string 头文件中定义)的随机数字字符串,如 22132。对该函数的实现说明如下:首先调用 rand()函数(标准 C++库中的函数)返回一个整型随机数,然后调用 to_string()函数(标准 C++库中的函数,需 C++11 规范支持)将整型数转换为 string 字符串。

main()函数的第 2 个参数 argv 是一个字符型指针的数组,存储了所有的命令行参数(数组长度存储于第 1 个参数 argc 中),其中 argv[0]中传入的总是当前正在执行的程序的文件名,读者可以对照代码和图 1-30(该图运行的程序是 D:\1_10.exe)观察输出的 progName(由 argv[0]初始化)值。

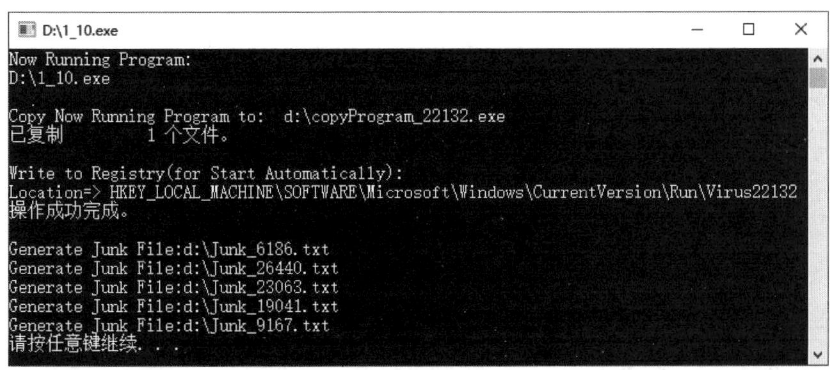

图 1-30　项目 1_10 的运行效果

time(0)返回当前的系统时间,srand()函数以它为种子初始化随机数发生器。randstr 表示一个随机数字字符串,用于生成新的文件名 copyfileName。字符串 copyCMD 是一条

Windows 系统的复制文件命令,通过 system()函数执行该命令(命令须转换成 C 字符串的形式,通过 string 类的 c_str()成员函数实现)。在正确地执行了该复制命令后,会显示一条"已复制 1 个文件。"的信息,如图 1-30 所示。

regadd 字符串中存放的是一条向 Windows 注册表中添加项的命令,也通过 system()函数执行,在成功写入后会显示一条"操作成功完成。"的信息。

提示:读者可添加输出 copyCMD 和 regadd 的 cout 语句,以观察实际执行的系统命令。

此时打开 Windows 注册表编辑器(具体操作为单击 Windows"开始"按钮,在搜索栏中输入 regedit,然后按 Enter 键),并定位到图 1-30 中 Location=>后所指示的注册表位置,可以看到如图 1-31 中虚线框所示的新建项(以 Virus 开头,后面的数字串随机)。该位置的注册表项对应的程序会在开机时自动运行。

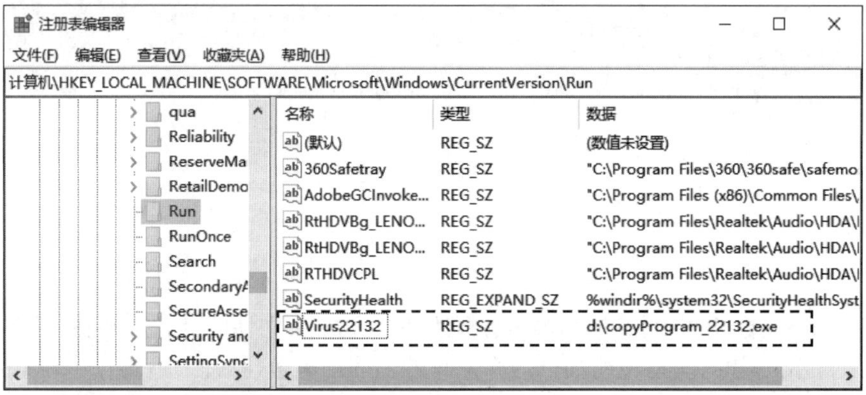

图 1-31　注册表中写入的内容

main()函数中的 for 循环的作用是生成 Number 个文件,这些文件以"Junk_随机数字串.txt"的形式命名,文件内容为"content.",存放于计算机的 D 盘下。关于生成文件和写操作的细节,可参考 7.1.3 节。最后,为了方便读者观察输出结果,执行了系统的 pause 命令使窗口暂停(按任意键继续)。

2. 程序的运行

若直接在 Qt Creator 环境中编译运行程序,结果很可能和图 1-30 不一样,如在复制文件时出现"系统找不到指定的文件"的提示(原因是程序文件的路径太长,copy 命令要求路径不超过 256 个字符)、在写入注册表时出现"错误:拒绝访问"的提示(原因是没有写入权限),下面给出解决方法。

(1) 采用静态的方式进行编译,即在.pro 文件中添加语句:

```
QMAKE_CXXFLAGS = -static
QMAKE_LFLAGS += -static
```

然后重新编译生成.exe 文件。

(2) 将生成的.exe 文件复制到 D 盘下,关闭 360 安全卫士等安全监控软件(或其他具有拦截修改开机启动项功能的软件),然后在文件名上右击,在弹出的快捷菜单中选择"以管理员身份运行"命令(见图 1-32)。

项目 1_10 的运行效果如图 1-30 所示，此时 D 盘下的内容如图 1-33 所示，注册表中的内容如图 1-31 所示。

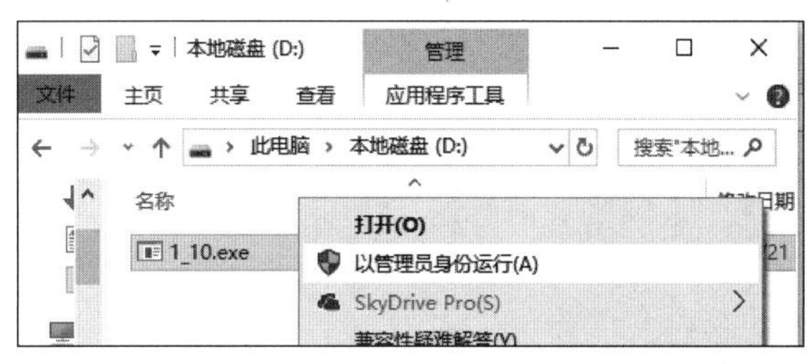

图 1-32　以管理员身份运行项目 1_10

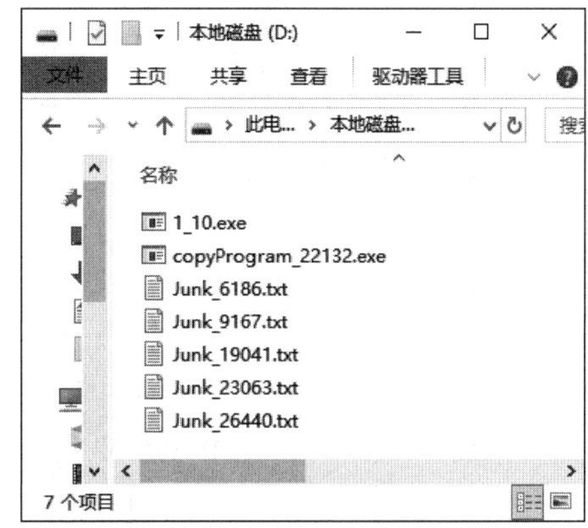

图 1-33　自动复制及生成的文件

3. 恢复操作

第 1 次运行本程序以后，计算机每开机一次都会自动复制当前程序(因为已自动运行)，然后在注册表中添加一个自启动项，并生成垃圾文件。如果要消除本程序的影响，可执行以下操作。

(1) 删除图 1-31 中目录下所有以 Virus 开头的注册表项。

(2) 删除 D 盘下所有以 copyProgram_开头的. exe 文件。

(3) 删除 D 盘下所有以 Junk_开头的. txt 文件。

课后习题

一、选择题

1. 设已有定义“int abc;”，则下面 C++语句中正确的是(　　)。

   A. cin >> abc;　　B. cout >>"int";　　C. cout << int;　　D. cin >>"abc";

2. 下面关于函数的声明正确的是(　　)。

   ① int fun1(int x=0,int y);

   ② int fun2(int x=0,int y=0);

   ③ int fun3(int x, y=0);

   ④ int fun4(int x,int y);

   A. ①②③　　B. ②③④　　C. ④　　D. ②④

3. 下面说法中正确的是(　　)。

   A. 引用可以看作变量的别名，它们代表的是同一块内存空间

   B. 和指针一样，引用被初始化后，还可以被重新赋值为另一个变量的引用

   C. 使用引用作为形参和普通形参一样，都无法完成在函数内部修改实参值的目的

   D. 若引用名和变量名表示的是同一块内存空间，则引用和变量的作用域一定相同

4. 关于 C++的动态申请空间，下面说法中不正确的是(　　)。
   A. 使用 new 运算符申请的空间应使用 delete 释放
   B. 使用 new 运算符申请空间时应指明数据类型
   C. new 运算符可以申请一块连续的、数据类型相同的内存空间(动态数组)
   D. 任何变量的内存空间都可以用 delete 释放
5. 面向对象程序设计的特点不包括(　　)。
   A. 继承和派生　　　　B. 封装和信息隐藏
   C. 模块化　　　　D. 多态
6. 下面说法中不正确的是(　　)。
   A. Windows 系统下的图形用户界面程序是围绕着消息的产生和处理进行的
   B. 基于 Qt 的图形用户界面程序不依赖于操作系统，因此即使在 Windows 系统上运行也不产生消息循环和维护消息队列
   C. Qt 对底层不同操作系统的 API 分别进行了封装，提供了统一的编程接口，因此基于 Qt 的图形用户界面程序虽然可以跨平台，但具体到不同操作系统上运行时，需要不同底层操作系统的支持
   D. Windows 应用程序的默认入口函数为 WinMain
7. 下面强制类型转换编译将出错的是(　　)。
   A. double a=0;
      int b=int(a);
   B. double a=0;
      int b=static_cast<int>(a);
   C. const double a=0;
      int b=const_cast<int>(a);
   D. const double a=0;
      double* ptr=const_cast<double*>(&a);
8. 关于静态编译和动态编译，下面说法中错误的是(　　)。
   A. 动态编译的可执行文件需要运行库的支持才能执行
   B. 静态编译的可执行文件在运行时不需要运行库
   C. 对于同一个程序，静态编译得到的可执行文件通常要比动态编译得到的可执行文件小
   D. 动态编译得到的程序更加灵活，具有更好的扩展性
9. 典型的 Windows 图形用户界面程序的流程为(　　)。
   A. 创建窗口、注册窗口类、显示窗口、更新窗口、消息循环
   B. 创建窗口、注册窗口类、更新窗口、显示窗口、消息循环
   C. 注册窗口类、创建窗口、更新窗口、显示窗口、消息循环
   D. 注册窗口类、创建窗口、显示窗口、更新窗口、消息循环
10. 在 Qt Creator 中，项目文件的扩展名是(　　)。
   A. .pro.user　　B. .cpp　　C. .pro　　D. .h

二、程序分析题

1. 请阅读程序，给出运行结果。

```
#include <iostream>
using namespace std;
bool isEven(int x);
int main()
{
    int a[10];
    for(int i = 0;i < 10;i++)
        a[i] = i;
    for(int i:a)
        if(isEven(a[i]))
            cout << a[i]<<' ';
    return 0;
}
bool isEven(int x)
{
    if(x % 2 == 0)
        return true;
    return false;
}
```

2. 下面程序的功能是在运行时等待用户输入一个整数存入 number，然后输出 0～number－1 的 number 个数据。例如，若输入 5，则输出为“0 1 2 3 4 ”，请填空。

```
#include <iostream>
using namespace std;
int main()
{
    int *ptr,number;
    cout <<"please input integer number:";
    ______①______
    ptr = ____②____;
    for(int i = 0;i < number;i++)
        ptr[i] = i;
    for(int i = 0;i < number;i++)
        cout << ptr[i]<<' ';
    ____③____
    return 0;
}
```

三、编程题

1. 编写程序，实现功能：当用户输入圆柱体的底面半径和高时，计算并输出圆柱体的表面积和体积。

2. 参考项目 1_7，尝试编写以下应用程序：当程序运行时弹出一个消息框，内容为自己的姓名，标题为自己的学号，样式为包含“是”“否”“取消”3 个按钮。当单击“是”按钮时，弹出“你按下了是按钮”消息框；当单击“否”按钮时，弹出“你按下了否按钮”消息框；当单击“取消”按钮时，弹出“你按下了取消按钮”消息框。

3. 在项目 1_9 的基础上将对象 w 的类型修改为 QDialog(对话框窗口类型,注意修改包含的库文件),观察对话框和窗口的异同之处,然后设置程序图标并完成程序的发布。

四、思考题

1. 项目中的源代码是全部写在一个文件中好,还是分别放在不同的源文件和头文件中好？如果是后者,应如何分类源代码？如何组织头文件及源文件？为什么？

2. 静态编译和动态编译各有什么好处？

实验 1　C++和 GUI 编程初探

一、实验目的

1. 掌握 C++的基本语法。
2. 熟悉 Qt Creator 集成开发环境。
3. 了解完整的 Windows 应用程序的组成结构。
4. 了解最简单的 Qt 图形用户界面程序的编写。
5. 掌握发布程序、设置程序图标等常用操作。

二、实验内容

1. 熟悉 Qt Creator 开发环境和纯 C++项目的开发流程,完成项目 1_2 的编译和运行。

2. 编写程序,实现当用户分别输入一条线段的两个端点的 x 和 y 坐标时输出线段长度的功能。

3. 运行并分析项目 1_8,了解一个完整的 Windows 应用程序应实现的功能及其实现步骤,从而理解创建窗口的过程和运行机制。然后在源代码的基础上分别进行以下操作。

(1) 试着给 nCmdShow 赋值 SW_SHOWMAXIMIZED,观察哪里使用到了该变量,观察运行结果的变化。

(2) 修改窗口函数 WndProc()的名字,观察需要修改哪些地方,从而了解窗口函数是如何得以运行的。

(3) 尝试修改窗口函数 WndProc()的定义,在 switch 语句中添加处理 WM_CREATE 消息(当窗口被创建时产生此消息)的部分,弹出一个内容为“欢迎”的消息框。

4. 参考项目 1_9 创建一个 QMainWindow 类型的窗口(主窗口类型,注意修改包含的库文件),观察 QMainWindow 主窗口和 QWidget 窗口的异同之处。然后尝试添加代码完成以下设置。

(1) 将主窗口的标题设置为“第 1 个 Qt 程序”(使用成员函数 setWindowTitle)。

(2) 将主窗口的大小设置为 300 像素宽、300 像素高(使用成员函数 resize)。

提示:在输入“w. setWindowTitle()”后,上下文中会显示出该成员函数的原型,可通过按键盘上的上下方向键在多个函数原型间切换以便查看,从而获取应给该成员函数设置何种参数的知识。例如,以桌面左上角为原点,向右 100 像素、向下 100 像素移动窗口的代码为“w. move(100,100);”。

5. 在实验内容 4 的基础上给应用程序添加图标,并实现程序的发布。

第2章 类和对象

类(Class)是面向对象程序设计实现封装的基础。和 int、char、double 等基本数据类型一样，类也是一种数据类型。基本数据类型的变量拥有内存空间，可以以一定的格式存储数据信息，还可以进行相应的数据操作，如整型变量具有加、减、乘、整除等算术运算行为，bool 类型具有与、或、非等逻辑运算行为等。使用类定义的变量(称为**对象**)同样会被分配内存空间，也能够以一定的内部格式存储数据信息，以及进行相应的数据操作等。基本数据类型的数据存储格式、分配的内存空间大小、具有的行为等已由系统定义好，数据直接以系统指定的格式存入该类型变量的内存空间，也只能使用系统规定好的(运算)行为操纵该类型的变量，不能也无法添加行为或修改行为；而用户自定义的类，需要程序员自己指明类对象内部可以存储多少数据、以何种顺序存储哪些类型的数据、对这些数据可以实施哪些行为以及行为如何实现等。

类是一种数据类型，而不是数据，所以不占据内存空间，不能直接操作。只有定义了该类的对象(称为**类的实例化**)，系统才会给对象分配内存空间，从而操作该对象内存空间中的数据，这和基本数据类型是一致的，读者可以从基本数据类型的角度来理解。例如，int 类型是一种数据类型，没有内存空间，本身不能进行加、减等操作；只有定义了该类型的变量，如变量 a，才会给 a 分配内存空间；使用 a 进行加、减等运算，就是从该内存空间中取出数据值进行计算的行为。

类是对现实世界中具有共同特征的事物进行的抽象。这些事物具有一些通用的属性，如每个人都有“体重”“性别”“年龄”等属性，这些属性被抽象成类中的一个个数据成员；事物还具有一些通用的行为，如每个人都具有“吃饭”“睡觉”等行为，在类中通过成员函数实现行为。有些行为是与属性值相关的，如“吃饭”会导致“体重”值的变化；有些则是无关的，如“睡觉”只表述了一种行为的实施，并未使用或修改属性。由于事物主要通过属性来刻画，所以广义上仍将这些行为看作对事物属性实施的行为，属性(数据成员)和行为(成员函数)都被封装在类中，形成一种完整的、对事物的描述。

在设计程序时，如果抽象出的类与现实中的概念有直接的对应关系，这个程序就会更容易理解，也更容易修改。一组经过良好设计的类会使程序更简洁明了。

视频讲解

2.1 初识类和对象

类通过声明**数据成员**表示可存储数据的类型。在一个类中可声明多个数据成员，数据成员类型可以是基本数据类型，指针类型等也可以是类。类中的所有数据成员一起，共同构成了本类中数据的存储形式。对数据成员可实施的行为使用函数进行声明和实现，这些函数（称为**成员函数**）也被放在类的定义中，成为类的一部分。

类经过定义和实现后，就可以像基本数据类型一样使用。例如，可以定义类的对象、可以作为函数的形参类型、可以作为函数的返回类型、可以定义指向类对象的指针变量、可以定义类对象的引用、可以定义类对象数组、可以作为类内数据成员的类型（注意，自身这个类除外）等，使用方法和基本数据类型一致。

访问权限是实现信息隐藏的手段之一，用来限制类成员是否对外界可见，以及在多大范围内可以被访问和使用。用户可以给类中的不同数据成员和成员函数设置不同的访问权限。类内的数据成员一般建议声明为具有私有访问权限（以实现信息的隐藏），对数据成员的访问通过公有成员函数（具有公有访问权限）间接实现。与结构体不同，类中成员在未指定访问权限时默认具有私有访问权限。

对于类的使用者，私有数据成员是不可见的，成员函数的实现细节也是不可见的，通常将 C++类中的公有成员函数称为**接口**。在类内数据成员均为非公有访问权限的情况下，用户只能通过接口（调用公有成员函数）间接地操纵类对象内部的数据。

视频讲解

2.1.1 类的定义

定义类的一般形式如下。

```
class 类名
{
    public:
        数据成员                //具有公有访问权限
        成员函数                //具有公有访问权限
    private:
        数据成员                //具有私有访问权限
        成员函数                //具有私有访问权限
    protected:
        数据成员                //具有保护访问权限
        成员函数                //具有保护访问权限
};
```

class 为 C++中的关键字，表明接下来要定义一个类，“类名”是用户给类起的名字，须符合标识符的命名规范。花括号（{}）括起来的部分给出了类中的数据成员和成员函数，注意这是一个类的定义语句，因此右花括号后面的分号一定要有。

花括号内的 public、private 和 protected 也是 C++中的关键字，表示不同的访问权限，以冒号结尾，表明从本访问权限关键字开始，到下一个访问权限关键字之前的数据成员和成员函数，都具有本关键字所表示的访问权限。访问权限可以省略，默认具有私有访问权限，访问权限关键字不限位置，可在类内多次使用。

“数据成员”用来声明类中的数据成员，格式同一般变量。“成员函数”用来定义类中的成员函数，格式同一般函数。

下面从一个大家非常熟悉的概念——“时间”开始介绍类定义的方法。从概念中抽象出时、分、秒 3 个属性和设置时间、显示时间两个行为，分别对应 hour、minute、second 3 个数据成员和 setTime、showTime 两个成员函数。

```
class Time
{
    int hour, minute, second;
public:
    void setTime(int h, int m, int s)
    {
        hour = h;
        minute = m;
        second = s;
    }
    void showTime()
    {
        cout << hour <<":"<< minute <<":"<< second << endl;
    }
};
```

上面给出了一个 Time 类的完整定义。其中，数据成员时、分、秒被声明为整型，可以如例中所示写在一起，也可以分开用多条语句声明，默认具有私有访问权限；成员函数 setTime()接受 3 个参数值，实现设置数据成员值的功能；成员函数 showTime()实现在标准输出设备(屏幕)上显示时间的功能。

提示：

(1) 建议给类、数据成员、成员函数等分别起一个有意义的名字，并且建议对类名、数据成员(变量、对象)名、成员函数(普通函数)名、符号常量等不同类别的标识符使用不同的命名规则。这里虽然只是建议(不强制必须做到)，却是程序员们约定俗成的习惯。良好的命名习惯有助于程序员快速了解一个标识符是类名、变量、函数还是常量，以及它所代表的含义，从而提升程序的可读性和易维护性。

(2) 以 Qt 使用的命名规范为例，一般建议：

① 类名的首字母大写，若类名由多个单词拼接而成，则每个单词的首字母大写(称为驼峰命名法)；

② 符号常量全部大写；

③ 变量的第 1 个单词小写，其后单词的首字母大写；

④ 函数的第 1 个单词小写，其后单词的首字母大写。由于函数调用时后面要带小括号，所以不会和变量混淆。

另外可以只在类内声明成员函数，然后在类外给出成员函数的定义。成员函数在类外定义时和普通函数有所不同，格式如下。

```
返回类型 类名::成员函数名(形参列表)
{
    函数体
}
```

可以看到，比普通函数的定义多了“**类名::**”部分。其中，::为域解析运算符，作用是告诉编译器后面的函数是前面这个类的成员函数。上述 Time 类的定义也可以写成以下形式。

```
class Time
{
    int hour,minute,second;
public:
    void setTime(int h,int m,int s);
    void showTime();
};
void Time::setTime(int h,int m,int s)
{
    hour = h;
    minute = m;
    second = s;
}
void Time::showTime()
{
    cout << hour <<":"<< minute <<":"<< second << endl;
}
```

在类内的成员函数默认为**内联成员函数**，一般是一些较为简单，不涉及循环、递归等复杂控制流程的函数。在调用内联成员函数时，编译器会将该函数的代码插入每个调用该函数的地方(上下文)，从而节省了调用函数带来的额外开销。

在类外定义的函数如果也希望成为内联函数，可以在类内声明时或在类外定义时返回类型之前加上关键字 inline。例如，将 showTime()声明为内联成员函数，可在类内修改该成员声明为

```
inline void showTime();
```

或在类外定义时写为

```
inline void Time::showTime()
{
    cout << hour <<":"<< minute <<":"<< second << endl;
}
```

关键字 inline 只要在声明或定义中出现一次即可。需要注意无论是在类内部定义的默认内联成员函数，还是定义在类外、使用关键字 inline 说明的内联成员函数，都只是向编译器发出一个请求，希望自己能成为内联函数，而不是命令，编译器可以选择忽略它。如果一

个函数不能被编译器内联，它仍旧会被当作一个正常的函数进行调用。

关键字 public、private、protected 称为成员访问限定符，分别代表公有的、私有的、受保护的 3 种不同程度的访问权限，既可以用来限定类中成员的访问权限，也可以用来限定结构体类型中成员的访问权限（参考 1.2.7 节）。它们的不同在于：在未显式指定访问权限时，类中的所有成员默认具有私有访问权限，而结构体中的所有成员默认具有公有访问权限。

表 2-1 给出了类中各种访问权限的区别。

表 2-1　类成员的访问权限

函　　数	public 公有成员	private 私有成员	protected 保护成员
本类的成员函数	可以访问 （使用形式：成员名）	可以访问 （使用形式：成员名）	可以访问 （使用形式：成员名）
其他函数	可以访问 （使用形式：对象名.公有成员）	不能访问	不能访问

跟在“private:”之后的成员称为私有成员（包括私有数据成员和私有成员函数），只有本类的成员函数可以访问本类的私有成员。例如，在 showTime()函数和 setTime()函数中可以对本类的私有数据成员 hour、minute 和 second 进行访问。任何外部函数都不能直接访问类内的私有成员。

跟在“protected:”之后的成员称为保护成员，其访问权限与私有成员类似。两者的区别主要表现在继承时对派生类的影响不同，在第 3 章（继承与派生）中会对此加以讨论，目前可认为保护成员的权限和私有成员的权限是一样的。

跟在“public:”之后的成员称为公有成员。本类的成员函数、外部函数都可以访问公有成员。其中，本类成员函数对公有成员的访问与对私有成员的访问一样，直接使用名字即可；而外部函数对公有成员的访问需要用“对象名.成员”的形式（参见 2.1.2 节）。

2.1.2　对象的定义与使用

视频讲解

在定义了一个类后，就可以用它定义该类的变量，即对象。定义对象的过程称为类的实例化，其格式如下。

```
类名 对象名;
```

或

```
类名 对象名列表;
```

其中，类名需要是一个已经定义过的类，对象名需要符合标识符的命名规范。可见，定义对象和定义基本类型的变量并无不同。例如，在 2.1.1 节定义过的 Time 类的基础上可定义该类的对象如下。

```
Time getUpTime;
Time arrivalTime,departureTime;
```

系统会给每个对象分配相应的存储空间。由于对象内部需要存储 3 个整型数据，而一个整型数据占 4 字节，所以系统会给每个对象分配 12 字节的内存空间。读者可以使用 sizeof 运算符计算对象所占用内存空间的大小并输出，例如：

```
cout << sizeof(getUpTime);
```

运行结果为

```
12
```

对象之间可以相互赋值，形式与普通变量一样，例如：

```
arrivalTime = departureTime;
```

要求赋值运算符左右两边是同一个类型的对象。在赋值时，会将右边对象内存空间中的值原样复制到左边对象的内存空间中。

成员函数代码存储在对象内存空间之外，由所有对象共用。例如，对于起床时间 getUpTime、到达时间 arrivalTime 和离开时间 departureTime 这 3 个对象调用同一成员函数时对应的是同一函数代码段，而不是 3 个不同的函数代码段。

需要说明的是，在某些情况(如类中声明了虚函数、内存需补齐)时，系统给对象分配的内存空间可能会大于数据成员所需的内存空间之和，多出来的空间用于存储一些额外的信息或进行内存对齐。

另外也可以在定义类的同时定义对象，其一般形式为

```
class 类名
{
    类体
} 对象名列表;
```

例如：

```
class Time
{
    int hour,minute,second;
public:
    void setTime(int h,int m,int s)
    {
        hour = h;
        minute = m;
        second = s;
    }
    void showTime()
    {
        cout << hour <<":"<< minute <<":"<< second << endl;
```

```
    }
} bellTime;
```

这段代码在定义 Time 类的同时定义了该类的对象 bellTime。

在采用这种办法定义类的对象时，类名是可以省略的。例如，在上述代码中，class 关键字后面的 Time 是可以省略的，此时该类是一个没有名字的匿名类，所有该类的对象都应在之后的对象名列表中定义完毕，因为一旦此语句结束，就不知道用什么名字表示该匿名类了，也就无法再去定义它的对象了。

在对象定义完毕之后，可以使用圆点运算符(.)访问其数据成员和成员函数，访问方式为

```
对象名.数据成员
对象名.成员函数(实参列表)
```

在类外进行访问，上述数据成员和成员函数需要具备公有访问权限。例如，在 Time 类中已将成员函数 showTime()和 setTime()声明为具有公有访问权限，对于该类的对象 getUpTime，可用以下方式调用成员函数。

```
getUpTime.setTime(6,30,0);
getUpTime.showTime();
```

前者执行成员函数 setTime()，将 getUpTime 对象内部的数据成员 hour、minute、second 的值分别设置为 6、30、0；后者执行成员函数 showTime()，从 getUpTime 对象的内存空间中依次取出 hour、minute、second 的值，然后按照函数中 cout 语句里列出的顺序，在屏幕上输出：

```
6:30:0
```

数据成员 hour、minute、second 具有默认的私有访问权限，因此下面的写法是错误的。

```
getUpTime.hour = 3;        //错误，在类外，对象不能直接访问私有数据成员
```

在编译时，系统会给出以下错误提示。

```
error: 'hour' is a private member of 'Time'
```

如果希望上述代码可以正常执行，需要将类定义语句中数据成员 hour 的声明放在“public:”之后。但不建议这么做，因为如果这样，外界就可以直接读写数据成员 hour，有可能会进行不安全的操作(如将其值设置为－1)，从而破坏了封装性和信息隐藏，违背了设置类的初衷。

数据成员一般都建议设置为私有的(或保护的，与类继承有关)。如果要操纵数据成员，可设置若干公有成员函数，在公有成员函数内部对私有数据成员进行访问和修改。外界通过类提供的这些有限的公有接口(公有成员函数)间接地对数据实施函数中规定好的、有限的操作，从而保证了数据的安全性和隐蔽性。

例如，对 Time 类中数据的设置可通过 setTime()成员函数进行，为了保证时间数据处于合理的范围内，现将函数的实现修改如下。

```
void Time::setTime(int h, int m, int s)
{
    if(h > 23)          hour = 23;
    else if(h < 0)      hour = 0;
    else                hour = h;
    if(m > 59)          minute = 59;
    else if(m < 0)      minute = 0;
    else                minute = m;
    if(s > 59)          second = 59;
    else if(s < 0)      second = 0;
    else                second = s;
}
```

该函数保证了对象内部实际存储的 hour 值为 0～23 的整数，minute 值和 second 值为 0～59 的整数。例如以下代码：

```
departureTime.setTime(6,70, - 3);
departureTime.showTime();
```

第 1 句调用 setTime()成员函数，传入的值经函数内部处理后，实际存储到 departureTime 对象的 hour、minute、second 数据成员中的值分别是 6、59、0。第 2 句在屏幕上输出的结果为

```
6:59:0
```

除了这两个公有接口之外，外界无法对 departureTime 对象内部的数据进行任何其他的操作，实际上外界也根本不知道此对象内部有哪些私有数据成员。

视频讲解

2.1.3 this 指针

在 2.1.2 节中提到，成员函数代码存储在对象内存空间之外，由所有对象共用。这意味着以下两条语句：

```
getUpTime.setTime(6,30,0);
arrivalTime.setTime(8,20,30);
```

实际执行的是代码区中的同一函数代码段。第 1 句传入了参数 6、30、0，然后执行这段函数体代码；第 2 句传入了参数 8、20、30，然后执行同一段函数体代码。现在的问题是系统如何知道第 1 句调用执行这段代码时（如语句“hour＝h;”）使用的 hour 是 getUpTime 对象的数据成员，而第 2 句使用的是 arrivalTime 对象的数据成员呢？因为对于这段代码，每次运行时执行的都是同样的指令，都对 hour 的值进行修改，但传参时只传递了 3 个整型实参值，并没有传递关于对象的任何信息，它为什么能够区分出第 1 次运行和第 2 次运行时修改的分别是不同对象的数据成员 hour 的内存空间呢？或者换句话说，它怎么知道是哪个对象调用

了自己呢?

在调用该成员函数时,传递的参数实际上不止用户看到的这 3 个,而是 4 个。事实上,对于所有的非静态成员函数(静态成员函数的概念见 4.1.2 节),都包含了一个隐含的形参。用户看到的第 1 个形参实际上是成员函数的第 2 个形参,而默认隐含的第 1 个形参为

```
类型名 * const register this
```

其中,"类型名"就是当前成员函数所在类的类型;this 是第 1 个形参的参数名,它是一个指向本类对象的指针;const 代表在函数内部不能修改 this 指针所指向的地址;关键字 register 建议编译器给 this 指针分配的空间位于 CPU 的寄存器中。

setTime()成员函数的原型在编译器看来实际上是

```
void setTime(Time * const register this, int h, int m, int s);
```

当一个对象调用成员函数时,编译器会将该对象的地址传递给成员函数的第 1 个形参 this,即 this 指针指向当前调用对象。所谓当前调用对象就是通过圆点运算符(.)调用该成员函数的对象。在成员函数中存取数据成员时,编译器会根据该成员函数内 this 指针所指向的对象确定应使用该对象的数据成员。以 setTime()成员函数为例,经编译器展开后,该函数实际为

```
void Time::setTime(Time * const register this, int h, int m, int s)
{
    if(h > 23)       ( * this).hour = 23;          //this 是指向当前调用对象的指针
    else if(h < 0)   ( * this).hour = 0;
    else             ( * this).hour = h;
    if(m > 59)       ( * this).minute = 59;
    else if(m < 0)   ( * this).minute = 0;
    else             ( * this).minute = m;
    if(s > 59)       ( * this).second = 59;
    else if(s < 0)   ( * this).second = 0;
    else             ( * this).second = s;
}
```

或等价为

```
void Time::setTime(Time * const register this, int h, int m, int s)
{
    if(h > 23)       this -> hour = 23;
    else if(h < 0)   this -> hour = 0;
    else             this -> hour = h;
    if(m > 59)       this -> minute = 59;
    else if(m < 0)   this -> minute = 0;
    else             this -> minute = m;
    if(s > 59)       this -> second = 59;
    else if(s < 0)   this -> second = 0;
    else             this -> second = s;
}
```

this 指针指向当前调用对象,在执行以下语句时:

```
getUpTime.setTime(6,30,0);
```

成员函数内的 this 指针就指向 getUpTime 对象，函数内部用到的 hour 实际上是(* this) .hour，即 getUpTime 对象的 hour 数据成员。this-> hour 是一种与(* this).hour 等价的写法。运算符 -> 表示访问指针(左操作数 this)所指向对象(getUpTime)的成员(右操作数 hour)。

用户无须维护 this 指针，也不能在成员函数的形参列表中添加 this 指针的定义，或者在调用时给它显式地传递当前调用对象的地址。它的定义、初始化和使用它引用对象的成员都是由编译器隐含完成的。在写好一个非静态成员函数后，编译器会帮助用户实现这个转换过程。

在一般情况下不需要显式地使用 this 指针，但也会有一些特殊的情况，使用户必须使用它。请看下面的例子。

```
void Time::setTime(int hour,int minute,int second)
{
    if(hour > 23)          this -> hour = 23;
    else if(hour < 0)      this -> hour = 0;
    else                   this -> hour = hour;
    if(minute > 59)        this -> minute = 59;
    else if(minute < 0)    this -> minute = 0;
    else                   this -> minute = minute;
    if(second > 59)        this -> second = 59;
    else if(second < 0)    this -> second = 0;
    else                   this -> second = second;
}
```

在该例中，setTime()成员函数的形参 hour、minute、second 和类内的数据成员 hour、minute、second 重名了，按照同名变量的屏蔽规则，在成员函数体内使用的 hour 是形参 hour。数据成员 hour 被同名形参 hour 所屏蔽，是无法直接通过名字 hour 访问的。此时如果要使用数据成员 hour，就只能通过 this 指针来指明。

提示：

(1) 在每个类的非静态成员函数中都隐含有 this 指针，指向当前调用对象。this 指针由编译器自动维护。

(2) const 关键字限定了不能修改 this 指针的值(即不能更改它指向的对象)。

视频讲解

2.1.4 项目文件的组织

当项目较复杂、规模较大时，把所有的代码都写在一个源文件中会降低文件的可读性。此时如果采用多文件的组织方式，会使程序更加清晰，也方便管理和维护。

对于一个类，通常会把它的定义写在一个头文件中，把它的成员函数实现写在一个源文件中，而将其他代码(如使用类定义对象、实现业务逻辑等)写在另外一个(或多个)源文件中。当存在多个类时，每个类都对应一个头文件和一个源文件。下面对 Time 类的定义和使用给出一个完整的程序，并通过此例讲解代码的多文件组织，并剖析这样做的好处。

其操作步骤如下。

(1) 建立一个纯 C++项目(参考 1.3.1 节),项目名为 2_1。

(2) 给项目添加一个新的类,过程参考 1.3.2 节。具体操作为在图 1-8 中选择 C++ Class,单击 Choose 按钮,此时界面如图 2-1 所示,然后设置类的名字为 Time,此时界面下方会自动填充对应的以类名命名的头文件名 time.h 和源文件名 time.cpp。

单击"下一步"按钮,选择要添加到的项目,再单击"完成"按钮,此时项目中已有的文件如图 2-2 所示。

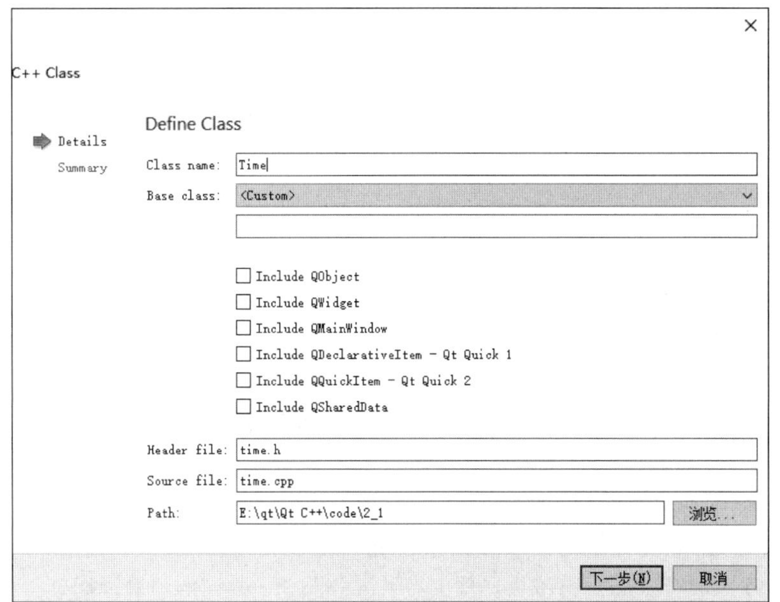

图 2-1　添加一个类

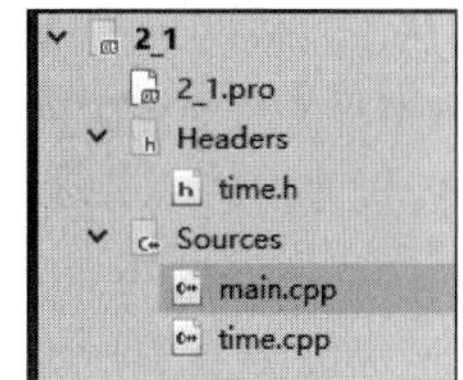

图 2-2　项目的文件构成

给每个文件添加代码,头文件 time.h 的内容如下。

```
/****************************************
 * 项目名: 2_1
 * 文件名: time.h
 * 说  明: Time 类的定义
 ****************************************/
#ifndef TIME_H
#define TIME_H

class Time
{
    int hour;
    int minute;
    int second;
public:
    void setTime(int h, int m, int s);
```

```
    void showTime();
};

#endif //TIME_H
```

以#开始的整行语句构成了一条预处理指令，作用是在编译器进行编译之前对源代码做某些转换，这个过程由预处理程序完成。这里以大家熟悉的#define为例，例如：

```
#define PI 3.14
```

预处理程序会把源程序中出现的所有宏标识符PI替换为宏定义的值3.14。

对于本项目文件中的条件编译指令#ifndef，一般采用以下使用方式。

```
#ifndef 标识
#define 标识
…//头文件中的内容
#endif
```

例如，本项目文件中此指令的含义：若没有定义TIME_H，则由下一句预编译指令定义TIME_H，这里TIME_H是一个"标识"，每个头文件的这个标识都应该是唯一的，一般建议采用将头文件名的字母全大写，并把头文件名中的.变成_的形式(实际上标识可以自由命名，只要符合标识符的命名规则即可)。最后的#endif指令表示条件编译指令结束。

条件编译指令用于防止一个源文件中两次或多次包含同一个头文件，考虑以下情形。

(1) 在项目中再生成一个头文件time2.h，该头文件中有#include "time.h"的预编译指令。

(2) 在time.cpp中通过#include预编译指令分别包含了time.h和time2.h。

此时，如果time.h中没有条件编译预处理指令，则不能通过编译。其原因如下：包含头文件实际上是将头文件中的代码复制到#include的位置，在time.cpp中包含了time.h，会将Time类的定义复制到time.cpp文件中对应#include "time.h"的位置；在time.cpp中又包含了time2.h，而time2.h中又包含了time.h，因此会再次将time.h的内容(Time类的定义)复制进来，这样在time.cpp中就有了两份Time类的定义，导致程序报错。

加上条件编译指令后，time.cpp中第1次包含time.h头文件时，由于没有定义TIME_H，条件为真，就会包含#ifndef和#endif之间的代码；当第2次包含time.h头文件时，由于前面已经定义了TIME_H，条件为假，于是直接跳转到#endif，#ifndef和#endif之间的代码就不会再次被包含，这样就避免了Time类的重定义。

提示：在实际编程中建议，不管头文件是否会被多个文件所包含，都应把头文件的内容放在#ifndef和#endif之间。

类实现文件time.cpp的代码如下。

```
/*******************************************
 * 项目名：2_1
 * 文件名：time.cpp
```

```
 * 说   明: Time类的实现
 ****************************************/
#include "time.h"
#include <iostream>
using namespace std;

void Time::setTime(int h, int m, int s)
{
    if(h > 23)          hour = 23;
    else if(h < 0)      hour = 0;
    else                hour = h;

    if(m > 59)          minute = 59;
    else if(m < 0)      minute = 0;
    else                minute = m;

    if(s > 59)          second = 59;
    else if(s < 0)      second = 0;
    else                second = s;
}

void Time::showTime()
{
    cout << hour << ":" << minute << ":" << second << endl;
}
```

对于项目中自定义的头文件，在使用#include包含进来时一般使用一对双引号，如"time.h"。这与使用一对尖括号的区别在于：后者在编译时会先到系统默认目录中去查找该头文件，找不到才在工程目录中查找；而使用双引号正好相反，会先到工程目录中查找，未找到再去系统默认目录中查找。注意，不同的编译器对头文件查找处理的细节可能会有所不同。

将一个类的代码分成.h和.cpp两个文件的原因如下。

对于类的使用者，他们通常并不关心类的实现细节，这样只需要阅读头文件就可以知道所有关于类的信息，然后直接使用即可。

从编译的角度，每个源文件都会被单独编译成.o目标文件，如果类实现的源文件(time.cpp)没有被修改，在编译时就不需要再重新编译这个文件，从而减少了编译的工作量。如果将类实现的代码放在头文件(time.h)中，再被其他源文件所包含，实际相当于把类实现代码写在这些源文件中，起不到分模块编译的效果。

主函数所在的main.cpp的代码如下。

```
/****************************************
 * 项目名: 2_1
 * 文件名: main.cpp
 * 说   明: Time类的使用
 ****************************************/
```

```
#include <iostream>
#include "time.h"
using namespace std;

int main()
{
    Time getUpTime;
    Time arrivalTime,departureTime;

    cout <<"size of getUpTime is:"<< sizeof(getUpTime)<<"byte"<< endl;

    cout <<"getUpTime is:";
    getUpTime.showTime();

    getUpTime.setTime(6,30,0);
    cout <<"getUpTime is:";
    getUpTime.showTime();
    //getUpTime.hour = 3;      //错误,不能访问私有数据成员

    departureTime.setTime(6,70, - 3);
    cout <<"departureTime is:";
    departureTime.showTime();

    arrivalTime.setTime(8,20,30);
    cout <<"arrivalTime is:";
    arrivalTime.showTime();
}
```

第 1 个 cout 语句输出 getUpTime 对象占据的内存空间的字节数。然后该对象调用 showTime()函数,输出对象中存储的时间,由于此时并未设置过对象内部数据成员的值,所以输出的是一个不确定的结果,如图 2-3 中的第 2 行所示。因为 hour 是私有数据成员,不能被外部函数访问,所以被注释掉的 getUpTime.hour 的写法是不合法的。最后对 3 个对象分别调用 setTime()和 showTime()函数,设置和显示时间,结果如图 2-3 所示。可以看到,通过公有接口操作内部数据可以限制施加到数据成员上的操作,保证了安全性。

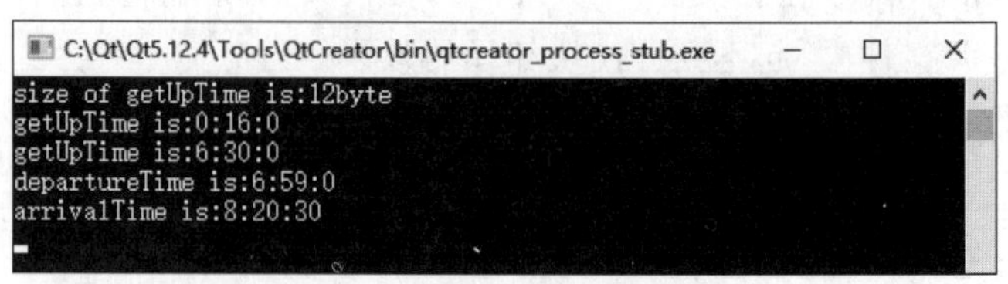

图 2-3　项目 2_1 的运行结果

另外,也可以将所有代码写在一个源文件中。虽然对于简单的例子(如本例),写在一个文件中时代码可能更短,但仍强烈建议读者习惯于以多文件的形式组织项目。

2.2 构造函数和析构函数

视频讲解

在项目 2_1 中，第 1 次输出 getUpTime 对象的时间时，由于未对该对象内部的数据成员初始化（或赋值）过，所以输出的是一个不确定的结果。在这种情况下，程序员需要时刻记得先要调用 setTime()函数设置对象的值，然后再使用它。

为了减轻程序员的负担，避免无意中使用到未初始化的不确定值，在 C++ 中提供了一种机制，在生成对象的时候就能够自动执行一些代码，以完成对象初始化的工作。构造函数就是用来实现此目的的一种特殊的成员函数，它在对象生成时由系统自动调用（用户不用去调用它，也不能去调用它）。

当特定的对象使用结束、内存空间被回收前，也常常需要进行一些清理的工作（如释放对象生存期间申请的动态内存空间等），C++ 同样提供了一种特殊的成员函数，称为析构函数，来完成收尾的工作。它在对象的内存空间被回收前由系统自动调用（也可以由用户调用，但不建议这么做）。

2.2.1 构造函数

视频讲解

构造函数是类的成员函数，在生成对象时由系统自动调用。与普通成员函数相比，它有以下特点。

（1）构造函数名必须与类名相同，这是区分构造函数与一般成员函数的依据。例如，对于 Time 类，其构造函数的名字就是 Time()。

（2）构造函数没有返回类型，在声明处和定义处都不允许指定返回类型。注意，这并不意味着返回类型是 void，两者并不相同。在构造函数的语句结构中就没有返回类型这一块。

（3）构造函数在类对象生成的时候由系统自动调用执行，不能由程序员显式调用。

（4）构造函数的访问权限应当被设置为公有的（public），否则该构造函数无法访问，也就无法被用来初始化对象了，最终会导致程序编译错误。

构造函数根据参数的不同可以分为无参构造函数、普通带参构造函数和复制构造函数等。

1. 无参构造函数

视频讲解

无参构造函数也叫默认构造函数，其声明格式如下。

```
类名( );
```

例如，对于 Time 类，可在类定义中“public:”范围内的部分添加构造函数的声明如下。

```
Time();
```

在类外定义构造函数（也可以在类中直接定义）与普通成员函数相同，代码如下。

```
Time::Time()
```

```
{
    hour = 0;
    minute = 0;
    second = 0;
}
```

添加了上述构造函数的 Time 类，在对象生成的同时，其构造函数会被调用，实现将内部数据成员的值均设为 0 的功能。对于更新后的 Time 类，执行以下代码：

```
Time getUpTime;
getUpTime.showTime();
```

运行结果为

```
0:0:0
```

在定义构造函数时，函数头之后还可以跟一个初始化列表，以冒号(:)开头，后面跟着一个或多个数据成员，各个数据成员之间用逗号隔开，并在每个数据成员名之后跟有一对圆括号，里面给出了该成员的初始值。其格式如下。

```
类名::类名(): 数据成员 1(初值 1),数据成员 2(初值 2),…,数据成员 n(初值 n) //可有一个或多个
{
    //构造函数体
}
```

例如，上述 Time 类的构造函数还可以写为

```
Time::Time():hour(0),minute(0),second(0)
{
}
```

由于 hour、minute 和 second 均在初始化列表中进行了初始化，所以在函数体内无需赋值的代码。两种写法的作用是相同的，但实现细节有所区别：写在函数体内时，先给对象分配内存空间，然后再在函数中依次给具有内存空间的每个数据成员赋值；写在初始化列表中时，在给对象分配内存空间的同时初始化每个数据成员。这类似于语句“int a; a=0;”和“int a=0;”的区别，前者是有先后顺序的，而后者是伴随着发生的。

在初始化列表中各数据成员初始化的先后顺序与书写的顺序无关，只与类定义体中数据成员声明的先后顺序有关。

例如，无论构造函数写成

```
Time::Time():minute(0),hour(0),second(0)
{
}
```

或

```
Time::Time():second(0),minute(0),hour(0)
{
}
```

由于 Time 类中 3 个数据成员声明的先后顺序(见项目 2_1 的代码)依次为 hour、minute 和 second,所以系统中始终是以下工作顺序:分配 hour 的内存空间并初始化为 0,分配 minute 的内存空间并初始化为 0,分配 second 的内存空间并初始化为 0。

上面的定义还可以写成以下既有在初始化列表中初始化的数据成员,又有在构造函数体中赋值的数据成员的形式。

```
Time::Time():second(0),minute(0)
{
    hour = 0;
}
```

构造函数执行的顺序为先初始化区域,再执行函数定义体部分的程序,即分配 hour 的内存空间,分配 minute 的内存空间并初始化为 0,分配 second 的内存空间并初始化为 0,将 hour 内存空间的值更新为 0。

2. 普通带参构造函数

视频讲解

构造函数也可以带参数,这里的普通带参构造函数主要是为了和复制构造函数(使用本类的引用作为参数)区分开。其声明格式如下。

```
类名(形参列表);
```

无参构造函数 Time()把时间设置成了默认的 0 时 0 分 0 秒。在某些时刻,或许会希望用程序员给定的值初始化对象,这就需要用带参构造函数,以便使用形参接受程序员给定的值。

构造函数可以重载。例如,在上述 Time 类已有一个无参构造函数的基础上可新增一个带参构造函数,在类中添加声明:

```
Time::Time(int h,int m,int s);
```

类外的实现如下。

```
Time::Time(int h,int m,int s)
{
    hour = h;
    minute = m;
    second = s;
}
```

或

```
Time::Time(int h,int m,int s):hour(h),minute(m),second(s)
{
}
```

在使用带参构造函数时,传递给带参构造函数的值需要在定义对象的同时给出,其格式如下。

```
类名 对象名(实参列表);
```

或

```
类名 对象名 = {实参列表};      //C++11 中新引入的列表初始化方式,等号可省略
```

对于添加完带参构造函数的 Time 类,执行以下代码:

```
Time arrivalTime(10,25,10);
arrivalTime.showTime();
```

运行结果为

```
10:25:10
```

可以看到,带参构造函数的实现和 setTime()成员函数是一模一样的,不同的是带参构造函数在对象生成的时候由系统自动调用,而 setTime()成员函数需要在对象生成之后由对象通过圆点运算符调用。

带参构造函数也可以写成以下形式。

```
Time::Time(int h,int m,int s):hour(h),second(s)
{
    minute = m;
}
```

此时,对于 arrivalTime 对象,系统的工作顺序为参数传递、初始化列表、函数体,即将值10、25、0 分别传递给形参 h、m 和 s;给 hour 分配内存空间并用 h 的值 10 初始化,给 minute 分配内存空间,给 second 分配内存空间并用 s 的值 0 初始化;更新 minute 内存空间的值 m 为 25。

提示:*初始化列表是构造函数特有的,普通成员函数没有该列表。*

构造函数的参数可以有默认值,如果更新上面带参构造函数在类内的声明为

```
Time(int h,int m,int s = 0);
```

则对于代码:

```
Time departureTime(12,30);
departureTime.showTime();
```

对象 departureTime 生成时依然会调用该带参构造函数,将 12 传递给 h,将 30 传递给 m,s 对应的实参没有给出,使用默认值 0。运行结果为

```
12:30:0
```

当一个类中有多个带参或不带参构造函数时,对于带有不同初始化值的对象,会自动调用带有相应参数(形参和实参的个数、类型相匹配)的构造函数。

例如,再给 Time 类添加一个带参构造函数,类内的声明为

```
Time(int h);
```

类外的实现为

```
Time::Time(int h):hour(h),minute(0),second(0)
{
}
```

执行以下代码。

```
Time getUpTime;
getUpTime.showTime();
Time arrivalTime(10,25,10);
arrivalTime.showTime();
Time departureTime(12,30);
departureTime.showTime();
Time bellTime(16);
bellTime.showTime();
```

运行结果为

```
0:0:0
10:25:10
12:30:0
16:0:0
```

其中,getUpTime 对象使用了不带参构造函数进行初始化；arrivalTime 使用了带 3 个参数的构造函数进行初始化；departureTime 虽然也使用了带 3 个参数的构造函数,但第 3 个参数使用了默认值；bellTime 使用了带一个参数的构造函数进行初始化。

提示：和普通函数重载一样,在一个类中,不带参数的构造函数、带不同个数和类型的构造函数、有参数默认值的构造函数需要能彼此区分开,以便在对象初始化时能够根据实参列表唯一地确定使用哪一个构造函数。

构造函数是类的常规组成部分,每个类都必须有构造函数,系统在对象生成时会根据参数列表自动调用合适的构造函数。然而,在项目 2_1 中并没有定义构造函数,程序也正常运行了,这是为什么呢?

对于一个类,如果程序员未定义任何构造函数,系统会帮忙生成一个不带参数的,什么也不干的默认构造函数。对于项目 2_1,在编译时会自动在类中添加构造函数：

```
Time::Time()
{
}
```

该函数不做任何事情,它存在的意义只是定义对象时,使系统至少能够找到一个构造函数。

一旦用户定义了构造函数,包括带参的和不带参的构造函数,系统都不会再给类创建默认构造函数。因此,如果类中只有一个带参构造函数,在定义对象时就必须给出实参列表。

3. 复制构造函数

视频讲解

复制构造函数又称为拷贝构造函数,它是一种特殊的构造函数,它的形参必须是本类的引用,用来完成使用本类已有对象初始化一个新对象的功能。它的形参并不限制为 const 类型,但一般建议加上 const。其声明格式如下。

```
类名(类名 & 形参名);
```

给 Time 类添加复制构造函数,在类中添加声明:

```
Time(const Time& obj);
```

类外的实现为

```
Time::Time(const Time& obj)
{
    cout <<"Copy Constructor is Called."<< endl;
    hour = obj.hour + 1;
    minute = obj.minute;
    second = obj.second;
}
```

接着执行以下代码。

```
Time bellTime(16);
bellTime.showTime();
Time offDutyTime(bellTime);
offDutyTime.showTime();
```

运行结果为

```
16:0:0
Copy Constructor is Called.
17:0:0
```

复制构造函数使用一个已经存在的对象初始化一个新对象,在本例中使用了响铃时间对象 bellTime 初始化下班时间对象 offDutyTime,将下班时间设置在响铃时间之后一个小时。

复制构造函数在执行时,首先用实参 bellTime 对象初始化形参 obj,即 obj 引用实际上代表了 bellTime 对象,然后执行函数体:取出 obj 引用的数据成员 hour 的值,经加工计算后赋给新对象(调用此复制构造函数的对象)的 hour。虽然这里 obj 的 hour 是私有数据成员,但复制构造函数是类内的成员函数,因此可以访问。

和本例在已有对象值的基础上修改后再赋给新对象不同,多数情况下,在使用一个已存在的对象初始化一个新对象时,两者内部存储的值是一样的。在这种情形下,就不需要自定义复制构造函数。在类中没有复制构造函数的情况下,系统会帮忙生成一个默认的复制构造函数,该函数利用已有对象初始化一个新对象,并且新对象内部和已有对象内部数据成员的值一样。

提示:

(1) 通常使用系统默认生成的复制构造函数即可。

(2) 如果类对象中指向(或引用)了某个外部的内容(堆、文件、系统资源等),使用默认生成的复制构造函数(浅拷贝),两个对象就会拥有共同的资源,同时对资源访问会出问题。此时需要用户自定义复制构造函数实现“深拷贝”,即把资源也重新申请和复制,使得不同的对象拥有不同的资源,但资源的内容是一样的。

例如,对象中有指针成员指向一块通过 new 运算符申请到的动态内存,浅拷贝时只会将指针成员的值(动态内存的地址)复制给新对象,导致两个对象的此指针成员指向同一块动态内存。此时需要用户实现复制构造函数,并在其中给新对象申请新的动态内存,将原对象动态内存中的内容复制到新对象的动态内存中。

复制构造函数在下面 3 种情况下被调用。

(1) 一个对象需要通过另外一个对象进行初始化。

例如,生成上述 offDutyTime 对象时就调用了复制构造函数。

(2) 函数形参为对象。

例如,给上面的例子添加一个函数 func1()。

```
void func1(Time time)
{
    time.showTime();
}
```

执行以下代码。

```
Time bellTime(16);
bellTime.showTime();
func1(bellTime);
```

运行结果为

```
16:0:0
Copy Constructor is Called.
17:0:0
```

在调用 func1()函数时,需要用实参 bellTime 去初始化形参 time,在此过程中调用了复制构造函数。

(3) 一个对象以值传递的方式从函数返回。

例如,在之前的基础上添加一个函数 func2()。

```
Time func2()
{
    Time time(18);
    time.showTime();
    return time;
}
```

执行以下代码。

```
func2().showTime();
```

这里首先执行函数 func2()，函数内生成了一个 18 点 0 分 0 秒的 time 对象，调用 showTime()成员函数显示后，再通过 return 语句返回该对象。由于 time 是函数中的局部对象，当函数调用结束之后该对象就不再存在了，那么对于语句“func2(). showTime();”，是哪个对象调用了 showTime()呢？

按照 C++语言规范，在函数返回时会产生一个返回类型的临时对象接受 return 语句返回的对象值，这个过程就是通过用返回的 time 对象初始化临时对象实现的。初始化的过程会调用复制构造函数。

需要说明的是，不同的编译器处理的方式可能会有所不同。例如，Qt 安装时自带的 MinGW 是基于 GCC 编译器的，该编译器默认对返回值进行了优化（C++11 标准提出的一项“返回值优化”编译技术），直接使用了返回对象，而没有构造临时对象，因此没有调用复制构造函数。上述代码在使用了 MinGW 编译工具包的 Qt Creator 环境下运行时，结果为

```
18:0:0
18:0:0
```

而在 VS 2017 集成开发环境下运行时，结果为

```
18:0:0
Copy Constructor is Called.
19:0:0
```

读者应该对此种实际编译器在实现（或优化）时可能存在的细微差异有所了解。

提示：实际上，并不建议函数直接返回类对象。出于节省空间的考虑，建议通过引用或者指针向函数内部传入对象和返回对象。

视频讲解

4. 就地初始化数据成员（需 C++ 11 标准支持）

除了可以使用构造函数对类的数据成员进行初始化之外，C++ 11 标准还支持在类定义时对数据成员就地初始化。该初始化形式虽然和构造函数无关，但由于它们都与对象的初始化紧密相关，所以一并放在本节中向读者介绍。

例如，上述 Time 类还可以写为

```
class Time
{
    int hour = 0;
    int minute{0};
    int second = 0;          //不支持直接初始化形式的写法，如 int second(0);
public:
    void showTime();
};
```

则对于下面定义的对象 time：

```
Time time;
```

内部的 hour、minute、second 成员都会被初始化为 0。

在 C++ 11 语言规范标准之前，只能对结构体成员或类的静态常量成员就地初始化。

而 C++ 11 标准放宽了限制，大多数数据成员都能就地初始化，限制的情形如下。

(1) 静态且不具有常属性的数据成员不能就地初始化。

(2) 不支持直接初始化(使用小括号进行的初始化)写法。

就地初始化和构造函数的初始化列表可以同时使用，此时数据成员的初始值以初始化列表为准。

2.2.2 析构函数

视频讲解

当对象超出作用域时，系统会回收分配给它的内存空间，在回收之前，系统会自动执行对象的析构函数。析构函数也是一种特殊的成员函数，其特点如下。

(1) 析构函数名与类名相同，前面加一个～符号与构造函数区分。

(2) 析构函数不带任何参数，也没有返回类型(包括 void 类型)。

(3) 每个类只能有一个析构函数，它不能重载。

(4) 在没有定义析构函数时，系统会默认生成一个什么也不做的析构函数。

(5) 析构函数的访问权限应当被设置为公有的。

(6) 析构函数可以像普通成员函数一样被调用，但不建议这么做。

析构函数的声明如下。

```
～类名();
```

例如，对于 Time 类，在没有自定义析构函数时系统生成的默认析构函数为

```
Time::～Time()
{
}
```

如果要自己编写析构函数，首先需要在类中添加声明：

```
～Time();
```

然后在类外(也可以在类定义中实现)实现析构函数，例如：

```
Time::～Time()
{
    cout <<"destructor is called."<< endl;
}
```

该类的所有对象的内存空间被回收之前，都会由系统自动调用此析构函数，执行 cout 语句输出“destructor is called.”。

引入析构函数机制的初衷是在对象销毁之前用该函数完成一些“清理善后”的工作。在上例中，析构函数除了输出一句话之外并没有做什么实质性的清理工作，而且好像确实也不需要做什么额外的工作。实际上，对于大部分的类，系统默认生成的析构函数就够用了。但也有一些重要的情形，要求用户必须自己写析构函数。例如，下面的情况最常见：类中使用 new 运算符(参考 1.2.5 节)动态申请过内存空间，在对象销毁前，须编写析构函数释放申请

的动态空间，见项目 2_2。

在项目 2_2 中共包含 3 个文件，MyString 类的头文件如下。

```
/*****************************************
 * 项目名: 2_2
 * 文件名: mystring.h
 * 说  明: 字符串类
 *****************************************/
#ifndef MYSTRING_H
#define MYSTRING_H

class MyString
{
    char *ptr;
public:
    MyString(char * str);
    ~MyString();
    void display();
};

#endif //MYSTRING_H
```

MyString 类的实现文件如下。

```
/*****************************************
 * 项目名: 2_2
 * 文件名: mystring.cpp
 * 说  明: 字符串类成员的实现
 *****************************************/
#include "mystring.h"
#include <iostream>
using namespace std;

MyString::MyString(char *str)
{
    int length;
    for(length = 0;str[length]!= '\0';length++)  //求字符串的长度,放在 length 中
        ;
    ptr = new char[length + 1];       //申请一块动态内存空间,可以放下 length 个字符
    for(int i = 0;i < length;i++)  //将 str 中的字符依次复制到 ptr 指向的动态空间中
        ptr[i] = str[i];
    ptr[length] = '\0';               //字符串的末尾加结束标志'\0'

}
MyString::~MyString()
{
```

```
    delete[] ptr;
}

void MyString::display()
{
    cout << ptr << endl;
}
```

在类中只声明了一个指针类型的数据成员，为了能存储字符串，在构造函数中使用 new 运算符动态申请了一块内存空间，并将传递进来的字符串(由形参指针 str 指向)复制到该内存空间。

在整个程序运行的过程中，动态申请到的内存空间不会被自动销毁，所以如果没有在析构函数中使用 delete 运算符释放，这些空间就会一直存在。即使对象销毁了，该空间也仍然存在，但已无法访问(因为对象已销毁，对象中指向该空间的指针成员也被销毁了)，这就造成了内存的浪费。若程序中大量、反复地生成该类型的对象，那么每个对象都会申请这么一块空间，而这些空间却没有在对象销毁时释放。如此不断消耗，直到所有的空间都被分配出去，就会造成程序不得不异常终止。

因此，一旦该内存空间不再使用，应及时释放(交还给系统)。释放动态内存空间的操作不能期望类的使用者来完成，因为使用者通常并不关心(更可能也看不到)类内是不是申请了动态空间，即使知道，也没有意愿和动力时刻记得要在最后释放空间。最合适的处理时机就是在析构函数中释放申请过的动态空间，如代码中所示。

主函数所在的源文件如下。

```
/*****************************************
 * 项目名: 2_2
 * 文件名: main.cpp
 * 说  明: 析构函数最常见的使用情形
 *****************************************/
#include "MyString.h"
#include <iostream>
using namespace std;

int main()
{
    MyString str("hello");
    str.display();
    return 0;
}
```

运行结果如下。

```
hello
```

提示：析构函数通常用来完成释放对象所申请的资源等工作。资源不仅包括申请的动态内存空间，还包括打开的文件、设备等。

本节介绍了构造函数和析构函数的概念。项目 2_3 对前面的知识点进行了总结，给出了 Time 类及其使用的完整代码，并稍微进行了扩充和修改，以更清楚地展示构造函数和析构函数的调用时机和使用细节。

在项目 2_3 中共包含 3 个文件，Time 类的头文件如下。

```
/****************************************
 * 项目名：2_3
 * 文件名：time.h
 * 说  明：时间类
 ****************************************/
#ifndef TIME_H
#define TIME_H

class Time
{
    int hour,minute,second;
public:
    Time();
    Time(int h);
    Time(int h,int m,int s = 0);
    Time(Time& obj);
    ~Time();
    void setTime(int h,int m,int s);
    void showTime();
};

#endif //TIME_H
```

Time 类的实现文件如下。

```
/****************************************
 * 项目名：2_3
 * 文件名：time.cpp
 * 说  明：时间类成员的实现
 ****************************************/
#include "time.h"
#include <iostream>
using namespace std;

Time::Time():hour(0),minute(0),second(0)
{
    cout <<"Constructor is Called. I'm "<< hour <<":"<< minute <<":"<< second << endl;
}

Time::Time(int h):hour(h),minute(0),second(0)
```

```
{
    cout <<"Constructor with 1 paramter is Called. I'm "
        << hour <<":"<< minute <<":"<< second << endl;
}

Time::Time(int h, int m, int s):hour(h),minute(m),second(s)
{
    cout <<"Constructor with 3 paramters is Called. I'm "
        << hour <<":"<< minute <<":"<< second << endl;
}

Time::Time(Time& obj)
{
    hour = obj.hour + 1;
    minute = obj.minute;
    second = obj.second;
    cout <<"Copy Constructor is Called. I'm "
        << hour <<":"<< minute <<":"<< second << endl;
}

Time::~Time()
{
   cout <<"Destructor is called, I'm "<< hour <<":"<< minute <<":"<< second << endl;
}

void Time::setTime(int h, int m, int s)
{
    if(h > 23)          hour = 23;
    else if(h < 0)      hour = 0;
    else                hour = h;

    if(m > 59)          minute = 59;
    else if(m < 0)      minute = 0;
    else                minute = m;

    if(s > 59)          second = 59;
    else if(s < 0)      second = 0;
    else                second = s;
}

void Time::showTime()
{
    cout << hour <<":"<< minute <<":"<< second << endl;
}
```

为了方便观察构造函数和析构函数被调用的时机和顺序，在每个构造函数和析构函数中都添加了一些输出语句，以表明自己是哪个函数，以及是由哪个对象调用的。

主函数所在的源文件如下。

```
/****************************************
 * 项目名: 2_3
 * 文件名: main.cpp
 * 说  明: 构造函数和析构函数的使用
 ****************************************/
#include < iostream >
#include "time.h"
using namespace std;

void func1(Time time)
{
    time.showTime();
}

Time func2()
{
    Time time(18);
    return time;
}

int main()
{
    Time getUpTime;
    getUpTime.~Time();
    Time arrivalTime(10,25,10);
    Time departureTime(12,30);
    Time bellTime(16);
    Time offDutyTime(bellTime);

    func1(bellTime);
    func2().showTime();
}
```

程序运行结果如图 2-4 所示。

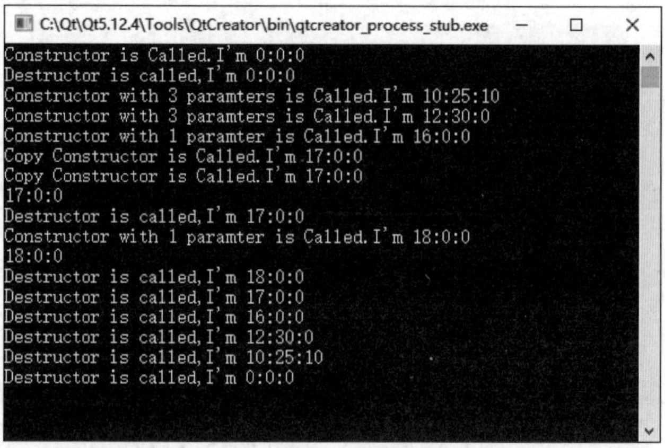

```
C:\Qt\Qt5.12.4\Tools\QtCreator\bin\qtcreator_process_stub.exe
Constructor is Called.I'm 0:0:0
Destructor is called,I'm 0:0:0
Constructor with 3 paramters is Called.I'm 10:25:10
Constructor with 3 paramters is Called.I'm 12:30:0
Constructor with 1 paramter is Called.I'm 16:0:0
Copy Constructor is Called.I'm 17:0:0
Copy Constructor is Called.I'm 17:0:0
17:0:0
Destructor is called,I'm 17:0:0
Constructor with 1 paramter is Called.I'm 18:0:0
18:0:0
Destructor is called,I'm 18:0:0
Destructor is called,I'm 17:0:0
Destructor is called,I'm 16:0:0
Destructor is called,I'm 12:30:0
Destructor is called,I'm 10:25:10
Destructor is called,I'm 0:0:0
```

图 2-4　项目 2_3 的运行结果(编译器进行了返回值优化)

第 1 行是生成 getUpTime 对象时调用了无参构造函数的输出；第 2 行是 getUpTime 对象显式地调用析构函数时的输出，但此时 getUpTime 对象并没有被销毁，只是输出了本条语句而已；第 3 行是生成 arrivalTime 对象时调用了带 3 个参数的构造函数的输出；第 4 行是生成 departureTime 对象时调用了带 3 个参数的构造函数且形参 3 使用了默认值的输出；第 5 行是生成 bellTime 对象时调用了带一个参数的构造函数的输出；第 6 行是生成 offDutyTime 对象时调用了复制构造函数的输出；第 7 行是调用函数 func1()，生成形参 time 时调用复制构造函数的输出；第 8 行是形参 time 调用成员函数 showTime()的结果；第 9 行是 func1()函数执行完毕，形参 time 被销毁前调用析构函数的结果；第 10 行是执行 func2()函数，生成局部对象 time 调用带一个参数的构造函数的输出；由于 GCC 编译器对局部变量作为返回值进行了优化，所以第 11 行是直接使用了返回对象 time 调用 showTime()成员函数的结果；第 12 行是 func2()中的局部对象 time 被销毁前调用析构函数的结果。

如果未进行返回值优化（如在 VS 2017 集成开发环境中），第 11 行和第 12 行的输出结果应当是图 2-5 中虚线框框出的这 4 行结果，读者可自行分析一下输出；第 13～17 行，从对象的值可以看出，依次是 offDutyTime、bellTime、departureTime、arrivalTime、getUpTime 对象被销毁前调用析构函数的结果。

```
Microsoft Visual Studio 调试控制台
Constructor is Called.I'm 0:0:0
Destructor is called,I'm 0:0:0
Constructor with 3 paramters is Called.I'm 10:25:10
Constructor with 3 paramters is Called.I'm 12:30:0
Constructor with 1 paramter is Called.I'm 16:0:0
Copy Constructor is Called.I'm 17:0:0
Copy Constructor is Called.I'm 17:0:0
17:0:0
Destructor is called,I'm 17:0:0
Constructor with 1 paramter is Called.I'm 18:0:0
Copy Constructor is Called.I'm 19:0:0
Destructor is called,I'm 18:0:0
19:0:0
Destructor is called,I'm 19:0:0
Destructor is called,I'm 17:0:0
Destructor is called,I'm 16:0:0
Destructor is called,I'm 12:30:0
Destructor is called,I'm 10:25:10
Destructor is called,I'm 0:0:0
```

图 2-5 项目 2_3 的运行结果（编译器未进行返回值优化）

提示：对于具有相同作用域的多个对象，其析构的顺序和其生成（构造）的顺序是严格相反的。

2.3 Qt 窗口及部件初探

视频讲解

在 Qt 框架的 widgets 模块中实现了大量的窗口部件类及其相关类，以供用户使用。窗口部件（简称部件）是程序与用户进行交互的图形化组件，是建立图形用户界面的主要元素和基本单元，如主窗口、对话框、标签、按钮、文本框等都是窗口部件。窗口部件提供的功能包括在标准输出设备（屏幕）上绘制自己、显示信息、接受用户操作鼠标或键盘等形成的输入、作为容器在其内放置其他部件（部分窗口部件具有此功能）等。每个窗口部件都占据一块矩形的图形区域。

从类型的角度来看，窗口部件是某个窗口类的具体实例(对象)。例如，对话框是 QDialog 类的实例；标签是 QLabel 类的实例等。

从使用的角度来看，窗口部件可分为窗口和子部件两大类。

(1) 窗口又称为顶级部件，是指没有嵌入其他部件中(没有父部件)的部件，一般会有边框和标题栏(但不是必须)。窗口可以作为容器管理子部件，在一个窗口中可以有零个或多个子部件。

(2) 子部件又称为非窗口部件，一般作为窗口中的一个组件存在(此时窗口称为它们的父窗口或父对象)，例如按钮、标签等。子部件一般放在父窗口中，但也可以不放在父窗口中，以单独的窗口形式存在(称为子窗口)。

子部件和窗口的概念只是从用法上来区分的，并无本质上的差别。例如，标签也能以没有父窗口的形式存在，此时它自己就是一个窗口；对话框可作为另外一个窗口的子窗口存在，此时对话框就是一个子部件。

视频讲解

2.3.1 窗口类

窗口类主要包括基本窗口类 QWidget、对话框类 QDialog 和主窗口类 QMainWindow 3 种。

1. 基本窗口类 QWidget

在项目 1_9 中曾初步接触过 QWidget 类，它的实例是一个基本的窗口，如图 2-6 中的“2_4”标题所在的窗口。整个窗口外面包含一层边框，边框内部上方是标题栏，下方是用户自定义区域，子部件通常放置在用户自定义区域。

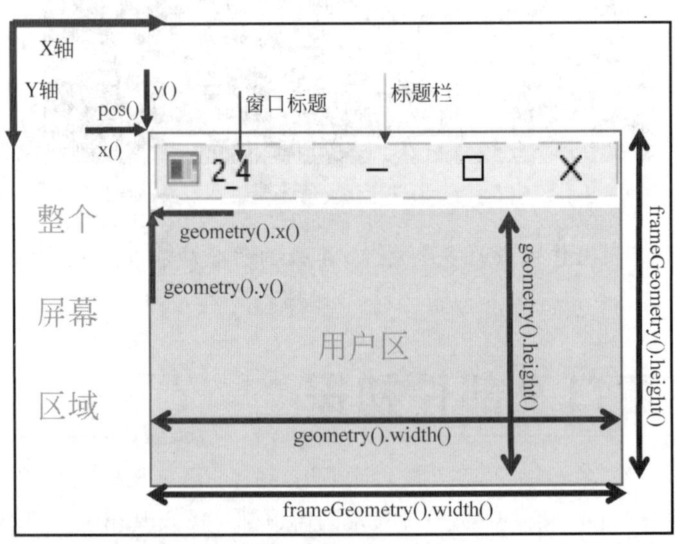

图 2-6 屏幕坐标系以及与窗口位置和大小相关的成员函数

在图 2-6 中最外层矩形包含的区域代表整个屏幕。屏幕坐标系原点在左上角，横向为 X 轴，纵向为 Y 轴，以像素为单位。内层矩形区域是一个基本窗口。该图中给出了窗口的构成，以及与窗口位置和几何尺寸相关的一些成员函数等。

窗口对象调用自己的 pos()成员函数会得到本窗口在屏幕上的坐标；调用 geometry()成员函数会返回用户区的尺寸信息；调用 frameGeometry()成员函数则返回的是整个窗口(包含边框)的尺寸等信息。

读者可以通过项目 2_4，根据代码、注释信息和程序运行结果，去熟悉 QWidget 类生成窗口实例的方法及其常见成员函数的使用。

按照 1.6.1 节的方式新建空 qmake 项目，然后在工程文件中添加“QT += widgets”以使用可视化部件，最后再添加一个 C++源文件，内容如下。

```
/****************************************
 * 项目名：2_4
 * 说  明：QWidget 对象实例及成员函数
 ****************************************/
#include <QApplication>                    //应用程序类,管理 GUI 程序的控制流和主要设置
#include <QWidget>                         //基本窗口类
#include <QDebug>                          //打印信息类 QDebug
int main(int argc,char * argv[])
{
    QApplication a(argc,argv);             //GUI 程序必须有且只有一个该类的对象

    QWidget w;                             //创建窗口对象实例
    w.setWindowTitle("我是标题");           //设置标题
    w.resize(300,200);                     //设置用户区的大小
    w.move(30,60);                         //移动窗口的位置
    w.setCursor(Qt::UpArrowCursor);        //设置光标为向上箭头
    w.show();                              //显示基本窗口

    qDebug()<< w.pos()<< w.x()<< w.y();
    qDebug()<< w.frameGeometry();
    qDebug()<< w.geometry();

    return a.exec();  //在 exec()函数中,程序进入消息循环,等待可能的输入进行响应
}
```

在设置窗口在屏幕坐标系中的位置和用户区的大小时，默认以像素为单位。Qt::UpArrowCursor 是一个枚举常量，用户可以在单词 UpArrowCursor 上右击，在弹出的快捷菜单中选择 Follow Symbol Under Cursor 命令，以查看还有哪些可用的光标枚举常量。

提示：枚举常量实际上是表示状态的一个整型常量，使用枚举常量，可以将枚举常量的名字与状态值实际代表的含义关联起来，方便用户记忆和使用。

qDebug()函数返回一个 QDebug 类型的对象，该对象可在应用程序输出窗口中输出调试信息，它支持输出 Qt 基础类型对象，如 QString、QRect、QPoint 等类型的对象都可以直接输出。其用法类似于标准输出流对象 cout，每句结束后会自动输出换行符。

图 2-7 给出了程序的运行结果。其中后面的 Qt Creator 窗口是以全屏形式显示的，整个图像的左上角即为屏幕的原点处。

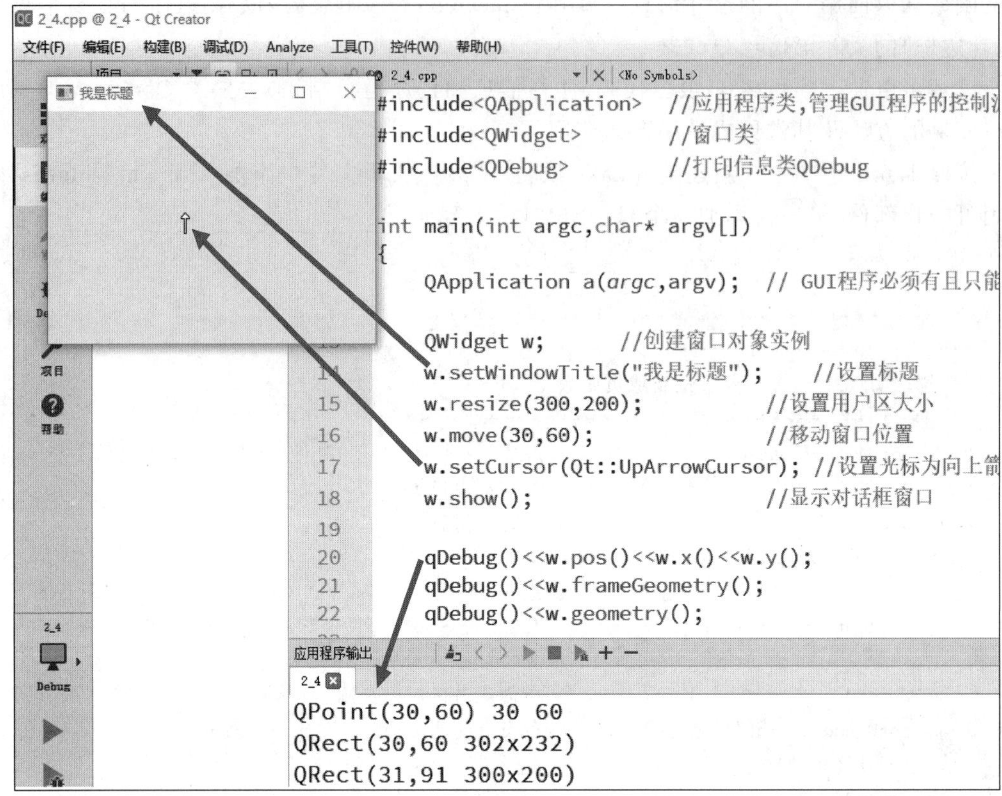

图 2-7 项目 2_4 的运行结果

qDebug()函数打印信息的意义主要是为了方便调试程序，在最终发布程序时并不需要这些信息。去掉这些信息，一方面可以加快程序执行的速度；另一方面可以减小程序的体积。

最直观的办法就是把这些语句注释掉，但这种办法太烦琐，更方便的办法是在.pro 工程文件中添加语句：

```
DEFINES += QT_NO_DEBUG_OUTPUT
```

重新编译运行程序，打印信息就都没有了。

提示：qDebug()函数返回的 QDebug 类型的对象可以方便地输出信息。其用法类似于 cout，支持 Qt 中常见的数据类型。

2. 对话框类 QDialog

对话框是一种用于完成一些较为短小的任务，或与用户进行简单交互的顶层窗口，由 QDialog 类生成。对话框在外观上和基本窗口相似，QDialog 类和 QWidget 类的结构也很相似。例如，对项目 2_4 进行如下改动。

（1）将包含的 QWidget 头文件改为 QDialog。

（2）对 w 对象的定义改成“QDialog w;”。

也就是把原来的基本窗口 w 改为对话框 w,再重新编译运行是完全可以的,运行结果如图 2-8 所示。除了窗口右上角少了最小化和最大化按钮,多了一个问号按钮外,其他都是一样的。

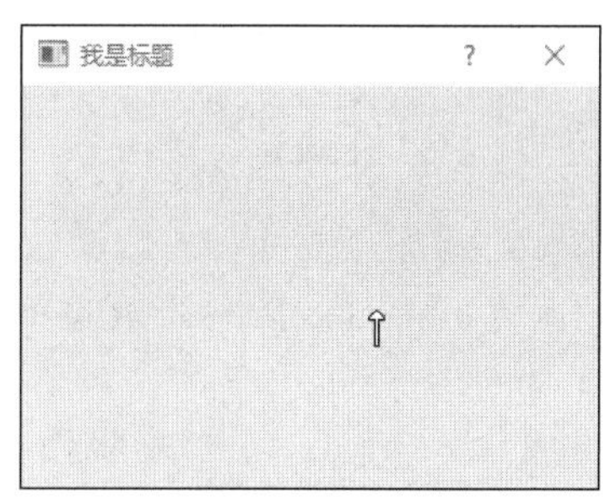

图 2-8　对话框的运行结果

实际上 QDialog 是 QWidget 的派生类,本书将在第 3 章中介绍派生类的概念。

对话框可以有模态和非模态两种状态。所谓非模态是指用户既能与该窗口交互,也能与该程序的其他窗口交互；而模态是指在没有关闭该窗口之前,用户不能与该程序的其他窗口交互。

在 QDialog 中,与模态有关的成员函数如表 2-2 所示。

表 2-2　与模态有关的成员函数

成员函数	功　能
int exec();	以模态形式显示对话框。只有在该对话框关闭后程序才继续往下执行
void setModal(bool modal);	设置是否为模态,设置后程序继续往下执行
void setWindowModality();	设置对话框要阻塞的窗口类型,参数可取以下值: Qt::NonModal(不阻塞窗口) Qt::WindowModal(只阻塞自己的父窗口、父窗口的父窗口以及兄弟窗口) Qt::ApplicationModal(阻塞本程序的所有窗口)

采用和项目 2_4 同样的方式创建项目 2_5,并添加以下代码。

```
/****************************************
* 项目名: 2_5
* 说　明: 模态和非模态对话框
****************************************/
#include <QApplication>
#include <QWidget>
#include <QDialog>

int main(int argc,char * argv[])
{
    QApplication a(argc,argv);

    QDialog dlg1,dlg2;
    dlg1.setWindowTitle("我是对话框 1");
    dlg1.exec();              //以模态形式显示对话框 1,该对话框关闭后程序才继续执行

    //dlg2 设置为模态(true),没有调用该语句时默认为非模态
    dlg2.setModal(true);      //设置好后程序会继续执行,并不停留于此
    dlg2.setWindowTitle("我是对话框 2");
```

```
    dlg2.resize(200,100);
    dlg2.show();

    QWidget w;
    w.setWindowTitle("我是基本窗口");
    w.show();

    return a.exec();
}
```

在项目 2_5 中展示了模态和非模态对话框的区别。dlg1.exec()函数实现以模态形式显示对话框 1,且要等对话框 1 关闭后程序才继续执行;对话框 2 通过代码 setModal(true)设置为模态(默认规则为阻塞应用程序的其他所有窗口),但程序仍然会继续执行,显示对话框 2 和基本窗口 w,此时活动窗口为对话框 2,且在对话框 2 关闭前无法切换到基本窗口 w。

项目 2_6 是只阻塞了部分窗口的对话框例子,采用和项目 2_4 同样的方式创建,代码如下。

```
/****************************************
* 项目名: 2_6
* 说  明: 只阻塞父窗口、父窗口的父窗口和兄弟窗口的模态对话框
****************************************/
#include <QApplication>
#include <QWidget>
#include <QDialog>

int main(int argc,char * argv[])
{
    QApplication a(argc,argv);

    QWidget w1,w2;
    w1.setWindowTitle("我是基本窗口 1");
    w1.show();
    w2.setWindowTitle("我是基本窗口 2");
    w2.move(100,100);
    w2.show();

    QDialog dlg(&w1);
    dlg.setWindowTitle("我是对话框");
    dlg.resize(200,100);
    dlg.setWindowModality(Qt::WindowModal);
    dlg.show();

    return a.exec();
}
```

注意程序中定义对话框 dlg 的写法，它在对象初始化时传入了参数 &w1，作用是把窗口 w1 作为自己的父窗口，此时对话框是以窗口 w1 的子窗口的形式存在的。

在运行时显示窗口 1、窗口 2 和对话框，对话框阻塞了窗口 1，但可以切换到窗口 2。

3. 主窗口类 QMainWindow

QMainWindow 类的实例是一个可以设置菜单栏、工具栏、状态栏的主应用程序窗口。QMainWindow 类也是 QWidget 的派生类。采用和项目 2_4 相同的方式创建项目 2_7，并添加如下代码。

```
/****************************************
 * 项目名: 2_7
 * 说  明: 主窗口和菜单栏
****************************************/
#include <QApplication>
#include <QMainWindow>          //主窗口类
#include <QMenuBar>             //菜单栏类

int main(int argc,char *argv[])
{
    QApplication a(argc,argv);

    QMainWindow w;
    QMenuBar menuBar(&w);
    QMenu menu1(&menuBar),menu2(&menuBar),subMenu(&menuBar);

    //设置菜单内容
    subMenu.setTitle("打开");
    subMenu.addAction("打开项目");
    subMenu.addAction("打开文件");
    menu1.setTitle("文件");
    menu1.addMenu(&subMenu);
    menu1.addAction("关闭");
    menu2.setTitle("编辑");

    //添加菜单和菜单栏
    menuBar.addMenu(&menu1);
    menuBar.addMenu(&menu2);
    w.setMenuBar(&menuBar);

    w.show();                   //显示主窗口
    return a.exec();
}
```

QMenu 表示一个菜单，可通过 setTitle()成员函数设置菜单名，通过 addAction()成员函数添加一个菜单项，通过 addMenu()成员函数添加一个子菜单。在该例中 menu1、menu2 和 subMenu 以菜单栏 menuBar(QMenuBar 类的对象)为父窗口，menuBar 调用 addMenu()函数设置菜单栏中的菜单；menuBar 以主窗口 w 为父窗口，w 调用

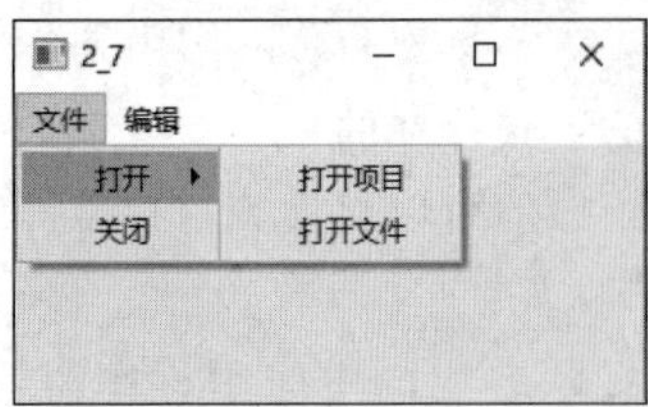

图 2-9 主窗口和菜单栏的设置

setMenuBar()函数设置本窗口的菜单栏。程序运行效果如图 2-9 所示。

类似地,也可以给主窗口 w 添加状态栏、工具栏等。但以上手工编写代码设置的方法比较麻烦,在第 3 章会介绍使用 Qt Designer 工具和 UI 界面文件实现更为方便的、以鼠标拖动方式添加子部件的方法。

建议:

(1) 单文档窗口或要嵌入其他窗口中的窗口,可基于 QWidget 类创建。

(2) 基于 QDialog 类创建的对话框适合与用户进行简单交互或显示提示信息等。

(3) 具有菜单栏、状态栏、多文档结构等较为复杂的主窗口,适合基于 QMainWindow 类创建。

视频讲解

2.3.2 部件类

在 2.3.1 节中读者已经接触过 QMenu、QMenuBar 等部件类,本节再介绍几个常见的部件类。

(1) QLabel(标签)类:用于显示文字或图像,该类不提供和用户的交互功能。

(2) QPushButton(按钮)类:图形用户界面中最常见的部件,通过在按钮上设置文本描述按下它时将要进行的操作。

(3) QLineEdit(单行文本框)类:允许用户输入和编辑单行纯文本(不带格式的文本),且提供了很多有用的编辑功能,如撤销和重做、剪切和粘贴,以及拖放等。

(4) QTextEdit(多行文本框)类:用于编辑和显示多行纯文本,以及使用超文本标记语言(Hyper Text Markup Language,HTML)标记的富文本(带格式的)。

在使用部件时还会涉及一些相关的 Qt 类。

(1) QFont(字体)类:指定用于文本的字体信息,如字体样式、大小、粗体、斜体、下画线等。

(2) QColor(颜色)类:代表一种颜色的信息,通常使用 RGB(红、绿、蓝)成分指定颜色,支持透明度设置。

(3) QPalette(调色板)类:管理窗口或部件的所有颜色信息。每个窗口或部件都包含一个 QPalette 对象,窗口或部件显示时会按照它的 QPalette 对象对各个部分在各种状态下颜色的描述进行绘制。

(4) QString(字符串)类:提供 Unicode 字符串。不同于 C 字符串(用双引号引起来的字符串)中每个字符占 8 位(bit),QString 字符串采用了 Unicode 编码,其中的每个字符占 16 位(bit)。该类型是 Qt 框架中最常用的字符串类型。

下面通过一个例子来初步熟悉它们的使用。采用和项目 2_4 相同的方式创建项目 2_8,并添加代码如下。

```
/*****************************************
* 项目名: 2_8
* 说  明: 常用部件及常用类
*****************************************/
```

```
#include <QApplication>
#include <QWidget>
#include <QLabel>
#include <QPushButton>
#include <QLineEdit>
#include <QTextEdit>

int main(int argc,char * argv[])
{
    QApplication a(argc,argv);

    QWidget w;
    w.resize(400,300);

    //标签
    QLabel label(&w);
    label.setText("我是一个标签");  //设置显示的文本
    label.move(10,10);              //移动位置,使用用户区坐标系(以用户区的左上角处为原点)

    //按钮
    QPushButton btn(&w);
    btn.move(200,10);
    btn.setText("我是一个按钮");

    //单行文本框
    QLineEdit lineEdit(&w);
    lineEdit.move(10,50);
    lineEdit.setText("我是单行文本框");
    lineEdit.setFocus();            //设置该部件具有焦点(即为选择状态)

    //多行文本框
    QTextEdit textEdit(&w);
    textEdit.move(10,100);
    textEdit.setText("我是多行文本框");

    //设置字体
    QFont font;                     //字体类
    font.setPointSize(18);          //设置大小为 18 像素
    font.setFamily("隶书");         //设置字体为隶书
    font.setItalic(true);           //设置斜体
    w.setFont(font);                //应用到窗口(包括所有子部件),也可单独应用于一个子部件

    //设置颜色
    QPalette plt;                   //调色板类
    plt.setColor(QPalette::Foreground,Qt::red); //设置前景(文字)颜色
    plt.setColor(QPalette::Background,QColor(0,255,0)); //设置背景为绿色

    //标签使用了调色板设置颜色
```

```
    label.setPalette(plt);
    label.setAutoFillBackground(true);  //须设置自动填充背景才能显示背景颜色

    //按钮和单行文本框使用了样式表设置颜色
    btn.setStyleSheet("background - color:blue");
    lineEdit.setStyleSheet("color:blue");

    //多行文本框自带设置颜色的成员函数,还支持 HTML 格式
    textEdit.setTextColor(Qt::red);
    textEdit.append("我可以设置颜色");     //追加文字
    textEdit.append("< font color = 'green'>这是 HTML 格式的文字</font >");

    w.show();
    return a.exec();
}
```

在所包含的头文件中分别定义了各种不同的部件类型,类型的名字通常和包含的头文件名是一致的。另外,在多数部件类的头文件中已经包含了 QFont、QColor、QPalette 等类,因此程序中不用再添加与这几个类相关的头文件。

在程序中首先创建了基础窗口 w 和以该窗口为父窗口的标签 label、按钮 btn、单行文本框 lineEdit、多行文本框 textEdit。设置窗口的位置时是以屏幕坐标系为参考的,而设置子部件的位置时是以用户区坐标系为参考的,原点在用户区的左上角处。

提示::对于窗口中的部件,在初始化时应将其所在的窗口设置为自己的父窗口。

窗口 w 在调用 show()成员函数时会将自己和以它为父窗口的部件都显示出来。如果这里的部件未指明以 w 为父窗口,则在运行时部件不会自动显示。此时即使部件调用自己的 show()函数显示自己,它们也会单独显示为一个窗口,而与窗口 w 无关。

该例中所有使用字符串作为参数的成员函数,如部件的 setText()成员函数、QFont 类型的 setFamily()成员函数等,形参类型实际上都为 QString 类型,在调用时会自动将双引号引起来的 C 字符串转换成 QString 类型的字符串。

如果要给这些部件的文字设置字体格式,需要先定义 QFont 字体类的对象,然后再用部件调用 setFont()函数以应用字体;或直接在窗口 w 上应用字体,此时以此为父窗口的部件都会默认使用该字体格式。

QFont 类只设置字体格式,没有颜色属性,需要在 QPalette 类对象中指定各部件的颜色,并调用部件的 setPalette()函数将其应用到部件上。颜色使用 QColor 类定义,值采用 RGB 三通道的形式给出。在 Qt 中也提供了一些预定义的颜色枚举常量,如 Qt::red、Qt::blue 等。

除了标签 label 是利用 QPalette 调色板设置了前景和背景的颜色外,在本项目中还展示了其他几种设置颜色的方式。例如,按钮 btn 和单行文本框 lineEdit 通过设置样式表修改了颜色;多行文本框自带设置文本颜色的 setTextColor()成员函数,还支持 HTML 格式的富文本显示等。由此可见,对于部件的设置是较为灵活的,一种部件的外观可能有多种设置方式,不同部件支持的设置方式也不同。程序运行效果如图 2-10 所示。

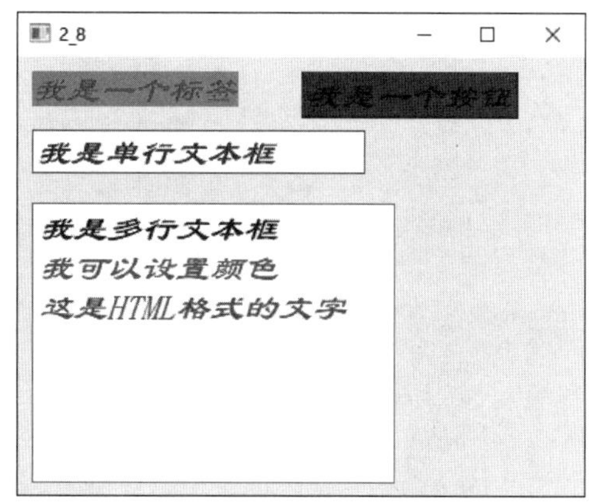

图 2-10　部件及外观设置

2.4　更复杂的类和对象

2.4.1　类的组合

在前面创建类的时候总习惯于使用基础数据类型作为类中数据成员的类型，实际上数据成员的类型也可以是自定义的类型，这就构成了类的组合。类的组合体现了在一个类内嵌入其他类的对象作为数据成员的情况，类（组合类）对象和数据成员类对象之间的关系是一种包含与被包含的关系。

组合类的定义和普通类的定义并没有不同之处，只是类中的某一个或多个数据成员是其他类的类型而已。数据成员的类型不能是本组合类的类型，但可以是本组合类的指针类型。因为此时本组合类还没有定义完毕，自然不能作为自身数据成员的类型，但指针只是一个存放地址的空间，可以作为自身数据成员的类型。

组合类的设计难点在于构造函数的设计，既要实现对基本类型数据成员的初始化，又要考虑对内部的自定义类型数据成员（称为成员对象，是数据成员的一种）的初始化。

这里考虑设计一个用来表示“在某火车站停靠的车次信息”的 TrainInfo 类，它包括停靠的站台号、车次编号、到达时间、发车时间 4 个属性，具有“显示车次”信息的行为。站台号用无符号整型表示；车次编号是字母和数字的组合，如 T3 等，考虑使用 C++标准库中提供的 string 类表示；到达时间和发车时间可用项目 2_3 中的 Time 类表示（实现了代码复用）。在设计类时需考虑必要的构造函数，以完成对数据成员（包括成员对象）的初始化。

在项目 2_9 中共有 5 个代码文件。首先复制项目 2_3 中的 time.h 和 time.cpp 文件，添加到项目 2_9 中，以使用 Time 类。然后添加一个新的类 TrainInfo，TrainInfo 的头文件如下。

```
/******************************************
 * 项目名：2_9
 * 文件名：traininfo.h
```

```
 * 说   明: TrainInfo 类
*****************************************/
#ifndef TRAININFO_H
#define TRAININFO_H

#include <string>
#include "time.h"
using namespace std;
class TrainInfo
{
    unsigned platform;
    string trainNumber;
    Time arrivalTime, departureTime;
public:
    TrainInfo();
    TrainInfo(unsigned plat, string traNum, int arrH, int arrM, int arrS,
              int dptH, int dptM, int dpt);
    void showInfo();
    ~TrainInfo();
};

#endif //TRAININFO_H
```

可以看到 trainNumber、arrivalTime、departureTime 均为成员对象，其中 trainNumber 的类型为字符串库(string)中定义的 string 类。它们的声明方式和基础类型数据成员是一样的。构造函数有两个，一个是不带参数的，用于实现对类对象的默认初始化；另一个带有 8 个参数，分别用于对类内部的 4 个数据成员进行初始化。

TrainInfo 类的实现文件如下。

```
/*****************************************
 * 项目名: 2_9
 * 文件名: traininfo.cpp
 * 说   明: TrainInfo 类成员的实现
*****************************************/
#include <iostream>
#include "traininfo.h"
using namespace std;

TrainInfo::TrainInfo():platform(0)
{
    cout <<"Constructor of TrainInfo is called."<< endl;
}

TrainInfo::TrainInfo(unsigned plat, string traNum,
                     int arrH, int arrM, int arrS, int dptH, int dptM, int dptS)
```

```
    :platform(plat),trainNumber(traNum),
      arrivalTime(arrH,arrM,arrS),departureTime(dptH,dptM,dptS)
{
    cout <<"Constructor with 8 parameters of TrainInfo is called."
       <<"I'm info of train "<< traNum << endl;
}

void TrainInfo::showInfo()
{
    cout <<"Information of Trian:"<< endl;
    cout <<"\t"<<"Platform:"<< platform << endl;
    cout <<"\t"<<"Train Number:"<< trainNumber << endl;
    cout <<"\t"<<"Arrival Time:";
    arrivalTime.showTime();
    cout <<"\t"<<"Departure Time:";
    departureTime.showTime();
}

TrainInfo::~TrainInfo()
{
    cout <<"Destructor is called,I'm info of train:"<< trainNumber << endl;
}
```

不带参构造函数在实现时，在初始化列表中只对 platform 进行了初始化，并没有对其他 3 个数据对象初始化。对于这种情况，trainNumber 成员在生成时会调用 string 类的默认构造函数，arrivalTime 和 departureTime 成员在生成时会调用 Time 类的默认构造函数。构造函数能正常运行的前提是在 string 类和 Time 类中都提供了默认构造函数(注意，当类中有带参构造函数时系统是不会自动生成默认构造函数的，必须由程序员给出)，否则编译器就会因为调用不到合适的构造函数而报错。

带参构造函数在实现时，在初始化列表中对每个数据成员都进行了初始化。其中，trainNumber 成员是调用了 string 类的复制构造函数，arrivalTime 和 departureTime 成员是调用了 Time 类的带参构造函数。

在类中声明并实现了析构函数，则读者能根据输出结果去分析组合类中析构函数的执行顺序。

主程序所在的文件内容如下。

```
/****************************************
 * 项目名: 2_9
 * 文件名: main.cpp
 * 说  明: 组合类的使用
****************************************/
#include <iostream>
#include "traininfo.h"
```

```
using namespace std;

int main()
{
    TrainInfo train1;
    train1.showInfo();
    TrainInfo train2(2,"Z123",8,0,0,8,15,0);
    train2.showInfo();
    return 0;
}
```

在主函数中定义了两个 TrainInfo 类型的对象，train1 使用默认初始化的形式，train2 使用带参构造函数完成初始化。项目 2_9 的运行结果如图 2-11 所示。

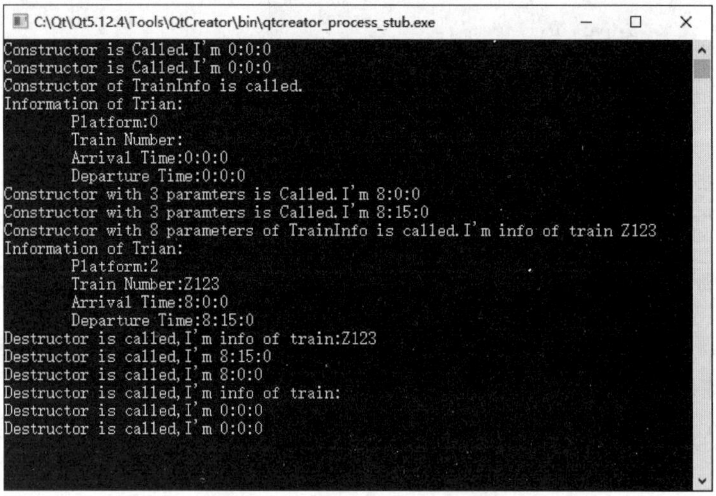

```
C:\Qt\Qt5.12.4\Tools\QtCreator\bin\qtcreator_process_stub.exe
Constructor is Called.I'm 0:0:0
Constructor is Called.I'm 0:0:0
Constructor of TrainInfo is called.
Information of Trian:
        Platform:0
        Train Number:
        Arrival Time:0:0:0
        Departure Time:0:0:0
Constructor with 3 paramters is Called.I'm 8:0:0
Constructor with 3 paramters is Called.I'm 8:15:0
Constructor with 8 parameters of TrainInfo is called.I'm info of train Z123
Information of Trian:
        Platform:2
        Train Number:Z123
        Arrival Time:8:0:0
        Departure Time:8:15:0
Destructor is called,I'm info of train:Z123
Destructor is called,I'm 8:15:0
Destructor is called,I'm 8:0:0
Destructor is called,I'm info of train:
Destructor is called,I'm 0:0:0
Destructor is called,I'm 0:0:0
```

图 2-11　项目 2_9 的运行结果

在生成组合类对象时执行以下步骤。

按照定义组合类对象时给出的实参列表选择合适的组合类构造函数，将实参赋值给对应形参。

按照类中数据成员的声明顺序依次给每个数据成员分配内存空间。对于基础类型的数据成员，若没有在初始化列表中进行初始化，则存储的是不确定的值；若进行了初始化，则在分配内存空间的同时进行初始化。对于成员对象，若没有在初始化列表中初始化，则在分配内存空间的同时调用该成员对象的默认构造函数进行初始化；若进行了初始化，则按照初始化列表调用成员对象相应的构造函数来完成初始化。

执行组合类对象构造函数的函数体。

对于项目 2_9 首先生成 train1 对象。执行顺序如下：给 platform 成员分配空间并用 0 初始化；给 trainNumber 成员分配空间并调用 string 默认构造函数对其初始化(为空字符串)；给 arrivalTime 成员分配空间并调用 Time 默认构造函数对其初始化(给 arrivalTime 对象内部的成员分配空间并都初始化为 0，同时输出相应语句)；给 departureTime 成员分配空间并调用 Time 默认构造函数对其初始化；执行 TrainInfo 默认构造函数的函数体。其输出结果见图 2-11 中的第 1～3 行。

然后 train1 对象调用 showInfo()成员函数,输出结果如图 2-11 中的第 4~8 行所示。

接着生成 train2 对象,将 train2 后面小括号里的 8 个实参依次赋值给 Train 带参构造函数中的 8 个形参,给 platform 成员分配空间并初始化为 2,给 trainNumber 成员分配空间并用形参 traNum 初始化(调用复制构造函数),给 arrivalTime 成员分配空间并用名字以 arr 开头的 3 个形参初始化(调用带参构造函数,此成员对象在生成时会经历将 arrH、arrM、arrS 依次传递给 Time 类带参构造函数的形参 h、m、s,分配 hour 成员空间并用 arrH 初始化,分配 minute 空间并用 arrM 初始化,分配 second 空间并用 arrS 初始化),给 departureTime 成员分配空间并用以 dpt 开头的 3 个形参初始化,执行 TrainInfo 带参构造函数的函数体。其输出结果如图 2-11 中的第 9~11 行所示。

再由 train2 对象调用 showInfo()成员函数,输出结果如图 2-11 中的第 12~16 行。

程序执行完毕,须释放局部对象的内存空间,在这之前会自动调用析构函数。组合类对象的析构函数的执行顺序如下。

(1) 执行组合类对象的析构函数的函数体。

(2) 对于组合类对象中的成员,按照声明顺序的逆序释放每个数据成员的内存空间,如果该数据成员是成员对象,则在释放该成员对象的空间之前调用并执行该成员对象的析构函数。

对于两个同作用域的对象 train1 和 train2,按照声明顺序的逆序进行销毁。

首先调用 train2 的析构函数,输出第 17 行;然后调用 departureTime 成员的析构函数,输出第 18 行后回收该成员空间;再调用 arrivalTime 成员的析构函数,输出第 19 行后回收该成员空间;接着调用 traNum 的默认析构函数,并回收该成员空间;最后回收 platform 成员的空间,至此 train2 对象的空间回收完毕。

回收 train1 对象空间的过程与之类似,输出结果见图 2 11 中的第 20~22 行。

提示:对组合类对象中成员对象的成员的访问采用圆点运算符逐级访问的形式。例如,若将项目 2_9 中 Time 类和 TrainInfo 类中的所有数据成员的访问权限均改为公有的(public),则可以通过 train1. arrivalTime. hour 访问到 train 对象中的 arrivalTime 成员对象的 hour 数据成员。

2.4.2 对象数组

视频讲解

和基础数据类型一样,类也可以定义数组,称为对象数组。其定义方式与普通数组的定义相同,格式如下。

```
类名 数组名[数组长度];
```

其中,数组长度需要为常量。例如:

```
Time Time1Array[2];
```

定义了一个数组,数组中包含两个 Time 类型的元素,每个元素均使用无参构造函数进行初始化。

C++11 语言规范标准更新和修改了对象数组的元素显式初始化的方式(和之前的语言

规范标准有所不同），具体写法在不同条件下有很多，建议使用 C++11 标准中新引入的更为安全的初始化格式，格式如下。

```
类名 数组名[数组长度] =          //等号可省略
{
    {实参列表},                 //第 1 个元素初始化
    {实参列表},                 //第 2 个元素初始化
    …                           //可以包含 0 个到数组长度个元素的初始化
};
```

在使用上述写法时，须保证编译器是支持 C++11 的，否则编译会不通过。

在最外层的花括号中包含多对花括号，之间用逗号隔开。每对内层花括号中给出对对应元素进行初始化时所需的实参列表。这些元素可以全部初始化，也可以部分初始化（包括 0 个）。在部分初始化时，未给出实参列表的元素会使用默认构造函数进行初始化。

将项目 2_9 中主函数所在的源文件修改如下。

```
/*****************************************
 * 项目名: 2_10
 * 文件名: main.cpp
 * 说  明: 对象数组、初始化、对象元素的使用
 *****************************************/
#include <iostream>
#include <string>
#include "time.h"
using namespace std;

int main()
{
    Time Time1Array[2];                    //数组元素均使用无参构造函数初始化

    Time Time2Array[2] = {};               //数组元素均使用无参构造函数初始化
                    //花括号内可以为空是 C++11 标准中新增的写法,且等号可省略
                    //对于基础数据类型,花括号内为空时元素均默认初始化为 0

    Time Time4Array[3] = {{16},{},{8,30,1}}; //依次使用不同的构造函数

    Time Time5Array[2] = {{17}};           //未给出实参列表的元素使用无参构造函数初始化
    for(int i = 0;i < 2;i++)
        Time5Array[i].showTime();
}
```

for 循环体中的语句给出了数组元素调用类成员的用法。可以看到，Time5Array[i]就等同于一个普通的类对象，使用方式是和类对象一样的。

项目 2_10 的运行结果如图 2-12 所示。读者可以对照输出内容观察每行输出是在哪个元素构建时调用哪个构造函数输出的，以及观察构造和析构的顺序。

```
C:\Qt\Qt5.12.4\Tools\QtCreator\bin\qtcreator_process_st...
Constructor is Called.I'm 0:0:0
Constructor is Called.I'm 0:0:0
Constructor is Called.I'm 0:0:0
Constructor is Called.I'm 0:0:0
Constructor with 1 paramter is Called.I'm 16:0:0
Constructor is Called.I'm 0:0:0
Constructor with 3 paramters is Called.I'm 8:30:1
Constructor with 1 paramter is Called.I'm 17:0:0
Constructor is Called.I'm 0:0:0
17:0:0
0:0:0
Destructor is called,I'm 0:0:0
Destructor is called,I'm 17:0:0
Destructor is called,I'm 8:30:1
Destructor is called,I'm 0:0:0
Destructor is called,I'm 16:0:0
Destructor is called,I'm 0:0:0
Destructor is called,I'm 0:0:0
Destructor is called,I'm 0:0:0
Destructor is called,I'm 0:0:0
```

图 2-12　项目 2_10 的运行结果

2.4.3　类的嵌套

视频讲解

在一个类的内部定义另一个类(或结构体、共用体、枚举类型等),称为类的嵌套,内部的类型称为嵌套类(类型),外部的类称为外围类。

嵌套类一般用于以下情形:在外围类中需要使用嵌套类对象作为外围类的数据成员,而该嵌套类也只用于外围类内成员的定义。在此情况下,可将嵌套类定义于外围类内,以减少全局标识符。嵌套类和外围类之间并没有包含关系,它们是两个相互独立的类,类的嵌套只是规定了嵌套类的类作用域为外围类。

嵌套类具有以下特点。

(1) 嵌套类必须定义在外围类的内部,但可以实现在外围类的内部或外部。

(2) 嵌套类名和外围类中的成员一样,受访问权限的控制。若嵌套类在外围类的私有部分,则只有在外围类内可以使用它定义对象;若在公有部分,则在外围类之外也可以使用嵌套类定义对象,此时嵌套类必须加上“外围类名::”的类作用域限制,即以“外围类名::嵌套类名”的形式出现。

一般建议将嵌套类设置为私有的(private),即只供外围类内部定义成员使用。在实际编程中,也会经常在类中设置公有的枚举嵌套类型,以给用户提供可使用的枚举常量。

下面通过一个例子熟悉嵌套类型,创建纯 C++项目 2_11 并添加源文件,代码如下。

```
/****************************************
 * 项目名: 2_11
 * 文件名: main.cpp
 * 说　明: 类的嵌套
****************************************/
#include <iostream>
using namespace std;

class Student
```

```
{
public:
    enum EduLevel{
        Pupil,JuniorStudent,HighSchoolStudent,UnderGraduate,GraduateStudent};
    Student(string _name = "default name",EduLevel _eduLevel = Pupil)
        :name(_name),eduLevel(_eduLevel)
    {
    }
    void show();
private:
  class Family
  {
      string mother,father,tel,address;
  public:
      Family(string _mother = "undefined",string _father = "undefined",
              string _tel = "13800000000",string _addr = "Default Address")
          :mother(_mother),father(_father),tel(_tel),address(_addr)
      {
      }
      void show();
  };
  string name;
  Family family;
  EduLevel eduLevel;
};

void Student::Family::show()
{
    cout <<"\tMother:\t"<< mother << endl;
    cout <<"\tFather:\t"<< father << endl;
    cout <<"\tTel:\t"<< tel << endl;
    cout <<"\tAddress:\t"<< address << endl;
}
void Student::show()
{
    cout <<"Student name:\t"<< name << endl;
    cout <<"School type:\t";
    if(eduLevel == 0)
        cout <<"Primary school"<< endl;
    else if(eduLevel == 1)
        cout <<"Junior high school"<< endl;
    else if(eduLevel == 2)
        cout <<"Senior high school"<< endl;
    else
        cout <<"University"<< endl;
    cout <<"Family infomation:"<< endl;
    family.show();
}

int main()
```

```
{
    Student::EduLevel level(Student::HighSchoolStudent);
                            //公有访问权限的枚举嵌套类型可在外围类外使用
    Student stu1("Tom",level);
    stu1.show();
    return 0;
}
```

在本例中共定义了 3 个类型，即 Student 类、Family 类和 EduLevel 枚举类型。其中 Student 类为外围类，后两个都是它的嵌套类型。EduLevel 具有公有访问权限，可以在 main()函数中使用它定义枚举变量 level；Family 类具有私有访问权限，只能在 Student 类内部使用(用于定义 Student 的成员对象 family)。

从代码中可以看到，在类外使用 EduLevel 类型时须加上类作用域“Student::”，在使用枚举常量时也要加上类作用域限制，如“Student::HighSchoolStudent”。程序运行结果如图 2-13 所示。

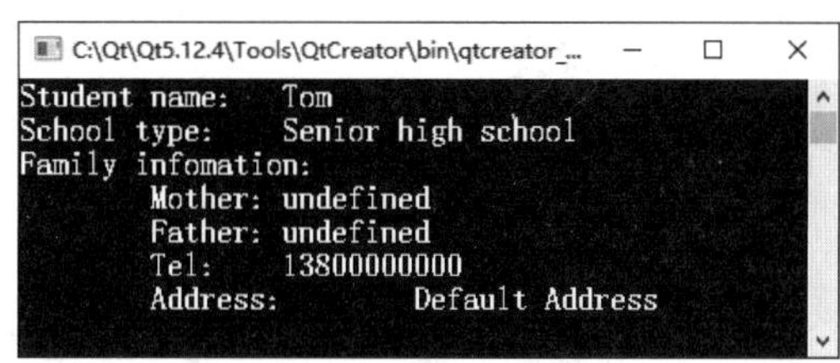

图 2-13 项目 2_11 的运行结果

具有私有访问权限的嵌套类不能在外围类以外使用，如在 main()函数中添加语句：

```
Student::Family family;
```

会导致编译出错。

2.5 相关指针

指针就是地址，系统会为定义的指针变量分配若干字节的内存空间用于存放地址。这个地址可以是一个整型变量所占用内存空间的首字节的地址，也可以是一个对象内存空间的首地址等。因此指针变量所占用内存空间的大小与指针指向的内容无关，不管是谁的地址，都是某块内存首字节的地址编码而已。指针变量所占用内存空间的大小只与操作系统及编译环境有关，一般为 4 字节或 8 字节。

与类和对象相关的指针，根据所指内容的不同，可以分为多种形式，下面进行介绍。

2.5.1 对象指针

视频讲解

如果指针变量中存储的是一个对象整体内存空间首字节的编码，则称指针指向此对象，指针称为对象指针。其定义格式为

```
类名 *对象指针名;
```

此处的*并不是运算符,它只代表后面是一个指针名。用户也可以在定义指针的同时对其进行初始化:

```
类名 *对象指针 = &对象名;
```

还可以采取1.2.6节中的列表初始化写法或直接初始化写法。用于初始化指针的应当是已定义过的"类名"类型对象的地址。

例如,对于Time类,语句:

```
Time time, *timePtr(&time);
```

定义了一个对象time和一个对象指针timePtr,并将指针指向time对象。

用户可以通过对象指针访问对象中的成员,其一般格式为

```
对象指针->数据成员名
对象指针->成员函数名(实参列表)
```

类成员访问运算符->的左操作数是对象指针,右操作数是成员对象。和圆点运算符一样,如果是在类外访问,数据成员和成员函数需要具有公有访问权限。

例如,在上述对象和指针已定义(初始化过)的基础上,以下语句:

```
timePtr->showTime();
```

表示调用timePtr指针所指向对象的showTime函数。它等同于

```
time.showTime();
```

还等同于

```
(*timePtr).showTime();
```

视频讲解

2.5.2 对象数据成员指针

指针不仅可以指向对象整体,还可以指向某对象中的数据成员,称为指向对象数据成员的指针(对象数据成员指针)。它存储的是对象内存空间用于存储该数据成员的那一小块内存的首地址。此时指针类型应当是数据成员的类型,而非对象的类型。

其定义方法与普通变量指针相同,格式为

```
数据成员类型 *指针变量名 = &对象名.公有数据成员名;
```

用于初始化的对象数据成员需要具有公有访问权限。

对于Time类,如果修改其hour、minute、second数据成员,都声明为公有访问权限,则

语句：

```
Time time,sleepTime;
int * intPtr = &time.hour;
```

定义了 Time 类型的对象 time、sleepTime 和一个整型指针 intPtr，指针被初始化为指向 time 对象中的 hour 数据成员。它存储的是 time 对象中 hour 成员的那块内存空间的首地址，而不是 time 对象的首地址。例如，语句：

```
cout << * intPtr;
```

输出 intPtr 指针所指向的值，它等同于

```
cout << time.hour;
```

用户也可以给指针重新赋值，让其指向其他 Time 类型对象的其他数据成员。例如：

```
intPtr = &sleepTime.minute;
```

让指针指向 sleepTime 对象的 minute 数据成员，此时语句：

```
cout << * intPtr;
```

等同于

```
cout << sleepTime.minute;
```

2.5.3　类数据成员指针

视频讲解

指针还可以指向类的数据成员（类数据成员指针）。与对象数据成员指针指向的是一个具体的对象中的数据成员不同，类数据成员指针不涉及具体的对象，它在定义时必须和类关联，格式为

```
数据成员类型 类名:: * 指针变量名 = & 类名::数据成员名;
```

其中，数据成员需要是非静态的数据成员（目前涉及的数据成员都是非静态的），对于非静态的概念，在后续章节会介绍。

例如，对于 Time 类，在修改其 hour、minute、second 数据成员为具有公有访问权限的前提下，语句：

```
int Time:: * intMemberPtr = &Time::hour;
```

定义了一个类数据成员指针 intMemberPtr，指向 Time 类的 hour 数据成员。由于类只是一种数据类型，不是运行时具有内存空间的对象，所以在使用这类指针的时候必须和具体的对象关联，通过对象访问这类指针所指向的数据成员。其访问格式为

```
对象名. * 类数据成员指针名
```

或

```
对象指针名->*类数据成员指针名
```

例如,对于 Time 类,设置 hour 为公有访问权限,在定义过对象 time、指向 time 对象的对象指针 ptrTime、指向 time 对象 hour 成员的对象数据成员指针 intPtr 以及指向 hour 成员的类数据成员指针 intMemberPtr 的前提下,以下语句全都是等价的。

```
cout << time.hour << endl;
cout << ptrTime -> hour << endl;
cout << * intPtr << endl;
cout << time. * intMemberPtr << endl;
cout << ptrTime -> * intMemberPtr << endl;
```

用户也可以修改类数据成员指针,使其指向本类中其他同类型的数据成员,例如将上面的 intMemberPtr 指针修改为

```
intMemberPtr = &Time::minute;
```

提示:

(1) 对象指针:用于存储整个对象内存空间首地址的指针,它指向整个对象。

(2) 指针成员:类中的一个成员,其数据类型为指针类型,如项目 2_2 中 MyString 类的成员 ptr 就是指针成员。

(3) 对象数据成员指针:存储的是对象内存空间用于存储该数据成员的那一小块内存的首地址(指向数据成员)。

(4) 类数据成员指针:严格来说,它并不是一个真正的指针,存储的是类数据成员在类中的偏移量。

2.5.4 普通函数指针

在程序运行时,不仅会给变量、对象等分配内存空间,程序的可执行代码(指令)也会被装载到内存空间的代码区中,按照程序控制流程,依次将每条指令代码送到 CPU 中完成执行过程。

指针作为一个存储内存地址的变量,不仅可以指向一块数据的内存空间,还可以指向代码区中某个函数代码段所在的内存空间,这种指针称为函数指针。函数指针分为指向普通函数的指针和指向成员函数的指针。本节介绍指向普通函数的指针,以便进一步引出成员函数指针的概念。

函数指针的定义格式为

```
返回类型 (*函数指针名)(形参列表);
```

在定义完毕后,可以将其指向一个具有同样返回类型和形参列表类型的函数,其赋值格式为

```
函数指针名 = & 函数名;
```

其中,& 为求地址运算,即将"函数名"表示的函数代码段在代码区中的首地址赋值给函数指针。函数指针也可以在定义的同时初始化,格式为

```
返回类型 ( * 函数指针名)(形参列表) = & 函数名;
```

在使用时,以下写法:

```
( * 函数指针名)(实参列表)
```

就调用了其所指向的函数。间接寻址运算符 * 所起的作用是根据后面函数指针中所存储的地址去访问该地址处的函数代码段。

```
/**************************************
 * 项目名: 2_12
 * 说  明: 函数指针的用法
**************************************/
#include <iostream>
using namespace std;

void test1(int a)
{
    cout <<"I'm function:test1, input is:"<< a << endl;
}

void test2(int b)
{
    cout <<"I'm function:test2, input is:"<< b << endl;
}

int main()
{
    void ( * funcPtr)(int)  = &test1; //定义了函数指针 funcPtr,指向有一个 int 类型形参、void 返回
                                      //类型的函数,并初始化为指向 test1 函数
    ( * funcPtr)(1);                  //通过函数指针 funcPtr 调用了 test1 函数
    funcPtr = &test2;                 //将函数指针 funcPtr 指向 test2 函数
    ( * funcPtr)(2);                  //通过函数指针 funcPtr 调用了 test2 函数

    return 0;
}
```

在定义函数指针 funcPtr 时,形参列表中并不需要给出形参的名字,也不需要与实际的形参名一致。事实上,即使给出了形参名,在编译时也会忽略它(类似于声明函数时对形参名的处理)。

项目 2_12 的运行结果如图 2-14 所示。

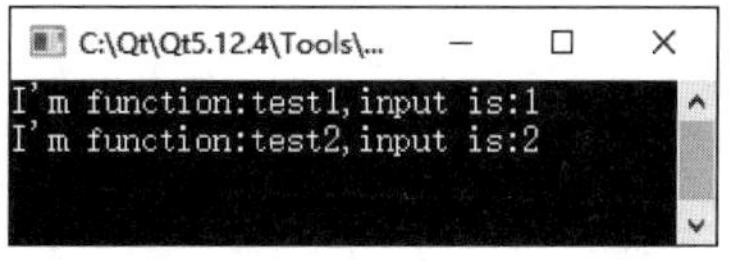

图 2-14　项目 2_12 的运行结果

2.5.5 成员函数指针

成员函数指针不区分指向对象的函数还是类的函数，因为成员函数是由本类的所有对象共享的。换句话说，在代码区中只存了一份成员函数的实现代码，不管是哪个对象调用该成员函数，都是到代码区中的同一个位置寻找和执行该成员函数。

成员函数指针的定义方法与普通函数指针有所不同，需要指出成员函数所属的类，其一般格式为

```
函数类型 (类名:: * 成员函数指针名)(形参列表);
```

使其指向一个公有成员函数的一般格式为

```
成员函数指针名 = & 类名::成员函数名;
```

例如，为 Time 类定义成员函数指针 funcPtr，并初始化为指向 showTime 成员函数，代码如下。

```
void (Time:: * funcPtr)() = &Time::showTime;
```

成员函数指针 funcPtr 由于限定了作用域范围在 Time 类，因此只能指向 Time 类中无参数、返回类型为 void 的函数。如果在 Time 类中还有一个符合此条件的函数，则可将 funcPtr 重新赋值为指向这个函数。

在使用时需要与一个对象关联，由对象来调用，格式为

```
(对象名. * 成员函数指针名)(实参列表)
```

例如，对于已定义的 Time 类型的 time 对象，以下写法：

```
(time. * funcPtr)();
```

就由 time 对象使用 funcPtr 调用了 showTime 成员函数。它等同于

```
time.showTime();
```

下面通过项目 2_13 熟悉各种指针的使用。

在该项目中共有两个代码文件。节点类 Node 的定义和实现均在头文件 node.h 中，代码如下。

```
/*******************************************
 * 项目名: 2_13
 * 文件名: node.h
 * 说  明: 节点类
*******************************************/
```

```
#ifndef NODE_H
#define NODE_H

class Node
{
public:
    int data;                    //data 具有公有访问权限
    Node *nextNode;
    Node(int d):data(d),nextNode(nullptr)
    {
    }
    int getData()
    {
        return data;
    }
};

#endif //NODE_H
```

Node 为一个节点类,在链表等数据结构中经常用到。在该类中包含了一个整型数据和一个指针成员 nextNode,该指针成员可以指向一个节点对象,从而形成一个链表结构。

主函数所在的 main.cpp 源文件的代码如下。

```
/****************************************
 * 项目名: 2_13
 * 文件名: main.cpp
 * 说  明: 类和对象相关的指针
****************************************/
#include <iostream>
#include "node.h"
using namespace std;

int main()
{
    Node firstNode(24),secondNode(8);          //定义节点 1 和节点 2

    //对象指针 nodePtr
    Node *nodePtr(&firstNode);
    cout << nodePtr->data << endl;             //使用对象指针访问公有数据成员
    nodePtr = &secondNode;                     //修改对象指针
    cout << nodePtr->data << endl << endl;

    //给指针成员 nextNode 赋值
    firstNode.nextNode = nodePtr;              //使节点 1 的指针成员 nextNode 指向节点 2
    cout << firstNode.nextNode->data << endl << endl;
                                               //使用节点 1 的指针成员访问节点 2 的数据

    //对象数据成员指针 objDataPtr
```

```
    int * objDataPtr(&firstNode.data);
    cout << * objDataPtr << endl;
    objDataPtr = &secondNode.data;              //修改对象数据成员指针
    cout << * objDataPtr << endl << endl;

    //类数据成员指针 dataPtr
    int Node:: * dataPtr(&Node::data);
    cout << firstNode. * dataPtr << endl;       //对象使用类数据成员指针进行访问
    cout << secondNode. * dataPtr << endl;
    cout << nodePtr -> * dataPtr << endl << endl; //对象指针使用类数据成员指针进行访问

    //成员函数指针 funcPtr
    int (Node:: * funcPtr)();                   //定义了成员函数指针
    funcPtr = &Node::getData;
    cout <<(firstNode. * funcPtr)()<< endl;     //节点 1 使用成员函数指针调用成员函数
    cout <<(nodePtr -> * funcPtr)()<< endl;     //对象指针使用成员函数指针调用成员函数

    return 0;
}
```

图 2-15　项目 2_13 的运行结果

项目 2_13 的运行结果如图 2-15 所示。

对象指针 nodePtr 指向 firstNode 节点，然后修改为指向 secondNode 节点，因此前两行输出的分别是这两个节点的 data 成员值。

nextNode 是类中的指针成员。语句“firstNode.nextNode=nodePtr;”将节点 firstNode 的成员指针 nextNode 指向节点 secondNode，图 2-16 给出了两个节点的内存状态和指针成员的指向关系。在随后的 cout 语句中，就可以据此从 firstNode 节点往下，访问到 secondNode 节点 data 数据成员的值，从而实现了链表。在图 2-16 中，secondNode 节点的 nextNode 指针还可以指向其他的节点对象，从而形成更长的链表。

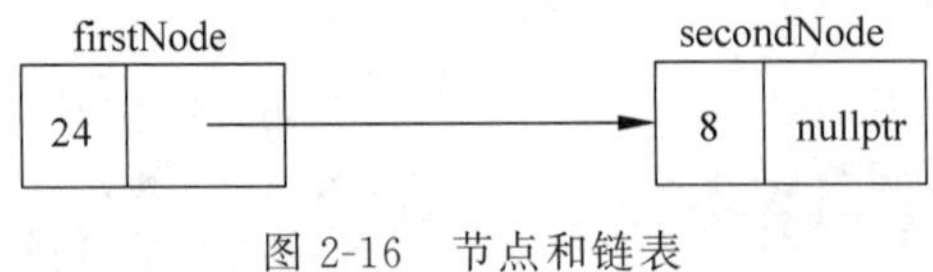

图 2-16　节点和链表

对象数据成员指针 objDataPtr 本质上就是一个普通的整型指针，只是指向了 firstNode 对象的整型数据成员 data 而已，修改指向后输出的结果在图 2-15 运行结果中的第 6～7 行。

类数据成员指针 dataPtr 和成员函数指针 funcPtr 在使用时都需要和具体的对象关联，使用对象或对象指针调用。代码的最后一部分展示了它们的定义和使用，读者可参考运行结果进行分析。

2.6 Qt 信号与槽通信机制

视频讲解

之前介绍的内容是如何创建窗口和子部件，以及通过调用成员函数设置它们的属性等，并未涉及部件和部件之间、部件和用户之间如何交互。本节介绍的信号与槽通信机制将实现此部分功能。

信号与槽通信机制是 Qt 设计程序的重要基础，它可以让互不相干的对象（如一个按钮和一个文本框）之间建立一种联系，让它们的交互操作变得直观、简单。它是 Qt 框架所特有的机制，也是 Qt 引以为豪的机制之一。不同于 Windows 应用程序的"事件触发消息，程序不断地从消息队列中取出消息，调用窗口函数处理消息"的流程，Qt 对此过程进行了封装，隐藏了复杂的底层实现，展现给使用者的是一种完全不同的、更加灵活的处理方式。

考虑一个公布期末考试成绩的场景：在试卷批改完毕并录入成绩之后，教师会发出一个"可以查成绩"的信息，关注这个信息的考生就能到网上查成绩。教师是信息的发出者，"发信息"可能是由某事件触发的（成绩已录入完毕），也可能是教师在做其他的事情时想到并认为有必要时发出的。"考生"是信息的接收者，"查成绩"是最终导致的动作。信息发出后大家都可以看到，但只有关心这个信息的考生才会执行查成绩的动作。因此，这里其实上存在着一些关联：

（教师 1：发出"可以查成绩"的信息；考生 1：查成绩）

（教师 1：发出"可以查成绩"的信息；考生 2：查成绩）

……

在对象"教师 1"发出信息"可以查成绩"时，被关联的对象"考生 1""考生 2"的"查成绩"动作就会被自动调用。对于未建立起此关联的其他对象（考生），不会触发他们的任何动作。

各关联对象执行的动作可以是相同的，也可以是不同的。例如，将上述关联中"考生 2"的动作修改为"打游戏"，则当对象"教师 1"发出信息"可以查成绩"时，会执行"考生 1"的"查成绩"动作和"考生 2"的"打游戏"动作。

"可以查成绩"信息称为"信号"（Signal），"查成绩"动作称为"槽"（Slot）。在发送者、信号、接收者、槽之间需要建立起"关联"（Connect）。信号与槽通信机制使一旦发送者发出信号（注意，信号的发出是没有目的的，类似广播），关联的接收者的槽就会被自动执行（当引发多个槽自动执行时，槽之间执行的先后顺序是随机的，并不固定）。

2.6.1 信号与槽

视频讲解

信号（Signal）与槽（Slot）都在类中以成员函数的形式进行声明。由于信号与槽通信机制是 Qt 框架中特有的机制，并不是标准 C++ 语言规范的组成部分，它的实现需要元系统的支持。因此，从编程的角度，类的格式会有一些特殊的要求，我们将在第 3 章讨论此问题。

类中的信号和槽具有以下特点。

（1）信号：类中在"signals:"后开始信号的声明。信号只能声明，没有也不能对其进行定义实现（Qt 框架内部会处理），可以有参数，返回类型只能是 void 类型的。信号没有访问权限的说法，该概念对其不适用。

(2) 槽：类中在“[访问权限] Slots:”后开始槽的声明。其访问权限和普通成员函数一样，可以是公有的、保护的或私有的。槽函数需要实现，可以在类内或类外实现。它可以有参数，能够根据需要设置返回类型。槽本质上就是类的成员函数，可以被当成普通成员函数来使用。与普通成员函数相比，槽唯一的特殊性就是可以和信号连接在一起，每当和槽连接的信号被发射的时候，这个槽就会被调用。

在 Qt 的窗口和部件类中或多或少都定义了一些信号和槽。读者可以在 Qt Creator 开发环境的代码编辑区中输入窗口或部件类的名字，然后选中名字并按 F1 键，即可打开与该类相关的帮助文档，如图 2-17 所示。

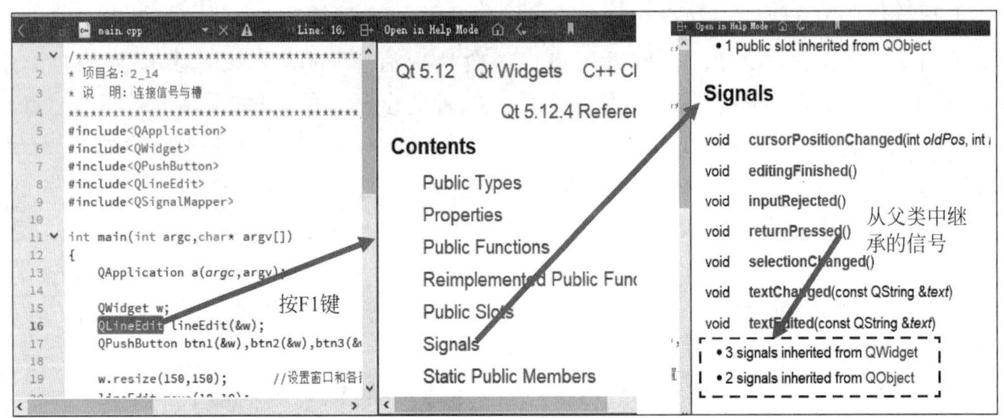

图 2-17 帮助文档

中间一列显示了有关 QLineEdit 类的帮助，包括类中的属性、公有成员函数、信号、公有槽等，单击 Signals 可以看到类中的信号列表。最右边一列除了展示出的信号外，虚线框内的部分是从父类中继承的信号，它们也是本派生类的信号，可进一步单击父类名查看这些继承来的信号。

建议：

(1) Qt 的帮助文档是大家学习时的好帮手，它提供了系统且完整的文档，有助于使用者快速了解每个类的作用、类中有什么成员、成员的作用、调用的方式以及类之间的继承关系等。

(2) 在 Qt Creator 开发环境的“欢迎”界面的“示例”中提供了大量示例项目，可供读者了解和学习 Qt 框架。

视频讲解

2.6.2 关联信号与槽

要想在信号发出时执行槽，必须将它们（包括发送对象和接收对象）用连接函数 connect() 关联起来。该函数是 QObject 类中提供的一个静态成员函数。

提示：

静态成员函数是一种特殊的成员函数，在使用时可以不通过对象，而是通过类，采用“类名::函数名(实参列表)”的形式去调用。在本书第 4 章会对静态成员加以详细介绍。

connect()函数有多种重载的格式，最常见的格式为

```
QObject::connect(&发送对象, SIGNAL(信号名(形参类型列表)),
                 &接收对象, SLOT(槽名(形参类型列表)));
```

对于发送者和接收者对象，传递的都是它们的地址。信号和槽需要分别用宏 SIGNAL 和 SLOT 括起来（作用是将其中的内容转化成 char * 字符串）。例如，想将 QPushButton 类的对象 btn 的 clicked 信号与 QWidget 类的对象 w 的 close 槽连接，写法如下。

```
QObject::connect(&btn,SIGNAL(clicked()),&w,SLOT(close()));
```

执行该语句后，将实现单击按钮 btn 后关闭窗口 w 的功能。

提示：*如果信号和槽中有形参，则写在 SIGNAL 和 SLOT 宏中的函数只给出形参类型，不要列出形参名。*

信号和槽关联的规则如下。

(1) 一个信号可以关联到多个槽上，当信号发出时，多个槽都会执行，但执行的顺序是随机的。

(2) 多个信号也可以关联到同一个槽上。

(3) 一个信号也可以关联到另一个信号上，此时前信号发出时会触发后信号发出，这种情形通常用于实现一些特殊的功能。

(4) 信号和槽之间传送的信息通过参数列表实现，参数应当类型一致且一一对应，但信号的参数个数可多于槽的参数个数（此时多余的参数被忽略掉）。

上述规则(4)限制了在信号参数个数少于槽参数个数时它们之间的关联。QSignalMapper 类提供了一种变通的方法。该类的功能是作为一个转发器，把一个无参信号翻译成带一个参数的信号（支持 int、QString 等类型）。

例如，想要将 QPushButton 类的对象 btn 的 clicked 信号与 QLineEdit 类的对象 lineEdit 的 setText()槽连接，实现单击按钮 btn 时在单行文本框中显示“我是一段文字”的效果。setText()槽需要一个 QString 字符串作为实参。此时可借助 QSignalMapper 类对象（如 mapper）通过以下方式实现。

(1) 将 btn 的 clicked 信号与 QSignalMapper 类的对象 mapper 的 map()槽函数关联，使 mapper 能接收到原始信号。

(2) 调用 mapper 的 setMapping()函数，作用是告诉 mapper 如何生成带参信号 mapped，并且该信号会在 mapper 对象的 map()槽函数中发出。

(3) 将 mapper 的带参信号 mapped 与 lineEdit 的带参槽 setText()连接，以便 lineEdit 能接收到（由 mapper 根据原 btn 的无参信号 clicked 生成的）带参信号 mapped，并触发 setText()槽的执行。

按照 1.6.1 节中纯手工创建 Qt GUI 程序的方式新建空项目 2_14，在工程文件中添加语句“QT+=widgets”，使得在工程中可以使用可视化部件。添加 C++源文件，代码如下。

```
/****************************************
* 项目名: 2_14
* 说  明: 连接信号与槽
****************************************/
#include <QApplication>
#include <QWidget>
#include <QPushButton>
#include <QLineEdit>
#include <QSignalMapper>

int main(int argc,char * argv[])
{
    QApplication a(argc,argv);

    QWidget w;
    QLineEdit lineEdit(&w);
    QPushButton btn1(&w),btn2(&w),btn3(&w);

    w.resize(400,300);      //设置窗口和各部件的大小、位置,以及显示的文本等
    lineEdit.move(10,10);
    btn1.move(10,30);
    btn2.move(10,50);
    btn3.move(10,70);
    lineEdit.setText("我是单行文本框");
    btn1.setText("清除");
    btn2.setText("设置一段文字");
    btn3.setText("关闭窗口");

    //连接信号与槽
    QObject::connect(&btn1,SIGNAL(clicked()),&lineEdit,SLOT(clear()));
    QObject::connect(&btn3,SIGNAL(clicked()),&w,SLOT(close()));

    //通过 QSignalMapper 把无参信号 clicked 翻译成带 QString 参数的信号
    QSignalMapper mapper;
    QObject::connect(&btn2,SIGNAL(clicked()),&mapper,SLOT(map()));
    mapper.setMapping(&btn2,"我是一行文字");
    QObject::connect(&mapper,SIGNAL(mapped(const QString&)),
                     &lineEdit,SLOT(setText(const QString&)));

    w.show();
    return a.exec();
}
```

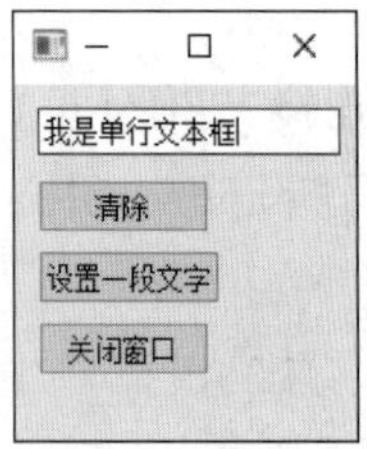

图 2-18　项目 2_14 的运行界面

connect()函数中关于连接的信号和槽函数的原型可以通过检索 Qt Creator 中的帮助系统获得。项目 2_14 刚运行时界面如图 2-18 所示。

单击“清除”按钮会清除文本框中的文字；单击“设置一段文字”按钮会在单行文本框中显示“我是一行文字”；单击“关闭窗口”按钮会关闭整个窗口。

提示：

(1) 随着 Qt 版本的不断更新，QSignalMapper 类已经不再建议使用了，在本例中使用该类目的是向读者展示 Qt 可提供的信号映射功能。

(2) 取而代之的是使用 Lambda 表达式实现类似的功能。例如，项目 2_14 中使用 Lambda 表达式实现的连接代码如下(采用了 connect()函数的另一种重载形式，见 3.4.4 节)。

```
QObject::connect(&btn2,&QPushButton::clicked,
                 &lineEdit,[&]{lineEdit.setText("我是一行文字");});
```

(3) 读者可以参阅其他进阶教材了解 C++11 语言规范标准中的 Lambda 表达式的写法。

2.7 编程实例——学生成绩的排名

排序是指按照某个数据字段的大小将多条记录递增或递减排列起来的操作。排序算法有着广泛的应用，在很多领域中都会用到，但不同的应用场景可能适用不同的算法。本节的编程实例在演示类和对象数组使用的基础上向读者介绍 4 种排序算法，即快速排序、直接插入排序、希尔排序和交换排序。

1. 算法介绍

1) 快速排序

快速排序是对冒泡排序算法的改进，它的基本思想是在待排序的数据序列中任取一个作为关键数据，通过它将要排序的数据分割成独立的两部分。将所有比它大的数据放在前一部分，将所有比它小的数据放在后一部分(降序排序的情形)，并把该数据排在这两部分的中间，这个过程称作一轮快速排序。然后按此方法分别对这两部分数据进行快速排序，整个排序过程可以递归进行，最终整个数据序列变成有序序列。

本节程序(项目 2_5)中实现的过程如下。

(1) 学生信息操作类 StuOper 中的私有成员 students 动态数组中存储了要进行排序的学生信息，当前要排序的部分为下标从 left 到 right 的元素，初始时 i 值为 left，j 值为 right。

(2) 第 1 个元素(下标为 i)作为关键元素，赋值给临时学生对象 temp。

(3) 下标 j 向前搜索(最多到位置 i 后)，找到第 1 个英语成绩大于 temp 对象的 stu[j] 对象，将其放在位置 i 上，i 加 1。

(4) 下标 i 向后搜索(最多到位置 j 前)，找到第 1 个英语成绩小于 temp 的对象 stu[i]，将其放在位置 j 上，j 减 1。

(5) 重复步骤(4)和步骤(5)，直到 i>=j 为止。

(6) 将 temp 放在位置 i 上，这时该位置之前的对象的英语成绩都比 temp 对象的大，之后的都比 temp 对象的小。

(7) 递归调用，排序位置为 left 到 i−1 的部分。

(8) 递归调用，排序位置为 i+1 到 right 的部分。

2) 直接插入排序

直接插入排序是一种将无序序列中的一个或几个插入有序序列中，从而不断增加有序序列的长度的算法。该算法的思路为初始时将第 1 个数据看作是有序的，将待排序的第 2 个数据插入该有序序列中，得到前两个数据的有序序列，在下一轮排序时将第 3 个数据插入,如此进行,序列逐渐扩大,直到所有的数据都插入有序序列中为止。

3) 希尔排序

希尔排序是对上述直接插入排序算法的改进。该算法把数据按照下标的一定增量 d 分组,即将下标相隔 d 的数据放在一组,每组都使用上面的直接插入排序算法,随着增量逐渐减少,每组包含的数据越来越多,直到增量为 1,即所有的数据都放在同一个组中进行了排序为止。

4) 交换排序

交换排序首先在整个未排序序列中找到最大数据,存放到序列的起始位置,作为只包含一个数据的已排序序列,然后从剩余未排序序列中继续寻找最大数据,并放到排序序列的后面,以此类推,直到所有数据均排序完毕为止。与冒泡排序不同的是,交换排序在每轮排序过程中并没有频繁地交换相邻的两个数据,而是记录最大数据,然后将其与未排序部分的第 1 个数据交换,使得从它往前的序列变为有序。

2. 代码实现

按照 1.6.1 节中的方式新建空项目 2_15,并在工程文件中添加语句“QT+=widgets”,以便使用可视化部件。

然后依次添加 Student 类和 StuOper 类,Students 类的代码如下。

```
/*****************************************
 * 项目名: 2_15
 * 文件名: student.h
 * 说  明: Student 类的定义
 *****************************************/
#ifndef STUDENT_H
#define STUDENT_H

#include <QString>

//定义 Student 类
class Student
{
    QString stuNo;                          //学生的学号
    QString name;                           //姓名
    int englishScore;                       //英语成绩
    int mathScore;                          //数学成绩
    int cppScore;                           //C++成绩
public:
    Student(QString No = "00000000",QString nm = "", int englishS = 0,
                                      int mathS = 0, int cppS = 0);
    void input(unsigned idx = 0);           //输入学生信息
    QString toString();                     //学生信息转换为字符串
    QString getStuNo(){return stuNo;}
    QString getName(){return name;}
    int getEnglishScore(){return englishScore;}
    int getMathScore(){return mathScore;}
```

```
    int getCPPScore(){return cppScore;}
    int getAllScore(){return englishScore + mathScore + cppScore;}
    void setStuNo(QString No){stuNo = No;}
    void setName(QString name){this -> name = name;}
    void setEnglishScore(int enlishS){englishScore = enlishS;}
    void setMathScore(int mathS){mathScore = mathS;}
    void setCPPScore(int cppS){cppScore = cppS;}
};
#endif //STUDENT_H
```

在学生类中存储了学生的学号、姓名、各科成绩等信息，并提供了相应的公有接口对学生数据进行操作。类实现文件 student.cpp 的代码如下。

```
/****************************************
 * 项目名: 2_15
 * 文件名: student.cpp
 * 说  明: Student 类的实现
 ****************************************/
#include "student.h"
#include <QInputDialog>

Student::Student(QString No,QString nm,int englishS,int mathS,int cppS)
    :stuNo(No),name(nm),englishScore(englishS),mathScore(mathS),cppScore(cppS)
{
}

void Student::input(unsigned idx)
{
    stuNo = QInputDialog::getText(nullptr,"第" + QString::number(idx)
                                  + "个学生","请输入学号:");
    name = QInputDialog::getText(nullptr,"第" + QString::number(idx)
                                 + "个学生","请输入姓名:");
    englishScore = QInputDialog::getInt(nullptr,"第" + QString::number(idx)
                                        + "个学生","请输入英语成绩:",0,0,100);
    mathScore = QInputDialog::getInt(nullptr,"第" + QString::number(idx)
                                     + "个学生","请输入数学成绩:",0,0,100);
    cppScore = QInputDialog::getInt(nullptr,"第" + QString::number(idx)
                                    + "个学生","请输入 C++成绩:",0,0,100);
}

QString Student::toString()
{
   QString res;
   res = stuNo + '\t' + name + '\t' + QString::number(englishScore) + '\t'
         + QString::number(mathScore) + '\t' + QString::number(cppScore) + '\t'
         + QString::number(getAllScore());
   return res;
}
```

其中，input()成员函数的参数 idx 用来传递当前输入的是第几位学生的信息，以方便提示用户。QInputDialog 是专门用于输入的对话框，在调用其静态成员函数 getText()、getInt()时打开一个模态输入对话框，分别获取用户输入的字符串和整型数据。

StuOper 类用来管理多个学生的信息，并提供了排序的功能，其定义如下。

```
/****************************************
 * 项目名: 2_15
 * 文件名: stuoper.h
 * 说  明: StuOper 类的定义
 ****************************************/
#ifndef STUOPER_H
#define STUOPER_H
#include "student.h"

class StuOper
{
public:
    StuOper();
    ~StuOper();
    int getStuNum();
    void quickSortByEng(int left,int right);   //快速排序
    void shellSortByMath();                    //希尔排序
    void exchangeSortByCpp();                  //交换排序
    void insertSortByAll();                    //直接插入排序
    QStringList toStringList();
private:
    Student *students;
    int studentNumber;
};

#endif //STUOPER_H
```

在该类中使用 students 数据成员指向实际的学生数据，使用 studentNumber 数据成员记录学生的总数，各成员函数的实现如下。

```
/****************************************
 * 项目名: 2_15
 * 文件名: stuoper.cpp
 * 说  明: StuOper 类的实现
 ****************************************/
#include "stuoper.h"
#include <QInputDialog>
#include <QMessageBox>

StuOper::StuOper()
```

```
{
    studentNumber = QInputDialog::getInt(nullptr,"提示","请输入学生人数:",1,1);
    students = new Student[studentNumber];
    for(int i = 0;i < studentNumber;i++)
        students[i].input(i + 1);
}

StuOper::~StuOper()
{
    delete[] students;
}

int StuOper::getStuNum()
{
    return studentNumber;
}

void StuOper::quickSortByEng(int left,int right)  //用快速排序法按英语成绩排序
{
    if(left < right)
    {
        int i = left, j = right;
        Student temp = students[left];
        while(i < j)
        {  //从右向左找第 1 个大于 temp 英语成绩的学生
            while(i < j && students[j].getEnglishScore()<= temp.getEnglishScore() )
                j--;
            if(i < j)
                students[i++] = students[j];
            //从左向右找第 1 个小于或等于 temp 英语成绩的学生
            while(i < j && students[i].getEnglishScore()> temp.getEnglishScore())
                i++;
            if(i < j)
                students[j--] = students[i];
        }
        students[i] = temp;
        quickSortByEng(left, i - 1);                //递归调用
        quickSortByEng(i + 1,right);
    }
}

void StuOper::shellSortByMath()                     //用希尔排序法按数学成绩排序
{
    Student temp;
    int iPos;
    int d = studentNumber;                          //增量的初值
    do
    {
```

```
        d = d/3 + 1;
        for(int i = d; i < studentNumber; i++)
        {
            temp = students[i];
            iPos = i - d;
            while(iPos >= 0 && students[iPos].getMathScore() < temp.getMathScore())
            { //实现增量为 d 的插入排序
                students[iPos + d] = students[iPos];
                iPos -= d;
            }
            students[iPos + d] = temp;
        }
    }
    while(d > 1);
}

void StuOper::exchangeSortByCpp()                   //用交换排序法按 C++ 成绩排序
{
    Student temp;
    for(int i = 0;i < studentNumber - 1;i++)        //共排序 stuNumber - 1 轮,每轮得到一个最大值
    {
        for(int j = i + 1;j < studentNumber;j++)
        {  //每次从剩下的成绩中寻找最大值,与当前最大值相比,如果更大则交换
            if(students[j].getCPPScore()> students[i].getCPPScore())
            {
                temp = students[i];
                students[i] = students[j];
                students[j] = temp;
            }
        }
    }
}

void StuOper::insertSortByAll()                     //用直接插入排序法按总成绩排序
{

    Student temp;
    int iPos;
    for(int i = 1;i < studentNumber;i++)
    {
        temp = students[i];                         //保存当前要插入的学生
        iPos = i - 1;                               //被插入的数组下标
        //从最后一个(最小值)开始比较,小于当前要插入元素的向后移位
        while(iPos >= 0 && students[iPos].getAllScore()< temp.getAllScore())
        {
            students[iPos + 1] = students[iPos];
            iPos -- ;
        }
```

```
        students[iPos + 1] = temp;                  //插入相应位置
    }
}

QStringList StuOper::toStringList()                 //显示数组中的内容
{
    QStringList strList;
    for(int i = 0;i < studentNumber;i++)            //将所有信息输出到屏幕
        strList.append(students[i].toString());
    return strList;
}
```

名字中包含有 Sort 的成员函数分别使用了不同的排序算法,依据不同的字段完成排序的工作,然后将排序后的结果更新到 stus 对象内部的动态数组 students 中。

在主函数中实现创建窗口和部件,以用于输入和显示学生信息、显示各种排序后的学生信息的功能。其代码如下。

```
/****************************************
 * 项目名: 2_15
 * 文件名: main.cpp
 * 说  明: 主函数的实现
 ****************************************/
#include <QApplication>
#include <QWidget>
#include <QTextEdit>
#include <QLabel>
#include "stuoper.h"

int main(int argc,char * argv[])
{
    QApplication a(argc,argv);
    QWidget w;
    w.resize(540,600);
    w.setWindowTitle("学生成绩排序与展示");

    StuOper stus;

    QLabel label1("用户输入的学生信息: ",&w);
    label1.move(20,10);
    QTextEdit edit1(&w);
    edit1.move(20,30);
    edit1.resize(500,80);
    edit1.append("学号\t 姓名\t 英语\t 数学\tC++\t 总成绩");
    edit1.append(QString(80,'-'));
    for(int i = 0;i < stus.getStuNum();i++)
        edit1.append(stus.toStringList().at(i));

    stus.shellSortByMath();
```

```
    QLabel label2("按数学成绩降序：",&w);
    label2.move(20,130);
    QTextEdit edit2(&w);
    edit2.move(20,150);
    edit2.resize(500,80);
    edit2.append("学号\t 姓名\t 英语\t 数学\tC++\t 总成绩");
    edit2.append(QString(80,'-'));
    for(int i = 0;i < stus.getStuNum();i++)
        edit2.append(stus.toStringList().at(i));

    stus.quickSortByEng(0,stus.getStuNum() - 1);
    QLabel label3("按英语成绩降序：",&w);
    label3.move(20,250);
    QTextEdit edit3(&w);
    edit3.move(20,270);
    edit3.resize(500,80);
    edit3.append("学号\t 姓名\t 英语\t 数学\tC++\t 总成绩");
    edit3.append(QString(80,'-'));
    for(int i = 0;i < stus.getStuNum();i++)
        edit3.append(stus.toStringList().at(i));

    stus.exchangeSortByCpp();
    QLabel label4("按 C++成绩降序：",&w);
    label4.move(20,370);
    QTextEdit edit4(&w);
    edit4.move(20,390);
    edit4.resize(500,80);
    edit4.append("学号\t 姓名\t 英语\t 数学\tC++\t 总成绩");
    edit4.append(QString(80,'-'));
    for(int i = 0;i < stus.getStuNum();i++)
        edit4.append(stus.toStringList().at(i));

    stus.insertSortByAll();
    QLabel label5("按总成绩降序：",&w);
    label5.move(20,490);
    QTextEdit edit5(&w);
    edit5.move(20,510);
    edit5.resize(500,80);
    edit5.append("学号\t 姓名\t 英语\t 数学\tC++\t 总成绩");
    edit5.append(QString(80,'-'));
    for(int i = 0;i < stus.getStuNum();i++)
        edit5.append(stus.toStringList().at(i));

    w.show();
    return a.exec();
}
```

stus 对象在生成时初始化，会弹出一个输入对话框，请用户输入要录入的学生人数，如图 2-19(a)所示；然后依次弹出对话框(见图 2-19(b))，接受用户输入的每位学生的各项信息。

(a) 输入学生人数　　　(b) 输入姓名

图 2-19　项目 2_15 中部分输入的界面

窗口及其中的部件均通过编写代码的方式进行添加，排序通过调用 stus 的各成员函数完成。当输入完成后，会显示如图 2-20 所示的效果。

学生成绩排序与展示

用户输入的学生信息:

学号	姓名	英语	数学	C++	总成绩
20191234	张三	89	76	92	257
20192345	李四	92	80	86	258
20193456	王五	83	79	82	244

按数学成绩降序:

学号	姓名	英语	数学	C++	总成绩
20192345	李四	92	80	86	258
20193456	王五	83	79	82	244
20191234	张三	89	76	92	257

按英语成绩降序:

学号	姓名	英语	数学	C++	总成绩
20192345	李四	92	80	86	258
20191234	张三	89	76	92	257
20193456	王五	83	79	82	244

按C++成绩降序:

学号	姓名	英语	数学	C++	总成绩
20191234	张三	89	76	92	257
20192345	李四	92	80	86	258
20193456	王五	83	79	82	244

按总成绩降序:

学号	姓名	英语	数学	C++	总成绩
20192345	李四	92	80	86	258
20191234	张三	89	76	92	257
20193456	王五	83	79	82	244

图 2-20　项目 2_15 输入完毕后的展示效果

课后习题

一、选择题

1. 关于类和对象的概念，下列描述中错误的是(　　)。

   A. 类和对象的关系是一种数据类型和变量的关系

   B. 一个类可以定义多个对象，但一个对象只能属于一个类

C. 类是对某一类对象的抽象，对象是类的具体实例

D. 类的所有对象共享类的数据成员内存空间

2. 在下列选项中，不表示访问属性的关键字是(　　)。

A. public　　B. protect　　C. protected　　D. private

3. 关于 this 指针，下列说法中正确的是(　　)。

A. this 指针是成员函数中的一个形参，由用户自己定义

B. 可以在成员函数内部修改 this 指针所指向的对象

C. this 指针总是指向调用当前成员函数的对象

D. this 指针是类中的一个数据成员

4. 下列不能作为类内成员的是(　　)。

A. 本类对象　　B. 另一个类的对象

C. 指针　　D. 函数

5. 已知 ClassA 是一个类，则(　　)不可能是该类构造函数的声明。

A. ClassA();　　B. ClassA(int a);

C. void ClassA();　　D. ClassA(int a,double b=1);

6. 关于构造函数和析构函数，下列说法中错误的是(　　)。

A. 一个类只能有一个析构函数，但可以有多个构造函数

B. 如果没有自定义析构函数，系统会生成一个什么也不做的默认析构函数

C. 如果没有自定义无参构造函数，系统会生成一个无参构造函数

D. 析构函数一般在对象的内存空间被回收之前由系统自动调用，但也可以由用户调用

7. 下列说法中不正确的是(　　)。

A. Qt 中的窗口和部件只是从使用上进行区分，并无本质的不同

B. 模态对话框是指根据模型创建的对话框

C. QWidget 是 Qt 中已定义好的类，可直接用于生成窗口对象

D. 在使用 move()成员函数设置子部件的位置时，默认使用的是用户区坐标系

8. 下列不能将对话框 dlg 设置为模态对话框的代码是(　　)。

A.
```
QWidget w1;
w1.show();
QDialog myDlg(&w1);
myDlg.setWindowModality(Qt::WindowModal);
myDlg.show();
```

B.
```
QDialog myDlg;
myDlg.exec();
```

C.
```
QDialog myDlg;
myDlg.setModal(true);
myDlg.show();
```

D.
```
QDialog myDlg;
myDlg.setModal(false);
myDlg.show();
```

9. 在(　　)情况下宜采用内联成员函数。

A. 成员函数体内有循环语句

B. 成员函数的实现较为简单,被频繁调用

C. 成员函数体内含有递归调用

D. 成员函数的实现较为复杂,不常被调用

10. 下列关于对象数组的描述中错误的是(　　)。

A. 对象数组的下标是从 0 开始的

B. 对象数组的数组名是一个常指针

C. 对象数组的元素只能被初始化,不能被赋值

D. 对象数组的每个元素是同一个类的对象

11. 设 ClassA 是一个类,data 是该类的公有数据成员,obj 是该类的一个对象,ptr 是指向 obj 的对象指针,则通过(　　)可以访问到 obj 对象的 data 成员。

A. ptr. data()　　　　B. ptr—> data

C. obj. data()　　　　D. obj—> data

12. 已知类定义为

```
class ClassA
{
public:
    ClassA(){cout <<'a';}
};
```

则执行语句“ClassA obj,arr[3], * ptrArr[3];”后,程序的输出结果为(　　)。

A. a　　　　B. a3　　　　C. aaaa　　　　D. aaaaaaa

13. 已知 ptr 是一个指向类 ClassA 中公有数据成员 x 的指针,obj 是 ClassA 的一个对象,下面能实现给 obj 对象的 x 成员赋值的是(　　)。

A. obj. * ptr=1;　　　　B. obj—> ptr=1;

C. obj. ptr=1;　　　　D. * obj. ptr=1;

14. 下列说法中正确的是(　　)。

A. 信号与槽通信机制是 Qt 特有的机制,用于对象间的通信

B. 信号与槽通信机制用于网络间的通信

C. 信号与槽通信机制是 C++ 中的通信机制

D. 信号发出时必须要有明确的接收对象

15. 下列说法中错误的是(　　)。

A. 一个信号可以关联多个槽　　　　B. 一个槽可以关联多个信号

C. 一个信号可以关联到另一个信号　　　　D. 一个信号必须要有关联的槽

16. 关于信号和槽,下列说法中不正确的是(　　)。

A. 需要元系统的支持

B. 可通过 connected()函数关联信号和槽

C. 信号在类中只声明,无须也不能对其实现

D. 槽本质上就是类的成员函数

17. 已知ClassA为一个类,该类正确的复制构造函数的声明语句为(　　)。

A. ClassA(ClassA obj);　　B. ClassA&(ClassA obj);

C. ClassA(ClassA& obj);　　D. ClassA(ClassA * obj);

18. 已知Circle类定义为

```
class Circle
{
private:
    double radius;
public:
    Circle(double _radius):radius(_radius){ }
    double GetArea(){return 3.14 * radius * radius;}
};
```

则下列不能正确输出半径为3的圆面积的语句是(　　)。

A. Circle(3);
cout << Circle.GetArea();

B. Circle obj(3), * ptr=&obj;
cout << ptr-> GetArea();

C. Circle * ptr=new Circle(3);
cout << ptr-> GetArea();
delete ptr;

D. Circle obj1(3),&obj2=obj1;
cout << obj2.GetArea();

19. 设类ClassA将类ClassB的对象作为成员,则定义ClassA类型的对象时,构造函数的执行顺序为(　　)。

A. ClassA类的构造函数先执行

B. ClassB类的构造函数先执行

C. ClassA类和ClassB类的构造函数并行执行

D. 不能确定构造函数的执行顺序

20. 下列关于成员函数的描述中错误的是(　　)。

A. 成员函数可以在类内声明,在类外定义

B. 成员函数可以重载

C. 成员函数可以设置为内联成员函数

D. 成员函数名必须和类名相同

二、程序分析题

1. 请阅读程序,给出运行结果。

```
#include <iostream>
using namespace std;
class A{
    int a,b;
public:
    A(int aa = 0, int bb = 0):a(aa),b(bb)
```

```
    {
      cout <<"the constructor is called: "<<"a = "<< a
                <<",b = "<< b << endl;
    }
};
int main()
{
    A x, y(1,2), z(y);
    return 0;
}
```

2. 请阅读程序,给出运行结果。

```
#include < iostream >
using namespace std;
class ClassA
{
public:
    ClassA(int i = 0):data(i)
    {
        cout <<"constructor"<< endl;
    }
    ~ClassA()
    {
        cout <<"destructor"<< endl;
    }
    void setData(int i)
    {
        data = i;
    }
    int getData()
    {
        return data;
    }
private:
    int data;
};
int main()
{
    ClassA obj1,obj2(1);
    cout << obj1.getData()<< endl;
    obj2.setData(3);
    cout << obj2.getData()<< endl;
    return 0;
}
```

3. 请根据注释填空,以完成类的定义。

```
class_______①_______          //定义类
{
______②______
    MyClass(int data)          //构造函数
```

```
    {
        ______③______        //用形参 data 初始化数据成员 data
    }
private:
    int data;
};
```

4. 请阅读程序，给出运行结果。

```
#include <iostream>
using namespace std;
class ClassA
{
public:
    ClassA()
    {
        cout <<"ClassA\'s constructor."<< endl;
    }
    ~ClassA()
    {
        cout <<"ClassA\'s destructor."<< endl;
    }
};
class ClassB
{
public:
    ClassB()
    {
        cout <<"ClassB\'s constructor."<< endl;
    }
    ~ClassB()
    {
        cout <<"ClassB\'s destructor."<< endl;
    }
};
class ClassC
{
    ClassB b;
    ClassA a;
public:
    ClassC()
    {
        cout <<"ClassC\'s constructor."<< endl;
    }
    ~ClassC()
    {
        cout <<"ClassC\'s destructor."<< endl;
    }
};
int main()
{
```

```
    ClassC obj;
}
```

5. 以下程序的功能为运行时显示一个窗口，窗口中有一个按钮，按钮上显示的文字为“最大化”，当单击按钮时实现窗口的最大化，请填空。

```
#include <QApplication>
#include <QWidget>
#include <_____①_____>
int main(int argc,char * argv[])
{
    QApplication a(argc,argv);
    QWidget w;
    QPushButton btn(_____②_____);
    btn.setText("最大化");
    _____________③_____________
    w.show();
    return a.exec();
}
```

6. 请阅读程序，给出运行结果。

```
#include <iostream>
using namespace std;
class ClassA
{
public:
    ClassA(string _name = "undefined"):name(_name)
    {
    }
    string name = "1234";
};
int main()
{
    ClassA obj1;
    string ClassA::* ptr1 = &ClassA::name;
    cout << obj1.* ptr1 << endl;
    ClassA * ptr2 = new ClassA("xyz");
    cout << ptr2->* ptr1 << endl;
    ClassA obj2("abc");
    string * ptr3 = &obj2.name;
    cout << * ptr3 << endl;
    return 0;
}
```

三、编程题

1. 编写纯 C++ 程序实现一个圆柱体类，类中包含私有数据成员半径和高；包含计算圆柱体表面积的成员函数、计算圆柱体体积的成员函数、无参构造函数和带参构造函数。编写主函数测试类的使用。

2. 编写纯 C++ 程序，要求如下。

(1) 定义一个点类 Point,要求类中有 x、y 坐标等数据成员,有构造函数,有用于设置点坐标的成员函数,有用于输出点坐标的成员函数,有用于获取点 x 坐标的成员函数,有用于获取点 y 坐标的成员函数。

(2) 定义一个线段类 Line,要求类中有起点、终点(均为 Point 类型的对象)等成员对象,有无参构造函数(默认起点为(0,0)点,终点为(1,1)点),有带有两个 Point 类型形参的构造函数,有带有起点和终点 x、y 坐标为形参的构造函数,有用于设置起点的成员函数,有用于设置终点的成员函数,有用于输出线段信息(包括起点和终点的位置、线段的长度)的成员函数;

(3) 编写主函数测试类的使用。

3. 编程实现如下效果的 Qt GUI 程序:创建并显示一个窗口,大小为 200×200 像素,窗口左上角显示的标题为你的姓名;窗口上有一个标签,内容为"我是一个标签",位于窗口用户区的(10,10)位置;窗口上有两个按钮,大小均为 80×20 像素,分别位于窗口用户区的(10,40)和(10,80)位置,显示的文字分别为"单击隐藏标签""单击显示标签";当单击这两个按钮时,分别实现如按钮文字所述的隐藏标签或显示标签的功能。

四、思考题

1. 从面向对象的封装和数据隐藏等特性来看,你认为类中各种成员(包括数据成员和成员函数)的访问权限应当如何设计?通过类对数据进行封装又有什么好处?

2. 请谈谈你对 Qt 信号与槽通信机制的理解。

实验 2 类的使用以及简单 GUI 交互

一、实验目的

1. 掌握类的定义、实现与对象的使用。

2. 掌握组合类的设计。

3. 初步熟悉常见 Qt 窗口和部件,根据帮助查找、关联和使用它们的信号和槽。

4. 了解常见的项目文件组织形式。

二、实验内容

1. 编写一个表示具体日期的日期类

类中年、月、日属性作为私有数据成员;定义必要的无参构造函数、带参构造函数等;分别定义不同的成员函数实现对私有数据成员的设置(要求限定数据值范围)和访问(如 getYear()函数返回年份,要求为内联成员函数);定义用于显示日期信息的成员函数;定义返回当前日期是本年度第几天的成员函数;分别定义用于增加、减少指定天数的成员函数;编写主函数测试类及各成员函数的使用。

提示:为了简便,可暂时不考虑闰年的情形。

2. 在实验内容 1 的基础上按以下要求继续编写程序。

(1) 要求按照 2.1.4 节的形式组织项目中的文件。

(2) 编写一个学生类,类中包括学生的姓名、出生日期(要求为日期类型的对象)等属性。添加必要的各种构造函数;添加显示学生信息的成员函数。

(3) 编写主函数,定义一个长度为 5 的学生数组并初始化学生信息,然后输出每个学生的信息。

3. 编写 Qt 应用程序,界面效果如图 2-21 所示。

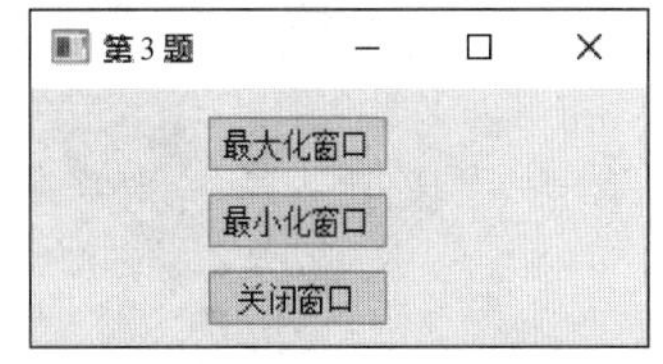

图 2-21　Qt 应用程序界面效果(1)

具体说明如下。

(1) 窗口的标题为"第 3 题",请合理设置窗口的大小。

(2) 窗口中包含 3 个按钮,按钮的文字如图 2-21 所示,请合理设置按钮放置的位置。

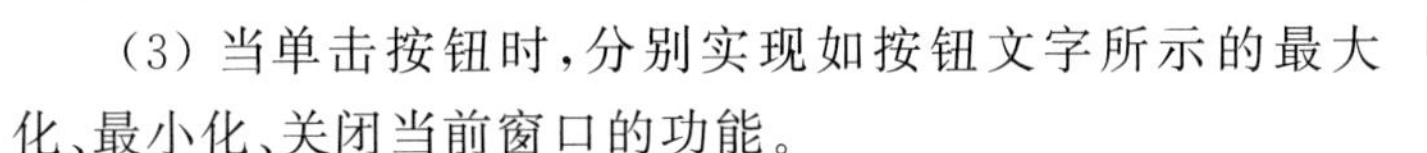

(3) 当单击按钮时,分别实现如按钮文字所示的最大化、最小化、关闭当前窗口的功能。

4. 编写 Qt 应用程序,界面效果如图 2-22 所示。

具体说明如下。

(1) 窗口的标题为"第 4 题",大小为 250×100 像素。

(2) 窗口中包含两个单行文本框,分别位于(10,10)和(10,50)处,大小均为 150×20 像素。

(3) 下面的单行文本框中的文字的字体设置为加粗显示,文字的颜色为红色。

(4) 实现交互效果(见图 2-23):当在上面的单行文本框中输入内容时,文字同步显示在下面的单行文本框中。

图 2-22　Qt 应用程序界面效果(2)

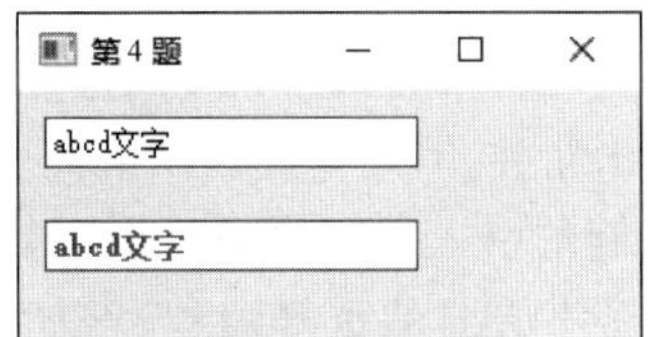

图 2-23　实现交互效果

提示:个别功能的实现需读者自行查找类提供的成员函数;交互效果通过将上面单行文本框的信号关联到下面单行文本框的槽实现,具体使用的信号和槽请借助帮助文档查找实现。

第3章 继承与派生

继承与派生是面向对象程序设计的第二大特征，它允许在已有类（称为基类或父类）的基础上，根据自己的需要向类中添加更多的属性和方法，从而创建出一个新的类（称为派生类或子类）。继承与派生实际是从不同的角度来看的同一个过程：保持已有类的特性而构成新类的过程称为类的继承；在已有类的基础上新增自己的特性而产生新类的过程称为类的派生。派生类除了具有新增的属性和方法外，还自动具有基类的所有属性和方法。对于派生类，还可以继续派生出新类，因此基类和派生类是相对而言的。类层层派生，可形成复杂的继承结构。

继承机制的引入使程序设计时可以层层抽取出对象之间的共同点，从而减少了代码的冗余；避免了不必要的重复编程，增加了代码的可重用性。派生出的新类可以基于已有工作进一步扩展，以快速开发出高质量的程序。

3.1 类的继承与派生

3.1.1 派生类的定义

视频讲解

派生类只有一个直接基类的继承，称为单继承，否则称为多继承。在图3-1中，汽车和船都是单继承，它们都只有一个基类——交通工具；而房车有两个基类——房子和汽车；水陆两栖车也有两个基类——汽车和船，它们都是多继承。

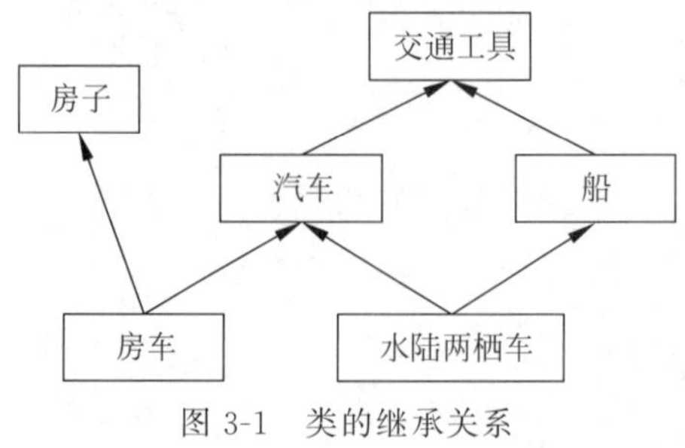

图3-1 类的继承关系

派生类的定义格式如下。

```
class 派生类名:继承方式 基类 1, …,继承方式 基类 n
{         //基类可以有多个,之间用逗号隔开,每个基类都要写明继承方式
          派生类新增成员的声明
};
```

基类需要是已有的类,派生类是新定义的类,派生类的基类在派生类名后以“:”开头的基类列表中指明。当单继承时,此处只有一个基类;当多继承时,有多个基类,之间通过逗号隔开。每个基类都需要指明继承方式,且每个继承方式都只限制对紧随其后的基类的继承。继承有 public、private、protected 3 种方式。

(1) public:表示公有继承。

(2) private:表示私有继承。

(3) protected:表示保护继承。

下面举例说明。为了定义派生类,首先要有交通工具类 Conveyance 作为基类,其定义和实现如下。

```
class Conveyance                    //交通工具类
{
    double speed;                   //时速
public:
    double getSpeed()
    {
        return speed;
    }
};
```

然后在该类的基础上派生出汽车类 Car,其定义和实现如下。

```
class Car: public Conveyance        //汽车类
{
    int wheelsNum;                  //车轮数
public:
    int getWheelsNum()
    {
        return wheelsNum;
    }
};
```

在定义派生类时,只需要根据派生类所特有的特点添加新的属性和方法即可。从类的定义中可以看到,在派生类 Car 中并没有声明基类中的属性和方法,但此时派生类中已存在两个属性 wheelsNum 和 speed,以及两个方法 getSpeed()和 getWheelsNum()。原因是已指明 Conveyance 为基类,则派生类 Car 就自动拥有了基类的所有属性和方法。这种继承是整体的,不能只选择一部分成员而舍弃另一部分。

为了实现多继承,再定义和实现房子类 House 如下。

```
class House
```

```
{
    double area;                        //房屋的面积
public:
    double getArea()
    {
    return area;
    }
};
```

房车类 MotorHome 的定义和实现如下。

```
class MotorHome:public Car,public House
{
     int waterReserve;                  //储水量,单位为升
public:
   int getWaterReserve()
     {
          return waterReserve;
     }
};
```

可见多继承只需要在基类列表中依次说明各个基类即可。在该例中,各个类的成员列表及继承关系如图 3-2 所示。

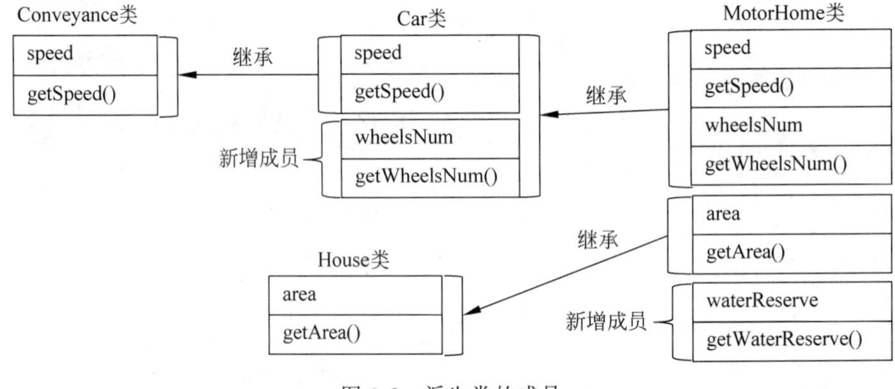

图 3-2　派生类的成员

视频讲解

3.1.2　继承方式

派生类虽然继承了基类中的全部成员,但是这些成员的访问权限可能会根据继承方式的不同而产生变化,其影响主要体现在派生类成员和派生类对象能否访问它们。

1. 公有继承

公有继承(public)具有以下特点。

(1) 基类中的 private 成员不可以访问(对派生类成员和派生类对象而言)。

(2) 基类中的 public 和 protected 成员的访问权限在派生类中保持不变。

(3) 派生类的成员函数可直接访问基类中的 public 和 protected 成员,但不能访问基类中的 private 成员。

(4) 派生类的对象只能访问基类中的 public 成员。

2. 保护继承

保护继承(protected)具有以下特点。

(1) 基类中的 private 成员不可以访问。

(2) 基类中的 public 和 protected 成员的访问权限在派生类中转为 protected。

(3) 派生类的成员函数可直接访问基类中的 public 和 protected 成员(现为派生类中的 protected 成员),但不能访问基类中的 private 成员。

(4) 派生类的对象不能访问基类中的任何成员。

3. 私有继承

私有继承(private)具有以下特点。

(1) 基类中的 private 成员不可以访问。

(2) 基类中的 public 和 protected 成员的访问权限在派生类中转为 private。

(3) 派生类的成员函数可直接访问基类中的 public 和 protected 成员(现为派生类中的 private 成员),但不能访问基类中的 private 成员。

(4) 派生类的对象不能访问基类中的任何成员。

表 3-1 对上述规则进行了总结。在实际应用中,公有继承是主要的继承方式,在设计类时多采用此方式。

表 3-1 继承方式和访问特性

<table>
<tr><th rowspan="2">基类成员</th><th rowspan="2">基类成员函数</th><th rowspan="2">基类对象</th><th colspan="2">private 继承方式</th><th colspan="2">protected 继承方式</th><th colspan="2">public 继承方式</th></tr>
<tr><th>派生类新增成员函数</th><th>派生类对象</th><th>派生类新增成员函数</th><th>派生类对象</th><th>派生类新增成员函数</th><th>派生类对象</th></tr>
<tr><td>基类 private 成员</td><td rowspan="3">可访问</td><td colspan="7">不可访问</td></tr>
<tr><td>基类 protected 成员</td><td>不可访问</td><td rowspan="2">可访问,访问权限转为 private</td><td rowspan="2">不可访问</td><td rowspan="2">可访问,访问权限仍为或转为 protected</td><td rowspan="2">不可访问</td><td>可访问,访问权限仍为 protected</td><td>不可访问</td></tr>
<tr><td>基类 public 成员</td><td>可访问</td><td>可访问,访问权限仍为 public</td><td>可访问</td></tr>
</table>

3 种继承方式的共同点如下。

(1) 不论以何种方式继承,派生类中新增的成员函数都可以访问基类中的 public 成员和 protected 成员。

(2) 不论以何种方式继承,基类的私有成员对派生类和派生对象都不可见,只能通过基类提供的公有接口间接操作。

3 种继承方式的不同点如下。

(1) 在不同继承方式下,基类中的 public 成员和 protected 成员在派生类中转为的访问权限不同。

(2) 派生类对象除了在 public 继承方式下可以访问基类中的 public 成员外,其他方式均不可以访问基类中的任何成员。

从表 3-1 中可以看到，私有继承方式和保护继承方式的区别只在于：在私有继承下，原基类受保护成员和公有成员的访问权限均转为私有的；在保护继承下，原基类受保护成员和公有成员的访问权限均转为受保护的。从使用者的角度来说，派生类新增成员函数在两种继承方式下都可以访问原为基类的 protected 成员和 public 成员；派生类对象在两种继承方式下都不可以访问基类中的所有成员。似乎两种继承方式在用法上没有什么不同，那么区分这两种继承方式以及在类内部区分这两种访问权限的意义是什么呢？

在图 3-3 中，上、下两部分分别表示不同的继承关系，经观察可以发现，在父亲类对祖先类中成员的使用上确实没有什么区别。它们的区别主要体现在继续往下以公有继承方式派生出的新类上：在保护继承时，孩子类中的新增成员函数仍可访问到祖先类中的 protected 成员和 public 成员；而在私有继承时，祖先类中的所有成员均不可见。

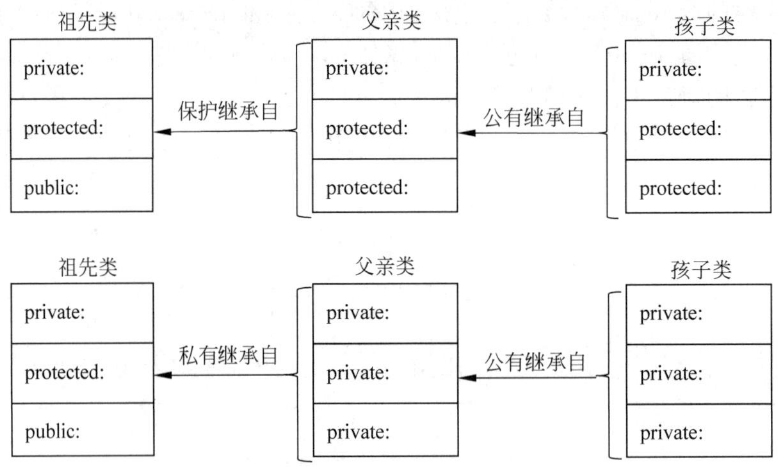

图 3-3　保护继承和私有继承的区别

提示： protected 成员的优点是既实现了数据隐藏又很好地实现了继承，而 private 成员只是很好地实现了数据隐藏。

视频讲解

3.1.3　重定义成员函数

派生类对象和基类对象可能会执行功能类似的同名动作，但对于不同的类，同名动作在具体实现细节上有所不同。例如，希望在交通工具基类 Conveyance 和汽车派生类 Car 中都设计一个输出内部所有属性的值的成员函数，这里有几个问题。

(1) 由于不同的类所包含的属性数量不同，所以若要输出不同类对象的全部属性，具体输出语句的代码一定不同，只设计一个成员函数不能解决问题。

(2) 因为上述原因，似乎应该给每个类都设置一个成员函数分别实现不同的输出。函数虽然可以重载，但不能同时声明多个具有同样函数原型（同函数名、同参数列表）的函数。因为派生类会继承基类中的所有成员，所以如果把基类和派生类中实现该功能的成员函数名修改成彼此不一样，记忆起来会非常麻烦。特别是当类层层继承时，对每个类都要记得它用于输出全部属性的成员函数名叫什么，因此这种处理方式是不可取的。

在派生类中,实际上是允许声明一个和基类中的成员函数原型完全相同的新成员函数的,新的同名成员函数有自己的新的函数实现,这种情况就是在派生类中对基类中成员函数的重新定义,称为重定义成员函数或重定义继承的函数。

例如,在3.1.1节例子的基础上为交通工具基类Conveyance和汽车派生类Car都添加一个成员函数showInfo(),在Conveyance类定义的public部分添加声明如下。

```
void showInfo();
```

在类外实现如下。

```
void Conveyance::showInfo()
{
    cout <<"Speed per hour:"<< speed << endl;
}
```

在Car类定义的public部分添加声明如下。

```
void showInfo();
```

在类外实现如下。

```
void Car::showInfo()
{
    cout <<"Speed per hour:"<< getSpeed()<< endl;
    cout <<"Number of wheels:"<< wheelsNum << endl;
}
```

由于Car新增的成员函数不能访问基类中的私有数据成员,所以在Car的showInfo()函数中调用了基类的getSpeed公有接口间接得到speed的值。

现在的问题是由于派生类对基类的成员是全部继承的,这就意味着在Car类中实际有两个一模一样的showInfo()成员函数,那么对于派生类的对象,在调用showInfo()函数时用的是哪个呢?

提示:

(1) 重载函数:指函数名相同,形参必须不同(不同类型或个数)的函数。

(2) 重定义函数:指派生类中新成员函数的原型和基类中成员函数的原型完全一致,只是实现体不同。

(3) 若派生类中新成员函数的形参类型或数量不同于基类中的同名函数,那么只是重载,而非重定义。

继承机制对此问题的处理原则是派生类重定义的成员函数屏蔽了基类的同原型成员函数。例如:

```
Car myCar;
myCar.showInfo();
```

调用的是Car类中重新定义的showInfo()函数。

那么是否还能通过派生类对象访问到基类中被屏蔽掉的同原型成员函数呢?答案是肯定的。但由于屏蔽,若想使用基类中的同原型成员函数,需要使用作用域运算符(::)指定基类的名称。例如：

```
myCar.Conveyance::showInfo();
```

调用的是基类中的 showInfo()成员函数。

观察两个类中 showInfo()函数的实现，会发现在 Car 类中 showInfo()输出的前一部分实际就是 Conveyance 类中 showInfo()输出的内容，因此 Car 类中的 showInfo()函数可以修改为如下的形式。

```
void Car::showInfo()
{
    Conveyance::showInfo();
    cout <<"Number of wheels:"<< wheelsNum << endl;
}
```

如此不仅实现了代码的复用，而且在不同的派生类中也能保持对基类部分相关属性的输出格式的一致。

提示：要重定义一个成员函数，必须在派生类中给出它的声明，即使这个声明和基类中的声明完全相同。

视频讲解

3.1.4 赋值兼容规则

在公有继承时，派生类完整地继承了基类的所有属性和行为，基类成员相当于公有派生类成员的一个子集。基类对象具有的属性派生类对象都有，基类对象能做的事情，派生类对象都能做。因此，基类与派生类对象之间存在着赋值兼容关系，即派生类对象可以赋值给基类对象。此时派生类对象中原属于基类属性的那部分内存空间的值会被原样复制到基类对象的内存空间中，而派生类中新增的那部分属性的值在赋值过程中被舍弃，如图 3-4 所示；反之，由于基类对象中缺少派生类新增属性的值，所以基类对象不能赋值给派生类对象。也就是说，派生类对象对基类对象的赋值关系是单向的、不可逆的。

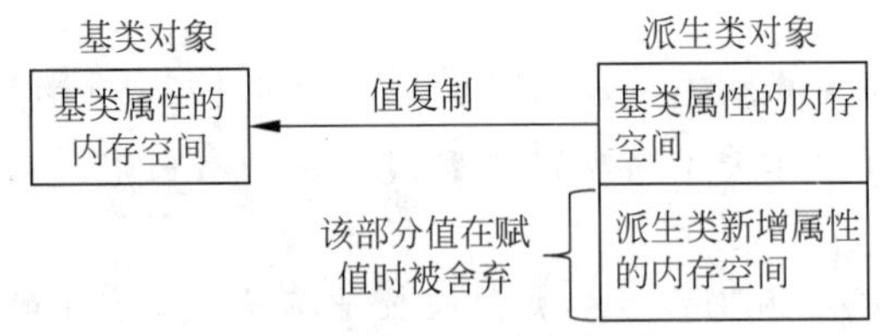

图 3-4　派生类对象赋值给基类对象时值的复制

在用到基类对象时，可以用其公有派生类对象代替，使用方式有以下几种。

(1) 可使用公有派生类对象赋值或初始化基类对象的引用，此时基类对象的引用名只是派生类对象中基类部分的别名。

(2) 若函数的参数是基类对象或基类对象的引用，对应的实参可以使用其派生类对象，但在函数中只能使用对象中的基类部分。

(3) 派生类对象的地址可以赋给指向基类对象的指针，但通过该指针只能访问到基类的部分。

例如定义了函数：

```
void func(Conveyance a)
{
    a.showInfo();
}
```

在已有 Car 类型对象 myCar 的情况下：

```
Conveyance x1,&x2 = myCar, * ptr;
ptr = &myCar;
x1 = myCar;
func(myCar);
```

上述语句都是合法的。引用 x2 只代表了 myCar 对象中属于 Conveyance 类的那部分属性的内存空间；指针 ptr 虽然实际指向派生类对象 myCar，但由于它自己是 Conveyance 类型的指针，所以只能调用 getSpeed()函数，而无法通过它去操作 getWheelsNum()函数；只从 myCar 中复制了 speed 属性的值给 x1 对象，wheelsNum 的值被舍弃；func()函数内部执行的是 Conveyance 类的 showInfo()函数。

在以后的编程中，读者经常会看到把派生类对象当作基类对象使用的情形。

3.2 派生类的构造与析构函数

之前说到派生类会继承基类中的全部成员，其实有一些例外，就是构造函数和析构函数。它们都不能被派生类所继承，在派生类中需要声明和实现自己的构造函数，以及在必要的时候自定义析构函数。

3.2.1 实现方式

视频讲解

派生类构造函数在实现时只需对本类中新增的成员进行初始化，基类部分的初始化会自动调用基类构造函数完成。这里有以下几点建议。

(1) 当基类中声明了带有形参的构造函数时，派生类也应声明带形参的构造函数，并传参数给基类构造函数。

(2) 当基类中声明了不带参的构造函数时，派生类构造函数可以不向基类构造函数传递参数，此时基类部分的初始化调用的是基类不带参构造函数。

(3) 若基类中未声明构造函数，在派生类中也可以不声明，此时都采用系统默认生成的构造函数。例如，3.1 节中各个派生类对象生成时均是调用了派生类和基类的默认构造函数。

构造函数的实现格式如下。

```
派生类类名::派生类类名(基类所需形参,本类数据成员所需形参):基类名(基类实参)
{
    新增数据成员赋初值;    //更建议写在初始化列表处
}
```

形参列表中形参的顺序无规定，前后可以调换。“基类实参”通常由派生类构造函数形参列表中的“基类所需形参”给出，但也可以是常量、全局变量等。对基类构造函数传递参数必须在派生类的初始化列表中进行。

例如，首先在 Conveyance 类定义的 public 部分添加构造函数如下。

```
Conveyance(int spd):speed(spd)
{
    cout <<"Constructor of Conveyance."<< endl;
}
```

然后为 Car 类在类内添加公有构造函数如下。

```
Car(int spd, int wN):Conveyance(spd),wheelsNum(wN)
{
    cout <<"Constructor of Car."<< endl;
}
```

在基类 Conveyance 中只有一个带参构造函数，派生类 Car 的对象初始化时，基类部分只能使用该带参构造函数进行初始化，因此派生类的构造函数也应有参数，并且部分参数是用于传递给基类初始化用的。在派生类 Car 的形参列表中包含了用于初始化基类部分的参数 spd 和用于初始化新增成员的参数 wN，并在初始化列表中完成对基类构造函数参数的传递和新增成员初始化值传递的工作。

对于有多个基类的情形，依次在初始化列表中向每个基类传递参数即可。例如，首先为 House 类在类内添加公有构造函数：

```
House(double a):area(a)
{
    cout <<"Constructor of House."<< endl;
}
```

对于 MotorHome 类，可在类内添加公有构造函数：

```
MotorHome(int spd, int wN,double a, int wR)
                :Car(spd,wN),House(a),waterReserve(wR)
{
}
```

则在派生类对象生成时，首先分别调用每个基类的构造函数，然后再调用派生类自己的构造函数。

派生类中新增的也可能是成员对象，此时也需要初始化成员对象，初始化时需要的值同样由派生类的构造函数传递（在基类中也可能有成员对象，但由基类构造函数初始化）。此时派生类构造函数的格式如下。

```
派生类类名::派生类类名(基类所需形参,新增成员对象所需形参,新增数据成员所需形参)
        :基类名(基类实参),新增对象成员名(新增成员对象的实参)
{
    新增普通数据成员赋初值;    //更建议写在初始化列表处
}
```

同样，形参的顺序并无规定。新增成员对象的实参一般由形参列表中的“新增成员对象所需形参”给出，但也可以是常量、全局变量等。成员对象初始化的值需要在初始化列表处传递，若列表中没有列出成员对象，系统会调用成员对象的默认构造函数。

例如，交通工具都有出厂日期，为了表示日期属性，定义 Date 类：

```
class Date
{
    int year,month,day;
public:
    Date(int yr,int mon = 1,int d = 1):year(yr),month(mon),day(d)
    {
    }
    void showDate()
    {
        cout <<"Date: "<< month <<","<< day <<" "<< year << endl;
    }
};
```

然后在基类 Conveyance 的定义中添加一个私有成员对象：

```
Date manuDate;
```

则类的构造函数需要修改为

```
Conveyance(int yr,int spd):manuDate(yr),speed(spd)
{
    cout <<"Constructor of Conveyance."<< endl;
}
```

这里只给成员对象 manuDate 的 year 属性传递了初始值，month 和 day 使用了默认值 1。在第 2 章已有的 Time 类的基础上，在派生类 Car 中添加一个私有成员对象表示车载系统每日自检的时间，代码如下。

```
Time testTime;
```

此时，Car 类中的构造函数需要修改为

```
Car(int yr,int spd,int hr,int wN)
    :Conveyance(yr,spd),testTime(hr),wheelsNum(wN)
{
    cout <<"Constructor of Car."<< endl;
}
```

这里派生类构造函数需要给基类、派生类的新增成员对象、派生类的新增普通数据成员传递初始值，因此形参列表中有 4 个参数。从代码中可以看到，在对成员 testTime 初始化时调用的是它的带一个参数的构造函数，基类部分的成员对象 manuDate 是由基类构造函数统一初始化的。

因为析构函数不带参数，所以其声明与实现和普通类中的析构函数是一样的。在派生类对象的内存空间被回收前会依次调用成员对象及各基类的析构函数，分别完成各个部分的析构功能。

视频讲解

3.2.2 调用顺序

在派生类对象初始化时实际上有多个类(派生类、基类、成员对象的类)的构造函数体被执行,它们遵循规定好的调用顺序。整个过程如下。

(1) 将对象初始化时给出的实参值传递给派生类构造函数的形参。

(2) 按照派生类在定义时基类列表中的顺序依次调用各个基类的构造函数。基类没有在派生类初始化列表中列出时调用它的不带参构造函数,已列出时调用它的带参构造函数(构造函数使用的是传递来的参数)。

(3) 按照派生类中新增数据成员(包括成员对象)在类中声明的顺序依次初始化每个数据成员(为成员对象时调用其构造函数初始化)。

(4) 执行派生类构造函数的函数体。

提示:构造函数的调用顺序只与基类列表中的基类顺序和新增成员对象在类中声明的顺序有关,与初始化区域中的顺序无关。

例如,按照上述类的定义和继承关系生成 Car 类对象时,构造函数体执行的顺序依次为 Date 类的构造函数体、Conveyance 类的构造函数体、Time 类的构造函数体和 Car 类的构造函数体。其中,Date 类的构造函数体是由 Conveyance 类的构造函数初始化成员对象 manuDate 时被调用的。

析构函数执行的顺序和构造函数严格相反。例如,上述 Car 类对象在析构时依次执行 Car 类的析构函数体、Time 类的析构函数体、Conveyance 类的析构函数体和 Date 类的析构函数体。

项目 3_1 给出了上述类更为完整的定义,通过运行结果展示了派生类中构造函数和析构函数的执行顺序。时间类 Time 使用项目 2_3 中的 time.cpp 和 time.h,其他类的成员函数由于实现都较为简单,所以把它们都当作内联成员函数写在类定义中,于是每个类对应一个头文件。

Date 类定义在 date.h 头文件中,代码如下。

```
/****************************************
 * 项目名: 3_1
 * 文件名: date.h
 * 说  明: 日期类
****************************************/
#ifndef DATE_H
#define DATE_H

#include <iostream>
using namespace std;

class Date
{
    int year,month,day;
```

```
public:
    Date(int yr, int mon = 1, int d = 1):year(yr),month(mon),day(d)
    {
        cout <<"Constructor of Date."<< endl;
    }
    ~Date()
    {
        cout <<"Destructor of Date."<< endl;
    }
    void showDate()
    {
        cout <<"Date: "<< month <<","<< day <<" "<< year << endl;
    }
};

#endif //DATE_H
```

交通工具类 Conveyance 定义在 conveyance.h 头文件中,代码如下。

```
/****************************************
 * 项目名: 3_1
 * 文件名: conveyance.h
 * 说  明: 交通工具类
****************************************/
#ifndef CONVEYANCE_H
#define CONVEYANCE_H

#include <iostream>
#include "date.h"
using namespace std;

class Conveyance
{
    Date manuDate;                  //生产日期
    double speed;                   //时速
public:
    Conveyance(int yr, int spd):manuDate(yr),speed(spd)
    {
        cout <<"Constructor of Conveyance."<< endl;
    }

    ~Conveyance()
    {
        cout <<"Destructor of Conveyance."<< endl;
    }

    double getSpeed()
```

```
    {
        return speed;
    }

    void showInfo()
    {
        cout <<"Speed per hour:"<< speed << endl;
    }
};

#endif //CONVEYANCE_H
```

汽车类 Car 定义在 car.h 头文件中,代码如下。

```
/****************************************
 * 项目名: 3_1
 * 文件名: car.h
 * 说　明: 汽车类
****************************************/
#ifndef CAR_H
#define CAR_H

#include <iostream>
#include "time.h"
#include "conveyance.h"
using namespace std;

class Car:public Conveyance          //汽车类
{
    Time testTime;                   //系统每日自检的时间
    int wheelsNum;                   //车轮数
public:
    Car(int yr, int spd, int hr, int wN)
        :Conveyance(yr, spd), testTime(hr), wheelsNum(wN)
    {
        cout <<"Constructor of Car."<< endl;
    }

    ~Car()
    {
        cout <<"Destructor of Car."<< endl;
    }

    int getWheelsNum()
    {
        return wheelsNum;
    }

    void showInfo()
```

```
    {
        Conveyance::showInfo();
        cout <<"Number of wheels:"<< wheelsNum << endl;
    }
};

#endif //CAR_H
```

房子类 House 定义在 house.h 头文件中，代码如下。

```
/****************************************
 * 项目名: 3_1
 * 文件名: house.h
 * 说  明: 房子类
****************************************/
#ifndef HOUSE_H
#define HOUSE_H

#include <iostream>
using namespace std;

class House                         //房子
{
    double area;                    //面积
public:
    House(double a):area(a)
    {
        cout <<"constructor of House."<< endl;
    }

    ~House()
    {
        cout <<"Destructor of House."<< endl;
    }

    double getArea()
    {
        return area;
    }

    void showInfo()
    {
        cout <<"Area of house:"<< area << endl;
    }
};

#endif //HOUSE_H
```

房车类 MotorHome 定义在 motorhome.h 文件中，代码如下。

```
/*****************************************
 * 项目名: 3_1
 * 文件名: motorhome.h
 * 说  明: 房车类
*****************************************/
#ifndef MOTORHOME_H
#define MOTORHOME_H

#include "car.h"
#include "House.h"
#include <iostream>
using namespace std;

class MotorHome:public Car,public House        //房车
{
    int waterReserve;                           //储水量
public:
    MotorHome(int yr,int spd,int hr,int wN,double a,int wR)
        :Car(yr,spd,hr,wN),House(a),waterReserve(wR)
    {
        cout <<"constructor of MotorHome."<< endl;
    }

    ~MotorHome()
    {
        cout <<"Destructor of MotorHome."<< endl;
    }

    int getWaterReserve()
    {
        return waterReserve;
    }

    void showInfo()
    {
        Car::showInfo();
        House::showInfo();
        cout <<"Water reserve:"<< waterReserve << endl;
    }
};

#endif //MOTORHOME_H
```

主函数定义在 main.cpp 文件中，代码如下。

```
/*****************************************
 * 项目名: 3_1
 * 文件名: main.cpp
```

```
 * 说　明: 派生类中构造函数和析构函数的调用顺序
 *****************************************/
#include <iostream>
#include "MotorHome.h"
using namespace std;

int main()
{
    MotorHome mh(2019,100,23,6,8,20);
    return 0;
}
```

程序运行结果如图 3-5 所示。

```
C:\Qt\Qt5.12.4\Tools\QtCreator\bin\qtcr...
Constructor of Date.
Constructor of Conveyance.
Constructor with 1 paramter is Called.I'm 23:0:0
Constructor of Car.
constructor of House.
constructor of MotorHome.
Destructor of MotorHome.
Destructor of House.
Destructor of Car.
Destructor is called,I'm 23:0:0
Destructor of Conveyance.
Destructor of Date.
```

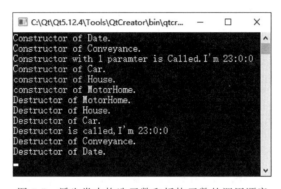

图 3-5　派生类中构造函数和析构函数的调用顺序

可以看到对象生成时按照基类构造函数体、新增成员对象构造函数体、派生类构造函数体的顺序进行。需要注意的是,基类可能还有它的基类,例如对于派生类 MotorHome 的基类 Car,它也有基类 Conveyance,因此 Car 类的构造函数体在执行前要先初始化它的基类 Conveyance 的部分,再初始化它的新增 Time 类的成员对象,然后再执行自己的构造函数体。

析构顺序和构造顺序是严格相反的,读者可参照图 3-5 进行查看。

3.3　二义性问题与虚基类

视频讲解

所谓二义性,是指在继承时基类之间或基类与派生类之间发生成员同名时出现的对成员访问的不确定性。

在 3.1.3 节中重定义成员函数时,派生类中存在两个同函数原型的成员函数,这就是一种二义性问题。C++对此的处理规则是:默认使用函数名调用的是派生类中新定义的成员函数,如须使用基类中同原型的成员函数,需要使用“基类名::”限定。这样问题就得到了解决。

但上述规则并不是在所有情形下都是一种最好的解决方式,在本节中将考虑一些特殊的情形,并引入虚基类的概念解决这些特殊情形带来的问题。

3.3.1 二义性问题

当一个派生类从多个基类派生，而这些基类又有一个共同的基类(祖先类)时，派生类中实际包含了多份祖先类的成员。例如在图 3-1 中，水陆两栖车同时继承自汽车和船，而这两者又都继承自同一个基类——交通工具。各个类中包含的成员如图 3-6 所示。

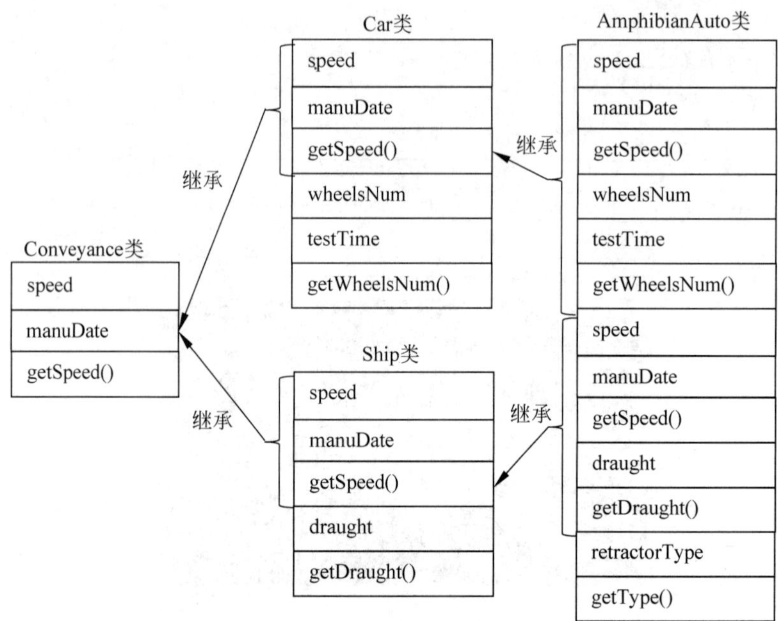

图 3-6 具有二义性成员的 AmphibianAuto 类

其中，船类 Ship 的定义如下。

```
class Ship:public Conveyance
{
    double draught;                    //船的吃水深度
public:
    double getDraught()
    {
        return draught;
    }
};
```

水陆两栖车类 AmphibianAuto 的定义如下。

```
class AmphibianAuto:public Car,public Ship
{
    int retractorType;                 //车轮收放装置类型编号
public:
    int getType()
    {
        return retractorType;
    }
};
```

可以看到，在 AmphibianAuto 类中有两个 speed、两个 manuDate 数据成员和两个 getSpeed()成员函数。它们实际上都来源于祖先类 Conveyance。应该怎样区分它们呢？

以公有接口 getSpeed 为例，对于 AmphibianAuto 类型的对象 ampAuto，语句：

```
ampAuto.getSpeed();
```

是不能通过编译的，因为存在两个 getSpeed()成员函数。语句：

```
ampAuto.Conveyance::getSpeed();
```

依然因无法区分而不能通过编译。在这种情形下，只能通过：

```
ampAuto.Car::getSpeed();
ampAuto.Ship::getSpeed();
```

进行区分。

虽然这里提供了一种区分的方式，但从类设计时的初衷来看，现在的 AmphibianAuto 类并不是设想的样子。因为对于水陆两栖车，它的出厂日期只有一个，额定速度也只有一个，而 ampAuto 对象中存储了这些属性的两份副本。数据冗余带来的问题不光是内存空间的浪费，更严重的是可能存在潜在的数据不一致问题。

3.3.2 虚基类

对于 3.3.1 节中介绍的情况，这里引入虚基类的概念。虚基类用于有共同基类的场合，主要用来解决多继承时可能发生的对同一基类继承多次而产生的二义性问题。它为最远的派生类提供唯一的一份虚基类成员，而不重复产生多份副本。

一个基类可以在生成一个派生类时作为虚基类，而在生成另一个派生类时不作为虚基类。因此虚基类是在定义派生类时声明的，形式如下。

```
class 派生类名: virtual 继承方式 基类名
{
        派生类新增成员的声明
};
```

即指明基类时在基类继承方式前加上 virtual 关键字。

需要注意，在设计类继承关系时，是在最开始处将共同基类设计为虚基类。对于 3.2 节中的例子，需要修改 Conveyance 类为 Car 类和 Ship 类的虚基类，即对 Car 类和 Ship 类的定义修改为

```
class Car: virtual public Conveyance
{
        //花括号中的代码和之前的代码相同,这里不再赘述
};
class Ship: virtual public Conveyance
{
        //花括号中的代码和之前的代码相同,这里不再赘述
};
```

而 AmphibianAuto 类无须改动。该类中只有一个 speed、manuDate 数据成员和一个 getSpeed()成员函数存在。此时,无论是以下哪条语句,调用的都是同一个唯一的 getSpeed()函数。

```
ampAuto.getSpeed();
ampAuto.Conveyance::getSpeed();
ampAuto.Car::getSpeed();
ampAuto.Ship::getSpeed();
```

由于派生类中虚基类部分的成员只存在一份,所以派生类构造函数的设计和之前会有所不同,需要注意以下 3 点。

(1) 由虚基类直接或间接派生出的所有派生类都应对虚基类初始化(通过派生类构造函数的初始化列表实现。若列表中没有列出,表示使用虚基类的默认构造函数)。

(2) 对象生成时,首先构建虚基类部分,然后是其他基类部分(这些基类在构建时会忽略掉对虚基类的构建,从而保证虚基类的部分只初始化一次),最后是自己新增的成员。

(3) 若包含多个虚基类,这些虚基类的部分构造顺序遵循(类层次上)从上到下、(同级时,按声明顺序)从左到右的规则。

项目 3_2 对此进行了说明。它在项目 3_1 的基础上对 Car 类的代码进行了修改。

```
/****************************************
 * 项目名: 3_2
 * 文件名: car.h
 * 说  明: 汽车类,虚继承自 Conveyance
****************************************/
    //在代码中只修改了 Car 类定义的第 1 行,添加了 virtual 关键字如下
class Car: virtual public Conveyance //汽车类
    //其他的代码完全一致,这里不再赘述,请参考项目 3_1 中的 car.h
```

船类 Ship 定义在 ship.h 头文件中,代码如下。

```
/****************************************
 * 项目名: 3_2
 * 文件名: ship.h
 * 说  明: 船类,虚继承自 Conveyance
****************************************/
#ifndef SHIP_H
#define SHIP_H

#include "conveyance.h"
#include <iostream>
using namespace std;

class Ship: virtual public Conveyance            //船类
{
```

```
    double draught;                          //船的吃水深度
public:
    Ship(int yr,int spd,double drt):Conveyance(yr,spd),draught(drt)
    {
        cout <<"constructor of Ship."<< endl;
    }

    ~Ship()
    {
        cout <<"Destructor of Ship."<< endl;
    }

    double getDraught()
    {
        return draught;
    }

    void showInfo()
    {
        Conveyance::showInfo();
        cout <<"Ship draught:"<< draught << endl;
    }
};

#endif //SHIP_H
```

水陆两栖车类 AmphibianAuto 定义在 amphibianauto.h 头文件中,代码如下。

```
/****************************************
 * 项目名: 3_2
 * 文件名: amphibianauto.h
 * 说  明: 水陆两栖车类
****************************************/
#ifndef AMPHIBIANAUTO_H
#define AMPHIBIANAUTO_H

#include <iostream>
#include "car.h"
#include "ship.h"
using namespace std;

class AmphibianAuto:public Car,public Ship      //水陆两栖车类
{
    int retractorType;                       //车轮收放装置类型编号
public:
    AmphibianAuto(int yr,int spd,int hr,int wN,double drt,int rT)
```

```
    :Conveyance(yr,spd),Car(yr,spd,hr,wN),Ship(yr,spd,drt),retractorType(rT)
    {
        cout <<"constructor of AmphibianAuto."<< endl;
    }

    ~AmphibianAuto()
    {
        cout <<"Destructor of AmphibianAuto."<< endl;
    }

    int getType()
    {
        return retractorType;
    }

    void showInfo()
    {
        Car::showInfo();
        Ship::showInfo();
        cout <<"Retractor type:"<< retractorType << endl;
    }
};

#endif //AMPHIBIANAUTO_H
```

主函数所在的文件为 main.cpp,代码如下。

```
/*****************************************
 * 项目名: 3_2
 * 文件名: main.cpp
 * 说  明: 派生类中构造函数和析构函数的调用顺序
 *****************************************/
#include <iostream>
#include "amphibianauto.h"
using namespace std;

int main()
{
    AmphibianAuto ampAuto(2020,100,23,8,1.5,2);
    return 0;
}
```

若想程序正常运行,还需要修改 motorhome.h 文件(或直接把该文件删除),因为虽然实际没有用到该类,但是由于它继承自 Car 类,而 Car 类虚继承了 Conveyance 类,所以在该类的构造函数中也需要对虚基类 Conveyance 初始化,然后整个项目才能编译通过。修改 motorhome.h 文件如下。

```
/****************************************
 * 项目名: 3_2
 * 文件名: motorhome.h
 * 说  明: 房车类,基于虚基类的原因,修改了构造函数
****************************************/
   //在代码中只修改了构造函数的初始化列表,添加了对虚基类 Conveyance 的初始化
  MotorHome(int yr,int spd,int hr,int wN,double a,int wR)
       :Conveyance(yr,spd),Car(yr,spd,hr,wN),House(a),waterReserve(wR)
   //其他的代码完全一致,这里不再赘述,请参考项目 3_1 中的 motorhome.h
```

程序运行结果如图 3-7 所示。

```
C:\Qt\Qt5.12.4\Tools\QtCreator\bin\qtcreat...
Constructor of Date.
Constructor of Conveyance.
Constructor with 1 paramter is Called.I'm 23:0:0
Constructor of Car.
constructor of Ship.
constructor of AmphibianAuto.
Destructor of AmphibianAuto.
Destructor of Ship.
Destructor of Car.
Destructor is called,I'm 23:0:0
Destructor of Conveyance.
Destructor of Date.
```

图 3-7 项目 3_2 的运行结果

AmphibianAuto 类的 ampAuto 对象在生成时首先调用虚基类 Conveyance 的构造函数(内部调用了 Date 类的构造函数对成员对象进行初始化),输出前两行;然后调用基类 Car 的构造函数(内部调用了 Time 类的构造函数对成员对象进行初始化),该函数在执行期间忽略了对基类 Conveyance 的初始化,输出第 3、4 行;再调用基类 Ship 的构造函数,该函数在执行期间也忽略掉了对基类 Conveyance 的初始化,结果输出第 5 行;最后执行自己的构造函数体,输出第 6 行。在对象的内存空间被回收时,析构顺序严格逆序于构造函数。

3.4 Qt 自定义派生类

本节介绍如何使用向导创建 Qt 项目,分析自动生成的自定义窗口派生类的代码,以及如何在此基础上进一步扩充自定义窗口派生类。

3.4.1 使用向导创建项目

视频讲解

选择菜单栏"文件"→"新建文件或项目"命令,在打开的窗口中选择 Application→Qt Widgets Application 选项,表示创建一个 Qt 窗口应用,如图 3-8 所示。

单击 Choose 按钮后在弹出的对话框中输入项目名,并选择路径,然后单击"下一步"按

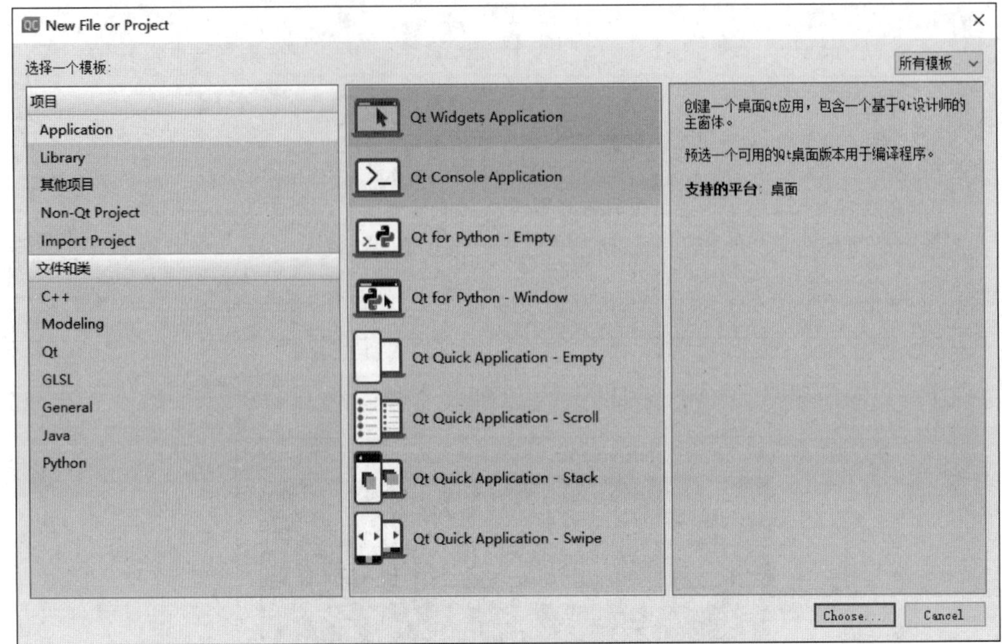

图 3-8　创建 Qt 窗口应用

钮选择工具包，再次单击“下一步”按钮将出现如图 3-9 所示的类信息界面。这里有 3 个基类可以选择，即 QDialog、QWidget 和 QMainWindow，有关它们的介绍请参考 2.3.1 节。本例选择 QWidget 作为基类，在类名处输入要创建的(基于 QWidget 的)派生类类名，向导会自动填充该类对应的头文件和源文件的文件名；并取消勾选“创建界面”复选框，如图 3-9 所示。

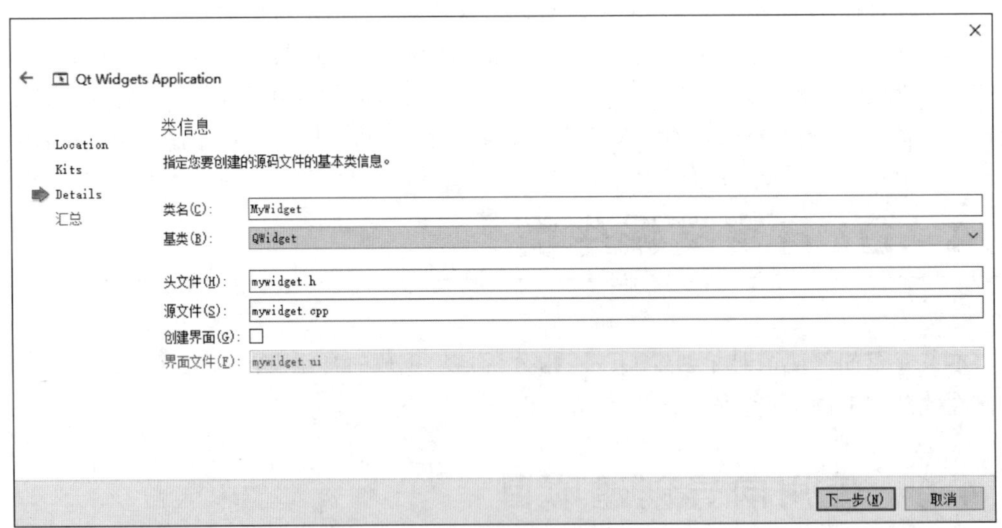

图 3-9　选择基于的基类

依次单击“下一步”按钮和“完成”按钮，即可生成一个完整的、可显示自定义窗口的项目，如图 3-10 所示。

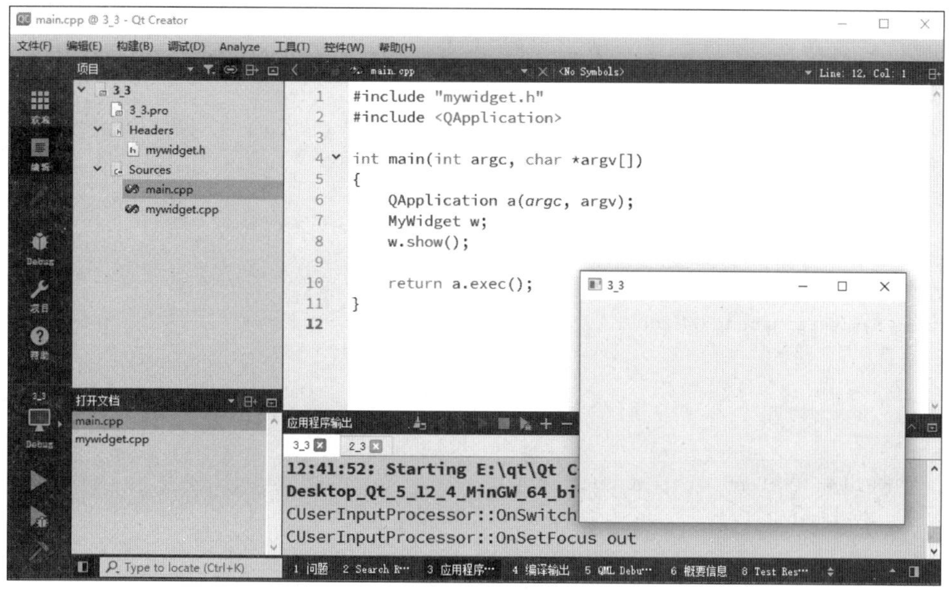

图 3-10　向导生成的项目及运行效果

向导的作用就是根据用户的设置自动地帮助用户生成各个文件（包括.pro 项目文件）中的代码。此项目的运行效果和项目 1_9 完全一样。

在项目 1_9 中创建的窗口只能是 QWidget 类规定好的外观和功能，要在窗口中添加部件，只能在 main()函数中定义部件并将窗口初始化为部件的父窗口，以便在显示窗口时一起显示出来。在这种方式下，窗口、部件、交互行为并没有封装在一起，本质上仍是一种面向过程的程序设计思路。

提示：父类和父窗口（父对象）不是一个概念。父类是指类继承与派生时被继承的那个基类；而父窗口是指被一个部件对象用作容纳、放置自身的一个窗口对象。

观察本项目可以发现，不同于项目 1_9 使用 QWidget 类生成窗口实例，这里使用了自定义的派生类 MyWidget 创建一个窗口。而从 MyWidget 类定义的代码中可以看到，MyWidget 类是一个继承自 QWidget 的派生类。

使用向导创建的项目采用了面向对象程序设计的思想，希望使用者在 QWidget 类的基础上进一步设计自己特定的窗口类，如给它添加一些部件、设计相应的动作等。这样就将窗口、窗口中的部件、各部件间的交互、部件和用户间的交互等都封装在自己定义的 MyWidget 类中，从而每个自定义窗口类 MyWidget 的实例都会拥有这些部件，以及可执行相应的动作。

下面在向导生成的代码的基础上进一步扩充和修改：对于派生类 MyWidget，在类中添加一个单行文本框成员、3 个按钮成员，以及一个为了实现信号映射而添加的 QSignalMapper * 指针。修改 mywidget.h 头文件如下。

```
/****************************************
 * 项目名: 3_3
 * 文件名: mywidget.h
 * 说  明: 自定义窗口类
****************************************/
```

```
#ifndef MYWIDGET_H
#define MYWIDGET_H

#include <QWidget>
#include <QLineEdit>
#include <QPushButton>
#include <QSignalMapper>

class MyWidget: public QWidget
{
    Q_OBJECT

public:
    MyWidget(QWidget *parent = nullptr);
    ~MyWidget();

private:
    QLineEdit lineEdit;
    QPushButton btn1,btn2,btn3;
    QSignalMapper *mapper;
};

#endif //MYWIDGET_H
```

类开头处的 Q_OBJECT 宏是为了支持 Qt 的信号与槽机制，如果想在类中定义信号与槽，或者连接已有的信号与槽，都必须在类中添加该宏。Q_OBJECT 宏一般写在类定义最开头的私有区域中。

在构造函数中设置了一个 QWidget 类型的指针，用于指明自定义窗口类对象的父窗口，默认为无父窗口(指针初始化为空指针)。

为了实现和项目 2_14 同样的功能，需要修改 MyWidget 的构造函数，以实现对部件成员对象的初始化、属性设置，以及指针所指对象空间的动态申请和信号与槽的连接；需要修改析构函数，以释放申请的空间等。修改后的 mywidget.cpp 源文件如下。

```
/******************************************
 * 项目名: 3_3
 * 文件名: mywidget.cpp
 * 说  明: 自定义窗口类的实现
******************************************/
#include "mywidget.h"

MyWidget::MyWidget(QWidget *parent)
    : QWidget(parent),lineEdit(this),btn1(this),btn2(this),btn3(this)
{
    //代码段 1: 设置初始属性
```

```
    this->resize(400,300);              //设置窗口和各部件的大小、位置,以及显示的文本等
    lineEdit.move(10,10);
    btn1.move(10,30);
    btn2.move(10,50);
    btn3.move(10,70);
    lineEdit.setText("我是单行文本框");
    btn1.setText("清除");
    btn2.setText("设置一段文字");
    btn3.setText("关闭窗口");

    //代码段 2: 信号与槽的连接
    QObject::connect(&btn1,SIGNAL(clicked()),&lineEdit,SLOT(clear()));
    QObject::connect(&btn3,SIGNAL(clicked()),this,SLOT(close()));

    //代码段 3: 通过 QSignalMapper 把无参信号 clicked 翻译成带 QString 参数的信号
    mapper = new QSignalMapper;
    QObject::connect(&btn2, SIGNAL(clicked()), mapper, SLOT(map()));
    mapper->setMapping(&btn2, "我是一行文字");
    QObject::connect(mapper, SIGNAL(mapped(const QString&)),
                     &lineEdit, SLOT(setText(const QString&)));

    //      //不起作用的 QSignalMapper
    //      QSignalMapper mapper;
    //      QObject::connect(&btn2, SIGNAL(clicked()), &mapper, SLOT(map()));
    //      mapper.setMapping(&btn2, "我是一行文字");
    //      QObject::connect(&mapper, SIGNAL(mapped(const QString&)),
    //                       &lineEdit, SLOT(setText(const QString&)));
}

MyWidget::~MyWidget()
{
    delete mapper;
}
```

当自定义窗口类对象有父窗口(由形参 parent 指针接收,默认值为空指针)时,将通过构造函数的初始化列表传递给基类(QWidget)的构造函数,以完成父窗口的设置工作。在初始化列表中也分别对成员对象 lineEdit、btn1、btn2 和 btn3 进行了初始化,即将它们的父窗口设置为 this 指针所指的对象(也就是当前自定义窗口类对象)。

代码段 1 设置本窗口及部件成员的大小、位置,以及显示的文字等。

代码段 2 实现信号与槽的连接。注意此时是在自定义窗口类的构造函数中实现连接的,因此关联 btn3 的 clicked 信号和本窗口的 close()槽时接收对象使用的是 this 指针(指向当前自定义窗口类对象)。

代码段 3 中对映射类的使用和项目 2_14 中的写法有所不同,主要区别在于:项目 2_14 中的 mapper 是一个定义的对象,而在本项目中是一个使用 new 运算符得到的对象(需要在析构函数中释放申请的空间)。这里 mapper 是一个指针,注意调用 setMapping()函数和

connect()函数时的代码与在项目 2_14 中的不同。

无须修改主函数所在的 main.cpp 文件，向导自动生成的代码如下。

```
/****************************************
 * 项目名: 3_3
 * 文件名: main.cpp
 * 说  明: 自定义窗口类的使用
****************************************/
#include "mywidget.h"
#include <QApplication>

int main(int argc, char *argv[])
{
    QApplication a(argc, argv);
    MyWidget w;
    w.show();
    return a.exec();
}
```

程序运行界面同图 2-18，运行效果与项目 2_14 完全相同。

提示：

(1) 实际上，程序员的大部分工作都是在创建自己的类，为其添加各个部件，实现对部件间、部件和用户间交互的响应等。而 main()函数通常都像项目 3_3 中一样，简单地完成定义 QApplication 类型的应用程序对象、生成窗口对象、调用应用程序对象的 exec()函数进行事件循环等工作即可。

(2) 因为可视化的窗口(或部件)类若完全由用户从头开始创建太过复杂(还涉及自我绘制等底层操作)，所以绝大多数情况下自定义的可视化窗口(或部件)类都是从一个 Qt 框架中的基础可视化窗口(或部件)类派生得来的。

对于代码段 3，似乎比项目 2_14 中的更麻烦一点。但如果采用项目 2_14 的形式(即将代码段 3 替换为注释掉的部分，并注释掉析构函数中的 delete 语句)，运行后会发现 btn2 按钮是不起作用的，这是为什么呢？在 3.4.2 节讨论此问题。

视频讲解

3.4.2 静态创建类对象和动态创建类对象的区别

C++创建类对象的方式有两种。

一种是静态创建(注意，不是指定义为静态对象)，即使用“类名 对象名；”的方式创建类对象，这种方式会在运行过程中，当进入对象作用域时给对象在栈中分配内存；在超出作用域范围时由系统自动析构对象并回收内存空间。

另一种是动态创建，即在程序运行过程中，使用 new 运算符给对象在堆空间中申请内存。动态创建的对象的内存空间不会被自动回收，需要编程者小心维护，并需要在不再使用该对象时显式地用 delete 运算符释放掉该内存空间(在释放前系统会自动调用对象的析构函数)。

项目 3_3 在构造函数中使用“QSignalMapper mapper;”方式(实例化)得到的对象 mapper 不起作用的原因在于：mapper 是构造函数中的局部对象，作用域只在该构造函数的内部。当 main()函数中生成了派生类 MyWidget 的对象 w 并调用构造函数初始化完毕后，该局部对象 mapper 就不存在了。当窗口显示后(语句“w. show();”执行完毕)，程序主要在“a. exec();”处不断地进行循环和事件处理，而此时已无 mapper 对象，因此当然不能完成信号映射的功能。实际上，如果把 lineEdit、btn1、btn2 和 btn3 对象也放在构造函数中定义而不是作为类的成员对象存在，在运行时这些部件也不会显示出来，原因是一样的(已不存在)。

对于需要在整个自定义窗口类对象生存期间都存在的部件及对象(这些部件和对象通常与这个窗口息息相关，如窗口中的子部件等)，这里有两种方法可以处理。

(1) 定义为窗口类的成员。如此，窗口类中的部件和窗口对象就具有同样的生存周期(是该窗口对象的一部分)。例如，项目 3_3 中 lineEdit、btn1、btn2 和 btn3 都采用了此种方式。

(2) 在类中定义指针成员，然后在构造函数中使用 new 运算符动态申请(需在析构函数中释放申请的空间)部件(或对象)空间，此空间只有在 delete 时才会被释放掉。例如，项目 3_3 中 mapper 采用了此种方式。

读者可试着在派生类中只声明部件指针，然后部件以 new 运算符动态申请；或者将 QSignalMapper 类对象以数据成员的形式添加到派生类中，在这两种方式的前提下修改代码，以熟悉类中部件的使用。

提示：

(1) 对于静态创建的对象，要注意它们的作用域。

(2) 对于使用 new 运算符动态申请的对象，注意当不再使用时要释放掉内存空间。

3.4.3 对象树机制

视频讲解

从 C++语言规范标准来说，使用 new 运算符动态申请的空间一定要在不再使用时释放掉，以免造成内存泄漏。在 Qt 框架中提供了对象树机制，极大地简化了程序员对动态申请对象空间的维护工作：对于以某窗口或部件为父对象(父窗口)的动态创建的对象，可以不用去编写 delete 语句，当父对象被销毁时，系统会自动调用相关的代码释放掉所有以此窗口或部件为父窗口的动态创建的对象。

提示：在项目 3_3 中，由于 mapper 并没有设置父窗口，所以依然需要使用 delete 语句显式地释放。

对象树机制实现的原理如下：如果一个子对象将另一个 QObject 类(它是 QWidget 的父类)对象或 QObject 派生类的对象作为自己的父对象，那么该子对象就会被添加到父对象的 children 列表中。当父对象被销毁时，对象树机制会从父对象的 children 列表中取出所有以它为父对象的对象，并依次销毁。

QObject 类(及其派生类)对象通常表示一个窗口(或部件)，一般只有显示在它们区域之中的子部件才会以它们为父窗口，当窗口(或部件)销毁时，也销毁它的子部件是一件理所应当的事情。在没有对象树机制之前，窗口销毁时需要程序员去关注并处理窗口内所有动态申请的子部件内存空间回收的事情，而对象树机制大大减轻了程序员的负担，使其能将精力用在主要的业务逻辑上。

为了证实对象树机制，下面采用与3.4.1节同样的方式，使用向导创建一个不使用界面文件（取消“创建界面”复选框的勾选）的项目，自定义类名为TestWidget。

在项目中定义一个自定义按钮类型MyButton，操作步骤如下：给项目添加一个新的C++类（添加方式参考1.3.2节，图1-8选择C++class选项），在定义类的界面（见图3-11）中设置类的名字MyButton。自定义按钮类基于QPushButton类创建，注意在该界面中填入基类QPushButton。单击“下一步”按钮，按默认设置，单击“完成”按钮生成相关文件。

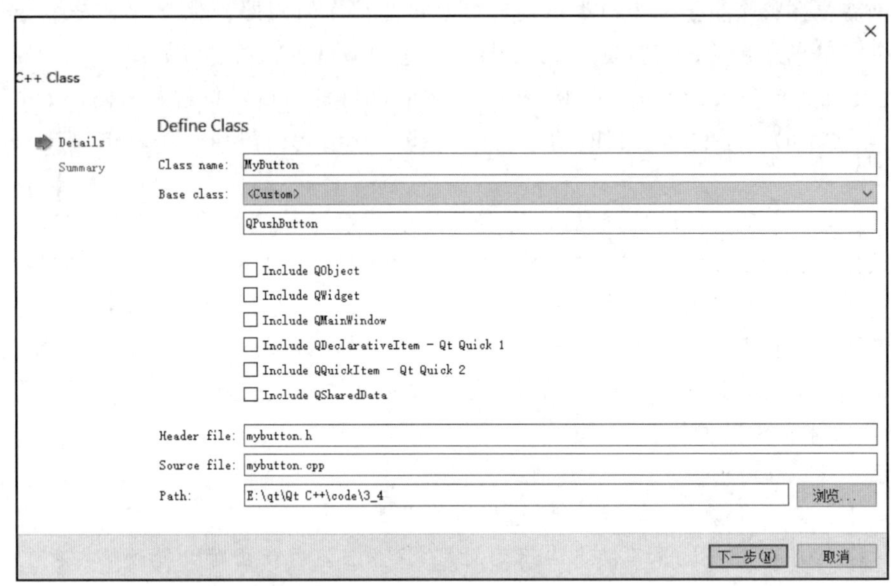

图3-11　创建基于QPushButton的自定义按钮类MyButton

提示：

(1) 编写代码时注意添加需要的头文件。

(2) 建议读者在上机时不要按照书上的代码直接敲进去，而是根据说明和给出的步骤自己试着添加代码，当编译不通过时再和书中的代码对比，查看漏掉的代码或写错的地方，以便及时注意到细节之处，从而快速提高自身的编程能力。

项目3_4中共有5个代码文件。MyButton类是以QPushButton类为基类的，而该基类有带一个表示父对象的形参的构造函数（绝大多数可视化部件都有），因此派生类中应该也定义一个带有表示父对象的形参parent的构造函数，并将该形参传递给基类QPushButton的构造函数以设置父对象。在已生成代码的基础上修改mybutton.h如下。

```
/****************************************
 * 项目名: 3_4
 * 文件名: mybutton.h
 * 说  明: 自定义按钮类
****************************************/
```

```
#ifndef MYBUTTON_H
#define MYBUTTON_H
#include <QPushButton>

class MyButton: public QPushButton
{
public:
    MyButton(QWidget *parent = nullptr);
    ~MyButton();
};

#endif //MYBUTTON_H
```

为了展示效果，这里声明了自定义按钮类 MyButton 的析构函数，并实现输出一句“自定义按钮的析构函数”。类实现文件 mybutton.cpp 的代码如下。

```
/*****************************************
 * 项目名: 3_4
 * 文件名: mybutton.cpp
 * 说  明: 自定义按钮类的实现
*****************************************/
#include "mybutton.h"
#include <QDebug>

MyButton::MyButton(QWidget *parent):QPushButton(parent)
{
    this->setText("我是自定义按钮");
}

MyButton::~MyButton()
{
    qDebug()<<"自定义按钮的析构函数"<< endl;
}
```

在自定义窗口类 TestWidget 中添加一个私有的 MyButton 类型的指针，用于指向窗口内的自定义按钮子部件，将代码修改如下。

```
/*****************************************
 * 项目名: 3_4
 * 文件名: testwidget.h
 * 说  明: 自定义窗口类
*****************************************/
#ifndef TESTWIDGET_H
```

```
#define TESTWIDGET_H

#include <QWidget>
#include "mybutton.h"

class TestWidget: public QWidget
{
    Q_OBJECT
public:
    TestWidget(QWidget *parent = nullptr);
    ~TestWidget();
private:
    MyButton *myBtn;
};

#endif //TESTWIDGET_H
```

在构造函数中给自定义按钮动态申请空间(由 myBtn 指向)。另外,为了展示效果,这里也声明了 TestWidget 类的析构函数,并实现输出一句“自定义窗口类的析构函数被调用”。类实现文件 testwidget.cpp 的代码如下。

```
/****************************************
 * 项目名: 3_4
 * 文件名: testwidget.cpp
 * 说  明: 自定义窗口类的实现
****************************************/
#include "testwidget.h"
#include "mybutton.h"
#include <QDebug>

TestWidget::TestWidget(QWidget *parent): QWidget(parent)
{
    this->resize(100,100);
    myBtn = new MyButton(this);
}

TestWidget::~TestWidget()
{
    qDebug()<<"自定义窗口类的析构函数被调用"<< endl;
}
```

主函数所在的 main.cpp 文件由项目向导生成后未做任何修改,代码在这里不再列出。

在程序运行时,首先会显示如图 3-12(a)所示的窗口。此时在应用程序输出窗口中还看不到输出,因为窗口和按钮对象都还存在。在关闭窗口后,应用程序输出窗口中显示的内容如图 3-12(b)所示。

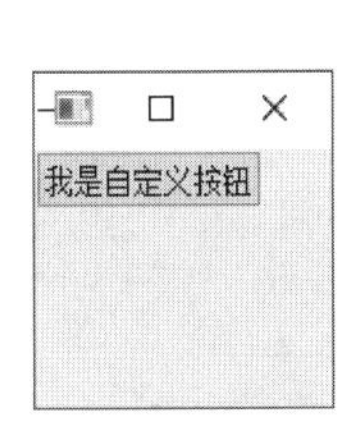

(a) 运行界面

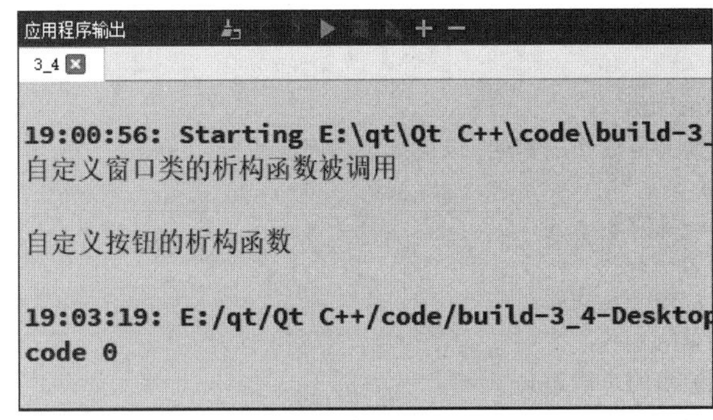

(b) 输出窗口

图 3-12　项目 3_4 的运行界面及应用程序输出窗口中的内容

观察 TestWidget 类可以发现，在构造函数中使用了 new 运算符动态创建自定义按钮对象，但该对象没有在析构函数或其他任何地方显式地使用 delete 命令释放空间。通过应用程序的输出可以证实：当窗口关闭时，程序运行结束，窗口对象析构，由于对象树机制的存在，窗口对象的子部件——按钮对象也跟着析构了。

读者还可以试着将自定义窗口类构造函数中的语句：

```
myBtn = new MyButton(this);
```

替换为

```
myBtn = new MyButton;
myBtn -> show();
```

此时，由于 myBtn 所指的对象并未指定当前窗口是自己的父对象，所以会单独显示（调用 show()函数后才会显示）为一个窗口。当自定义按钮和自定义窗口都关闭后，在应用程序输出窗口中也只能看到自定义窗口的析构函数被调用了，而 myBtn 所指向的动态创建的按钮对象并未被安全释放。

提示：

(1) 在 Qt 中，所有具有父对象的动态创建的部件（或窗口）都可以不用程序员显式地编写 delete 代码，对象树机制会在其父对象销毁前完成这些动态创建的对象的空间的回收。

(2) Qt 对象树机制在用户图形界面编程上是非常有用的，它能够帮助程序员将主要精力放在系统的业务上，提高编程效率；同时也减小了内存泄漏的压力，保证了系统的稳健性。

(3) 在编程时请务必记得给各个子部件都设置合适的父窗口，以充分利用对象树机制。

3.4.4　自定义信号和槽

Qt 中信号与槽机制的实现需要元系统的支持。从编程的角度，需要满足以下条件：发送者类和接收者类必须直接或间接地继承自 QObject 类（可视的部件类都是它的子类）；类定义要放在头文件中；在类定义的私有访问权限处要加上宏 Q_OBJECT。

自定义的信号和槽也都在类中进行声明。信号在声明前用"signals:"限定，槽在声明前用"[访问权限] slots:"限定，即带有信号和槽的类定义形式为

```
class 类名: 继承权限 父类名
{
    Q_OBJECT
    //类其他成员的声明,包括指定访问权限
signals:
    信号的声明语句
public slots:
    公有槽的声明语句
protected slots:
    保护槽的声明语句
private slots:
    私有槽的声明语句
};
```

信号没有返回值,返回类型一般都是 void。信号函数只需要声明,可根据情况设置形参列表。信号可由用户的动作触发(实际的过程是:用户事件导致系统底层产生了消息,消息处理时发出信号。通常用户不关心这些底层的细节),也可在某一时刻由代码主动触发,使用 emit 命令触发信号,格式如下。

```
emit 信号名(实参列表);
```

emit 说明此时发送了一个信号,信号可以带参数(可以带零个或多个)。当与之关联的槽执行时,信号里带的实参依次传递给槽的形参。槽本质上是一个普通的成员函数,被声明为槽后可以作为接收者接收信号的处理函数被调用。槽函数需要实现,实现方式与普通成员函数相同。

视频讲解

1. 自定义槽

下面的项目 3_5 实现如下功能:窗口中包含两个单行文本框,当在第 1 个文本框中输入内容后按 Enter 键时,会在第 2 个文本框中显示出在第 1 个文本框中输入的内容。在该项目中添加了一个自定义的槽函数实现对文本框的"按 Enter 键"信号的响应。

采用与 3.4.1 节同样的方式,使用向导创建一个不使用界面文件(取消"创建界面"复选框的勾选)的项目,自定义类名为 MyWidget。

在自定义类 MyWidget 中添加两个 QLineEdit 类型的指针 edit1 和 edit2(注意添加相关的头文件);添加一个自定义槽函数 EnterPressedSlot(),用于实现在单行文本框 edit1 内按下 Enter 键时要执行的动作。mywidget.h 头文件的代码如下。

```
/****************************************
 * 项目名: 3_5
 * 文件名: mywidget.h
 * 说  明: 自定义窗口类
****************************************/
#ifndef MYWIDGET_H
```

```
#define MYWIDGET_H

#include <QWidget>
#include <QLineEdit>

class MyWidget: public QWidget
{
    Q_OBJECT

public:
    MyWidget(QWidget *parent = nullptr);
    ~MyWidget();
private:
    QLineEdit *edit1, *edit2;
public slots:
    void EnterPressedSlot();
};

#endif //MYWIDGET_H
```

信号和槽要先连接上才能使用，在多数情况下都是在窗口的构造函数中进行连接的。单行文本框在 Enter 键被按下时会发出 returnPressed 信号(可选中类名，然后按 F1 键查看类中的信号列表，再通过帮助文档获得有关该信号的说明)，需要将此信号和自定义的 EnterPressedSlot()槽连接起来。槽也需要实现，MyWidget 类的实现文件 mywidget.cpp 的代码如下。

```
/****************************************
 * 项目名: 3_5
 * 文件名: mywidget.cpp
 * 说  明: 自定义窗口类的实现
****************************************/
#include "mywidget.h"

MyWidget::MyWidget(QWidget *parent)
    : QWidget(parent)
{
    edit1 = new QLineEdit(this);
    edit2 = new QLineEdit(this);
    this->resize(300,100);
    edit1->move(10,10);
    edit2->move(10,50);

    connect(edit1,SIGNAL(returnPressed()),this,SLOT(EnterPressedSlot()));
}

void MyWidget::EnterPressedSlot()
```

```
{
    QString str = edit1 -> text();
    edit2 -> setText("输入为:" + str);}

MyWidget::~MyWidget()
{
}
```

在构造函数中首先动态申请了两个单行文本框对象,并分别由类指针成员 edit1、edit2 指向,然后对当前窗口及其子部件的属性进行了设置。

因为自定义类 MyWidget 继承自 QWidget,QWidget 又继承自 QObject,所以 connect()函数也是 MyWidget 类中的成员函数,无须加上"QObject::"限定就可以直接使用。注意,因为槽是在自定义窗口类 MyWidget 中声明的,所以信号的接收者是当前窗口,它由 this 指针指向。

槽的实现比较简单。首先定义一个 QString 类型的字符串 str 并初始化为单行文本框 edit1 中的文字(通过 text()成员函数获取),然后将单行文本框 edit2 中的文字设置为字符串常量"输入为:"连接上字符串 str。

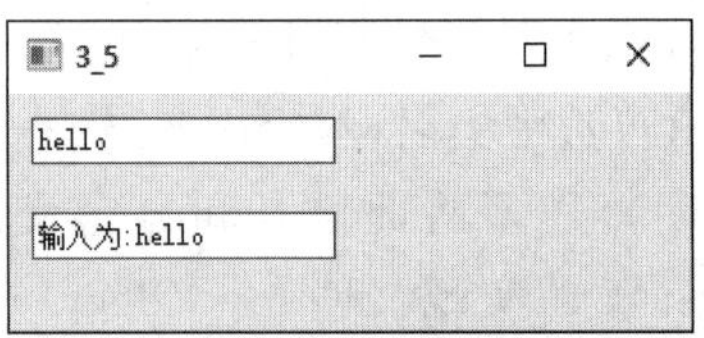

图 3-13　项目 3_5 的运行效果

主函数所在的 main. cpp 文件由项目向导生成后没有修改,这里不再列出。

程序运行效果如图 3-13 所示,在上面的文本框中输入 hello 并按 Enter 键,下面的文本框中会按照指定的格式显示上方文本框中的内容。

2. 取消关联

当一个对象被销毁后,Qt 会自动取消所有连接到这个对象的信号上的槽。对象也可以主动取消所有关联到自己信号上的槽。例如,在 EnterPressedSlot()函数体的最后添加语句:

```
edit1 -> disconnect();
```

则程序运行时,只能在上面的文本框中第一次按 Enter 键时,下面的文本框会按照指定的格式显示内容。然后,由于槽函数 EnterPressedSlot()执行了单行文本框 edit1 的解绑所有连接操作,所以再次输入内容并按 Enter 键时,发出的信号已无槽与之关联,下面的文本框也就不会再发生变化。

部件的 disconnect()成员函数有多种重载的形式,如参数可以是自己的信号:

```
edit1 -> disconnect(SIGNAL(returnPressed()));
```

该语句表示只解绑与单行文本框 edit1 的 returnPressed()信号相关的连接。参数还可以是接收者,例如:

```
edit1 -> disconnect(this);
```

该语句表示解绑单行文本框 edit1 与接收者 this(当前窗口)之间的所有信号槽的连接。

解绑信号槽的连接实际上还有很多方式，感兴趣的读者可以在 Qt Creator 环境中通过帮助系统进一步了解。

3. 自定义信号

视频讲解

项目 3_5 只给出了槽的声明和定义，接下来学习如何自定义一个信号，并在合适的时候发送它。在项目 3_5 的基础上扩充如下功能：如果用户输入 2020 并按 Enter 键，将弹出一个“祝贺”消息框，告知用户找到了程序中的彩蛋。

考虑上述功能的实现：用户在单行文本框 edit1 中输入内容并按 Enter 键时，首先需要完成槽中的工作，然后对输入的内容进行检查，如果是“2020”（这就是信号发送的条件），则弹出消息框。该功能可以通过在 EnterPressedSlot()函数体的最后添加以下语句实现。

```
if(str == "2020")
    QMessageBox::information(this, "祝贺", "你找到了彩蛋:" + str);
```

information()函数是 QMessageBox 类中的静态成员函数，可以通过“类名::”的形式调用，用于显示一个信息框。其 3 个参数分别表示父窗口、消息框标题、消息框内容。运行时，在文本框 edit1 中输入 2020 并按 Enter 键后，运行效果如图 3-14 所示，不仅在图 3-14(a)所示窗口的下方的文本框中按指定的格式显示上方文本框的内容，还会弹出如图 3-14(b)所示的消息框。

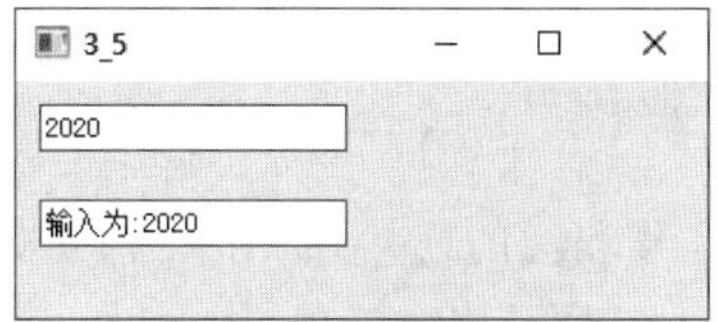

(a) 显示输入的内容

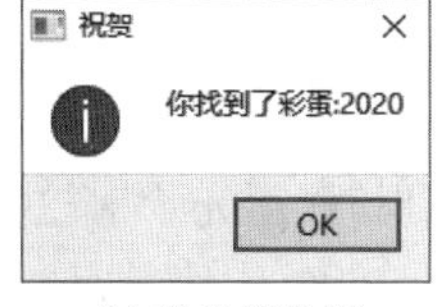

(b) 弹出消息框

图 3-14　项目 3_5 添加代码之后的运行效果

为了展示信号的使用和发送过程，在项目 3_6 中考虑把弹出消息框的功能独立出来作为一个槽函数。当槽函数 EnterPressedSlot()判断出输入的内容是特殊的“2020”字符串时，发送一个表示发现了“特殊字符串”的信号，该信号与实现弹出消息框的槽函数连接，从而实现与上述同样的功能。

在自定义窗口类 MyWidget 中添加一个自定义信号 specialStrSig 的声明，表示发现了特殊字符串；再声明一个槽 specialStrSlot()，以便在前述信号发生时进行处理（弹出消息框）。项目 3_6 实现时分别给此信号和槽设计了一个 QString 类型的参数，以传递该特殊的字符串。项目 3_6 在项目 3_5 的基础上进行修改，mywidget.h 头文件如下。

```
/****************************************
 * 项目名: 3_6
 * 文件名: mywidget.h
 * 说　明: 自定义窗口类,添加了自定义信号和槽
****************************************/
#ifndef MYWIDGET_H
```

```
#define MYWIDGET_H

#include <QWidget>
#include <QLineEdit>

class MyWidget: public QWidget
{
    Q_OBJECT

public:
    MyWidget(QWidget *parent = nullptr);
    ~MyWidget();
private:
    QLineEdit *edit1, *edit2;
public slots:
    void EnterPressedSlot();
    void specialStrSlot(QString);
signals:
    void specialStrSig(QString);
};

#endif //MYWIDGET_H
```

在类构造函数实现时,须完成对这对信号和槽的连接操作;在槽函数 EnterPressedSlot()中也要进行修改,以做到在条件满足时发送信号。修改后的 mywidget.cpp 的代码如下。

```
/****************************************
 * 项目名: 3_6
 * 文件名: mywidget.cpp
 * 说  明: 自定义窗口类的实现,添加了自定义信号和槽
****************************************/
#include "mywidget.h"
#include <QMessageBox>

MyWidget::MyWidget(QWidget *parent)
    : QWidget(parent)
{
    edit1 = new QLineEdit(this);
    edit2 = new QLineEdit(this);
    this->resize(300,100);
    edit1->move(10,10);
    edit2->move(10,50);

    connect(edit1,SIGNAL(returnPressed()),this,SLOT(EnterPressedSlot()));
    connect(this,SIGNAL(specialStrSig(QString)),
                        this,SLOT(specialStrSlot(QString)));
```

```
}

void MyWidget::EnterPressedSlot()
{
    QString str = edit1 -> text();
    edit2 -> setText("输入为:" + str);
    if(str == "2020")
        emit specialStrSig(str);
}

void MyWidget::specialStrSlot(QString str)
{
    QMessageBox::information(this, "祝贺", "你找到了彩蛋:" + str);
}

MyWidget::~MyWidget()
{
}
```

在发送信号 specialStrSig(str)时，将字符串 str(值为 QString("2020"))作为参数进行了传递，它被传递给关联的 this 所指向对象(当前窗口)槽函数 specialStrSlot()的形参 str，并在消息框显示时作为内容的一部分进行显示。

程序运行效果同图 3-14。

4. 普通成员函数作为槽

在 Qt5 中还提供了 connect()函数的另外一种重载形式，格式如下。

```
QObject::connect(&发送对象, &类名::信号名,
                              &接收对象, &类型::槽名或普通成员函数名);
```

与 2.6.2 节介绍的 connect()函数方式相比，这种形式关联的槽不必用“slots:”声明(当然也可以如此声明)，即普通成员函数也可以作为槽，并且这种形式在编译时会对信号和槽进行检查(要求槽和信号的参数至少能进行隐式转换)，因此更建议使用这种形式的 connect()函数。

例如，在项目 3_6 中 MyWidget 类定义(mywidget.h)的公有部分加入以下普通成员函数声明。

```
void function(QString);
```

在类实现文件(mywidget.cpp)中添加其实现，代码如下。

```
void MyWidget::function(QString)
{
    QMessageBox::information(this, "^_^", "我是普通成员函数被调用");
}
```

然后在构造函数的函数体中添加 connect()函数调用。

```
connect(this,&MyWidget::specialStrSig,this,&MyWidget::function);
```

运行程序,并在上方文本框中输入 2020 后按 Enter 键,function()函数也会被执行,但由于消息框是模态对话框,在弹出一个消息框后单击 OK 按钮才会继续弹出另外一个消息框,如图 3-15 所示。

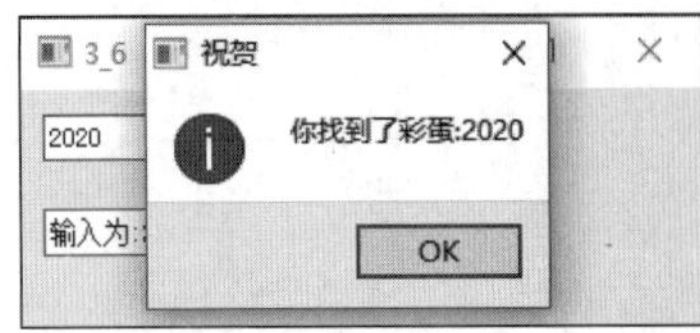

图 3-15　项目 3_6 添加代码之后的运行效果

3.5　Qt 中的界面

在使用向导新建项目的过程中勾选"创建界面"复选框后,生成的项目可以通过 Qt Designer 以一种鼠标拖曳、选择的方式组织自定义窗口中的子部件,设置它们的属性,以及进行一些信号与槽连接的操作,从而使快速开发成为可能。

所有通过 Qt Designer 工具进行的操作,最终都会形成一个界面文件(.ui 文件)。编译器就是根据这个文件生成相应的头文件,并将其包含到项目中,以实现自动化的界面设计。为了更好地理解界面文件在编译后生成的头文件,本节首先将介绍命名空间的概念,然后介绍如何通过 Qt Designer 快速实现界面设计。

视频讲解

3.5.1　命名空间

以中国的人名为例,虽然理论上可以由汉字任意排列组合而成,但人们总喜欢使用有意义的名字,因此即使在一个小范围内,也总会大概率地出现重名的情况。在程序中也存在同样的情形,不同项目协同开发人员编写的代码之间、项目代码与库文件(如 C++标准库、Qt 库)之间、库文件和库文件之间都可能出现重名的情况。对单独一位程序员而言,还有可能小心地起名以避免重名,但当多名程序员共同开发时,若要求使用的变量(或函数、类等)彼此之间不重名,难度很大。但如果不加以处理,名称之间就会出现被屏蔽或彼此冲突等情况。

对于派生类中成员函数的重定义,在调用基类的同原型成员函数时可以用"基类名::成员函数名(参数列表)"的形式来指明。这里"基类名::"就限定了成员函数名是这个基类范围内的成员函数,如此解决了重名(实际上这还是重定义成员函数所希望的)问题。类的成员天然地具有类这样一个范围域,而程序中定义的全局变量、函数、类等却不具有这样一个范围域,名字冲突又该怎么办呢?

提示: 名字冲突指在同一作用域中有两个或多个同名的实体。

以现实生活中重名的问题举例，为了解决名字冲突，会给名字限定一个范围。例如，班级中有两位名叫“王伟”的同学，若上课时教师只点名“王伟”就会指代不清，引起名字冲突，此时如果能将两位王伟同学分属于不同的小组，如“一组”“二组”，那么在点名时就可以使用“一组的王伟”“二组的王伟”指明唯一的那位王伟同学，从而合理地解决了名字冲突问题。

在 C++ 中引入了类似的概念，称为命名空间，以解决名字冲突问题。命名空间是一个可以由用户自己定义（命名）的空间域。类似于上述的“小组”的概念，各个实体（函数、类等）分别被放在不同的命名空间中，以便和其他命名空间中的同名实体区分开。

在实际编程中，每位项目开发人员、每个库的开发人员都可以定义自己的命名空间域，把自己开发出的实体放在自己的命名空间域内（同一命名空间中要避免重名），这样即使有重名的情况，也因分属于不同的命名空间得以区分。

命名空间使用关键字 namespace 定义，格式如下。

```
namespace 命名空间名
{
    实体的声明和定义;
}
```

说明如下。

（1）花括号中的实体可以是变量、常量、函数、结构体、类、模板等。

（2）可以在项目中的多个地方定义命名空间，如果命名空间的名称相同，则会自动合并为一个命名空间，可以理解为追加。

（3）命名空间可以嵌套定义，花括号中还可以有命名空间的定义。

（4）命名空间定义在全局范围内，不可以定义在函数中。

为了使用带有命名空间的实体，需要在实体名前面加上命名空间的名称，并使用作用域解析符::限定，格式如下。

```
命名空间名::实体名
```

当命名空间嵌套时，依次使用命名空间名限制，即使用“外层命名空间名::内层命名空间名::实体名”的形式。如果在某一代码段范围内需要多次使用某命名空间中的实体，也可以使用 using 声明语句，格式如下。

```
using namespace 命名空间名;
```

using 和 namespace 都是关键字，using 声明语句的作用范围从声明位置开始，到 using 语句所在的作用域结束。在此范围内的代码，当使用该命名空间中的实体时，都无须添加“命名空间名::”限定。需要注意的是，在同一作用域内可能有多个 using 语句起作用，使用的（前面不加命名空间限制的）实体名不能在这些起作用的命名空间中重名。

项目 3_7 是一个纯 C++ 项目，代码如下。

```
/****************************************
 * 项目名: 3_7
 * 说  明: 命名空间的使用
****************************************/
#include< iostream >
using namespace std;

namespace MySpace1
{
void func()
{
    cout <<"function in namespace MySpace1."<< endl;
}
int i = 1;
namespace MyInterSpace
{
int i = 2;
}
}

namespace MySpace2
{
void func()
{
    cout <<"function in namespace MySpace2."<< endl;
}
}

namespace MySpace2
{
int i = 3;
int j = 4;
}


int main()
{
    cout << MySpace1::i <<"\t"<< MySpace1::MyInterSpace::i <<"\t"<< MySpace2::i << endl;
    MySpace1::func();
    MySpace2::func();
            //cout << i << j << endl;          //出错,未声明的标识符 i 和 j
            //func();                          //出错,未声明的函数
    using namespace MySpace1;
    cout << i << endl;
    func();
    using namespace MySpace2;
    cout << j << endl;
            //cout << i << endl;               //出错,i 是二义的
            //func();                          //出错,对 func()的调用是二义的
    return 0;
}
```

在该程序中有两个自定义命名空间 MySpace1 和 MySpace2，命名空间 MySpace1 中包括变量 i、函数 func 和一个命名空间 MyInterSpace；命名空间 MySpace2 进行了两次定义，第 1 次包括了一个函数 func()，第 2 次追加了变量 i 和变量 j；嵌套在命名空间 MySpace1 中的命名空间 MyInterSpace 中包括一个变量 i。

仔细观察会发现，其实程序一开始还声明了如下语句。

```
using namespace std;
```

即使用了系统标准命名空间 std，它是 cout 和 cin 等流对象所在的命名空间。该语句起作用的范围到本文件结束。如果在编程时不加此语句，则在使用 cin 或 cout 时需要写成 std::cin 和 std::cout 的形式。

在使用时，可以通过“命名空间名::”说明是哪个命名空间中的 i 变量或 func() 函数，如主函数中的前 3 行所示。这时若直接使用变量 i 或 func() 函数，系统会报错“未声明的变量 i 和函数 func”，见主函数第 4、5 行注释掉的代码。

语句“using namespace MySpace1;”的作用范围到主函数结束，因此接下来主函数第 7、8 行中用到的变量 i 和函数 func() 均是 MySpace1 中的名字。然后第 9 行通过 using 语句使用了命名空间 MySpace2，之后的代码再使用变量 i 和函数 func() 就无法区分是哪个命名空间中的名字了(见第 11、12 行，此区域中命名空间 std、MySpace1、MySpace2 均起作用)，系统会报错“变量 i 和函数 func 是二义的”。第 10 行使用的变量 j 由于只在 MySpace1 命名空间中有定义，并不冲突，因此可以正常输出。

程序运行结果如图 3-16 所示。

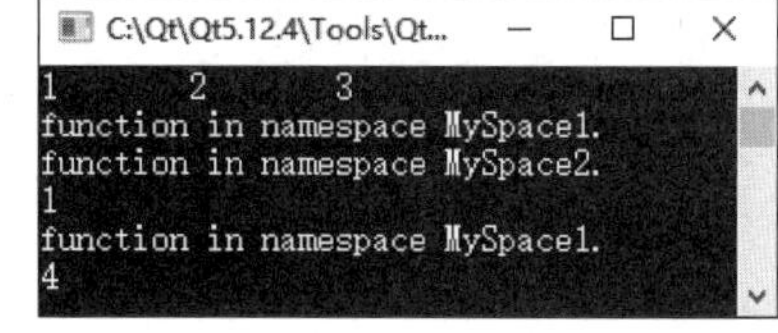

图 3-16 项目 3_7 的运行结果

3.5.2 快速实现界面设计

视频讲解

按照 3.4.1 节使用向导创建项目的步骤创建项目 3_8，注意勾选图 3-9 中的“创建界面”复选框，创建一个 Qt 窗口应用。在创建好后程序可以直接运行，实现显示一个窗口的效果。

观察项目构成可以发现，自定义窗口类的实现代码和之前有所不同，在项目中还多了一个以 .ui 为扩展名的文件，它称为“界面文件”。该文件实际是一个 XML 格式的文件，用于记录用户使用 Qt Designer 工具设计了界面之后的结果。双击界面文件，可以打开 Qt Designer 工具，如图 3-17 所示。

左侧的部件面板以抽屉盒的形式列出了常见的可视化部件，拖动此处的部件到中间的窗口，即可在窗口中添加一个部件。右上方的对象浏览器窗口用树状视图显示了窗口中各部件之间的布局包含关系(因为还未添加子部件，这里只有一个 MyWidget 对象)。属性窗口在右下方，用于设置当前选中对象的属性值，如显示的文字以及部件的宽、高等，根据选中对象的不同，此处会显示不同的属性。在中间下方的信号与槽编辑器处可以对已有信号和槽进行连接。它的旁边还有一个动作编辑器(Action Editor)，用于设计动作(将在以后用到时再做介绍)。

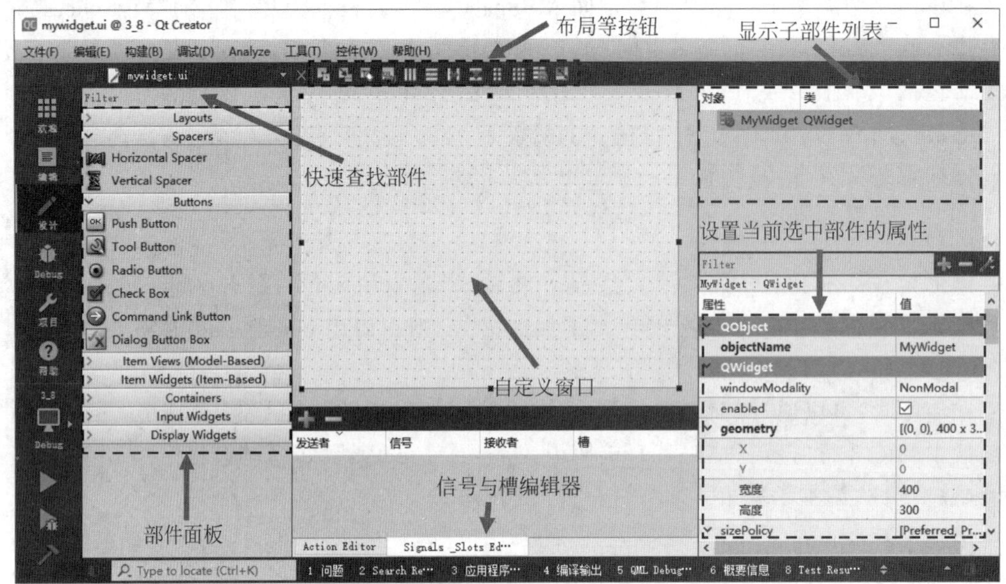

图 3-17　设计界面工具 Qt Designer 的主界面

读者可按以下步骤给项目 3_8 添加新的内容，初步熟悉 Qt Designer 的使用。

(1) 拖动左侧 Buttons 列表下的 Push Button 到窗口中，并通过拖动的方式设置它的大小和位置等，此时可见右上方的对象浏览器窗口的列表中多了一个 QPushButton 对象。

(2) 在窗口中选中刚才拖入的按钮，然后在右下方的属性窗口中找到 text 属性，在后面的输入框中输入 close window，可以看到按钮上的文字改变了。

(3) 单击信号与槽编辑器上方的绿色加号，添加一个信号与槽连接，发送者选择 pushButton，信号选择 clicked()，接收者选择 MyWidget，槽选择 close()。该步操作还可以按如下方式完成(作用是一样的)：单击图 3-18 中由虚线框起来的“编辑信号与槽”按钮，切换到“编辑信号/槽”模式，将按钮部件一直拖动到窗体边界，在弹出的“配置连接”窗口中首先勾选左下方的“显示从 QWidget 继承的信号和槽”复选框，然后分别为 pushButton 选中 clicked 信号，为 MyWidget 选中 close()槽，单击“确定”按钮。如果要切换回原窗口编辑界面，单击图 3-18 中虚线框左侧的“编辑窗体”按钮即可。

操作完成后的主界面如图 3-18 所示。此时运行即可显示一个窗口，在窗口中有一个显示文字为 close window 的按钮，单击它会关闭窗口。

上述操作没有手写任何一句代码，但已实现了简单的界面设计、属性设置和与用户的交互等功能。打开程序代码，读者会发现，除了界面文件，其他的程序代码和之前项目刚创建完时的代码没有任何变化，但运行效果确实不一样了，这是为什么呢?

在项目构建后，在构建目录下面会生成一个名为 ui_派生类类名.h 的头文件，它是系统根据界面文件自动生成的。在项目编译时，实际是这个头文件参与了项目的生成。回到自定义窗口类实现的源文件中可以看到，里面包含了此头文件。

提示：

(1) Qt Designer 主界面中添加子部件、设置属性的操作对应着界面文件内容的修改(也有操作对应着直接在源文件中添加代码)。

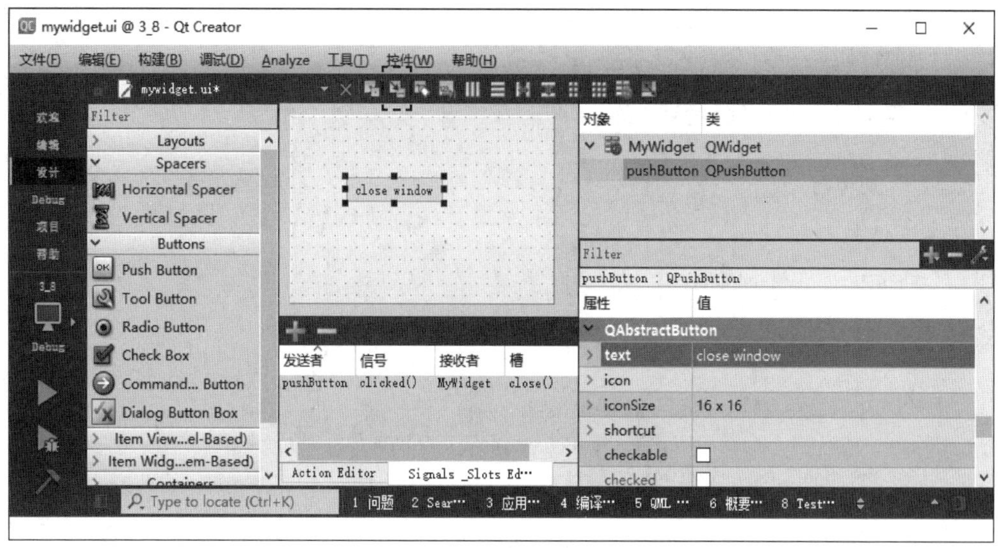

图 3-18　Qt Designer 中部件、属性及信号与槽的设置

（2）界面文件是 XML 格式的文本文件，并不是源代码。它用于生成构建目录下名为 ui_派生类类名.h 的头文件。

头文件中的内容是有关如何生成界面的程序代码，用户无须也不要去修改此头文件（如需修改界面，在 Qt Designer 中直接修改即可）。当界面设计不同时，头文件中的内容也不同，但总体结构是一致的。

下面是按照前述步骤得到的界面文件生成的 ui_mywidget.h 头文件的代码。接下来对自动生成的该文件及项目中的程序代码进行分析，观察如何实现设置的功能。

```
/*****************************************
 * 项目名：3_8
 * 文件名：ui_mywidget.h
 * 说　明：由系统根据界面文件自动生成的头文件
*****************************************/
/**************************************************************
** Form generated from reading UI file 'mywidget.ui'
**
** Created by: Qt User Interface Compiler version 5.12.4
**
** WARNING! All changes made in this file will be lost when recompiling UI file!
**************************************************************/
#ifndef UI_MYWIDGET_H
#define UI_MYWIDGET_H

#include <QtCore/QVariant>
#include <QtWidgets/QApplication>
#include <QtWidgets/QPushButton>
```

```
#include <QtWidgets/QWidget>

QT_BEGIN_NAMESPACE

class Ui_MyWidget
{
public:
    QPushButton *pushButton;

    void setupUi(QWidget *MyWidget)
    {
        if (MyWidget->objectName().isEmpty())
            MyWidget->setObjectName(QString::fromUtf8("MyWidget"));
        MyWidget->resize(241, 157);
        pushButton = new QPushButton(MyWidget);
        pushButton->setObjectName(QString::fromUtf8("pushButton"));
        pushButton->setGeometry(QRect(50, 50, 91, 23));

        retranslateUi(MyWidget);
        QObject::connect(pushButton, SIGNAL(clicked()),MyWidget, SLOT(close()));
        QMetaObject::connectSlotsByName(MyWidget);
    } //setupUi

    void retranslateUi(QWidget *MyWidget)
    {
        MyWidget->setWindowTitle(QApplication::translate("MyWidget", "MyWidget", nullptr));
        pushButton->setText(QApplication::translate("MyWidget", "close window",nullptr));
    } //retranslateUi

};

namespace Ui {
    class MyWidget: public Ui_MyWidget{};
} //namespace Ui

QT_END_NAMESPACE

#endif //UI_MYWIDGET_H
```

可以看到,在该头文件中实现了一个 Ui_MyWidget 界面类,里面包含了一个 QpushButton 类型的指针、一个 setupUi()成员函数和一个 retranslateUi()成员函数。setupUi()成员函数在实现中依次设置窗口的对象名和大小、动态生成按钮对象、设置按钮对象名、设置按钮的大小、调用本类的成员函数 retranslateUi()(该函数实现动态翻译的功能)、连接按钮的 clicked 信号和窗口的 close()槽、设置通过槽名自动连接信号(将在 3.5.3 节介绍)。可见用户之前在 Qt Designer 中的操作最终都转换成这里的代码。

在头文件中还定义了一个命名空间 Ui,该命名空间中定义了一个 MyWidget 类(注意,类名虽然和 setupUi()成员函数中的 MyWidget 形参同名，但它们一个是类名，一个是函数中的形参指针，它们是不同的实体，作用在不同的区域），MyWidget 类只是简单地继承了本头文件中的 Ui_MyWidget 界面类，并未添加新的成员。

QT_BEGIN_NAMESPACE 和 QT_END_NAMESPACE 是 Qt 中的宏，它们成对使用，作用是把上面的定义放到 Qt 的命名空间中。

自定义窗口类定义在 mywidget.h 头文件中，内容如下。

```
/****************************************
 * 项目名：3_8
 * 文件名：mywidget.h
 * 说  明：由项目向导自动生成的自定义窗口类
****************************************/
#ifndef MYWIDGET_H
#define MYWIDGET_H

#include <QWidget>

//前置声明，说明里面的标识符 MyWidget 是 Ui 命名空间中的类名
namespace Ui {
class MyWidget;
}

class MyWidget: public QWidget
{
    Q_OBJECT

public:
    explicit MyWidget(QWidget *parent = nullptr);
    ~MyWidget();

private:
    Ui::MyWidget *ui;
};

#endif //MYWIDGET_H
```

在自定义窗口类中因在声明私有指针成员 ui 时用到 Ui 命名空间中的 MyWidget 类，而编译器并不知道 Ui::MyWidget 里的 MyWidget 是什么，所以要在最开头做一个前置声明，告诉编译器它是 Ui 命名空间中的一个类。

接下来是自定义窗口类 MyWidget 的定义，这才是实际生成自定义窗口实例对象时使用的类。注意，它和 Ui::MyWidget 是两个不同的类（名字一样，但分属于不同的命名空间）。可以看到，该类中并没有与子部件有关的数据成员（或指针）的定义，所有与界面设置相关的工作都是通过 ui 指针指向的界面类（Ui::MyWidget）对象来完成的。

自定义窗口类 MyWidget 的实现文件 mywidget.cpp 的代码如下。

```
/****************************************
 * 项目名: 3_8
 * 文件名: mywidget.cpp
 * 说  明: 由项目向导自动生成的自定义窗口类实现
****************************************/
#include "mywidget.h"
#include "ui_mywidget.h"

MyWidget::MyWidget(QWidget *parent):
    QWidget(parent),
    ui(new Ui::MyWidget)
{
    ui->setupUi(this);
}

MyWidget::~MyWidget()
{
    delete ui;
}
```

在构造函数中申请了动态的 Ui::MyWidget 类型的对象,并调用它的 setupUi()函数对界面进行了设置。主函数文件 main.cpp 由向导自动生成,其代码和项目 3_3 中的 main.cpp 完全相同,这里不再列出。

本例中对自定义窗口类 MyWidget 的设计实际采用了一种界面设计和其他业务逻辑实现相分离的设计方式,如图 3-19 所示。

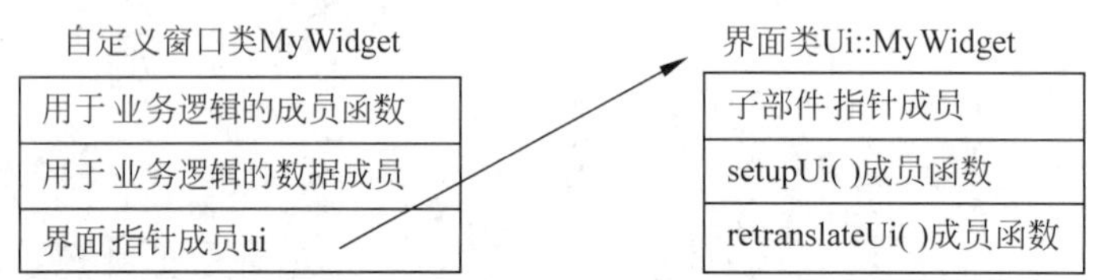

图 3-19　MyWidget 类在设计时业务实现和界面设计相分离

在 MyWidget 中,所有和界面相关的工作(添加子部件、设置部件属性等)都被分离出来,用一个 Ui::MyWidget 界面类型的对象实现,MyWidget 类中设置了一个指针成员 ui,指向在自定义窗口生成时动态生成的界面对象,并在构造函数中调用界面对象的 setupUi()成员函数完成和界面相关的工作。

这样做的好处如下。

(1) 避免了在头文件中暴露私有细节。在采用此种方式书写的类定义中看不到私有指针指向的界面类对象中的成员(如 pushButton 等子部件)。

(2) 分离了业务和界面。在项目 3_3 中,窗口中每添加一个子部件,就要在自定义窗口类中添加一个指针,那么当界面有改动时就要不停地修改自定义窗口类。而在此种设计方式下,和界面相关的操作都在界面类中。在项目由多人协同开发时,界面设计者可只关注于界面设计,程序员可(在界面的基础上)只关注于业务的逻辑实现。

提示：虽然项目 3_8 的代码都是自动生成的，但仍强烈建议读者仔细分析各个文件中代码间的逻辑关系，以便在后续项目较为复杂时仍能把握整个程序的结构，这对初学者来说是非常必要的。

3.5.3 信号与槽的自动关联

视频讲解

在 3.5.2 节的讲解中提到了通过槽名自动连接信号的连接设置操作，代码如下。

```
QMetaObject::connectSlotsByName(MyWidget);
```

此语句的功能是分别将所有 MyWidget 中以"on_发射者对象名_信号名"命名的槽与(名字中出现的)发射者的(名字中出现的)信号相连。这样对于多个如此命名的槽和信号，就不需要一次次地调用 connect()函数分别连接了。

下面通过一个例子说明信号与槽自动关联操作的实现。考虑实现以下功能：在界面上放置两个按钮，分别显示文字"确定"和"取消"，实现单击时分别弹出消息框，以提示用户单击了"确定"或"取消"按钮。

操作步骤如下。

(1) 使用项目向导创建一个基于 QWidget 的 Qt 项目 3_9(勾选"创建界面"复选框)。

(2) 在 Qt Designer 界面拖动两个 Push Button 按钮到窗口中，并在按钮上双击，分别修改显示的文字为"确定""取消"(也可选中按钮后在属性窗口中设置)。

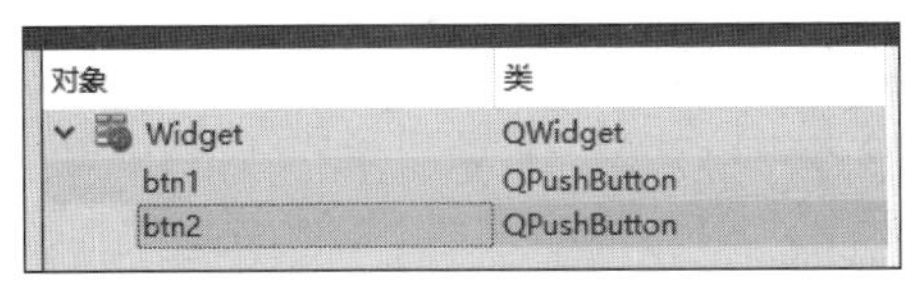

图 3-20 对象列表

(3) 此时右上角的对象列表中新增了两个 QPushButton 子部件，可双击子部件的对象名进行修改。如图 3-20 所示，将两个按钮的名字分别修改为 btn1 和 btn2(此步可忽略，使用系统默认的名字也可以)。

提示：

最好不要在对象的自关联槽函数创建之后再在对象浏览器窗口中修改对象名，否则会导致自动生成的代码之间不衔接。

作为实验，可以修改图 3-20 中的 Widget 窗口名，然后进行编译，查看各个源文件，观察什么地方改动了，什么地方的代码没有修改导致不能编译通过，需要修改哪些地方的代码才可以正常运行。

(4) 在自定义窗口的"确定"按钮上右击，在弹出的快捷菜单中选择"转到槽"命令，此时会弹出如图 3-21 所示的对话框，选择 clicked 信号。

(5) 单击 OK 按钮会自动转到代码文件。仔细观察，在类的实现文件中多了一个名为 on_btn1_clicked()的槽(如果在步骤(3)中未修改按钮对象名，这里的 btn1 会是系统默认的对象名)，只是实现体为空；切换到类的头文件，可以看到该私有槽的声明已经被添加到类的定义中。

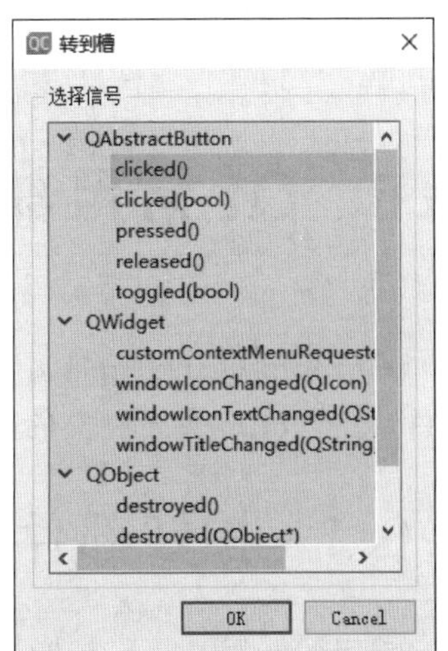

图 3-21 选择与槽相关联的信号

(6) 切换回类的实现文件,在开头处添加以下语句。

```
#include <QMessageBox>
```

(7) 修改槽函数 on_btn1_clicked 的实现代码如下。

```
void Widget::on_btn1_clicked()
{
    QMessageBox::information(this, "提示", "你单击了确定按钮");
}
```

(8) 按照步骤(4)~步骤(7),为"取消"按钮的 clicked 信号也添加一个自关联槽,实现代码如下。

```
void Widget::on_btn2_clicked()
{
    QMessageBox::information(this, "提示", "你单击了取消按钮");
}
```

编译运行程序,运行效果如图 3-22 所示。

(a) 单击"确定"按钮时

(b) 单击"取消"按钮时

图 3-22 项目 3_9 的运行效果

观察项目构建文件夹中生成的界面类头文件,其中并没有任何 connect 语句,项目中的两对信号与槽都是通过 connectSlotsByName()函数实现连接的。

视频讲解

3.6 Qt 常用部件

本节介绍 Qt Designer 中的部分常用部件,并给出部件的类名,读者可以直接使用这些部件,也可以在这些部件类的基础上派生出自己特有的部件类。

3.6.1 按钮部件

按钮部件为用户下达执行命令、选择某个功能等提供了交互操作。Qt 中的按钮部件如表 3-2 所示。

表 3-2　按钮部件

部件	名　称	作　用	类　名
	Push Button	命令按钮，通过按下按钮回答问题或命令计算机执行某些操作	QPushButton
	Tool Button	工具按钮，通常添加在工具栏内，为命令或选项提供快速访问	QToolButton
	Radio Button	单选按钮，可以选中或取消选中，通常是一组单选按钮互斥使用	QRadioButton
	Check Box	复选框，除选中或取消选中外，还有第 3 种可选的“无更改”状态，通常成组不互斥使用	QCheckButton
	Command Link Button	命令链接按钮，带有一个箭头图标，类似于平面按钮的外观，作用类似于单选按钮	QCommandLinkButton
	Dialog Button Box	按钮盒子，用于统一管理一组 QButton 按钮	QDialogButtonBox

命令按钮为矩形，通常在按钮上显示一个描述其功能的文本标签。典型的命令按钮常用于完成诸如“确定”“取消”“是”“否”“应用”“关闭”之类的操作。用户可以通过在文本标签中某字符的前面加上符号 & 指定快捷键，例如：

```
QPushButton * button = new QPushButton("O&K", this);
```

运行时，在按钮上并不显示符号 &，文本标签只显示为 OK。在按下 Alt 键时，可看到字符 K 下有一条横线；在按下 Alt+K 组合键时，其作用等同于单击此按钮。

如果要在文本标签中显示出字符 &，需要使用 && 表示一个可显示的 &。

提示：除了命令按钮以外，其他带有标签的单选按钮、复选框、命令链接按钮等都可以通过在文本标签上添加 & 以指定快捷键。

QToolButton 是与工具操作相关的按钮，通常和 QToolBar 工具栏搭配使用，对应着一个动作(QAction)，一般在创建 QAction 动作的同时创建。不同于命令按钮显示文本标签，工具按钮通常显示为图标(也可以有多种显示样式)。

单选按钮用于从多个选择中选取一个。属于同一个父窗口的单选按钮默认(自动独占 autoExclusive 属性为 True)是互斥的。在这种情况下，如果需要将它们分成多个单选按钮组，则每组按钮都要放入一个 GroupBox 容器(或 ButtonGroup)中。

复选框通常用于从多个选择中选取多个。当一组复选框的 autoExclusive 属性都设置为 True 时，也可以实现互斥的效果。

命令链接按钮一般不单独使用，通常用于替代向导和对话框中的单选按钮，完成选择某个功能并直接(代替了单击“下一步”按钮)进入下一步的操作。

按钮盒子中有一组按钮，可使用系统默认标准按钮，也可以自定义按钮。

下面通过一个例子熟悉这些按钮的使用。

(1) 使用项目向导创建一个基于 QMainWindow 带界面的 Qt 项目 3_10。

(2) 按照图 3-23 所示拖入各种部件，并通过在标签文本中添加字符 & 的形式为各个部件设置快捷键；然后运行程序，测试一下快捷键的使用和单选按钮及复选框的效果。读者还可以在属性窗口中修改每组中单选按钮、复选框的 autoExclusive 属性，以观察运行时的不同效果。

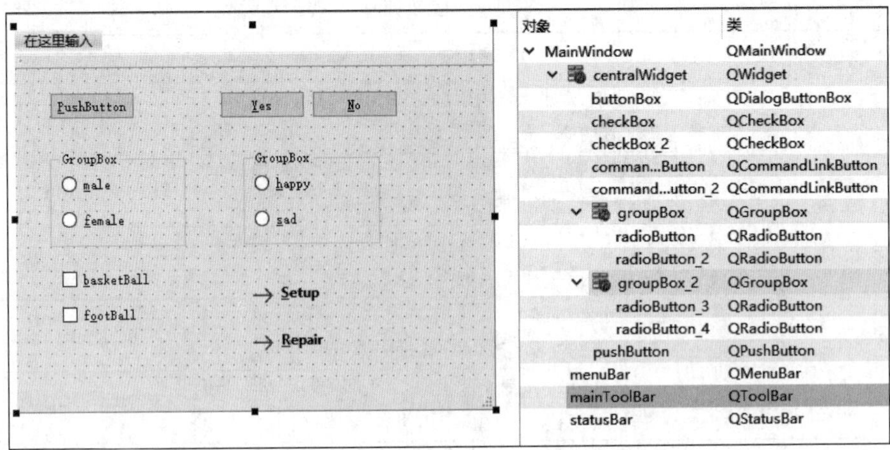

图 3-23　项目 3_10 的界面

(3) 选中按钮盒子，在属性窗口中找到 StandardButtons，单击以打开列表，为按钮盒子选中 Yes 和 No 两个按钮，可以看到图中原本的按钮换成了这两个系统标准按钮。

(4) 在按钮盒子上右击，在弹出的快捷菜单中选择"转到槽"命令，然后在弹出的对话框中选择 clicked(QAbstractButton *) 信号，在转到的自关联槽 on_buttonBox_clicked(QAbstractButton * button)的函数体中添加以下实现代码。

```
if(button == ui->buttonBox->button(QDialogButtonBox::Yes))
{
    if(ui->radioButton->isChecked())
        QMessageBox::information(this,"提示","你选择了性别：男");
    else if(ui->radioButton_2->isChecked())
        QMessageBox::information(this,"提示","你选择了性别：女");
    else
        QMessageBox::information(this,"提示","你未选择性别.");
}
```

在 mainwindow.h 中添加头文件：

```
#include <QAbstractButton>
```

在 mainwindow.cpp 中添加头文件：

```
#include <QMessageBox>
```

运行程序，效果为单击 Yes 按钮时会弹出消息框，给出用户选择的性别信息。

提示：在 MainWindow 类的成员函数内访问界面中部件对象的写法如下。

```
ui->部件名
```

ui 是 MainWindow 类中指向界面类对象的指针，部件名即为图 3-23 右边的对象浏览器窗口中列出的部件名，它们在界面类内以成员对象的形式存在。

(5) 给项目添加资源文件和图标资源，以备后面使用。操作如下：在项目名处右击，在弹出的快捷菜单中选择 Add New 命令，然后在弹出的窗口中选择 Qt 中的 Qt Resource File

选项，如图 3-24 所示。接着按向导步骤为资源文件命名（本例中名为 res），完成后可以看到项目中多了一个名为 res.qrc 的资源文件。

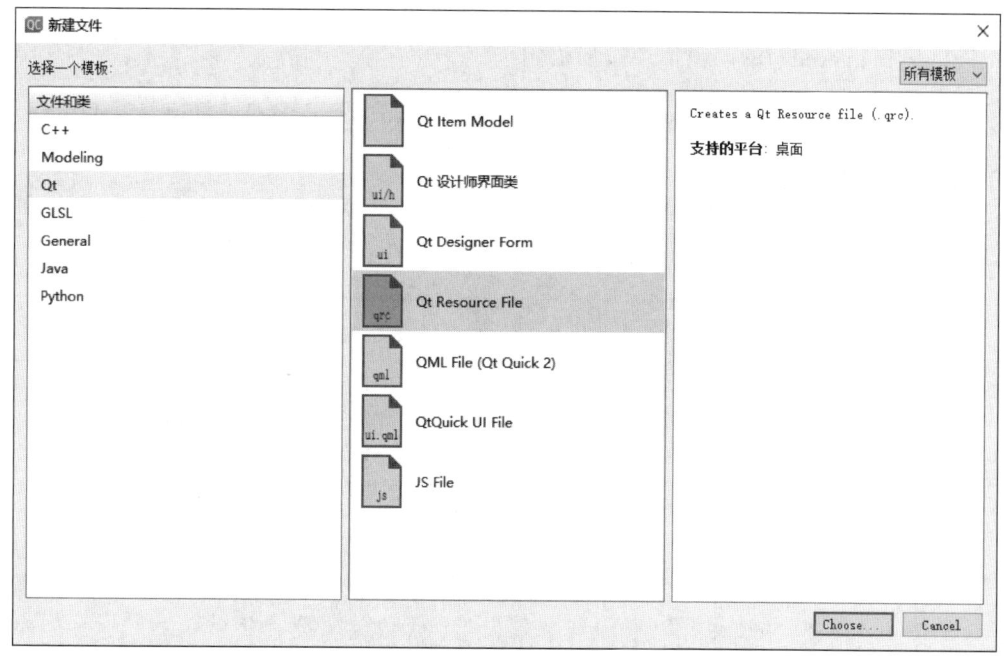

图 3-24　添加资源文件

在资源文件名上右击，在弹出的快捷菜单中选择“添加已有文件”命令，添加两个图标文件。为了方便管理，建议将图标文件放在项目文件夹下。资源数据通常被编译成一个应用程序库，可被压缩。

（6）在动作编辑框（位于 Qt Designer 界面的中下方，见图 3-25（a））中单击“新建”按钮（虚线框处），在打开的“编辑动作”对话框中按图 3-25（b）所示填入信息。在图标处为 Normal Off 和 Normal On 分别选择刚添加的图标资源；勾选 Checkable 复选框；在 Shortcut 后面的文本框中单击，然后直接按 Ctrl+O 组合键以填入快捷键。

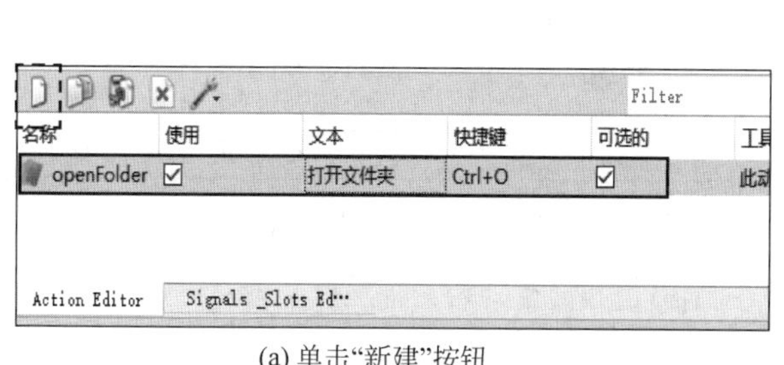

(a) 单击“新建”按钮

(b) “编辑动作”对话框

图 3-25　添加 QAction 动作

接着将图 3-25（a）中实线框所示的区域向上拖动到工具栏区域，直到显示出红色的短竖线时松开鼠标，此时工具栏上就添加了一个工具按钮。运行程序，观察选中和未选中该工具按钮时图标的变化情况。

(7) 在图 3-25(a)中实线框所示的区域右击，在弹出的快捷菜单中选择“转到槽”命令，然后信号选择 triggered(当工具按钮被按下时会发出该信号)，在转到的槽函数 on_openFolder_triggered()的函数体中添加语句：

```
QMessageBox::information(this,"提示","你单击了工具按钮");
```

运行程序，效果为单击工具按钮时会弹出消息框。

(8) 单击“编辑 Tab 顺序”按钮(图 3-26 中的虚线框所示)时会显示如图 3-26 所示的效果，数字大小代表 Tab 顺序的前后。依次单击每个部件，可以修改其 Tab 顺序。

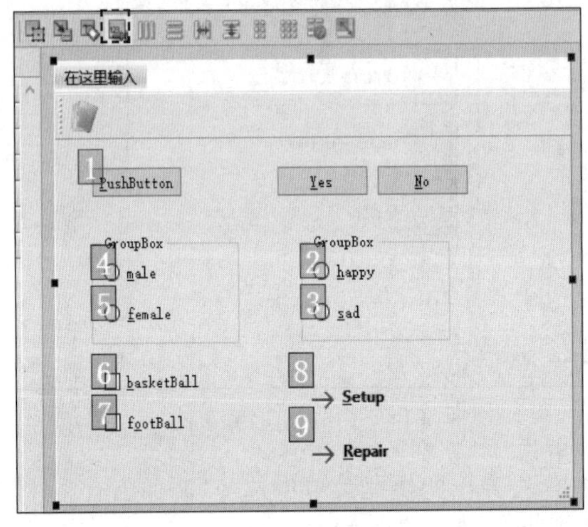

图 3-26　Tab 顺序

提示：Tab 顺序指在运行时按下键盘上的 Tab 键，各部件依次获得焦点(指当前处于被选中状态)的顺序。

3.6.2　输入部件

输入部件为用户输入信息、设置数据提供支持。Qt 提供的输入部件如表 3-3 所示。

表 3-3　输入部件

部件	名　称	作　用	类　名
	Combo Box	组合框，提供一组下拉选项	QComboBox
	Font Combo Box	字体组合框，下拉选项为系统已有的字体列表	QFontComboBox
	Line Edit	单行文本框，用于输入和编辑一行纯文本信息	QLineEdit
	Text Edit	多行文本框，可以输入多行内容，支持使用 HTML 样式的富文本信息	QTextEdit
	Plain Text Edit	纯文本编辑框，可以输入多行信息，只支持纯文本信息	QPlainTextEdit

续表

部件	名　称	作　用	类　名
	Spin Box	数字选择框，用于设置一个整数值	QSpinBox
	Double Spin Box	浮点数旋转框，用于设置一个浮点数值	QDoubleSpinBox
	Time Edit	时间编辑框，用于编辑时间	QTimeEdit
	Date Edit	日期编辑框，用于编辑日期	QDateEdit
	Date/Time Edit	日期/时间编辑框，是 QTimeEdit 和 QDateEdit 的父类，用于编辑日期和时间	QTimeDateEdit
	Dial	转盘，用来设置一定范围内的整数值	QDial
	Horizontal Scroll Bar	水平滚动条，当工作界面不能完全显示时，可使用滚动条调节显示的内容	QScrollBar
	Vertical Scroll Bar	垂直滚动条	
	Horizontal Slider	水平滑动部件，用于设定一个整数值	QSlider
	vertical Slider	垂直滑动部件，用于设定一个整数值	
	Key Sequence Edit	按键序列编辑框，用于记录用户的输入按键序列	QKeySequenceEdit

组合框是按钮和弹出列表的组合，提供了一种以占用最少屏幕空间的方式向用户显示选项列表的方法。设计时，用户可在组合框部件上双击，以添加、删除选项及修改选项的顺序；在运行时，如果当前选项发生更改(通过编程或用户交互实现)，会发出 currentIndexChanged 信号；如果是由用户交互动作引起的选项更改，还会发出 activated 信号；组合框可设置为可编辑的(editable 属性为 True)，这样运行时允许用户修改列表中的每个项目。

字体组合框用在工具栏中，通常和用于控制字体大小的组合框以及用于粗体、斜体的工具按钮结合使用。在运行时，若选择新字体会发出 currentIndexChanged 和 currentFontChanged 信号。

单行文本框通过设置可以为"只读"或"只写"(用于输入密码)模式；可以限制其最大输入长度、控制输入文本的格式；它支持剪切、粘贴、撤销、重做、拖放等编辑功能。

多行文本框经过了优化，可处理大型文档并快速响应用户的输入。它支持纯文本和富文本，适用于段落，还可以显示图像、列表和表格等。如果文本内容太多，当超出可显示的行数时会出现滚动条。若只需要显示一小段富文本，也可使用 QLabel。

纯文本编辑框和多行文本框的功能类似，但只支持纯文本(不支持富文本显示)，并针对纯文本处理进行了优化。

对于数字选择框，用户通过单击上/下按钮或按键盘上的上/下方向键增加/减少当前设定的整数值，也可以由用户手动输入。用户可以给它们设定步长(指每次单击上/下按钮时数值增减的大小)、最大值、最小值等属性。在每次值更改时，都会发出两个 valueChanged 信号，一个信号提供数值，另一个信号提供 QString 类型的字符串。

浮点数旋转框支持浮点数，其他与数字选择框相同。

日期/时间编辑框是用于编辑日期和时间的部件。用户可通过键盘或箭头按钮以增减日期和时间值的形式编辑日期和时间；可以设置最大/最小日期、最大/最小时间等；可以设置显示格式；可以通过 calendarPopup 属性设置是否启用日历弹出窗口。

日期/时间编辑框派生出日期编辑框和时间编辑框，分别用于日期和时间的编辑。

转盘部件通常用于一个可以环绕的范围内值的设置，如角度范围(0°～360°)等，可设置最大/最小值、步长等属性。在转动转盘时，会连续发出 valueChanged 信号。

当在一个有限的窗口大小中显示很多数据时通常用到滚动条，它包括滑块、滚动箭头和页面部件等组成部分。滑块可提供快速定位；滚动箭头是按钮，每单击一次增/减步长个数值；页面部件是滚动条中拖动滑块的区域(滚动条的背景)，单击此处将滚动条增/减一个"页面"的数值。其方向可以通过 orientation 属性设置。

滑块实现和转盘部件类似的功能，只是以长条的形式显示。通过 orientation 属性可设置其为水平或垂直摆放。

按键序列编辑框通常用于接收用户设置的快捷键。在运行中选中该部件时开始记录用户的按键行为，并显示在编辑框中，直到用户释放最后一个键 1 秒后结束。例如，在图 3-25(b)中 Shortcut 后面的编辑框就是一个按键序列编辑框。

提示：各个部件类提供了更多属性和行为，请参考 Qt Creator 中的帮助。

下面通过一个例子熟悉这些输入部件的使用。

(1) 使用项目向导创建一个基于 QWidget 带界面的 Qt 项目 3_11。

(2) 按照图 3-27 所示拖动各个部件到窗口中。双击组合框部件，在打开的窗口中添加多条项目；选中字体组合框，在对象属性窗口中设置默认字体为隶书(currentFont 属性)；双击文本框部件，在打开的窗口中添加内容；分别选中数字选择框、浮点数旋转框、转盘、滚动条、滑动部件，在对象属性窗口中设置 value 属性为 40；设置浮点数旋转框保留一位小数(decimals 属性为 1)；对于日期/时间编辑框，在对象属性窗口中设置默认显示的日期和时间(date、time 属性)、格式(displayFormat 属性)等。

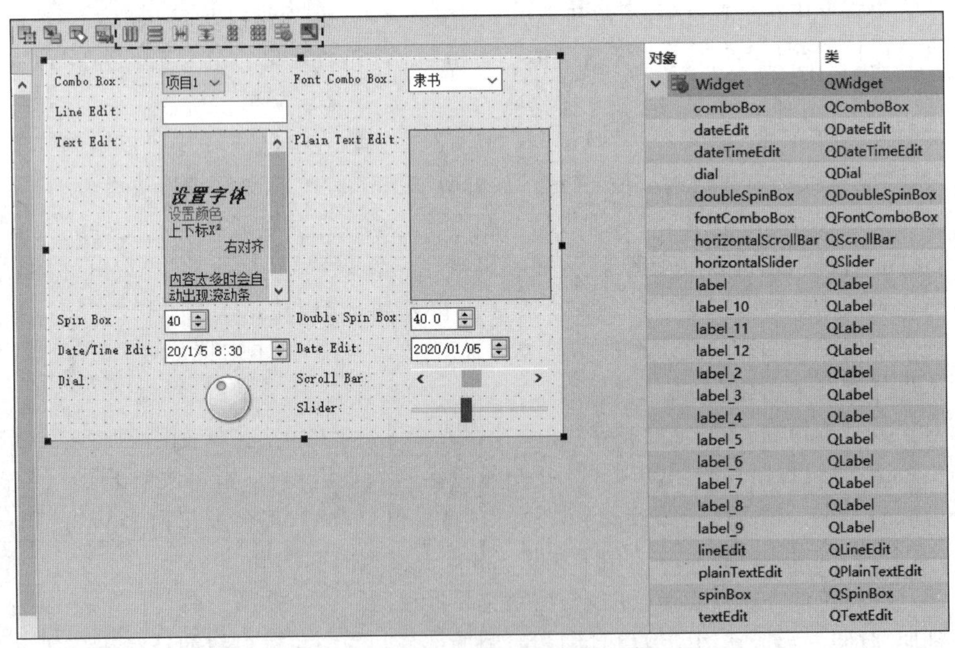

图 3-27 项目 3_11 的界面

(3) 窗体上的所有部件，在尺寸合适、排列整齐时界面看起来才美观。Qt 提供了一些简单且有效的方式用于自动排列窗口子部件的布局。在图 3-27 中，虚线框中的按钮从左到右分别为水平布局、垂直布局、使用分裂器水平布局、使用分裂器垂直布局、在窗体布局中布局、栅格布局、打破布局、调整大小。读者可以在窗体中选中整个窗体(或若干部件),然后应用以上布局,以观察不同的布局效果。

提示:

① Qt 中的布局是通过布局类完成的。当应用布局到整个窗口时,窗口设置为具有布局的窗口;当选中若干个部件并应用布局时,会生成一个布局对象,读者可以在对象浏览器窗口中观察布局对象的生成情况。

② 在 Qt Designer 的部件面板中还有 Layout 和 Spacers 两组面板,其中的部件所起的功能与这些布局按钮类似,但可以进行更加详细的布局设计。

(4) 在自定义窗口类 Widget 构造函数(在 widget.cpp 文件中)的函数体结尾添加语句:

```
ui->plainTextEdit->setPlainText(ui->textEdit->toPlainText());
```

运行程序,可见纯文本编辑框中显示了和多行文本框中相同的文字,但没有格式,如图 3-28 所示。

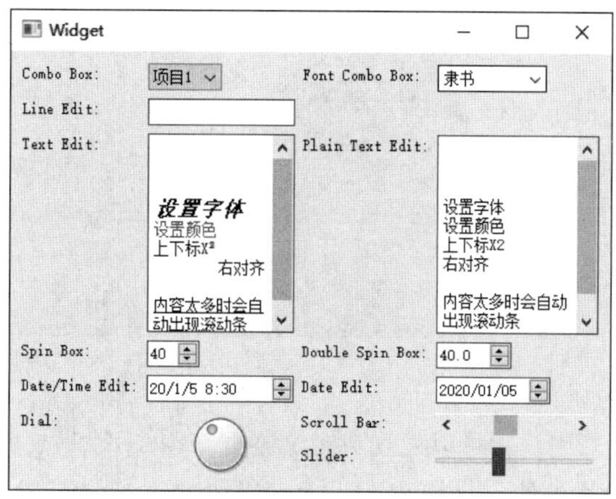

图 3-28 项目 3_11 中纯文本编辑框的内容显示

(5) 在转盘部件上右击,添加一个槽,信号选择 valueChanged(int),在打开的槽函数 on_dial_valueChanged(int value)的函数体中添加语句:

```
ui->horizontalSlider->setValue(value);
ui->horizontalScrollBar->setValue(value);
ui->spinBox->setValue(value);
ui->doubleSpinBox->setValue(value);
ui->lineEdit->setText(QString::number(value));
```

运行程序,可以看到在转动转盘时滚动条和滑动部件也随之变化,数字选择框中的数字也会随之改变。形参 value 的值由信号发射时传递而来,在代码中"QString::number(value)"是调用了 QString 类中的静态成员函数将整型的 value 值转换为对应的 QString 类型的字符串(有关静态成员的概念请参考第 4 章)。

(6) 为日期编辑框添加一个自关联槽,信号选择 userDateChanged(QDate),在槽函数 on_dateEdit_userDateChanged(const QDate &date)的函数体中添加语句:

```
ui->dateTimeEdit->setDate(date);
```

运行程序，并修改日期编辑框中的日期，可以看到日期/时间编辑框中的日期也随之改变。

(7) 给字体组合框添加一个自关联槽，信号选择 currentFontChanged(QFont)，在槽函数 on_fontComboBox_currentFontChanged(const QFont &f)的函数体中添加语句：

```
ui->lineEdit->setFont(f);
```

运行程序，并更改字体组合框中选择的字体，可见单行文本框中文本的字体改变了。

(8) 将显示为"Line Edit"的标签文字改为"&Line Edit"，然后和后面的单行文本框设定伙伴关系，操作如下：单击图 3-29 虚线框中的"编辑伙伴"按钮以切换到"编辑伙伴"模式，将标签拖动到右边的单行文本框处，当显示出如图 3-29 所示的箭头时松开。如果要切换到窗口编辑模式，单击位于图 3-29 左上角的"编辑窗体"按钮即可。

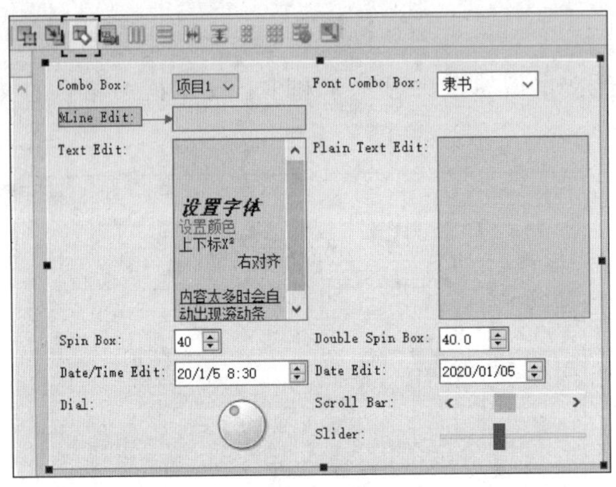

图 3-29 设定伙伴关系

运行程序，按 Alt+L 组合键可以发现单行文本框获得了焦点，这就是伙伴关系的作用。

提示："伙伴"是标签中的一个概念。因为标签经常被作为一个交互式部件的说明，所以设置了伙伴关系，使得能通过在标签上设置的快捷键将焦点快速定位到对应部件(它的伙伴)上，从而达到方便索引的目的。

3.6.3 显示部件

显示部件用于向用户展示各种信息。常用的显示部件如表 3-4 所示。

表 3-4 显示部件

部件	名　称	作　用	类　名
	Label	标签，用于显示文字或图片信息	QLabel
	Text Browser	文本浏览器，类似于 Text Edit，但无法编辑，只用于显示	QTextBrowser
	Graphics View	视图窗口部件，用于可视化 QGraphicsScene(二维图形项目构成的场景)的内容	QGraphicsView
	Calendar Widget	日历部件，以月的形式显示日历，提供用户选择日期的功能	QCalendarWidget

续表

部件	名称	作用	类名
	LCD Number	液晶数字部件，显示带有类似 LCD 效果的数字，可以是十进制、十六进制、八进制或二进制等	QLCDNumber
	Progress Bar	进度条，用于向用户指示操作的进度	QProgressBar
	Horizontal Line	水平线，提供一条水平线段	QLine
	Vertical Line	垂直线	
	OpenGL Widget	OpenGL 窗口，提供了用于显示集成到 Qt 应用程序中的 OpenGL 图形的功能	QOpenGLWidget
	Quick Widget	Quick 窗口，用于显示 Qt Quick 用户界面。当提供主源文件的 URL 时，它将自动加载并显示 QML 场景	QQuickWidget

标签支持富文本，还可以显示图像，但没有提供用户交互的功能。

文本浏览器支持富文本，但只提供了浏览功能，不能修改。它实际上是 QTextEdit 类的派生类，相当于只读版本的 QTextEdit，并添加了一些导航功能，以便用户可以跟踪超文本文档中的链接。

日历部件默认使用当前的日期进行了初始化，也提供了一些公有槽函数用于更改显示的日期。用户还可以使用鼠标和键盘选择日期，将 selectionMode 属性设置为 NoSelection 可以禁止用户的选择功能。

液晶数字部件可以显示很大范围内的数字，当显示的内容超出范围时会发出 overflow 信号。

进度条通常用于安装程序的等待过程、复制文件的等待过程等，通过进度指示告知用户操作的进展程度，可以给进度条设置最大和最小步数以及步长等。

线部件可以设置线宽、起始点等属性。

下面通过一个例子熟悉部分显示部件的使用。

(1) 使用项目向导创建一个基于 QWidget 带界面的 Qt 项目 3_12。

(2) 按照项目 3_10 中步骤(5)的方式给该项目添加一个资源文件，并分别添加一个 GIF 格式的动画图片资源和一个 JPG 格式的静态图片资源。

(3) 拖动两个标签到窗口中，并将它们都拉大一些以便能容纳图片，勾选它们的 scaledContents 属性以便图片能自动缩放。对其中的一个标签设置 pixmap 属性为步骤(2)中刚添加的静态图片资源，运行程序可见图片显示在标签中。

(4) GIF 图片的显示需要编写代码实现，在自定义窗口类 Widget 构造函数的函数体末尾(在 widget.cpp 文件中)添加语句：

```
QMovie * mv = new QMovie(":/res/a.gif");
ui -> label -> setMovie(mv);
mv -> start();
```

代码中第 1 句为使用资源创建一个 QMovie 对象，注意资源路径的写法，":/"代表使用本项目中的资源(也可以使用绝对路径资源，如"C:/a.gif"，但不建议使用绝对路径)，res 是资源的前缀(它类似于一个虚拟的,从功能逻辑上区分的子文件夹的作用)。本例实现时,资源是放在项目目录下的 res 子文件夹中的,因此添加了资源后自动为资源添加了一个 res 前缀,如图 3-30 所示。在书写资源路径时,如果有前缀需要添加上完整的前缀。类似于子文件夹,前缀也可以有多级,在书写时用"/"隔开。

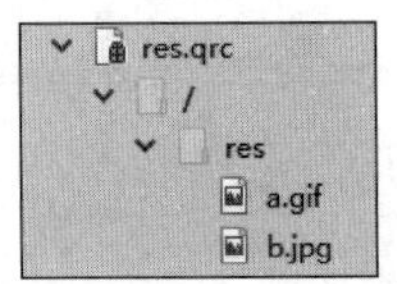

图 3-30 资源前缀

代码中第 2 句设置名为 label 的标签用于显示动态图,读者可以根据情况将其替换为自己操作时实际的标签对象名。

(5) 添加一个文本浏览器,并双击该对象打开内容编辑窗口,给内容添加一个超链接,标题为"上海电力大学",URL 为 http://www.shiep.edu.cn,将文本浏览器的 openExternalLinks 属性设置为勾选。运行程序,在文本浏览器的超链接上单击,会自动调用系统浏览器打开上海电力大学网站。

(6) 拖动一个日历部件到窗体,并添加一个自关联槽,信号选 clicked(QDate),在槽函数 on_calendarWidget_clicked(const QDate &date)的函数体中添加语句:

```
ui->textBrowser->append(date.toString());
```

运行程序,则每单击一次日历部件上的某个日期,就会在文本浏览器中添加一行该日期的文本。

(7) 添加液晶数字部件,设置 value 属性值为 40.5,并观察勾选和不勾选 smallDecimalPoint 属性(小数点)时效果的不同;添加一个水平线条,并设置线宽 lineWidth 属性为 10,观察显示效果;添加一个进度条部件和一个滑动部件;给滑动部件设置 maximum 属性为 100;给滑动部件添加一个自关联槽,信号选 valueChanged(int),在槽函数 on_horizontalSlider_valueChanged(int value)的函数体中添加语句:

```
ui->progressBar->setValue(value);
```

运行程序,观察拖动滑动部件的滑块时进度条的显示效果,如图 3-31 所示。

图 3-31 项目 3_12 的运行效果

3.7 编程实例——计算器

本节将实现一个能进行实数间加、减、乘、除运算的简易计算器。首先创建一个基于 QWidget 的带界面的 Qt 项目 3_13，然后按照以下步骤进行操作。

1. 计算器界面设计

在界面中拖入两个单行文本框和 17 个按钮，按钮上显示的文字、按钮对象和单行文本框对象名如图 3-32 所示。为了美观，设置窗口为“栅格布局”以对齐部件(操作参考 3.6.2 节)。

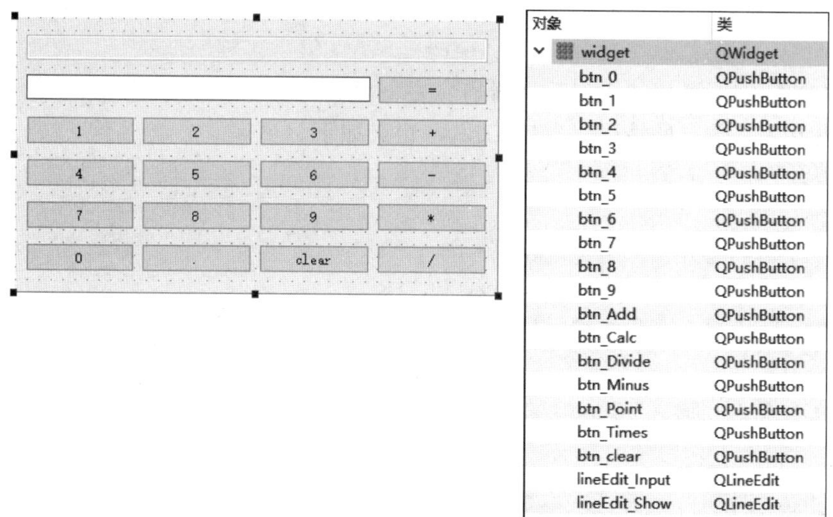

图 3-32　计算器界面设计

将窗口对象的 windowTitle 属性设置为“计算器”；取消勾选最上方第 1 个单行文本框(lineEdit_Show 对象，仅用于显示结果)的 enable 属性，使该单行文本框变为灰色；勾选第 2 个单行文本框(lineEdit_Input 对象)的 readOnly 属性(限制用户不能直接在文本框中通过键盘输入内容)，将其 alignment 属性设置为 AlignRight。

2. 计算器功能的实现

在进行算术运算时，须存储之前输入的左操作数和操作符(右操作数可直接从文本框 lineEdit_Input 中读取)，因此在自定义窗口类 Widget 中添加私有数据成员如下。

```
QString operandStr1;                        //用于存储字符串形式的左操作数
QString operatorStr;                        //用于存储操作符
```

并在 Widget 类的构造函数体中添加以下语句，将它们初始化为空串。

```
operandStr1 = "";
operatorStr = "";
```

接下来实现单击各个按钮时触发的功能：给每个按钮的 clicked 信号都添加自关联槽。以按钮 1 为例，自关联槽的实现代码如下。

```
void Widget::on_btn_1_clicked()
{
    ui->lineEdit_Input->setText(ui->lineEdit_Input->text() + "1");
}
```

按钮 2～按钮 9 的功能实现和按钮 1 是类似的，只需把上述代码中的字符"1"改成对应的数字字符即可。对于按钮 0，由于一般不会出现诸如 00 形式的数字 0，所以代码中对这种情况进行了处理，自关联槽定义如下。

```
void Widget::on_btn_0_clicked()
{
    if(ui->lineEdit_Input->text()!= "0")
        ui->lineEdit_Input->setText(ui->lineEdit_Input->text() + "0");
}
```

小数点按钮需要考虑按下时前面没有数字的情形（此时默认为整数部分为 0）、按下时数字串中已有了小数点的情形，最终自关联槽定义如下。

```
void Widget::on_btn_Point_clicked()
{
    if(ui->lineEdit_Input->text() == "")
        ui->lineEdit_Input->setText("0.");
    else if(ui->lineEdit_Input->text().contains(".") == true)
        ;                                   //数字串中已有小数点，不能再输入
    else
        ui->lineEdit_Input->setText(ui->lineEdit_Input->text() + ".");
}
```

单击 clear 按钮时，只需将文本框 lineEdit_Input 中的内容清空即可，代码如下。

```
void Widget::on_btn_clear_clicked()
{
    ui->lineEdit_Input->clear();
}
```

加、减、乘、除按钮的实现是类似的。以加法按钮为例，分情况进行处理。如果按下时文本框 lineEdit_Input 中是空串，则不进行任何处理直接结束；否则说明用户提供了一个操作数，接下来判断它是左操作数还是右操作数。若 operandStr1 为空，说明文本框中是左操作数，则将其存储到 operandStr1，将＋运算符存储到 operatorStr，将文本框清空以待用户再次输入右操作数，将已输入的内容显示于文本框 lineEdit_Show 中；若 operandStr1 不为空，说明文本框中已是右操作数，此时按下加法按钮和按下等号按钮的作用是相同的，直接调用单击等号按钮关联的槽函数 on_btn_Calc_clicked()进行处理即可。其实现代码如下。

```
void Widget::on_btn_Add_clicked()
{
    if(ui->lineEdit_Input->text() == "")  //没有输入数据
        return;
    else if(operandStr1 == "")            //没有左操作数
    {
        operandStr1 = ui->lineEdit_Input->text();
```

```
            operatorStr = " + ";
            ui -> lineEdit_Input -> clear();        //输入文本框清空,以待输入右操作数
            ui -> lineEdit_Show -> setText(operandStr1 + operatorStr);
        }
        else
            on_btn_Calc_clicked();
    }
```

其他 3 个运算符的实现是一样的,只需将上述代码中赋值给 operatorStr 的字符串改成相应的运算符即可。

最后是等号按钮的实现,代码如下。

```
void Widget::on_btn_Calc_clicked()
{
    if(operandStr1!= ""&&ui -> lineEdit_Input -> text()!= ""&&operatorStr!= "")
    {
        double result;
        double operand1 = operandStr1.toDouble();
        double operand2 = ui -> lineEdit_Input -> text().toDouble();
        if(operatorStr == " + ")
            result = operand1 + operand2;
        else if(operatorStr == " - ")
            result = operand1 - operand2;
        else if(operatorStr == " * ")
            result = operand1 * operand2;
        else if(operatorStr == "/")
            if(operand2!= 0.0)
                result = operand1/operand2;
            else
            {
                QMessageBox::warning(this,"提示","除数不能为零");
                result = 0;
            }
        ui -> lineEdit_Show -> setText(QString::number(result));
        operandStr1 = "";                       //计算完毕,操作数清空
        operatorStr = "";                       //计算完毕,操作符清空
        ui -> lineEdit_Input -> clear();        //计算完毕,数据输入文本框清空
    }
}
```

首先判断左、右操作数和运算符是否都存在,然后将 QString 字符串形式的操作数转换为 double 类型的操作数(由 QString 类的成员函数 toDouble()实现);再根据运算符的不同分别进行不同的计算,结果放在 result 中;对于除法,代码中添加了对除数为 0 时的出错处理;最后将算出的结果显示在文本框 lineEdit_Show 中(QString 的静态成员函数 number 用于将给定的参数转换为字符串形式),并清空相关数据以待下一次计算。

上述代码中使用到 QMessageBox 类,因此还需在 widget.cpp 文件中添加头文件:

```
#include < QMessageBox >
```

到此功能已全部实现,运行程序可查看效果。图 3-33 所示为按下按钮 2、3、+之后再按下按钮 5、.、1、=的效果。

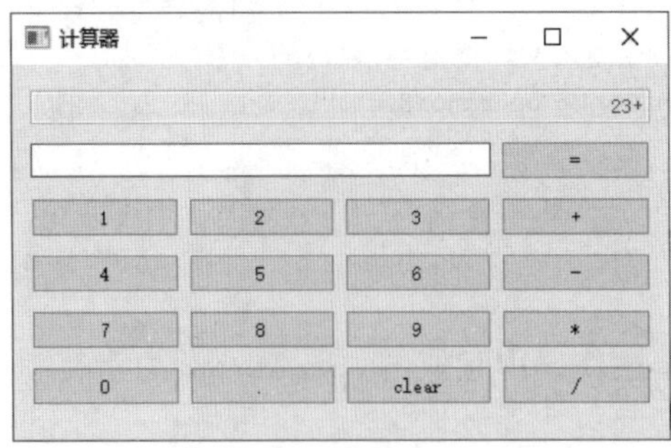
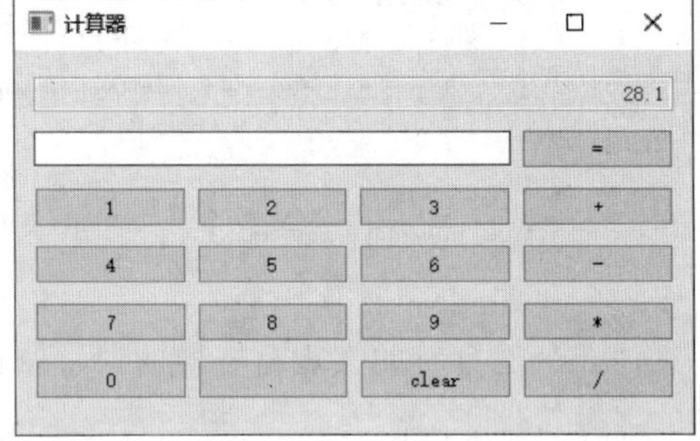

图 3-33　计算器运行效果示例(23+5.1)

3. 登录界面设计

接下来考虑在上述已实现计算器的基础上添加登录的功能：程序运行时首先显示一个登录界面，只有当输入了正确的用户名和密码后才能打开计算器。

实际上，除了可以在项目创建向导中给应用程序主窗口选择使用界面外，在项目中新增自定义 C++窗口(或部件)类时也可以使用界面。接下来在项目中添加一个带界面的登录对话框类，操作步骤如下。

在项目名处右击，在弹出的快捷菜单中选择 Add New 命令，打开如图 3-34 所示的界面。选择 Qt 下的“Qt 设计师界面类”选项，以创建一个 Qt 设计师界面类。

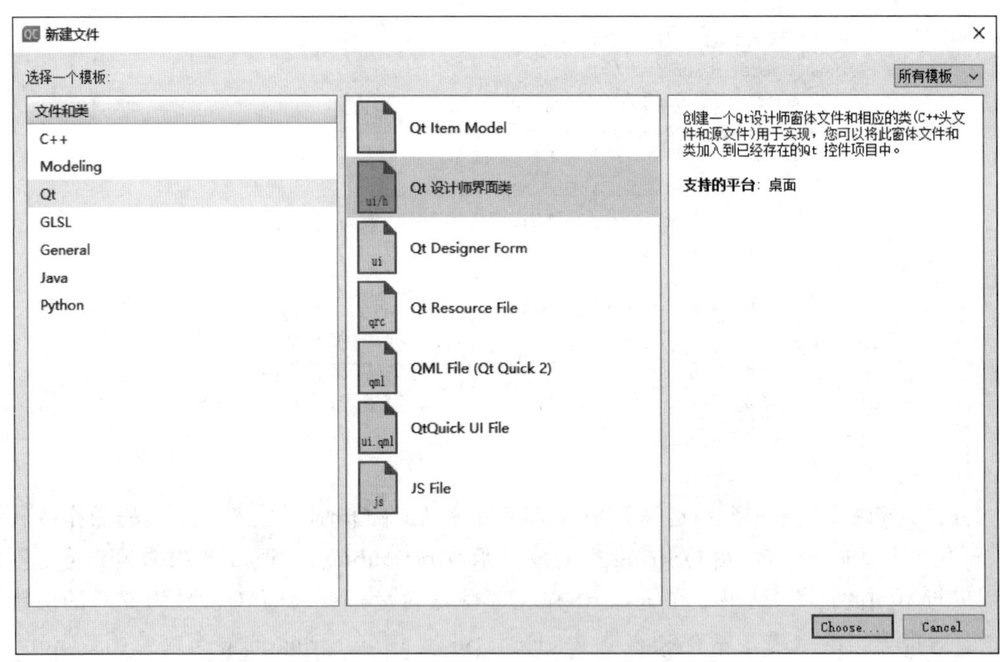

图 3-34　选择“Qt 设计师界面类”选项

单击图 3-34 中的 Choose 按钮后进入选择界面模板的步骤，如图 3-35 所示。所谓选择界面模板，是指准备在哪种窗口(或部件)的基础上进行更多的设计(即选择窗口或部件类作为自定义窗口类的基类)，本例中选择 Dialog without Buttons 选项，即使用 QDialog 类作为基类。

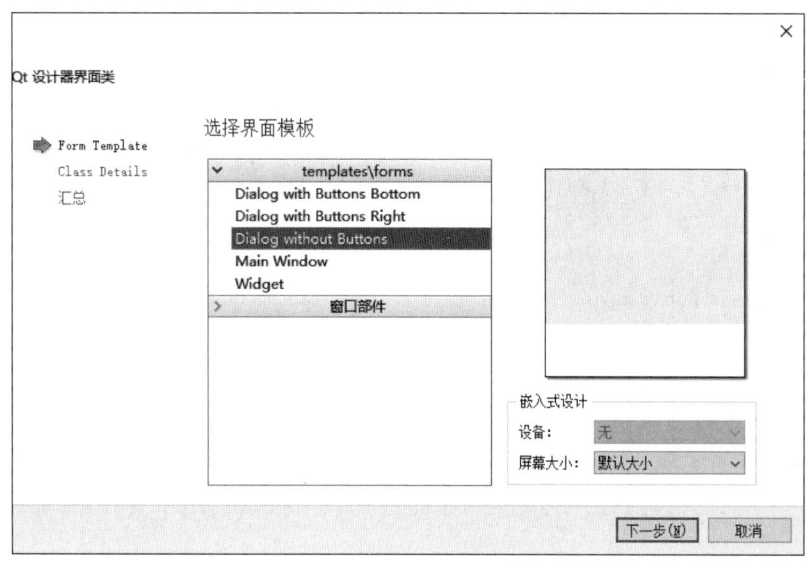

图 3-35　选择界面模板

提示：此处界面模板的含义与 C++ 模板的概念不同（有关 C++ 模板，请参考 5.1 节）。

单击“下一步”按钮，进入图 3-36 所示的界面。在“类名”文本框中输入自定义登录对话框类的名字（本例使用 LoginDialog），下方会自动生成相关的头文件、源文件和界面文件的名字，读者也可以修改这些文件的文件名（但不建议修改），默认以当前工程目录为存放路径。

Qt 设计器界面类

Form Template
Class Details
汇总

选择类名

类

类名(C)：LoginDialog

头文件(H)：logindialog.h

源文件(S)：logindialog.cpp

界面文件(F)：logindialog.ui

路径(P)：E:\QtC++\code\ch3\3_13　浏览...

下一步(N)　取消

图 3-36　设置自定义登录对话框类的类名

再次单击“下一步”按钮，完成带界面自定义登录对话框类的初始创建。可以看到，工程中已新增了 3 个与该类有关的文件。

双击 logindialog.ui 文件打开界面设计师。将对话框窗口标题（windowTitle 属性）设置为“登录”；然后向窗口中拖入两个标签、一个按钮和两个单行文本框；标签和按钮显示的文字如图 3-37 所示，各部件的名字见图中的对象浏览器窗口。

图 3-37　登录对话框界面设计

设置标签为右对齐(alignment 属性值为 AlignRight)；设置密码文本框的 echoMode 为 Password,使输入数据时显示为表示密码的黑色圆点；将窗口设置为“栅格布局”,以方便地对齐各个部件；为了方便用户使用,还可指定部件的 Tab 键顺序(参考 3.6.1 节)、设置标签的快捷键以及和单行文本框的伙伴关系(参考 3.6.2 节)。

4. 登录功能的实现

首先给登录对话框类添加一个信号,在类定义中(logindialog.h 文件)添加代码:

```
signals:
    void LoggedIn();
```

然后给“登录”按钮的 clicked 信号添加自关联槽,代码实现如下。

```
void LoginDialog::on_loginBtn_clicked()
{
    if(ui->userEdit->text() == "admin"&&ui->pwdEdit->text() == "123456")
    {
        emit(LoggedIn());
        hide();                                 //隐藏登录窗口
    }
    else
        QMessageBox::information(this, "提示", "用户名和密码错误");
}
```

当输入了正确的用户名和密码时,将发射 LoggedIn 信号(目的是通知计算器窗口把自己显示出来,信号槽关联在随后的主函数中),然后将登录对话框隐藏,否则会提示用户名和密码出错。

在 logindialog.cpp 文件中还需添加头文件:

```
#include <QMessageBox>
```

为了实现先显示登录界面,成功后再显示计算器界面的操作,以及将登录对话框发射的 LoggedIn 信号和计算器窗口的显示槽函数 show()进行关联,主函数也需要进行修改,代码如下。

```
/****************************************
 * 项目名: 3_13
 * 文件名: main.cpp
 * 说  明: 主函数的实现
****************************************/
```

```
#include "widget.h"
#include <QApplication>
#include "logindialog.h"

int main(int argc, char *argv[])
{
    QApplication a(argc, argv);

    Widget w;
    LoginDialog login(&w);
    login.show();
    QObject::connect(&login,SIGNAL(LoggedIn()),&w,SLOT(show()));

    return a.exec();
}
```

运行时，首先会显示出图 3-38 所示的登录界面。在输入正确的用户名和密码并单击“登录”按钮后才打开计算器界面。

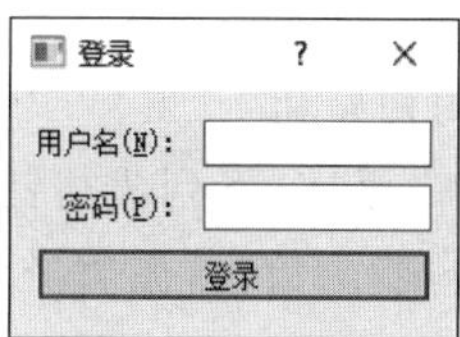

图 3-38　登录对话框的运行效果

课后习题

一、选择题

1. 关于基类和派生类，下列说法中错误的是(　　)。
   A. 派生类是在基类的基础上定义的新类
   B. 派生类至少有一个基类
   C. 派生类成员可以直接访问继承自基类的所有成员
   D. 一个派生类可以做另一个派生类的基类
2. 在派生类中重定义成员函数后，下列说法中正确的是(　　)。
   A. 原继承自基类的成员函数不再存在
   B. 原继承自基类的成员函数无法再被调用
   C. 原继承自基类的成员函数仍然可以按照以往常规的方式被调用
   D. 重定义成员函数的原型必须和原继承自基类的成员函数的原型相同
3. 下列关于继承和派生中的赋值规则错误的是(　　)。
   A. 派生类对象可以初始化基类的引用

B. 基类的对象可以赋值给派生类的对象

C. 派生类的对象的地址可以赋值给指向基类的指针变量

D. 在需要基类对象的任何地方都可以使用公有派生类的对象代替

4. 设ClassA类是ClassB类的派生类，则定义ClassA类的对象时和该对象的空间被回收时调用构造函数和析构函数的次序为(　　)。

A. ClassA的构造函数、ClassB的构造函数；ClassB的析构函数、ClassA的析构函数

B. ClassA的构造函数、ClassB的构造函数；ClassA的析构函数、ClassB的析构函数

C. ClassB的构造函数、ClassA的构造函数；ClassA的析构函数、ClassB的析构函数

D. ClassB的构造函数、ClassA的构造函数；ClassB的析构函数、ClassA的析构函数

5. 在派生类构造函数的成员初始化列表中不能包含(　　)。

A. 基类的构造函数

B. 派生类中成员对象的初始化

C. 基类中成员对象的初始化

D. 派生类中一般数据成员的初始化

6. 关于派生类的构造函数和析构函数，下列描述错误的是(　　)。

A. 当基类只定义带参数的构造函数时，派生类不需要定义构造函数

B. 如果基类分别定义不带参数和带参数的构造函数，则派生类可以定义不带参数的构造函数

C. 在派生类中，各个析构函数的执行顺序总是和构造函数的执行顺序严格相反

D. 当有多个非虚基类时，按照派生类定义时的继承顺序分别依次调用各个基类的构造函数

7. 下列关于多继承二义性的描述中错误的是(　　)。

A. 若派生类的两个基类中都有某同名成员，存在二义性问题

B. 二义性问题都是无法解决的

C. 对成员名进行类作用域限定可以解决部分二义性问题

D. 若一个派生类有两个基类，而这两个基类又有一个共同的基类，则对该共同基类的成员进行访问时可能出现二义性

8. 对于有虚祖先基类的多层派生类，在构造函数初始化列表中给出了虚基类的构造函数，这样会导致虚基类部分的初始化次数为(　　)。

A. 与虚基类下面的派生类个数有关　　B. 多次

C. 两次　　D. 一次

9. 多继承的构造顺序可分为以下4步：

(1) 所有非虚基类的构造函数按照它们被继承的顺序构造；

(2) 所有虚基类的构造函数按照它们被继承的顺序构造；

(3) 所有派生类新增子对象(成员对象)的构造函数按照它们被声明的顺序构造；

(4) 派生类自己的构造函数体。

这 4 个步骤的正确顺序是(　　)。

A. (2)(1)(3)(4)　　　　B. (4)(3)(2)(1)

C. (3)(4)(1)(2)　　　　D. (2)(4)(3)(1)

10. 有关父窗口和父类(基类),下列说法中正确的是(　　)。

A. 在 Qt 中,当父窗口被销毁时,所有以它为父窗口的部件都会被自动销毁,这是由对象树机制实现的

B. 父类是类,是相对于派生类而言的,是派生类的基类;而父窗口是一个基类对象,以它为父窗口的对象一定是父窗口类的派生类的对象

C. 它们是同一个概念

D. 每个部件或窗口都必须要设置它的父窗口

11. 关于静态创建的对象和动态创建的对象,下列说法中错误的是(　　)。

A. 静态创建的对象有名字,动态创建的对象通过指针指向

B. 静态创建对象的内存空间在超出作用域范围后由系统自动回收

C. 动态创建对象的内存空间由编程者维护和释放

D. 静态创建的对象可以通过 delete 语句释放

12. 下列关于自定义信号和槽的描述正确的是(　　)。

A. 不能定义具有私有(private)访问权限的槽

B. 信号具有私有的访问权限

C. 在类中要定义信号或槽,必须直接或间接地继承自 QObject 类,且在类的 private 区域中添加宏 Q_OBJECT

D. 信号通过 emit 语句发送,只能发送给信号所在类的对象

13. 下列关于命名空间的说法不正确的是(　　)。

A. 在函数、类中可以定义命名空间

B. 在不同命名空间中可以定义同名的类

C. 在一个命名空间中可以包含另一个命名空间,即命名空间可以嵌套

D. 在命名空间中可以定义函数、类等

14. 关于使用 Qt Designer 设计界面,下列说法中不正确的是(　　)。

A. 界面文件经编译后会生成对应的.h 头文件

B. 在界面中进行的设置是无法通过编写 C++代码实现的

C. 界面文件是一个文件名以.ui 结尾的 XML 文件

D. 即使不使用 Qt Designer,程序员还是可以通过编写代码创建出可视化界面

15. 下列关于自动关联槽的说法不正确的是(　　)。

A. 需要通过 QMetaObject::connectSlotsByName 进行自动关联设置

B. 槽函数的名字格式为"on_信号的发射对象_发射的信号名"

C. 自动关联的槽函数需要程序员编写槽函数体实现

D. 槽函数的名字格式为"on_信号的接收对象_发射的信号名"

16. 设 ClassB 类是公有派生自 ClassA 类的派生类，并有语句“ClassA objA，* ptrA=&objA；Class B objB，* ptrB=&ojbB；”，则下列赋值语句正确的是(　　)。

A. ptrA=ptrB；　　B. ptrB=ptrA；

C. objB=objA；　　D. ptrB=&objA；

17. 阅读下列程序，出现编译错误的语句是(　　)。

```
class A{public: int a;};
class B:public A{public: int b;};
class C:public A{public: int c;};
class D:public B, public C{public:int d;};
int main()
{
    D d;
    d.a = 1; //①
    d.b = 3; //②
    d.c = 4; //③
    d.d = 5; //④
    return 0;
}
```

A. ①　　B. ①③　　C. ②③　　D. ③④

18. 关于虚基类，下列描述错误的是(　　)。

A. 当既有虚基类又有非虚基类时，先调用虚基类的构造函数，再调用非虚基类的构造函数

B. 用于解决继承最远共同基类时的二义性问题

C. 需要在第一层基类继承时引入关键字 virtual

D. 在派生类(包括直接或间接派生的类)中不需要通过构造函数的初始化表对虚基类进行初始化

二、程序分析题

1. 程序的运行结果为

```
1
2
3
4
```

请根据运行结果和代码中的注释填空。

```
#include <iostream>
using namespace std;
class ClassA
{
private:
    int a;
protected:
    int b;
public:
    int c;
```

```
    ClassA(int _a, int _b, int _c):a(_a),b(_b),c(_c)
    {
    }
    void show()
    {
        cout << a << endl;
        cout << b << endl;
        cout << c << endl;
    }
};
class ClassB ____①_____                         //公有继承
{
private:
    int d;
public:
    __________②__________________               //构造函数头
    {
        d = _d;
    }
    void show()
    {
        ____③_____
        cout << d << endl;
    }
};
int main()
{
    ClassB obj(1,2,3,4);
    obj.show();
    return 0;
}
```

2. 请阅读程序，给出运行结果。

```
#include <iostream>
using namespace std;
class Date
{
protected:
    int year,month,day;
public:
    Date(int y = 2000,int m = 1,int d = 1):year(y),month(m),day(d)
    {
        cout <<"Date constructor.";
        show();
    }
    ~Date()
    {
        cout <<"Date destructor."<< endl;
    }
    void show()
```

```
    {
        cout << year <<"/"<< month <<"/"<< day << endl;;
    }
};
class Person
{
protected:
    string name;
public:
    Person()
    {
        name = "John";
        cout <<"Person constructor. "<< endl;
    }
    ~Person()
    {
        cout <<"Person destructor. "<< endl;
    }
};
class Student:virtual public Person
{
protected:
    Date admissionDate;
public:
    Student():admissionDate(2019,9,1)
    {
        cout <<"Student constructor. "<< endl;
    }
    ~Student()
    {
        cout <<"Student destructor. "<< endl;
    }
};

class Worker:virtual public Person
{
public:
    Worker()
    {
        cout <<"Worker constructor. "<< endl;
    }
    ~Worker()
    {
        cout <<"Worker destructor. "<< endl;
    }
};
class Intern: public Student, public Worker
{
protected:
    Date internshipStartDate;
public:
```

```
    Intern():internshipStartDate(2020,7,1)
    {
        cout <<"Intern constructor."<< endl;
    }
    ~Intern()
    {
        cout <<"Intern destructor."<< endl;
    }
    void show()
    {
        cout <<"Name:"<< name << endl;
        cout <<"Date of enrollment:";
        admissionDate.show();
        cout <<"Internship start date:";
        internshipStartDate.show();
    }
};
int main()
{
    Intern intern;
    intern.show();
    return 0;
}
```

3. 请阅读程序，给出运行结果。

项目文件 ch3exam2_3.pro 的代码如下。

```
QT += widgets
SOURCES += main.cpp
HEADERS += myclass.h
```

头文件 myclass.h 的代码如下。

```
#include <QObject>
#include <iostream>
class MyClass:public QObject
{
    Q_OBJECT
    int value;
public:
    void setValue(int v)
    {
        value = v;
        emit valueChanged();
    }
public slots:
    void showValue()
    {
        std::cout << value << std::endl;
    }
signals:
```

```
    void valueChanged();
};
```

源文件 main. cpp 的代码如下。

```
#include "myclass.h"
int main()
{
    MyClass obj;
    QObject::connect(&obj, &MyClass::valueChanged,
                     &obj,&MyClass::showValue);
    obj.setValue(3);
    obj.setValue(5);
    return 0;
}
```

4. 请阅读程序，给出运行结果。

```
#include <iostream>
using namespace std;
namespace ns1 {
int i = 1;
}
int main()
{
    using namespace ns1;
    cout << i <<" ";
    int i = 2;
    {
        int i = 3;
        cout << i <<" ";
    }
    cout << i;
    return 0;
}
```

三、编程题

1. 定义一个哺乳动物类 Mammal，它含有 weight(出生重量，单位为克)数据成员和 outInfo()成员函数(输出出生重量信息)，要求定义带参构造函数、不带参构造函数、析构函数；由哺乳动物类派生出狗类 Dog，新增 color(颜色)数据成员，并重定义 outInfo()成员函数(在该函数中调用基类的 outInfo()成员函数，以完成对基类派生得到的属性的输出，然后输出新增的数据成员信息)，要求定义带参构造函数、不带参构造函数、析构函数；在主函数中分别定义使用了默认构造函数的 Dog 类对象和带参构造函数的 Dog 类对象，以测试类的使用与观察构造函数与析构函数的调用顺序。

2. 按如下要求编写程序：(1)定义一个 Shape 基类，它包含 area 数据成员(表示面积)，有 getArea()成员函数返回面积值，定义构造函数对面积进行初始化；(2)Shape 类作为虚基类派生出 Square 类，增加边长属性，构造函数需有参数初始化边长，并根据边长传递参数(面积＝边长×边长)给基类，以初始化面积；(3)Shape 类作为虚基类派生出 Circle 类，增加半径属性，构造函数需有参数初始化半径，并根据半径传递参数给基类，以初始化面积；(4)Square 类和 Circle 类共同派生出铜钱类 CopperCash(外圆内方的)，定义构造函数正确设置其外圆半径、内孔边长和面积(为圆面积减去中间镂空的方块面积)；(5)定义主函数测试铜钱类的使用。

3. 创建一个窗口，将大小设置为 300×100 像素(宽×高)，标题为你的姓名；在窗口中添加一个标签，标签的初始内容为“我用于显示”；然后在窗口中添加一个按钮，文字为“退出”，功能为单击时关闭当前窗口；继续在窗口中添加一个按钮，文字为“显示信息”，功能为单击时将标签显示的内容修改为“你单击了按钮”。

4. 创建如图 3-39 所示的界面(初始时姓名输入框、右侧多行文本框中均没有文字)，要求年龄可选范围为 0～120，性别默认为男，窗口标题名为“信息录入与显示”；使用布局排版部件；按下组合键 Alt+M 时可以定位到数字选择框，按下组合键 Alt+N 时可以定位到姓名输入框；单击“添加”按钮时可将信息添加到右边的列表框中。多次添加的效果如图 3-39 所示。

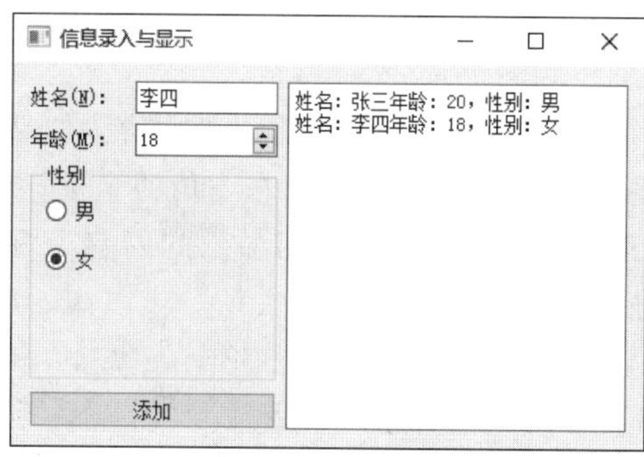

图 3-39 多次添加的效果

四、思考题

1. 不论是程序设计语言还是自然语言，都可能有二义性，也称为歧义。请针对 C++ 语言思考在哪些情况下会产生二义性，以及如何去处理(解决)这些二义性。

2. Qt 框架中的部件类是如何将界面设计和业务逻辑分开的？UI 界面文件又起到什么作用？它是如何跟部件类产生联系的？

实验 3 派生类、信号与槽和界面设计

一、实验目的

1. 掌握派生类的定义，能在 Qt 已有窗口类的基础上编写自己的类。
2. 了解虚基类的概念。
3. 掌握界面设计师工具的使用。
4. 掌握自定义信号、槽的编写。

二、实验内容

1. 编写一个输入和显示学生和教师信息的程序

学生数据有学号、姓名、性别、身份证号、联系电话、专业；教师数据有工号、姓名、性别、身份证号、联系电话、职称、部门。要求编写 3 个类实现：Person 类包含最基本的共同信息；Student 类继承 Person 类，并包含自己的成员（数据成员和成员函数）；Teacher 类继承 Person 类，并包含自己的成员（数据成员和成员函数）。

2. 在实验内容 1 的基础上按要求扩充和修改程序

定义一个派生自教师类和学生类的助教类，它除了具有教师类和学生类的属性之外，还具有 course（辅助教授的课程名）数据成员以及相关的成员函数（如输入、输出信息的成员函数，构造函数等）。请根据虚基类的知识合理地设计各个类的继承方式，并编写主函数测试助教类的使用。

提示：为实验简便起见，可把部分数据成员定义成受保护的。

3. 创建基于 QWidget 基类的 Qt 应用程序

实现以下功能。

(1) 在界面上添加一个标签，标签的初始内容为"我是第 1 个标签"。

(2) 通过编写代码在创建的自定义窗口类中添加一个标签（QLabel）成员，标签的初始内容为"我是第 2 个标签"。

(3) 在界面上添加两个按钮，一个按钮初始显示的内容为"显示坐标信息"，单击时在第 1 个标签中显示窗口（带框架）的左上角的坐标和右下角的坐标；在第 2 个标签中显示本窗口用户区的左上角和右下角的坐标。另一个按钮显示的内容为"退出"，当单击时关闭窗口（要求在界面设计师的信号与槽编辑器中实现关联）。

提示：QString::number(int)将整型转换成 QString 类型；通过自定义类对象中指向界面对象的数据成员 ui 指针访问界面对象里的成员。

4. 创建基于 QWidget 基类的 Qt 项目

实现以下功能。

(1) 添加一个单行文本框（QLineEdit），可以输入姓名。

(2) 添加一个下拉列表（QComboBox），可以选择科目（语文、数学、英语）。

(3) 创建一个组合框（QGroupBox）并在其中放置单选按钮，以选择成绩级别（A、B、C、D，默认选中 A）。

(4) 创建一个列表框（QListWidget），在其中添加两条记录"张三英语成绩：A"和"李四语文成绩：B"。

(5) 创建一个"添加成绩"按钮（QPushButton），可以在列表框中的最后添加一行成绩记录。

(6) 创建一个"插入成绩"按钮，可以在列表框选定项的上面插入一行成绩记录。

(7) 在添加或插入成绩时首先判断 QListWidget 中的项目数，当少于 10 个时可以添加；当大于 10 个时发射自定义信号，关联的槽函数弹出警告对话框，内容为"条目数已达 10 个最大值"。

(8) 创建一个"关于"按钮，单击时弹出一个消息对话框，对话框中的内容为你的姓名。

(9) 在列表框中双击某项，可以删除这行成绩记录。

(10) 在适当位置添加标签用于说明，并要求使用布局管理窗口中的部件，界面参考如图 3-40 所示。

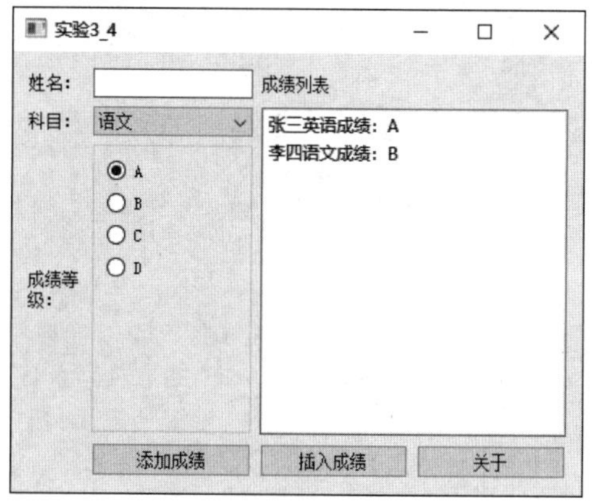

图 3-40　实验内容 4 的界面

提示：可能用到的成员函数如下。

```
QRadioButton 类：isChecked()              //是否被选中
QComboBox 类：   currentText()            //返回当前选中项字符串
QListWidget 类： currentRow()             //获取当前项的编号
                 addItem(item)            //在末尾插入 item 字符串项
                 insertItem(int,item)     //在指定位置插入 item 字符串项
                 takeItem(int)            //删除该编号行
                 count()                  //返回总行数
```

5. 完成一个进制转换器。

要求实现以下功能，界面如图 3-41 所示。

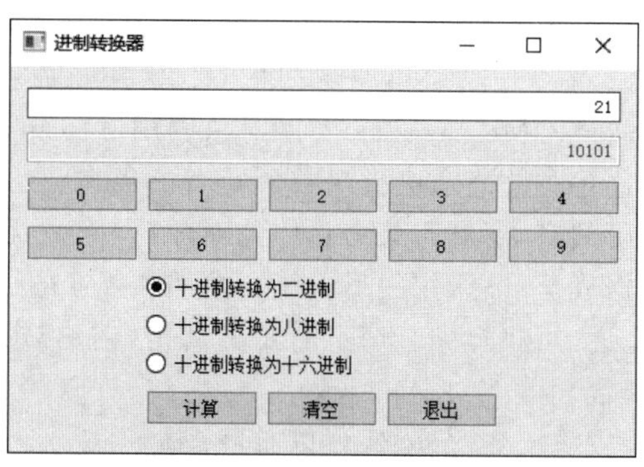

图 3-41　实验内容 5 的界面

(1) 创建一个文本框，初始时值为 0，要求显示时右对齐；创建一个不可编辑的文本框，用于显示转换结果。

(2) 创建 0～9 数字按钮，使用户能够通过单击按钮的方式输入数据。

(3) 创建单选按钮组，能够选择将十进制转换成二进制、八进制还是十六进制。

(4) 创建"计算"按钮，单击时根据单选按钮组中的选择进行转换；创建"清空"按钮，单击时将文本框中的数字设置为 0；创建"退出"按钮，单击时退出程序。

提示：QString 里的 number 成员函数可实现十进制到各种进制的转换。

类的静态成员与常成员

本章将介绍类中的一些特殊成员,包括静态成员和常成员。其中,静态成员解决了同一个类的多个对象之间的数据共享问题;常成员则明确了对数据的写保护,避免了不经意的修改。

4.1 静态成员

之前我们曾经接触过 QMessageBox 消息框类的静态成员函数 information()。例如,项目 3_6 中 MyWidget 类的 specialStrSlot 槽中的语句:

```
QMessageBox::information(this, "祝贺", "你找到了彩蛋:" + str);
```

可以看到,语句并未通过 QMessageBox 类的对象调用 information()函数,而是直接使用"类名::"的形式调用,这是类的静态成员函数所特有的被调用方式。静态成员函数属于整个类,被类的所有对象所共有,不属于某个具体的对象(与对象无关,只与类有关)。它在声明的格式、可访问的数据成员、被调用的形式等方面都和普通的成员函数有所不同。从面向对象程序设计的角度来说,可将类中一切不需要实例化(创建对象)就可以确定行为方式的函数设计成静态成员函数。

类中除了可以有静态成员函数之外,还可以有静态数据成员。和普通数据成员在每个类对象中都有一份内存空间不同,所有本类的对象共同维护了一份静态数据成员的内存空间。即 C++提供的静态数据成员机制可以使本类的不同对象之间共享数据。可以认为静态数据成员是类的属性,但所有本类对象都可以访问和使用它,该静态数据成员的值被更新后,可以被所有本类对象访问到。

视频讲解

4.1.1 静态数据成员

静态数据成员为整个类的所有对象所共有。需要在类定义中通过 static 关键字声明数据成员为静态的。

```
class 类名
{
    //其他数据成员和成员函数声明
访问权限:
    static 数据类型 静态数据成员名;
};
```

static 关键字说明它具有静态的生命周期。和普通数据成员一样,静态数据成员的类型可以是基础数据类型,也可以是自定义类型;可以具有 public、private 或 protected 访问权限,并受这些访问权限的限制。由于静态数据成员并不专属于某个对象,因此不能在构造函数的初始化列表中进行初始化,一般也不能就地初始化(具有常属性的除外,见 4.3 节)。静态数据成员的初始化需要在类外按照以下形式进行。

```
数据类型 类名::静态数据成员名 = 初值;
```

类外初始化时不能加 static 关键字。

即使将静态数据成员声明为私有的,也仍可以在类外按上述方式进行初始化。但除了初始化外,其他地方对静态数据成员的使用都受访问权限的限制。例如,私有静态数据成员只能被类中的成员函数访问;而公有静态数据成员还可在其他函数中被访问。

任意对象都可以采用"对象名.公有静态数据成员名"的形式访问公有静态数据成员,除此之外,还可以通过以下方式访问。

```
类名::公有静态数据成员名
```

上述各种方式操作的都是同一块静态数据成员内存空间。某处对其值的修改会影响到后续所有访问该静态数据成员的结果。

提示:

(1) 静态数据成员属于整个类,由同一个类的所有对象共同拥有和维护,具有静态生存期。编程时,通常通过静态数据成员在类中实现数据的共享。

(2) 静态数据成员通过 static 关键字声明,初始化必须在类外进行(静态常数据成员除外)。

下面通过一个例子熟悉静态数据成员及其使用。

创建一个带有界面的、基于 QDialog 的 Qt 应用程序(项目 4_1),自定义对话框使用默认的类名 Dialog。在 Dialog 类中添加一个静态的整型数据成员 count,用于统计整个程序运行过程中存在的自定义对话框实例的个数;然后在对话框窗口中添加一个按钮,设置显示的文字为"打开一个新对话框",为其 clicked 信号添加一个自关联槽 on_on_pushButton_clicked()。最终 Dialog 类的定义如下。

```
/*****************************************
 * 项目名: 4_1
 * 文件名: dialog.h
```

```
 * 说  明：自定义对话框类定义
 ****************************************/
#ifndef DIALOG_H
#define DIALOG_H
#include <QDialog>

namespace Ui{
class Dialog;
}

class Dialog: public QDialog
{
    Q_OBJECT

public:
    explicit Dialog(QWidget *parent = nullptr);
    ~Dialog();

private slots:
    void on_pushButton_clicked();

private:
    Ui::Dialog *ui;
    static int count;
};

#endif //DIALOG_H
```

这里将 count 声明为静态的私有数据成员，因此只能在类的成员函数中访问它。

count 的初始化在类实现文件 dialog.cpp 中给出，本项目中 count 用来表示目前程序中存在的自定义对话框实例的数量，因此将其初始化为 0，并在构造函数中对 count 加 1，在析构函数中对 count 减 1，以保持与对话框实例的个数一致。代码中每次修改完 count 值后，还在应用程序输出窗口中输出了它的值。

提示：

(1) 对于窗口(及部件)，默认情况下，单击右上角的“关闭”按钮时，本质上只是调用了它的 hide()成员函数将其隐藏起来不再显示，并没有从内存中销毁该窗口对象，即对象并未被析构。

(2) 对于使用 new 运算符动态申请的窗口(及部件)，不再使用时需要进行 delete 操作以释放空间(或在其父窗口销毁时由对象树机制自动销毁子部件)。

(3) 对于静态创建的对象，其在作用域结束时，被系统销毁。

修改槽函数 on_pushButton_clicked()的功能：新生成一个自定义对话框(以当前对话框为父窗口)并显示。为了更好地进行观察，生成新的对话框之后，设置新创建对话框的 Qt::WA_DeleteOnClose 属性为 true。该属性值为真会导致单击“关闭”按钮后，除了调用 hide()函数将窗口隐藏，还会调用 deleteLater()函数，此函数最终会使用 delete 运算符释放掉对话框所占用的内存资源(释放之前会自动调用析构函数)。本项目运行的效果为关闭对话框后释放对话框资源。

完整的类实现代码如下。

```
/****************************************
 * 项目名: 4_1
 * 文件名: dialog.cpp
 * 说　明: 自定义对话框类实现
****************************************/
#include "dialog.h"
#include "ui_dialog.h"
#include <QDebug>
#include <QMessageBox>

int Dialog::count = 0;

Dialog::Dialog(QWidget *parent):QDialog(parent),ui(new Ui::Dialog)
{
    ui->setupUi(this);
    count++;
    this->setWindowTitle("对话框" + QString::number(count));
    qDebug()<<"现有: "<< count <<"个自定义对话框";

}

Dialog::~Dialog()
{
    delete ui;
    count--;
    qDebug()<<"还剩: "<< count <<"个自定义对话框";
}

void Dialog::on_pushButton_clicked()
{
    Dialog *pDlg = new Dialog(this);
    pDlg->setAttribute(Qt::WA_DeleteOnClose,true);
    pDlg->show();
}
```

主函数所在的 main.cpp 文件未经修改,这里不再列出。

按照以下顺序执行程序:运行后,首先单击对话框 1 内的按钮打开对话框 2;然后单击对话框 2 内的按钮打开对话框 3;关闭对话框 3;再单击对话框 2 内的按钮打开一个新的对话框 3,效果如图 4-1 所示。可以看到,每打开一个对话框,在后面的应用程序输出窗口中输出的文字中 count 的值就会加 1;关闭对话框 3(此时对话框 3 已被析构),count 的值就会减 1。

在图 4-1 所示的情况下,可以继续关闭对话框 2,可以看到新的对话框 3 也关掉了。这

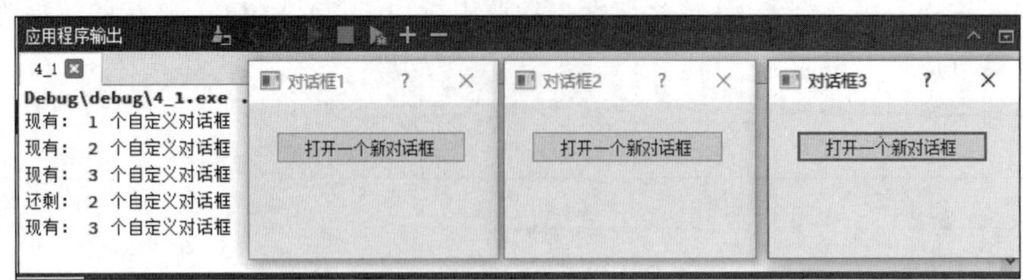

图 4-1 项目 4_1 的运行效果

是因为对话框 2 在关闭时被销毁(因为它的 WA_DeleteOnClose 属性为 true),而对话框 3 以对话框 2 为父窗口,由于对象树机制(对话框 2 的所有子部件会被销毁),因此也被销毁。此时在应用程序输出窗口中会输出“还剩: 2 个自定义对话框”“还剩: 1 个自定义对话框”。

1. 对话框关闭后所在空间未回收的情形

还可注释掉槽函数 on_pushButton_clicked()中的第 2 条语句,并运行程序,这时会发现,程序总是会在打开对话框时执行构造函数将静态数据成员 count 加 1,而关闭对话框(对话框 1 除外)并没有看到析构时的输出,这就说明对话框其实并没有析构。关闭父窗口对话框(对话框 1 除外)时,子窗口对话框依然存在(因为父窗口并没有析构)。

此时,只有关闭对话框 1(顶级窗口)时会触发 QApplication 对象的 lastWindowClose 信号,QApplication 对象接收到此信号退出整个程序。此时 main()函数执行结束,对话框 1 的作用域结束,它被系统自动析构和回收空间。由于对象树机制,此前打开的所有其他对话框(它们以对话框 1 为父窗口,或以对话框 1 的子部件为父窗口)也依次被析构和销毁,每析构一个,count 值就会减 1,并在应用程序输出窗口中就会输出一行文字,直到所有对话框被析构和销毁(count 值为 0)为止。

2. 对公有静态数据成员的访问

如果将 count 静态数据成员修改为公有的,则可以直接在类外通过类名加上作用域解析符的形式操作 count 数据成员,如(在 count 为公有的前提下)在 main()函数定义 w 对象之前加入语句:

```
qDebug()<<"现有: "<< Dialog::count <<"个自定义对话框";
```

则程序运行时会首先在应用程序输出窗口输出“现有: 0 个自定义对话框”,然后再创建自定义对话框实例 w,输出“现有:1 个自定义对话框”。

3. 成员函数对静态数据成员的访问

访问静态数据成员的成员函数要求是非内联函数,并且函数定义体和该静态数据成员的初始化位于同一个源文件。例如,在项目 4_1 中,在 Dialog 类的构造函数和析构函数中都对静态数据成员 count 进行了操作。

在项目 4_1 的基础上为自定义 Dialog 类添加一个公有的成员函数,类内声明如下。

```
void showCount();
```

类外实现如下(dialog.cpp 文件中)。

```
void Dialog::showCount()
{
```

```
    QMessageBox::information(this,"提示",
            "现有" + QString::number(count) + "个自定义对话框");
}
```

QString 类中的静态成员函数 number()用于将整型的实参 count 转换成 QString 字符串。

在 Dialog 的界面中添加一个按钮，显示文字为"显示对话框个数"，为按钮添加一个自关联槽函数，信号选择 clicked()，槽函数实现如下。

```
void Dialog::on_pushButton_2_clicked()
{
    showCount();
}
```

运行程序，效果如图 4-2 所示。

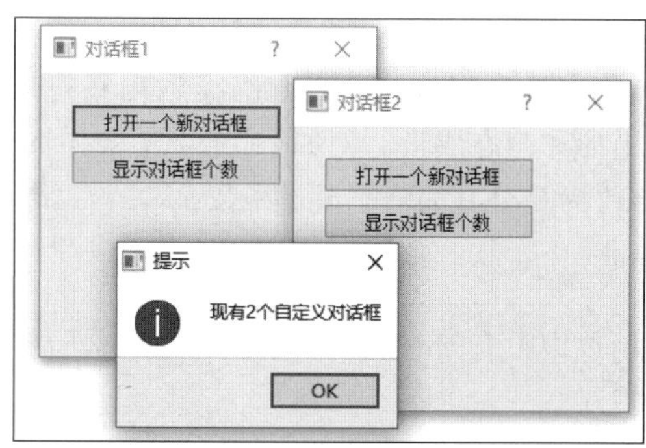

图 4-2　项目 4_1 新增了按钮、槽和 showCount()函数后的运行效果

读者也可以将 showCount()声明为槽函数，然后将 pushButton_2 的 clicked 信号和 showCount()槽直接关联，效果是一样的。

从代码可见，成员函数 showCount()内部对静态数据成员 count 的访问和对普通数据成员的访问并没有什么区别，唯一不同的是静态数据成员的空间是全体类对象所共享的。

在静态数据成员 count 是私有的情形下，无论是对话框 1 还是对话框 2 均可以通过类提供的公有接口 showCount()函数间接访问共享的 count。在图 4-2 的情形下，单击对话框 1 或对话框 2 中的"显示对话框个数"按钮，弹出的消息框中 count 的值都为 2。

4.1.2　静态成员函数

视频讲解

与静态数据成员类似，类中的不通过类对象(只通过类名)就能调用的成员函数是一个静态成员函数。例如，项目 4_1 中，通过类名 QString 调用的 number()成员函数就是一个静态成员函数。声明静态成员函数时也要加 static 关键字限定，格式如下。

```
class 类名
{
```

```
    //其他数据成员和成员函数声明
访问权限:
    static 返回类型 静态成员函数名(形参列表);
};
```

类外实现静态成员函数时，函数头前面不能加 static 关键字。公有静态成员函数可以像普通的公有成员函数一样，通过以下形式调用。

```
对象名.公有静态成员函数名(参数列表)
```

还可以通过类名进行调用。

```
类名::公有静态成员函数名(参数列表)
```

定义为静态的成员函数中没有 this 指针，因此，函数内只可以直接访问该类的静态成员，不能默认地访问本类中的非静态成员。例如，对 4.1.1 节中的 showCount()函数，我们还可以在类中将其声明修改为是公有的静态成员函数：

```
static void showCount();
```

此时，由于静态成员函数中没有 this 指针，因此函数实现还需要修改为

```
void Dialog::showCount()
{
    QMessageBox::information(nullptr,"提示",
            "现有" + QString::number(count) + "个自定义对话框");
}
```

即把父窗口由原来的 this 指针(以当前对话框为父窗口)修改为 nullptr(无父窗口)才能通过编译。

同样，静态成员函数也可以作为槽函数存在。例如，将静态成员函数 showCount()声明为槽，然后在构造函数中将 pushButton_2 的 clicked 信号和 showCount()槽直接关联，运行效果是一样的。

```
connect(ui->pushButton_2,SIGNAL(clicked()),this,SLOT(showCount()));
```

1. 静态成员函数的优势

公有非静态成员函数必须先有对象，再通过对象调用；而公有静态成员函数与之相比，还可以在没有对象生成时就通过“类名::”的形式调用(也可以通过对象调用)，这是静态成员函数的优势所在：可以不依赖于具体的对象，直接通过类名被调用。

例如，可在上述实现了公有静态成员函数 showCount()的基础上，在 main()函数中定义 w 对象语句之前添加代码：

```
Dialog::showCount();
```

程序运行时首先会弹出一个消息框，显示“现有 0 个自定义对话框”，单击 OK 按钮后，

程序才继续往下运行生成对话框 1(对象 w)并显示。

2. 静态成员函数访问非静态数据成员

静态成员函数不属于任何一个类对象,没有 this 指针。因此,如果它要访问对象的非静态成员,就必须通过参数传递的方式得到要访问的对象,然后通过对象访问该对象的非静态成员。

为了说明静态成员函数对非静态成员的访问,继续添加一个静态成员函数 showParent(),该函数需要显式地设置形参以传入类对象(或类指针、类引用)。

对本节中添加和修改的代码进行汇总,最终自定义 Dialog 对话框类定义如下。

```
/****************************************
 * 项目名: 4_2
 * 文件名: dialog.h
 * 说  明: 自定义对话框类定义
****************************************/
#ifndef DIALOG_H
#define DIALOG_H
#include <QDialog>

namespace Ui{
class Dialog;
}

class Dialog: public QDialog
{
    Q_OBJECT

public:
    explicit Dialog(QWidget *parent = nullptr);
    ~Dialog();
    static void showParent(Dialog *);

//public slots:                  //静态成员函数也可声明为槽
    static void showCount();

private slots:
    void on_pushButton_clicked();
    void on_pushButton_2_clicked();

private:
    Ui::Dialog *ui;
    static int count;
};

#endif //DIALOG_H
```

Dialog 类实现如下。

```
/****************************************
 * 项目名: 4_2
 * 文件名: dialog.cpp
 * 说  明: 自定义对话框类实现
****************************************/
#include "dialog.h"
#include "ui_dialog.h"
#include <QDebug>
#include <QMessageBox>

int Dialog::count = 0;

Dialog::Dialog(QWidget *parent):
    QDialog(parent),
    ui(new Ui::Dialog)
{
    ui->setupUi(this);
    count++;
    this->setWindowTitle("对话框" + QString::number(count));
    qDebug()<<"现有: "<< count <<"个自定义对话框";
    //connect(ui->pushButton_2,SIGNAL(clicked()),this,SLOT(showCount()));
                //静态成员函数 showCount()为槽时可直接与 clicked 信号关联

}

Dialog::~Dialog()
{
    delete ui;
    count--;
    qDebug()<<"还剩: "<< count <<"个自定义对话框";
}

void Dialog::on_pushButton_clicked()
{
    Dialog *pDlg = new Dialog(this);
    pDlg->setAttribute(Qt::WA_DeleteOnClose,true);
    pDlg->show();
}

void Dialog::on_pushButton_2_clicked()
{
   showCount();
   showParent(this);
}

void Dialog::showCount()
```

```
{
    QMessageBox::information(nullptr,"提示",
                "现有" + QString::number(count) + "个自定义对话框");
}

void Dialog::showParent(Dialog * pParent)
{
    QMessageBox::information(pParent,"提示",
                "我是由" + pParent->windowTitle() + "调用的");
}
```

主函数所在的 main. cpp 文件如下。

```
/****************************************
 * 项目名: 4_2
 * 文件名: main.cpp
 * 说  明: 静态成员函数的使用
****************************************/
#include "dialog.h"
#include <QApplication>

int main(int argc, char *argv[])
{
    QApplication a(argc, argv);
    Dialog::showCount();
    Dialog w;
    w.show();

    return a.exec();
}
```

程序运行效果如图 4-3 所示。首先会弹出“现有 0 个自定义对话框”的提示，单击 OK 按钮后显示对话框 1。图 4-3(a)所示为单击“打开一个新对话框”按钮后打开对话框 2，然后单击对话框 2 中的“显示对话框个数”按钮后的效果；单击 OK 按钮后，显示图 4-3(b)的提示。

对比静态成员函数 showCount()和 showParent()，由于没有 this 指针，showCount()函数中不能直接访问调用自己的对话框及其成员，因此消息框无法设置父对象；showParent()函数虽然也没有 this 指针，但由于它设置了形参指针 pParent，并且在该函数被调用时(在 on_pushButton_2_clicked()函数中)将调用它的对话框对象的指针(this)作为实参传入进来，因此函数内部可以使用形参 pParent 设置消息框的父窗口，以及通过它调用非静态成员函数 windowTitle()得到对话框对象的窗口标题名。

虽然可以通过静态成员函数 showParent()所展示的方式间接地使用非静态成员，但这是非常麻烦的。在实际编程中，更多的是使用静态成员函数访问静态成员。

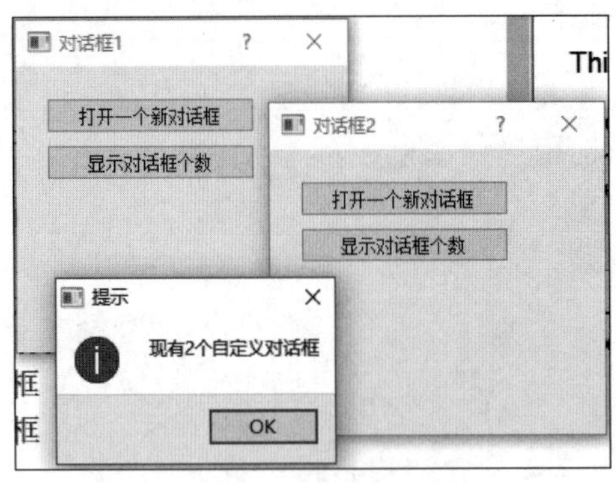

(a) 单击"打开一个新对话框"按钮

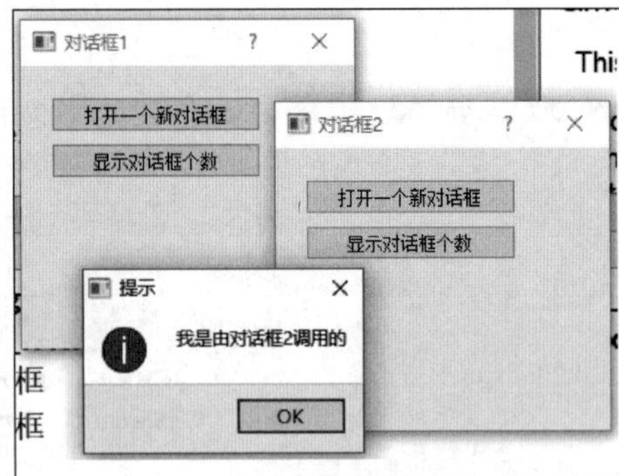

(b) 单击OK按钮

图 4-3　项目 4_2 的运行结果

提示：

(1) 在实际编程中，静态成员函数多用来访问类的静态成员。

(2) 虽然静态成员函数可以通过间接(通过形参传递对象)的方式访问类的非静态成员，但一般很少使用。

视频讲解

4.2　Qt 标准对话框

Qt 中提供了一些由 QDialog 类派生的标准对话框类，用于实现一些常用的预定义功能。本节将介绍这些对话框以及它们的静态成员函数。

4.2.1　QDialog 类的层次

QDialog 类继承自基本窗口类 QWidget，它又派生出一些常用的标准对话框类，类层次结构如图 4-4 所示。

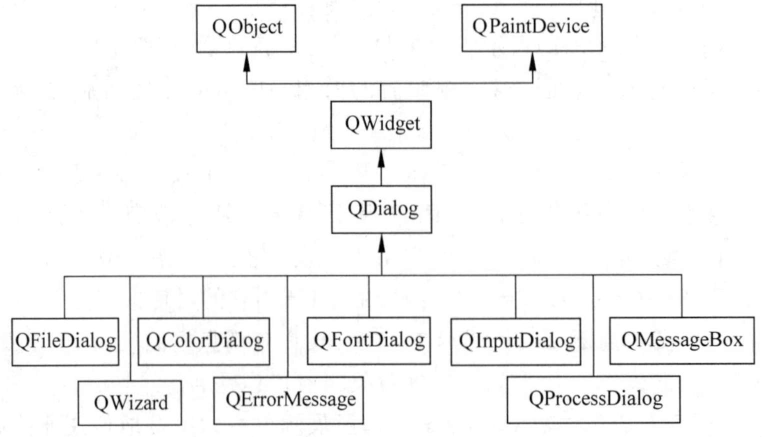

图 4-4　QDialog 类及其派生类

(1) 文件对话框 QFileDialog：使用户可以遍历文件系统以选择一个或多个文件或目录。还可以设置过滤器以实现在对话框中只显示指定类型的文件；支持文件列表和详细信息两种查看模式。

(2) 颜色对话框 QColorDialog：提供了一个用户选择颜色的对话框。支持透明度设置、选择屏幕颜色、存储自定义颜色等功能。对话框中的当前颜色更改时，会发出 currentColorChanged(const QColor &)信号。

(3) 字体对话框 QFontDialog：该对话框用于提供给用户选择字体的功能。可以指定字体对话框外观、设置初始字体等。当用户更改了当前字体，字体对话框会发出 currentFontChanged(const QFont&)信号。

(4) 输入对话框 QInputDialog：为用户输入单个值提供了一个简单的便捷对话框。输入可以是字符串、数字或列表中的项目等。对话框中须设置标签以提示用户应输入的内容。

(5) 消息框 QMessageBox：用于通知用户信息或询问用户问题并接收用户的答案。消息框包括一个图标和一组用于接收用户响应的标准按钮。用户可指定消息框的图标、按钮类型，也可以使用该类已提供的警告、信息、问题、严重等标准消息框样式。

(6) 向导 QWizard：向导是一种特殊的对话框，它由一系列的页面 QWizardPage(也是 QWidget 的子类)对象组成。向导的目的是引导用户逐步进行操作。例如，在 Qt Creator 开发环境中新建一个 Qt 窗口应用程序时使用的就是向导对话框。

(7) 错误对话框 QErrorMessage：提供了显示错误消息的功能，对话框中包括一个文本标签(用于显示错误说明)和一个复选框(用户可以控制是否再次显示相同的错误消息)。

(8) 进度对话框 QProcessDialog：一般用在具有缓慢进度的操作上。例如，安装大型程序、复制大量文件时，向用户提示当前操作将花费多长时间、已进展到何种程度，同时表示应用程序仍在正常进行。进度对话框还提供了用户终止该操作的功能。

可以创建标准对话框类型的对象，以使用该类所提供的功能。但对于大多数标准对话框，更简单的创建和使用它们的方法是调用它们的静态成员函数。

接下来将简单介绍通过静态成员函数使用颜色对话框、文件对话框和字体对话框的方法。更多标准对话框的用法，请参考 Qt Creator 开发环境中提供的 Standard Dialogs Example 示例。

4.2.2 颜色对话框及其静态成员函数

QColorDialog 类的静态成员函数 getColor()直接以模态的方式显示颜色对话框，并返回获取到的颜色。成员函数声明原型如下。

```
static QColor QColorDialog::getColor(const QColor &initial = Qt::white,
        QWidget * parent = nullptr,
        const QString &title = QString(),
        QColorDialog::ColorDialogOptions options = options());
```

参数 1 指定打开颜色对话框时默认选中的颜色(白色)；参数 2 指明父窗口(默认无父窗口)；参数 3 为颜色对话框的标题(默认为空)；参数 4 允许用户对对话框进行一些自定义设置，可取的选项值(默认为未设置以下选项值)如表 4-1 所示。

表 4-1 QColorDialog::ColorDialogOptions 常量

常量名	值	功能
QColorDialog::ShowAlphaChannel	0x00000001	允许用户设置颜色的透明度(alpha 分量)
QColorDialog::NoButtons	0x00000002	不显示 OK 和 Cancel 按钮
QColorDialog::DontUseNativeDialog	0x00000004	使用 Qt 的标准颜色对话框而不是操作系统本地的颜色对话框(在不同的操作系统下,颜色对话框的显示效果可能会有所不同,主要因系统主题风格而异,但是功能是相同的)

其中,QColorDialog::NoButtons 主要用于实现实时对话框,此时应当要对颜色对话框的 currentColorChanged(const QColor &)信号进行响应,以便实时获取颜色值。该选项一般不用于使用静态成员函数 getColor()显示的颜色对话框。

选项也可以组合使用,如 QColorDialog::DontUseNativeDialog | QColorDialog::ShowAlphaChannel 表示这两个选项同时起作用。

提示:组合使用选项值时,实际进行的是"按位或"操作。仔细观察各常量的值,它们实际上是分别将二进制串中不同的位置值置 1。因此,进行"按位或"操作后,仍能通过哪些位置上的值为 1 确定哪些选项被设置,从而实现组合设置。

在颜色对话框中选择颜色后单击 OK 按钮,会返回一个 QColor 类型的颜色,按 Cancel 按钮会返回一个无效的颜色对象,可通过 QColor 的 isValid()成员函数判断颜色是否有效。

下面通过项目 4_3 熟悉颜色对话框的使用。

创建一个带界面、基于 QWidget 的 Qt 应用程序(项目 4_3),在界面中添加两个按钮并修改显示的文字(内容如图 4-5(a)所示),并分别给它们的 clicked 信号添加自关联槽并在 widget.cpp 文件中实现,代码如下。

```
/****************************************
 * 项目名: 4_3
 * 文件名: widget.cpp
 * 说  明: 颜色对话框的使用
****************************************/
//其他包含的头文件参考默认生成的代码,这里不再列出
#include <QColorDialog>
#include <QMessageBox>

//其他函数等参考默认生成的代码,这里不再列出
void Widget::on_pushButton_clicked()
{
    QColor color;
    color = QColorDialog::getColor(Qt::red,this,"选择颜色");
    if(color.isValid())
    {
        QPalette plt = ui->pushButton->palette();
        plt.setColor(QPalette::ButtonText,color);
```

```
        ui->pushButton->setPalette(plt);
    }
}

void Widget::on_pushButton_2_clicked()
{
    QColor color;
    color = QColorDialog::getColor(Qt::red,this,"选择颜色",
                                   QColorDialog::ShowAlphaChannel);
    if(color.isValid())
    {
        QPalette plt = this->ui->pushButton_2->palette();
        plt.setColor(QPalette::ButtonText,color);
        ui->pushButton_2->setPalette(plt);
    }
    else
        QMessageBox::information(this,"提示","您未选择颜色");
}
```

运行程序，单击"打开颜色对话框 1"按钮和"打开颜色对话框 2"按钮时打开的颜色对话框分别如图 4-5(b)和图 4-5(c)所示。区别在于后者多了一个设置 Alpha channel 参数的数字选择框。

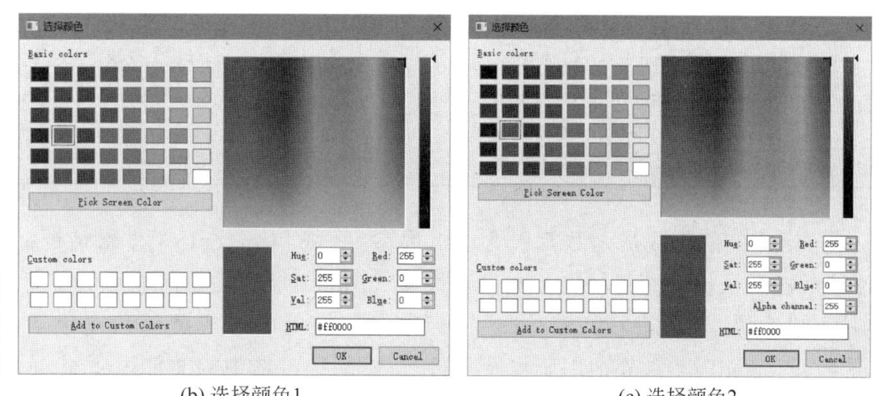

(a) 程序界面　(b) 选择颜色1　(c) 选择颜色2

图 4-5　项目 4_3 的运行效果

4.2.3　文件对话框及其静态成员函数

QFileDialog 类提供了一系列用于获取文件名或目录名(包括全路径)的静态成员函数，如表 4-2 所示。除此之外，还有若干用于获取文件或目录统一资源定位器(Uniform Resource Locator，URL)地址的静态成员函数，请参考帮助文档。

表 4-2 QFileDialog 类用于获取文件和目录名的静态成员函数

函数声明原型	功　　能
static QString **getOpenFileName**(QWidget * parent = nullptr, const QString &caption = QString(), const QString &dir = QString(), const QString &filter = QString(), QString * selectedFilter = nullptr, QFileDialog::Options options = Options());	以模态显示文件对话框，单击对话框中的"打开"按钮后，返回选中的文件名
static QStringList **getOpenFileNames**(QWidget * parent = nullptr, const QString &caption = QString(), const QString &dir = QString(), const QString &filter = QString(), QString * selectedFilter = nullptr, QFileDialog::Options options = Options());	以模态显示文件对话框，单击对话框中的"打开"按钮后，返回选中的文件名列表
static QString **getSaveFileName**(QWidget * parent = nullptr, const QString &caption = QString(), const QString &dir = QString(), const QString &filter = QString(), QString * selectedFilter = nullptr, QFileDialog::Options options = Options());	以模态显示文件对话框，可在文件名输入框中输入新的文件名，单击对话框中的"保存"按钮，返回设置的文件名
static QString **getExistingDirectory**(QWidget * parent = nullptr, const QString &caption = QString(), const QString &dir = QString(), Options options = ShowDirsOnly);	以模态显示文件对话框，单击对话框中的"选择文件夹"按钮时，返回选中的文件夹名

表 4-2 中的静态成员函数都包含以下形参：父窗口 parent、文件对话框标题名 caption、文件对话框默认打开的文件夹 dir、设置选项 options(即有关如何显示和运行对话框的各种选项，可组合使用)。除 getExistingDirectory 外，其他静态成员函数还包括另外两个形参 filter 和 selectedFilter，分别用于设置文件过滤器、接收选中的文件过滤器。

文件过滤器是 QString 类型的字符串，具有以下固定的格式。

```
类型说明(匹配文件名的串.匹配后缀名的串)附加的说明文字
```

圆括号中有多个匹配串时，用空格隔开。例如：

```
图像( *.png *.xpm *.jpg)常见的图像格式文件
```

附加的说明文字用于进行进一步的说明，可以通过设置 options 参数为 QFileDialog::HideNameFilterDetails 在实际显示的文件对话框中隐藏附加说明。

也可以使用多个过滤器，过滤器之间需要用两个分号分隔，例如：

```
图像(*.png *.xpm *.jpg);;文本文件(*.txt);; XML 文件(*.xml)
```

在文件对话框中，只有与当前选中的文件过滤器匹配的文件才会显示。如果省略文件过滤器参数，则默认显示所有文件。在设置了多个文件过滤器的情况下，默认第 1 个为当前选中的文件过滤器。当修改了选中的文件过滤器后，可通过 selectedFilter 形参得到选中的过滤器。

单击文件对话框的"取消"按钮后，返回空对象(空串或空列表)。

下面通过项目 4_4 熟悉文件对话框的使用。

创建一个带界面、基于 QWidget 的 Qt 应用程序(项目 4_4)，在界面中添加一个列表部件(List Widget)和 4 个按钮，并分别给 4 个按钮的 clicked 信号添加自关联槽。widget.cpp 文件中槽函数的实现代码如下。

```
/****************************************
 * 项目名: 4_4
 * 文件名: widget.cpp
 * 说　明: 文件对话框的使用
****************************************/
//其他包含的头文件参考默认生成的代码,这里不再列出
#include <QFileDialog>
#include <QMessageBox>
#include <QDebug>

//其他函数等参考默认生成的代码,这里不再列出
void Widget::on_pushButton_clicked()
{
    QString currentFilter = "头文件(*.h)";

    QString file = QFileDialog::getOpenFileName(this,
       "选择一个文件","E:/qt/Qt C++/code/ch4/4_4",
       "源文件(*.cpp)源代码文件;;头文件(*.h)用于被包含的头文件;;所有文件(*.*)",
        &currentFilter,QFileDialog::HideNameFilterDetails);
    qDebug()<< file << currentFilter;              //currentFilter 获取当前选中的过滤器
    ui->listWidget->clear();                       //清空列表部件的内容
    ui->listWidget->addItem("选中的文件名为: "); //添加一项
    ui->listWidget->addItem(file);
}

void Widget::on_pushButton_1_clicked()
{
    QStringList files = QFileDialog::getOpenFileNames(this,
                "选择多个文件","E:/qt/Qt C++/code/ch4/4_4");
    ui->listWidget->clear();
    ui->listWidget->addItem("选中的文件名为: ");
    ui->listWidget->addItems(files); //添加多项
}

void Widget::on_pushButton_2_clicked()
```

```
{
    QString saveFileName = QFileDialog::getSaveFileName(this,
                "保存文件","E:/qt/Qt C++/code/ch4/4_4",
                 "源文件(*.cpp);;头文件(*.h);;所有文件(*.*)");
    ui->listWidget->clear();
    ui->listWidget->addItem("要保存的文件名为：");
    ui->listWidget->addItem(saveFileName);
}

void Widget::on_pushButton_3_clicked()
{
    QString dir = QFileDialog::getExistingDirectory(this,
                "选择一个文件夹","E:/qt/Qt C++/code/ch4");
    ui->listWidget->clear();
    ui->listWidget->addItem("选中的文件夹：");
    ui->listWidget->addItem(dir);
}
```

读者可以根据实际情况，将上述代码中的默认打开目录设置为本地已有的目录。指定的默认目录不存在时，默认打开当前目录。

列表部件位于 Qt Designer 部件窗口的 Item Widgets（Item-Based）下，是一个 QListWidget 类型的对象，列表类中提供了用于添加项（如 addItem 和 addItems）、插入项（如 insertItem）、编辑项（如 editItem）、清空项（如 clear）等目的的各种成员函数。具体用法参见代码。

程序运行效果如图 4-6 所示，图 4-6(a)为单击"选择一个文件"按钮打开的对话框，图 4-6(b)为使用"选择多个文件"对话框选择多个文件，并单击"打开"按钮后的运行效果。

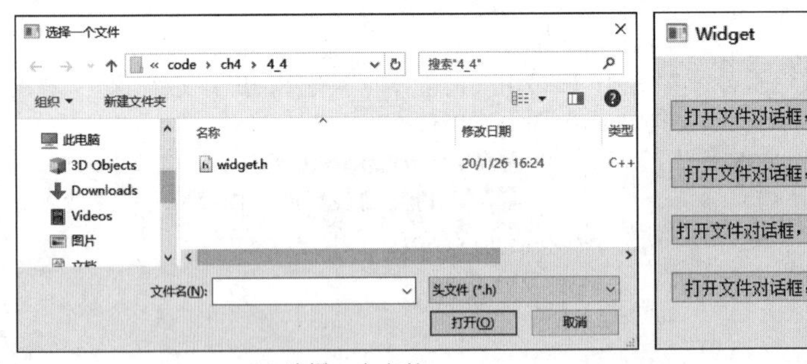

(a) 选择一个文件

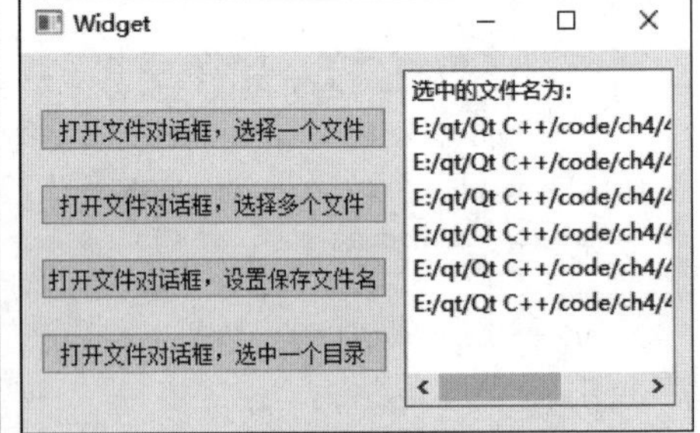

(b) 选择多个文件

图 4-6　项目 4_4 的运行效果

打开一个文件（目录）或多个文件的对话框会对文件名进行检查，单击"打开"按钮时，文件名输入框中的文件应是已存在的文件。

保存文件的对话框允许用户设置一个不存在的文件名，以便在后续操作中使用此文件名创建一个新文件。如果设置了文件过滤器且给出的文件名中未指定扩展名，则文件名会默认以过滤器中指定的扩展名为它的扩展名。

提示：文件对话框只提供了获取文件（或目录）的路径及文件名的手段，实际上并没有打开文件，如要对文件的内容进行操作，请参考第 7 章。

4.2.4 字体对话框及其静态成员函数

字体对话框类的静态成员函数 getFont()创建并以模态的方式显示字体对话框，它有两种重载的形式，一种形式为

```
static QFont getFont(bool *ok, QWidget *parent = nullptr);
```

参数 1 用于表示返回时用户单击的是否为 OK 按钮，可以通过它了解用户的行为；参数 2 指定它的父窗口。

另一种形式为

```
static QFont getFont(bool *ok, const QFont &initial,
        QWidget *parent = nullptr, const QString &title = QString(),
        FontDialogOptions options = FontDialogOptions());
```

该重载函数的行为基本上和上面的相同，但通过参数提供了更多的内容：initial 参数表示字体对话框打开时默认选择的字体；title 参数为字体对话框的标题；options 参数表示与对话框外观有关的可选项。当用户单击 OK 按钮时，返回的字体为当前选中的字体；当用户单击 Cancel 按钮时，返回的字体为 initial 参数指定的字体。

下面通过项目 4_5 熟悉它们的使用。

创建带界面、基于 QWidget 的 Qt 应用程序(项目 4_5)，在界面上添加两个按钮，并分别给它们的 clicked 信号添加自关联槽，widget.cpp 文件中槽函数的实现如下。

```
/****************************************
 * 项目名: 4_5
 * 文件名: widget.cpp
 * 说  明: 字体对话框的使用
****************************************/
//其他包含的头文件参考默认生成的代码,这里不再列出
#include <QFontDialog>

//其他函数等参考默认生成的代码,这里不再列出
void Widget::on_pushButton_clicked()
{
    bool isOk;
    QFont font = QFontDialog::getFont(&isOk,this);
    if(isOk)
        ui->pushButton->setFont(font);
}

void Widget::on_pushButton_2_clicked()
{
    QFont font = QFontDialog::getFont(nullptr,QFont("宋体",12),this,"选按钮字体");
    ui->pushButton_2->setFont(font);
}
```

打开字体对话框时默认会列出系统中已安装的所有字体。图 4-7(a)所示为单击上方的按钮(pushButton)后显示的字体对话框默认效果，用户可在该窗口设置字体、大小、风格等，并在 Sample 中进行预览。

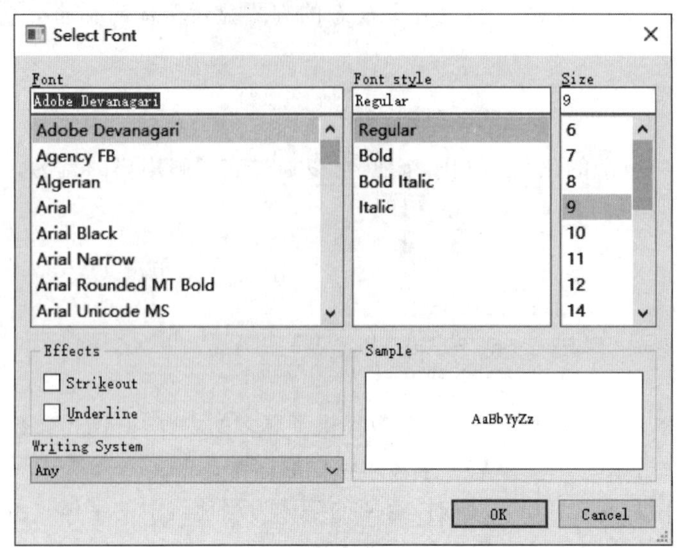

(a) 选择字体

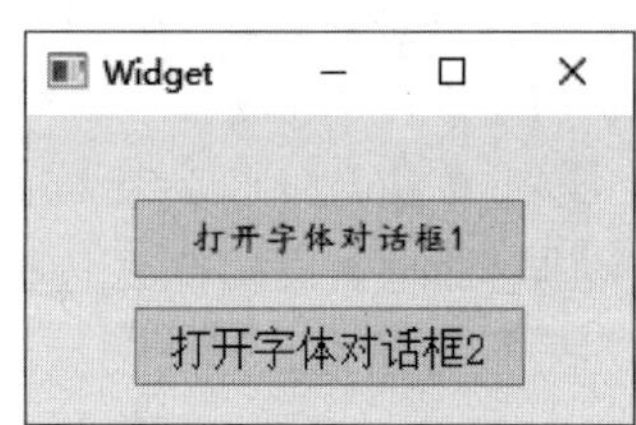

(b) 设置字体和默认字体

图 4-7　项目 4_5 的运行效果

图 4-7(b)中，上方的按钮(pushButton)文字字体为设置了楷体、10 号字后单击 OK 按钮的设置效果，下方的按钮(pushButton_2)文字字体为打开字体对话框后，再单击 Cancel 按钮使用默认的宋体、12 号字的效果。

视频讲解

4.3　常成员

类中的常成员是指用 const 关键字声明的成员，包括常数据成员和常成员函数。const 关键字的使用，明确禁止了对数据进行修改的权限及对数据进行修改的操作，从而增强了数据使用的安全性。

常数据成员和具有常属性的变量(用 const 关键字声明的变量，称为常变量)一样，表示在对象的整个生存期内，该数据成员的值都不能被修改；常成员函数表示在该函数内部不能有修改数据成员的操作(因此也不能调用其他非常成员函数，因为这些函数有可能会修改数据成员)。

4.3.1　常数据成员

常数据成员需要在类中声明的时候使用 const 关键字指明常属性，并必须要在构造函数的初始化列表中对其初始化或在类内该常数据成员定义时就地初始化。一旦完成初始化，它在整个生命周期中都不能被重新赋值，也不能被任何函数修改(包括成员函数)。

项目 4_6 展示了一些错误的使用情形。创建纯 C++项目 4_6，并编写代码如下。

```
/************************************
 * 项目名: 4_6
 * 说  明: 常数据成员的使用
 ************************************/
#include <iostream>
using namespace std;

class Number
{
public:
    Number();
    //Number(int x);
    const int num;
};

Number::Number():num(0)                    //正确的构造函数
{
}

//Number::Number(int x)                    //错误 1
//{
//    num = x;                             //错误 2
//}

int main()
{
    Number c;
    cout << c.num;                         //正确，可读取常成员的值
    //c.num = c.num + 1;                   //错误 3

    return 0;
}
```

在构造函数的函数体中给内部数据成员赋值和在初始化列表中进行初始化的区别在于：前者是首先分配内存空间给数据成员(此时具有不确定的值)，然后在函数体内重新给它赋值；后者是在分配内存空间的同时进行初始化。

对于所有的常数据成员，要求必须在初始化列表中进行初始化或就地初始化。因此，若未对 num 就地初始化且使用了被注释掉的带参构造函数，会出现错误(错误 1)。常数据成员不能被重新赋值，因此该函数体内的赋值语句“num=x;”也会出现错误(错误 2)。

对于具有公有访问权限的常数据成员，可在 main()函数中通过对象读取它的值，如例中对 num 进行输出，显示结果为 0，但不能修改(错误 3)。

提示：静态数据成员一般需要在类外初始化，但具有常属性的静态数据成员可在类内声明该数据成员时就地初始化。

4.3.2 常成员函数

常成员函数的类内声明和类外定义均须使用 const 关键字声明，且 const 位于函数头的参数列表之后，其类内声明形式如下。

```
返回类型 函数名(参数列表)const;
```

类外定义形式如下。

```
返回类型 类名::函数名(参数列表)const
{
    //函数体的代码
}
```

常成员函数内不能有任何可能修改数据成员的操作，既不能直接修改数据成员，也不能通过调用非常成员函数的方式间接进行修改(可以调用常成员函数)。即使在非常成员函数中实际上并没有修改数据成员操作的情形下，由于常成员函数调用它时并不清楚其内部是否会有修改操作(除非已被声明为是常成员函数)，因此要限定常成员函数不能调用任何非常成员函数。

常成员函数的使用原则：不会修改任何数据成员的成员函数都应该声明为常成员函数。这样，在编写时如果不慎修改了数据成员，或者调用了其他非常成员函数，编译器将指出错误，这无疑提高了程序的健壮性。用户在使用时，根据函数原型也可以明确地知道使用该函数不会改变对象的任何值。

常成员函数和同名的非常成员函数是不同的成员函数。例如，在类中声明：

```
void showInfo();
void showInfo() const;
```

虽然函数名相同，但它们是两个完全不同的成员函数，属于函数的重载。在使用时，常对象调用的是常成员函数，不能调用非常成员函数。普通(不具有常属性)的对象，在既有常成员函数又有同名非常成员函数的情形下，调用的是非常成员函数；在只有一个(常或非常)成员函数时，调用的是这个唯一的(常或非常)成员函数。

在项目 4_6 的基础上创建纯 C++项目 4_7，并修改代码如下。

```
/************************************
 * 项目名：4_7
 * 说  明：常成员函数的使用
 ************************************/
#include < iostream >
using namespace std;

class Number
```

```
{
public:
    Number();
    void showInfo();
    void showInfo() const;
    void func();
    const int num;
private:
    int num2;                              //普通的私有数据成员 num2
};

Number::Number():num(0),num2(1)
{
}

void Number::showInfo()
{
    cout <<"non const function showInfo:";
    cout <<"num is:"<< num << endl;
    num2 = 2;
    cout <<"num2 is:"<< num2 << endl;
    func();
}

void Number::showInfo() const
{
    cout <<"const function: showNumber:";
    cout <<"num is:"<< num << endl;
//    num2 = 1;                            //错误 1,不能在常成员函数中修改任何数据成员的值
    cout <<"num2 is:"<< num2 << endl;
//    func();                              //错误 2,不能在常成员函数中调用非常成员函数
}

void Number::func()
{
    cout <<"non const function func"<< endl;
}
int main()
{
    Number c1;
    c1.showInfo();
    const Number c2;
    c2.showInfo();
    return 0;
}
```

程序运行结果如图 4-8 所示。

可见,普通对象 c1 和常对象 c2 分别调用了普通成员函数 showInfo()和常成员函数 showInfo()。常成员函数 showInfo()如果修改数据成员 num2 或调用非常成员函数 func(),会出现编译错误(见错误 1 和错误 2 说明)。

如果去掉类中的非常成员函数 showInfo(),则运行结果如图 4-9 所示。

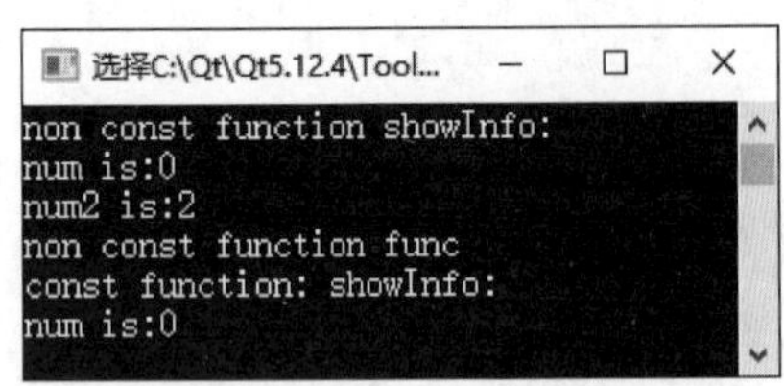

图 4-8　项目 4_7 的运行效果

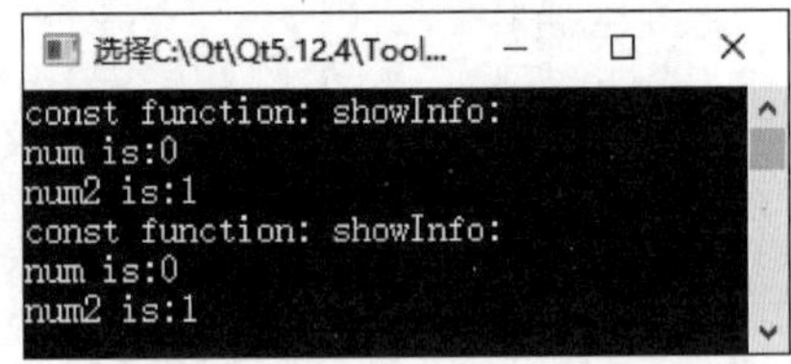

图 4-9　项目 4_7 的 Number 类中去掉非常成员函数 showInfo()后的运行结果

此时,二者调用的都是常成员函数 showInfo()。

如果是去掉类中的常成员函数 showInfo(),保留非常成员函数 showInfo(),则"c2. showInfo();"语句会编译出错,原因在于常对象只能访问常成员。

视频讲解

4.4　Qt 中常见的数据类

4.4.1　QChar 类

QChar 类是 Qt 中用于表示一个字符的类。类内部用 2 字节存储一个字符(使用 Unicode,UTF-16 编码)。

提示:

(1) Unicode(又称为万国码、统一码)是计算机科学领域的一项业界标准,包括字符集、编码方案等。

(2) Unicode 字符集中收录了世界上每种语言中的每个字符,且给每个字符都设定了一个唯一的数字码,以满足跨语言、跨平台进行文本转换处理的要求。

(3) Unicode 编码方案(Unicode Transformation Format,UTF)是指对 Unicode 字符对应的数字码如何进行存储而制定的规则(包括用几个字节存储、数字码与这些字节的二进制序列间如何对应等),常见的编码方案包括 UTF-32、UTF-16、UTF-8。其中,UTF-32 对每个 Uncoide 字符都使用 4 字节存储;出于节省空间的考虑,UTF-16 使用 2 或 4 字节存储一个 Uncoide 字符;UTF-8 使用 1～4 字节存储一个 Uncoide 字符。各个不同的编码方案中,Unicode 数字码与编码二进制序列间的对应方式也有所不同。

QChar 对象可以使用字符常量(以一对单引号括起的字符,如'a''\n''\097'等)或变量、整型常量或变量、其他 QChar 对象等进行初始化,也可以使用默认构造函数初始化(此时初始化为编码是 0 的字符)。例如:

```
char c = 'a';
```

```
int i = 97;
QChar ch1('a'),ch2 = c,ch3(i),ch4{97},ch5,ch6(0xc694);
```

对象 ch1、ch2、ch3、ch4、ch5、ch6 均为正确的初始化形式。对于大小写字母、数字等常见 Latin-1 字符集(编码范围为 0～255)中的字符,其 Unicode 编码值和 ASCII 码值是相同的,所以前 4 个 QChar 对象都被初始化为小写英文字母 a; ch5 被初始化为 Unicode 编码为 0 的字符; ch6 被初始化为 Unicode 编码为十六进制数 0xc694 的字符。

通过语句:

```
qDebug()<< ch1.unicode()<< ch5.unicode()<< ch6.unicode();
```

调用 QChar 类中的 unicode()函数输出 ch1 的 Unicode 编码,结果和 ASCII 码值一样,都是 97; 输出 ch5 对象的 Unicode 编码,结果为 0(被默认初始化为编码值为 0 的字符); 输出 ch6 的 Unicode 编码,结果为 50836(即 0xc694 的十进制形式,注意,该编码一个字节是存不下的)。

使用语句:

```
qDebug()<< sizeof(ch1);
```

输出 ch1 占用的内存长度,可以看到结果为 2,说明一个 QChar 字符占据 2 字节空间。

QChar 支持关系运算,如==、!=、>、<、<=、>、>=。实际比较的是 Unicode 编码的大小,返回 bool 类型的结果。例如:

```
qDebug()<<(ch2 == ch4)<<(QChar('a')!= QChar('b'));
```

输出结果均为 true。

QChar 类中提供了大量用于各种操作的常成员函数,如表 4-3 所示。

表 4-3 QChar 类中常用的常成员函数

函数原型	功 能
bool isDigit() const;	判断是否为 0～9 的数字字符
bool isNumber() const;	判断是否为数字(包括正负号、小数点等)
bool isLetter() const;	判断是否为英文字母
bool isLetterOrNumber()const;	判断是否为字母或数字字符
bool isLower() const;	判断是否为小写字母
bool isUpper() const;	判断是否为大写字母
bool isNull() const;	判断是否为编码为 0 的字符
bool isPrint() const;	判断是否为可打印字符
bool isSpace() const;	判断是否为空白符(包括空格、Tab、换行等)
ushort unicode() const;	返回 Unicode 编码
QChar toLower() const;	返回字符的小写字母形式(非英文字母时返回字符本身)
QChar toUpper() const;	返回字符的大写字母形式
char toLatin1() const;	返回对应的 Latin-1 编码的字符(单字节,兼容 ASCII 码)

表 4-3 中列出的成员函数均为常成员函数。以 is 开头的成员函数用于判断,返回值为 true 或 false(bool 类型); 用于转换的成员函数(表中最后 3 个)的转换结果通过返回值返

回，但并不改变对象本身的值。

选择"文件"菜单的"新建文件或项目"命令，选择"其他项目"中的 Empty qmake Project 选项，创建一个空项目 4_8，然后添加一个 C++源文件，代码如下。

```
/*************************************
 * 项目名：4_8
 * 说  明：QChar 字符类的使用
 *************************************/
#include <QChar>
#include <QDebug>

int main(int argc,char * argv[])
{
        char c = 'a';
        int i = 97;
        QChar ch1('a'),ch2 = c,ch3(i),ch4{97},ch5,ch6(0xc694);
        qDebug()<< ch1 <<"的 Unicode 编码值："<< ch1.unicode();
        qDebug()<< ch5 <<"的 Unicode 编码值："<< ch5.unicode();
        qDebug()<< ch6 <<"的 Unicode 编码值："<< ch6.unicode();
        qDebug()<<"字符常量"<<'a'<<"所占内存字节数："<< sizeof('a');
        qDebug()<<"QChar 类型对象占用内存字节数："<< sizeof(ch1);
        qDebug()<< ch2 <<" == "<< ch4 <<"?"<<(ch2 == ch4)<< endl
                <<"(QChar('a')!= QChar('b')?"<<(QChar('a')!= QChar('b'));
        qDebug()<< ch3 <<"是否为字符："<< ch3.isLetter();
        qDebug()<< ch3 <<"是否为大写字符："<< ch3.isUpper();
        qDebug()<< ch3 <<"转换为大写字符："<< ch3.toUpper();
        qDebug()<< ch3 <<"转换为 char 类型的字符："<< ch3.toLatin1()
               <<",占用内存字节数："<< sizeof(ch3.toLatin1());
        return 0;
}
```

由于本程序未使用窗口进行和用户的交互，因此并没有创建 QApplication 对象，运行结果如图 4-10 所示。

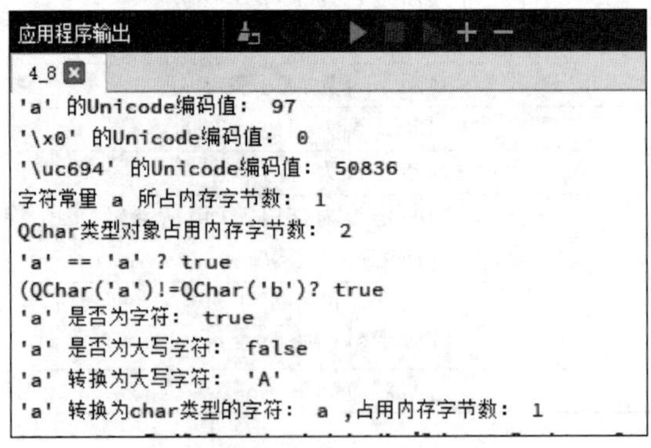

图 4-10 项目 4_8 运行结果

4.4.2 QString 类

QString 是 Qt 中表示字符串的类，采用 Unicode 编码，存储了一系列的 QChar 类型的字符。它是 Qt 中使用频率最高的几种数据类型之一。

QString 类型有多种初始化形式，例如：

```
QString str1("hello"),str2('a'),str3(97),str4(3,'a');
```

使用以下语句在应用程序输出窗口进行输出。

```
qDebug()<< str1 << str2 << str3 << str4;
```

结果为

```
"hello" "a" "a" "aaa"
```

其中，str1 使用了 C 字符串(双引号引起的字符串)初始化；str2 和 str3 使用了 QChar 字符初始化(其中 C 字符'a'和整型数 97 先被转换为 QChar 字符)；str4 使用了带一个整型(字符个数)和一个 QChar 类型(字符)参数的构造函数进行初始化。

虽然在 UTF-16 编码方案中，Latin-1 字符集中的字符和绝大多数中文字符都是用 2 字节存储的(可用一个 QChar 对象表示)，但也有个别不常见的汉字存储为 4 字节。QChar 不能存储这样的字符，QString 中需要两个 QChar 的大小才能将其存储下来。例如，古汉字“𣄼”(同汉字“昏”，表示太阳下山)的 Unicode 数字码为 U+2313c(前缀 U+表示 Unicode 码，后面的数字以十六进制表示)，UTF-16 编码方案采用 4 字节存储该编码。运行语句：

```
QString zi1("汉"),zi2("𣄼");
qDebug()<< zi1.length()<< zi2.length();
```

结果输出 zi1 的长度为 1，zi2 的长度为 2。length()成员函数返回的是 QString 字符串所包含的 QChar 字符个数。

QString 类型支持关系运算，它依次比较两个字符串中对应位置的 QChar 字符编码的大小，直到分出结果为止。例如：

```
qDebug()<<(str2 == str3)<<(str3 < str4);
```

输出结果均为 true。

QString 类型还可以使用“+”进行连接操作，支持与 C 字符串、C 字符、QChar 字符的混合连接。例如：

```
qDebug()<< QString("Good ") + "Morning" + "," + QString("Tom") + QChar('!');
```

连接结果为一个 QString 字符串，输出为

```
"Good Morning,Tom!"
```

也可以使用[]运算符访问 QString 串中位于下标处的值。例如：

```
str1[0] = 'm';
qDebug()<< str1;
```

输出结果为

```
"mello"
```

QString 类提供了大量的、功能强大的成员函数用于各种处理。本节重点介绍部分常成员函数,可分为以下几类。

1. 与判断和统计相关的常成员函数

QString 中常见的与判断和统计相关的常成员函数如表 4-4 所示。

表 4-4　QString 中常见的与判断和统计相关的常成员函数

函数原型	功　　能
bool isEmpty() const;	判断字符串是否不包含字符。例如,"QString str6("");"调用 str6.isEmpty()的结果为 true
bool isNull() const;	判断字符串是否为 null。例如,"QString str7;"调用 str7.isNull()的结果为 true
bool startsWith(const QString &s, Qt::CaseSensitivity cs = Qt::CaseSensitive) const;	判断是否以子字符串 s 开头
bool endsWith(const QString &s, Qt::CaseSensitivity cs = Qt::CaseSensitive) const;	判断是否以子字符串 s 结尾
bool contains(const QString &str, Qt::CaseSensitivity cs = Qt::CaseSensitive) const;	判断是否包含子字符串 str。参数 cs 表示是否大小写敏感,默认是开启的,也可以设置为 Qt::CaseInsensitive(不区分大小写)
int size() const;	返回字符串中的字符个数
int count(const QString &str, Qt::CaseSensitivity cs = Qt::CaseSensitive) const;	返回字符串中包含了子串 str 的次数

以上均为常成员函数。QString 类为多数成员函数提供了多种重载形式,表(包括表 4-4～表 4-8)中只给出了最常见的函数原型,更多的方式可参考 Qt 帮助。

2. 与字符串处理相关的常成员函数

QString 中常见的与字符串处理相关的常成员函数如表 4-5 所示。

表 4-5　QString 中常见的与字符串处理相关的常成员函数

函数原型	功　　能
int indexOf(const QString &str, int from = 0, Qt::CaseSensitivity cs = Qt::CaseSensitive) const;	从位置 from 开始,查询是否包含子串 str。返回第 1 次出现的起始位置,返回−1 表示未查询到
const QChar at(int position) const;	返回位于位置 position(从 0 开始)处的字符。与[]运算符访问形式相比,此函数的获取速度更快,建议使用此函数
QString trimmed() const;	过滤,返回过滤掉字符串两端空白符后的字符串

续表

函数原型	功　　能
QString simplified() const;	过滤，返回的字符串不仅过滤掉两端的空白符，还将字符串中间的连续多个空白符替换为单个空格
QStringList split(const QString &sep, QString::SplitBehavior behavior = KeepEmptyParts, Qt::CaseSensitivity cs = Qt::CaseSensitive) const;	以 sep 为分割拆分字符串，返回一个装有多个子串的字符串列表(QStringList 类型)。参数 behavior 指明分割行为(保留或跳过空串)
QString mid(int position, int n = -1) const;	截取子串，返回从 position 位置开始、长度为 n 的子串。n 为-1 时截取到字符串末尾
QString left(int n) const;	左截取，返回左起 n 个字符
QString right(int n) const;	右截取，返回右起 n 个字符

3. 与类型转换相关的常成员函数

QString 中常见的与类型转换相关的常成员函数如表 4-6 所示。

表 4-6　QString 中常见的与类型转换相关的常成员函数

函数原型	功　　能
int toInt(bool * ok = nullptr, int base = 10) const;	将数字字符串转为整型数。ok 表示转换是否成功；base 表示转换进制
uint toUInt(bool * ok = nullptr, int base = 10) const;	将数字字符串转为无符号整型
double toDouble(bool * ok = nullptr) const;	将数字字符串转换为 double 类型。类似的还有 toFloat()等
QByteArray toLatin1() const;	返回对应的 Latin-1 编码(单字节，兼容 ASCII)的字符串

以上均声明为常成员函数。其中，QByteArray 为字节数组类型(参考 4.4.3 节)，可以通过下标形式访问到数组中的字节。例如，在之前定义的对象 str1 的基础上：

```
QByteArray arr = str1.toLatin1();
qDebug()<< arr[1];
```

输出 char 类型的字符 e。

除了可以将 QString 类型的对象转换为 int、double 等类型外，QString 类中还提供了若干静态成员函数，用于将 int、double 等类型转换为 QString 类型，如表 4-7 所示。

表 4-7　QString 中常见的与类型转换相关的静态成员函数

函数原型	功　　能
static QString number(double n, char format = 'g', int precision = 6);	将 double 类型的数 n 转换为 QString 类型的数字字符串。后两个参数为格式和精度。该函数有多种重载形式
QString fromLatin1(const char * str, int size = -1);	将 C 字符串 str 转换为 QString 字符串

例如，以下语句的含义为：将 double 类型常量 12.3 转为 QString 类型的字符串"12.3"，然后用 QString 字符串"12.3"初始化 str。

```
QString str = QString::number(12.3);
```

4. 与字符串构建相关的成员函数

QString 中常见的与字符串构建相关的成员函数如表 4-8 所示。

表 4-8　QString 中常见的与字符串构建相关的成员函数

函数原型	功　能
QString& setNum(int n, int base = 10);	将整型数转换为字符串。还有多种重载形式，支持 long、short、int、double 等类型
QString& replace(int position, int n, const QString &after);	进行子串替换。position 为开始替换的位置，n 为被替换子串的长度，after 为新子串
QString& sprintf(const char * cformat, ...);	使用类似于 C 语言中 springf()函数的方式组合字符串，省略号处参数的个数与 cformat 中格式的设置有关
QString arg(const QString &a, int fieldWidth = 0, QChar fillChar = QLatin1Char(' ')) const;	提供了以指定格式构建字符串的方法。a 为替换的串(有多种重载形式，也支持数字等)，fieldWidth 为填充宽度，fillChar 为填充字符
QChar * data();	返回指向存储在 QString 中的数据的指针。指针可用于访问和修改字符串中的字符
QString& append(const QString &str);	将字符串 str 添加到当前字符串的末尾，并返回字符串
QString& prepend(const QString &str);	将字符串 str 添加到当前字符串的开头，并返回字符串
QString& insert(int position, const QString &str);	将字符串 str 插入当前字符串的位置 position 处，并返回字符串

注意，除了 arg()为常成员函数，仅将转换后的字符串返回，原字符串并不改变外，其他函数均修改了当前的字符串。

例如：

```
QString str9;
str9.setNum(200);
qDebug()<< str9;                                    //输出 "200"
str9.sprintf("%s","hello");
qDebug()<< str9;                                    //输出"hello"
str9.replace(0,5,"%1:%2");
qDebug()<< str9.arg("Number",10,'#').arg(12);  //输出"####Number:12"
qDebug()<< str9;                                    //输出"%1:%2"
str9.data()[2] = ',';
qDebug()<< str9;                                    //输出"%1,%2"
```

代码第 6 行将字符串 str9 中位置 0～5 的子串替换为"%1:%2"，即目前 str9 字符串为"%1:%2"。

代码第 7 行的第 1 次 arg()函数调用，用内容为"Number"、长度为 10(长度不足时以

#补全)的子串"####Number"替换 str9 字符串中的格式串"%1",并返回替换后的QString 字符串"####Number:%2",然后再由该返回的字符串再次调用 arg()函数,用12 替换掉自身中的格式串"%2",最终返回 QString 字符串"####Number:12"并输出。需要注意的是,这里只是将替换后的字符返回,字符串 str9 本身并未被修改。

字符串中,用于被 arg()函数替换掉的格式串以%开头,后面跟着 1~99 的数字。每次 arg()函数调用时,会替换掉字符串中编号最小的那个格式串。对于构建字符串,通常认为成员函数 arg()是比成员函数 sprintf()更好的解决方案,因为它是类型安全的,完全支持 Unicode,且支持各种各样的数据类型。

创建基于 QWidget 的项目 4_9,在界面中添加按钮、标签、数字选择框和文本浏览器。界面设计参考图 4-11。设置数字选择框的 maximum 属性为 5。为按钮的 clicked 信号添加自关联槽,为数字选择框的 valueChanged(int)信号添加自关联槽,代码如下。

```
/************************************
* 项目名: 4_9
* 文件名: widget.cpp
* 说  明: QString 字符串的使用
************************************/
//其他包含的头文件参考默认生成的代码,这里不再列出
#include <QFileDialog>

//其他函数等参考默认生成的代码,这里不再列出
void Widget::on_pushButton_clicked()
{
    ui->textBrowser->clear();
    ui->textBrowser_2->clear();
    ui->spinBox->setValue(0);

    QString fullPath = QFileDialog::getOpenFileName(this,
                        "选择一个文件","E:/qt/Qt C++/code/ch4/4_9",
                        "源文件(*.cpp);;头文件(*.h)");
    if(fullPath.isNull())
        ui->textBrowser->append("您未选择文件.");
    else
    {
        QStringList dirs = fullPath.split("/");
        QString fileName = dirs.at(dirs.length() - 1);
        ui->textBrowser->append(fileName);
        if(fileName.endsWith(".cpp",Qt::CaseInsensitive))
            ui->textBrowser->append("不带后缀的文件名: "
                                    + fileName.left(fileName.size() - 4));
        else if(fileName.endsWith(".h",Qt::CaseInsensitive))
            ui->textBrowser->append("不带后缀的文件名: "
                                    + fileName.left(fileName.size() - 2));
        ui->textBrowser->append("路径依次为: ");
        for (int i = 0;i < dirs.length() - 2;i++)
```

```
            ui->textBrowser->append(dirs.at(i));
        }
    }

    void Widget::on_spinBox_valueChanged(int arg1)
    {
        ui->textBrowser_2->clear();

        if(arg1!= 0 && ui->textBrowser->toPlainText()!= "您未选择文件.")
        {
            QString fileName = ui->textBrowser->toPlainText().split("\n").at(0);
            QString newName;
            int suffixLength(0);

            ui->textBrowser_2->append("复制的文件名: ");

            if(fileName.endsWith(".cpp",Qt::CaseInsensitive))
                suffixLength = 4;
            else if(fileName.endsWith(".h",Qt::CaseInsensitive))
                suffixLength = 2;

            for(int i = 0;i<arg1;i++)
            {
                newName = fileName.left(fileName.size() - suffixLength) + "("
                        + QString::number(i + 1) + ")" + fileName.right(suffixLength);
                ui->textBrowser_2->append(newName);
            }
        }
    }
```

程序运行效果如图 4-11 所示。

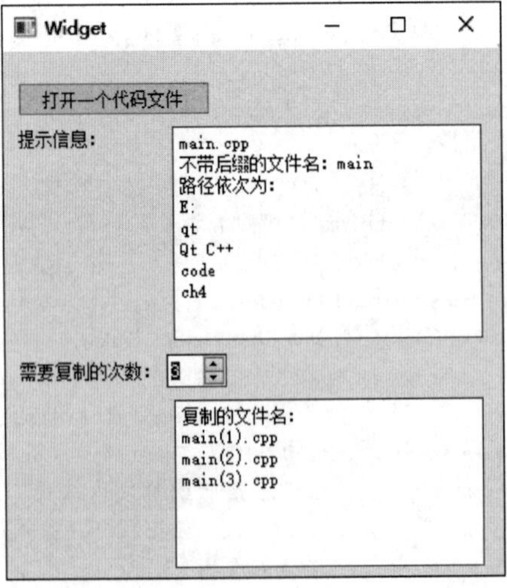

图 4-11　项目 4_9 的运行效果

单击"打开一个代码文件"按钮,选择一个源文件或头文件,与该文件相关的信息会显示在上面的文本浏览器中,修改需要复制的次数,复制的文件名会显示在下面的文本浏览器中。

程序编写时,需要注意各种操作顺序下,对两个文本浏览器和数字选择框的信息设置(清空、置0及设置值)。读者可在理解项目功能的基础上,试着独立重新编写程序,以观察哪些地方的设置是必需的。

4.4.3 QByteArray 类

QByteArray 表示一个字节数组,以字节为单位存储数据。与传统的字符数组或用指针指向和操纵字节内存空间相比,QByteArray 类提供了各种操作数据的接口,在使用和操作上更加方便。另外,QByteArray 类还使用了隐式共享(写时复制)避免不必要的数据复制,减少了内存的使用量。

QByteArray 类主要用于以下两种情况。

(1) 需要存储原始的二进制数据时,如在串口通信中就经常使用到该类。

(2) 内存保护至关重要时。QByteArray 类内部始终确保数据后面带有\0 结束符。

QByteArray 对象可通过 C 字符串初始化,例如:

```
QByteArray byteArray("hello");
```

与 QString 相比,QByteArray 中的字符存储时使用 ASCII 编码,占据一个字节内存空间;而 QString 串会将字符转换为 Unicode 码,每个字符占用 2 字节。虽然调用 byteArray.size()返回的结果为 5,但 byteArray 在内部存储时最后会保留一个额外的\0 字符,用于表示数据的结束。

实际存储数据的内存空间可通过 data()函数获取,例如:

```
const char * ptr = byteArray.data();
```

可以通过 resize()成员函数修改字节数组大小。例如,下面的语句将字节数组 byteArray 重置为可存储 100 字节。

```
byteArray.resize(100);
```

和 QString 类似,也可以使用 []运算符读取下标位置的字符,但更建议使用 at()成员函数获取指定字符。

QByteArray 可以和 QString 类型相互转换,例如:

```
QString str(byteArray);            //或 QString str; str.fromLatin1(byteArray);
byteArray = str.toLatin1();
```

QByteArray 就像是 QString 类的单字节版本一样,提供了和 QString 类中类似的成员函数,如 isEmpty()、append()、prepend()、trimmed()、indexOf()等,这里不再赘述,读者可在使用的过程中慢慢加以熟悉。

视频讲解

4.5 程序国际化

Qt 支持大多数的语言显示，如汉语、法语、俄语等。Qt 的所有部件和文本绘制对 Qt 所支持的语言都提供了内置的支持。

但出于“应用程序应能根据本地语言的设置，动态切换语言(以实现国际化)”的考虑，一般建议在应用程序开发期间只使用英文作为所有部件和绘制文本所使用的语言，然后再通过 Qt 提供的国际化工具，将其翻译成其他语言(如中文、法语、德语等)，以方便不同语言的用户阅读和使用。

Qt 对把应用程序显示的文字翻译为本地语言文字提供了很好的支持。要实现应用程序国际化，需要以下几个步骤。

1. 将需要翻译的字符串传递给 QObject::tr()函数

tr()是 QObject 中的一个静态成员函数，被它处理的字符串可以使用 Qt 提供的提取工具提取出来以便于翻译成其他语言文字。在应用程序开发时，应将需要翻译的文字字符串传递给此函数。

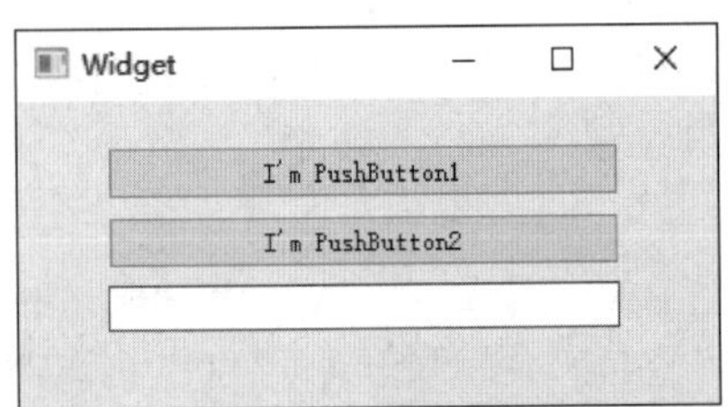

图 4-12　项目 4_10 初始的运行效果

作为例子，创建一个基于 QWidget、带界面的应用程序项目 4_10。在界面中添加两个按钮和一个文本框，如图 4-12 所示。给两个按钮分别添加 clicked 信号的自关联槽，实现的代码如下。

```
/**************************************
* 项目名: 4_10
* 文件名: widget.cpp
* 说  明: 应用程序国际化
*************************************/
//包含的头文件和其他函数等参考默认生成的代码,这里不再列出
void Widget::on_pushButton_clicked()
{
    ui->lineEdit->setText(QObject::tr("You have pressed PushButton1"));
}

void Widget::on_pushButton_2_clicked()
{
    ui->lineEdit->setText(tr("You have pressed PushButton2"));
}
```

由于自定义 Widget 类继承自 QWidget，而 QWidget 继承自 QObject，因此 tr()函数也是自定义 Widget 类中的静态成员函数，所以槽函数 on_pushButton_2_clicked()的代码中，tr()函数不加“QObject::”限定也是可以的。

2. 提取文本字符串

在应用程序开发完毕后，进行提取文本字符串的操作，步骤如下。

(1) 在.pro文件中指明用于存放提取文本的文件名，如cn.ts，则在.pro文件中添加的语句为"TRANSLATIONS = cn.ts"。

(2) 在Qt Creator集成开发环境的菜单栏中选择"工具"→"外部"→"Qt语言家"→"更新翻译"命令(见图4-13)，以完成将字符串提取到文件cn.ts中的操作。文件默认位于项目目录下，是一个XML格式的文本文件。

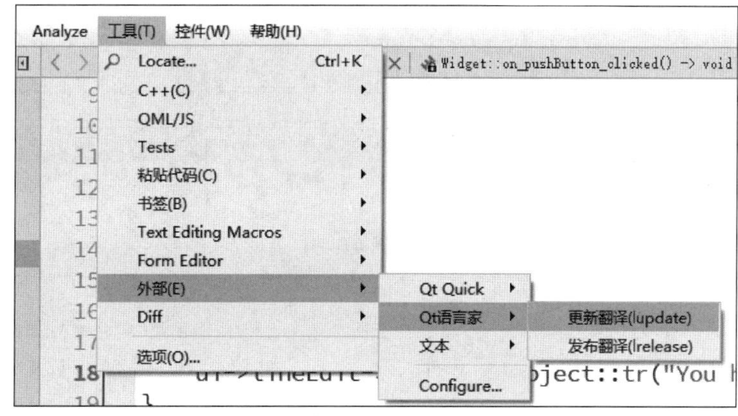

图4-13　提取字符串

3. 翻译

对上述提取出的字符串进行翻译，一般由专门的翻译人员完成，具体操作如下。

在"开始"菜单中打开Linguist 5.12.4工具，如图4-14所示。

在打开的"Qt语言家"窗口中，通过"文件"菜单打开前面生成的cn.ts文件，在打开的设置界面中选择源语言(默认POSIX)和目标语言(如简体中文)。单击OK按钮进入翻译界面，如图4-15所示。

分别单击左侧"上下文"子窗口中的各项，可在中上方"字符串"子窗口中看到提取出的字符串列表，包括部件属性中设置的字符串与代码中使用tr()函数处理的字符串。依次选中每个字符串，然后在正中间的翻译子窗口中进行翻译，图4-15虚线框部分即为人工输入的翻译。完成后，单击"保存"按钮即可(更新了cn.ts文件)。

图4-14　Linguist工具

4. 发布翻译

回到Qt Creator集成开发环境，选择"工具"→"外部"→"Qt语言家"→"发布翻译"命令。此时会在工程目录下生成一个.qm语言文件(本例生成的文件为cn.qm)。

5. 使用翻译

在项目中添加代码，使应用程序使用.qm语言文件，操作步骤如下。

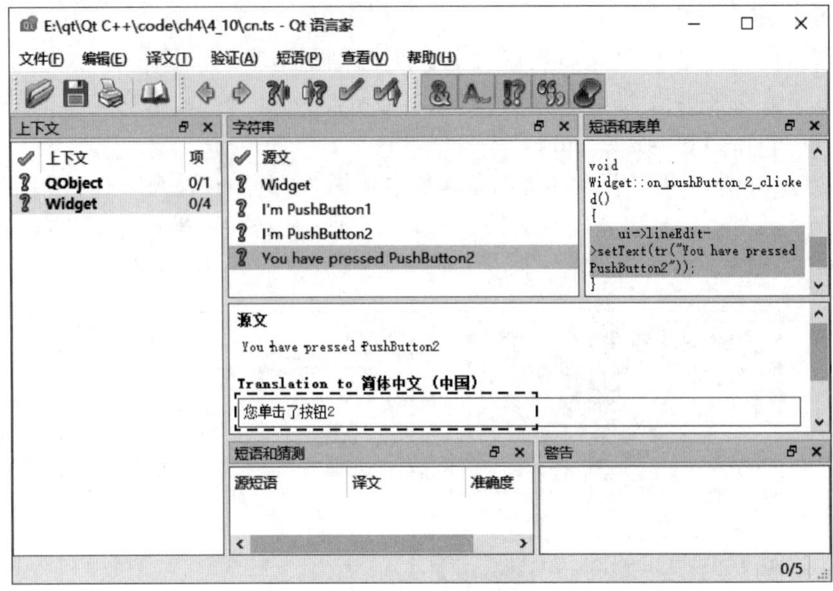

图 4-15　翻译界面

(1) 进入 main.cpp 文件,添加头文件:

```
#include <QTranslator>
```

(2) 在"QApplication a(argc, argv);"语句之后添加代码:

```
QTranslator translator;
translator.load("../4_10/cn.qm");
a.installTranslator(&translator);
```

这里的 load()函数中使用的参数是.qm 文件的相对路径,"../"表示回到上一级目录。读者可根据自己的.qm 文件所在的实际路径进行修改。这里也可以使用绝对路径,或者将.qm 文件以资源的形式添加到项目中,然后使用资源路径。

再次运行程序,并单击按钮 1,结果如图 4-16 所示。

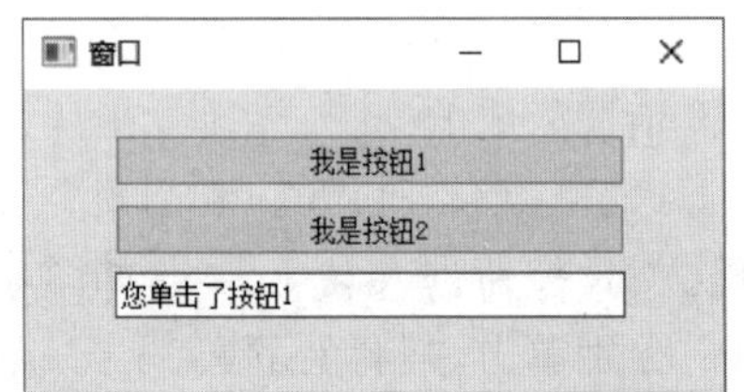

图 4-16　使用了.qm 语言文件的运行效果

在实际项目开发中,程序员可提供多种语言的.qm 文件(每个.qm 文件对应的.ts 文件均需要添加到.pro 文件的 TRANSLATIONS += 语句中),并在程序中编写代码自动检测当前操作系统的语言,以根据当前实际系统环境使用不同的语言文件。

将项目 4_10 的主函数代码更新如下。

```
/**************************************
* 项目名: 4_10
* 文件名: main.cpp
* 说　明: 应用程序国际化,根据系统语言自动选择语言文件
**************************************/
```

```
#include <QTranslator>
#include <QLocale>
#include "widget.h"
#include <QApplication>

int main(int argc, char *argv[])
{
    QApplication a(argc, argv);

    //根据系统语言装载语言文件
    QTranslator translator;
    QLocale locale = QLocale::system();
    QLocale::Language lang = locale.language();
    QString translatorFileName = "";

    switch(int(lang))
    {
    case QLocale::Chinese:
        translatorFileName = "../4_10/cn.qm";
        break;
        //  case QLocale:: Danish:              //若提供了 dm.qm 丹麦语文件,可使用此 case
        //      translatorFileName = "../4_10/dm.qm";
        //      break;
    }

    if (translatorFileName!= "")
    {
        translator.load(translatorFileName);
        a.installTranslator(&translator);
    }

    Widget w;
    w.show();

    return a.exec();

}
```

本地化类 QLocale 表示一个区域,包括相关的语言、国家(或地区)以及日期、货币等信息。其静态成员函数 system()返回初始化为本地系统区域设置的 QLocale 对象。

QLocale::Language 是一个枚举类型,不同国家的语言使用不同的枚举常量来表示。例如,汉语对应的枚举常量为 QLocale::Chinese; 丹麦语对应的枚举常量为 QLocale::Danish 等。在 switch 语句中,可根据已有的语言文件,设置多个 case 以在不同情形下使用不同的语言文件。

项目 4_10 中,若本地语言为中文,则运行时显示如图 4-16 所示的界面。

4.6 编程实例——常用信息的获取与展示

在实际项目开发中，经常会有需要获取本机相关信息（如本机名、IP 地址、操作系统版本等）、当前应用程序相关信息等的需求。本节的编程实例将向读者展示如何获取这些信息。

创建一个基于 QWidget、带界面的项目 4_11，然后在.pro 工程文件中添加模块：

```
QT += network
```

本项目将要使用的 QNetworkInterface 网络接口类和 QNetworkAddressEntry 网络地址实体类包含在 Qt 框架的 network 模块中，在项目文件中添加此模块就是为了可以包含这两个类的头文件并使用它们。

本项目还使用了另外一些 Qt 数据类，如系统信息类 QSysInfo、本地类 QLocale、日期类 QDate、目录类 QDir 等，它们都包含在 core 模块中（该模块实现了 Qt 框架的核心功能，是所有其他 Qt 模块的基础）；而多行文本浏览器类 QTextBrowser、屏幕窗口类 QDesktopWidget、应用程序类 QApplication 等则是在 widgets 模块中，这两个模块在项目生成时已默认被添加进项目。

在界面设计窗口中拖入一个 QTextBrowser 多行文本浏览器，修改窗口名称为“常用信息”。然后在 widget.cpp 中添加必要的头文件，并修改自定义窗口类 Widget 的构造函数，代码如下。

```
/*****************************************
* 项目名: 4_11
* 说　明: 常用信息的获取与展示
*****************************************/
#include "widget.h"
#include "ui_widget.h"
#include <QSysInfo>
#include <QLocale>
#include <QDate>
#include <QDir>
#include <QDesktopWidget>
#include <QNetworkInterface>
#include <QNetworkAddressEntry>
Widget::Widget(QWidget * parent):QWidget(parent),ui(new Ui::Widget)
{
    ui->setupUi(this);

    ui->textBrowser->append("================系统信息===============");
    ui->textBrowser->append("本机名:" + QSysInfo::machineHostName());
    ui->textBrowser->append("使用的操作系统:" + QSysInfo::productType());
```

```
ui->textBrowser->append("系统版本:" + QSysInfo::productVersion());
ui->textBrowser->append("CPU 架构:" + QSysInfo::currentCpuArchitecture());

ui->textBrowser->append("================ 本地信息 ===============");
QLocale curLocale = QLocale::system();
ui->textBrowser->append("使用的语言:" + curLocale.nativeLanguageName());
ui->textBrowser->append("国家:" + curLocale.nativeCountryName());
ui->textBrowser->append("系统使用的日期格式: " + curLocale.dateFormat());
ui->textBrowser->append("本地日期:"
            + QDate::currentDate().toString(curLocale.dateFormat()));
QDesktopWidget * desktop = QApplication::desktop(); //返回桌面窗口
ui->textBrowser->append("桌面分辨率: " + QString::number(desktop->width())
                        + " * " + QString::number(desktop->height()));
if(QSysInfo::productType() == "windows")            //使用的是 Windows 系统
  ui->textBrowser->append("当前登录用户:" + qgetenv("USERNAME"));
else if(QSysInfo::productType() == "osx")           //使用的是 macOS 系统
   ui->textBrowser->append("当前登录用户:" + qgetenv("USER"));

ui->textBrowser->append("================ 当前程序 ===============");
ui->textBrowser->append("当前运行的程序: "
                      + QApplication::applicationFilePath());
ui->textBrowser->append(QString("使用的 Qt 版本: ") + QT_VERSION_STR);
ui->textBrowser->append("默认当前目录: " + QDir::currentPath());
ui->textBrowser->append("默认临时文件目录: " + QDir::tempPath());

ui->textBrowser->append("================ 网络信息 ===============");
QList<QNetworkInterface> interFaceList = QNetworkInterface::allInterfaces();
                                                    //获取所有网络接口
for(int i = 0;i < interFaceList.count();i++)
{
    QNetworkInterface netInterFace = interFaceList.at(i);
    if(netInterFace.flags().testFlag(QNetworkInterface::IsUp))
    {   //只处理处于活动状态的网络
        ui->textBrowser->append(">>>>网络连接名称:"
                    + netInterFace.humanReadableName());
        QList<QNetworkAddressEntry> addList = netInterFace.addressEntries();
        for(int j = 0; j < addList.count();j++)
        {   //依次处理每个网络
            QNetworkAddressEntry netAddEntry = addList.at(j); //当前网络
            if(netAddEntry.ip().protocol() == QAbstractSocket::IPv4Protocol)
            {     //仅处理 IPv4 地址
                ui->textBrowser->append(" IP 地址: "
                                + netAddEntry.ip().toString());
                ui->textBrowser->append(" 子网掩码:"
                                + netAddEntry.netmask().toString());
                ui->textBrowser->append(" 广播地址:"
                                + netAddEntry.broadcast().toString());
            }
```

```
                }
            }
        }
    }

    Widget::~Widget()
    {
        delete ui;
    }
```

主函数所在的 main.cpp 文件和自定义窗口类的定义文件 widget.h 没有改动，此处不再列出。程序运行结果如图 4-17 所示。

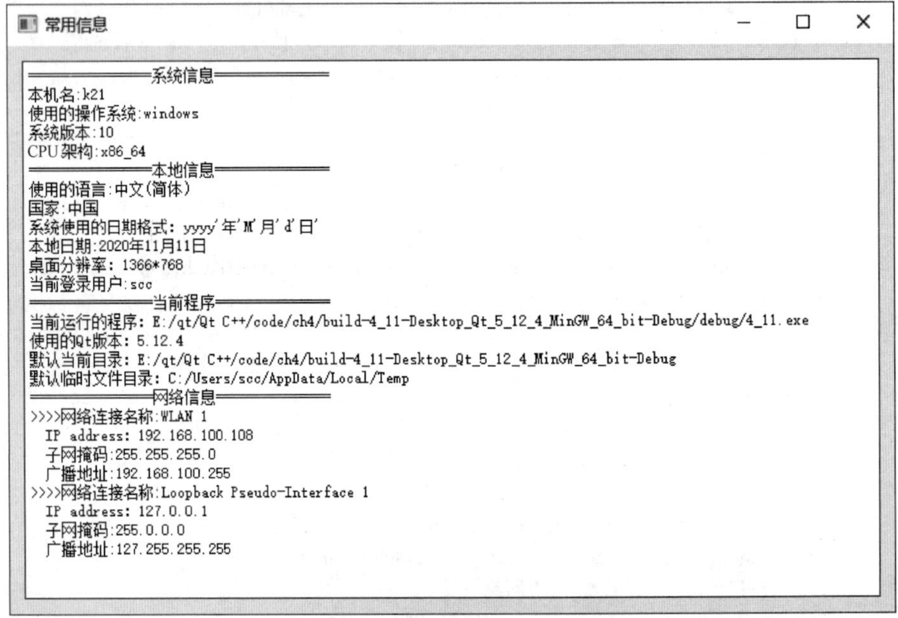

图 4-17　项目 4_11 运行结果

QSysInfo 类提供了一些静态成员函数，用于获取与本机系统相关的信息，如本机名、操作系统名称和版本、CPU 架构等。

本地类 QLocale 的静态成员函数 system()可获取并返回本机的本地信息，代码中使用 curLocale 对象存储它，调用该对象的 nativeLanguageName()、nativeCountryName()等成员函数，可分别获取本机的语言和国家等。

QDate 类的作用如其名字所述，通过它的静态成员函数 currentDate()可获取本地的当前日期，再通过 toString()成员函数可按照参数中指定的格式将日期转换为字符串形式。相关的类还有 QTime 类、QDateTime 类等。

QApplication 类的静态成员函数 desktop()返回当前屏幕窗口的指针，对屏幕窗口调用 width()和 height()函数可分别获得该窗口的宽和高；静态成员函数 applicationFilePath()

返回当前正在运行的程序的路径。该路径还可以从 main()函数的形参列表中获取,形参列表中固定有两个参数,第 1 个参数 agrc 为整型变量,传入的是可执行文件名字符串和所有命令行参数字符串的个数之和;第 2 个参数 argv 为指针数组,数组中的各指针分别指向可执行文件名字符串和各个命令行参数字符串,其中 argv[0]总是指向当前应用程序可执行文件名字符串。

qgetenv()是一个 Qt 中的全局函数,可以直接调用,作用是获取环境变量(名字通过参数给出)的值,项目中使用它返回当前用户名。在 Windows 系统中,当前用户名存储于系统环境变量 USERNAME 中,在 MacOS 和 Linux 系统中,当前用户名存储于系统环境变量 USER 中。

QT_VERSION_STR 是 Qt 框架中定义的宏,代表了当前的 Qt 版本。

目录类 QDir 与目录操作有关,通过它的静态成员函数可以获取程序运行时的默认当前目录和默认临时目录等,更多与目录操作相关的内容,请参考 7.4 节。

通过 QNetworkInterface 网络接口类的 allInterfaces()静态成员函数可获取本机的所有网络接口(一台机器可能不止一个,这里也包括虚拟网络接口等),项目中通过 if 语句过滤掉处于非活动状态的网络接口。

对于每个活动的网络接口,可能会有不止一个的 IP 地址(如 IPv4 地址、IPv6 地址等),项目中通过 addressEntries()函数获取当前网络接口的地址实体列表,然后通过 if 语句仅处理并显示 IPv4 协议的 IP 地址、子网掩码、广播地址等信息。表示 IPv4 协议类型的 QAbstractSocket::IPv4Protocol 是在 QAbstractSocket 类中定义的枚举常量。

读者可结合代码和注释,试着去分析项目中每个函数返回的信息所代表的含义。

拓展阅读:关于地址的简介

IP 地址是一个 32 位的二进制数,一般将其写成 4 个十进制数字字段,中间用圆点隔开,书写形式为 ***.***.***.***,其中每个字段 *** 的有效范围为 0～255(称为点分十进制形式)。如本例结果中显示的 IP 地址:192.168.100.108,它对应的 32 位二进制数为

11000000 10101000 01100100 01101100

IP 地址在逻辑上被分为两部分:地址中的前若干位表示主机所在网络,剩下的若干位表示主机。子网掩码的作用就是将某个 IP 地址划分成网络号和主机号两部分。它也是一个 32 位的二进制数,前面若干位为 1,后面的其他位为 0。例如:

11111111 11111111 11111111 00000000

写成点分十进制的形式为:255.255.255.0。

网络号(网络地址)在 IP 地址里对应着子网掩码中为 1 的部分,通过 IP 地址和子网掩码进行位与操作获得。本例中,网络地址计算如下。

	二进制表示	点分十进制表示
IP 地址	11000000 10101000 01100100 01101100	192.168.100.108
子网掩码	11111111 11111111 11111111 00000000	255.255.255.0
网络地址(位与)	11000000 10101000 01100100 00000000	192.168.100.0

主机号(主机地址)对应着子网掩码中为 0 的部分,通过对子网掩码进行位非操作后再和 IP 地址位与获得。本例中,主机地址计算如下。

	二进制表示	点分十进制表示
子网掩码	11111111 11111111 11111111 00000000	255.255.255.0
位非结果	00000000 00000000 00000000 11111111	0.0.0.255
IP 地址	11000000 10101000 01100100 01101100	192.168.100.108
主机地址(位与)	00000000 00000000 00000000 01101100	0.0.0.108

即表示本机为网络号为 192.168.100.0 的网络中的编号为 108 的主机。

广播地址是向本网络中所有主机进行发送的一个地址。它通过将 IP 地址中网络号右边的表示主机部分的二进制位全部替换为 1 得到,计算公式为网络地址位与子网掩码位非的位或。对于本例,广播地址计算如下。

	二进制表示	点分十进制表示
子网掩码位非	00000000 00000000 00000000 11111111	0.0.0.255
网络地址	11000000 10101000 01100100 00000000	192.168.100.0
广播地址(位或)	11000000 10101000 01100100 11111111	192.168.100.255

上述计算得出的广播地址和运行结果中的广播地址是一致的。发送给该地址的信息将被本网络(192.168.100.0)中的所有主机接收。

从项目 4_11 的结果中还可以看到,还有一个 IP 地址为 127.0.0.1 的环回伪接口,这是一个虚拟网络接口(127.0.0.1 是一个保留地址,不会被分配给实际网络中的主机,它总是表示本机),通常用于本机线路的环回测试。

课后习题

一、选择题

1. 不具有常属性的静态数据成员的初始化必须在(　　)。
   A. 类定义体内　　B. 类定义体外
   C. 构造函数的初始化列表中　　D. 静态成员函数内
2. 静态成员函数一定没有(　　)。
   A. 返回值　　B. 指针参数　　C. this 指针　　D. 返回类型
3. 下列说法正确的是(　　)。
   A. 静态成员函数可以不依赖于具体的对象,直接访问静态数据成员
   B. 类的不同对象有不同的静态数据成员值
   C. 在基类中定义的静态成员,只能由基类的对象访问
   D. 静态成员函数必须通过类名访问
4. 在类 ClassA 外给其整型的静态数据成员 a 赋初值 0,下列选项中哪个是正确的(　　)。
   A. static int ClassA::i=0;　　B. int ClassA::i=0;
   C. static int i=0;　　D. int static ClassA::i=0;
5. 关于 Qt 中的 QWidget、QDialog、QColorDialog 类,下列说法错误的是(　　)。
   A. QWidget 是 QDialog 的基类,QDialog 是 QColorDialog 的基类
   B. QDialog 是 QWidget 的派生类,QColorDialog 是 QDialog 的派生类

C. QColorDialog 不能再往下派生出新的类

D. 它们都是由 QObject 类经过一层或多层派生得到的派生类

6. 关于常成员，下列描述正确的是(　　)。

A. 常数据成员必须被初始化，且可以被更新

B. 不修改任何数据成员的函数应被定义为常成员函数

C. 任何成员函数都可以被声明为常成员函数

D. 常成员函数的声明以 const 开头

7. 在类中声明一个常成员函数 function()，下列声明中正确的是(　　)。

A. const void function();　　B. void const function();

C. void function const();　　D. void function()const;

8. 已知 func1()是类 ClassA 中的一个常成员函数，func2()是类 ClassA 中的一个非常成员函数，有对象定义为"ClassA obj1;const ClassA　obj2;"，则下列语句中编译会出错的是(　　)。

A. obj1.func1();　　B. obj1.func2();

C. obj2.func1();　　D. obj2.func2();

9. 已知有语句"char ch1='a';"，则下列选项中错误的初始化语句是(　　)。

A. QChar ch="a";　　B. QChar ch('a');

C. QChar ch(ch1);　　D. QChar ch=ch1;

10. 下列哪个字符串连接操作会导致编译错误(　　)。

A. QString("a")+"b"　　B. QString("a")+'b'

C. "a"+"b"　　D. QString("a")+QChar('b')

11. 已有定义"QString str="hello";"，则下列语句中编译出错的是(　　)。

A. str[1]='a';　　B. str.at(1)='a';

C. QChar ch=str[1];　　D. QChar ch= str.at(1);

12. 关于 Qt 程序国际化，下列说法中错误的是(　　)。

A. 是指提取源码中的需要进行翻译的字符串，翻译成相应的语言并置于程序中，以满足不同语言用户的阅读需求

B. 提取出的字符串会按照指定的语言自动进行翻译，无需人工干预

C. 代码中需要翻译的字符串须用 QObject::tr()函数进行处理

D. 一般建议代码中只使用英文字符串，再由 Qt 程序国际化提供其他语言的版本。但代码中仍然还是可以直接使用其他语言的字符串的，如中文字符串

13. 已知类定义为

```
class calssA
{
    int a1;
protected:
    int a2;
public:
    int a3;
    const int a4;
```

```
        calssA():a1(1),a2(1),a3(1),a4(2){}
    };
```

对于该类对象 obj，下列语句中可以给其成员正确赋值的是(　　)。

A. obj.a1=2;　　B. obj.a2=2;　　C. obj.a3=2;　　D. obj.a4=2;

二、程序分析题

1. 请阅读程序，给出运行结果。

```
#include <iostream>
using namespace std;
class Student
{
private:
    static int count;
public:
    Student()
    {
        count++;
    }
    static int getcount()
    {
        return count;
    }
    ~Student()
    {
        count--;
    }
};
int Student::count = 0;
int main()
{
    cout <<"count = "<< Student::getcount() << endl;;
    {
        Student a;
        cout <<"after a: count = "<< a.getcount() << endl;
        Student b;
        cout <<"after b: count = "<< b.getcount() << endl;
    }
    cout <<"after a and b are deleted: count = "
          << Student::getcount() << endl;
   return 0;
}
```

2. 程序实现功能：运行时，首先打开一个文件对话框，请用户选择一个文件；然后打开一个字体对话框，请用户选择一个字体；最后打开一个带有标签部件的窗口，标签中显示的文字为用户选择文件的文件名(若未选择，显示默认的字符串 label)，字体为用户设置的字体(若未设置，使用默认字体)。请填空。

```
#include <QApplication>
#include <QFileDialog>
```

```
#include<QFontDialog>
#include<QLabel>
int main(int argc,char * argv[])
{
    QApplication a(argc,argv);
    QString filename = ____①____ (nullptr,"请选择一个文件");
    bool isOK;
    __②__ font = ____③____ (&isOK,nullptr);
    QWidget w;
    QLabel label("label",&w);
    if(!filename.isEmpty())
        label.setText(filename);
    if( __④__ )
        label.setFont(font);
    w.show();
    a.exec();
}
```

3. 下面程序的运行结果为"3 1"，请填空。

```
#include<iostream>
using namespace std;
class ClassA
{
    const int constData = 1;
    int data;
public:
    ClassA(int i = 0)
    {
        data = i;
    }
    ____①____
    {
        return constData;
    }
    ____②____
    {
        return data;
    }
};
int main()
{
    ClassA obj1(3);
    ____③____ obj2;
    cout << obj1.func()<<' '<< obj2.func()<<' '<< endl;
    return 0;
}
```

三、编程题

1. 定义一个Book类，类中有私有静态数据成员——图书总数；有私有数据成员——书名、书价；有私有常数据成员——书编号（要求自动编号）。在构造函数中利用图书总数给图书编号赋值；编写显示图书信息的常成员函数；编写显示图书总数的静态成员函数；在主函数中定义图书数组，显示总册数，并测试类的使用。

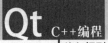

2. 创建如图 4-18 所示的界面，单击按钮时分别实现按钮上文本提示的操作，右边的列表框部件用于按照设置的字体和颜色显示选中的文件名列表。

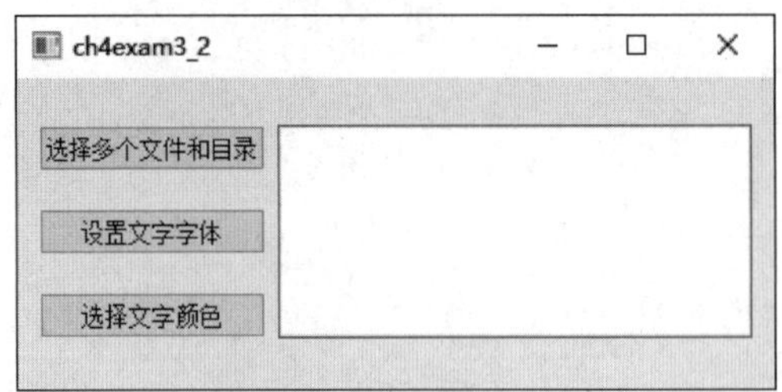

图 4-18　编程题 2 界面

3. 创建如图 4-19(a)所示的界面，要求当在最上方的文本编辑框中输入文字时，中间的文本浏览器中能实时显示已输入文字的字符数和英文字符数，下面的文本浏览器中能实时将输入的文字中的英文小写字母转换为大写字母，运行效果如图 4-19(b)所示。

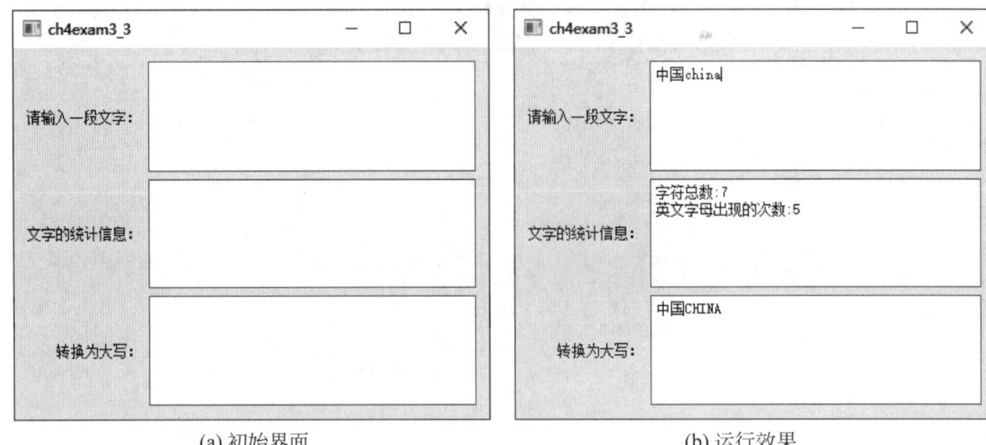

(a) 初始界面　　(b) 运行效果

图 4-19　编程题 3 界面

四、思考题

1. 在什么情况下需要定义静态成员？它有几种被调用的形式？通过静态成员可以起到什么作用？

2. 在实际编程中，你觉得哪些情形下应当使用 const 关键字进行声明呢？在这些情形下，和不使用 const 相比，好处又是什么呢？

实验 4　静态成员和常成员的使用

一、实验目的

1. 掌握静态成员的定义和使用。
2. 掌握 Qt 常见标准对话框及其静态成员的使用。
3. 了解 const 关键字在类中的作用。

4. 熟悉常见的 QString、QChar 等类型。

5. 熟悉程序国际化的实现过程。

二、实验内容

1. 创建纯 C++程序，实现以下要求。

(1) 定义一个销售记录类，包括售货员编号和销售额等数据成员；包括一个静态的总营业额数据成员；定义构造函数、返回总营业额的静态成员函数、输出销售记录信息的成员函数等。

(2) 在主函数中定义两条销售记录，并显示总营业额。

2. 在实验内容 1 的基础上，将其改造成销售记录添加和统计的 GUI 应用程序，界面如图 4-20 所示。

选择售货员和设置销售金额后单击“添加记录”按钮，会生成一条销售记录类对象，并将销售信息添加显示到记录明细中，同时更新显示的销售总金额。请合理修改销售记录类以满足 GUI 应用程序的需求。

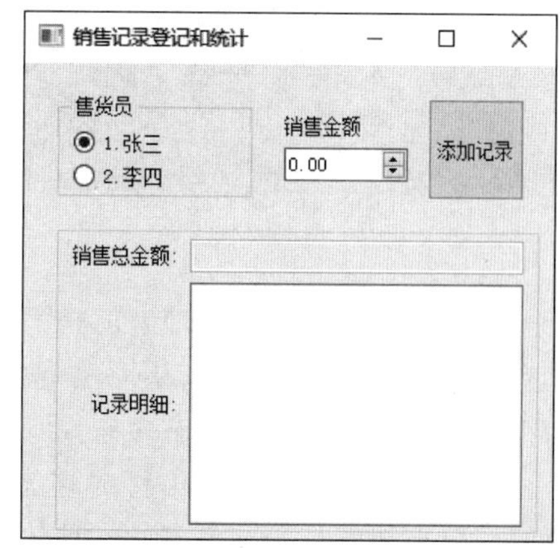

图 4-20　GUI 应用程序界面

3. 除了本章所介绍的颜色、文字、字体对话框之外，Qt 还提供了其他标准对话框（见图 4-4）。请根据 Qt Creator 中的帮助，查看输入对话框、消息对话框、错误消息框中哪些有静态成员函数可以用于直接显示，或哪些没有相关的静态成员函数（必须要定义对象进行显示）。然后对于颜色、文件、字体、输入、消息、错误消息对话框，编写程序，或是测试静态成员函数以显示对话框，或是定义对象测试对话框的使用。

提示： *每类对话框选择常用的一两个静态成员函数（若有合适的）进行测试即可；若须定义对话框对象，请注意对象作用域问题，必要时需动态创建对象。*

4. 在实验内容 2 的基础上完成程序国际化，要求程序代码中的字符串均使用英文，提供中文翻译。判断本地所使用的语言，若为中文，则显示为中文；否则显示为原始的英文。

第 5 章

多　态

多态,按照字面意思去理解就是“多种状态”。在 C++中,它是指用同一个名字定义的接口,有多种不同的实现方式,从而实现“一个接口,多种实现方法”。多态是面向对象的第 3 大特征,分为静态多态和动态多态。

所谓静态多态(也称为编译时多态),是指在程序编译时就能够确定具体的使用形式。例如,函数重载就是静态多态的一种体现,编译时会根据参数个数和类型确定对同名函数的调用实际是哪个函数实现体。模板也是静态多态的一种,它采用数据类型作为参数,实现对通用程序设计的支持。

动态多态(也称为运行时多态)通过继承和虚函数实现,特点是编译时还不能确定实际调用的是哪个类的同名函数,要到程序实际运行时,才能根据当前对象的实际类型确定。

5.1　静态多态——模板

在某些情况下,可能需要对多种类型的数据进行类似的操作,以完成相同的功能。例如,编写函数 swapValue()实现对两个同类型的变量进行值交换。由于数据类型很多,此时如果使用函数重载,就需要编写多个重载函数,分别对每种数据类型进行实现。

```
void swapValue(int& x,int& y)
{
    int temp;
    temp = x;
    x = y;
    y = temp;
}
void swapValue(double& x,double& y)
{
    double temp;
    temp = x;
```

```
    x = y;
    y = temp;
}
void swapValue(QChar& x,QChar& y)
{
    QChar temp;
    temp = x;
    x = y;
    y = temp;
}
```

这些 swapValue()函数的结构都是类似的,不同的只是参数类型。多个重载函数不能保证功能实现上的一致性,效率也比较低下。C++中的模板技术可以使用参数化的类型创建一种通用功能的模板代码,以支持多种不同的数据类型,称为函数模板。

除函数之外,某些类之间也可能存在形式和功能都相似,只有类结构中使用的数据类型不同的情形。此时,也可以为这些类使用参数化的类型创建一个通用模板,称为类模板。模板的使用提高了代码的可重用性和开发效率。

5.1.1 函数模板

视频讲解

函数模板的定义形式如下。

```
template <类型参数列表>
函数类型 函数名(形参列表)
{
    //函数体
}
```

定义中的第 1 行称为模板前缀,template 是关键字,表示开始定义一个函数模板(或类模板)。一对尖括号括起的部分是类型参数列表,每个类型参数声明为

```
class 类型参数名
```

class 关键字也可以使用 typename 代替,指明它后面的标识符是一个类型参数名。凡是希望根据实际参数确定数据类型的变量,都可以使用类型参数进行声明。当有多个类型参数时,使用逗号分隔。

```
class 类型参数名 1,class 类型参数名 2,…
```

多数情况下的函数模板只需要一个类型参数就够了。例如,swapValue()函数模板的定义如下。

```
template < class T >
void swapValue(T& x,T& y)
```

```
{
    T temp;
    temp = x;
    x = y;
    y = temp;
}
```

类型参数 T 可以在使用时被替换为任何类型。

函数模板是一种抽象的形式，并不是一个可以直接执行的函数。编译时，编译器会使用实际的实参类型替换模板中的类型参数，以生成一个函数实例(称为模板函数)，然后再调用这个模板函数完成相应的功能。注意，模板中同样类型参数的地方，实参的类型也应当一致，否则会出现编译错误。例如：

```
int intA = 1, intB = 2;
swapValue( intA, intB);
qDebug()<< intA << intB;
```

传递给 swapValue()的是 int 类型的实参 intA 和 intB，编译器会用 int 替换掉类型参数 T，生成模板函数如下。

```
void swapValue( int& x, int& y)
{
    int temp;
    temp = x;
    x = y;
    y = temp;
}
```

然后再调用这个模板函数完成对 intA 和 intB 的值交换。上述代码输出的结果为

```
2    1
```

针对具体调用时的实参类型，编译器会为之生成一个独立的模板函数，但不会为没有真正用到的类型生成相应的模板函数。使用模板函数和普通函数在写法上并没有什么区别。

函数模板也可先声明，再定义和使用，声明时也需要加上模板前缀。函数模板还可以重载。例如，声明实现 3 个数据值交换(值依次向前轮换一个)的函数模板如下。

```
template < class T > void swapValue(T& x, T& y, T& z);
```

提示：因为许多编译器或者不支持函数模板声明，或者不支持函数模板的独立编译，或者即使支持，不同编译器的支持细节也可能呈现很大的不同，容易造成混乱，所以建议直接将函数模板定义在使用它的同一个文件中，并且确保定义在使用之前。

创建 Empty qmake Project 空项目 5_1，然后添加一个. cpp 文件，代码如下。

```
/************************************
* 项目名: 5_1
* 说  明: 函数模板及其使用
************************************/
```

```
#include <QDebug>

template <class T>
void swapValue(T& x,T& y)                           //函数模板
{   T temp;
    temp = x;
    x = y;
    y = temp;
}

template <class T> void swapValue(T& x,T& y,T& z)  //重载的函数模板
{   T temp;
    temp = x;
    x = y;
    y = z;
    z = temp;
}

int main(int argc, char *argv[])
{
    int intA = 1,intB = 2;
    swapValue(intA,intB);
    qDebug()<< intA << intB;

    double doubleA = 1.1,doubleB = 2.2,doubleC = 3.3;
    swapValue(doubleA,doubleB,doubleC);
    qDebug()<< doubleA << doubleB << doubleC;

    QChar qcharA('a'),qcharB('b');
    swapValue(qcharA,qcharB);
    qDebug()<< qcharA << qcharB;

    //swapValue(qcharA,intB);                        //与模板不一致,无法生成函数实例
}
```

使用时会根据实际的参数类型和个数,确定使用哪个函数模板以及生成什么样的模板函数。对于语句"swapValue(qcharA,intB);",由于第 1 个实参为 QChar 类型,第 2 个实参为 int 类型,并不能与模板进行匹配,程序中也没有与之匹配的普通函数,因此会编译出错。

除了如代码中所示,使用调用过程推导出的模板类型参数类型(隐式实例化)外,还可以使用显式实例化的形式,如代码中的调用语句也可以分别写为

```
swapValue<int>(intA,intB);
swapValue<double>(doubleA,doubleB,doubleC);
swapValue<QChar>(qcharA,qcharB);
```

"应用程序输出"窗口的输出如图 5-1 所示。

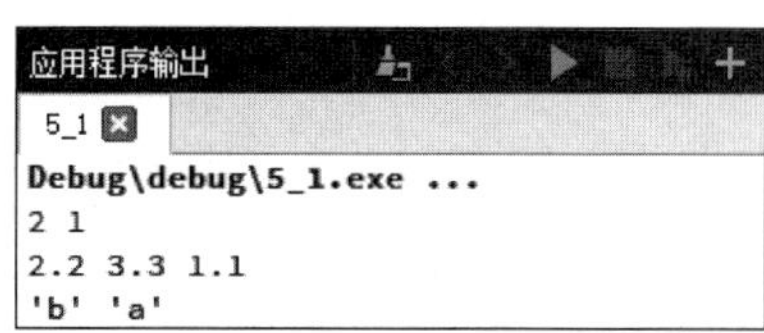

图 5-1 项目 5_1 的运行结果

函数模板还可以带普通参数,调用时需要显式实

例化，下面通过项目 5_2 展示带普通参数的函数模板的用法。

创建 Empty qmake Project 空项目 5_2，然后添加一个.cpp 文件，代码如下。

```
/**********************************
 * 项目名: 5_2
 * 说  明: 带普通参数的函数模板及其使用
***********************************/
#include <QDebug>
#include <QChar>

template <typename T, int size>
void ascendSort(T elements[])                          //冒泡排序函数模板
{
    T temp;
    for(int i = 0;i < size - 1;i++)
        for(int j = 0;j < size - 1 - i;j++)
            if(elements[j]> elements[j + 1])
            {
                temp = elements[j];
                elements[j] = elements[j + 1];
                elements[j + 1] = temp;
            }
}

int main(int , char *[])
{
    int intArr[5] = {3,4,1,2,5};
    ascendSort < int,5 >(intArr);
    qDebug()<< intArr[0]<< intArr[1]<< intArr[2]<< intArr[3]<< intArr[4];

    QChar qcharArr[5] = {'z','c','e','m','d'};
    ascendSort < QChar,5 >(qcharArr);
    qDebug()<< qcharArr[0]<< qcharArr[1]<< qcharArr[2]<< qcharArr[3]<< qcharArr[4];
}
```

编译器根据调用时的实参类型，分别实例化 int 和 QChar 类型的模板函数，完成本类型数据由小到大的排序，运行结果如图 5-2 所示。

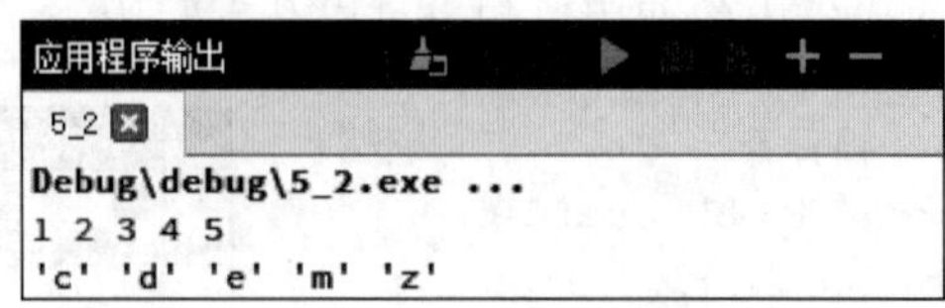

图 5-2　项目 5_2 的运行结果

5.1.2 类模板

类模板的写法如下。

```
template <类型参数列表>
class 类名
{
    //类成员声明
};
```

类模板也可以是派生类模板，此时类名后要加上"：继承权限 父类名"。类型参数列表的规则与函数模板相同。

类模板的每个成员函数都是模板（成员函数模板），它们在类模板内的声明与普通类的成员函数声明相同（除了使用模板参数）。但在类模板外进行定义时，语法有所不同，格式如下。

```
template <类型参数列表>
返回值类型 类模板名<类型参数名列表>::成员函数名(形参列表)
{
  //成员函数实现
}
```

即定义时需要指定模板前缀。且注意：使用的类名和一般的类名不同，需要在类模板名后添加一对尖括号，括号内指明类型参数名列表（不包括 class 关键字）。

类模板必须显式实例化（称为模板类），且实际中使用的实参类型必须与显式指定的类型一致。

下面通过项目 5_3 熟悉类模板的定义和使用。考虑在项目 5_2 的基础上进一步改造，将数组和对数组的排序等操作都封装在一个类模板 sortedArr 中；然后通过图形界面分别输入不同类型的多个数据，再显示它们的排序结果。具体步骤如下。

（1）创建带界面的基于 QWidget 的项目 5_3。

（2）拖入 4 个标签、两个数字选择框和两个列表框。设置数字选择框的 maximum 属性为 5，界面设计参考图 5-3。

（3）添加一个 sortedarr.h 头文件，用于声明和实现类模板 sortedArr。由于 minggw 编译器不支持模板的独立编译，因此将类模板的声明和成员函数模板的实现都放在该头文件中。sortedarr.h 头文件代码如下。

```
/************************************
* 项目名：5_3
* 文件名：sortedarr.h
* 说  明：动态排序数组类模板 sortedArr 的定义
************************************/
```

```
#ifndef SORTEDARR_H
#define SORTEDARR_H

template <class T>
class sortedArr
{
public:
    sortedArr(int max = 1);
    ~sortedArr();
    T at(int pos);              //返回第 i 个数据
    void insert(T value);       //插入一个数据
private:
    int size,maxSize;           //size 为当前已存储数据个数,maxSize 为最大能存储数据个数
    T* data;                    //指向数据的指针
};

template <class T>
sortedArr<T>::sortedArr(int max):size(0),maxSize(max)
{
    data = new T[max];
}

template <class T>
sortedArr<T>::~sortedArr()
{
    delete[] data;
}

template <class T>
void sortedArr<T>::insert(T value)
{
    data[size++] = value;
    T temp;

    for(int i = size - 1;i > 0;i -- )  //将新添加的数据插入排序好的队列
        if(data[i - 1]> data[i])
        {
            temp = data[i - 1];
            data[i - 1] = data[i];
            data[i] = temp;
        }
}

template <class T>
T sortedArr<T>::at(int pos)
{
```

```
    return data[pos];
}

#endif //SORTEDARR_H
```

该类模板表示的数组长度是可变的(私有数据成员 size 实时记录数组大小),可在定义对象时通过初始化参数指明数组的最大可能长度(用私有数据成员 maxSize 记录)。私有数据成员指针 data 用于指向数据数组。该数据数组在构造函数中动态申请,在析构函数中释放。

每通过 insert()函数插入一个数据时,首先会将数据放在队列的最后,并将 size 加 1;然后再通过交换,将新数据插入已排序好的队列,因此数组中的数据总是有序的。at()函数用于返回数组中指定位置的元素。

(4) 给两个数字选择框的 editingFinished 信号添加自关联槽,在 widget.cpp 文件中定义如下。

```
/************************************
 * 项目名: 5_3
 * 文件名: widget.cpp
 * 说  明: 类模板的使用
 ************************************/
//其他包含的头文件参考默认生成的代码,这里不再列出
#include <QInputDialog>
#include <QMessageBox>

//其他函数等参考默认生成的代码,这里不再列出
void Widget::on_spinBox_editingFinished()
{
    int number = ui->spinBox->value();
    sortedArr<int> intArr(number);         //创建一个包含 number 个整型数据的排序数组

    ui->listWidget->clear();               //清空列表框

    for(int i = 0;i < number;i++)          //输入数据到排序数组
    {
        int inputValue = QInputDialog::getInt(nullptr,"输入",
                         "第" + QString::number(i + 1) + "个整型数: ",0);
        intArr.insert(inputValue);
    }

    for(int i = 0;i < number;i++)          //显示到 listWidget
        ui->listWidget->addItem(QString::number(intArr.at(i)));
}

void Widget::on_spinBox_2_editingFinished()
{
    int number = ui->spinBox_2->value();
```

```
    sortedArr<QString> strArr(number);    //创建一个包含 number 个字符串的排序数组

    ui->listWidget_2->clear();            //清空列表框


    for(int i = 0;i < number;i++)         //输入数据到排序数组
    {
        QString inputStr = QInputDialog::getText(this,"输入",
                            "第" + QString::number(i + 1) + "个字符串: ");
        strArr.insert(inputStr);
    }

    for(int i = 0;i < number;i++)         //显示到 listWidget_2
        ui->listWidget_2->addItem(strArr.at(i));
}
```

在槽函数 on_spinBox_editingFinished()中,首先根据类模板创建了一个整型的模板类 sortedArr<int>;接着清空列表框后,通过 for 循环依次弹出对话框请用户输入各整型数据,并插入数组和完成排序;最后通过 for 循环依次将排序数组中的元素显示到列表框(listwidget)。

槽函数 on_spinBox_2-editingFinished()中完成类似的操作,只是生成的是 QString 类型的模板类 sortedArr<QString>,并将结果显示在列表框 2(listwidget_2)中。

main.cpp 文件没有改动,widget.h 头文件中相比默认生成的代码,只添加了自关联槽的声明,这里不再列出。

程序运行时,首先修改左边数字选择框中的值为 4,然后在该部件之外的任意地方单击完成编辑,在弹出的对话框中依次输入 9,8,7,6;类似地,修改右边数字选择框中的值,并在弹出的对话框中输入字符串,最终运行效果如图 5-3 所示。

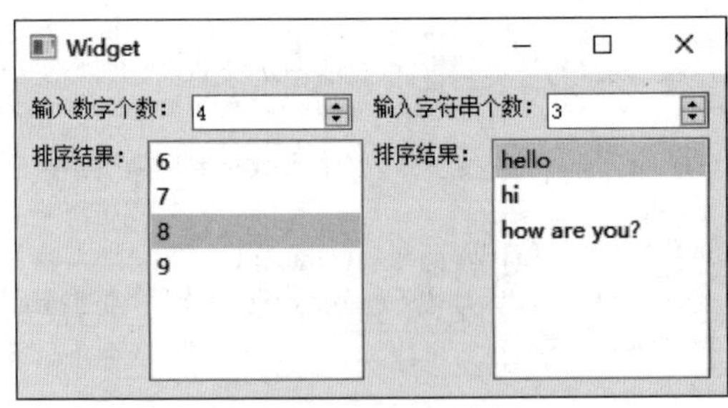

图 5-3　项目 5_3 的运行结果

提示:

(1) 一个类如果要使用信号与槽,必须要加入 Q_OBJECT 宏进行预处理。但 Q_OBJECT 宏不支持 C++类模板,所以通常类模板中不使用信号与槽。

(2) 如果确实希望定义一个可使用信号与槽机制的类模板,可以首先定义一个普通的中间类,在中间类中定义信号与槽,然后再使用中间类派生出类模板即可。

5.2 Qt 中的容器

视频讲解

容器是用于包含和管理其他对象(数据)的一个对象。例如,可形象地把数组类比为一个容器,它可以容纳多个数组元素,并能通过下标对元素进行操作。

Qt 提供了多种容器类型,分别用于表示动态数组、链表、从一个类型到另一个类型的映射等结构。它们通常以类模板的形式存在,都在 QTL(Qt Template Library)模板库中。常见的容器如表 5-1 所示。

表 5-1 Qt 常见容器

容器类型	功能
列表 QList < T >	存储指定 T 类型数据的列表。可以通过整数索引快速地访问数据,与依赖于迭代器进行查找的容器相比更快捷
链表 QLinkedList < T >	存储指定 T 类型数据的链表。只能通过迭代器访问数据。在数据量大且经常进行中间插入等操作时性能更好
向量 QVector < T >	存储指定 T 类型数据的向量(动态数组),数据存储于连续的内存空间中
栈 QStack < T >	是 QVector < T >的子类,提供后进先出(Last In First Out, LIFO)的数据结构和相关操作,如弹出、压入、查找当前栈顶等
队列 QQueue < T >	是 QList < T >的子类,提供了先进先出(First In First Out, FIFO)的数据结构和相关操作,如入队、出队、查找当前队头等
集合 QSet < T >	是一个能够快速查询指定 T 类型数据值的集合
映射表 QMap < key,T >	提供了一个关联数组。将 key 类型的键值映射到 T 类型的数据值上。内部按照键值的顺序存储数据
多值映射 QMultiMap < key,T >	是 QMap 的子类,提供多值映射(一个键值可关联多个 T 类型值)
散列表 QHash < key,T >	类似于 QMap,但以任意顺序存储,因此查找速度更快
多值散列表 QMultiHash < key,T >	是 QHash 的子类,提供多值散列的存储

标准 C++中也提供了若干容器,在 STL(Standard Template Library)标准模板库中。Qt 应用程序中既可以使用标准 C++的容器,也可以使用 Qt 提供的容器。鉴于 Qt 容器"平台无关"和"隐式数据共享"等优势,以及考虑到在一些嵌入式平台中 STL 或许不可用,建议读者使用 Qt 容器。

Qt 容器中存储的项(数据)必须是可以赋值的数据类型(即具有默认构造函数、复制构造函数,可进行赋值操作的数据类型)。例如,基础数据类型(int、double、指针等)和部分 Qt 数据类型(如 QChar、QString、QDateTime 等)都可以存储到容器中,但 QObject 类及其子类们(如 QWidget)则不能(但可以存储指向它们的指针)。

部分容器可以使用索引(类似于数组中的下标)操作包含的项,所有容器都可以使用迭代器(也是类模板,作用类似于索引)操作包含的项。每个容器类型都提供了 Java 风格的迭代器和 STL 风格的迭代器。每种风格的迭代器又可以分为只读迭代器和读写迭代器,前者只能读取数据,后者还能修改存储的数据。

Java 风格的迭代器如表 5-2 所示，表中迭代器的名字非常规则：只读迭代器均为在容器（或其父容器类）名的类型参数列表前加上 Iterator；读写迭代器在只读迭代器的基础上，再在 Q 后面加上 Mutable。

表 5-2　Java 风格的迭代器

容　　器	只读迭代器	读写迭代器
QList<T> QQueue<T>	QListIterator<T>	QMutableListIterator<T>
QVector<T> QStack<T>	QVectorIterator<T>	QMutableVectorIterator<T>
QLinkedList<T>	QLinkedListIterator<T>	QMutableLinkedListIterator<T>
QSet<T>	QSetIterator<T>	QMutableSetIterator<T>
QMap<key,T> QMultiMap<key,T>	QMapIterator<key,T>	QMutableMapIterator<key,T>
QHash<key,T> QMultiHash<key,T>	QHashIterator<key,T>	QMutableHashIterator<key,T>

STL 风格的迭代器如表 5-3 所示。

表 5-3　STL 风格的迭代器

容　　器	只读迭代器	读写迭代器
QList<T> QQueue<T>	QList<T>::const_iterator	QList<T>:: iterator
QVector<T> QStack<T>	QVector<T>::const_iterator	QVector<T>:: iterator
QLinkedList<T>	QLinkedList<T>::const_iterator	QLinkedList<T>::iterator
QSet<T>	QSet<T>::const_iterator	QSet<T>:: iterator
QMap<key,T> QMultiMap<key,T>	QMap<key,T>::const_iterator	QMap<key,T>:: iterator
QHash<key,T> QMultiHash<key,T>	QHash<key,T>::const_iterator	QHash<key,T>:: iterator

各类容器的区别在于内部保存和操作数据的方式不一样。后续将介绍列表、向量、链表 3 种类型，并通过它们了解 QTL 中的容器、迭代器及相关算法。

视频讲解

5.2.1　列表

QList<T>是提供列表的模板，内部存储为一组指向被存储元素的指针数组（当 T 本身就是指针类型或大小不超过指针类型的基本类型时，QList<T>会直接在数组中存储这些元素）。创建列表对象时，默认初始化为空列表。

列表的优势在于能对存储的数据进行快速索引，还提供了快速插入列表项、删除列表项等操作。由于 QList 在列表两端都预先分配缓存，因此在列表两端插入或删除元素的操作也很快。

列表可以使用插入运算符进行连续输入。例如，下面的语句会在 intList1 中依次插入 3 个整型元素。

```
QList < int > intList1, intList2;
intList1 << 1 << 2 << 3;
```

列表可进行整体赋值操作。执行下面的语句后，intList2 中也包含了 3 个同样的整型元素。

```
intList2 = intList1;
```

列表可进行比较运算（==和!=），当两个列表内部的项和顺序都完全一样时，==运算的结果为 true；还可以使用+、+=等运算实现列表连接操作。

QList < T >的索引与数组的下标类似，都是从 0 开始的，也可以使用[]运算符访问位于索引处的值，代码如下。

```
intList1[0] = 0;
qDebug()<< intList1[1];
```

上述代码会将列表中的第 0 个元素更新为 0（原值为 1），然后输出第 1 个元素的值 2。如果只是读取索引处元素的值，建议调用 at()成员函数，其操作会比下标运算[]更快（因为前者不需要进行深拷贝）。

列表提供了对应的迭代器。但由于也能使用索引值访问元素，因此很少使用它的迭代器，更多的是使用索引值进行访问。QList < T >列表常用的成员函数如表 5-4 所示。

表 5-4　QList < T >列表常用的成员函数

成员函数	功能
bool isEmpty() const;	列表中没有项（数据元素）时返回 true，否则返回 false
int size() const;	返回列表中的项数
const T at(int i) const;	返回位于索引位置 i 处的项。使用时应保证 0<=i<size()
T& first();	返回列表中第 1 项的引用
T& last();	返回列表中最后 1 项的引用
const T& constFirst() const;	返回列表中第 1 项的常引用（不能通过引用修改此项）
const T& constLast() const;	返回列表中最后 1 项的常引用（不能通过引用修改此项）
int indexOf(const T& value, int from=0) const;	从 from 位置开始，搜索 value 第 1 次出现的位置并返回；未找到时返回－1
int lastIndexOf(const T &value, int from = －1) const;	从 from 位置开始，反向搜索 value 第 1 次出现的位置并返回，未找到时返回－1。from 为－1 时从最后 1 项开始搜索
bool contains(const T &value) const;	列表中包含有值为 value 的项时返回 true，否则返回 false
int count(const T &value) const;	返回列表中 value 出现的次数
void insert(int i, const T &value);	在列表的索引位置 i 处插入 value 项
void append(const T &value);	在列表末端插入 value 项
void prepend(const T &value);	在列表头前插入 value 项
void replace(int i, const T &value);	将索引位置 i 处的项替换成 value

续表

成员函数	功能
void removeAt(int i);	删除索引位置 i 处的项
bool removeOne(const T &value);	删除第 1 次出现的 value 项,若成功删除返回 true;若未找到,返回 false
int removeAll(const T &value);	删除所有出现的 value 项,返回删除的项数
void removeFirst();	删除列表中的第 1 项
void removeLast();	删除列表中的最后 1 项
T takeFirst();	删除列表的第 1 项,并将该项返回
T takeLast();	删除列表的最后 1 项,并将该项返回
void clear();	删除列表中的所有项
void swap(int i, int j);	交换位于索引位置 i 和 j 的项
void move(int from, int to);	将位置 from 处的项移动到位置 to
QList<T> mid(int pos, int length = −1) const;	返回从位置 pos 开始,长度为 length 的子列表。如果 length=−1,从 pos 开始到列表尾
QVector<T> toVector() const;	返回转换为 QVector<T>类型的对象
static QList<T> fromVector(const QVector<T> &vector);	静态成员,返回根据 QVector<T>类型的参数 vector 转换的 QList<T>类型对象

需要注意,为了提高效率,除了 isEmpty()成员函数之外,其他的成员函数都默认列表是非空的,在使用前并不会验证其参数是否有效;并且使用索引值进行操作的成员函数均假设其索引值都在有效范围内。因此,在调用成员函数前,通常先使用 isEmpty()函数判断列表是否为空,以避免对空列表的错误操作;对于以索引值为参数的成员函数,还要注意保证索引的有效性(位于有效范围内)。

队列 QQueue<T>是 QList<T>的派生类,提供了先进先出的数据结构。新增的成员函数"void enqueue(const T &t);"将项目添加到队列尾(入队操作);成员函数"T dequeue();"将队列第 1 项删除(出队操作);成员函数"T& head();"用于获取队列第 1 项(不删除)的引用。

视频讲解

5.2.2 向量

QVector<T>是一个向量(或称为动态数组)模板,内部数据的存储位置彼此相邻,并可以基于索引快速访问。它提供了和 QList<T>类似的功能,包含的成员函数及其原型和 QList<T>中的也基本一致。

QVector<T>类型和 QList<T>类型通常可以互换,既可以通过 QList<T>中的成员函数 toVector()和静态成员函数 fromList()实现,也可以通过 QVector<T>中的成员函数 toList()和静态成员函数 fromVector()实现。两个类之间的区别如下。

(1) QVector<T>始终将项顺序存储在栈内存(栈区,由系统自动分配的存储空间)中;而 QList<T>会根据情况,将其项分配在堆内存(堆区,通过 new 运算符申请的存储空间)或栈区中(当 sizeof(T)小于 sizeof(void *)时)。在不要求存放数据的内存空间必须连续时,建议使用 QList<T>。

(2) 二者的查询复杂度差不多。但对于像 prepend()、insert()这样的操作，通常 QList < T >会比 QVector < T >快得多。

(3) 如果需要开辟连续的内存空间存储数据，或者单个元素的尺寸比较大(此时需要避免个别插入操作，以免出现堆栈溢出)时，建议使用 QVector < T >。

如果只是需要一个可变大小的数组，还可以使用 QVarLengthArray < T, length >类模板，它可以预先在栈区中分配 length 长度大小的数组空间，如果超过这个长度，会在堆区中每次增量申请固定大小的空间用于存储。

栈 QStack < T >是 QVector < T >的派生类，提供了后进先出的数据结构。新增的成员函数原型如下。

```
T pop();                     //出栈操作：从栈顶弹出一个元素(删除列表的最后 1 项)并返回
void push(const T &t);       //入栈操作：将 t 压入栈顶(添加为列表的最后 1 项)
T& top();                    //返回栈顶元素(列表的最后 1 项)的引用
```

top()函数还有一个重载的常成员函数形式。

项目 5_4 展示了栈的用处，具体步骤如下。

(1) 创建带界面的、基于 QWidget 的应用程序。

(2) 在界面中拖入两个按钮、3 个标签、一个列表框、一个数字选择框和一个单行文本框，界面设计如图 5-4 所示。

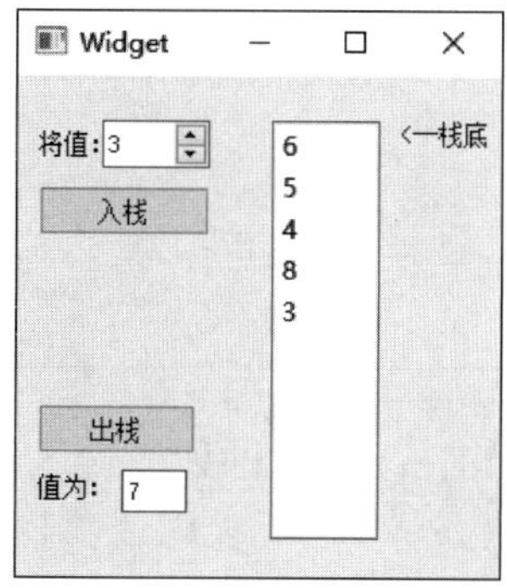

图 5-4 项目 5_4 的运行结果

(3) 在 Widget.h 中包含头文件：

```
#include <QStack>
```

并在自定义类 Widget 中添加一个私有数据成员：

```
private: QStack < int > stack;
```

(4) 为两个按钮的 clicked 信号添加自关联槽。widget.cpp 文件中的代码如下。

```
/************************************
* 项目名：5_4
* 文件名：widget.cpp
* 说  明：栈的使用
************************************/
```

```
//其他包含的头文件参考默认生成的代码,这里不再列出
#include <QMessageBox>

//其他函数等参考默认生成的代码,这里不再列出
void Widget::on_pushButton_clicked()
{
    stack.push(ui->spinBox->value());
    ui->listWidget->clear();
    for(int i = 0;i < stack.size();i++)     //在 listWidget 中显示栈中的元素
        ui->listWidget->addItem(QString::number(stack.at(i)));
}

void Widget::on_pushButton_2_clicked()
{
    if(!stack.isEmpty())
    {
        int val = stack.pop();
        ui->lineEdit->setText(QString::number(val));
        ui->listWidget->clear();
        for(int i = 0;i < stack.size();i++)
            ui->listWidget->addItem(QString::number(stack.at(i)));
    }
    else
        QMessageBox::information(this,"提示","栈已空");
}
```

程序运行后,依次入栈 6、5、4、8、7;然后出栈 7;再入栈 3,结果如图 5-4 所示。

视频讲解

5.2.3 链表

QLinkedList<T>是链式列表(链表),使用非连续的内存块保存数据,所以只能基于迭代器访问。链表提供了和列表类似的功能,如 append()、isEmpty()、size()、first()等,插入和删除操作也比较快。链表中存储的数据项称为节点。

各成员函数中的参数使用的是迭代器而非索引值。例如,在链表中,insert()成员函数的原型为

```
QLinkedList::iterator insert(QLinkedList::iterator before, const T &value);
```

表示在迭代器 before 后插入 value 节点。

STL 和 Java 两种风格的迭代器的实现不太一样:STL 风格的迭代器是建立在指针操作基础上的,指向当前节点;而 Java 风格的迭代器位于节点之间。

下面通过项目 5_5 熟悉链表和迭代器的使用。创建 Empty qmake Project 空项目 5_5,然后添加一个.cpp 文件,代码如下。

```
/*********************************
* 项目名: 5_5
* 文件名: main.cpp
* 说  明: 链表及迭代器的使用
*********************************/
#include <QDebug>
#include <QLinkedList>
int main(int argc, char *argv[])
{
    QLinkedList<QString> strLList;
    strLList <<"string1"<<"string2"<<"string3";

    //Java 风格的只读迭代器
    QLinkedListIterator<QString> rIterJ(strLList);  //使用容器对象初始化迭代器
    rIterJ.toBack();                                //修改迭代位置为位于最后 1 个节点后
    while(rIterJ.hasPrevious())                     //迭代位置前面有节点
        qDebug()<< rIterJ.previous();               //返回位置前的节点,再前跳一个节点
    qDebug()<< endl;

    //Java 风格的读写迭代器
    QMutableLinkedListIterator<QString> rwIterJ(strLList);
    while(rwIterJ.hasNext())                        //迭代位置后面有节点
    {
        rwIterJ.next();                             //迭代位置后跳一个节点
        rwIterJ.setValue("aaa:" + rwIterJ.value()); //修改最近跳过的节点
        if(rwIterJ.value() == "aaa:string1")
            rwIterJ.remove();                       //删除最近跳过的节点
        else if(rwIterJ.value() == "aaa:string2")
            rwIterJ.insert("new string");           //在迭代位置处插入节点
    }
    rwIterJ.toFront();                              //修改迭代位置位于第 1 个节点前
    while(rwIterJ.hasNext())                        //迭代位置后面有节点
        qDebug() << rwIterJ.next();                 //返回位置后的节点,再后跳一个节点
    qDebug()<< endl;

    //STL 风格的读写迭代器
    QLinkedList<QString>::iterator rwIterS;
    for(rwIterS = strLList.begin();rwIterS!= strLList.end();rwIterS++)
    {
        if((*rwIterS).endsWith("2"))
            *rwIterS = "bbb" + (*rwIterS).mid(3);   //修改当前节点
        else if(*rwIterS == "new string")
            strLList.insert(rwIterS,"another string"); //插入新节点
        else
            strLList.erase(rwIterS);                //删除当前节点
    }

    //STL 风格的只读迭代器
```

```
    QLinkedList < QString >::const_iterator rIterS;
    for(rIterS = strLList.constBegin();rIterS!= strLList.constEnd();rIterS++)
        qDebug()<< * rIterS;                               //显示当前节点
    qDebug()<< endl;

    return 0;
}
```

Java 风格的迭代器默认位于整个链表第 1 个节点之前。只读迭代器提供判断(如 hasNext()函数判断是否有后继节点)、迭代位置修改(如 toBack()函数将迭代置于最后 1 个节点之后)、读取指定节点(如 peekNext()函数返回后继节点,但保持迭代位置不动;next()函数返回后继节点,且迭代位置后跳一个节点)等操作。读写迭代器还提供了 setValue()、remove()、insert()等函数用于实现对节点的修改、删除、插入等操作。

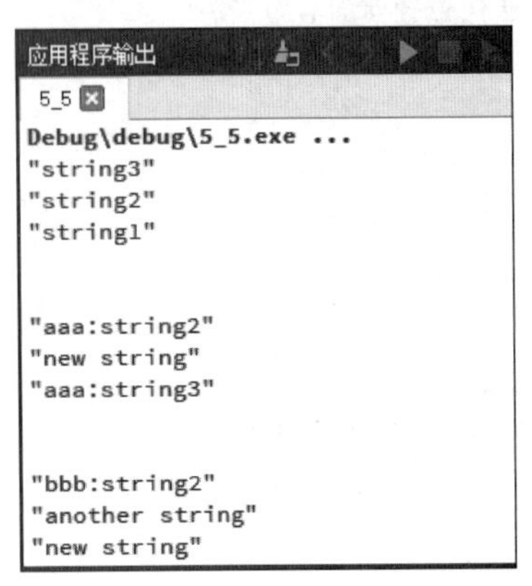
Debug\debug\5_5.exe ...
"string3"
"string2"
"string1"

"aaa:string2"
"new string"
"aaa:string3"

"bbb:string2"
"another string"
"new string"

图 5-5　项目 5_5 的运行结果

STL 风格的迭代器指向当前节点,可以通过 * 运算返回当前节点。迭代器每加 1 时向后跳一个节点,减 1 时向前跳一个节点。可直接通过读写迭代器修改当前节点。

容器提供了一些成员函数,用于获取指定节点的迭代,如 begin()函数返回第 1 个节点的迭代、constBegin()函数返回第 1 个节点的只读迭代等;还提供了一些成员函数,用于根据迭代器操作节点,如 insert()函数用于在迭代指向的节点前插入节点、erase()成员函数删除迭代指向的节点等。

程序运行结果如图 5-5 所示。

视频讲解

5.3　动态多态

把不同的子类对象都当作父类对象来看,可以屏蔽不同子类之间的差异,写出通用的代码。此时,子类对象只能使用原属于父类的那些属性和行为。而动态多态使以父类形式出现的子类对象仍能够以子类的方式进行工作。

例如,有动物类 Animal,以及它派生出的狮子类 Lion、牛类 Cattle、人类 Person 等。假设各类中均实现了准备食物(prepairing()成员函数)、进食(eating()成员函数)、休息(resting()成员函数)等功能,每个功能在每个类中具体的实现方式都有所不同。例如,对牛来说,准备食物就是要发现一片草地;对狮子来说,准备食物就是要捕猎到猎物;而对人来说,准备食物就是要烧好饭等。

现在想实现函数 showLifeProcess(),功能是按照寻找食物、进食、休息的顺序依次调用对象的成员函数,以模拟对象维持生命的过程。由于具体的动物类型的功能实现方式都不同,需要针对狮子类、牛类、人类等各种类型分别写一个这样的同名重载函数完成模拟。但当具体的动物类型不断增加时，要写的就太多了。

自然就会想到，它们都属于动物，能否只针对 Animal 类写一个这样的函数就够了？这就是“屏蔽子类间的差异，写出通用的代码”的思路，代码如下。

```
void showLifeProcess(Animal *ptr)
{
    ptr->prepairing();
    ptr->eating();
    ptr->resting();
}
```

然而，根据 3.1.4 节，即使传递给函数形参 ptr 的是一个牛类对象的地址，在函数内部使用 ptr 指针指向时，也只能把它当作基类 Animal 的对象使用，调用的成员函数是 Animal 类中的成员函数，无法调用实际牛类中的同名成员函数。

这时，如果将 prepairing()、eating()、resting()等成员函数声明为虚函数，则传递牛类对象给函数时，内部实际调用的就都是牛类的成员函数了，即实现了“以父类形式出现的子类对象仍能够以子类的方式进行工作”的效果。

5.3.1　虚函数

视频讲解

和成员函数重定义类似，基类和派生类中的同原型虚函数也通常用来执行一些功能类似(但又不完全相同)的操作。但重定义时，对成员函数的调用是确定的；而虚函数则是在运行时根据实际情况动态地决定使用哪个类中的同名虚函数。

通过在基类定义语句中，在成员函数声明的返回类型前加上 virtual 关键字指明虚函数，格式如下。

```
virtual 返回类型 成员函数名(形参列表);
```

基类中声明了虚函数，则派生类中所有的同原型函数均自动成为虚函数。

为了演示虚函数的声明和使用，新建纯 C++项目 5_6，并分别实现动物类 Animal 和狮子类 Lion。Animal 类的定义如下。

```
/****************************************
 * 项目名: 5_6
 * 文件名: animal.h
 * 说　明: 动物类定义
****************************************/
#ifndef ANIMAL_H
#define ANIMAL_H

class Animal
{
public:
```

```
    virtual void prepairing();
    virtual void eating();
    virtual void resting();
    virtual ~Animal();
};

#endif //ANIMAL_H
```

虚函数只在类定义中声明，类外实现虚函数时不能再加关键字 virtual。Animal 类的实现代码如下。

```
/****************************************
 * 项目名: 5_6
 * 文件名: animal.cpp
 * 说  明: 动物类实现
****************************************/
#include "animal.h"
#include <iostream>
using namespace std;

void Animal::prepairing()
{
    cout <<"prepairing food."<< endl;
}

void Animal::eating()
{
    cout <<"eating food."<< endl;
}

void Animal::resting()
{
    cout <<"resting."<< endl;
}

Animal::~Animal()
{
}
```

派生类 Lion 的定义如下。

```
/****************************************
 * 项目名: 5_6
 * 文件名: lion.h
```

```
 * 说   明: 狮子类定义
 ****************************************/
#ifndef LION_H
#define LION_H
#include "animal.h"

class Lion:public Animal
{
public:
    void prepairing();                  //自动为虚函数
    void eating();                      //自动为虚函数
    void resting();                     //自动为虚函数
};

#endif //LION_H
```

由于基类中已经声明过虚函数，派生类中的同原型成员函数会自动成为虚函数。因此，派生类中这些函数前面不需要再加 virtual 关键字(也可以加上)。Lion 类的实现代码如下。

```
/****************************************
 * 项目名: 5_6
 * 文件名: lion.cpp
 * 说   明: 狮子类实现
 ****************************************/
#include "lion.h"
#include <iostream>
using namespace std;

void Lion::prepairing()
{
    cout <<"Hunt an animal."<< endl;
}

void Lion::eating()
{
    cout <<"Shred animals and eat."<< endl;
}

void Lion::resting()
{
    cout <<"Find a cool place and rest."<< endl;
}
```

在基类 Animal 中声明了 3 个虚成员函数 prepairing()、eating()、resting()和一个虚析构函数(原因见提示)，Lion 类以 Animal 为基类，那么它的 3 个同原型的成员函数也自动为虚函数。

提示：定义了虚函数的基类中最好要定义虚析构函数。因为使用语句"delete 基类指针;"销毁基类指针所指的动态派生类对象时，若基类析构函数不是虚函数，将只调用基类的析构函数，而不调用派生类的析构函数，这是不合理的。

视频讲解

5.3.2 调用方式

必须使用基类的指针或引用调用虚函数，执行时才会根据所指向(引用)对象的实际类型调用实际对象类型中的同原型虚函数。

```
/****************************************
 * 项目名: 5_6
 * 文件名: main.cpp
 * 说  明: 虚函数的调用
****************************************/
#include <iostream>
#include "animal.h"
#include "lion.h"
using namespace std;

void showLifeProcess1(Animal *ptr)
{
    ptr->prepairing();
    ptr->eating();
    ptr->resting();
}

void showLifeProcess2(Animal& obj)
{
    obj.prepairing();
    obj.eating();
    obj.resting();
}

void showLifeProcess3(Animal obj)
{
    obj.prepairing();
    obj.eating();
    obj.resting();
}

int main()
{
    Lion lion;
    showLifeProcess1(&lion);          //传指针方式
    cout << endl;
    showLifeProcess2(lion);           //传引用方式
```

```
    cout << endl;
    showLifeProcess3(lion);           //传值方式
    return 0;
}
```

程序运行结果如图 5-6 所示。

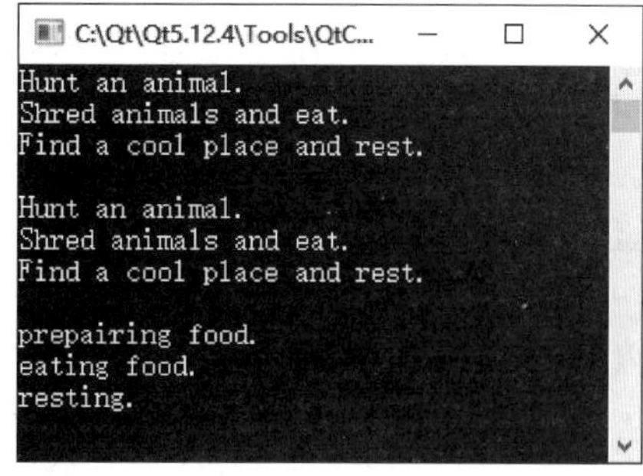

图 5-6 项目 5_6 的运行结果

showLifeProcess1()函数的参数为传指针方式，可以实现动态多态。指针 ptr 所指向的对象为 lion，根据实际对象为 Lion 类型而调用 Lion 类中的同原型虚函数。

showLifeProcess2()函数的参数为传引用方式，可以实现动态多态。引用 obj 实际代表的是派生类对象 lion 的内存空间，根据实际对象为 Lion 类型调用了 Lion 类中的同原型虚函数。

showLifeProcess3()函数的参数为传值方式，不能实现动态多态。在函数调用时，系统会给形参 obj 分配内存空间（一个 Animal 对象所需要的内存空间），然后将实参对象 lion 中属于基类部分的数据成员值复制给形参 obj。在函数内部实际使用的是一个 Animal 类型对象 obj，因此调用的是 Animal 类的成员函数。

5.3.3 实现原理

视频讲解

首先分析下面的程序，你认为输出应该是多少呢？

```
/*****************************************
 * 项目名: 5_7
 * 文件名: main.cpp
 * 说  明: 类对象的内存空间分配
*****************************************/
#include <iostream>
using namespace std;

class A
{
    int a,b;
    double c;
public:
    void fun(){}
};

class B
{
    int a;
```

```
    double c;
    int b;
public:
    void fun(){}
};

class C
{
    int a,b;
    double c;
public:
    virtual void fun(){}
};

int main()
{
    cout << sizeof(A)<<"\t"<< sizeof(B)<<"\t"<< sizeof(C)<< endl;
    return 0;
}
```

程序运行结果如图 5-7 所示。

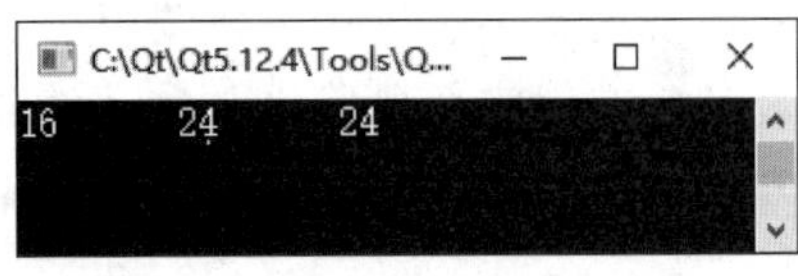

图 5-7　项目 5_7 的运行结果

由于成员函数存储在代码区，由类的所有对象所共享。因此，给对象分配内存空间时，只需要给各数据成员分配内存空间即可，类数据类型的内存长度通常为类内各数据成员的长度之和。例如，类 A 中包含了两个整型和一个 double 类型的数据成员，以及一个成员函数 fun()，其占据的空间为 sizeof(int)＋sizeof(int)＋sizeof(double)，即 4＋4＋8＝16 字节，这与输出结果是一致的。

类 B 和类 A 包含了同样的数据成员和成员函数，本质上是完全一样的。运行结果却显示两种数据类型对象占据内存空间大小不同。再仔细观察，会发现类 B 中调整了数据成员声明的顺序。为什么只是声明顺序不同，就会导致所占空间的不同呢？这是因为进行了“数据对齐”的操作。

为了避免读一个数据成员时要多次访问存储器，提高存储器的访问效率，操作系统对基本数据类型的合法地址做了限制，Windows 操作系统的对齐要求是：任何 K（$K=2,4$ 或 8）字节的变量，地址都必须是 K 的整数倍。数据成员 a 和 b 为 int 类型，占 4 字节；数据成员 c 为 double 类型，占 8 字节。类 A 和类 B 对象的数据成员内存情况如图 5-8 所示。

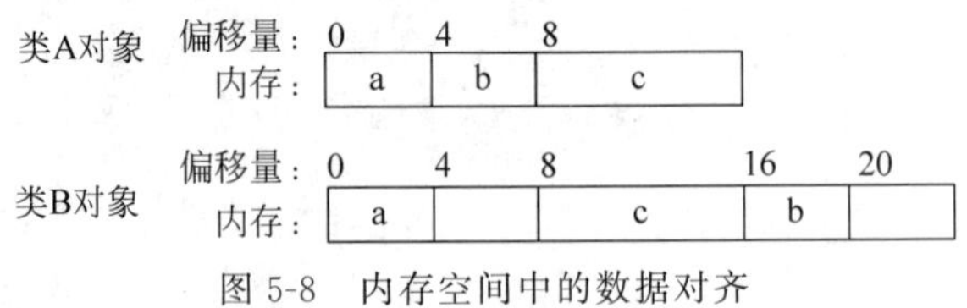

图 5-8　内存空间中的数据对齐

数据成员的位置是按照声明的前后顺序依次排列的。对于类 A，成员 b 占 4 字节，排在 4 号位置；成员 c 占 8 字节，排在 8 号位置，都满足 Windows 系统的对齐要求。而对于类 B，安排完 a 后，c 不能紧跟在这块空间的后面，因为 c 占 8 字节，而起始位置是 4，不满足整数倍的要求。因此，中间 4 字节为对齐填充部分，不代表有效数据。

似乎类 B 的对象长度为 20 字节就可以了。但之所以在数据成员 b 后面还要填充 4 字节，是考虑到对象连续存储的情况，如“B arr[2];”，如果末尾不填充，arr[1]对象中的数据成员 c 就不能满足对齐要求了。由于不同操作系统数据对齐要求不同，该程序在其他操作系统环境下的运行结果可能不同。

类 C 和类 A 的数据成员声明顺序相同，可见它们的大小与数据对齐无关。仔细观察可知，两者唯一的不同之处在于类 C 中成员函数 fun()前面加了一个 virtual 关键字，因此多出的 8 字节应当与虚函数有关。

类中有虚函数时，编译器会自动给每个由该基类及其派生类所定义的对象加上一个叫作 v-pointer 的指针，简称 VPTR（虚指针，占 8 字节），通常位于对象内起始的位置。事实上，编译器还为每个含有虚函数的类加上了一个叫作 v-table 的表，简称 VTABLE（虚表），同一个类的不同对象拥有相同虚函数表，在对象生成时，就将 VPTR 初始化为指向类的 VTABLE。VPTR 和 VTABLE 用于实现动态多态，如图 5-9 所示。

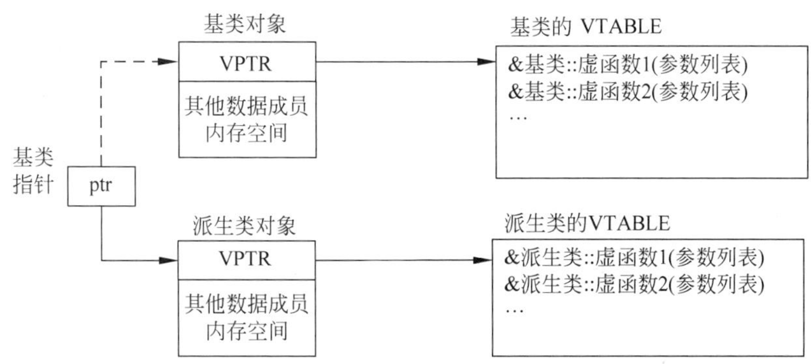

图 5-9 虚指针与虚表

通过基类指针（或引用）调用成员函数，在基类中没有虚函数时，是根据基类到代码区的固定位置去找函数段。而有虚函数的基类，使用基类指针（或引用）调用对象的虚函数时，是根据实际所指对象的虚指针找到类的虚表，然后再根据表中列出的虚函数的地址，到代码区找相应的函数段。

由此可见，图 5-9 中，若基类指针 ptr 指向派生类对象，根据它的 VPTR 找到的是派生类的 VTABLE，若改为如虚线所示的指向基类对象，则沿 VPTR 找到的是基类的 VTABLE，从而实现了动态多态。

如果在派生类中没有重定义基类的虚成员函数，则派生类虚表中记录的是基类虚成员函数的地址；若重定义过，则记录的是派生类虚成员函数的地址。

5.4 抽象类与纯虚函数

5.4.1 抽象类

有时候可能会希望避免使用基类定义新的对象。例如，一个实际的动物属于一个具体的派生类，如狮子、牛、狗、羊等。Animal 类只是对这些类进行了一个抽象，代表了很多具有共同特点的类。它是一个抽象的概念,不存在只是 Animal 类型但不属于任何具体派生类的动物。因此,定义一个 Animal 类型的对象没有太大意义,更常见的情形是用具体的派生类,如狮子、牛等,去定义对象。

在这种情况下,基类也没有必要(可能也不能确定如何)去实现一个虚函数的具体功能,只由各个派生类分别提供虚函数具体的实现版本即可。例如,对于 Animal 类的 preparing()等虚函数,可以不用实现它。此时这些虚函数由于没有函数定义体,需要一种特殊的写法来说明,即声明为纯虚函数。

纯虚函数声明的语法格式如下。

```
virtual 返回类型 成员函数名(形参列表) = 0;
```

只要在虚函数声明语句的分号前加上"=0"就可成为纯虚函数。纯虚函数在类中可以只声明,不实现。含有纯虚函数的类称为抽象类。如果类内的所有虚函数都是纯虚函数,则此基类称为纯抽象类。不论是抽象类还是纯抽象类,都不能被用来实例化对象,它们是不完整的,只能作为基类派生其他类。

提示:

① 如果使用抽象类定义对象,会出现编译错误。

② 可以定义抽象类的指针或引用。

对项目 5_6 的 Animal 类进行修改,使之成为抽象类。头文件修改如下。

```
/****************************************
 * 项目名: 5_8
 * 文件名: animal.h
 * 说  明: 抽象类: 动物类
****************************************/
#ifndef ANIMAL_H
#define ANIMAL_H

class Animal
{
public:
    virtual void prepairing() = 0;
    virtual void eating() = 0;
    virtual void resting() = 0;
    virtual ~Animal();
};

#endif //ANIMAL_H
```

类实现文件修改如下。

```
/****************************************
 * 项目名: 5_8
 * 文件名: animal.cpp
 * 说  明: 抽象类: 动物类的实现
****************************************/
#include "animal.h"

Animal::~Animal()
{
}
```

代码中没有实现纯虚函数,它不需要实现。

此时,main.cpp 文件(见项目 5_6)中的 showLifeProcess3()函数会报错,因为该函数的形参是 Animal 类型的对象,而此时 Animal 是一个抽象类,不能定义对象。

showLifeProcess1()和 showLifeProcess2()函数的形参分别是 Animal 类型的指针和 Animal 类型的引用,并不是 Animal 类型的对象,是可以定义的。它们虽然没有自己类型的对象可以指向(引用),但是可以用于指向(引用)Animal 类的派生类的对象。Lion 类中重新定义并实现了与纯虚函数同原型的成员函数,所以 Lion 类已不再是抽象类,而是可以实例化对象的普通类。

代码中去掉 showLifeProcess3()函数及对该函数的调用后,可以正常执行,运行结果如图 5-10 所示。

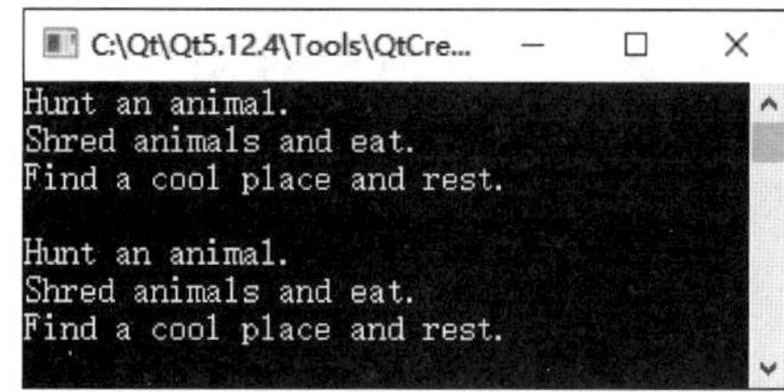

图 5-10 项目 5_8 的运行结果

提示:派生类中要重新声明与纯虚函数同原型的成员函数并实现它,才能用于定义对象,否则该派生类仍然是一个抽象类。

5.4.2 纯虚函数的定义

视频讲解

一般情况下,纯虚函数不用实现。纯虚函数的存在,一是为了给它的所有派生类声明一个统一的接口(各派生类中各自实现纯虚函数);二是使类成为抽象类,以阻止使用它定义对象。

但也可以实现纯虚函数。在某些情况下,可能既想要阻止使用抽象类定义对象,同时又想有实质的内容可以使用,例如,可能会想利用这个纯虚函数提供一段程序代码,让所有派生类或是一部分的派生类共享,以避免这段程序代码在派生类中重复出现。这时候可以在基类中实现纯虚函数的定义。

例如,复制项目 5_8 为项目 5_9,并实现 Animal 类的 prepairing()纯虚成员函数,Animal 类实现文件修改如下。

```
/****************************************
 * 项目名: 5_9
 * 文件名: animal.cpp
```

```
* 说　明: 抽象类: 动物类的实现,实现了纯虚函数
*****************************************/
#include "animal.h"
#include <iostream>
using namespace std;

Animal::~Animal()
{
}

void Animal::prepairing()
{
    cout <<"Now is prepairing period:"<< endl;
}
```

定义过的纯虚函数可以作为所有派生类完成该函数任务时都要执行的基本动作,被所有(或部分)派生类调用。例如,可修改 Lion 类的 prepairing()函数实现如下,从而既实现了代码复用,又阻止了抽象类定义对象。

```
/*****************************************
 * 项目名: 5_9
 * 文件名: lion.cpp
 * 说　明: 狮子类实现,调用了基类的纯虚函数
*****************************************/
//除了修改了以下 prepairing()函数,其他代码同项目 5_6 中的 lion.cpp 文件
void Lion::prepairing()
{
    Animal::prepairing();
    cout <<"Hunt an animal."<< endl;
}
//除了修改了以上 prepairing()函数,其他代码同项目 5_6 中的 lion.cpp 文件
```

运行结果如图 5-11 所示。

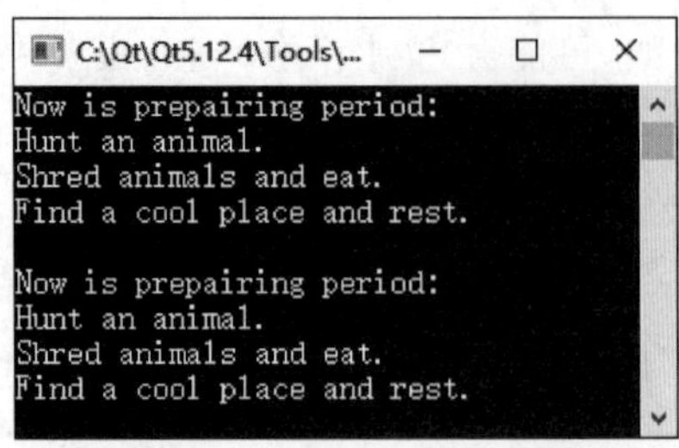

图 5-11　项目 5_9 的运行结果

可见,纯虚函数仍然可以作为抽象类的普通函数进行实现,完成一些在所有派生类实现该纯虚函数时都要完成的共同动作。

5.5 编程实例——猴子选大王

一群猴子(共 number 只)要选新猴王了。选择方法是：先按照 1～number 的顺序给每个猴子一个编号，再将猴子按照编号顺序围坐成一个圆圈(number 号猴子之后是 1 号猴子)，接着从 1 号猴子开始往下数，每数到指定数字(用 m 表示)的猴子，该猴子就要离开圆圈，接着从紧邻的下一只猴子重新从 1 开始往下数，如此直到圈中最后只剩下一只猴子为止，最后的这只猴子就是选出的新猴王。本节将编写程序模拟并展示选新猴王的过程。

创建一个基于 QWidget、带界面的应用程序，设计如图 5-12 所示的界面。

图 5-12　项目 5_10 的界面

由于初始时需要用户设置猴子的总数以及指定数字 m，考虑在主界面显示之前先请用户输入这两个数据，并使用这两个数据对主界面进行一些初始化的工作。因此，主函数代码实现如下。

```
/****************************************
 * 项目名: 5_10
 * 文件名: main.cpp
 * 说  明: 主函数实现
****************************************/
#include "widget.h"
#include <QApplication>
#include <QInputDialog>
int main(int argc, char *argv[])
{
    QApplication a(argc, argv);

    int number;
    number = QInputDialog::getInt(nullptr,"初始设置","有多少只猴子?",1,1,100);
    int m;
    m = QInputDialog::getInt(nullptr,"初始设置","数到几的猴子退出?",1,1,100);

    Widget w;
```

```
    w.show();
    w.initial(number,m);

    return a.exec();
}
```

代码中定义的 number 用于接收输入对话框中用户输入的猴子数量，m 用于接收输入对话框中用户输入的指定数，接着再显示主要的界面 w。可以看到，主函数中还调用了自定义窗口类 Widget 中的 initial()成员函数(这是自定义的成员函数，用来完成对窗口显示内容的初始设置，将在随后介绍)。

为了处理的方便，在 Widget 类中声明以下数据成员。

```
private:
    int m;
    QLinkedList<QString> monkeyList;
    QLinkedList<QString>::iterator currentMonkey;
```

其中，m 为指定数(数到 m 时，猴子退出)；链表 monkeyList 表示猴子围成的圆圈，每只未退出的猴子都是链表中的一个节点；链表迭代器 currentMonkey 表示当前正数到的猴子。

为了处理方便，还需在类中添加私有的成员函数 showMonkeyList()，用于在界面的猴子序列区域(多行文本框)中显示猴子序列，代码如下。

```
void Widget::showMonkeyList()          //遍历显示猴子链表
{
    QString str;
    QLinkedList<QString>::iterator iter;
    for(iter = monkeyList.begin();iter!= monkeyList.end();iter++)
    {
        if(iter == currentMonkey)
            str += '*'+ *iter + ' ';
        else
            str += *iter + ' ';
    }
    ui->textEdit->setText(str);
    if(monkeyList.size() == 1)
    {
        QString bigBoss = *monkeyList.begin();
        QMessageBox::information(this,"结果","新大王为猴子" + bigBoss);
        this->close();
    }
}
```

依次遍历链表，并将各节点中的内容连接成字符串，然后显示在多行文本框中。如果链表中只有一个节点，则说明此时已找到新大王，弹出显示结果的消息框，之后关闭整个窗口结束程序。

添加公有 initial()成员函数，用于初始化窗口中显示的内容，代码如下。

```
void Widget::initial(int number, int m)
{
```

```
        this->m = m;
        ui->labelInfo->setText("共" + QString::number(number) + "只猴子,数到"
                               + QString::number(m) + "退出");
        for(int i = 1;i <= number;i++)    //初始化猴子链表
            monkeyList.append(QString::number(i));
        currentMonkey = monkeyList.begin();
        showMonkeyList();
    }
```

该函数的功能为将传入的固定数 m 的值存储于对象内部的数据成员 m 中，设置界面上方标签显示的文字，使用循环初始化猴子链表(将 number 只猴子依次链接到链表)，设置当前开始数的位置为第 1 只猴子，然后再调用 showMonkeyList()函数显示初始状态的猴子序列。此处使用链表表示猴子围成的圆圈(当访问到链表结尾时，继续接着从链表头开始访问)。

单击图 5-12 中的“下一只出列的猴子”按钮时，执行的自关联槽定义如下。

```
void Widget::on_pushButton_clicked()
{
    for(int i = 1;i < m;i++)
    {
        currentMonkey++;
        if(currentMonkey == monkeyList.end())
            currentMonkey = monkeyList.begin();
    }
    ui->lineEdit->setText( * currentMonkey);     //显示将被删除的猴子
    currentMonkey = monkeyList.erase(currentMonkey);
    if(currentMonkey == monkeyList.end())
        currentMonkey = monkeyList.begin();
    showMonkeyList();
}
```

该槽函数的功能：从当前猴子处往下数，到第 m 只猴子停止(如果中间有已到链表尾的情形，则切换到链表头继续)。此时 currentMonkey 指向的即为当前要出列的猴子节点，将其显示在界面单行文本框中，从链表中删除此猴子节点，然后显示更新后的猴子序列。

程序运行结果如图 5-13 所示。图 5-13(a)为指定共 10 只猴子，数到 3 出列的初始界面；图 5-13(b)为最终得到的结果。

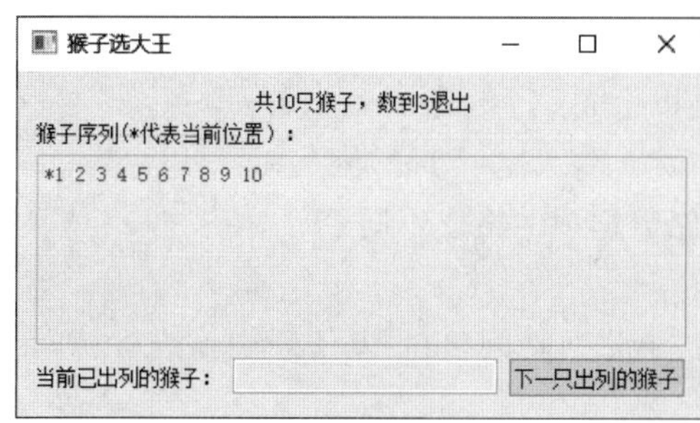

(a) 初始界面

(b) 最终结果

图 5-13　项目 5_11 的运行效果

本节的例子实际是计算机和数学领域中经典的约瑟夫问题，程序只是模拟了原始的求解过程。还有许多高效率的解法，感兴趣的读者可以参考更多的资料进行了解。

课后习题

一、选择题

1. 声明一个用于求解并返回两个同类型数据中较小值的函数模板，下列写法正确的是（　　）。

   A. template < class T > T min(T x,T y);

   B. template < class T > min(T x,int y);

   C. template < class T > T min(x,y);

   D. template < class T > T min(T x,y);

2. 类模板的模板类型参数（　　）。

   A. 可以作为成员函数的返回类型　　B. 可以作为数据成员的类型

   C. 可以作为成员函数的形参类型　　D. 以上 3 个选项均可

3. 已知函数模板声明为

```
template < class T >
void show(T a)
{
    cout << a << endl;
}
```

   下列能正确调用实例化模板函数的语句有（　　）。

   ① show(5);

   ② show < int >(5);

   ③ show(int 5);

   A. ①　　B. ①②　　C. ①②③　　D. ②

4. 下列关于模板的叙述中正确的是（　　）。

   A. 类模板的主要作用是生成抽象类

   B. 函数模板不是函数，在调用时会根据给出的实参类型实例化一个模板函数

   C. 类模板不能有数据成员

   D. 类模板实例化时，编译器将根据类模板生成一个对象

5. 下列说法中错误的是（　　）。

   A. 列表、向量、链表的区别在于内部存储数据项的格式不同

   B. 队列是一种先进先出的数据结构

   C. 列表、向量、链表中的项都可基于迭代器进行访问，也可基于索引值进行访问

   D. 栈是一种先进后出的数据结构

6. 下列说法中错误的是（　　）。

   A. Qt 中的列表、向量、链表都是以类模板的形式提供的

B. Qt 中，向量中的数据项是顺序存储的，而列表中的不一定

C. Qt 中的栈派生自向量，队列派生自列表

D. 迭代器用于访问容器中的数据项，只能读取，不能修改

7. 下列关于虚析构函数的描述错误的是(　　)。

A. 没有定义虚析构函数时，系统会自动生成默认虚析构函数

B. 如果基类没有将析构函数声明为 virtual，则在通过基类指针销毁派生类对象时，只会调用基类析构函数，而派生类对象比基类对象多出来的部分则不会被销毁

C. 在类中声明了虚函数后，也应将类的析构函数声明成虚函数

D. 基类的析构函数是虚函数，则派生类的析构函数自动成为虚析构函数

8. 下列关于静态多态和动态多态的描述，错误的是(　　)。

A. 通过将派生类的对象赋值给基类对象，可以实现动态多态

B. 静态多态在程序编译期间就能确定具体的使用形式

C. 动态多态在程序运行期间才能确定要调用的函数

D. 虚函数是用于实现动态多态的一种机制

9. 下列纯虚函数的描述中错误的是(　　)。

A. 纯虚函数是类的成员函数

B. 纯虚函数在类内声明时需要加 virtual 关键字

C. 纯虚函数是返回值等于 0 的函数

D. 声明有纯虚函数的类是抽象类，不能用来定义对象

10. 下列函数原型中，为纯虚函数声明的是(　　)。

A. void func()=0;　　B. virtual void func();

C. virtual void func()=0;　　D. virtual void func(){ }

11. 下列描述中正确的是(　　)。

A. 在虚函数中不能使用 this 指针　　B. 纯虚函数只能声明，不能定义

C. 抽象类是只有纯虚函数的类　　D. 抽象类指针可指向它的派生类对象

12. 下列说法中正确的是(　　)。

A. 虚函数是没有实现的函数

B. 基类中定义了虚函数，派生类的同原型函数自动成为虚函数

C. 纯虚函数不是虚函数

D. 构造函数和析构函数都不能是虚函数

二、程序分析题

1. 程序填空。

```
#include <iostream>
using namespace std;
template <class T>
class A{
private:
    T x;
public:
    A(T _x);
```

```
};

________①________:x(_x)
{
    cout <<"构造函数被调用"<< endl;
}

int main()
{
    A < int > obj(0);
}
```

2. 下列程序的输出结果为

```
2 0
```

请填空。

```
#include < iostream >
#include < QStack >
using namespace std;
int main()
{
    int a(0),b(1),c(2);
    ________①________
    vec.push(a);
    vec.push(b);
    ____②____
    vec.push(c);
    cout << vec.pop()<<' '<< vec.pop()<< endl;
}
```

3. 下列程序的输出结果为

```
ClassA::fun1
ClassB::fun2
```

请填空。

```
#include < iostream >
using namespace std;
class ClassA
{
    public:
        void func1();
        ________①________
        virtual ~ClassA(){}
};
class ClassB:public ClassA
{
    public:
        void func2();
```

```
        virtual ~ClassB(){}
};
void ClassA::func1()
{
    cout << "ClassA::func1" << endl;
}
void ClassA::func2()
{
    cout << "ClassA::func2" << endl;
}
void ClassB::func2()
{
    cout << "ClassB::func2" << endl;
}
void call(ClassA ____②____)
{
    p.func1();
    p.func2();
}
int main()
{
    ClassB obj;
    call(obj);
    return 0;
}
```

三、编程题

1. 编写一个函数模板,对两个同类型数据(如两个整数、两个浮点数或两个字符串等)比较大小,返回较大的那个,并编写主函数进行测试。

2. 设计一个 DynamicArray 类模板(通用动态数组),包含一个表示数组元素个数的数据成员、一个用于指向动态申请数据空间的指针成员;分别定义成员函数,用于设置、获取指定的数组元素;定义构造函数,用于初始化数据成员以及申请用于存储元素的空间、定义析构函数释放申请的空间。编写并测试该类模板,使之可以用于 int、char、double 等数据类型。

3. 创建如图 5-14 所示的界面。在程序内维护一个字符串队列(QQueue 容器)对象,初始为空,队列中的所有项实时地显示于中间的多行文本框中;单击"进队列"按钮时,将上面文本框中的文字放入队列;单击"出队列"按钮时,从队列中取出最前面的一项,显示在下面的文本框中。

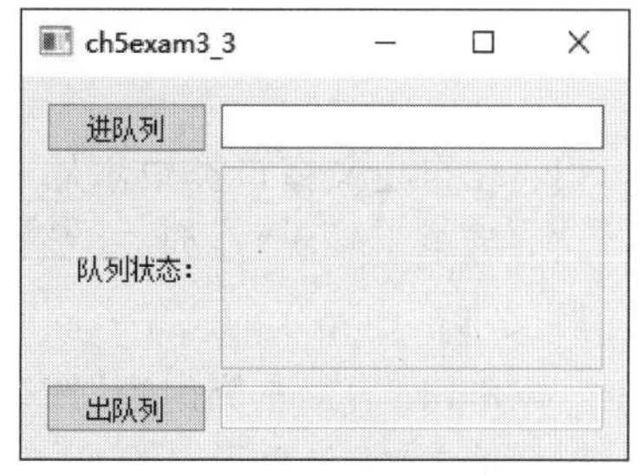

图 5-14　队列操作界面

4. 定义一个抽象基类 BaseShapes,其中包含公有访问权限的纯虚成员函数 area()和虚析构函数;定义两个类 Square、Circle 为抽象基类 BaseShapes 的派生类,其中 Square 类新引入数据成员长 length 和宽 width,Circle 类中新引入数据成员半径 radius,并分别实现成员函数 area();在 main()函数中定义基类指针,并实现通过它调用各个类对象的 area()函数。

四、思考题

1. 现实世界中也经常会遇到栈、队列等组织形式,你能根据自己的生活所见或专业所学举出一些它们的例子么?

2. 类模板和模板类是否是同一个概念,如果不是,它们之间有何联系和区别呢?

实验5　多态的实现与容器的使用

一、实验目的

1. 掌握模板的定义与使用。

2. 熟悉 Qt 中常见的容器。

3. 掌握虚函数、抽象类等的概念与使用。

二、实验内容

1. 编写一个函数模板,求数组中最小的那个元素并返回,编写主函数并使用整型、浮点型和字符串 QString 类型进行测试。

2. 定义栈类模板(要求自己编写,非 Qt 中提供的已有类),要求有存储数据项的数据成员、用于指示当前栈顶位置的数据成员、用于弹出栈顶元素的成员函数、用于压入栈的成员函数、用于输出栈中各个项内容的成员函数及必要的构造函数等。编写主函数,使用整型和字符串类型进行测试。

3. 设计如图 5-15 所示的界面,并完成以下要求的功能。

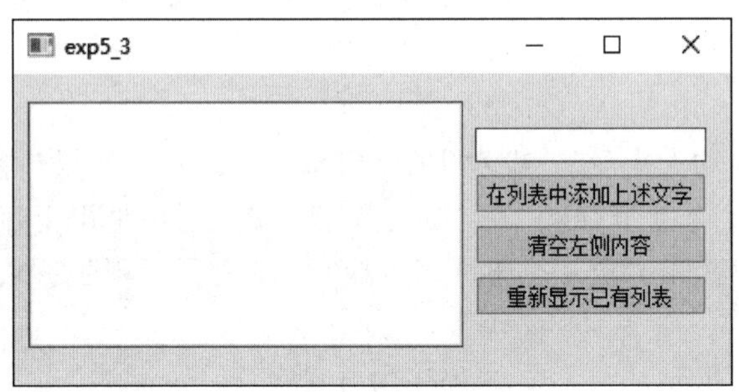

图 5-15　实验 3 内容界面

(1) 在自定义窗口类中添加一个 QList < QString >类型的数据成员 list。

(2) 每单击一次"在列表中添加上述文字"按钮,就在 list 列表中添加一项,内容为界面中单行文本框中输入的文字;同时将该项内容追加显示在左侧 listWidget 中。

(3) 单击"清空左侧内容"按钮时,清空左侧的显示(列表中的项不修改)。

(4) 单击"重新显示已有列表"按钮时,首先清空左侧的显示,然后将数据成员 list 中的内容显示在左侧。

4. 定义一个 BaseClass 类,包括成员函数 fn1()和 fn2(),将 fn1()声明为虚函数;由 BaseClass 类派生出 DerivedClass 类,也有同原型成员函数 fn1()和 fn2();在主函数中定义

DerivedClass 类型的对象，由 BaseClass 类型的指针来指向，通过对象名和指针分别调用 fn1()和 fn2()函数，观察运行结果。

5. 定义一个基类 BaseClass，包含虚析构函数；由它派生出 DerivedClass 类，包含析构函数；在主程序中定义一个 BaseClass 的指针 pa，并将其指向一个由 new 运算符申请的 DerivedClass 对象空间，然后通过 delete 运算符释放该 pa 指针指向的内容，观察虚析构函数是如何执行的(并试着将 BaseClass 的虚析构函数改为普通析构函数，观察运行结果有何不同)。

第 6 章

Qt 事件及绘图

除了信号与槽通信机制以外，Qt 中还提供了事件机制处理与用户的交互和实现对象间的通信。信号与槽和事件虽起到类似的作用，却是两种不同的机制。相对而言，事件是更底层的概念，Qt 捕获底层操作系统消息，进行封装之后转换成 Qt 事件(也可以自定义产生)，事件处理后才发出信号。

视频讲解

6.1 事件处理机制

Windows 事件驱动中“事件”的概念与 Qt 事件有所区别，前者可以理解为是一件发生了的事情或动作(如用户单击这个行为)本身；而 Qt 事件则是 Qt 事件类的一个对象，它用于描述程序内部或外部发生的动作(即前者)。

Qt 的事件类有很多，它们都继承自 QEvent 类，常见的事件类如表 6-1 所示。

表 6-1 常见的事件类

类 名	作 用	类 名	作 用	类 名	作 用
QMouseEvent	鼠标事件	QPaintEvent	绘画事件	QCloseEvent	关闭事件
QWheelEvent	滚轮事件	QTimerEvent	定时器事件	QShowEvent	显示事件
QKeyEvent	键盘事件	QResizeEvent	窗口大小改变事件	QHideEvent	隐藏事件

事件对象的产生有以下两种来源。

(1) 在与用户交互(如用户按下鼠标键、敲击键盘等行为发生)时产生。此时生成 Qt 事件的过程如下：操作系统感知到用户的行为，产生消息，然后投递到应用程序的消息队列当中；应用程序从消息队列中提取消息，并将其转化成 Qt 事件。也就是说，实际上是对从操作系统得到的消息进行了封装，生成了事件对象。

(2) 由 Qt 应用程序自身产生。例如，调用 QWidget 的 update()成员函数时，会就生成一个 QPaintEvent 事件类的对象。

1. 事件处理机制

事件本身是一个对象，它不能处理自己。而任意的 QObject 类(及其派生类)对象都具备处理事件的能力。从整个应用的角度来看，对事件的处理分为两种方式：使用 QApplication::postEvent()函数将事件投入事件队列，等待被事件循环轮候派发处理(异步处理)；或使用 QApplication::sendEvent()函数将事件发给 notify()函数进行直接派发，并不进入事件队列(同步处理)。

类似于 Windows 的消息处理机制，Qt 应用程序中也维护了一个自己的事件队列，也有一个事件循环对事件进行处理。当执行 QApplication::exec()函数时，就进入了事件循环。事件循环处理过程如下。

(1) 不断取出 Qt 事件队列中的事件并进行派发处理，直至为空。

(2) 处理本应用程序消息队列中的消息。具体操作为依次取出消息队列中的消息，将其转换成 Qt 事件，然后投入事件队列，直至当前消息队列为空。

(3) 然后再次处理事件队列中新加入的 Qt 事件(来自步骤(2)中对消息封装产生的 Qt 事件和其他新加入的事件)。

事件队列中的事件传递和处理的过程如图 6-1 所示。

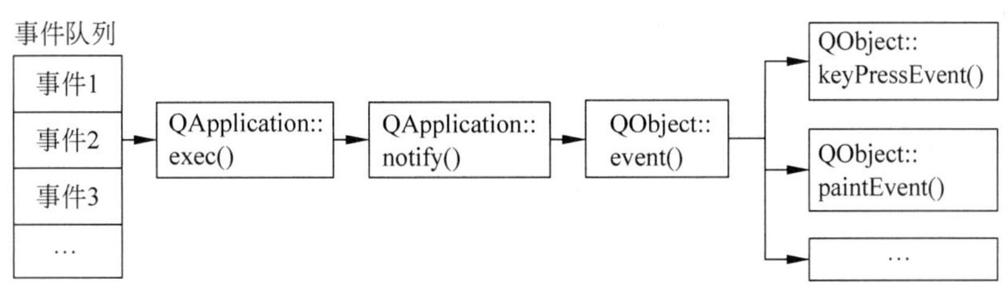

图 6-1 异步处理时事件的传递过程

在 GUI 应用程序中，主函数中最后都有一句"return a. exec();"调用了 exec()函数。该函数内部进行事件循环，循环中依次取出事件并交给 notify()函数处理。

所有事件最终都是通过 notify()函数被派发给相应对象(处理事件的对象)的。但是，并非所有事件都会进入事件队列。进入事件队列的称为异步事件，按照图 6-1 的过程进行传递和处理，称为异步处理；还有一些事件(同步事件)是通过 QApplication:: sendEvent()函数直接交给 notify()函数处理的，称为同步处理。

同步事件和异步事件主要由处理它们的方式进行区分，同一类型的事件可能是同步事件，也可能是异步事件。例如，调用 QWidget 的 repaint()成员函数时，产生的 QPaintEvent 事件采用了同步处理，是同步事件；调用 QWidget 的 update()成员函数时，产生的 QPaintEvent 事件采用了异步处理，是异步事件。

提示：

(1) QApplication::postEvent()函数用在异步处理中，将事件发送到事件队列。

(2) QApplication::sendEvent()函数用在同步处理中，将事件发给 notify()函数直接派发。

(3) 一般很少直接调用上述两个函数选择同步或异步处理。因为大多数 Qt 事件会在必要时自动产生和派发，而对需要手动产生的事件，多数情况下 Qt 已经准备好了更高级的函数提供服务。例如，想重绘 QWidget 对象，需要产生 QPaintEvent 事件，可调用 QWidget 的 update()函数(异步)或 repaint()函数(同步)实现。

event()函数是当前对象处理所有派发给它的事件的入口,它决定如何处理每个不同类型的事件。但通常 event()函数并不实际处理事件,它的工作主要是派发——根据 notify()函数发来事件的类型不同,调用不同的事件处理函数进行处理。例如,QWidget 类中的绘图事件处理函数 paintEvent()就是由 QWidget::event()函数指定的专门用来处理 QPaintEvent 类型事件的处理函数。

事件处理函数是最终被调用的函数,如图 6-1 中的 keyPressEvent()、paintEvent()等函数,实际的事件处理代码一般写在该函数中。

可以通过调用事件类的 ignore()成员函数标记该事件未被处理;调用 accept()成员函数标记该事件已被处理;调用 isAccept()成员函数判断当前事件是否已被处理。在事件传递的过程中,notify()函数、event()函数、事件处理函数中都可以设置当前事件是否已被处理。对于某些类型的事件,如果它没有在当前部件中被处理,那么这个事件会继续被 notify()函数转发给它的父部件,直到被处理或到达最顶层窗口部件。

从使用上来看,事件机制和信号与槽机制是类似的,目的都是实现不同对象间的通信。但它们却是两套不同的机制:信号发射并无目的,任何感兴趣的对象都可以通过 connect()函数将自己的槽与其关联;而事件有明确的接收对象。它们也是不同层面的机制,事件更偏低层;事件和信号的发出者不同,作用也不同。例如,使用鼠标单击一个按钮时,产生鼠标事件 QMouseEvent,按钮接收并处理了鼠标事件,再发射出一个 clicked 信号。可见,事件并不是按钮发出的,它在事件循环中通过封装了操作系统产生的消息而生成;clicked 信号则是由按钮自己发出的。

2. 事件处理实现

从编程角度,自己编写事件处理代码有以下最常见的方式。

(1) 创建部件的派生类,然后重写部件里特定事件对应的默认事件处理函数,这是最常用,也是最简单的处理方式。

(2) 创建部件的派生类,然后重写部件的 event()函数。事件可在 event()函数中处理(不建议),也可在该函数中派发给自定义的成员函数处理。

接下来,将介绍一些常见的事件类,并通过例子熟悉对事件的处理。

视频讲解

6.2 常见事件

视频讲解

6.2.1 鼠标事件

QMouseEvent 类用于描述鼠标事件,仅涉及鼠标左键或右键的按下、释放、双击、移动等操作。对鼠标滚轮的操作通过鼠标滚轮事件类 QWheelEvent 描述。QMouseEvent 类常见的成员函数原型如下。

```
Qt::MouseButton button() const;        //返回产生事件的鼠标按钮
Qt::MouseButtons buttons() const;      //返回哪些鼠标按钮处于按下状态
QPoint globalPos() const;              //返回鼠标的位置,使用屏幕坐标
QPoint pos() const;                    //返回鼠标的位置,使用用户区坐标
QEvent::Type type() const              //返回事件类别,如按下、释放或双击等
```

可视的部件类中有多个处理鼠标事件的默认函数，它们都具有保护权限。例如，默认的鼠标按下事件处理函数原型为

```
void mousePressEvent(QMouseEvent * event);
```

默认的鼠标释放事件处理函数原型为

```
void mouseReleaseEvent(QMouseEvent * event);
```

默认的鼠标移动事件处理函数原型为

```
void mouseMoveEvent(QMouseEvent * event);
```

默认的鼠标双击事件处理函数原型为

```
void mouseDoubleClickEvent(QMouseEvent * event);
```

如需实现自定义的鼠标事件处理，要对处理事件的类（可视的部件类）进行派生，然后在派生类中重写上述对应的默认处理函数。也可以重写派生类中 event()函数，它是可视部件类中的公有成员函数，原型为

```
bool event(QEvent * event);
```

可在 event()函数中直接对特定类型事件进行处理（但不建议这么做），或另行指派自定义的成员函数为特定事件的处理函数。

为展示事件处理过程，下面创建不带界面、基于 QWidget 的项目 6_1。然后在 widget.h 头文件的自定义 Widget 类定义中添加语句：

```
protected:
        void mousePressEvent(QMouseEvent * event);
```

上述代码表明在自定义 Widget 类中要重写父类 QWidget 的 mousePressEvent()成员函数。接着，在 widget.cpp 文件中添加头文件。

```
#include <QMouseEvent>
#include <QDebug>
```

最后在 widget.cpp 文件尾添加 mousePressEvent()成员函数的定义，代码如下。

```
void Widget::mousePressEvent(QMouseEvent * event)
{
    if(event->type() == QEvent::MouseButtonPress)
    {
        if(event->button() == Qt::LeftButton)
            qDebug()<<"鼠标左键被按下,位于用户区坐标: "<< event->pos()
                    <<"屏幕坐标: "<< event->globalPos();
        else if(event->button() == Qt::RightButton)
            qDebug()<<"鼠标右键被按下,位于用户区坐标: "<< event->pos();
        event->accept();
    }
    event->accept();
}
```

首先,调用传递进来的事件指针 event 所指向事件的 type()成员函数,返回事件类别。事件类别是 QEvent 类中定义的一些枚举常量,如 QEvent::MouseButtonPress 代表鼠标按键按下;QEvent::MouseButtonDblClick 代表鼠标双击;QEvent::MouseMove 代表鼠标移动;QEvent::MouseButtonRelease 代表鼠标按键释放。这 4 个事件类别的事件都表现为一个 QMouseEvent 类型的对象。

上述代码的含义:若事件为鼠标按下事件,则继续判断按下的键是左键还是右键,并分别输出不同的信息,然后设置事件状态为已处理;若事件不是鼠标按下事件,则直接设置事件状态为已处理。运行程序,在显示窗口的用户区中分别单击和右击,应用程序输出窗口中会输出如图 6-2 所示的结果。

```
6_1
鼠标左键被按下,位于用户区坐标:  QPoint(233,188) 屏幕坐标:  QPoint(596,312)
鼠标右键被按下,位于用户区坐标:  QPoint(233,188)
```

图 6-2 项目 6_1 的运行结果

也可以重写 event()函数,将某些类型的事件指派给特定的处理函数处理。复制项目 6_1 为项目 6_2,然后修改 widget.h 头文件,代码如下。

```
/************************************
* 项目名: 6_2
* 文件名: widget.h
* 摘  要: 声明重写 event()函数和 mousePressEvent()函数,以及声明自定义处理函数
************************************/
#ifndef WIDGET_H
#define WIDGET_H
#include <QWidget>

class Widget : public QWidget
{
    Q_OBJECT

public:
    Widget(QWidget * parent = nullptr);
    ~Widget();
    bool event(QEvent * event);

protected:
    void mousePressEvent(QMouseEvent * event);   //默认鼠标按下事件处理函数
    void myEventFunc(QMouseEvent * event);       //自定义的鼠标事件处理函数
};

#endif //WIDGET_H
```

需要注意的是,自定义的鼠标事件处理函数和默认的鼠标事件处理函数一样,也需要传入事件指针以便在函数内部对事件进行处理。

在 widget.cpp 文件中定义成员函数，代码如下。

```
/************************************
* 项目名: 6_2
* 文件名: widget.cpp
* 摘  要: event()函数和 mousePressEvent()函数,以及自定义处理函数实现
************************************/
#include "widget.h"
#include <QMouseEvent>
#include <QDebug>

Widget::Widget(QWidget * parent): QWidget(parent)
{
}

Widget::~Widget()
{
}

void Widget::mousePressEvent(QMouseEvent * event)
{
    if(event->type() == QEvent::MouseButtonPress)
    {
        if(event->button() == Qt::LeftButton)
            qDebug()<<"鼠标左键被按下,位于用户区坐标: "<< event->pos()
                        <<"屏幕坐标: "<< event->globalPos();
        else if(event->button() == Qt::RightButton)
            qDebug()<<"鼠标右键被按下,位于用户区坐标: "<< event->pos();
}
event->accept();
}

bool Widget::event(QEvent * event)
{
    if(event->type() == QEvent::MouseButtonRelease)
    {
        QMouseEvent * mEvent = static_cast<QMouseEvent *>(event);
                        //强制转换为 QMouseEvent 类型指针并用它初始化 mEvent
        myEventFunc(mEvent);
        return true;
    }
    return QWidget::event(event);                //无此句时,其他类型的事件不会得到处理
}

void Widget::myEventFunc(QMouseEvent * event)
{
    if(event->button() == Qt::LeftButton)
        qDebug()<<"左键已释放";
```

```
    else if(event->button() == Qt::RightButton)
        qDebug()<<"右键已释放";
    event->accept();
}
```

event()函数中事件的分派重新进行了指定。如果为 QEvent::MouseButtonRelease 事件,则 event 指针指向的实际是 QMouseEvent 类型的对象,于是定义 QMouseEvent 类型的指针 mEvent 指向它(event 指针指向的对象);然后把它派发给自定义的 myEventFunc()函数;myEventFunc()函数处理完毕后 event()函数返回 true。

static_cast 是 C++语言规范标准中的强制转换类型运算符,用于强制类型转换。代码“static_cast < QMouseEvent * >(event)”等同于“(QMouseEvent *)(event)”,即将后面的 event 指针强制转换为 QMouseEvent 类型指针。

只有 QEvent::MouseButtonRelease 类别的 QMouseEvent 事件才被派发给自定义的 myEventFunc()函数处理。函数中根据释放的是左键还是右键,分别显示不同的消息,然后设置事件为已处理。

在 event()函数的最后一句 return 语句中,调用父类 QWidget 的 event()函数完成对其他非鼠标释放事件(如鼠标键按下的鼠标事件、键盘按键事件)的默认处理。若注释掉此 return 语句并观察运行效果,可以发现代码中的 mousePressEvent()处理函数是不会被执行的,因为 event()函数中并没有派发事件给它。只有调用了父类的 event()函数,才会在该函数中把其他事件派发给不同的默认处理函数,包括 mousePressEvent()函数。

图 6-3 所示为运行程序并在窗口的用户区中分别单击和右击时的输出结果。

```
6_2
鼠标左键被按下,位于用户区坐标: QPoint(328,40) 屏幕坐标: QPoint(691,164)
左键已释放
鼠标右键被按下,位于用户区坐标: QPoint(328,40)
右键已释放
```

图 6-3 项目 6_2 的运行结果

视频讲解

6.2.2 滚轮事件

QWheelEvent 类用于描述鼠标的滚轮事件,常用的成员函数如下。

```
QPoint pos() const;                        //返回事件发生时鼠标的位置(用户区坐标)
QPoint globalPos() const;                  //返回事件发生时鼠标的位置(屏幕坐标)
QPoint angleDelta() const;                 //返回旋转的角度,以 0.125°为单位
        //滚轮向上旋转时返回的 QPoint 对象的 y 坐标为正值;反之为负值
QEvent::Type type() const;                 //返回事件类别
Qt::MouseButtons buttons() const;          //返回事件发生时按下的鼠标键
Qt::MouseEventSource source() const;       //返回事件源。可用于区分事件是来自
    //有滚轮的鼠标,还是其他如触摸板等。但注意:许多平台不提供此信息
```

默认的滚轮事件处理函数原型如下，它具有保护访问权限。

```
void wheelEvent(QWheelEvent * event);
```

创建一个带界面、基于 QWidget 的应用程序项目 6_3，然后复制一个图片文件(a.jpg)到工程目录下新创建的 img 子文件夹中，接着在项目中添加一个资源文件，并添加图片为资源。在界面上拖入一个 QLabel 标签，将它拉大一点以便容纳图片，设置标签的 pixmap 属性为刚刚添加的图片资源，勾选标签的 scaledContents 属性以便图片缩放至标签区域。

在头文件 widget.h 自定义类 Widget 的定义中添加语句：

```
protected:
        void wheelEvent(QWheelEvent * event);
```

在源文件 widget.cpp 中添加头文件。

```
#include <QWheelEvent>
```

在源文件 widget.cpp 中添加 wheelEvent 函数的定义如下。

```
void Widget::wheelEvent(QWheelEvent * event) //滚轮事件处理
{
    if(event->angleDelta().y()>0)          //当滚轮向上滚动时放大标签
        ui->label->resize(ui->label->width() + 5,ui->label->height() + 5);
    else                                   //当滚轮向下滚动时缩小标签
        ui->label->resize(ui->label->width() - 5,ui->label->height() - 5);
    event->accept();
}
```

运行程序，并在窗口的用户区滚动鼠标滚轮，可以看到图片根据滚轮的方向放大或缩小显示，效果如图 6-4 所示。

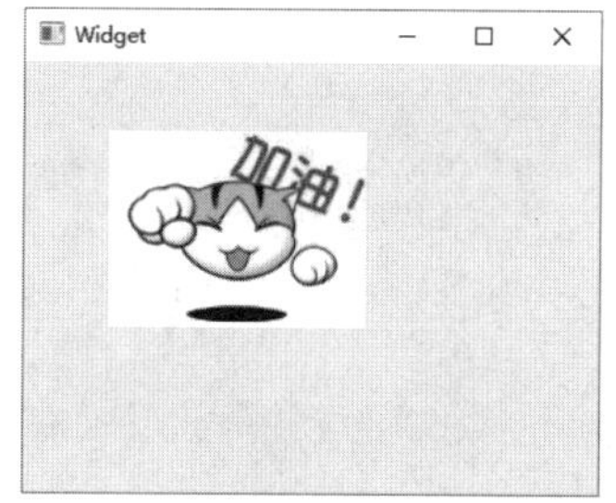

(a) 程序刚运行时

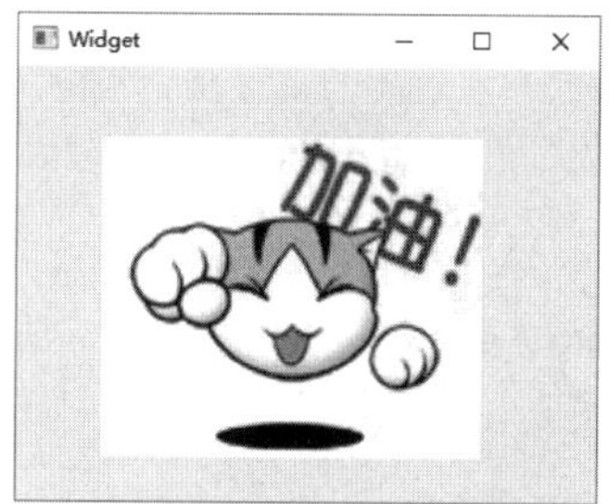

(b) 滚轮向上滚动放大图片

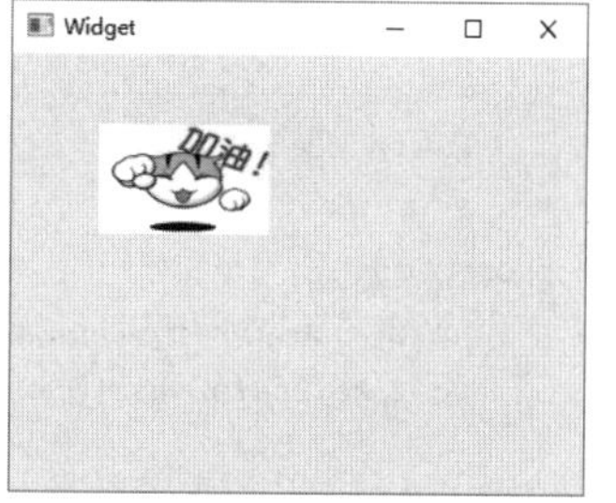

(c) 滚轮向下滚动缩小图片

图 6-4　项目 6_3 运行结果

6.2.3　键盘事件

视频讲解

QKeyEvent 类用于描述键盘事件，当键盘按键被按下或释放时，键盘事件会被发送给拥有焦点的部件。QkeyEvent 类具有以下常用的成员函数。

```
int key() const;                    //获取按下的键
int modifiers() const;              //判断修饰键(Ctrl、Shift、Alt)是否在按下状态
bool isAutoRepeat() const;          //判断是否是按键事件(按下,释放)的自动重复
```

默认的键盘事件处理函数同样具有保护权限,函数原型为

```
void keyPressEvent(QKeyEvent * event);
void keyReleaseEvent(QKeyEvent * event);
```

上述两个函数分别用于处理键盘键按下事件和键盘键释放事件,这两种事件都是QKeyEvent类型的对象。

复制项目6_3为项目6_4,然后修改widget.h头文件,代码如下。

```
/**********************************
* 项目名: 6_4
* 文件名: widget.h
* 说  明: 声明重写默认的滚轮事件处理函数、键盘按下事件处理函数
**********************************/
#define WIDGET_H
#include <QWidget>

namespace Ui {
class Widget;
}

class Widget : public QWidget
{
    Q_OBJECT

public:
    explicit Widget(QWidget * parent = nullptr);
    ~Widget();

private:
    Ui::Widget * ui;

protected:
    void wheelEvent(QWheelEvent * event);
    void keyPressEvent(QKeyEvent * event);
};

#endif //WIDGET_H
```

类成员函数实现在widget.cpp文件中,代码如下。

```
/**********************************
* 项目名: 6_4
* 文件名: widget.cpp
* 说  明: 重新实现默认的滚轮事件处理函数、键盘按下事件处理函数
**********************************/
```

```
#include "widget.h"
#include "ui_widget.h"
#include <QWheelEvent>
#include <QDebug>

Widget::Widget(QWidget *parent) :
    QWidget(parent),
    ui(new Ui::Widget)
{
    ui->setupUi(this);
}

Widget::~Widget()
{
    delete ui;
}

void Widget::wheelEvent(QWheelEvent *event)//滚轮事件处理
{
    if(event->angleDelta().y()>0)          //当滚轮向上滚动时放大标签
        ui->label->resize(ui->label->width()+5,ui->label->height()+5);
    else                                   //当滚轮向下滚动时缩小标签
        ui->label->resize(ui->label->width()-5,ui->label->height()-5);
    event->accept();
}

void Widget::keyPressEvent(QKeyEvent *event)
{
    if(event->key()==Qt::Key_Up)           //按上方向键,标签(图片)向上移动
        ui->label->move(ui->label->x(),ui->label->y()-5);
    else if(event->key()==Qt::Key_Down)
        ui->label->move(ui->label->x(),ui->label->y()+5);
    else if(event->key()==Qt::Key_Left)
        ui->label->move(ui->label->x()-5,ui->label->y());
    else if(event->key()==Qt::Key_Right)
        ui->label->move(ui->label->x()+5,ui->label->y());
    else if(event->key()==Qt::Key_M
            &&event->modifiers()==Qt::ControlModifier)    //按下Ctrl+M组合键
                setWindowState(Qt::WindowMaximized);       //最大化窗口
    else
        QWidget::keyPressEvent(event);      //使用父类的默认函数处理其他键按下事件
}
```

项目6_4重写了键盘按下事件的默认处理函数,如果按下的键为键盘的上、下、左、右4个方向键之一,则分别按照代码将标签在窗口中向上、下、左、右移动5个像素。

如果按下的是Ctrl+M组合键,则通过调用窗口类的setWindowState()函数最大化窗口。对于其他键盘键按下事件,调用父类QWidget默认的键盘事件处理函数。程序运行效

果如图 6-5 所示。

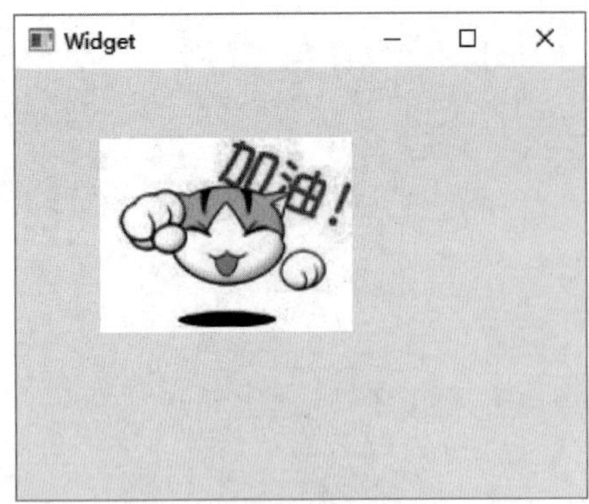

(a) 程序刚运行时

(b) 按9次左方向键的效果

图 6-5　项目 6_4 运行结果

视频讲解

6.2.4　定时器事件

QTimerEvent 事件类用于描述一个定时器事件。对任意 QObject 及其子类，调用以下成员函数：

```
int startTimer(int interval, Qt::TimerType timerType = Qt::CoarseTimer);
```

该函数会以 interval 毫秒为周期开启一个定时器，并返回定时器标识。如果无法启动计时器，则返回零。定时器每隔 interval 毫秒产生一个 QTimerEvent 定时器事件，直到调用 QObject 类里的成员函数：

```
void killTimer(int id);
```

结束定时器为止。

QObject 类及其子类中的默认定时器事件处理函数为 timerEvent()，它具有保护访问权限，原型如下。

```
void timerEvent(QTimerEvent * );
```

创建带界面、基于 QWidget 的项目 6_5，然后在界面中拖入一个标签，修改标签文字为"字体颜色变幻效果"；拖入两个按钮，修改显示的文字分别为"开始"和"结束"。

在 widget.h 头文件中重新声明定时器事件处理函数 timerEvent()并添加一个私有的整型数据成员 timerNum 用于存储定时器标识。添加的代码如下。

```
protected:
    void timerEvent(QTimerEvent * );
private:
    int timerNum;
```

分别给两个按钮的 clicked 信号添加自关联槽，修改构造函数，重写 timerEvent()函数并添加需要的头文件。最终 widget.cpp 文件代码如下。

```
/**********************************
* 项目名: 6_5
* 文件名: widget.cpp
* 说　明: 设置定时器并重新实现定时器事件处理函数
**********************************/
#include "widget.h"
#include "ui_widget.h"
#include <QTimerEvent>
Widget::Widget(QWidget * parent) :QWidget(parent),ui(new Ui::Widget),
    timerNum(0)                          //timerNum 初始化为 0 表示还没有定时器
{
    ui->setupUi(this);
    ui->label->setStyleSheet("color:blue");  //文字初始设置为蓝色
}

Widget::~Widget()
{
    delete ui;
}

void Widget::timerEvent(QTimerEvent * )
{
    static int i = 0;                    //静态局部变量 i 用于控制设置标签字体的颜色
    if(i == 0)
    {
        ui->label->setStyleSheet("color:red");
        i = 1;
    }
    else
    {
        ui->label->setStyleSheet("color:blue");
        i = 0;
    }
}

void Widget::on_pushButton_2_clicked()       //"结束"按钮
{
    if(timerNum!= 0)                     //如果现在有定时器
    {
        killTimer(timerNum);
        timerNum = 0;                    //将 timerNum 设置为 0,表示现在没有定时器
    }
    ui->label->setStyleSheet("color:blue"); //恢复到初始的蓝色
}

void Widget::on_pushButton_clicked()         //"开始"按钮
```

```
{
    if(timerNum!= 0)                    //需要结束之前的定时器,否则会有多个定时器在工作
        killTimer(timerNum);
    timerNum = startTimer(500);          //每隔 0.5s 产生一个定时器事件
    ui -> label -> setStyleSheet("color:blue");
}
```

在构造函数中将 timerNum 设置为 0,正常开启一个定时器时,返回的定时器标识不会是 0,因此可以根据 timerNum 的值判断当前程序中是否已有定时器在工作。

单击"开始"按钮(pushButton)时,执行 on_pushButton_clicked()槽。槽中首先结束之前的定时器(通过 timerNum 是否为 0 进行判断),再开始一个新的定时器,最后再将标签文字颜色设置为初始的蓝色。如果不结束之前的定时器,则每单击一次"开始"按钮,就会生成一个定时器,多次单击后有多个定时器同时在工作,而每个定时器到期后都会产生定时器事件,如此不断单击"开始"按钮,会发现颜色切换得越来越快,这是因为 timerEvent()函数处理了多个定时器发出的所有定时器事件。

单击"停止"按钮时,执行 on_pushButton_2_clicked()槽。该函数也需要先判断当前是否还有定时器,有则结束它;然后将 timerNum 设置为 0,将字体颜色设置为初始的蓝色。

timerEvent()函数中的变量 i 是静态的局部变量,多次调用 timerEvent()函数时,会交替修改 i 的值为 0 或 1,从而达到设置不同字体颜色的效果。

程序运行效果如图 6-6 所示,单击"开始"按钮后,文字颜色会在蓝色和红色之间切换。

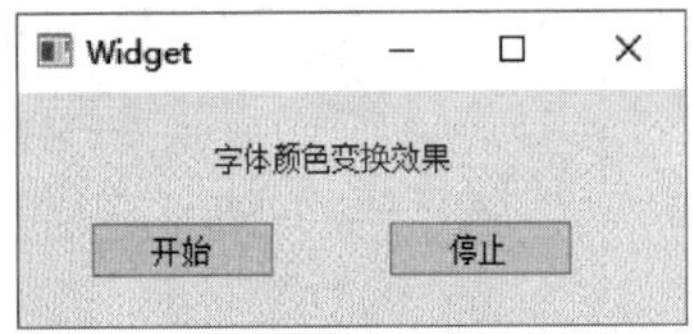

(a) 程序刚运行时

(b) 按下开始按钮,红蓝字体依次交替显示

图 6-6 项目 6_5 运行结果

实际上,还可以抛开事件机制,使用 Qt 提供的 QTimer 定时器类实现定时功能。QTimer 类的对象每隔一个周期都会发送一个 timeout 信号,可使用信号与槽机制完成对 timeout 信号的处理。感兴趣的读者可以参考 Qt Creator 中的帮助以了解 QTimer 类的使用。

6.3 Qt 二维绘图

本节将介绍 Qt 中二维绘图的实现,以便读者掌握基本的图形绘制方法,以及为 6.4 节实现以 QAbstractButton 抽象类作为基类创建自定义外观的派生按钮类做准备。

6.3.1 绘图系统

Qt 提供了强大的二维绘图系统，使开发者可用相同的接口在屏幕或其他各种绘图设备上进行绘制。绘图的实现主要基于以下 3 个类：QPainter、QPaintDevice、QPaintEngine。

QPainter 绘图类提供了具体实现绘制各种图形（如线段、矩形、圆等）的操作接口，用于执行具体的绘制操作；QPaintDevice 类代表了能被 QPainter 画上去的设备（或用于画图的空间），类似于"画布"的概念，即使用 QPainter 对象在 QPainterDevice 对象上进行绘制，它是所有可进行自我绘制的对象（如各种可见的部件）的基类；QPainter 和 QPaintDevice 类之间的通信操作通过 QPaintEngine 类实现，该类给 QPainter 类提供了相同的操作接口（屏蔽了在不同 QPainterDevice 设备上实现具体绘制操作时的差异）。因此，QPainter 对象能以统一的方式在不同类型的设备上进行绘制，而感觉不到使用上的差别。对于开发者，QPaintEngine 类是透明的，一般不会用到。

绘制操作可以在任何 QPaintDevice 类（及其派生类）的对象上进行，通常在这些部件对象的"绘图事件"默认处理成员函数 paintEvent（QPaintEvent *）中实现。该成员函数会在以下情况自动被调用。

(1) 部件的 repaint()函数被调用。此时该函数会生成一个绘图事件，并导致 paintEvent()函数立刻被调用，以实现绘制操作（称为同步处理）。一般建议仅在需要立即绘制（如在动画过程中）时才使用 repaint()函数。

(2) 部件的 update()成员函数被调用。该函数也生成一个绘图事件，但事件被放入应用程序的事件队列，因此不会导致立即重绘。当程序返回到主事件循环时，才从事件队列中取出绘图事件并调用 paintEvent()函数进行绘制（称为异步处理）。与 repaint()函数立刻重绘相比，update()函数进行了重绘优化以提高速度和减少闪烁，即若此时事件队列中有多个"绘图事件"（如多次调用了 update()函数），只会统一安排一次 paintEvent()函数的调用。

(3) 被隐藏的部分现在被重新显示。例如，部件被弹出式菜单遮挡后再重新显示、窗口最小化后又重新恢复等。

(4) 其他原因导致需要重绘的情形。

如上所述，paintEvent()函数会在多种情况下（由事件触发）被其他函数自动调用，代码开发者一般不会在代码中显式调用它。即使在某些情形下需要进行绘制或重绘，一般也多采用调用 rapaint()函数（同步处理）或 update()函数（异步处理）的方式，在对实时性要求不高的情况下，建议采用异步处理方式。

对于开发者，只需在 paintEvent()函数体内实现具体的绘制操作就可以了。由于 update()和 repaint()函数最终都会导致 paintEvent()函数被调用执行，因此务必不要在 paintEvent()中调用这两个函数，这会导致无限的相互调用。

在绘制比较慢的部件时，还可在 paintEvent()函数中只重绘需要的区域（如部分被遮挡时产生的区域，称为无效区域），该区域的坐标可通过调用传递进来的 QPaintEvent 类型的参数对象的 region()成员函数获取。

绘制的内容可以是各种图形，也可以是文本或图片等。表 6-2 列出了 QPainter 类中提供的常用绘制成员函数以及它们的功能说明。这些函数大多都有多种的重载形式，读者可以在使用时查阅函数原型声明，并逐步熟悉它们的使用。

表 6-2 QPainter 可绘制的常见基本图形

函 数 名	功 能	函 数 名	功 能	函 数 名	功 能
drawArc()	画弧线	drawLine()	画线段	drawText()	画文本
drawChord()	画弦	drawLines()	画多条线段	drawEllipse()	画椭圆
drawPie()	画扇形	drawRect()	画矩形	drawPolygon()	画多边形
drawPoint()	画点	drawRects()	画多个矩形	drawConvexPolygon()	画凸多边形
drawPoints()	画多个点	drawRoundRect()	画圆角矩形	drawPolyline()	画折线

使用 QPainter 进行绘制的过程如下：创建 QPainter 对象，为其指明绘图设备，调用成员函数进行绘制，结束绘制。

下面通过项目 6_6 熟悉绘图的过程。

创建一个不带界面、基于 QWidget 的应用程序（项目 6_6），自定义窗口类使用默认的名字 Widget。在 Widget 类中重新声明 paintEvent()成员函数，由于该函数是对父类中成员函数的重写，因此函数原型格式是固定的。Widget 类定义代码如下。

```
/****************************************
* 项目名: 6_6
* 文件名: widget.h
* 说  明: 自定义窗口类,重声明了成员函数 paintEvent()
****************************************/
#ifndef WIDGET_H
#define WIDGET_H
#include <QWidget>

class Widget : public QWidget
{
    Q_OBJECT
public:
    Widget(QWidget * parent = nullptr);
    ~Widget();
    void paintEvent(QPaintEvent * );
};

#endif //WIDGET_H
```

在类外重写该成员函数，所在的 widget.cpp 文件实现如下。

```
/****************************************
 * 项目名: 6_6
 * 文件名: widget.cpp
 * 说  明: 自定义窗口类实现,重定义了成员函数 paintEvent()实现绘图
****************************************/
#include "widget.h"
```

```
#include <QPainter>

Widget::Widget(QWidget * parent): QWidget(parent)
{
    this->resize(300,200);
}

Widget::~Widget()
{
}

void Widget::paintEvent(QPaintEvent * )
{
    QPainter painter(this);                   //以本窗口对象为绘图设备

    //画弧线,rectangle为弧线所在椭圆的外接矩形
    QRectF rectangle(10, 20, 50, 40);         //矩形,参数分别为左、上、宽、高
    int startAngle = 30 * 16;                 //开始角度,每16个值代表1°
    int spanAngle = 270 * 16;                 //跨度,逆时针
    painter.drawArc(rectangle, startAngle, spanAngle);

    //画扇形
    rectangle.setRect(10+50,20,50,40);
    painter.drawPie(rectangle, startAngle, spanAngle);

    //画弦
    rectangle.setRect(10+50*2,20,50,40);
    painter.drawChord(rectangle, startAngle, spanAngle);

    //画点
    QPen myPen;
    myPen.setWidth(10);                       //设置画笔粗细
    painter.setPen(myPen);
    painter.drawPoint(10+50*3,40);            //画点,同画笔粗细,形状为方形

    //画多个点
    QPointF pts[3] = {{10,10},{30,10},{50,10}};   //点数组
    painter.drawPoints(pts,3);                //画多个点

   //画线段
   myPen.setWidth(1);                         //设置画笔粗细
   painter.setPen(myPen);
   painter.drawLine(200,30,220,50);           //参数: 端点1的x,y坐标、端点2的x,y坐标

   //画多条线
   QLineF lines[2] = {{240,30,260,50},{250,30,270,50}};
   painter.drawLines(lines,2);

   //画矩形
   rectangle.setRect(10,70,50,30);
   painter.drawRect(rectangle);

   //画多个矩形
```

```
    QRectF rects[2] = {{90,70,50,30},{150,70,50,30}};
    painter.drawRects(rects,2);

    //画圆角矩形
    rectangle.setRect(220,70,50,30);
    painter.drawRoundRect(rectangle,25,25); //参数 2,3 分别指明 x,y 拐角的圆角度

    //画文本
    painter.drawText(10,130,"hello");          //参数：起始 x,y 坐标、显示的文字

    //画椭圆
    painter.drawEllipse(50,120,50,30);         //参数为外接矩形的左、上、宽、高

    //画多边形,最后 1 个点默认连接到第 1 个点
    QPointF ployPts[4] = {{120,120},{180,150},{130,140},{120,170}};
    painter.drawPolygon(ployPts,4);

    //画凸多边形, 如果提供的多边形不是凸的,则结果不确定
    QPointF ployPts2[4] = {{120 + 60,120},{180 + 60,150},{130 + 60,140},{120 + 60,170}};
    painter.drawConvexPolygon(ployPts2,4);

    //画折线
    QPointF ployPts3[4] = {{120 + 120,120},{180 + 120,150},
                           {130 + 120,140},{120 + 120,170}};
    painter.drawPolyline(ployPts3,4);

    //其他常用函数
    painter.eraseRect(120,80,50,30);           //擦除矩形区域中内容

    painter.end();                        //此句可以不写,painter 析构时会自动调用 end()函数
}
```

首先创建了一个 QPainter 类型的对象 painter,并指定绘图设备为当前窗口对象。绘制时采用用户区坐标系(原点在用户区的左上角,X 轴向右,Y 轴向下,单位为像素)。

QRectF 类表示矩形。与之类似的还有 QRect 类,两者的区别在于：前者内部使用浮点型存储坐标,后者内部使用整型存储坐标。虽然以像素为单位的坐标是整型的,但由于历史原因,QRect 的某些成员函数计算的坐标(如 right()函数和 buttom()函数)会偏离真实的位置),因此建议使用 QRectF 类型。

QPointF 类表示一个点。类似的还有 QPoint 类,它们的区别也在于前者内部存储坐标的类型为浮点型,后者为整型。

画弧线、扇形、弦时,成员函数的第 2 个和第 3 个参数,每 16 个值对应数学上的 1°。例如,30 * 16 代表 30°。角度从水平向右开始为 0°,旋转方向为逆时针方向。

绘图时如果未指定画笔,则使用系统默认的画笔样式(黑色实线,粗细为 1)。QPen 为画笔类,可调用其成员函数指定画笔的颜色、粗细等内容。代码中为了展示画“点”的效果,新定义了一个画笔对象 myPen,设置粗细为 10,并调用 Painter 的 setPen()成员函数以设置使用该画笔。图 6-7 的运行结果中,第 1 行为调用 drawPoints()函数画了 3 个点的效果；第 2 行的黑色方块为调用 drawPoint()函数画了一个点的效果。

画单条线段和多条线段、单个矩形和多个矩形的操作类似,读者可参考代码和运行结果

图进行分析。画圆角矩形的 drawRoundRect()成员函数中,第 2 个和第 3 个参数为 0 时代表直角,都为 99 时代表最大圆角,此时圆角矩形等价于一个椭圆。

画多边形时会按照点数组中给出的顺序依次连接每个点,然后将最后 1 个点和第 1 个点进行连接以形成一个多边形;drawConvexPolygon()函数用于画凸多边形,虽然本例中给定的点数组并不能构成一个凸多边形,程序运行结果也正常地画出了一个多边形(凹多边形),但这个绘制的效果是不能保证的,建议只在绘制凸多边形时使用该函数;画折线只依次连接每对点,并不会将最后 1 个点和第 1 个点相连接。

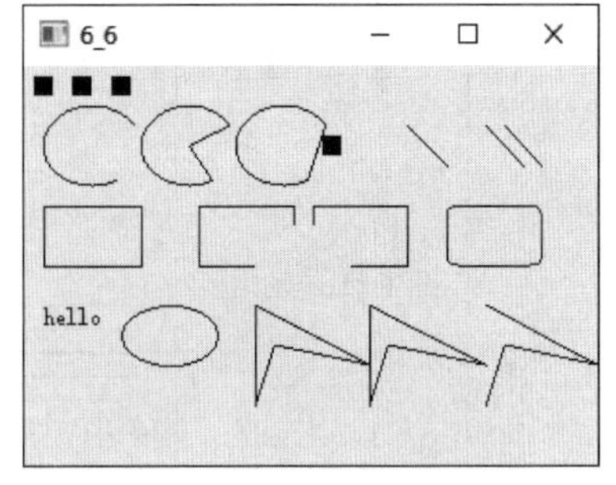

图 6-7 项目 6_6 运行结果

eraseRect()成员函数起到类似于橡皮擦的功能,用于擦除指定矩形区域的内容。图 6-7 中的两个不完整的矩形区域即为已擦除后的效果。

主函数所在的 main.cpp 文件没有修改,这里不再列出。

6.3.2 画笔和画刷

视频讲解

在项目 6_6 中使用到了 QPen 画笔类,可设置画笔的颜色、粗细、线型、端点风格、连接风格等。QPainter 类对象通过 setPen()成员函数选择画笔,选用不同画笔画出来的线条具有不同的风格。系统默认的画笔是宽度为 1 的黑色实线。

还有一个与绘制有关的常用类是用于填充的画刷类 QBrush,可以设置画刷颜色、风格等。QPainter 类对象通过 setBrush()函数选择画刷。绘制几何形状时,默认是使用画刷进行填充的,系统默认的画刷具有 Qt::NoBrush 风格。表 6-3 给出了画笔和画刷常用的设置函数以及这些函数的常用参数值。

表 6-3 QPen 和 QBrush 的常见风格设置

类　型	成员函数	常用的参数值(举例)
QPen	setColor() 设置颜色	枚举型,如 Qt::red QColor 对象,如 QColor(255,0,0,255)
	setWidth() 设置宽度	非负整数
	setStyle() 设置线的风格	Qt::SolidLine Qt::NoPen Qt::DashLine Qt::DotLine Qt::DashDotLine Qt::DashDotDotLine
	setCapStyle() 设置线端点的风格	Qt::FlatCap Qt::SquareCap Qt::RoundCap
	setJoinStyle() 设置线相交时的风格	Qt::BevelJoin　Qt::MiterJoin　Qt::RoundJoin

续表

类　型	成员函数	常用的参数值(举例)
QBrush	setColor() 设置颜色	枚举型,如 Qt::red QColor 对象,如 QColor(255,0,0,255)
	setStyle() 设置填充风格	Qt::NoBrush Qt::SolidPattern Qt::Dense5Pattern Qt::VerPattern Qt::HorPattern Qt::CrossPattern Qt::BDiagPattern Qt::DiagCrossPattern

设置画笔宽度为 0 时表示化妆笔,其实际笔宽为 1 像素。除了表 6-3 中列出的常见线条风格外,用户还可以自定义线条样式,参考项目 6_7。

线端点为 Qt::FlatCap 时,线条严格从起点画到终点;为 Qt::SquareCap 时,会在起点和终点周围向外扩展 1/2 笔宽的矩形区域;为 Qt::RoundCap 时,以起终点为圆心,1/2 笔宽为半径向外扩展半圆形区域。例如,在表 6-3 中,3 种不同线端点风格的线段长度是一样的,读者可以仔细观察它们的不同。

画刷的填充风格可以是表 6-3 中列出的这些,也可以是自定义的纹理、渐变颜色等,读者可借助帮助以了解更多的填充风格。

下面通过项目 6_7 展示画笔和画刷的使用。

(1) 创建一个不带界面、基于 QWidget 的应用程序(项目 6_7),自定义窗口类名为 Widget。

(2) 在项目目录下中创建一个子文件夹 img,放入一个图像文件 texture.jpg,在项目中添加一个资源文件,然后在资源文件中添加该图像资源。

(3) 给 Widget 类添加 paintEvent()函数的声明,修改后的 Widget.h 头文件同项目 6_6 中的 widget.h 文件。

(4) 在类外重写 paintEvent()函数。Widget 类的实现文件 widget.cpp 的代码如下。

```
/****************************************
* 项目名: 6_7
* 文件名: widget.cpp
* 说  明: 自定义窗口类实现,展示画笔画刷的使用
****************************************/
#include "widget.h"
#include <QPainter>
#include <QVector>

Widget::Widget(QWidget * parent)
    : QWidget(parent)
{
```

```
    this->resize(450,140);
}

Widget::~Widget()
{
}

void Widget::paintEvent(QPaintEvent *)
{
    QPainter painter(this);
    painter.drawRect(20,20,80,80);
    painter.setFont(QFont("宋体",8,2,true));
    painter.drawText(25,120,"默认画笔画刷");
    painter.drawText(125,120,"系统预置格式");
    painter.drawText(230,120,"自定义格式");
    painter.drawText(330,120,"使用画刷填充");

    QPen pen;
    pen.setColor(Qt::red);
    pen.setWidth(5);
    pen.setStyle(Qt::DotLine);
    QBrush brush;
    brush.setColor(Qt::blue);
    brush.setStyle(Qt::CrossPattern);
    painter.setPen(pen);
    painter.setBrush(brush);
    painter.drawRect(120,20,80,80);

    QVector<qreal> vec = {1,2,6,2};                   //向量 vec
    pen.setDashPattern(vec);
                  //画笔格式为: 线段长 1 * 笔宽,空白 2 * 笔宽,长 6 * 笔宽,空白 2 * 笔宽
    pen.setStyle(Qt::CustomDashLine);                 //设置画笔风格为上述自定义形式
    pen.setCapStyle(Qt::FlatCap);                     //设置端点风格
    painter.setPen(pen);
    brush.setTexture(QPixmap(":/img/texture.jpg"));   //设置画刷自定义纹理为图像
    brush.setStyle(Qt::TexturePattern);               //更改画刷为自定义纹理样式
    painter.setBrush(brush);
    painter.drawRect(220,20,80,80);

    painter.fillRect(QRectF(320,20,80,80),brush);     //使用指定画刷填充矩形
}
```

首先使用默认画笔、画刷，画出图 6-8 最左边的第 1 个矩形；然后设置了字体格式，并画出图中显示的文字；接着设置了画笔画刷的颜色、风格等，画出图中第 2 个矩形。

绘制第 3 个矩形时使用的画笔和画刷都采用了自定义格式，QVector<qreal>是一个从类模板生成的向量类，vec 在此处用于说明自定义的线风格（见代码中的注释）。画刷通过

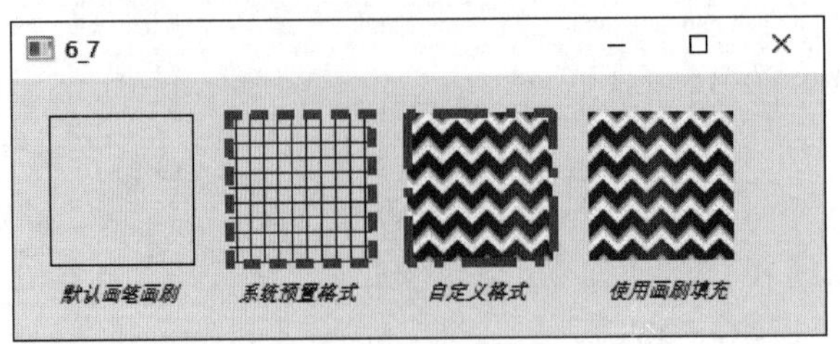

图 6-8　项目 6_7 的运行结果

setTexture()函数设置了自定义的纹理,并通过 setStyle()函数设置风格为 Qt::TexturePattern 以使用该自定义纹理样式。

QPainter 的 fillRect()函数可使用指定画刷填充指定矩形区域,它和直接绘制矩形(并默认填充)的区别在于前者没有使用画笔画出边框。

视频讲解

6.3.3　图像绘图设备

不仅窗口和部件等可视的部件可以作为绘图设备,图像也可以作为绘图设备。Qt 提供了与图像(或图形)相关的类,包括 QPixmap、QBitmap、QImage 和 QPicture。它们是屏幕外的图像表示形式,类层次关系如图 6-9 所示。

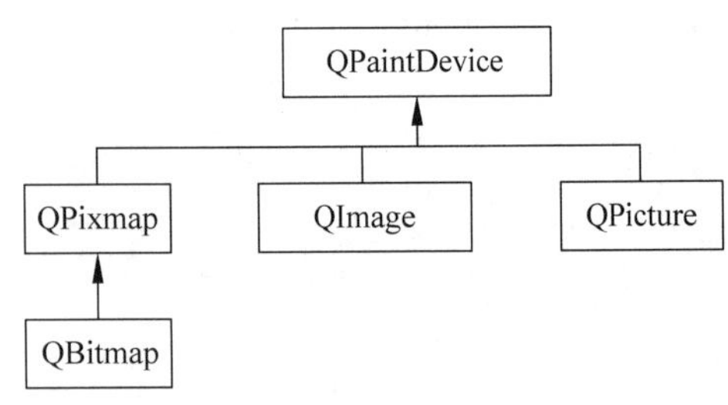

图 6-9　图像绘图设备及类层次关系

虽然都被用来表示图像(或图形),但各个类侧重的功能有所不同,区别如下。

(1) QPixmap 类:专门针对图像在屏幕上的显示进行了优化,它与操作系统提供的绘图引擎有关,因此在不同的操作系统平台下,显示的图像可能会有所差别。可以使用 QPainter 绘制到 QPixmap 上,但不能直接访问图像像素(即该类不提供像素级的操作,除了 fill()成员函数可以用指定的颜色初始化所有像素外)。

(2) QBitmap 类:继承自 QPixmap 的一个简单子类,将图像色深限定为 1(即每个像素的值只能为 0 或 1),提供单色图像。

(3) QImage 类:独立于操作系统的图像表示形式,能够在不同的系统上提供一致的显示。它主要是为 I/O 操作设计的,并针对像素的直接访问和操作进行了优化。

(4) QPicture 类:可以记录并重放绘制的过程。

QPainter 类为绘制图像提供:成员函数 drawPixmap(),用于绘制 QPixmap(QBitmap);成员函数 drawImage(),用于绘制 QImage;成员函数 drawPicture(),用于绘制 QPicture。这些成员函数均有多种重载形式,分别支持不同的参数列表。

出于速度和显示效果的考虑,一般建议使用 QImage 类进行图像 I/O、图像访问和像素修改,使用 QPixmap 类进行显示。

下面通过项目 6_8 展示各个图像(图形)类的使用。

(1) 创建一个不带界面、基于 QWidget 的应用程序(项目 6_8),自定义窗口类名为 Widget。

(2) 在项目目录下中创建一个子文件夹 img 并放入一个图像文件 face.jpg，在项目中添加一个资源文件，在资源文件中添加此 face.jpg 图像资源。

(3) 给 Widget 类添加 paintEvent()函数的声明，修改后的 widget.h 头文件同项目 6_6 中的 widget.h。

(4) 在类外重写 paintEvent()函数。Widget 类实现文件 widget.cpp 的代码如下。

```
/****************************************
 * 项目名: 6_8
 * 文件名: widget.cpp
 * 说  明: 图像类作为绘图设备
****************************************/
#include "widget.h"
#include <QPainter>
#include <QBitmap>
#include <QPicture>

Widget::Widget(QWidget *parent):QWidget(parent)
{
    resize(400,300);

    //在 picture 中绘制,并将绘制命令保存为文件
    QPicture picture;
    QPainter picturePainter(&picture);
    picturePainter.setPen(QPen(Qt::black,3));
    picturePainter.setBrush(Qt::yellow);
    picturePainter.drawEllipse(10,10,80,80);      //画脸
    picturePainter.setPen(QPen(Qt::black,3));
    picturePainter.drawLine(25,40,40,40);         //画左眼
    picturePainter.drawLine(60,40,75,40);         //画右眼
    picturePainter.drawLine(40,70,60,70);         //画嘴
    picturePainter.end();
    picture.save("my.pic");                       //记录绘图命令,默认存放于构建目录下
}

Widget::~Widget()
{
}

void Widget::paintEvent(QPaintEvent *)
{
    QImage image(":/img/face.jpg");               //建议使用 QImage 装载图像
    QPixmap pixmap = QPixmap::fromImage(image);
    QBitmap bitmap(pixmap);

    //在窗口绘制 pixmap 和 bitmap,并将 bitmap 图像保存为文件
```

```
    QPainter painter(this);
    painter.drawPixmap(10,10,pixmap);                //建议使用 QPixmap 显示
    painter.drawPixmap(150,10,bitmap);
    bitmap.save("bitmap.bmp");                       //存储为文件,默认存放于构建目录下

    //在 pixmap 中使用 QPainter 绘制蓝线
    //然后在窗口中绘制修改后的 pixmap,并将图像保存为文件
    QPainter pixmapPainter(&pixmap);
    pixmapPainter.setPen(QPen(Qt::blue,4));
    pixmapPainter.drawLine(20,20,80,20);
    painter.drawPixmap(290,10,pixmap);
    pixmap.save("pixmap.bmp");

    //在 image 中使用 QPainter 绘制绿线,通过修改像素设置红脸、蓝点
    //然后在窗口中绘制修改后的 image,并将图像保存为文件
    QPainter imagePainter(&image);
    imagePainter.setPen(QPen(Qt::green,4));
    imagePainter.drawLine(20,80,80,80);              //画绿线
    for(int i = 1;i < image.size().width();i++)
        for(int j = 1;j < image.size().height();j++)
        {
    //将 image 满足条件的像素点(本例为笑脸图片中近似于黄色的像素点)设置为红色
            if(image.pixelColor(i,j).red()> 125 &&
                    image.pixelColor(i,j).green()> 125 &&
                    image.pixelColor(i,j).blue()< 125)
                image.setPixelColor(i,j,QColor(Qt::red));
      //image 指定像素点设置为蓝色
            if(i % 10 < 2&&j % 10 < 2)
                image.setPixelColor(i,j,QColor(Qt::blue));
        }
    painter.drawImage(10,150,image);
    image.save("image.bmp");

    //重现 my.pic 文件(本例在执行构造函数时生成此文件)中的绘图命令
    QPicture pic;
    pic.load("my.pic");                              //重现绘图命令
    painter.drawPicture(150,150,pic);
}
```

QPicture 对象主要用于记录和重放绘制命令,不能用图像文件初始化。在构造函数中生成了一个记录绘制命令的二进制文件 my.pic。实际上程序也可以使用别的应用程序中生成的绘制命令文件(如果有),并不局限于只是本程序生成的绘制命令文件。

QPixmap 和 QImage 之间是可以相互转换的:QPixmap 类中的静态成员函数 fromImage()将 QImage 对象转换为 QPixmap 对象(如代码所示);QPixmap 类的成员函数 toImage()将当前 QPixmap 对象转换为 QImage 对象。QBitmap 是 QPixmap 的子类,可直接使用父类对象初始化。这 3 个类型的对象都可以直接使用资源文件初始化,也都可以使

用 save()成员函数保存为图像文件。

由于这 4 个类都可以作为绘图设备，因此都可以使用 QPainter 在其上进行绘制。QImage 还能进行像素级值的读取和设置。图像是一个二维矩阵，每个元素对应图像中的一个点(像素)。灰度图像是单通道的二维矩阵，每个元素的数字值大小(如取值为 0～255 的整数)代表图像像素灰度的高低；而彩色图像像素值由 3 个通道(红、绿、蓝)的值组合而成。项目 6_8 代码中，使用双重 for 循环定位到像素点，然后使用 red()、green()、blue()等成员函数获取像素点在对应通道上的值。

程序运行效果如图 6-10 所示。同时构建目录下生成了 3 个位图文件和一个 my.pic 文件。

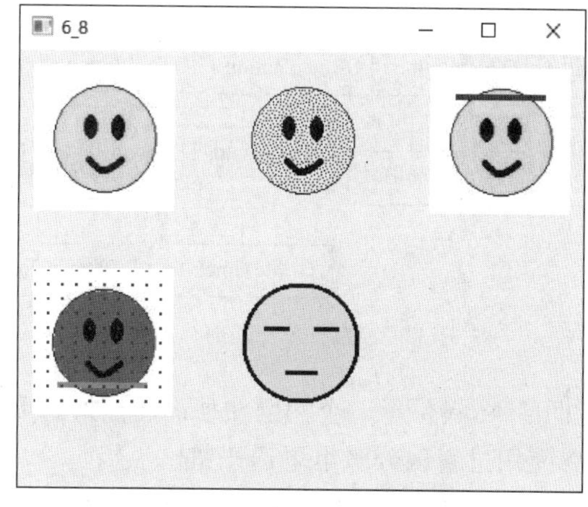

图 6-10　项目 6_8 的运行效果

6.4　Qt 抽象部件的可视化实现

视频讲解

6.4.1　QWidget 类层次

Qt 中大多数可视化的部件都直接或间接继承自 QWidget。QWidget 类有两个父类，分别是 QObject 和 QPaintDevice。其中，QObject 类是几乎所有 Qt 类的直接或间接基类，它是 Qt 对象模型的核心，用于实现诸如信号与槽通信机制、对象树等功能；QPaintDevice 类是对可用 QPainter 类绘制的二维空间的抽象，是所有可绘制对象的基类。

限于篇幅关系，图 6-11 中只列出了部分继承自 QWidget 的类以及它们的子类。可以看到，常见的对话框类 QDialog、主窗口类 QMainWindow 以及单行文本框类 QLineEdit 都是它的直接子类。所有继承自 QWidget 类的派生类列表，可以通过查看 QWidget 类的帮助获得。

QFrame 类是有框架的部件的基类，可以设置由框架外形和阴影风格等。例如，QLabel 类就继承自该类，读者可以试着在 Qt Designer 中拖动一个标签到窗口中，并在右下角的对象属性窗口中修改 QFrame 选项卡下的 framShape 属性和 frameShadow 属性，并仔细观察不同设置下的框体外型和阴影风格。

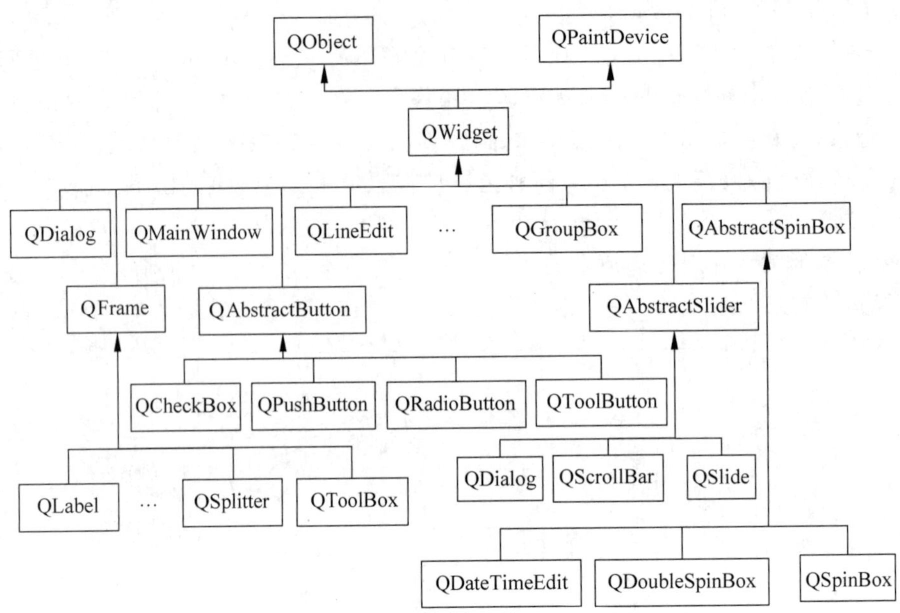

图 6-11　QWidget 及其部分派生类

QGroupBox 类是组框部件，提供了一个标题在顶部的框架。可以在其中添加各种其他小部件，如项目 3_10 中曾使用过它区分多组单选按钮。

QAbstractSpinBox 类实现了旋转部件的通用功能。注意，QAbstractSpinBox 类虽然名字以 QAbstract 开头，但内部并没有纯虚函数，因此并不是抽象类，可以用于定义对象。但还是建议尽量子类化它或使用它的派生类，或许这就是它为什么以 QAbstract 开头的原因。QAbstractSpinBox 类有 3 个子类：数字选择框 QSpinBox、浮点数旋转框 QDoubleSpinBox 和日期/时间编辑框 QDataTimeEdit。其中 QDataTimeEdit 又派生出日期编辑框 QDataEdit 和时间编辑框 QTimeEdit。

QAbstractSlider 类是滑动部件的基类，可以用于表示一个范围内的整数值。它有 3 个派生类：滚动条 QScrollArea、滑动部件 QSlider、转盘部件 QDial。和 QAbstractSpinBox 类似，QAbstractSlider 实际上也不是抽象类，只是抽取了所有滑动部件的通用功能而已，使用时同样建议只使用它的派生类。

6.4.2　抽象部件的派生类实现

图 6-11 中的 QAbstractButton 类和 QPaintDevice 类都是抽象类，它们不能实例化对象，只能用来继续派生新类。

QAbstractButton 类是按钮部件的抽象基类，提供各种按钮所共有的功能。它有 4 个直接派生类，分别是命令按钮 QPushButton、复选框 QCheckBox、单选按钮 QRadioButton 和工具按钮 QToolButton。

若要根据 QAbstractButton 抽象类创建非抽象的自定义按钮类，必须至少重新实现它的纯虚函数“void paintEvent(QPaintEvent *);”，以实现绘制按钮轮廓及其文本或像素图等的功能。

下面通过项目 6_9 展示根据 QAbstractButton 抽象类生成自定义按钮类的过程，以及对自定义按钮的使用。

（1）首先创建一个基于 QWidget、不带界面的 Qt 应用程序项目 6_9，自定义窗口类使用默认的名字 Widget。

（2）在项目中添加一个类，类名为 MyButton，基类为 QAbstractButton（参考 3.4.3 节项目 3_4 创建新派生类的步骤）。由于派生出的 MyButton 按钮类通常也放在窗口内部（将窗口作为父窗口），因此 MyButton 类中需要修改构造函数为带有父窗口指针形参的形式，并传递给基类以初始化。为了能够实例化对象，MyButton 类必须重新实现基类 QAbstractButton 中的 paintEvent()成员函数。MyButton 类定义如下。

```
/****************************************
 * 项目名: 6_9
 * 文件名: mybutton.h
 * 说  明: 根据 QAbstractButton 创建自定义按钮类
****************************************/
#ifndef MYBUTTON_H
#define MYBUTTON_H
#include <QAbstractButton>

class MyButton : public QAbstractButton
{
public:
    MyButton(QWidget * parent = nullptr);
    void paintEvent(QPaintEvent * e);
};

#endif //MYBUTTON_H
```

MyButton 类的实现代码如下。

```
/****************************************
 * 项目名: 6_9
 * 文件名: mybutton.cpp
 * 说  明: 自定义按钮类实现
****************************************/
#include "mybutton.h"
#include <QPainter>
#include <QRectF>
MyButton::MyButton(QWidget * parent)
    :QAbstractButton (parent)
{
    this->resize(60,40);
    this->setText("-_-");
}

void MyButton::paintEvent(QPaintEvent * e)
```

```
{
    QSize size = this -> size();

    QPainter painter(this);
    painter.setPen(QPen(Qt::red,5));
    painter.setBrush(QBrush(Qt::yellow));
    painter.drawEllipse(2,2,size.width() - 5,size.height() - 5); //画椭圆脸

    painter.setFont(QFont("黑体",16));
    painter.setPen(QPen(Qt::black,5));
    QRectF rect(0,0,size.width(),size.height());
    painter.drawText(rect,Qt::AlignCenter,this -> text());      //画眼睛、嘴巴

    painter.end();
}
```

自定义按钮类的构造函数中对自定义按钮的大小和默认文本进行了设置。在 paintEvent() 函数中,对按钮的边框和按钮上显示的文字进行了绘制。

(3) 在自定义窗口 Widget 类中添加两个自定义按钮 MyButton 类型的指针,并在构造函数中初始化它们。在 Widget 类中给两个按钮的 clicked 信号添加两个公有槽,并在构造函数中连接信号和槽。最终 Widget 类的定义如下。

```
/****************************************
 * 项目名: 6_9
 * 文件名: widget.h
 * 说  明: 自定义窗口类
****************************************/
#ifndef WIDGET_H
#define WIDGET_H
#include <QWidget>
#include "mybutton.h"

class Widget : public QWidget
{
    Q_OBJECT
public:
    explicit Widget(QWidget * parent = nullptr);
    ~Widget();
private:
    MyButton * myBtn1, * myBtn2;
public slots:
    void on_smilingFace_clicked();
    void on_cryingFace_clicked();
};

#endif //WIDGET_H
```

Widget 类实现代码如下。

```
/****************************************
 * 项目名: 6_9
 * 文件名: widget.cpp
 * 说  明: 自定义窗口类实现
****************************************/
#include "widget.h"
#include <QMessageBox>

Widget::Widget(QWidget * parent) :
    QWidget(parent)
{
    this->resize(250,100);
    myBtn1 = new MyButton(this);                    //按钮 1
    myBtn1->move(20,20);
    myBtn1->setText("^_^");
    myBtn1->setObjectName("smilingFace");
    myBtn2 = new MyButton(this);                    //按钮 2
    myBtn2->move(150,20);
    myBtn2->setText("T.T");
    myBtn2->setObjectName("cryingFace");
    QMetaObject::connectSlotsByName(this);
}

Widget::~Widget()
{
}

void Widget::on_smilingFace_clicked()
{
    QMessageBox::information(this,"tips","按钮" + this->myBtn1->text() + "被单击");
}

void Widget::on_cryingFace_clicked()
{
    QMessageBox::information(this,"tips","按钮" + this->myBtn2->text() + "被单击");
}
```

构造函数中分别对两个指针指向的动态自定义按钮对象的名字进行了设置,并调用 connectSlotsByName()函数设置了信号槽自动关联。因此,以"on_对象名_信号"的形式命名的槽函数就可以直接关联到对应对象的对应信号了。

向导生成的主函数文件 main.cpp 没有修改过代码,这里不再列出。最终运行效果如图 6-12 所示。

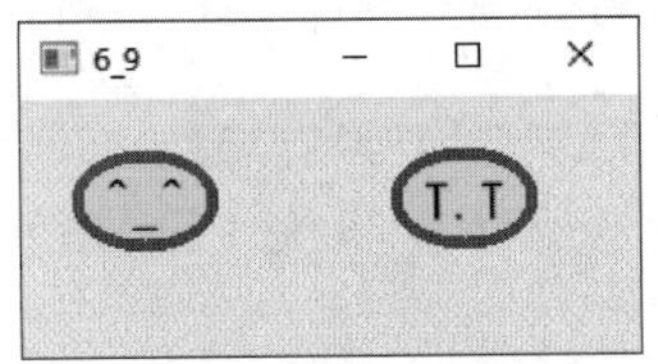

(a) 窗口显示的内容

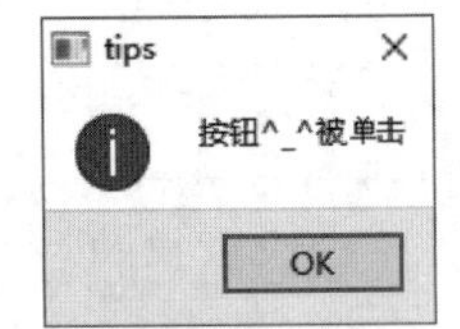

(b) 单击笑脸按钮时弹出的对话框

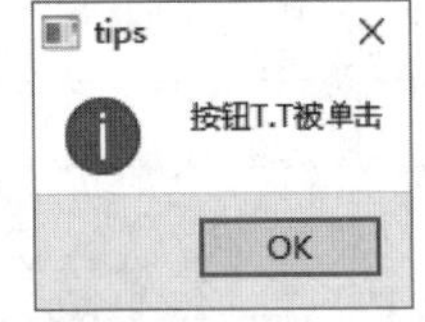

(c) 单击哭脸按钮时弹出的对话框

图 6-12 项目 6_9 的运行效果

6.5 使用 OpenCV 库进行图像处理

6.4 节虽然介绍了 Qt 中将图像作为绘图设备进行绘制的方法，但要进行更加复杂的与图像处理相关的操作（如图像去噪、增强、分割等），或是根据图像（或视频）进行一些视觉方面的分析（如人脸识别、目标跟踪等），直接编写代码实现会比较烦琐。此时就需要借助其他公司（或个人）开发的第三方库进行开发了。

本节将介绍一些常见的图像处理算法，以及展示在 OpenCV 库的支持下，如何对图像（以及视频）进行处理。OpenCV 是一个开源、跨平台的软件库，实现了图像处理和计算机视觉领域中的很多通用算法，使用户简单地通过函数调用即可完成常见的图像处理、视觉分析等任务。

提示：

(1) 本节中项目的实现均依赖于 OpenCV 库，读者需要事先安装好该库。

(2) OpenCV 库的下载、安装和配置请参考附录 B。

(3) 在不同的专业领域，会有不同的第三方软件库可供使用，通过本节的介绍，读者可简单了解如何使用第三方库，以及如何与 Qt 框架配合使用。

视频讲解

6.5.1 图像的读写

1. 读入图像

OpenCV 中提供了读取图像的函数 imread()，原型如下。

```
Mat cv::imread (const String & filename, int flags = IMREAD_COLOR);
```

形参 filename 代表要读取的图像文件名，可使用相对路径或绝对路径，支持大多数的图像格式，如常见的 .bmp、.jpg、.png 等；参数 flags 用于选择读取图像的方式，默认为 IMREAD_COLOR（图像被转换 BGR 彩色图像格式，其他取值见 cv::ImreadModes 枚举类型）。Mat 类是 OpenCV 中基本的图像容器，表示读入的图像，若图像不能被读取（如文件不存在、不支持的文件格式等），则返回的 Mat 类对象中的 data 指针成员为空值（nullptr）。“cv::”指明该函数位于命名空间 cv 中。

提示：

(1) OpenCV 是第三方库，所以在 Qt Creator 集成开发环境中没有关于此库的帮助文档。它的官方帮助文档地址为 https://docs.opencv.org/4.3.0/。

(2) 例如，想要查看 ImreadModes 枚举类，可打开上述网站，找到 Image file reading and writing 模块并单击链接，打开页面中的第 1 个就是关于此枚举类的细节。继续往下可以看到 imread()函数的原型及相关的说明链接。单击函数原型中的 Mat 超链接，可打开 Mat 类的帮助文档。

(3) 也可打开上述网站后，通过右上方的 search 按钮搜索想要获得帮助的函数或类。

2. 显示图像

imshow()函数用于显示图像，原型如下。

```
void cv::imshow(const string & winname, InputArray mat);
```

其中，形参 winname 是窗口的名字；mat 是要显示的图像，它虽然是 InputArray 类型，但可以接收 Mat 类型的实参(InputArray 是一种代理类)。此函数的运行效果为：在名为 winname 的窗口(若不存在，则生成一个)中显示 mat 图像。

与之相关的还有一个 namedWindow()函数，功能为通过指定的名字创建一个可以用于图像显示的窗口(若同名窗口已存在，则不做任何事情)。函数原型如下。

```
void cv::namedWindow(const string& winname, int flags = WINDOW_AUTOSIZE);
```

其中，形参 winname 指定窗口名；flags 对窗口显示进行设置，默认值 WINDOW_AUTOSIZE 的含义为自动调整窗口大小以适应所显示的图像，并且不能手动调整窗口大小。

3. 保存图像

imwrite()函数用于保存图像，原型如下。

```
bool cv::imwrite (const String & filename, InputArray img,
                  const std::vector < int > & params = std::vector < int >());
```

其中，形参 filename 接收要保存的文件名，图像在保存时，会根据文件的扩展名确定具体的图像保存格式；img 是要保存的图像，同样可以使用 Mat 类型的实参；params 是与图像质量等相关的一些参数设置。

4. 访问像素

Mat 对象的行数和列数分别存储于数据成员 rows 和 cols 中；颜色通道数可通过 channels()成员函数返回，若返回值为 3 说明是彩色图像，为 1 说明是灰度图。

提示： Mat 类型对象表示的彩色图中，每一像素的颜色由 3 个通道(依次为蓝、绿、红通道，即 BGR)的值共同确定。

对于 Mat 类型的对象 img，若为三通道彩色图像，则访问第 row 行 col 列像素元素的第 channel 通道值的写法为

```
img.at < Vec3b >(row, col)[channel];
```

若为灰度图，则访问第 row 行 col 列像素元素值的写法为

```
img.at < uchar >(row,col);
```

它们也都可用于接收新的值。对于 CV_8U(8 位无符号整数)图像，元素各通道取值范围为 0～255；CV_16U(16 位无符号整数)图像为 0～65535；CV_32F(32 位浮点数)图像为 0～1。

下面通过一个例子演示上述功能。创建纯 C++项目 6_10，然后在.pro 工程文件中添加语

句以便能使用 OpenCV 库。

```
INCLUDEPATH += C:/OpenCV4.3/opencv/build/include
LIBS += C:/OpenCV4.3/opencv-binaries/lib/lib*.a
```

提示：

(1) 上述路径为本书 OpenCV 安装路径(见附录 B)下对应的文件位置，读者可根据自己安装 OpenCV 时的路径进行调整。

(2) 若去掉工程文件中“CONFIG += console c++11”语句中的 console，则编译运行时，cout 语句输出的内容会显示在 Qt Creator 环境的应用程序输出窗口中。

然后在 main.cpp 文件中编写代码如下。

```
/***************************************
* 项目名: 6_10
* 说  明: 使用 OpenCV 实现图像的读写和显示
***************************************/
#include <iostream>
using namespace std;
#include <opencv2/imgcodecs.hpp>  //imread()、imwrite()函数所在的头文件
#include <opencv2/highgui.hpp>    //imshow()、namedWindow()、waitKey()函数所在的头文件
using namespace cv;

int main()
{
    Mat img = imread("../6_10/lena.jpg");
    if(!img.data)
        cout <<"Can't read Data from file.";
    else
      imshow("Image", img);
    imwrite("../6_10/a.jpg", img);

    Mat imgGray = imread("../6_10/lena.jpg", IMREAD_GRAYSCALE);
    if(!imgGray.data)
        cout <<"Can't read Data from file.";
    else
    {
        namedWindow("Gray Image", WINDOW_NORMAL);
        imshow("Gray Image", imgGray);
    }

    for (int row = 0; row < img.rows;row++)          //彩色图像反色
        for (int col = 0; col < img.cols;col++)
            if (img.channels() == 3)
            {   //以下依次对蓝、绿、红通道进行处理
                img.at<Vec3b>(row, col)[0] = 255 - img.at<Vec3b>(row, col)[0];
                img.at<Vec3b>(row, col)[1] = 255 - img.at<Vec3b>(row, col)[1];
                img.at<Vec3b>(row, col)[2] = 255 - img.at<Vec3b>(row, col)[2];
            }
    imshow("Image Inversion", img);

    for (int row = 0; row < imgGray.rows;row++)      //灰度图像反色
```

```
        for (int col = 0; col < imgGray.cols;col++)
            if (imgGray.channels() == 1)
                imgGray.at<uchar>(row,col) = 255 - imgGray.at<uchar>(row, col);
    imshow("Gray Image Inversion",imgGray);

    waitKey(0);
    return 0;
}
```

在 lena.jpg 文件存在于当前工程目录(代码中指定的相对目录)下的情形下,程序运行后会显示如图 6-13 所示的 4 个图像窗口。

(a) 原彩色图像 (b) 灰度图

(c) 彩色图像的反色 (d) 灰度图的反色

图 6-13 项目 6_10 的运行效果

可以看到,图像窗口中已有了工具栏,提供了保存、放大、缩小等功能,并能实时显示光标所在位置像素点的值。这些窗口不是借助 Qt 实现的(实际上,项目 6_10 是一个纯 C++项目),而是由 OpenCV 中提供的函数生成。程序运行时还会生成 a.jpg 图像文件,内容与 lena.jpg 文件相同。

提示:

(1) 反色又称为补色,如黑和白、红和绿、蓝和橙、黄和紫都互为补色。一个颜色和它的补色进行叠加后为白色。

(2) 反色图像是指将图像中的每个像素值(或多个通道值)都用 255(像素取值上限)减去后得到的新值构成的图像。

waitKey()函数实现的功能为等待一段时间后继续运行,整型形参表示等待的毫秒数。若参数小于或等于 0,则无限等待直到用户按下任意键为止。本例中该语句是必需的,否则窗口会在显示后因为程序执行完毕而立刻关闭。

代码中包含的与 OpenCV 相关的头文件也可用以下头文件代替。

```
#include <opencv2/opencv.hpp>
```

该头文件中包含了 OpenCV 的所有模块。

视频讲解

6.5.2 灰度化与二值化

1. 灰度化处理

灰度化处理就是将一幅色彩图像转化为灰度图像的过程。图像灰度化处理主要有以下几种方法(对于每个像素)。

(1) 分量法:将绿色通道(也可以是红色通道、蓝色通道)值作为灰度值。

(2) 最大值法:灰度值等于 3 个色彩通道值中的最大值。

(3) 平均值法:灰度值等于 3 个色彩通道值的平均值。

(4) 加权平均法:根据人眼对不同色彩敏感程度不一(绿色最敏感、红色次之、蓝色最低)的特性,对 3 个色彩通道值以不同的权重进行加权平均得到灰度值,通常使用的转换公式为 Gray=0.114Blue+0.587Green+0.299Red。

OpenCV 内部采用的是第 3 种方法。除了可以如项目 6_10 所示在 imread()函数读取时转换为灰度图并返回外,也可以先读取彩色图,再转化为灰度图。颜色空间转换函数 cvtColor()实现将图像从一种颜色空间转换到另一种颜色空间(也包括转换到灰度空间),原型如下。

```
void cv::cvtColor(InputArray src, OutputArray dst, int code, int dstCn = 0);
```

其中,形参 src 是源图像(可使用 Mat 类型); dst 是目标图像; code 是空间转换代码,取值为枚举类型 cv::ColorConversionCodes 的常量(如 COLOR_BGR2GRAY 为从 BGR 图转换到灰度图、COLOR_BGR2RGB 为从 BGR 图转换到 RGB 图等,更多值请见官方帮助文档); dstCn 是目标图像中的通道数,为 0 时通道数自动从 src 和 code 得出。

2. 二值化处理

二值化是指只使用两个取值之一(黑、白)表示图像中的每个像素点,从而使图像呈现出明显的黑白效果。二值化通过将大于某个临界阈值的像素灰度设置为极大值,小于临界阈值的设置为极小值实现。

使用固定阈值进行二值化的 threshold()函数原型如下。

```
double cv::threshold(InputArray src, OutputArray dst,
                     double thresh, double maxval, int type);
```

其中,形参 src 是源灰度图像; dst 是目标图像; thresh 是阈值; maxval 是阈值能使用的最大值; type 是阈值类型(取值为 cv::ThresholdTypes 枚举类型的常量),常用的取值有 THRESH_BINARY(使用参数 3 指定的阈值)、THRESH_OTSU(使用 OTSU 算法自动指定阈值,此时参数 3 没有作用)等。

创建纯 C++项目 6_11,然后在.pro 工程文件中去掉 console,并添加语句:

```
INCLUDEPATH += C:/OpenCV4.3/opencv/build/include
LIBS += C:/OpenCV4.3/opencv-binaries/lib/lib*.a
```

接着在 main.cpp 文件中编写代码如下。

```
/****************************************
* 项目名: 6_11
* 说  明: 使用 OpenCV 实现图像灰度化和二值化
****************************************/
#include <opencv2/imgcodecs.hpp>
#include <opencv2/highgui.hpp>
#include <opencv2/imgproc.hpp>//cvtColor()、threshold()函数及用到的枚举常量所在的头文件
using namespace cv;

int main()
{
    Mat bgrImg = imread("../6_11/lena.jpg");
    Mat grayImg,binaryImg1,binaryImg2;

    cvtColor(bgrImg,grayImg,COLOR_BGR2GRAY);
    imshow("Gray Image",grayImg);

    threshold(grayImg,binaryImg1,150,255,THRESH_BINARY); //指定阈值为 150
    imshow("Binary Image",binaryImg1);

    threshold(grayImg,binaryImg2,0,255,THRESH_OTSU);     //使用 OTSU 算法确定最佳
    imshow("Binary Image(OTSU)",binaryImg2);

    waitKey(0);
    return 0;
}
```

程序中展示了图像灰度化和二值化的实现。其中，threshold()函数的阈值类型设为THRESH_BINARY时，会将第3个参数的值(150)作为阈值进行二值化；设置为THRESH_OTSU时，表示使用OTSU算法自动确定图像二值化阈值，此时第3个参数的值没有意义。

程序运行后会展示3个图像窗口(原始图像同图6-13(a))，如图6-14所示。

(a) 灰度图

(b) 阈值为150的二值化图

(c) 使用OTSU算法自动确定阈值的二值化图

图6-14 项目6_11的运行效果

视频讲解

6.5.3 图像的平滑

图像在数字化、存储、传输及加工变换的过程中经常会受到各种干扰而出现噪声，如电荷耦合元件(Charge-Coupled Device，CCD)相机获取图像时因受光照和传感器温度影响而产生的噪声、传输信道干扰导致的噪声、图像压缩和格式变换导致的噪声等。

为了抑制噪声，可对图像进行平滑处理以改善图像质量，这也是图像预处理中常见的操作。下面介绍几种常见的平滑算法。

1. 均值平滑

对图像中的每个像素点，取其与邻域像素(如以此像素点为中心3×3的范围内、5×5范围内等)值的平均作为该像素点的新值。该算法能够减弱噪声(但不能完全消除)，但同时会削弱图像边缘和细节，使图像变模糊。OpenCV中提供的blur()函数完成此功能，原型如下。

```
void cv::blur(InputArray src, OutputArray dst, Size ksize,
              Point anchor = Point( - 1, - 1), int borderType = BORDER_DEFAULT);
```

其中，形参src是源图像；dst是目标图像；ksize表示邻域范围，如Size(3,3)、Size(5,5)、Size(7,7)等(一般取奇数，值越大，图像越模糊)；anchor是锚点，默认值表示锚点位于中心；borderType用于指明对图像边缘的像素的处理方式。

2. 中值平滑

选取邻域像素值中位于中间的灰度值作为像素的新值。该算法可以很好地抑制椒盐噪声，但同样会弱化边缘和细节。实现该算法的medianBlur()函数原型如下。

```
void cv::medianBlur(InputArray src, OutputArray dst, int ksize);
```

其中，参数 src 和 dst 含义同 blur()函数；ksize 是邻域范围，在此函数中用一个整型表示，取值一般为 3(表示 3×3 的邻域)、5、7 等。

3. 高斯平滑

高斯平滑算法考虑了邻域像素点距离中心像素点的远近对中心像素点新值的影响(越近影响越大)，适用于消除高斯噪声，广泛地应用于图像去噪。相关函数为 GaussianBlur()，原型如下。

```
void cv::GaussianBlur(InputArray src, OutputArray dst, Size ksize,
    double sigmaX, double sigmaY = 0, int borderType = BORDER_DEFAULT);
```

其中，参数 sigmaX、sigmaY 分别表示坐标轴 X 方向、Y 方向上的高斯核标准差，若 sigmaY 为 0，则默认其等于 sigmaX；若均为 0，则会根据 ksize 自动计算和设置它们的值。

创建纯 C++项目 6_12，然后在.pro 工程文件中去掉 console，并添加语句：

```
INCLUDEPATH += C:/OpenCV4.3/opencv/build/include
LIBS += C:/OpenCV4.3/opencv-binaries/lib/lib*.a
```

接着在 main.cpp 文件中编写代码如下。

```
/****************************************
* 项目名: 6_12
* 说  明: 使用 OpenCV 实现图像平滑
****************************************/
#include <opencv2/imgcodecs.hpp>
#include <opencv2/highgui.hpp>
#include <opencv2/imgproc.hpp>
using namespace cv;

Mat addSaltAndPepper(const Mat& src, int number)
{              //自定义函数,功能为在彩色图像 src 上添加 number 个椒盐噪声
    Mat dst = src.clone();
    int posX, posY;
    for(int i = 0; i < number; i++)
    {
        posX = rand() % dst.rows;                   //随机取点坐标
        posY = rand() % dst.cols;
        if(rand() % 2)                              //随机取 0 或 1,为 1 则添加盐噪声
        {
            dst.at<Vec3b>(posX, posY)[0] = 255;
            dst.at<Vec3b>(posX, posY)[1] = 255;
            dst.at<Vec3b>(posX, posY)[2] = 255;
        }
        else                                        //添加胡椒噪声
        {
            dst.at<Vec3b>(posX, posY)[0] = 0;
            dst.at<Vec3b>(posX, posY)[1] = 0;
            dst.at<Vec3b>(posX, posY)[2] = 0;
```

```
        }
    }
    return dst;
}

int main()
{
    Mat bgrImg = imread("../6_12/lena.jpg");
    Mat noiseImg = addSaltAndPepper(bgrImg,5000);    //添加椒盐噪声
    imshow("Image with Salt and Pepper Noise",noiseImg);
    Mat meanBlurImg,medianBlurImg,gaussianBlurImg;
    blur(bgrImg,meanBlurImg,Size(7,7));
    imshow("Mean Smooth",meanBlurImg);
    medianBlur(bgrImg,medianBlurImg,7);
    imshow("Median Smooth",medianBlurImg);
    GaussianBlur(bgrImg,gaussianBlurImg,Size(7,7),0);
    imshow("Gaussian Smooth",gaussianBlurImg);
    waitKey(0);
    return 0;
}
```

自定义 addSaltAndPepper()函数在图像上随机取指定数量的像素点，将其值随机指定为黑(添加胡椒噪声)或白(添加盐噪声)。程序运行效果如图 6-15 所示。读者也可修改各平滑函数中的参数，以观察不同的效果。

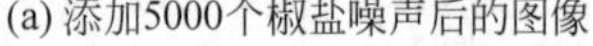

(a) 添加5000个椒盐噪声后的图像

(b) 均值平滑后的图像

图 6-15　项目 6_12 的运行效果

实际上，OpenCV 中还提供了更多与图像相关的算法，如图像变换、边缘检测、图像分割、人脸识别等。有兴趣的读者可借助数字图像处理领域专业的参考书和 OpenCV 官方帮助文档进一步学习。

(c) 中值平滑后的图像

(d) 高斯平滑后的图像

图 6-15 （续）

6.5.4 视频的读写

视频讲解

视频由一帧帧的图像组成，读取视频本质上就是读取图像。OpenCV 提供了 VideoCapture 类支持视频的读取，提供了 VideoWriter 类支持写入视频文件。下面通过项目 6_13 展示视频的读写与显示操作。

按照项目 6_12 同样的方式创建和配置项目 6_13，然后编写程序代码如下。

```
/****************************************
 * 项目名: 6_13
 * 说  明: 使用 OpenCV 实现视频读写
****************************************/
#include <iostream>
using namespace std;
#include <opencv2/imgcodecs.hpp>
#include <opencv2/highgui.hpp>
#include <opencv2/videoio.hpp>
using namespace cv;

int main()
{
    //打开视频文件
    VideoCapture videoFile;
    videoFile.open("../6_13/visiontraffic.avi");
    if(!videoFile.isOpened())
```

```
{
    cout <<"video file can't be opened"<< endl;
    return 0;                                          //若文件不能打开,则结束程序
}

//获取视频相关信息
int frameCount = videoFile.get(CAP_PROP_FRAME_COUNT);  //总帧数
int fps = videoFile.get(CAP_PROP_FPS);                 //帧率
cout <<"Frame width:"<< videoFile.get(CAP_PROP_FRAME_WIDTH)<< endl; //帧宽
cout <<"Frame height:"<< videoFile.get(CAP_PROP_FRAME_HEIGHT)<< endl; //帧高
cout <<"FPS:"<< fps << endl;
cout <<"Total frames:"<< frameCount << endl;

//显示视频
Mat oneFrame;
for(int i = 1;i < = frameCount;i++)                    //循环显示视频每一帧
{
    videoFile >> oneFrame;                             //读取一帧图像到 oneFrame
    imshow("Video",oneFrame);
    waitKey(int(1000/fps));                            //暂停 1000/fps
}
videoFile.release();                                   //释放视频资源

//打开摄像头
VideoCapture videoCam(0);
if(!videoCam.isOpened())
{
    cout <<"camera can't be opened"<< endl;
    return 0;                                          //若不能打开,则结束程序
}
videoCam.set(CAP_PROP_FRAME_WIDTH, 800);               //设置帧宽
videoCam.set(CAP_PROP_FRAME_HEIGHT, 600);              //设置帧高

//打开视频文件以写入
VideoWriter video;
int width = videoCam.get(CAP_PROP_FRAME_WIDTH);
int height = videoCam.get(CAP_PROP_FRAME_HEIGHT);
video.open("../6_13/out.avi",VideoWriter::fourcc('M', 'J', 'P', 'G'),15,
                                           Size(width,height),true);
if(!video.isOpened())
{
    cout <<"file(for write) can't be opened"<< endl;
    return 0;
}

//显示摄像头内容
int pressedKey = 0;
```

```
    while(pressedKey!= 'q')                    //显示每帧,直到按 q 键结束
    {
        videoCam >> oneFrame;                  //读取一帧图像到 oneFrame
        imshow("Camera",oneFrame);
        video << oneFrame;                     //写入文件
        pressedKey = waitKey(20);              //暂停 20ms
    }
    videoCam.release();                        //释放视频资源

    return 0;
}
```

程序运行时若有如 360 安全卫士等软件阻止了摄像头的使用,请关闭它后再试。

代码中,首先创建一个用于视频读入的 VideoCapture 类对象 videoFile,然后打开视频文件,也可以用以下形式代替。

```
VideoCapture videoFile("../6_13/visiontraffic.avi");
```

该语句的含义为在创建对象的同时打开文件。文件可以是本地路径的视频文件,也可以是网络地址的视频文件。若打开成功,则使用 get()成员函数获取视频的帧宽、帧高、帧率(即每秒钟有多少帧)、总帧数的值并显示。

在已知总帧数的情况下使用 for 循环依次读出每一帧图像然后显示。读视频帧也可以使用以下成员函数的形式。

```
videoFile.read(oneFrame);
```

效果是一样的。视频使用完毕后,通过 release()成员函数关闭并释放视频资源。

VideoCapture 类的对象 videoCam 初始化参数为 0(或先定义,后调用 open()成员函数时给出参数 0)时,默认打开本地摄像头。set()成员函数用于对视频属性进行设置,本例中使用它设置帧宽和帧高(也可以不设置,使用摄像头默认的参数)。

VideoWriter 类的对象 video 实现视频写入的功能。同样地,既可以先定义,后调用 open()函数打开写入文件,也可以在定义对象的同时打开。open()函数的参数依次为:要写入的视频文件名、视频编解码器、视频帧率、帧尺寸、是否为彩色视频。其中,视频编解码器参数是 4 个字符转换成的 fourcc 代码。例如,VideoWriter::fourcc('P','I','M','1')表示 MPEG-1 编解码器;VideoWriter::fourcc('M','J','P','G ')表示动态 JPEG 编解码器等。

摄像头视频显示通过 while 循环进行,每次读入一帧,显示并写入视频文件。由于无总帧数的概念,因此需要通过判断用户按键决定是否结束 while 循环(代码中,若按下指定的 q 键则结束),waitKey()函数返回值为当前键盘按键值。

运行效果截图如图 6-16 所示。

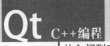

图 6-16　项目 6_13 的运行效果截图

视频讲解

6.5.5　OpenCV 和 Qt 的结合

之前的 OpenCV 程序均是纯 C++ 项目,并未使用 Qt 框架。显示的窗口也是通过 OpenCV 提供的函数实现的,功能有限。在实际应用中,更多的是通过 OpenCV 完成对图像的处理,使用 Qt 建立图形化界面与用户交互。本节将介绍如何把两者结合起来,协同完成开发任务,这里主要涉及两方面问题。

1. 字符串问题

Qt 函数传入和返回的字符串均使用 QString 类型,而 OpenCV 函数的字符串参数和返回的字符串使用的是标准 string 类型,两者之间需要进行转换。QString 类提供了转换为 string 类型的成员函数 toStdString(),例如:

```
QString qStr("a.jpg");
string stdStr = qStr.toStdString();
```

从 string 类型转为 QString 类型,可使用 QString 类型中的 fromStdString()静态成员函数完成,例如:

```
string stdStr = "a.jpg";
QString qStr = QString::fromStdString(stdStr);
```

2. 图像类型问题

OpenCV 中用 Mat 类表示图像,默认按照 BGR 的通道顺序(彩色图像)存储数据;而 Qt 使用 QImage 表示图像,按照 RGB 的通道顺序存储。要让 OpenCV 中的 Mat 图像显示在 Qt 界面上,必须先进行通道顺序更改和图像类型的转换。

例如,若已有以 BGR 格式存储的 Mat 对象 mat,转换为 QImage 类型的操作如下。

```
cvtColor(mat,mat,COLOR_BGR2RGB);                    //BGR 转为 RGB 格式
QImage image(static_cast<const uchar *>(mat.data), mat.cols,
             mat.rows,int(mat.step), QImage::Format_RGB888);
```

COLOR_BGR2RGB 表示从 BGR 格式转换为 RGB 格式;Format_RGB888 表示图像以 24 位 RGB 格式存储。若原始 Mat 对象非 BGR 格式,则需要按照实际格式设置这两个

参数(取值请参考帮助文件)。

反之,若已有24位RGB的QImage图像image,转换为BGR格式的Mat对象的操作如下。

```
Mat mat(image.height(),image.width(),CV_8UC3,
            (void * )image.constBits(), image.bytesPerLine());
cvtColor(mat,mat,COLOR_RGB2BGR);
```

CV_8UC3表示8位无符号(即取值为0~255)三通道的图像;COLOR_RGB2BGR表示从RGB格式转换为BGR格式。同理,这两个参数需要根据图像实际格式设置。

创建基于QWidget、带界面的项目6_14,在窗口中拖入两个标签和一个按钮;去掉标签显示的文字,勾选scaledContents属性,并将标签对象分别命名为labelSrc和labelBlur;将按钮显示的文字设置为"选择图像文件",对象名命名为btnOpen;最后在窗口上应用栅格布局或将标签拉大一些,以便标签能容纳图像显示;将窗口名修改为by Qt。

在.pro项目文件中添加语句:

```
INCLUDEPATH += C:/OpenCV4.3/opencv/build/include
LIBS += C:/OpenCV4.3/opencv-binaries/lib/lib*.a
```

在widget.cpp文件中添加语句:

```
#include <QPixmap>
#include <QFileDialog>
#include <QImage>
#include <opencv2/highgui.hpp>
#include <opencv2/imgproc.hpp>
using namespace cv;
```

最后给按钮的clicked信号添加自关联槽,定义如下。

```
void Widget::on_btnOpen_clicked()
{
    QString file = QFileDialog::getOpenFileName(this,
        "请选择一个图像文件",QString()," *.jpg *.bmp *.png *.jfif");
    Mat imgMat = imread(file.toStdString());         //读入为Mat对象
    if(!imgMat.data)
        ui->labelSrc->setText("图像文件打开失败");
    Mat rgbMat;
    cvtColor(imgMat,rgbMat,COLOR_BGR2RGB);           //BGR转为RGB格式
    QImage image(static_cast<const uchar *>(rgbMat.data), rgbMat.cols,
                rgbMat.rows,int(rgbMat.step), QImage::Format_RGB888);
    ui->labelSrc->setPixmap(QPixmap::fromImage(image)); //Qt窗口中显示
    Mat blurImgMat;
    blur(imgMat,blurImgMat,Size(9,9));               //进行均值平滑
    cvtColor(blurImgMat,blurImgMat,COLOR_BGR2RGB); //BGR转为RGB格式
    QImage blurImg(static_cast<const uchar *>(blurImgMat.data),
                  blurImgMat.cols, blurImgMat.rows,int(blurImgMat.step),
                  QImage::Format_RGB888);
    ui->labelBlur->setPixmap(QPixmap::fromImage(blurImg));
    QImage img(file);                                //读入为QImage对象
    Mat mat(image.height(), image.width(), CV_8UC3,
```

```
            (void * )image.constBits(), image.bytesPerLine());
    cvtColor(mat, mat, COLOR_RGB2BGR);
    imshow("by OpenCV",mat);
}
```

单击按钮时请用户选择文件，然后先按照 OpenCV 的方式读入图像到 imgMat，转换为 QImage 类型的对象 image，显示在 Qt 窗口上；再对 imgMat 图像进行均值平滑处理，转换为 QImage 类型的对象 blurImg，显示在 Qt 窗口上；最后按照 Qt 的方式读入图像到 image，转换为 Mat 格式，使用 OpenCV 的方式显示图像窗口。运行效果如图 6-17 所示。

图 6-17　项目 6_14 的运行效果

6.6　编程实例——爱心表白小程序

本节实现一个好玩的爱心表白小程序，将综合运用鼠标移动事件、定时器事件、从已有按钮类派生出自定义类、自定义信号与槽等方面的内容。初始界面如图 6-18(a)所示，爱心图像的中心默认位于窗口用户区的中心处，初始大小为 100×100 像素。

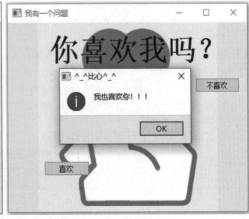

(a) 初始界面　　(b) 运行效果

图 6-18　初始界面与运行效果

当单击“喜欢”按钮时，弹出一个消息框“我也喜欢你!!!”，然后爱心图像以图像中心为固定点缓慢变大，直到到达窗口的边界为止；当鼠标移动到“不喜欢”按钮的区域时，该按钮会随机跳到窗口内的其他地方，且爱心图像重置到初始的位置和大小，效果如图 6-18(b)所示。

首先，创建一个基于 QWidget、带界面的应用程序项目 6_15，在窗口中拖入两个标签和一个按钮，部件的名字和显示的文本如图 6-19 所示。

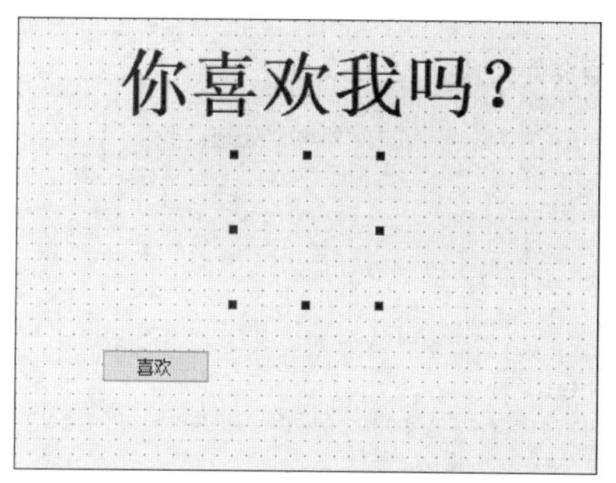

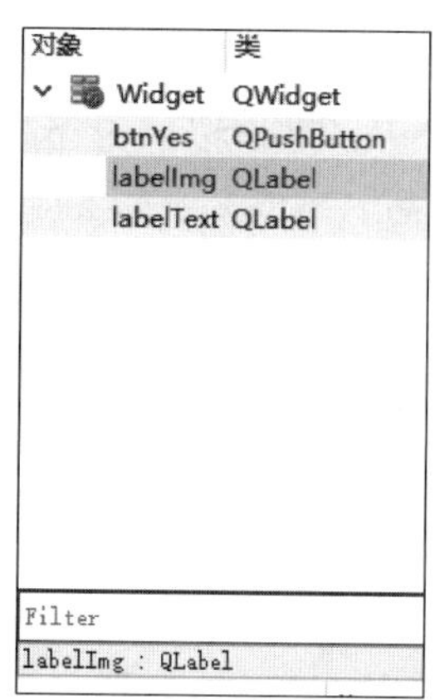

图 6-19　界面设计

然后在项目中添加一个 Qt 资源文件，并添加一个图片资源。例如，本书添加的资源为“:/img/heart.jpg”。接着在自定义 Widget 类中添加一个私有的成员函数，用来初始化标签的图像、大小和位置，定义如下。

```
void Widget::initialImgLabel() //设置图像标签的初始状态
{
    ui->labelImg->setPixmap(QPixmap(":/img/heart.jpg"));
    ui->labelImg->resize(100,100);          //设置图像标签初始大小
    ui->labelImg->setScaledContents(true); //设置图像自适应标签大小
    ui->labelImg->move(this->width()/2 - ui->labelImg->width()/2,
                       this->height()/2 - ui->labelImg->height()/2);
}
```

上述代码将 labelImg 的标签内容设置为资源图像 heart.jpg，大小设置为 100×100 像素，位置设置为位于用户区的中心，将图像显示大小设置为自适应标签大小。在 Widget 类构造函数体内的末尾添加调用上述成员函数的语句：

```
initialImgLabel();
```

接下来使用定时器事件实现“喜欢”按钮被单击后图片逐渐变大的效果，在 Widget 类中添加一个整型数据成员：

```
int nowTimer = 0;
```

该数据成员用于记录当前正在开启的定时器编号，初始为 0。然后在 Widget 类中添加一个私有的成员函数用于开启定时器，定义如下。

```
void Widget::startImageGrow()
{
    if(nowTimer!= 0)
        killTimer(nowTimer);
    nowTimer = startTimer(20);
}
```

该函数首先判断当前对象中是否已有开启的定时器,若有,则结束它。然后开启一个以20ms为间隔的定时器。

然后,在Widget类中重写定时器事件处理函数,定义如下。

```
void Widget::timerEvent(QTimerEvent * )          //定时器事件处理函数
{
    int userAreaWidth = geometry().width();
    int userAreaHeight = geometry().height();
    int imgWidth = ui -> labelImg -> width();
    int imgHeight = ui -> labelImg -> height();
    int posX = ui -> labelImg -> pos().x();
    int posY = ui -> labelImg -> pos().y();
    if(posX > 0&&imgWidth + posX < userAreaWidth&&posY > 0&&posY < userAreaHeight)
    {
        ui -> labelImg -> resize(imgWidth + 2, imgHeight + 2);
        ui -> labelImg -> move(ui -> labelImg -> x() - 1,ui -> labelImg -> y() - 1);
    }
    else
    {
        killTimer(nowTimer);
        nowTimer = 0;
    }
}
```

每次定时器到时后,会对图像标签的四周位置进行判断,若仍处于窗口用户区范围内,则以原标签中心为固定点,将标签的长和宽分别增加两个像素;否则(图像已到达用户区的某个边缘)删除定时器。

界面中的"喜欢"按钮clicked信号的自关联槽定义如下。

```
void Widget::on_btnYes_clicked()
{
    startImageGrow();
    QMessageBox::information(this,"^_^比心^_^","我也喜欢你!!!");
}
```

由于使用到了QMessageBox类,还需要在该函数所在的widget.cpp文件中添加头文件:

```
#include <QMessageBox>
```

此时就完成了"喜欢"按钮的功能。运行时,若标签图像变大时遮住了"喜欢"按钮,只要在Widget构造函数体的末尾添加以下语句将"喜欢"按钮置于最前即可。

```
ui -> btnYes -> raise();
```

接下来是"不喜欢"按钮在鼠标移至按钮区域时移动位置功能的实现。需要重写按钮

QMouseEvent 事件的默认处理函数 mouseMoveEvent()，所以要从 QPushButton 类派生出自定义按钮类，然后在自定义按钮类内重写上述函数。

新添加一个继承自 QPushButton 的 MyButton 类，对应的 MyButton.h 定义如下。

```
/****************************************
 * 项目名: 6_15
 * 文件名: mybutton.h
 * 说  明: 自定义按钮类
****************************************/
#ifndef MYBUTTON_H
#define MYBUTTON_H
#include <QMouseEvent>
#include <QPushButton>
class MyButton : public QPushButton
{
    Q_OBJECT
public:
    MyButton(QWidget * parent = nullptr);
protected:
    void mouseMoveEvent(QMouseEvent * event);
signals:
    void btnIsRunning();
};
#endif //MYBUTTON_H
```

类中声明了重写的 mouseMoveEvent()函数；还声明了一个信号 btnIsRuning()，目的是通知窗口，以便其能重置标签图像大小和位置。自定义按钮类的实现代码如下。

```
/****************************************
 * 项目名: 6_15
 * 文件名: mybutton.cpp
 * 说  明: 自定义按钮类实现
****************************************/
#include "mybutton.h"
MyButton::MyButton(QWidget * parent)
    :QPushButton(parent)
{
     setMouseTracking(true);
     this->resize(75,23);
}
void MyButton::mouseMoveEvent(QMouseEvent * )
{
    QWidget * parent = dynamic_cast<QWidget *>(this->parent());
    int x = rand() % (parent->geometry().width() - this->width());
    int y = rand() % (parent->height() - this->height());
    this->move(x,y);
    emit btnIsRunning();
}
```

构造函数中设置了按钮的初始大小，setMouseTracking(true)语句用于开启跟踪功能，只有设置为 true 才会对鼠标移动事件实时跟踪(为 false 时只有鼠标键按下的同时移动鼠标才会捕捉到鼠标移动事件)。

鼠标移动事件的默认处理函数 mouseMoveEvent()获取按钮的父窗口用户区大小，然后在此范围内随机生成新坐标位置(rand()函数随机生成一个整数值)，最后据此移动按钮并发出一个 btnIsRuning()信号。

接下来在 Widget 窗口中添加自定义按钮类对象。首先在 widget.h 文件中添加头文件：

```
#include "mybutton.h"
```

然后在类中添加一个私有的指针成员：

```
MyButton *btn;
```

再在 Widget 类的构造函数内添加以下语句，目的是在窗口中设置一个"不喜欢"按钮。

```
btn = new MyButton(this);
btn->setText("不喜欢");
btn->move(240,220);
btn->show();
btn->raise();
```

最后实现鼠标移进"不喜欢"按钮区域时图像标签大小和位置重置的效果。由于自定义按钮已在此时发出了 btnIsRunning()信号，因此只要将该信号与窗口的 initialImgLabel()函数绑定即可。在 Widget 类构造函数中添加语句：

```
connect(btn,&MyButton::btnIsRunning,this,&Widget::initialImgLabel);
```

并在 initialImgLabel()函数末尾添加语句：

```
if(nowTimer!= 0)
    killTimer(nowTimer);
nowTimer = 0;
```

至此，程序已全部编写完毕，运行一下看看效果吧！

课后习题

一、选择题

1. 关于 Qt 事件，下列说法中错误的是(　　)。
   A. 任意 QObject 对象都具备处理 Qt 事件的能力
   B. Qt 会将系统产生的消息转化为 Qt 事件，并封装为对象
   C. Qt 中的事件处理机制就是信号与槽机制
   D. Qt 中的所有事件类都继承自 QEvent 类
2. 对于 QObject 类及其派生类中关于事件处理的成员函数，下列说法错误的是(　　)。
   A. event()函数是当前对象处理所有派发给它的事件的入口

B. event()函数通常不实际处理事件，它的工作主要是派发

C. event()函数也可以处理事件

D. 事件处理函数的函数名是固定的，无法更改

3. 关于信号与槽和 Qt 事件，下列说法错误的是(　　)。

A. 事件更偏底层，可在事件处理函数中发出信号

B. 信号的发出并无目的，而事件有明确的接收对象

C. 事件与信号一样，也需要通过 connect()函数将其与事件处理函数关联

D. 一些常见的用户交互操作，可以使用信号与槽机制实现，也可以使用事件机制实现

4. 下列关于一些常见的事件类的说法正确的是(　　)。

A. QMouseEvent 类用于描述鼠标事件，包括鼠标左键单击与释放、滚轮旋转等操作

B. QKeyEvent 类用于描述键盘事件，当该类的事件产生时，将会被发送给当前窗口

C. QTimer 类用于描述一个定时器事件，默认事件处理函数(QObject 类及其派生类中)为 timerEvent()

D. QWheelEvent 类用于描述鼠标的滚轮事件，记录了该类型事件发生时鼠标的位置等信息

5. 关于可见部件的 repaint()和 update()成员函数，下列说法错误的是(　　)。

A. 在编写 paintEvent()函数的实现时，如有需要，可以调用 repaint()函数立刻绘制

B. 多次调用 update()函数，有可能只会导致一次 paintEvent()函数的调用

C. 它们最终都导致了 paintEvent()函数的调用

D. 它们都会导致部件的重新绘制

6. 对于以下代码，下列绘制效果正确的是(　　)。

```
QRectF rectangle(10,10,50,50);
int startAngle = 0 * 16;
int spanAngle = 90 * 16;
painter.drawPie(rectangle, startAngle, spanAngle);
```

A. 　B. 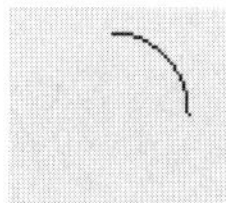　C. 　D. 

7. 下列关于绘图的说法正确的是(　　)。

A. 只能在 paintEvent()函数中实现绘图操作

B. 系统默认的画刷颜色为背景色

C. 对于画笔，除了提供的实线、虚线、点画线等风格外，用户也可自定义线的风格

D. 画刷可以使用图片作为自定义纹理

8. 下列不是 Qt 提供的图像绘图设备的是(　　)。

A. QPen　　B. QPixmap　　C. QImage　　D. QBitmap

9. 对于图像绘图设备，下列说法正确的是(　　)。

A. 都能进行像素级的操作

B. 都可以使用 QPainter 的绘制函数(如 drawLine()等)在其上进行绘制

C. 都可以使用图像文件初始化

D. QBitmap 是 QPixmap 的派生类,只能表示灰度图

10. 下列关于 QAbstractButton 类的说法错误的是(　　)。

A. 是抽象类,继承自 QWidget

B. 若希望派生出非抽象类,需要实现其 paintEvent()函数

C. 是所有按钮类型的基类

D. 该类的对象默认不显示

11. 下列关于 OpenCV 库的说法错误的是(　　)。

A. 是 Qt 框架的一部分

B. 是一个用于图像处理、计算机视觉领域的开源函数库

C. 提供了大量函数供调用

D. 主要使用 C 和 C++语言编写而成

12. 下列说法错误的是(　　)。

A. 图像平滑时会弱化图像噪声

B. 中值平滑对椒盐噪声有较好的祛除效果

C. 高斯平滑在设计时考虑了邻域像素点的远近关系

D. 边缘检测可实现图像灰度化

二、程序分析题

1. 下面的代码段实现在自定义 Widget 窗口中按下鼠标左键时,弹出"您按下了左键"的消息框;按下鼠标右键时,弹出"您按下了右键"的消息框。类中采用了默认的事件处理函数,请完善程序。

```
void Widget::_____①_____( QMouseEvent _____②_____)
{
        if(event->button() == _____③_____)
            QMessageBox::information(this,"提示","您按下了左键");
        else
            QMessageBox::information(this, "提示","您按下了右键");
}
```

2. 已知程序界面设计和部件定义如图 6-20 所示。

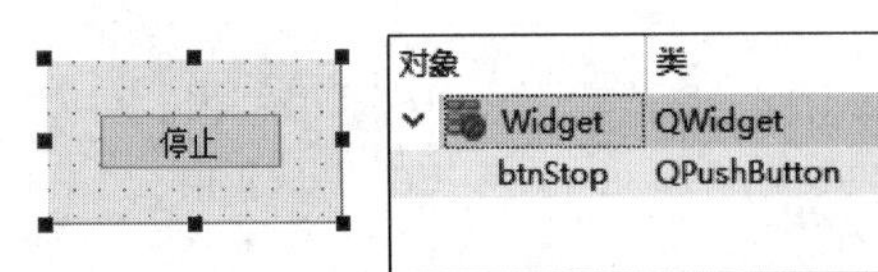

图 6-20　界面设计和部件定义

请阅读程序,描述程序的运行结果(其中,项目文件、主函数所在的 main.cpp 文件是按照 3.4.1 节所示,使用向导创建项目默认生成的代码,未经修改,此处不再列出)。

widget.h 头文件代码如下。

```
#ifndef WIDGET_H
#define WIDGET_H
#include <QWidget>
namespace Ui {
```

```
class Widget;
}
class Widget : public QWidget
{
    Q_OBJECT
public:
    explicit Widget(QWidget * parent = nullptr);
    ~Widget();
protected slots:
    void timerEvent(QTimerEvent * );
private slots:
    void on_btnStop_clicked();
private:
    Ui::Widget * ui;
    int timer;
};
#endif //WIDGET_H
```

widget.cpp 源文件代码如下。

```
#include "widget.h"
#include "ui_widget.h"
#include <QDebug>
Widget::Widget(QWidget * parent):QWidget(parent),ui(new Ui::Widget)
{
    ui->setupUi(this);
    timer = startTimer(2000);
}
void Widget::timerEvent(QTimerEvent * )
{
    qDebug()<<"定时器到期";
}
void Widget::on_btnStop_clicked()
{
    killTimer(timer);
}
Widget::~Widget()
{
    delete ui;
}
```

3. 已知程序运行后，运行效果如图 6-21 所示，请完成代码段的填空。

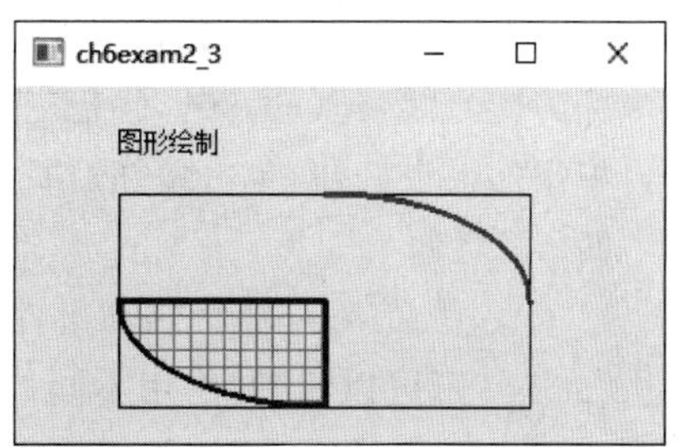

图 6-21　图形绘制程序运行效果

```
void Widget::paintEvent(QPaintEvent * )
{
    QPainter______①______;
    QRectF rectangle(50,50,200,100);
    painter.drawRect(rectangle);
    painter.______②______(50,30,"图形绘制");
    QPen pen;
```

```
    pen.setColor(Qt::red);
    pen.setWidth(3);
    _______________③_______________
    painter.drawArc(rectangle,0,90 * 16);
    pen.setColor(Qt::blue);
    QBrush brush;
    brush.setColor(Qt::green);
    brush.setStyle(Qt::CrossPattern);
    painter.setPen(pen);
    painter.setBrush(brush);
    painter.__________④__________;
}
```

三、编程题

1. 创建一个窗口，在窗口中添加一个标签，初始大小为 100×100 像素，标签内显示一张图片（图片可任意设置）；实现鼠标滚轮上滚/下滚时以图片中心为固定点，图片变大/变小的功能；当鼠标左键按下时，标签恢复初始设置的大小。

2. 创建如图 6-22(a)所示的界面。在程序内维护一个颜色（QColor）列表（QList 容器），初始为空，列表中的所有颜色项实时按顺序显示于多行文本框中；单击“选择颜色”按钮时打开对话框，并将用户选择的颜色加入队列；单击“去除一个颜色”按钮时，从队列中删除最前面的颜色；“效果展示”按钮上的文字用于显示颜色的变换效果（见图 6-22(b)），请按照当前队列中颜色的顺序，每隔 1 秒变换一个颜色。

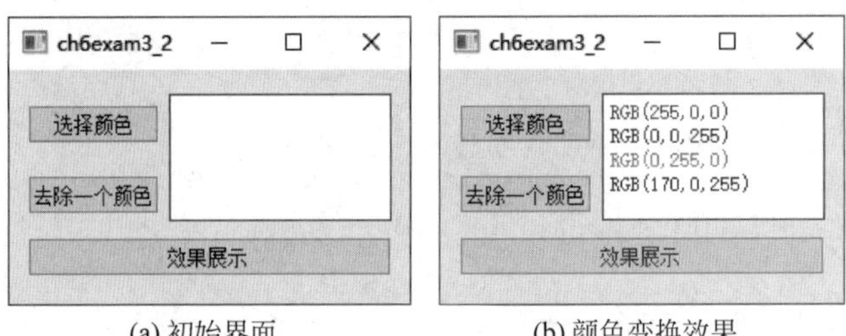

(a) 初始界面　　(b) 颜色变换效果

图 6-22　颜色变换程序运行效果

3. 绘制如图 6-23 所示的文字（要求为自己的学号和姓名，请注意要求是绘制，并非使用标签）、正方形和正方形的内接圆。其中文字采用默认画笔；正方形为粗细为 1 的红色画笔；内接圆使用黄色填充，无轮廓。

4. 在窗口中绘制如图 6-24 所示的笑脸形状，具体参数如下：脸外接矩形左上角坐标为(20,20)，大小 80×80，填充黄色，脸轮廓使用默认画笔；左眼坐标为(40,50)到(50,50)，右眼坐标为(70,50)到(80,50)，嘴巴三点坐标分别为(50,70)、(60,80)、(70,70)，笔宽为 5；在窗口中添加一个按钮，单击按钮时打开对话框，可根据用户选择的颜色显示五官。

四、思考题

1. Qt 中的信号与槽机制和事件机制有何异同？请结合你的理解给出答案。

2. 从本章可以看到，使用不同的第三方库，可以方便地完成不同的工作。除了本章使用到的 OpenCV 库之外，你还知道什么使用广泛的第三方库吗？它们又是针对哪个学科或应用领域的库呢？

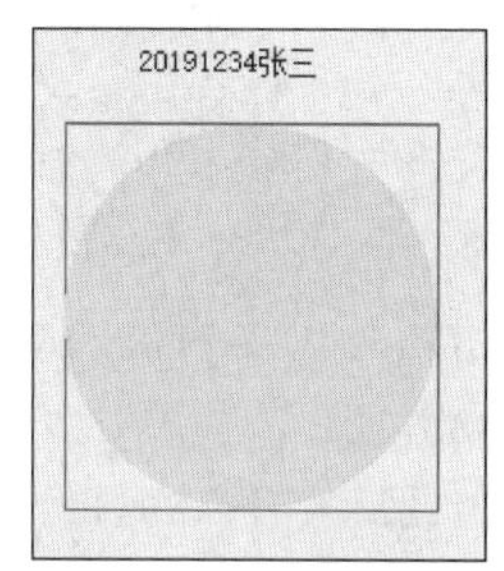

图 6-23　绘制程序运行效果

图 6-24　切换五官颜色程序运行效果

实验 6　事件处理与绘图

一、实验目的

1. 了解事件处理机制，掌握常见的事件以及对它们的处理。

2. 熟练掌握画笔、画刷的使用。

3. 了解图像绘图设备，掌握在其上进行绘制的方法。

二、实验内容

1. 创建 Qt GUI 项目，拖入一个按钮并放大一点，初始设置显示的文字为空。然后实现以下功能。

(1) 鼠标位于窗口区域中时，每按下一个键盘上的字母键，会在已显示字符串的基础上追加显示按下的字符(小写字符)；按下 Shift＋键盘字母组合键，追加显示按下的字符(大写字符)，如图 6-25 所示。

(2) 鼠标位于窗口区域中时单击(注意：不是在单击按钮)，清空按钮上显示的文字。

2. 创建 Qt GUI 项目，实现如下功能：画一个圆作为秒表表盘，初始时秒针指向正上方，如图 6-26(a)所示；创建定义器，每隔 1 秒秒针顺时针走 6°，实现 60 秒走一圈的功能，如图 6-26(b)所示。

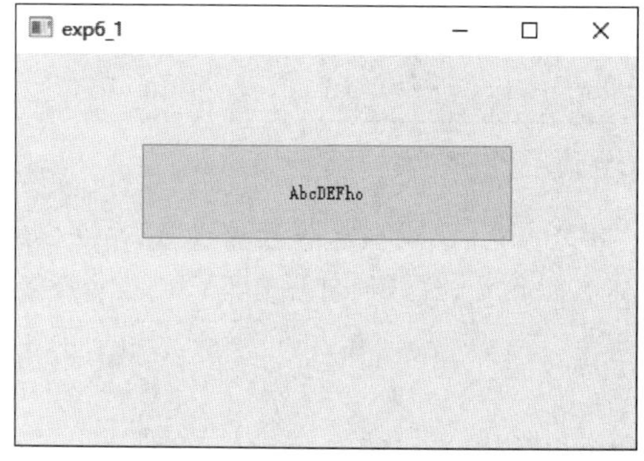

图 6-25　实验内容 1 运行效果

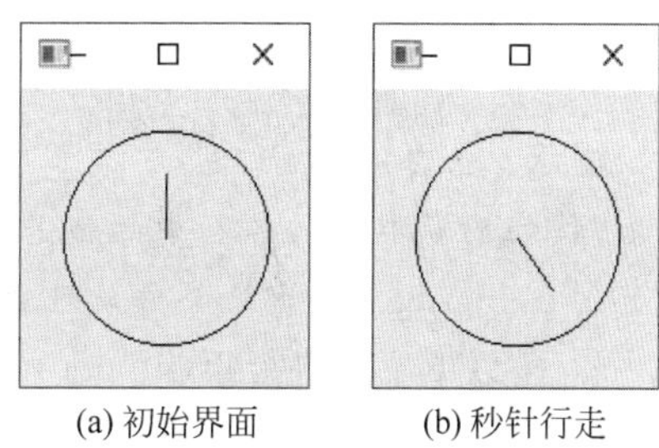

图 6-26　实验内容 2 运行效果

提示：窗口中设置 second 数据成员用于记录当前秒数，设置定时器到期 update，需用到 sin 和 cos 函数时(计算秒针的坐标)需添加 cmath 头文件。

3. 在窗口中绘制五星红旗。

(1) 红旗尺寸为 900×600。

(2) 大五角星的 10 个顶点坐标依次为{64,121}，{116,161}，{97,222}，{150,187}，{203,222}，{184,161}，{234,121}，{172,121}，{150,60}，{128,121}。

(3) 第 1 个小五角星(从上往下)的 10 个顶点坐标依次为{274,75}，{294,71}，{306,89}，{309,68}，{329,63}，{310,53}，{312,32}，{297,47}，{277,39}，{287,58}。

(4) 第 2 个小五角星的 10 个顶点坐标依次为{330,124}，{351,128}，{354,149}，{365,131}，{386,134}，{372,118}，{381,99}，{362,107}，{347,92}，{349,114}。

(5) 第 3 个小五角星的 10 个顶点坐标依次为{331,202}，{348,214}，{343,235}，{360,222}，{378,233}，{371,213}，{388,199}，{366,199}，{358,180}，{352,200}。

(6) 第 4 个小五角星的 10 个顶点坐标依次为{277,251}，{287,269}，{274,286}，{295,281}，{307,299}，{309,277}，{329,271}，{310,263}，{311,242}，{296,258}。

提示：上述坐标为近似值，读者可自行查找国旗五角星坐标的计算方法，并精确计算。

4. 根据用户输入的圆心坐标和半径绘制圆，要求如下。

(1) 按照图 6-27 在窗口中添加右上方的部件。

(2) 单击"填充颜色"按钮或"画笔颜色"按钮时，打开对话框获取用户设置的颜色值，将其作为绘制时使用的颜色，同时将按钮上的文本显示为用户设置的颜色。

(3) 单击"绘制圆形"按钮时，在窗口中按照 spinBox 中指定的值绘制圆形，如图 6-27 所示。

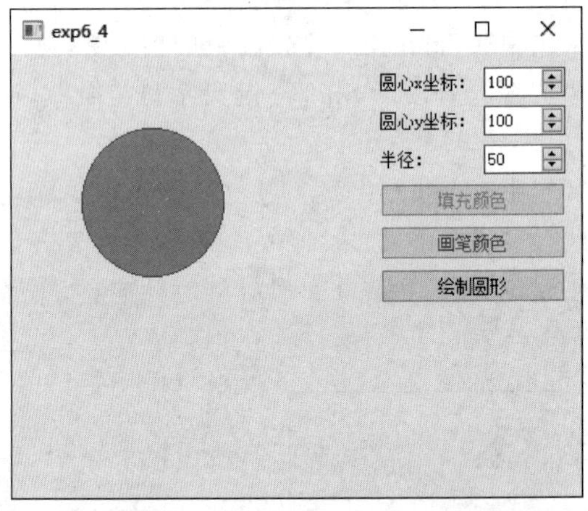

图 6-27 实验内容 4 运行效果

提示：在自定义窗口类中添加坐标、半径、画笔颜色、画刷颜色等数据成员，单击"绘制图形"按钮时获取 spinBox 中的值并赋值给前述数据成员，然后调用 update()函数以便最终执行到 paintEvent()重绘事件处理函数。

5. 按以下要求进行绘制。

(1) 窗口初始化时在 QPicture 上绘制一条小鱼形状，并存储为 fish. pic 文件。

(2) 在窗口中添加一个"在随机位置画一条小鱼"按钮，每单击一次，在当前窗口中的随机位置绘制一条小鱼，如图 6-28 所示。

(3) 在窗口中添加一个“保存为小鱼图像”按钮，单击时打开一个保存文件对话框以接受用户指定的图像文件名(要求以.bmp 为扩展名)；然后将小鱼(pic 文件)绘制到一个QPixmap 对象上，最终将绘制好的 QPixmap 图像保存为用户指定的文件名。

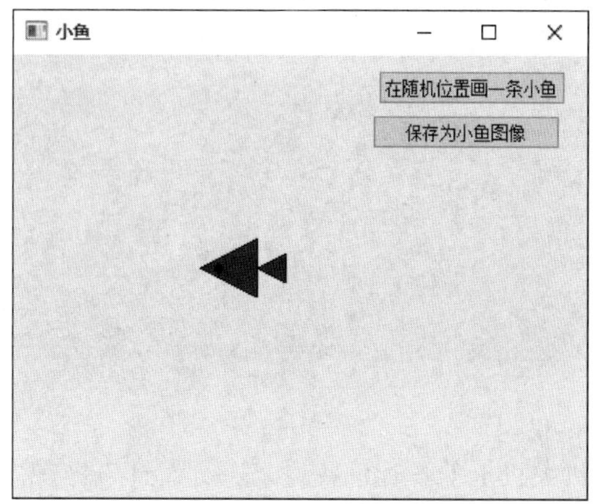

图 6-28 实验内容 5 运行效果

提示：rand()%100 可返回一个 0～99 的随机整数值；在 paintEvent 中加载 pic 文件并实现窗口绘制；单击“在随机位置画一条小鱼”按钮时调用 update()函数以最终调用到 paintEvent()函数；单击“保存为小鱼图像”按钮时实现加载 pic 文件并绘制在 QPixmap 上。

第 7 章

数据 I/O

设备是指连在计算机主机上的各种设备，如显示器、打印机、键盘、硬盘文件、串口、网络接口等。它们是计算机系统重要的组成部分，起到信息传输、转入和存储的作用。数据信息从内（程序中的变量、对象）到外（设备）的流动称为数据输出（Output）、从外到内的流动称为数据输入（Input），统称为数据 I/O。

标准 C++ 中提供了相应的类（称为流类）完成数据 I/O。例如，1.2.1 节介绍的 cin 就是一个标准输入流类的对象，cout 是一个标准输出流类的对象，都在 iostream 头文件中被定义。它们就像管道一样，数据从 cin 默认连接的标准输入设备（键盘）流入程序，或从程序流出到 cout 默认连接的标准输出设备（显示器）。本章首先将简单介绍标准 C++ 中的流以及使用流进行文件读写的过程，如果读者只使用标准 C++，并不涉及 Qt 框架，就需要使用流对象对完成数据的 I/O 操作。

Qt 框架也提供了相关的类完成数据的 I/O 工作，这些相关的类称为设备类。相对标准 C++ 提供的流而言，Qt 的设备类及相关的类提供了更加丰富和易操作的功能。本章将介绍 Qt 中的设备，并重点介绍使用 Qt 设备类（及相关类）完成文件和目录操作。最后结合例子介绍 Qt 主窗口的使用。

7.1 标准 C++ 中的流

在标准 C++ 中，数据 I/O 主要包括：对标准输入/输出设备（键盘和显示器）的输入/输出（简称为标准 I/O）、对文件的输入/输出（简称为文件 I/O，其他设备也被当作一个“文件”）和对内存中指定的缓存空间的输入/输出（简称为串 I/O），相关的流分别称为标准 I/O 流、文件 I/O 流和串 I/O 流。

7.1.1　流类库

视频讲解

标准 C++ 中所有用于实现数据 I/O 操作的流类都被包含在 iostream、fstream 和 strstream 这 3 个头文件中，各头文件包含的类如表 7-1 所示。

表 7-1　3 个头文件包含的类及其作用

类　　名	作　　用	所在头文件
ios	抽象根基类	iostream
istream	通用输入流和其他输入流的基类	iostream
ostream	通用输出流和其他输出流的基类	iostream
iostream	通用输入/输出流和其他输入/输出流的基类	iostream
ifstream	输入文件流类	fstream
ofstream	输出文件流类	fstream
fstream	输入/输出文件流类	fstream
istrstream	输入字符串流类	strstream
ostrstream	输出字符串流类	strstream
strstream	输入/输出字符串流类	strstream

一个程序或编译单元（即一个源文件）中需要进行标准 I/O 操作时必须包含头文件 iostream；需要进行文件 I/O 操作时必须包含头文件 fstream；需要进行串 I/O 操作时必须包含头文件 strstream。

标准 C++不仅提供了现成的流类库可供使用，还为用户进行标准 I/O 操作定义了 4 个流对象，分别是 cin、cout、cerr 和 clog。除了 cin 是标准输入流对象外，其他 3 个均是输出流对象。

cerr 和 clog 都是标准错误流，它们都用于直接向显示器输出错误信息。两者的区别在于 cerr 不经过缓冲区，信息直接输出；而 clog 中的信息会先存放于缓冲区中，待缓冲区满或遇到 endl 时才一起输出。它们和 cout 的区别在于 cout 流通常将信息传送到显示器输出，但也可被重定向到磁盘文件；而标准错误流 cerr 和 clog 的信息只能在显示器输出。下面通过一个例子进行说明。

创建纯 C++项目，并在 main. cpp 文件中添加代码。

```
/*************************************
* 项目名: 7_1
* 摘　要: 标准输出流与标准错误流的区别
*************************************/
#include <iostream>
using namespace std;

int main()
{
    cout <<"information by cout."<< endl;
    cerr <<"information by cerr."<< endl;

    return 0;
}
```

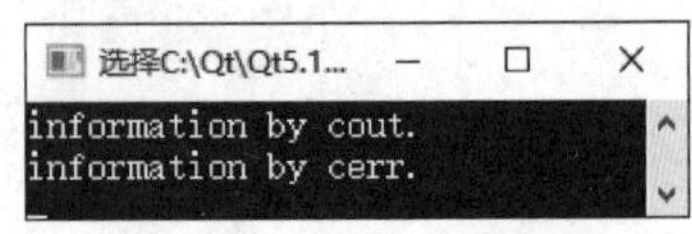

图 7-1　项目 7_1 的运行结果

运行程序,结果如图 7-1 所示。

首先按照 1.3.4 节,静态编译(或在系统环境变量 path 中添加动态链接库所在的目录,或复制所需动态链接库到项目 7_1 的 7_1.exe 文件所在目录中)项目 7_1,使 7_1.exe 能够脱离 Qt Creator 环境独立运行。

打开 Windows 操作系统的命令提示符界面(单击操作系统"开始"按钮,输入 cmd,找到"命令提示符"工具并打开),在命令行中切换到 7_1.exe 所在目录(参考图 7-2 中的指令)。然后输入以下命令以运行程序。

```
7_1 >> a.txt
```

其中,"7_1"为可执行文件 7_1.exe 不带扩展名的文件名,如果只是运行程序,仅输入它就可以了;后面的">> a.txt"的作用是将程序 7_1 的运行输出结果重定向到 a.txt 文件。

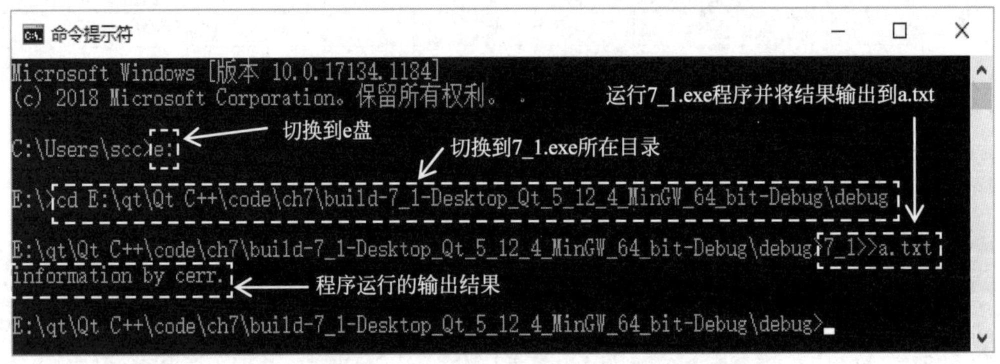

图 7-2　在命令行中运行程序并重定向

按 Enter 键运行程序,在"命令提示符"窗口中只输出了错误输出流 cerr 输出的结果(见图 7-2)。打开 7_1.exe 所在的目录,可以看到多了一个 a.txt 文件(见图 7-3),文件中的内容即为 cout 流对象的输出。

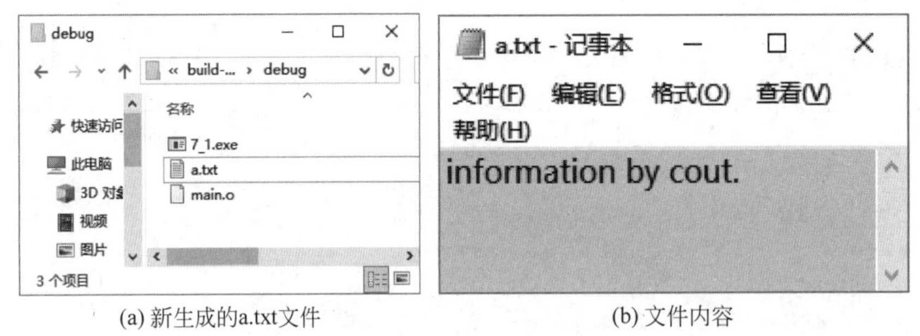

(a) 新生成的a.txt文件　　(b) 文件内容

图 7-3　重定向 cout 输出到文件

视频讲解

7.1.2　文件类型

文件是指驻留在外部介质(磁盘等)上的、在使用时才被读入内存的数据的集合,该数据集合有一个名字,即文件名。操作系统以文件为单位对数据进行管理,读入(这些存储于文件中的）数据时，首先需要根据文件名在外部介质找到文件，然后再从该文件中读取数据（类似于从键盘输入，只是现在的输入来源是文件）。同样地，想要保存数据到文件，也必须先建立并打开一个文件（或打开已有文件），然后再向文件输出数据。

标准 C++ 把其他外部设备（如串口、打印机、网络接口等）也看作一个文件进行管理，对它们的输入、输出等同于对磁盘文件的读和写。

根据文件中数据编码方式的不同，文件可分为以下类型。

1. 文本文件

文件内容是可读的文本字符，存储的是每个字符的编码，可用任何文本编辑工具（如记事本、写字板、UltraEdit 等）打开和编辑。例如，.cpp 源文件、.h 头文件、.pro 项目文件等都是文本文件。字符有多种编码方式，但在一个文件中，需要以一种统一的编码方式存储本文中的所有字符。

提示：查看文件的字符编码方案，可用记事本打开，执行“另存为”命令，可看到当前使用的编码，并可转为使用其他编码方式存储。常见编码方案如下。

（1）ANSI（扩展的 ASCII）编码方案。编码 0x00～0x7f 范围内的 1 字节表示一个英文字符（兼容 ASCII），超出 1 字节的 0x80～0xFFFF 范围内用 2 字节表示其他语言的字符（根据国家或地区不同，支持的语言字符集不同。例如，简体中文操作系统中，对应着 GBK 编码的中文字符）。

（2）UTF-16 编码方案。使用 2 或 4 字节表示一个字符。编码存储时可以高位字节在前，也可以高位字节在后。

（3）UTF-8 编码方案。使用 1～4 字节表示一个符号。编码 0x00～0x7f 范围内的 1 字节表示一个英文字符（兼容 ASCII）。

例如，将整型数据 255 存储于使用了 ANSI 编码方案的文本文件中，实际存储的是字符串“255”，3 个字符各占 1 字节，字符对应的存储的内容如下。

字符：　　　2　　　　5　　　　5

ANSI 码：　00110010　00110101　00110101

使用 UTF-16 编码方案时，每个数字字符编码占 2 字节（0x00～0x7f 范围兼容 ASCII），若采用存储时高位字节在后的方式，字符对应的存储内容如下。

字符：　　　　　2　　　　　　　　5　　　　　　　　5

UTF-16 码：　00110010 00000000　00110101 00000000　00110101 00000000

2. 二进制文件

二进制文件按二进制的编码方式存储数据，又称作内部格式文件或字节文件，通常是一些可执行文件的指令序列或以特定的数据结构存储的数据文件。

例如，整型数字 255 在二进制文件中的存储形式（在 32 位处理机中）如下。

整型数字：255

二进制：00000000 00000000 00000000 11111111

即以内存中同样的存储方式存储于文件中。用记事本等文本工具虽然也可以打开二进制文件，但除了字符类型的数据可在屏幕上显示外，其他数据无法直接读懂，通常需要特定的程序对二进制文件进行读取和解析。

视频讲解

7.1.3 使用流实现文件 I/O

与处理文件 I/O 相关的文件流如下。

(1) ifstream 文件输入流：继承自 istream 类，支持从文件的输入。

(2) ofstream 文件输出流：继承自 ostream 类，支持向文件的输出。

(3) fstream 文件输入/输出流：继承自 iostream 类，支持文件的输入和输出。

每个文件流都有一个内存缓冲区与之对应。如果想在程序中以文件作为输入/输出的对象(而不是键盘和显示器)，就必须首先定义文件流对象，再将流连接到要访问的文件，接着就可以使用流从文件读取或向文件写入数据(输入文件流仅读取，输出文件流仅写入，而输入/输出文件流可同时读和写)了。文件使用完毕后，还要断开流与文件的连接，以便及时释放文件资源。

文件 I/O 的步骤如下。

(1) 包含头文件及使用标准命名空间，以便使用文件流类。

```
#include <fstream>
using namsespace std;
```

(2) 根据是只读、只写，还是读写，定义对应的流对象。例如，只从文件中读取信息(不写入)，则可定义一个文件输入流对象：

```
ifstream infile;
```

(3) 使用流对象的 open()函数，连接流对象和文件(称为打开文件)。例如：

```
infile.open("E:\\in.txt");
```

打开后，读取文件的位置默认位于文件开头处。上述两步也可以合写为

```
ifstream infile("E:\\in.txt");
```

(4) 使用流对象操作文件。例如：

```
int age;
infile >> age;
```

上述代码能够读取成功的前提是系统 E 盘下已经有了一个名为 in.txt 的文本文件，且文件内容为一个整数，如 25。使用输入文件流 infile 进行读取的操作和 cin 并没有什么不同，只是 cin 从键盘读入，infile 从与之关联的文件中读入。infile 可以同时读取多个相同或不同类型的值，读取的顺序和个数应当和文件中提供的数据的类型和个数一致。

(5) 调用 close()成员函数，断开与文件的连接(称为关闭文件)。例如：

```
infile.close();
```

操作完毕后应及时关闭文件，以释放此文件资源。之后文件可被其他的程序使用。文件流也可以再次与其他的文件建立关联。

写文件也是一样的过程。创建纯 C++项目 7_2，代码如下。

```
/*********************************
* 项目名: 7_2
* 说  明: 文本文件的读取和写入
*********************************/
#include <fstream>
#include <iostream>
#include <string>
using namespace std;

int main()
{
    int age, height;

    ifstream infile;
    infile.open("E:\\in.txt");
    if(infile.fail())                    //文件打开失败时,fail()函数返回 true
    {
        cout <<"file E:\\in.txt doesn't exist, please check. "<< endl;
        exit(1);                         //退出程序
    }
    infile >> age >> height;
    infile.close();

    string filename = "E:\\out.txt";
    ofstream outfile(filename);
    if(outfile.fail())
    {
        cout <<"open file "<< filename << " failed. "<< endl;
        exit(1);
    }
    outfile <<"Age read from in.txt is:"<< age << endl
            <<"Height read from in.txt is:"<< height << endl;
    outfile.close();

    return 0;
}
```

对于任何文件流类,都可以先创建流对象,然后调用 open()函数打开文件;也可以将文件作为初始化参数传入,在创建流对象的同时打开文件。例如,上述代码中的输出流 outfile 即采用后一种方式。

由于打开文件可能失败(如文件不存在、写文件时文件正被占用等),因此将流和文件建立连接后,要通过 fail()成员函数检查文件是否正常打开,返回 true 时表示打开失败。

用于读入的文件应当是已存在的文件,否则打开失败。如果用于写入的文件不存在,程序会创建一个指定名称的文件(前提是文件所处的目录应当存在,若不存在,则打开失败)。如果文件已经存在,则打开文件,并清空文件的内容。

项目 7_2 程序能正常运行的前提是 E 盘下已存在一个 in.txt 的文件，且文件内容如图 7-4(a)所示。运行程序，文件读写正常的情况下，控制台界面并无任何输出。此时，打开 E 盘会发现新生成了一个 out.txt 文件，内容如图 7-4(b)所示。

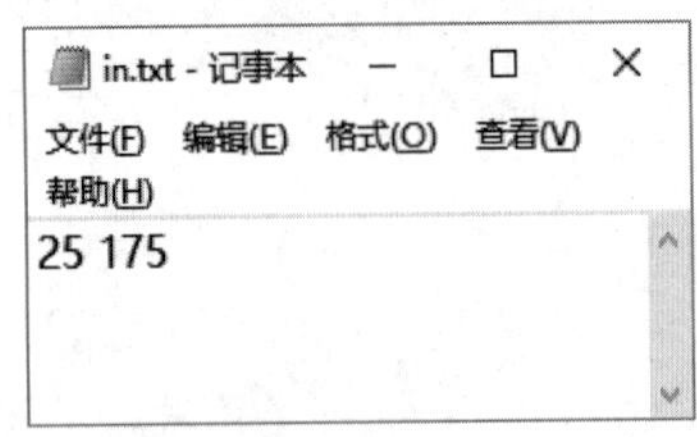

(a) 已存在的用于读入的in.txt文件

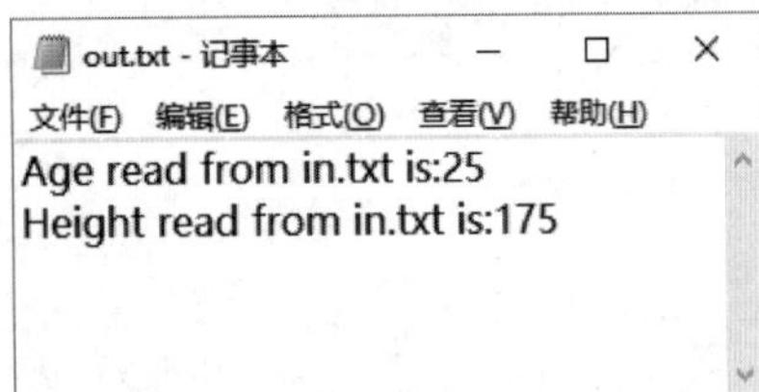

(b) 新生成的已写入信息的out.txt文件

图 7-4 项目 7_2 相关的文件

若 out.txt 文件存在，则每次以写方式(连接到输出流)打开文件时，均要将文件中原有的内容清空(默认的打开方式)。如果希望是在文件末尾追加写入，则需要在打开文件时指定打开方式为追加，即 ios::app。

修改项目 7_2 中定义文件输出流 outfile 对象的代码如下。

```
ofstream outfile(filename, ios::app);
```

再次运行程序，out.txt 文件中的内容如图 7-5 所示。

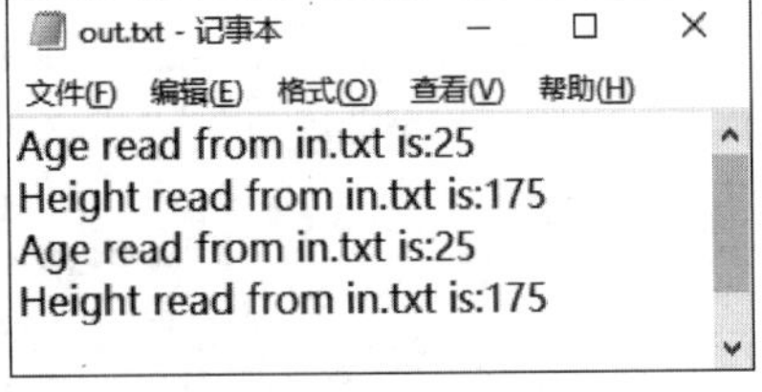

图 7-5 项目 7_2 再次以追加方式写入

文件默认的打开形式为文本文件，流对象通过提取和插入运算符进行的读写操作也都是针对文本文件的。

提示：读写指定文件时，若打开失败，请查看一下操作系统是否默认不显示文件扩展名。例如，读者从文件浏览器中看到的以及代码中给出的文件名是 a.txt，但该文件的真实文件名为 a.txt.txt，其中最后一个.txt 文件扩展名在文件浏览器中默认不显示，导致代码中给出的 a.txt 实际上是一个不存在的文件。对于 Windows 系统，可在文件浏览器窗口的“查看”菜单下，将“文件扩展名”勾选上，以显示完整的文件名。

当然，上述只是文件打开出错最常见的原因(即文件不存在)之一。其他常见原因还有权限不足、硬盘问题、路径出错等，需要读者仔细分析鉴别。

如果希望打开二进制文件，需要在打开时指定打开模式为 ios::binary。例如：

```
ofstream outBinaryFile("E:\\Binary.abc", ios::binary|ios::app);
ifstream inBinaryFile("E:\\Binary.abc", ios::binary);
```

第 1 句表示创建一个文件输出流 outBinaryFile，以追加的形式打开文件，并准备将数据以二进制形式写入；第 2 句表示创建一个文件输入流 inBinaryFile，并准备将文件以二进制形式读入。需要专门的读写函数，才能实现二进制数据的读出和写入。常见的按字节读数据块的成员函数 read()的原型为

```
istream& read(unsigned char * buf, int num);
```

其中，字符指针 buf 指向内存中的一段存储空间；num 是读入的字节个数。read()函数从

输入文件读取 num 个字符到 buf 指向的内存中，如果还未读满 num 字节就到了文件尾，可以用成员函数 gcount()取得实际读取的字节数。

按字节写数据块的成员函数 write()的原型为

```
ostream& write(const unsigned char * buf, int num);
```

它将 buf 指向的内存中 num 个字节的内容写到输出文件。

```
/************************************
* 项目名: 7_3
* 说　明: 二进制文件数据的读取和写入
************************************/
#include <iostream>
#include <fstream>
using namespace std;

int main()
{
    int age, height, readAge, readHeight;
    cout <<"please input age and height:";
    cin >> age >> height;

    ofstream outBinaryFile("E:\\binary.abc", ios::binary|ios::app);
    if(outBinaryFile.fail())
    {
        cout <<"open file failed."<< endl;
        exit(0);
    }
    outBinaryFile.write(reinterpret_cast<char *>(&age), sizeof(age));
    outBinaryFile.write(reinterpret_cast<char *>(&height), sizeof(height));
    outBinaryFile.close();

    ifstream inBinaryFile("E:\\binary.abc", ios::binary);
    if(inBinaryFile.fail())
    {
        cout <<"open file failed."<< endl;
        exit(0);
    }
    inBinaryFile.read(reinterpret_cast<char *>(&readAge), sizeof(readAge));
    inBinaryFile.read(reinterpret_cast<char *>(&readHeight), sizeof(readHeight));
    inBinaryFile.close();

    cout <<"age from file:"<< readAge << endl
        <<"height from file:"<< readHeight << endl;

    return 0;
}
```

注意，无论数据实际为什么类型，都需要以字节块的形式读写到二进制文件。而 char 类型正好对应 1 字节，所以读写时，形参 buf 指针为 char * 类型。使用读写函数时，也需要把指向数据的指针强制转换为 char * ,以方便实施字节块读写操作。

reinterpret_cast 运算用于无关类型间的类型强制转换。语句“reinterpret_cast < char * >(&age)”等同于“(char *)(&age)”,即将后面的指针强制转换为字符指针类型。

上述程序的功能为等待用户输入的年龄和身高,然后将其写入二进制文件 binary.abc,接着再从该文件中读出两个整型数据到 readAge 和 readHeight 变量中,最后将 readAge 和 readHeight 的值进行输出。运行结果如图 7-6(a)所示。

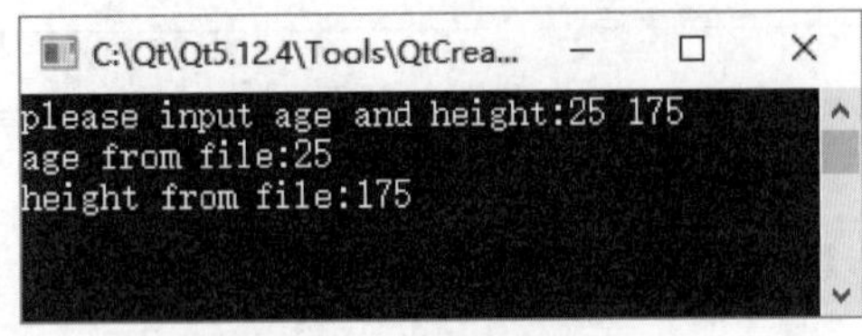

(a) 程序输入和输出

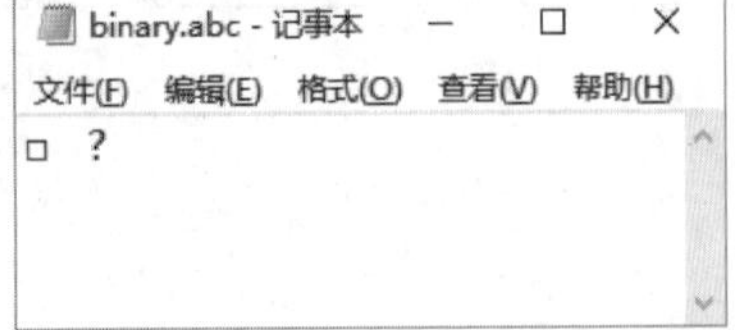

(b) 使用记事本打开的生成的二进制文件

图 7-6　项目 7_3 的运行结果

此时用记事本打开生成的文件,如图 7-6(b)所示,可以看到并不能显示可识别的字符,这是因为存储在二进制文件中的数据是整型值 25 和 175,它们均占 4 字节,且按照内存中的存储整型数据的格式存储在文件中。

再次运行程序,可以发现程序并没有按照预期的想法再次输出新输入的年龄和身高,而仍然显示的是第 1 次运行时输入的数据。这是因为写 binary.abc 文件时是以追加方式写入的,每次输入的数据都添加在文件的最后,而读取的时候,默认是从文件开始处进行读取,所以每次读入的都是第 1 次写入的数据。

实际上,对于每个打开的文件输入流,都有一个文件读指针,用来指示当前读文件的位置;对于每个文件输出流,则维护了一个写指针,用于指示写入文件的位置;文件输入/输出流同时有读、写指针。流提供了相应的成员函数移动读、写指针或返回它们所指示的位置。例如,对于项目 7_3,如果希望每次读入的都是本次运行时输入的年龄和身高,可以在 inBinaryFile 打开文件之后,读数据之前,加入语句:

```
inBinaryFile.seekg( - sizeof(int) * 2, ios::end);
```

其中,ios::end 表示文件末尾;第 1 个参数为偏移的字节数。由于每次程序运行时,都向文件末尾写入两个整型的数据,所以调用 seekg()函数将读指针从文件末尾处偏移 - sizeof(int) * 2 字节,即为本次程序运行时数据写入的位置。再次运行程序,即可正确读出并显示本次输入并存储到文件中的数据。

流中常见的与文件指针相关的成员函数如表 7-2 所示。

表 7-2　流中常见的与文件指针相关的成员函数

成员函数	含义及作用
tellg()	返回读指针当前所在的位置
seekg(文件中的位置)	将读指针移到指定的位置
seekg(位移量,参照位置)	将读指针以参照位置为基础移动位移量字节
tellp()	返回写指针的当前位置
seekp(文件中的位置)	将写指针移到指定的位置
seekp(位移量,参照位置)	将写指针以参照位置为基础移动位移量字节

参照位置可以是 ios::end(表示文件尾)、ios::begin(表示文件开始处)、ios::cur(表示文件指针当前所在的位置)等。位置均以字节为单位,文件开头处为 0 号位置。

7.2 Qt 的 I/O 设备

类似于标准 C++中使用流类处理程序与设备间的数据 I/O 工作,Qt 使用 I/O 设备类完成程序与 I/O 设备间的数据 I/O 操作。与 C++把 I/O 设备看作一个文件正好相反,Qt 将文件当作一种特殊的外部设备对待,QFile 类是 QIODevice 设备类的一个派生类,一个 QFile 对象就对应一个文件。

7.2.1 I/O 设备类层次

QIODevice 设备类是所有 I/O 设备的基类,继承自 QObject 类。它为具体的 I/O 设备提供了统一通用的抽象接口。其本身是一个抽象类,不能被实例化,只能使用它的子类完成具体设备类型的 I/O 操作。

Qt I/O 设备类层次如图 7-7 所示。

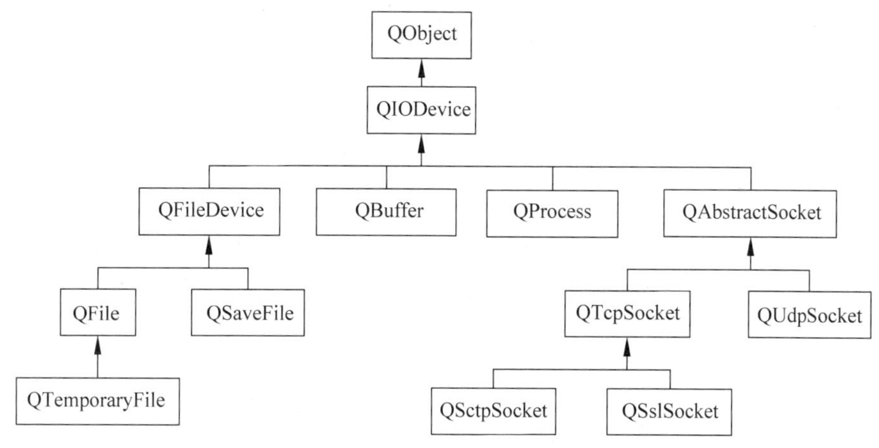

图 7-7 Qt I/O 设备类层次

(1) QProcess 进程类用于启动一个新的进程,并与它们进行通信。

(2) QFileDevice 文件设备类是 Qt5 新增的类,提供了用于读写、打开文件的通用接口,主要的功能在它的派生类中实现,包括 QFile 和 QSaveFile。

(3) QAbstractSocket 抽象套接字类提供了套接字(一种通信接口)类型共有的基本功能,它是 QTcpSocket(提供 TCP 套接字)和 QUdpSocket(提供 UDP 套接字)的基类。

(4) QBuffer 缓冲区类为缓冲区提供读写接口。缓冲区的本质就是一段连续的存储空间,可用 char * 指针指向或用 QByteArray 字节数组类对象表示。

从读取方式来看,设备可以分为两大类。

(1) 随机存取设备:包括 QFile、QBuffer 等,这类设备可以定位到任意位置进行读出或写入。

(2) 顺序存取设备：如 QTcpSocket、QProcess 等，这类设备只能从头开始顺序地读写数据，不能指定数据的读写位置。

通过设备类提供的 isSequential()成员函数，可返回当前设备是否为顺序存取设备。

当数据可读(如新数据抵达网络、有数据追加到正在读取的文件中等)时，QIODevice 会发出 readyRead()信号，可以调用 bytesAvailable()成员函数确定当前可读的字节数。例如，在 QTcpSocket 中(数据可能随时到达)，经常将 readyRead()信号和 bytesAvailable()函数配合使用。

当数据已经写入设备时，QIODevice 会发出 bytesWritten(qint64 bytes)信号，bytes 为已被写入的字节个数。

7.2.2 访问 I/O 设备的过程

所有的 I/O 设备都可通过统一的接口进行访问，过程和标准 C++中的流是类似的。

1. 打开设备

使用 open()成员函数打开设备，函数原型为

```
bool open(OpenMode mode);
```

若打开设备成功，返回 true，否则返回 false。打开模式 mode 的取值如表 7-3 所示。

表 7-3　Qt I/O 设备的打开模式

mode 可取值	说　明
QIODevice::NotOpen	设备未打开
QIODevice::ReadOnly	以只读方式打开设备
QIODevice::WriteOnly	以只写方式打开设备。若果设备是文件，则除非与 ReadOnly、Append 或 NewOnly 结合使用，否则默认打开时清除原有数据
QIODevice::ReadWrite	以读/写方式打开设备
QIODevice::Append	以追加方式打开设备，此时数据将被写到文件末尾
QIODevice::Truncate	以重写的方式打开设备，在打开设备之前会将原有数据清除
QIODevice::Text	在读写时进行行结束符与本地格式的转换。例如，在 Windows 平台上读取时，将\r\n 转换成\n；写入时，将\n 转换成\r\n
QIODevice::Unbuffered	某些设备默认配有内存缓冲区，如不需要，可设置此模式(不使用设备的缓存)
QIODevice::NewOnly	该值目前仅用于 QFile 设备打开时的可选值。当且仅当文件不存在时，才创建并默认以只写方式打开该文件。如果打开的文件已经存在，则失败。也可以与 ReadOnly 结合使用
QIODevice::ExistingOnly	该值目前仅用于 QFile 设备打开时的可选值。若打开的文件不存在，则失败。必须与 ReadOnly、WriteOnly 或 ReadWrite 结合使用

2. 进行读写操作

QIODevice 提供的与读取数据相关的常用成员函数如表 7-4 所示。qint64 是 Qt 中的基本数据类型，表示 64 位的有符号整型。

表 7-4 QIODevice 提供的与读取数据相关的常用成员函数

成员函数	说明
QByteArray read(qint64 maxSize);	从设备读最多 maxSize 个字节的数据，并将数据以字节数组形式返回
QByteArray readAll();	读取设备的所有剩余数据，并将其作为字节数组返回
qint64 read(char * data, qint64 maxSize);	从设备读最多 maxSize 个字节到指针 data 所指向的内存空间，返回读出的字节数；失败时(如试图从一个以只写方式打开的设备中读取)返回－1；没有数据可读时，返回 0(有时也被认为是错误，返回－1)
QByteArray readLine(qint64 maxSize=0);	从设备读取一行，最多不超过 maxSize 个字节，并将其作为字节数组返回

QIODevice 提供的与写入数据相关的常用成员函数见表 7-5。

表 7-5 QIODevice 提供的与写入数据相关的常用成员函数

成员函数	说明
qint64 write(const QByteArray & byteArray);	将 byteArray 中的数据写入设备。若写入成功，则返回实际写入的字节数；若失败，返回－1
qint64 write(const char * data, qint64 maxSize);	将 data 中的数据写入设备，最多 maxSize 字节。返回实际写入的字节数；若失败，则返回－1
qint64 write(const char * data);	将 data 中的数据写入设备，直至遇到 0 为止

对于随机存取设备，调用 seek()成员函数可定位到设备中的任意位置，以便在该位置进行读写操作。函数原型如下。

```
bool QIODevice::seek(qint64 pos);
```

其中，参数 pos 为定位到的位置，以字节为单位，取值从 0 开始。

使用 pos()函数可获取文件当前位置。函数原型如下。

```
qint64 QIODevice::pos() const;
```

3. 用 close()函数关闭设备

设备使用完毕后，需要及时关闭。close()函数原型为

```
void close();
```

创建一个 Empty qmake project 空项目 7_4，在其中添加源文件，代码如下。

```
/************************************
* 项目名: 7_4
* 说  明: 访问 Qt 的 I/O 设备, 以 QBuffer 为例
************************************/
#include <QByteArray>
#include <QDebug>
```

```
#include <QBuffer>

int main(int argc, char *argv[])
{
    int intA = 10, readInt;
    double doubleB = 2.3, readDouble;

    QByteArray bArr;
    bArr.resize(100);

    QBuffer buffer(&bArr);                  //创建缓冲区设备 buffer, bArr 为缓冲区
    qDebug()<<"QBuffer is Sequential?"<< buffer.isSequential();
    buffer.open(QIODevice::ReadWrite);
    buffer.write(reinterpret_cast<char *>(&intA), sizeof(intA));
    buffer.write(reinterpret_cast<char *>(&doubleB), sizeof(doubleB));
    qDebug()<<"Number of remainder:"<< buffer.bytesAvailable(); //剩余字节数
    buffer.seek(4);
    buffer.read(reinterpret_cast<char *>(&readDouble), sizeof(readDouble));
    buffer.seek(0);
    buffer.read(reinterpret_cast<char *>(&readInt), sizeof(readInt));
    buffer.close();

    qDebug()<<"readDouble:"<< readDouble;
    qDebug()<<"readInt:"<< readInt;
}
```

程序首先创建了一个 QByteArray 类型的数组 bArr，将其设置为能容纳 100 字节，然后将其作为缓冲区创建缓冲区设备 buffer。依次写入一个整型数 10 和一个双精度浮点数 2.3；reinterpret_cast < char *>(&intA)实施强制类型转换，将后面的整型指针转换为字符指针；写入完毕后文件当前位于缓冲区的第 12 字节处(数据 10 占 4 字节，数据 2.3 占 8 字节)。

为了能读出刚才写入的数据，调用 seek()函数重新定位到缓冲区的第 4 字节(数据 2.3 的开始字节)，然后读出 8(即 sizeof(readDouble))字节到 readDouble 中；再定位到第 0 字节，读出 4 字节的数据到整型变量 readInt 处。最后输出读取的值，运行结果如图 7-8 所示。

```
7_4
QBuffer is Sequential? false
Number of remainder: 88
readDouble: 2.3
readInt: 10
```

图 7-8 项目 7_4 的运行结果

QIODevice 类还提供了两个纯虚函数：readData()和 writeData()。若需要给自定义的 I/O 设备提供相同的读写接口，则需要首先基于 QIODevice 派生出自定义的 I/O 设备类，然后重写 readData()和 writeData()函数的实现。

7.3 Qt 文件操作

QFile 和 QSaveFile 都是与文件读写相关的设备，它们通过父类 QFileDevice 提供了通用接口。与 QFile 相比，QSaveFile 是为了安全地进行写操作而设计的，在写入操作失败时不会导致已经存在的数据丢失。临时文件设备类 QTemporaryFile 继承自 QFile，用来生成并操作一个临时文件。

7.3.1 QFile 类

视频讲解

文件设备类 QFile 的对象是一个文件设备，对应一个文件，实现对文件的读写操作。使用步骤与 QIODevice 一样：创建 QFile 对象，打开文件，读写文件，关闭文件。例如，将项目 7_4 中定义 buffer 对象的语句“QBuffer buffer(&bArr);”替换为

```
QFile buffer("e:/a.txt");
```

然后再次运行程序，结果是一样的，并且在 E 盘生成了一个数据文件 a.txt。

有时只使用 QIODevice 提供的读写接口函数会比较麻烦。例如，write()和 read()函数只支持字节读写，读写其他(如数值、QString)类型数据时，都需要进行转换。出于方便设置和操作的目的，Qt 提供了一些辅助类，用于 I/O 设备的读写，包括文本流类 QTextStream 和数据流类 QDataStream。它们都是面向数据的，实现将各种类型的数据转换为文本流(QTextStream)或二进制字节流(QDataStream)。

本节以最常见的 QFile 文件设备为例，展示借助这些辅助类实现方便的文件读写过程。

1. 使用 QTextStream 读写文本文件

文本流类 QTextStream 可将各种类型的数据转换为文本流，并提供了字段填充、对齐和数字格式等的支持。流内部使用了基于 Unicode 的缓冲区。

可以使用提取运算符>>从文本流中读取数据；使用插入运算符<<向文本流写入数据。在文本流和一个 I/O 设备关联的情况下，就相当于对 I/O 设备进行了读写操作，文本流在中间起到转换数据和文本，以及格式设置等功能。QTextStream 文本流的一些常见的格式控制符如表 7-6 所示。读者可通过项目 7_5 了解格式控制符的使用方式。

表 7-6　文本流的格式控制符

格式控制符	作　用	格式控制符	作　用
scientific	以科学记数法表示	hex	显示为十六进制
showbase	显示进制	bin	显示为二进制
right	左对齐	dec	显示为十进制
left	右对齐	setFieldWidth(int width)	设置输出宽度为 width
oct	显示为八进制	setPadChar(QChar ch)	设置填充字符为 ch

创建一个基于 QWidget、带界面的 Qt 图形界面项目 7_5,并在窗口中依次拖入两个标签、两个按钮、两个浮点数旋转框、一个多行文本框和一个文本浏览器。界面设计参考图 7-9(a)。

程序的功能设计：在左侧的多行文本框和浮点数旋转框中输入数据,然后单击"保存文件"按钮,存储到用户指定的文件中；单击右侧的"打开文件"按钮打开之前存储的文件,读取文件中的数据,并显示在右侧的文本浏览器和浮点数旋转框中。

为实现此功能,为左侧的 pushButton 按钮和右侧的 pushButton_2 按钮的 clicked 信号分别添加自关联槽。widget.cpp 中的代码如下。

```
/************************************
* 项目名: 7_5
* 说  明: 借助 QTextStream 类实现文本文件读写
************************************/
//其他包含的头文件参考默认生成的代码,这里不再列出
#include <QFileDialog>
#include <QTextStream>
#include <QFile>

//其他函数等参考默认生成的代码,这里不再列出
void Widget::on_pushButton_clicked()
{
    QString filename = QFileDialog::getSaveFileName(this,"保存为: ","","*.txt");
    if(filename.isNull())                      //未给出文件名,结束槽
        return;

    QFile file(filename);                      //以用户给定的文件名创建文件设备 file
    if(file.open(QIODevice::WriteOnly))        //若设备只写,打开成功
    {
        double doubleData = ui->doubleSpinBox->value();  //得到浮点数旋转框的值
        QString str = ui->textEdit->toPlainText();

        QTextStream stream(&file);             //与 file 关联的文本流 stream
        stream << scientific << doubleData << str;  //借助文本流将数据转换为文本,并写入
        file.close();
    }
}

void Widget::on_pushButton_2_clicked()
{
    QString filename = QFileDialog::getOpenFileName(this,"打开: ","","*.txt");
    if(filename.isNull())                      //未选定文件,结束槽
        return;

    QFile file(filename);                      //以用户给定的文件名创建文件设备 file
    if(file.open(QIODevice::ReadOnly))         //若设备只读,打开成功
    {
        double doubleData;
```

```
        QString str;

        QTextStream stream(&file);
        stream >> doubleData; //读文件,并借助文本流转换为数值型,存储到 doubleData

        ui -> doubleSpinBox_2 -> setValue(doubleData);
        ui -> textBrowser -> clear();
        //使用文本流读取
        while(!stream.atEnd())
        {
            stream >> str;                  //默认读到空白符认为字符串读取结束
            ui -> textBrowser -> append(str);
        }
        file.close();
    }
}
```

槽函数 on_pushButton_clicked()中实现文件写入的工作。首先,弹出一个保存文件的对话框,并等待用户选择存储路径和文件名。若用户给出了文件名,则据此创建一个文件设备 file;若文件设备 file 以只写模式打开成功,则使用文件设备创建一个文本流 stream;文本流将来自浮点数旋转框的数值(存储于 doubleData)和来自文本框的字符串(存储于 str)写入文件设备。

使用文本流写入时,会将各种类型的数据转换为文本。例如,图 7-9 所示的情况,写入数值 1.05(doubleData 的值),文本流会将其转换成文本。scientific 是一个格式控制符,表明将其后的数据以科学记数法的形式表示。打开写入的文件(见图 7-9(b)),可以看到数值 1.05 最终表示为科学记数法的文本“1.050000e+00”。

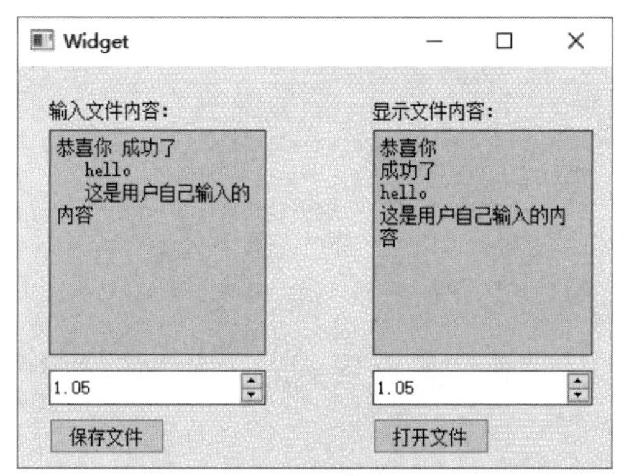

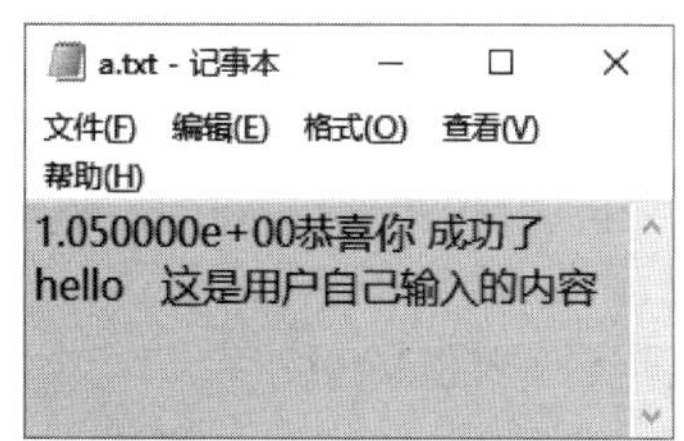

(a) 界面演示　　(b) 生成的文本文件内容

图 7-9 项目 7_5 的运行效果

写入的字符串在文件中并没有像在程序界面的多行文本框中显示的那样另起一行,而是都挤在了一行中。这是因为在打开文件的代码中,没有设置 QIODevice::Text 打开模式,因此没有进行将字符串中的\n 转换为本地系统(Windows 操作系统)的\r\n 的操作。读者可以将 file 的打开模式设置为 QIODevice::WriteOnly|QIODevice::Text,再次运行程序,就可以看到文件中的文本也换行了。

槽函数 on_pushButton_2_clicked()实现从文件进行读取并显示的工作。首先，弹出打开文件的对话框，读者可选择打开刚才存储的文件，代码根据返回的文件名创建文件设备 file，并以只读模式打开。如果打开成功，则根据文件设备 file 创建文本流 stream，借助文本流从文件中读入一个数值到 doubleData 中，然后显示在界面右方的浮点数选择框 doubleSpinBox_2 中。同样地，文本流完成将文本 1.050000e+00 转换成数值 1.05 的工作。

使用提取运算符>>从流中提取字符串，默认会跳过空白符，并认为读到空白符时字符串就结束了。因此，在本例中，语句"stream >> str;"只能通过循环每次读到字符串"恭喜你""成功了""hello""这是用户自己输入的内容"。当文本流中不再有数据时，atEnd()成员函数返回 true。在显示时，窗口右边的文本浏览器中输出的字符串中不带有空白符的信息。

若希望右边文本浏览器中显示的信息和左边的一模一样，可将代码中的 while 循环替换为

```
str = stream.readAll();
ui->textBrowser->setText(str);
```

成员函数 readAll()读取流中所有剩下的内容(并不将空白符作为分隔符)并返回为一个 QString 串，存储到字符串 str 中。需要注意，这里文本流的 readAll()成员函数和 QIODevice 的 realAll()成员函数不同，前者返回 QString 类型的对象，后者返回 QByteArray 类型的对象。修改后的程序运行效果如图 7-10 所示。

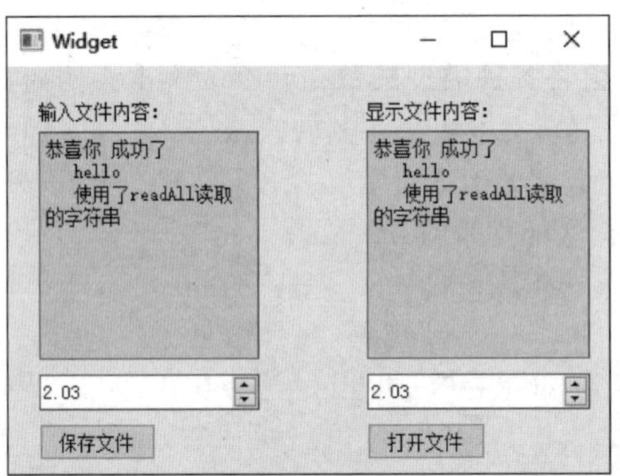

图 7-10　使用 readAll()函数读取并显示的字符串

2. 使用 QDataStream 读写二进制文件

数据流类 QDataStream 将数据转换为二进制数据，适用于二进制文件。使用它进行读写时，数据类型要保持一致。

为了说明 QDataStream 的使用，对项目 7_5 进行改动如下。

将两个槽函数中的文本流 stream 的定义均替换为

```
QDataStream stream(&file);
```

即将 stream 更改为数据流对象。然后将写入时的格式控制去掉(QDataStream 不支持)，即槽函数 on_pushButton_clicked()中的写入语句修改为

```
stream << doubleData << str;
```

再次运行程序，即可完成同样的功能。

此时文件中的内容是不可直接以文本形式显示的数据。例如，对于图 7-9(a)所示的输入信息，使用数据流写入文件，使用记事本打开文本文件，如图 7-11 所示。

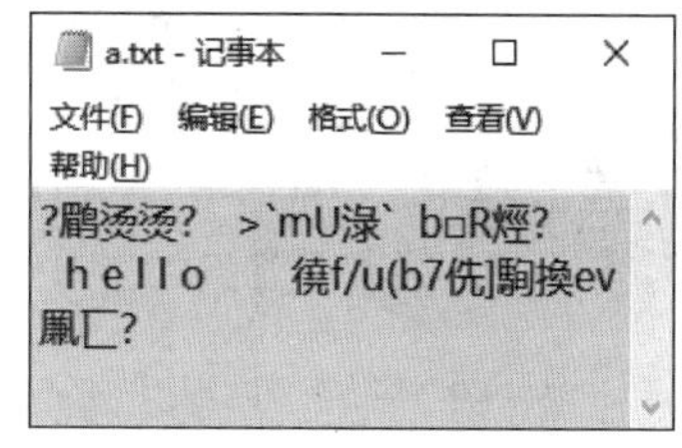

图 7-11　二进制数据文件

这是因为数据均是按照在内存中存储的格式写入文件，该文件为二进制文件。

由于历史原因以及 Qt 的不断发展和更新，对于一些比较复杂的 Qt 类，在不同的 Qt 版本中，其内部实现和存储的格式可能有所不同。因此，使用不同版本的 Qt 编写的应用程序，在存储这些 Qt 类型的对象时，最终存储的格式可能会不太一样。如果要在不同 Qt 版本的程序间共享数据文件，需要考虑版本问题。QDataStream 通过设置版本号解决这一问题，并在类中提供了与之相关的两个成员函数。

第 1 个是获取读写版本号的函数 version()，原型如下。

```
int version();
```

例如，对于前面的数据流 stream，可通过语句"stream. version();"获取它的版本号。默认为当前使用的 Qt 版本。本书使用 Qt5. 12. 4 版，如果对上述语句的返回值进行输出，可看到结果值为 18(对应枚举常量 QDataStream::Qt_5_12)。

第 2 个是设置读写版本号的函数 setVersion()，原型如下。

```
void setVersion(int v);
```

例如，对前面的数据流 stream，可通过以下语句设置其版本号。

```
stream.setVersion(QDataStream::Qt_5_12);
```

这样，之后数据在读写时，均会按照已设置版本的格式进行。对于同一个数据文件，要使用同一版本写入和读出，否则可能会出错(在存储了不同 Qt 版本、内部格式不一样的对象时)。

QFile 类中还提供了文件复制 copy()、删除 remove()、重命名 rename()等成员函数，感兴趣的读者可以参考帮助进行了解。

7.3.2　QTemporaryFile 类

视频讲解

临时文件设备类 QTemporaryFile 派生自 QFile 类，是一个用来操作临时文件的 I/O 设备，常用于大数据传递或进程间通信的场合。与 QFile 不同的是，该临时文件设备类对象生成时不需要指定文件，设备打开时会安全地创建一个唯一的临时文件，默认以读写方式打开。临时文件默认生成在系统的临时目录中。只要 QTemporaryFile 对象存在，临时文件就会一直存在，可关闭设备后重新打开，以再次操作该临时文件。

通过调用 fileName()成员函数可获取临时文件名。但注意该文件名仅在首次打开文件(调用 open()函数)之后才有值(之前为空字符串)。通过 setAutoRemove()成员函数可设置是否为自动删除模式，默认是开启的，即 QTemporaryFile 类的对象被销毁后，生成的临时文件也会随之被删除。

也可以在创建 QTemporaryFile 类对象时指定部分文件名，此时文件默认生成在当前目录下。若文件名中包含有“XXXXXX”部分，则系统在生成临时文件名时会自动将这 6 位 X 替换成随机的字符；若没有包含此部分，系统生成临时文件名时会自动加上 6 位随机字符作为后缀，以保证临时文件名唯一。例如：

```
QTemporaryFile tmpFile("XXXXXXmyTempFile");
```

会在当前目录下生成名称格式为“[6 位随机字符串]myTempFile”的临时文件。而语句：

```
QTemporaryFile tmpFile("myTempFile");
```

会在当前目录下生成名称格式为“myTempFile.[6 位随机字符串]”的临时文件。

还可以在临时文件设备类对象定义之后，第 1 次调用成员函数 open()打开文件之前，调用 setFileTemplate()成员函数指定部分文件名。作用与定义临时文件设备类对象的同时指定部分文件名相同。

创建一个 Empty qmake project 空项目 7_6，然后在项目中添加一个源文件(如 7_6.cpp)，代码如下。

```
/***********************************
* 项目名: 7_6
* 说  明: QTemporaryFile 临时文件设备类
***********************************/
#include <QTemporaryFile>
#include <QTextStream>
#include <QDebug>

int main(int argc, char *argv[])
{
    QTemporaryFile tmpFile;
    //tmpFile.setFileTemplate("tmpFileXXXXXX");
    //tmpFile.setAutoRemove(false);
    tmpFile.open();
    qDebug()<<"当前文件: "<< tmpFile.fileName();
    QTextStream stream(&tmpFile);            //使用 stream 辅助读写
    stream << 25 <<"\t"<<"hello"<<"\t"<< 2.34;
    tmpFile.close();

    int intA;
    double doubleB;
    QString str;
    tmpFile.open();                          //再次打开，是同一个临时文件
    qDebug()<<"再次打开: "<< tmpFile.fileName();
    stream >> intA >> str >> doubleB;
    qDebug()<< intA << doubleB << str;
    tmpFile.close();
}
```

程序运行结果如图 7-12 所示。

```
7_6
当前文件： "C:/Users/scc/AppData/Local/Temp/qt_temp.YJAzDr"
再次打开： "C:/Users/scc/AppData/Local/Temp/qt_temp.YJAzDr"
25 2.34 "hello"
```

图 7-12 项目 7_6 的运行结果

生成的临时文件默认位于系统临时目录下(见图 7-12 的输出)。读者可以取消 main()函数中被注释掉的第 1 条语句,以查看指定了部分文件名时生成的文件名及其所在的目录。若要查看生成的临时文件中的内容,可以取消被注释掉的第 2 条语句,以便程序运行完毕(tmpFile 被销毁)后,仍保留临时文件。

程序使用了文本流辅助临时文件的读写。注意,写入数据时,数据之间应当添加必要的分隔符以便读取时能够区别。例如,若 hello 和 2.34 之间没有空白符\t,则读取时字符串 str 获得的值为 hello2.34,而 doubleB 获取不到有效的值。

7.3.3 QSaveFile 类

视频讲解

存储文件设备类 QSaveFile 是用于写入文本和二进制文件的 I/O 设备。它和 QFile 类都是 QFileDevice 类的派生类,同样使用 open()函数打开,但必须以 QIODevice::WriteOnly 模式打开,还可以叠加 QIODevice::Text、QIODevice::Unbuffered 等打开模式;不支持与读相关的打开模式,如 QIODevice::ReadOnly、QIODevice::ReadWrite 等,当前版本(Qt5.12.4)也不支持 QIODevice::Append、QIODevice::NewOnly、QIODevice::ExistingOnly 等打开模式。

QSaveFile 类提供了安全写入文件的接口,建议在将整个文档保存到磁盘时使用 QSaveFile 类。与 QFile 类相比,它的优势在于:如果写入操作失败,不会丢失现有数据。QSaveFile 类在实现写入时,首先会将内容写入一个临时文件,如果没有错误发生,则调用 commit()成员函数时会将内容最终写入文件。这样就保证了在写入过程中,要么没有写入,要么全部写入,最终文件中不会存在任何部分写入的内容。

QSaveFile 类中的 close()成员函数具有私有访问权限,不能被类对象调用,其功能被 commit()成员函数代替。如果未调用 commit()函数就销毁了 QSaveFile 对象,则临时文件将被丢弃。如果因为各种情况需要终止保存,可调用 cancelWriting()函数,该方法会在类对象内部设置错误代码。这样,即使后面调用了 commit()函数也不会保存,因为 QSaveFile 在写入时会自动检查是否有错误,若有,则会丢弃临时文件。

创建一个 Empty qmake project 空项目 7_7,然后添加一个源文件 7_7.cpp,代码如下。

```
/************************************
* 项目名: 7_7
* 说  明: QSaveFile 存储文件设备类
************************************/
```

```
#include <QSaveFile>
#include <QTextStream>
#include <QTime>

void sleep(int i)                          //该函数实现阻塞程序 i 秒
{
    QTime reachTime = QTime::currentTime().addSecs(i);
    while(QTime::currentTime() < reachTime);
}

int main(int argc, char * argv[])
{
    QSaveFile file("e:/a.txt");
    file.open(QIODevice::WriteOnly|QIODevice::Text);
    QTextStream stream(&file);
    for(int i = 1;i < 100;i++)
    {
        stream <<"This is sentence:"<< i << endl;
        sleep(1);                          //等待 1 秒
    }
    //file.cancelWriting();
    file.commit();

    return 0;
}
```

sleep()函数的功能是阻塞(暂停)用户指定的秒数,实现方式为：通过 QTime 类的静态成员函数 currentTime()获取当前的系统时间；然后调用 addSecs()函数在此时间上增加 i 秒赋给到期时间 reachTime；接着开始循环,直到条件不满足,即当前时间已大于或等于到期时间为止。

该程序的功能是每隔 1 秒向 E 盘下的 a.txt 文件写入一行文字,共 100 行。在程序执行期间,可以发现 E 盘中多了一个以 a.txt 名称开头的临时文件。代码中,for 循环结束后调用 commit()函数,如果在之前写的过程中有错误,则 commit()函数会删除临时文件,并返回 false,否则将临时文件更名为最终文件名。

读者可试着添加代码中注释掉的"file.cancelWriting();"语句,此语句作用是在提交前人为地设置一个错误标识。这样,再次运行程序可以看到,程序执行到最后删除了临时文件,而并没有生成 a.txt 文件。QSaveFile 保证了要么写入完整的数据,要么什么也不写入。

为了比较 QFile 和 QSaveFile 在写文件时的不同,进行以下操作。

运行项目 7_7,并在运行期间强制结束程序(单击应用程序输出窗口上方的红色"关闭"按钮),可以看到,使用 QSaveFile 时,在 E 盘目录下只有相应的临时文件存在(未被删除),并没有生成 a.txt 文件。

然后,对项目 7_7 进行以下修改。

(1) 添加头文件：#include <QFile>。

(2) 修改 file 对象的定义为“QFile file("e:/a.txt");”。

(3) 修改调用 commit()函数为调用 close(),即“file.close();”。

再次运行程序,并在运行期间强制结束程序,可以看到 E 盘目录下生成了 a.txt 文件,文件内容为部分已写入的数据。

7.3.4　QFileInfo 类

视频讲解

文件信息类 QFileInfo 并不是文件 I/O 设备,它提供了与文件相关的信息,如文件在文件系统中的名称和位置、文件大小、上次修改/读取时间等。由于文件操作时也经常会用到该类,因此在本节中对该类进行介绍。

通常用文件名初始化一个 QFileInfo 类型的对象,文件名可以是相对路径,也可以是绝对路径。例如:

```
QFileInfo fileInfo("e:/a.txt");
```

若为相对路径,在调试时默认当前路径为项目的构建目录;若程序已发布,则为.exe 文件所在目录。

还可以在文件信息类对象定义后,使用 setFile()函数设置本类对象所操作的文件。例如,下面的代码的效果和前面是一样的。

```
QFileInfo info;
info.setFile("e:/a.txt");
```

常用的 QFileInfo 类成员函数如表 7-7 所示。

表 7-7　常用的 QFileInfo 类成员函数

成员函数	功能
void setFile(const QString &file);	设置一个文件名,作为当前 QFileInfo 对象操作的文件
QString path() const;	返回文件的绝对或相对(根据设置的值不同而不同)路径,不包括文件名
bool makeAbsolute();	若文件的路径采用的是相对路径,则将其转换为绝对路径并返回 true(表示路径已转换);否则返回 false(表示路径已是绝对路径)
QString filePath() const;	返回文件的绝对或相对(根据设置的值不同而不同)路径,包括文件名
QString absolutePath() const;	返回文件的绝对路径,不包括文件名
QString absoluteFilePath() const;	返回文件的绝对路径,包括文件名
QString fileName() const;	返回文件名,不包括路径
QString baseName() const;	返回文件名(不包括路径)中第 1 个.之前的字符串,一般为不包括扩展名的文件名(文件名中有多个.时除外)
QString completeBaseName() const;	返回文件名(不包括路径)中最后 1 个.之前的字符串,为不包括扩展名的文件名
QString suffix() const;	返回文件名(不包括路径)中最后 1 个.之后的字符串,为文件的扩展名

续表

成员函数	功　能
QString completeSuffix() const;	返回文件名(不包括路径)中第 1 个. 之后的字符串,一般为文件的扩展名(文件名中有多个. 时除外)
qint64 size() const	返回文件大小(以字节为单位),文件不存在或无法读取时返回 0
bool exist() const;	若当前对象操作的文件存在则返回 true,其他返回 false
static bool exists(const QString &file);	是静态成员函数。如果形参 file 表示的文件存在则返回 true,否则返回 false
bool isRelative() const;	判断使用的是相对路径(返回 true)还是绝对路径(返回 false)
bool isFile() const;	如果是文件(或指向文件的符号链接)则返回 true,否则返回 false
bool isDir() const;	如果是目录(或指向目录的符号链接)则返回 true,否则返回 false
bool isRoot() const;	如果是根目录(或指向根目录的符号链接)则返回 true,否则返回 false
bool isHidden() const;	文件若具有隐藏属性,则返回 true,否则返回 false
bool isWritable() const;	如果用户可以写入文件,则返回 true;否则返回 false。注意:如果尚未启用 NTFS 权限检查,则 Windows 上的结果将仅反映该文件是否标记为"只读"
QDateTime birthTime() const;	返回文件创建的日期和时间。如果文件创建时间不可用,则返回一个无效的 QDateTime
QDateTime lastModified() const;	返回上次修改文件的日期和本地时间
QDateTime lastRead() const;	返回上次读取(访问)文件的日期和本地时间。在此信息不可用的平台上,返回的内容与 lastModified()相同

创建一个基于 QWidget 的、带界面的 Qt 图形界面应用(项目 7_8),然后在窗口中拖入一个按钮和一个文本浏览器部件,并为按钮的 clicked 信号添加自关联槽。相关的 widget.cpp 文件代码如下。

```
/************************************
* 项目名: 7_8
* 说  明: QFileInformation 文件信息类
************************************/
//其他包含的头文件参考默认生成的代码,这里不再列出
#include <QFileDialog>
#include <QFileInfo>
#include <QDateTime>

//其他函数等参考默认生成的代码,这里不再列出
void Widget::on_pushButton_clicked()
{
    QFileInfo info1("ui_widget.h"),info2;
```

```
    QString fileName = QFileDialog::getOpenFileName(this,"选择一个文件");
    info2.setFile(fileName);
    ui->textBrowser->clear();
    ui->textBrowser->append("=====文件 ui_widget.h 的信息=====:");
    ui->textBrowser->append("文件路径(不包括文件名):" + info1.path());
    ui->textBrowser->append("绝对路径(不包含文件名):" + info1.absolutePath());
    ui->textBrowser->append("文件名(不包括扩展名):" + info1.completeBaseName());
    if(info1.isFile())
        ui->textBrowser->append("是已存在的文件,文件大小为:"
                                + QString::number(info1.size()) + "字节");
    else
        ui->textBrowser->append("不是已存在的文件");

    ui->textBrowser->append("=====用户打开的文件信息=====:");
    if(info2.isRelative())
        ui->textBrowser->append("文件对话框返回的是相对路径");
    else
        ui->textBrowser->append("文件对话框返回的是绝对路径");
    ui->textBrowser->append("文件路径(包括文件名):" + info2.filePath());
    if(info2.isWritable())
        ui->textBrowser->append("文件可写入");
    else
        ui->textBrowser->append("文件具有只读属性");
    ui->textBrowser->append("最后修改日期:" + info2.lastModified().toString());
}
```

单击按钮，然后选中当前文件夹中的 Makefile.Debug 文件，运行结果如图 7-13 所示。读者可参考表 7-7 对代码进行修改，以熟悉文件信息类中其他成员函数的使用。

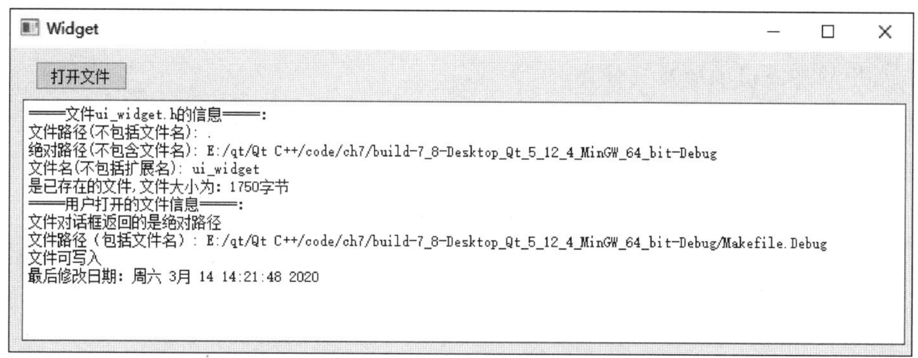

图 7-13 项目 7_8 的运行结果

7.4 Qt 目录操作

视频讲解

目录操作包括访问目录结构及其内容，以及创建、删除、重命名目录等操作，Qt 提供了 QDir 类完成这些工作。除此之外，还提供了 QTemporaryDir 类创建(及删除)临时目录，提供了 QFileSystemWatcher 类监控目录或文件的状态变化。本节将介绍这 3 个类。

7.4.1 QDir 类

目录类 QDir 是进行目录操作的类，可用来获取目录及目录下条目（文件和子目录）的相关信息、操作目录（创建、删除、重命名等）、获取 Qt 资源系统的文件信息等。

1. 路径的写法

在不同的操作系统下，路径使用的分割符不尽相同。例如，Windows 使用的是反斜杠（\）；Linux 使用的是斜杠（/）。在 Qt 中，路径的目录和子目录之间统一使用斜杠（/）作为分隔符，Qt 会将其自动转换为符合底层操作系统的分隔符。例如，路径：

```
c:/abc/bak/
```

表示 C 盘下 abc 目录下的 bak 子目录，如程序运行在 Windows 操作系统下，Qt 会自动将其转换为"C:\\abc\\bak\\"。这里目录之间有两个反斜杠是因为反斜杠字符已被用作为转义字符的开头，因此需要使用两个反斜杠表示一个反斜杠的含义。若程序仅运行在 Windows 下，也可以直接使用上述转换后的写法。

上述是绝对路径表示法，还可以使用相对路径（相对于当前路径）的写法，例如：

```
./abc/bak/
abc/bak/
```

如果当前路径为 C 盘，则它们也都表示 C 盘下 abc 目录下的 bak 子目录。其中，. 代表当前目录。如果当前路径为 C 盘下的另一个目录（如 c:/efg/），则路径：

```
../abc/bak/
```

同样表示 C 盘下 abc 目录下的 bak 子目录。其中，.. 代表当前路径目录的父级目录。

2. 常用静态成员函数及其使用

QDir 类提供了一些静态成员函数（见表 7_8），以方便设置和获取当前目录、获取根目录列表等。

表 7-8　常见的 QDir 静态成员函数

静态成员函数	功　能
QDir current();	返回当前目录（QDir 类型）
QString currentPath();	返回当前目录路径
bool setCurrent(const QString &path);	设置当前目录
QFileInfoList drives();	返回根目录列表（Windows 系统上为盘符列表）
QString fromNativeSeparators(const QString &pathName);	将形参 pathName 传入的路径转换为以/作为目录分隔符的路径形式，并返回
QString toNativeSeparators(const QString &pathName);	将形参 pathName 传入的路径转换为本地操作系统的路径表示形式，并返回
QDir home();	返回用户的主目录
QString homePath();	返回用户的主目录路径

续表

静态成员函数	功　　能
QDir temp();	返回存放临时文件的目录
QString tempPath();	返回存放临时文件的目录路径
bool isAbsolutePath(const QString &path)	给出的路径若为绝对路径则返回 true;否则返回 false
bool isRelativePath(const QString &path)	给出的路径若为相对路径则返回 true;否则返回 false

项目 7_9 给出了一些静态成员函数的使用示例。创建 Empty qmake project 空项目，并在其中添加一个源文件,代码如下。

```
/**********************************
* 项目名: 7_9
* 说　明: QDir 中的静态成员函数
**********************************/
int main(int argc, char *argv[])
{
    qDebug()<<"当前目录:"<< QDir::current();
    qDebug()<<"当前路径:"<< QDir::currentPath();
    QDir::setCurrent("e:/");
    qDebug()<<"更新后的当前路径:"<< QDir::currentPath();
    qDebug()<<"临时文件目录路径:"<< QDir::tempPath();
    qDebug()<<"根目录列表:"<< QDir::drives();
    qDebug()<<"C:/abc/ ->"<< QDir::toNativeSeparators("C:/abc/");
    qDebug()<<"C:\\abc\\ ->"<< QDir::fromNativeSeparators("C:\\abc\\");
    return 0;
}
```

程序中并未创建 QDir 对象,而是直接使用了静态成员函数获取一些常见的路径,以及进行当前路径的设置。程序运行后,应用程序输出窗口中的结果如图 7-14 所示。

```
7_9
当前目录: QDir( "E:/qt/Qt C++/code/ch7/build-7_9-Desktop_Qt_5_12_4_MinGW_64_bit-Debug"
, nameFilters = { "*" },  QDir::SortFlags( Name | IgnoreCase ) , QDir::Filters( Dirs|
Files|Drives|AllEntries ) )
当前路径: "E:/qt/Qt C++/code/ch7/build-7_9-Desktop_Qt_5_12_4_MinGW_64_bit-Debug"
更新后的当前路径: "E:/"
临时文件目录路径: "C:/Users/scc/AppData/Local/Temp"
根目录列表: (QFileInfo(C:\), QFileInfo(D:\), QFileInfo(E:\))
C:/abc/ -> "C:\\abc\\"
C:\abc\ -> "C:/abc/"
```

图 7-14　项目 7_9 的运行结果

3. 与路径相关的成员函数

QDir 类中与路径相关的常用成员函数如表 7-9 所示。

表 7-9　QDir 类中与路径相关的常用成员函数

成员函数	功　能
void setPath(const QString &path);	设置当前对象表示的路径
QString path() const;	返回当前对象表示的路径
QString absolutePath() const;	返回当前对象所表示目录路径的绝对路径
bool isRelative() const;	如果当前对象所表示的目录路径是相对路径，则返回 true；否则返回 false
bool isAbsolute() const;	如果当前对象所表示的目录路径是绝对路径，则返回 true；否则返回 false
bool makeAbsolute() const;	如果当前对象所表示的目录路径为相对路径，则转换为绝对路径并返回 true；否则返回 false

在创建了一个 QDir 对象且未给它指定目录时，默认为当前路径目录。

4. 目录相关操作及获取目录下项目信息的成员函数

表 7-10 列出了 QDir 类中与创建、删除目录等操作相关的成员函数，以及获取目录下所包含的项目信息的成员函数。

表 7-10　QDir 类中与目录相关操作及获取目录下项目信息的成员函数

成员函数	功　能
QString dirName() const;	返回目录名(指路径上最后一个目录的名字)
bool cd(const QString &dirName);	改变当前对象所表示的目录路径到指定路径
bool cdUp();	改变当前对象所表示的目录路径到(之前所表示的目录的)父目录。若新目录存在，则返回 true；否则返回 false
bool mkdir(const QString &dirName) const;	在当前对象所表示的目录下创建一个子目录 dirName。若创建成功，则返回 true；否则返回 false
bool mkpath(onst QString &dirName) const;	在当前对象所表示的目录下创建一个路径 dirPath，若创建成功，则返回 true；否则返回 false。 它和 mkdir()的区别在于，mkdir()的参数只能是一个子目录名，而 mkpath()的参数可以是多级目录组成的路径
bool rename(const QString &oldName, const QString &newName);	将当前对象所表示的目录下的项目 oldName(子目录或文件)的名字修改为 newName。若子目录 oldName 存在且改名成功，则返回 true；否则返回 false
bool rmdir(const QString &dirName) const;	删除子目录 dirName，要求该子目录下必须为空才能删除成功。成功时返回 true；否则返回 false
bool rmpath(const QString &dirPath) const;	删除 dirPath 中的各级目录，要求该各级目录下必须为空才能删除成功。成功时返回 true；否则返回 false
bool exists(const QString &name) const;	测试指定项目(子目录或文件)是否存在。若存在，则返回 true；否则返回 false
bool isRoot() const;	若是根目录，则返回 true；否则返回 false
void refresh() const;	刷新目录信息
uint count() const;	返回一个目录中的条目(子目录和文件)数

续表

成员函数	功能
QFileInfoList entryInfoList(QDir::Filters filters = NoFilter, QDir::SortFlags sort = NoSort) const;	返回目录中符合 filters 条件的项目(文件及子目录)信息列表。filters 可取的值有 QDir::Dirs(只包括目录)、QDir::files(只包括文件)等;sort 表示排序方式,如可按姓名(QDir::Name)、修改时间(QDir::Time)等排序
QStringList entryList(QDir::Filters filters = NoFilter, QDir::SortFlags sort = NoSort) const;	类似于 entryInfoList(),但仅返回项目名列表
void setNameFilters(const QStringList & nameFilters);	设置名字过滤器。一旦设置名字过滤器之后,count()、entryInfoList()和 entryList()函数统计(或返回)的只有符合名字过滤器的项目

项目 7_10 给出了操作目录及获取目录下项目信息的使用示例。创建 Empty qmake project 空项目,并在其中添加一个源文件,代码如下。

```
/**********************************
* 项目名: 7_10
* 说  明: 操作目录及获取目录下项目信息
**********************************/
int main(int argc,char *argv[])
{
    QDir dir;
    qDebug()<< dir.absolutePath();
    if(dir.mkdir("aDir"))
        qDebug()<<"已创建目录 aDir";
    if(dir.rename("aDir","cDir"))
        qDebug()<<"子目录 aDir 已更名为 cDir";
    if(dir.rmdir("cDir"))
        qDebug()<<"子目录 cDir 已删除";
    if(dir.exists("Makefile.Debug"))
        qDebug()<<"该目录下存在项目 Makefile.Debug";
    if(dir.mkpath("bDir/bSubDir"))
         qDebug()<<"已创建目录 bDir 和 bDir/bSubDir";
    if(dir.rmpath("bDir/bSubDir"))
         qDebug()<<"已删除目录 bDir 和 bDir/bSubDir";

    qDebug()<<"目录下有"<< dir.count()<<"个项目,分别为:"<< dir.entryList();

    qDebug()<<"其中, 文件有:"<< dir.entryList(QDir::Files,QDir::Name);

    QStringList filter;
```

```
    filter.append("d * ");
    filter.append("m * ");
    dir.setNameFilters(filter);
    qDebug()<<"项目中以字母 d 或 m 开头的项目有:"<< dir.entryList();

    return 0;
}
```

上述代码中分别展示了创建目录、修改目录名、删除目录；创建路径(各级子目录)、删除路径(删除路径上的各级子目录)；获取目录下项目的信息、获取指定类型项目列表、获取符合名字过滤器的项目列表的方法。运行程序,应用程序输出窗口的结果如图 7-15 所示。

```
7_10
已创建目录aDir
子目录aDir已更名为cDir
子目录cDir已删除
该目录下存在项目Makefile.Debug
已创建目录bDir和bDir/bSubDir
已删除目录bDir/bSubDir和bDir
目录下有 8 个项目,分别为: (".", "..", ".qmake.stash", "debug", "Makefile",
"Makefile.Debug", "Makefile.Release", "release")
其中, 文件有: (".qmake.stash", "Makefile", "Makefile.Debug", "Makefile.Release")
项目中以字母d或m开头的项目有: ("debug", "Makefile", "Makefile.Debug", "Makefile.Release")
```

图 7-15　项目 7_10 的运行结果

7.4.2　QTemporaryDir 类

Qt 也提供了一个临时目录类 QTemporaryDir 用于安全地创建一个唯一的临时目录以供临时使用。创建的临时目录名是唯一的,不会覆盖现有的目录。默认情况下(自动删除模式默认为 true),在销毁 QTemporaryDir 对象时,该临时目录随后将被删除。

该目录名称可以自动生成,如语句:

```
QTemporaryDir tmpDir;
```

会在系统的默认临时目录(该目录可通过调用 QDir 类的静态成员函数 tempPath()获取)下创建一个临时文件夹。

类似于临时文件(QTemporaryFile 类对象),临时目录名也可以基于指定部分目录名创建,如语句:

```
QTemporaryDir tmpDir("myTempDirXXXXXX");
```

会在当前目录下生成一个以 myTempDir 开头、后跟 6 位随机字符的临时目录。

QTemporaryDir 类的常用成员函数如表 7-11 所示。

表 7-11　QTemporaryDir 类的常用成员函数

成员函数	功　　能
QString path() const;	返回临时目录路径
bool isValid() const;	如果临时目录创建成功，则返回 true；否则返回 false
QString errorString() const;	在 isValid()返回 false 时，该函数返回临时目录未成功创建的原因；否则返回空串
QString filePath (const QString &fileName) const;	返回临时目录中指定文件的路径名。该函数并不检查该文件是否实际存在。参数 fileName 不能是绝对路径
bool remove();	删除临时目录，包括其下的所有内容。删除成功，则返回 true；否则返回 false
bool autoRemove() const;	返回临时目录是否为自动删除模式(在临时目录对象删除后目录自动删除)
void setAutoRemove(bool b);	如果 b 取值为 true，则将临时目录设置为自动删除模式；取值为 false，则临时目录不会被自动删除

创建 Empty qmake project 空项目 7_12，并在其中添加一个源文件，代码如下。

```
/************************************
 * 项目名: 7_11
 * 说  明: 临时目录类
 ************************************/
#include <QTemporaryDir>
#include <QDebug>

int main(int argc,char * argv[])
{
    QTemporaryDir tmpDir("myTempDirXXXXXX");
    if(tmpDir.isValid())
        qDebug()<< tmpDir.path();
    else
        qDebug()<< tmpDir.errorString();
    tmpDir.setAutoRemove(false);
    if(tmpDir.autoRemove())
        qDebug()<<"临时目录会在临时对象删除后自动删除";
    else
        qDebug()<<"临时目录不会自动删除";
    if(tmpDir.remove())
        qDebug()<<"已删除临时目录";
}
```

本例展示了 QTemporaryDir 对象的创建和使用，读者可以参照表 7-11 中的函数功能说明，试着去修改代码，以观察不同设置下临时目录的生成和删除情况。

```
7_11
"E:/qt/Qt C++/code/ch7/build-7_11-Desktop_Qt_5_12_4_MinGW_64_bit-Debug/
myTempDirNpVfsI"
临时目录不会自动删除
已删除临时目录
```

图 7-16　项目 7_11 的运行结果

7.4.3 QFileSystemWatcher 类

文件系统监控类 QFileSystemWatcher 是用来对目录或文件状态进行监控的类，它能同时监控多个目录和文件。在把某些目录添加到该类对象的监听列表后，如果这些目录被修改(如目录下发生文件新建、删除等操作)，监控类对象就会发出 directoryChanged()信号。信号原型如下。

```
void directoryChanged(const QString & path);
```

在把某些文件添加到监听列表后，如果被监控的文件发生了修改、重命名、删除等操作时，监控类对象就会发出 fileChanged()信号。信号原型如下。

```
void fileChanged(const QString & path);
```

可以通过信号与槽通信机制对这些信号作出响应，以达到在监控的文件或目录发生变化时，可自动执行关联槽的目的。

QFileSystemWatcher 类常用的成员函数如表 7-12 所示。

表 7-12　QFileSystemWatcher 类常用的成员函数

成员函数	功能
bool addPath(const QString &path);	将 path 指定的路径添加为监控路径并返回 true；若该路径不存在或已为监控路径则不会进行添加，并返回 false
QStringList addPaths(const QStringList &paths);	将 paths 指定的路径依次添加为监控路径，并返回未能正确添加的路径(该路径不存在或已为监控路径)
QStringList directories() const;	返回被监控的目录列表
QStringList files() const;	返回被监控的文件列表
bool removePath(const QString &path)	从文件系统监控中删除 path 指定的路径。若删除成功，则返回 true
QStringList removePaths(const QStringList &paths)	从文件系统监控中删除 paths 指定的路径，返回未能正确删除的路径

下面通过项目 7_12 熟悉 QFileSystemWatcher 类的使用，操作过程如下。

(1) 创建一个基于 QWidget、带界面的 Qt 图形界面应用(项目 7_12)，然后在窗口中依次拖入按钮、文本浏览器和标签等部件。请参考图 7-17 的布局以及标签和按钮上的文本设置。

(2) 依次选中右边的 3 个按钮，分别将它们的 enabled 属性设置为 false。

(3) 给 4 个按钮(从左到右，对象名依次为 pushButton、pushButton_2、pushButton_3、pushButton_4)的 clicked 信号分别添加自关槽；在自定义 Widget 窗口类中添加两个槽函数。widget.h 头文件代码如下。

```
/************************************
* 项目名: 7_12
* 文件名: widget.h
```

```
 * 说　明: 文件系统监控类的使用
 ***********************************/
#ifndef WIDGET_H
#define WIDGET_H
#include <QWidget>
#include <QFileSystemWatcher>

namespace Ui {
class Widget;
}

class Widget : public QWidget
{
    Q_OBJECT

public:
    explicit Widget(QWidget *parent = nullptr);
    ~Widget();

private slots:
    void on_directoryChanged(const QString& path);
    void on_fileChanged(const QString& path);
    void on_pushButton_clicked();
    void on_pushButton_4_clicked();
    void on_pushButton_2_clicked();
    void on_pushButton_3_clicked();
private:
    Ui::Widget *ui;
    QFileSystemWatcher watcher;
};

#endif //WIDGET_H
```

widget.cpp 代码如下。

```
/***********************************
 * 项目名: 7_12
 * 文件名: widget.cpp
 * 说　明: 文件系统监控类的使用
 ***********************************/
//其他包含的头文件参考默认生成的代码,这里不再列出
#include <QFileDialog>

//其他函数等参考默认生成的代码,这里不再列出
void Widget::on_pushButton_clicked()
{
```

```
    ui->pushButton->setEnabled(false);
    ui->pushButton_2->setEnabled(true);
    ui->pushButton_3->setEnabled(true);
    ui->pushButton_4->setEnabled(true);

    connect(&watcher,SIGNAL(directoryChanged(const QString&)),
            this,SLOT(on_directoryChanged(const QString&)));
    connect(&watcher,SIGNAL(fileChanged(const QString&)),
            this,SLOT(on_fileChanged(const QString&)));
}

void Widget::on_pushButton_2_clicked()
{
    QString dirPath = QFileDialog::getExistingDirectory(this,"选择一个要监听的目录:");
    watcher.addPath(dirPath);
    ui->textBrowser->append(dirPath); //textBrowser是上面的文本浏览器
}

void Widget::on_pushButton_3_clicked()
{
    QString filePath = QFileDialog::getOpenFileName(this,"选择一个要监听的文件:");
    watcher.addPath(filePath);
    ui->textBrowser->append(filePath);
}

void Widget::on_pushButton_4_clicked()
{   watcher.removePaths(watcher.files());
    watcher.removePaths(watcher.directories());
    disconnect(&watcher,SIGNAL(directoryChanged(const QString&)),
               this,SLOT(on_directoryChanged(const QString&)));
    disconnect(&watcher,SIGNAL(fileChanged(const QString&)),
               this,SLOT(on_fileChanged(const QString&)));
    ui->textBrowser->clear();
    ui->textBrowser_2->clear();
    ui->pushButton->setEnabled(true);
    ui->pushButton_2->setEnabled(false);
    ui->pushButton_3->setEnabled(false);
    ui->pushButton_4->setEnabled(false);
}
void Widget::on_directoryChanged(const QString& path)
{                           //textBrowser_2是下面的文本浏览器
    ui->textBrowser_2->append("目录:" + path + "有变化");
}
void Widget::on_fileChanged(const QString& path)
{
    ui->textBrowser_2->append("文件:" + path + "有变化");
}
```

主函数所在的 main. cpp 文件没有变化，这里不再列出。

由于在界面设计中，已取消了后 3 个按钮的 enabled 属性勾选，因此程序刚运行时这 3 个按钮是灰色的；单击“开始监听”按钮时，执行槽函数 on_pushButton_clicked()，它首先将自己设置为不可用(已开始监听)，将后 3 个按钮设置为可用，然后将监听类对象 watcher 的 directoryChanged()信号和 fileChanged()信号分别与本窗口的槽函数 on_directoryChanged()和 on_fileChanged()关联。这样，一旦监听的目录或文件发生变化时，关联的槽就会被触发执行。

但此时在监听类对象中还没有设置要监听的目录或文件，可以通过单击中间的两个按钮来实现。单击“添加监听目录”按钮时，执行槽函数 on_pushButton_2_clicked()，功能是打开一个选择目录的对话框，然后将用户选中的目录 dirPath 通过监听类对象 watcher 的 addPath()函数添加为要监听的目录，并将此目录追加显示在文本浏览器中(图 7-17 中上面的文本浏览器)。单击“添加监听文件”按钮时，执行槽函数 on_pushButton_3_clicked()，它完成和 on_pushButton_2_clicked()类似的功能，区别仅在于打开和添加的是一个文件。图 7-17 中上面的文本浏览器为分别添加了一个监听目录和一个监听文件后显示的内容。

此时在已添加的监听目录下新创建一个文件，就会触发 on_directoryChanged()槽函数的执行，在下面的文本浏览器中输出一行文字，如图 7-17 所示。

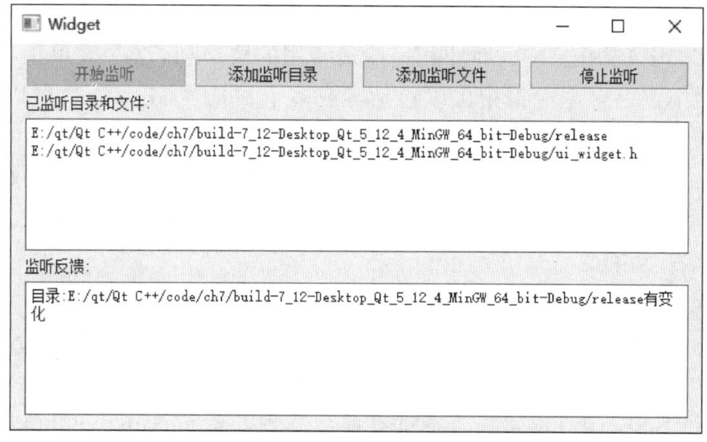

图 7-17 项目 7_12 的运行效果

单击“停止监听”按钮时，执行槽函数 on_pushButton_4_clicked()，功能是取消所有监听的目录和文件，然后解除 watcher 的信号与 widget 窗口对象的槽的关联，再清除两个文本浏览器中的内容，最后将“开始监听”按钮设置为可用状态，将其他 3 个按钮设置为不可用状态。

7.5 Qt 应用程序主窗口的设计与使用

视频讲解

前面章节中的例子大部分是基于 QWidget 类派生出自己的窗口类。本节将介绍如何基于 QMainWindow 派生出自己的主窗口类，并结合一个综合的例子展示主窗口应用程序的开发过程。

主窗口类 QMainWindow 是基本窗口类 QWidget 的派生类，因此具有 QWidget 类的所有属性和操作，并在此基础上添加了对菜单栏、工具栏、可停靠窗口、中心部件区、状态栏等的支持。主窗口的构成如图 7-18 所示。

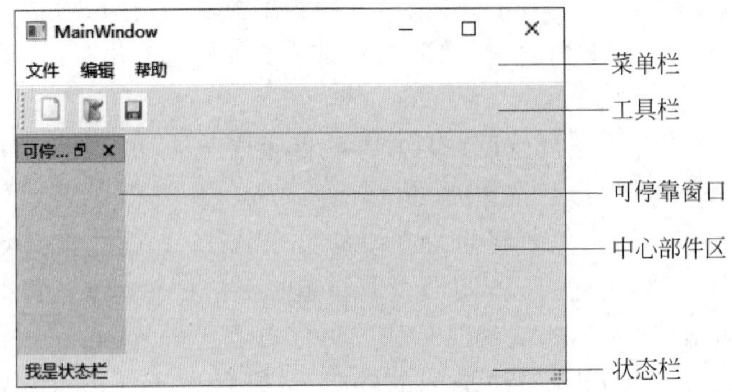

图 7-18 主窗口构成示例

最上面的是菜单栏(QMenuBar)，其中包含下拉菜单和具有子菜单的多个菜单，主窗口中最多包括一个菜单栏。通常建议把应用程序能提供的所有功能都以菜单项的形式添加在菜单栏的菜单中。

工具栏(QToolBar)用于显示部件和一些最常用的菜单项，这些菜单项以工具按钮的形式显示在工具栏中。一个主窗口中可以包括零或多个工具栏，工具栏也可以被拖动、悬浮或停靠在窗口的四边。

状态栏(QStatusBar)是位于窗口最下方的一个横条的区域，一般用于显示应用程序的一些状态信息，如与用户当前操作相关的提示文本等，也可以在状态栏上添加和使用窗口部件。状态栏最多有一个。

中心部件(QCentralWidget)是应用程序主要功能和操作的实现区域，一般设计为充满整个中心区域，并随着窗口大小的变化而变化。中心部件默认是一个 QWidget 部件，也可以是一般的部件，如多行文本编辑框 QTextEdit、多文档部件 QMdiArea 等。

可停靠窗口(QDockWidget)是一个可悬浮或停靠在窗口四边的可停靠窗口部件，一般用于存放其他部件，以便进行一些与中心部件操作有关的设置或显示，类似于一个工具箱的作用。可停靠窗口可以有零或多个。

7.5.1 菜单栏

菜单栏(QMenuBar)位于应用程序窗口的上方，可包含多个菜单(QMenu)，每个菜单都可以包括零或多个菜单项(QAction)和子菜单(QMenu)。第 2 章曾经介绍过一个通过编写代码生成菜单栏的例子，本节将介绍如何通过 Qt Designer 工具更加方便和快速地进行菜单栏设计和功能实现。

创建一个基于 QMainWindow、带界面的 Qt 应用程序(项目 7_13)，然后双击 UI 界面文件，进入 Qt Designer，可以看到窗口中已经有了一个没有包含任何菜单的菜单栏。添加菜单项和子菜单的操作如下。

(1) 双击菜单栏中的"在这里输入"可以添加一个菜单，如输入"文件"，然后按 Enter 键，菜单即添加完毕，并自动显示了用于添加菜单项的下拉列表。

(2) 在下拉列表的"在这里输入"处双击即可添加一个菜单项(或子菜单)。注意，需要按 Enter 键，才能确认输入的文字。

(3) 在下拉列表中单击"添加分隔符"，可以在菜单中添加一个分隔符。拖动已添加的菜单项，可以调换菜单项的位置。

(4) 单击已添加菜单项右边的加号图标(见图 7-19)，可将菜单项更改为子菜单，并在弹出的列表中设计子菜单的菜单项。

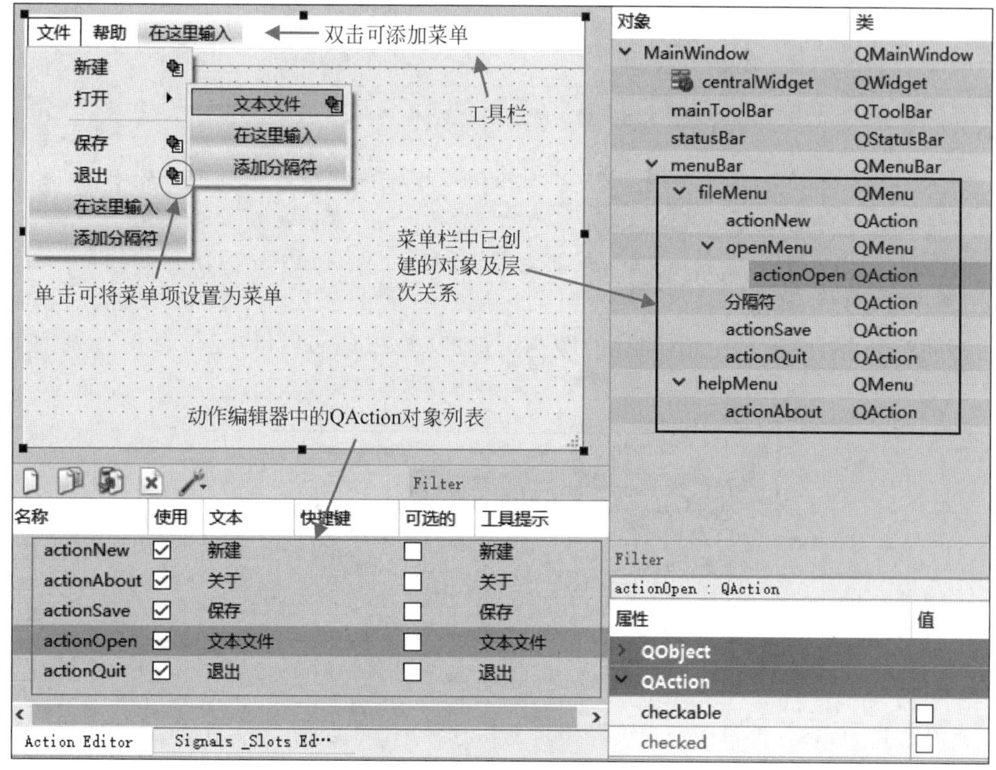

图 7-19　给主窗口添加菜单

(5) 要移除菜单或菜单项，只需在菜单或菜单项处右击，然后在弹出的快捷菜单中选择"移除"即可。

给项目 7_13 的界面添加"文件""帮助"菜单；在"文件"菜单下添加"新建""保存""退出"菜单项和"打开"子菜单；在"打开"子菜单中添加"文本文件"菜单项；在"帮助"菜单下添加"关于"菜单项。添加完毕后，相应的对象也会显示在对象浏览器窗口和动作编辑器窗口。为了方便读者查看，这里已在"对象"浏览器窗口中将菜单和菜单项的名字修改为与其显示的文字含义一致的对象名，如图 7-19 所示。

在下方"动作"编辑器窗口中的某个 QAction 对象(对应上述的一个菜单项，也称为动作)所在行处单击，可打开如图 7-20 所示的"编辑动作"窗口。在该窗口中可以设置显示的文本信息和提示信息，修改对象名称，给 QAction 对象添加图标，设置快捷方式等。选中

Checkable 复选框后，菜单项可具有“选中”和“未选中”两种状态。

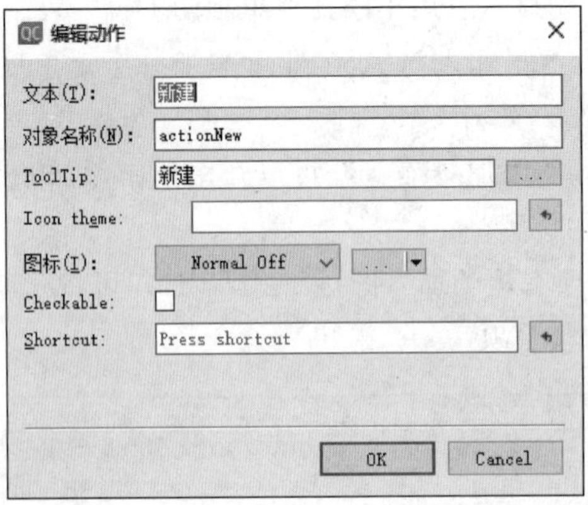

图 7-20 “编辑动作”窗口

提示：设置快捷键，需要在图 7-20 中 Shortcut 后的按键序列编辑部件处单击，然后直接按下快捷键以实现设置。

为项目 7_13 添加一个资源文件，并加入若干图标文件资源；然后回到 Qt Designer 界面，为动作编辑器中列出的每个动作添加一个快捷键；为除了 actionAbout 对象之外的每个动作都设置图标；设置 actionAbout 对象为可选的（勾选 Checkable）。具体的设置结果如图 7-21 所示。

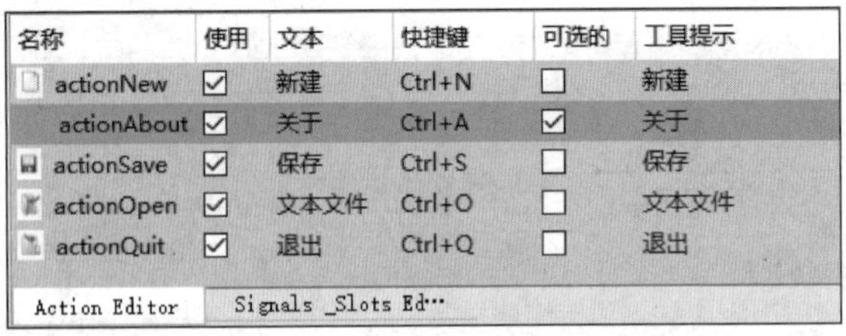

图 7-21 动作（QAction）的更多设置

运行程序，可在各菜单项前看到已设置的图标。单击“关于”菜单项，可看到该菜单项前出现了一个表示“已选中”状态的对号图标，再次单击时图标消失（表示未选中）。若为“关于”动作也设置了不同状态时对应的图标，则会按照当前菜单项所处的不同状态，显示对应的图标。

单击菜单项时，QAction 对象会发出 triggered 信号。通常需要对该信号进行响应，以便完成菜单项想要进行的工作。接下来为项目 7_13 的“退出”和“关于”菜单项添加自关联槽，更多菜单项对应的功能实现，将在后续章节中介绍。

首先，在如图 7-21 所示的动作编辑器中的 actionAbout 行右击，在弹出的菜单中选择“转到槽”，然后在弹出的窗口中选择 triggered（bool）信号，单击 OK 按钮进入代码编辑界面。

在当前打开的 mainwindow. cpp 文件中添加头文件：

```
#include <QMessageBox>
```

在已添加的 on_actionAbout_triggered()函数中添加代码，完整的函数定义如下。

```
void MainWindow::on_actionAbout_triggered(bool checked)
{
    if(checked)
        QMessageBox::information(this,"关于","关于菜单项处于选中状态");
    else
        QMessageBox::information(this,"关于","关于菜单项处于未选中状态");
}
```

此时运行程序，并多次单击“关于”菜单项，可以看到，会根据本菜单项是否处于选中状态而弹出的不同信息的对话框。

然后切换到图 7-21 中动作编辑器旁边的信号与槽编辑窗口，单击绿色加号添加一个关联，实现将 actionQuit 动作的 triggered()信号关联到 MainWindow 的 close()槽，即实现了单击“退出”菜单项结束整个应用程序的功能。

7.5.2　工具栏

工具栏默认位于菜单栏下方（见图 7-18 和图 7-19 中的说明），读者也可以在设计和运行时将它拖动到窗口内的四边边框处停靠（或者在运行时拖出为一个悬浮的部件）。工具栏上一般会列出最常用的动作（菜单项）以便用户使用。当然，也可以在工具栏中添加与菜单项无关的部件。

继续完善项目 7_13。在如图 7-21 所示的动作编辑器窗口的 actionAbout 行的位置按下鼠标左键并一直拖动到上面设计窗口中的工具栏处，直到出现一根红色的竖线时释放鼠标左键，可以看到工具栏上出现了一个显示文字为“关于”的按钮。类似地，也可以拖动其他动作到工具栏，生成相应的按钮，结果如图 7-22 所示。

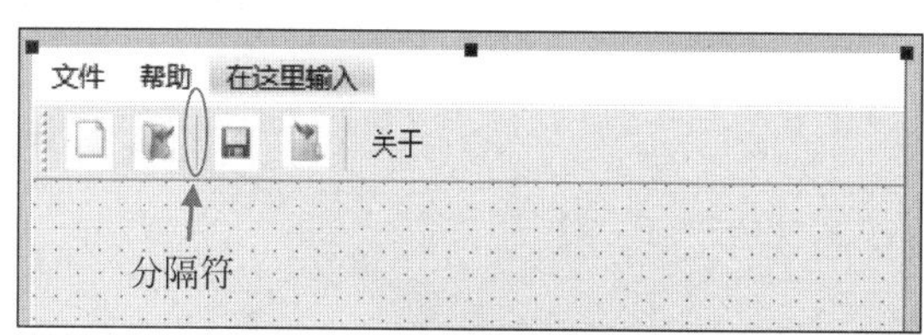

图 7-22　将动作添加到工具栏

QAction 对象添加到工具栏时，会显示为一个 QToolButton 按钮（是一种特殊类型的按钮，通常用于快速访问特定的 QAction 动作）。按钮默认样式为显示图标（没有设置图标的 QAction 对象，对应按钮默认显示为文字）。工具栏中也可以添加分隔符（见图 7-22），具体操作：在工具栏处右击，在弹出的快捷菜单中选择“添加分隔符”。各按钮和分隔符之间可以通过拖动的方式调整位置。

提示：通过在对象属性窗口设置工具栏的 toolButtonStyle 属性，可修改按钮的样式为显示图标和文字、仅显示图标、仅显示文字等。

运行程序，可以看到，单击工具栏中的按钮所起的作用和单击对应的菜单项是一样的。

并且,“关于”按钮会随着是否处于选中状态而呈现出不同的外观。

下面在工具栏中再添加一组与菜单项动作无关的部件。打开 mainwindow.cpp 文件,并添加头文件:

```
#include <QMessageBox>
```

然后在自定义主窗口类 MainWindow 的构造函数中添加一些语句,完整的构造函数代码如下。

```
MainWindow::MainWindow(QWidget * parent)
        : QMainWindow(parent),ui(new Ui::MainWindow)
{
    ui->setupUi(this);
    QToolButton * toolBtn = new QToolButton(this);
    toolBtn->setText(tr("最大化"));
    ui->mainToolBar->addWidget(toolBtn);
    connect(toolBtn,SIGNAL(clicked()),this,SLOT(showMaximized()));
}
```

该函数首先对界面进行初始化,然后创建一个工具按钮,设置其显示的文字为“最大化”,接着将其添加到 mainToolBar 工具栏中,最后通过 connect()函数将该按钮的 clicked()信号关联到当前主窗口对象的最大化窗口 showMaximized()槽函数。运行程序,可以看到工具栏上多了一个“最大化”按钮,如图 7-23 所示。单击该按钮,窗口会实现最大化的效果。

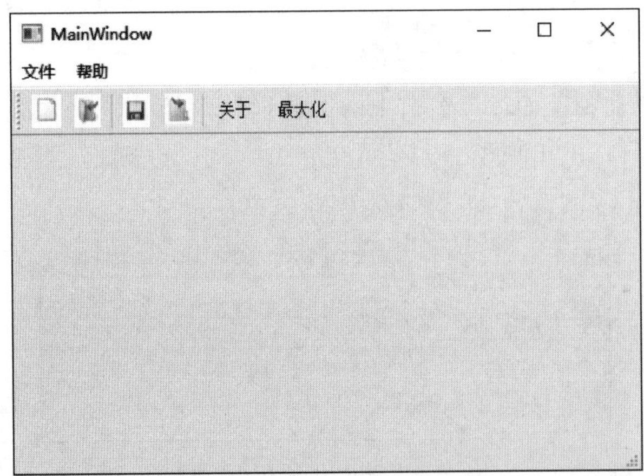

图 7-23　项目 7_13 在工具栏中添加了按钮之后的效果

提示:

(1) 可以通过工具栏的 addWidget()函数为工具栏添加其他的部件,如普通的按钮、单行文本框、标签等。

(2) 还可以通过工具栏的 addAction()函数直接添加行为,会表现为一个工具按钮的形式。

工具栏(QToolBar)也可以有多个,可以通过调用主窗口对象的 addToolBar()成员函数添加一个工具栏。例如,对于项目 7_13,在 mainwindow.cpp 文件添加头文件:

```
#include <QMessageBox>
```

然后在上述 MainWindow()构造函数末尾(connect()函数调用之后)添加语句:

```
QToolBar *toolBar = this->addToolBar("Another toolBar");
QToolButton *toolBtn2 = new QToolButton(toolBar);
toolBtn2->setText(tr("最小化"));
toolBar->addWidget(toolBtn2);
connect(toolBtn2,SIGNAL(clicked()),this,SLOT(showMinimized()));
```

运行程序,效果如图 7-24 所示。

图 7-24 项目 7_13 多个工具栏的效果

addToolBar()函数实现添加一个工具栏到当前窗口,并返回指向新增工具栏对象的指针。之后的代码创建了一个添加在新增工具栏中的工具按钮,并通过信号与槽机制,实现在单击该按钮时,执行当前窗口对象的槽函数 showMinimized(),完成窗口最小化的功能。

7.5.3 中心部件

一般在中心部件上完成应用程序的主要功能,主窗口中必须包含且只能包含一个中心部件。使用 UI Designer 设计主窗口时,系统已默认创建了一个 QWidget 对象作为中心部件,读者可以在 UI Designer 界面的"对象"浏览器窗口中找到它。直接在其上添加各种部件并实现功能即可。

理论上,任何继承自 QWidget 类的派生类实例都可以作为中心部件使用。通过调用主窗口的 setCentralWidget()成员函数可设置当前主窗口的中心部件;通过主窗口的 centralWidget()成员函数可返回中心部件区的指针。

以项目 7_13 为例,在前述代码的基础上继续完善。首先在 mainwindow.h 添加头文件:

```
#include <QTextEdit>
```

并在 MainWindow 类的定义(mainwindow.h)中添加私有数据成员:

```
QTextEdit *txtEditPtr;
```

目的是给自定义 MainWindow 类添加一个多行文本框的指针。然后在之前 MainWindow 构造函数代码的基础上，在函数体内的最后添加语句：

```
txtEditPtr = new QTextEdit(this);
this -> setCentralWidget(txtEditPtr);
txtEditPtr -> setEnabled(false);
```

目的是创建一个多行文本框，然后将其设置为中心部件，初始时设置为不可用状态。运行程序，结果如图 7-25 所示，中心部件默认为自动充满窗口区域。仔细与图 7-24 对比，会发现图 7-25 中有一个灰色框线框出的处于不可用状态的多行文本框。

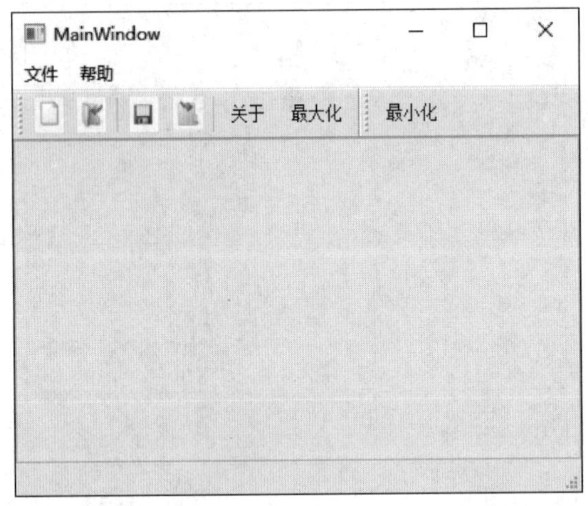

图 7-25　更改中心部件区为一个多行文本框

提示：

(1) 代码中，txtEditPtr 指向的 QTextEdit 对象是使用 new 运算符动态申请的对象。为了保证该对象内存空间最终能被释放，请注意应如代码中所写的，初始化时将当前主窗口(this 指针指向)作为父窗口，以便利用 Qt 的对象树机制，在主窗口被销毁时自动释放 QTextEdit 对象的内存空间。

(2) 否则，就需要在主窗口类的析构函数中显式地使用语句"delete txtEditPtr; "以释放 QTextEdit 对象的内存空间。

下面继续实现项目 7_13 中其他菜单项的功能。

首先，在 MainWindow 类的定义(mainwindow.h)中添加一个私有的数据成员：

```
QString filename;
```

并将其初始化为空字符串，即在 MainWindow 类的构造函数初始化列表的最后添加：

```
,fileName(QString())
```

该数据成员用于存储应用程序当前正在操作文件的文件名。

接着，在 mainwindow.cpp 中添加包含头文件，以便使用相关的类。

```
#include <QFileDialog>
#include <QTextStream>
```

然后，在动作编辑器窗口中，右击动作 actionNew 所在行，在弹出的快捷菜单中选择“转到槽”，在弹出的窗口中选择 triggered 信号，单击 OK 按钮以完成添加自关联槽 on_actionNew_triggered()的操作，接着编写槽函数的实现，代码如下。

```
void MainWindow::on_actionNew_triggered()
{
    QString newFileName = QFileDialog::getSaveFileName(this,
                                "创建一个新的 txt 文件","","*.txt");
    if(newFileName.isNull())                //用户取消创建时直接返回
        return;
    QFile file(newFileName);
    if(!file.open(QIODevice::WriteOnly|QIODevice::Text))
    {
        QMessageBox::critical(this,"错误","创建文件失败!","确定");
        return;
    }
    fileName = newFileName;                 //将新建的文件作为当前操作的文件
    txtEditPtr->setEnabled(true);
    txtEditPtr->clear();
    file.close();
}
```

执行该槽函数时，首先打开一个保存文件对话框，若用户单击了“取消”按钮(返回的字符串为空)，则槽函数结束；否则使用用户设置的文件名创建文件，将其设置为当前操作的文件(将文件名赋值给 fileName)，然后将(txtEditPtr 指向的)中心部件设置为可用并清空已有内容，以便用户开始新文件的编辑。

类似地，为动作 actionSave 添加自关联槽，实现代码如下。

```
void MainWindow::on_actionSave_triggered()
{
    if(fileName.isNull())
    {
        QMessageBox::critical(this,"错误","请先新建或打开文件!","确定");
        return;
    }
    QFile file(fileName);
    if(! file.open(QIODevice::WriteOnly|QIODevice::Text))
    {
        QMessageBox::critical(this,"错误","文件保存失败!","确定");
        return;
    }
    QTextStream stream(&file);
    stream << txtEditPtr->toHtml();         //写入
    file.close();
    QMessageBox::information(this,"提示","文件已保存!","确定");
}
```

上述代码首先判断当前操作文件的文件名(存储于 fileName 中)是否有效，若为空，则请用户先创建文件；否则正常打开该文件。然后使用文本流 stream 辅助将多行文本框中的内容写入文件。操作完毕后，通过弹出消息框告知用户文件已保存。

提示：本项目中，写入文件的是通过 txtEditPtr－> toHtml()获取的 HTML 格式的字符串，读者可使用记事本打开生成的文件，以观察实际写入的内容。

为动作 actionOpen 添加自关联槽，实现代码如下。

```
void MainWindow::on_actionOpen_triggered()
{
    QString openFileName = QFileDialog::getOpenFileName(this,
                            "选择一个 txt 文件","","*.txt");
    if(openFileName.isNull())
        return;
    else
        fileName = openFileName;            //设置为当前处理的文件
    QFile file(fileName);
    if(! file.open(QIODevice::ReadOnly|QIODevice::Text))
    {
        QMessageBox::critical(this,"错误","文件打开失败!","确定");
        return;
    }
    QTextStream stream(&file);
    QString str = stream.readAll();
    txtEditPtr -> setEnabled(true);
    txtEditPtr -> setHtml(str);
    file.close();
}
```

执行时，首先弹出打开文件对话框，若用户正常选择了一个文件，则将其设置为当前处理的文件，然后打开并读入。最后将读入的 HTML 格式的内容显示在 txtEditPtr 指向的多行文本框中。

提示：

(1) 本例中，打开的文件内容为 HTML 格式的字符串，所以应使用多行文本框的 setHtml()函数进行带格式的显示。

(2) 如果只需在文件中存储文本信息，并不需要存储相关的格式，可以使用多行文本框的 toPlainText()和 setText()函数获取和设置纯文本信息。

7.5.4 状态栏

状态栏是位于窗口底部的一个水平条，用来显示状态信息。状态栏能够显示的信息可以分为以下几种。

(1) 正常信息：显示在状态栏的最左边，可能会被临时信息掩盖。一般使用方式为首先用状态栏的 addwidget()函数给状态栏添加一个部件(如 QLabel)，然后在该部件中设置要显示的正常信息。

(2) 永久信息：显示在状态栏的最右边，一般使用方式为首先使用状态栏的 addPermanentWidget()函数给状态栏添加一个部件(如 QLabel)，然后在部件中设置要显示的永久信息。

(3) 临时信息：显示在状态栏的最左边，一般与用户的操作相关，有显示时间的限制。可以使用状态栏的 showMessage()函数设置临时信息内容和显示的时长；对于动作(QAction)，可以使用动作的 setStatusTip()函数设置当鼠标指针移动到动作对应按钮(或菜单项)上时，应在状态栏中显示的临时提示信息。

对于项目 7_13，在主窗口构造函数体的最后添加语句：

```
ui->statusBar->addPermanentWidget(new QLabel("创建者:彭源"));
```

即可在状态栏中添加一个永久信息。显示效果见图 7-26 状态栏的右边。也可以设置鼠标指针停留在动作(QAction)按钮(或菜单项)上时的状态栏显示的临时信息。在主窗口构造函数体的最后继续添加语句：

```
ui->actionNew->setStatusTip("新建一个文件");
ui->actionOpen->setStatusTip("打开一个 txt 文件");
ui->actionSave->setStatusTip("保存文件");
ui->actionQuit->setStatusTip("结束程序");
ui->actionAbout->setStatusTip("弹出关于消息框");
```

读者可以在添加上述代码后运行程序，观察一下鼠标指针滑过这些按钮(或菜单项)时状态栏显示临时信息的效果。

还有另外一种显示临时信息的方法是调用状态栏的 showMessage()函数。例如，在 MainWindow 类的 on_actionSave_triggered()槽函数体最后添加语句：

```
ui->statusBar->showMessage("已保存!!!!!",5000);
```

showMessage()函数的第 2 个参数是设置临时信息的时长(毫秒数)，默认为 0(显示，直到下一个要显示的临时信息或正常信息时为止)。运行程序，新建或打开一个文件，然后单击“保存”按钮，成功保存后，首先会弹出之前代码中设置的消息框，单击消息框中的 OK 按钮后，状态栏中会显示时长为 5s 的“已保存!!!!!”信息。

接下来在项目 7_13 的状态栏中实现正常信息的设置：显示当前文件名。实现思路：在状态栏中添加一个 QLabel 实例，然后设置它的文字为当前文件名。具体操作如下。

首先在 mainwindow.h 中添加包含头文件以便使用 QLabel 类型。

```
#include <QLabel>
```

接着在 MainWindow 类的定义中添加一个私有 QLabel 类型的指针成员。设置该指针的目的是用来指向要添加到状态栏中的 QLabel 实例。指针成员定义如下。

```
QLabel *labelPtr;
```

然后在 MainWindow 类的构造函数体的最末尾添加语句：

```
labelPtr = new QLabel("欢迎使用",this);
ui->statusBar->addWidget(labelPtr);
```

运行程序，可以看到状态栏左边已显示了“欢迎使用”的字样。应用程序希望显示的正常信息为当前正在处理的文件名信息。为达到此目的，需要在槽函数 on_actionOpen_triggered()和 on_actionNew_triggered()的函数体末尾分别加上如下语句。

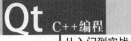

```
QFileInfo fileInfo(fileName);
labelPtr->setText("当前文档:" + fileInfo.fileName());
```

fileInfo 获取当前文件名 fileName 相关的文件信息，通过调用它的 fileName()函数可获得不包含路径的文件名，然后将其设置为 labelPtr 指针所指向标签的文字。图 7-26 所示为新创建了一个 a.txt 文件之后，状态栏中显示的信息。

图 7-26 状态栏中显示的信息

7.5.5 可停靠窗口

不少应用程序主窗口中还包括一些小窗口，它们可以被拖放到主窗口的上、下、左、右等位置并与主窗口融为一体，也可以被拖出来单独成为一个窗口。这种窗口称为可停靠窗口。可停靠窗口可以有多个，内部可以放置其他部件，一般会将实现同一类目的的部件放在同一个可停靠窗口内。

在项目 7_13 的 Qt Designer 界面下，从左侧部件面板向窗体中拖入两个 dockWidget 部件，然后在这两个部件上再分别拖入若干按钮并修改按钮显示的文字。部件的放置和包含的按钮部件层次如图 7-27 所示。

可以通过右下方的"属性"窗口设置各种属性，图 7-27 所示为已修改了两个可停靠窗口的"标题"属性后的效果。还可以设定允许停靠的区域(allowedAreas)、初始时是否停靠等。读者可试着修改这些属性并运行程序，然后拖动可停靠窗口以观察停靠效果。如图 7-28 所示，分别为可停靠窗口并排停靠在左边的效果；两个可停靠窗口重叠的效果；一个窗口停靠在右边、一个窗口悬浮的效果。

如果不需要显示可停靠窗口，可调用可停靠窗口的 hide()函数将其隐藏起来。

下面实现新增的"清空内容""设置字体""设置颜色"3 个按钮的功能。首先在 mainwindow.cpp 文件中添加以下包含头文件的代码。

```
#include <QFontDialog>
#include <QColorDialog>
```

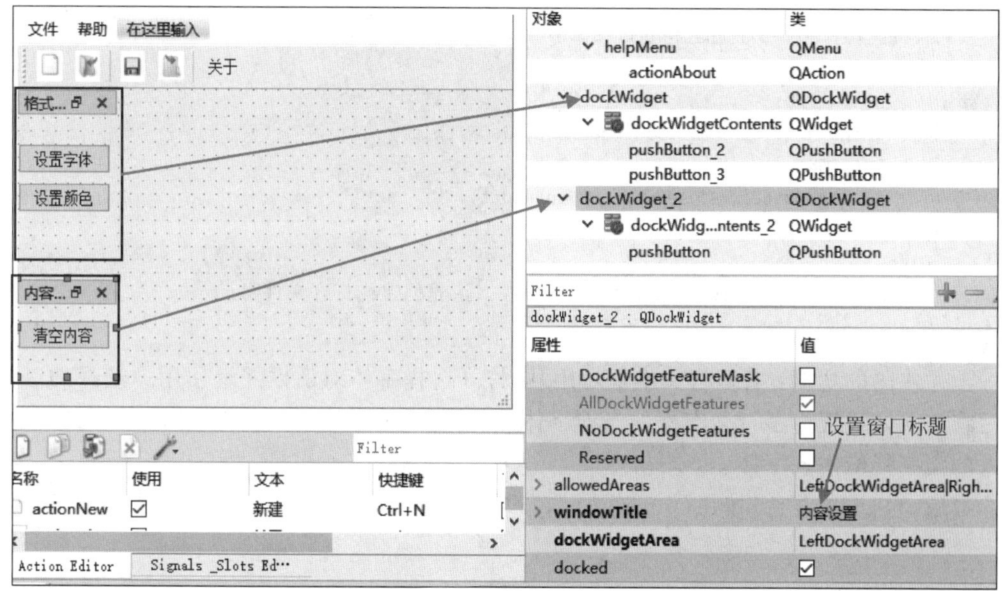

图 7-27 停靠窗口设计

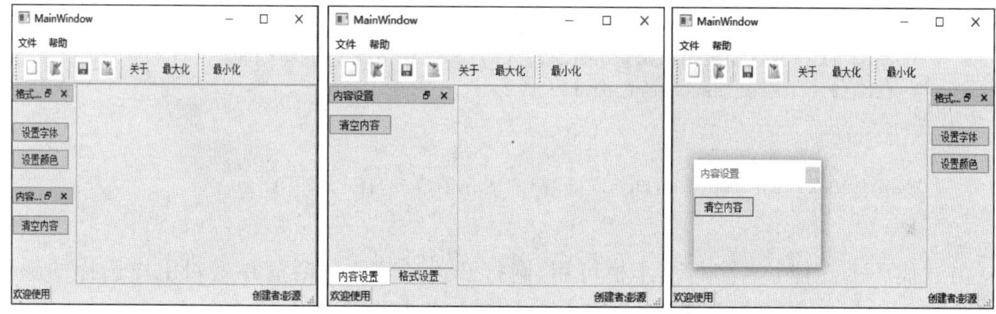

图 7-28 可停靠窗口的各种效果

然后回到设计界面,为"清空内容"按钮(pushButton)的 clicked 信号添加自关联槽,槽实现代码如下。

```
void MainWindow::on_pushButton_clicked()
{
    if(txtEditPtr->isEnabled())
        txtEditPtr->clear();
    else
        QMessageBox::information(this,"提醒","请先创建或打开文件");
}
```

当该按钮被单击时,首先判断多行文本框是否处于可用状态,如果是,则清空其中的内容;否则弹出消息框提醒用户先创建或打开一个文件。

同样地,给"设置字体"按钮(pushButton_2)的 clicked 信号添加自关联槽,槽实现代码如下。

```
void MainWindow::on_pushButton_2_clicked()
```

```
{
    if(txtEditPtr->isEnabled())
    {
        bool isOK;
        QFont font = QFontDialog::getFont(&isOK,this);
        if(isOK)
            txtEditPtr->setCurrentFont(font);
    }
    else
      QMessageBox::information(this,"提醒","请先创建或打开文件");
}
```

上述代码的功能：若多行文本框可用，则打开选择字体对话框并返回用户选择的字体，然后将该字体设置为多行文本框的当前字体，之前用户在多行文本框中已选中的文字或新输入的文字将应用该字体。

最后，为“设置颜色”按钮(pushButton_3)的 clicked 信号也添加自关联槽，槽实现代码如下。

```
void MainWindow::on_pushButton_3_clicked()
{
  if(txtEditPtr->isEnabled())
  {
     QColor color = QColorDialog::getColor(Qt::white,this,"选择字体颜色");
     txtEditPtr->setTextColor(color);
  }
  else
    QMessageBox::information(this,"提醒","请先创建或打开文件");
}
```

上述代码的功能：若多行文本框可用，则打开选择颜色对话框并返回用户选择的颜色，然后将颜色应用到多行文本框，之前用户在多行文本框中已选中的文字或新输入的文字将应用该颜色。图 7-29 所示为进行了一些颜色和字体设置后的效果。

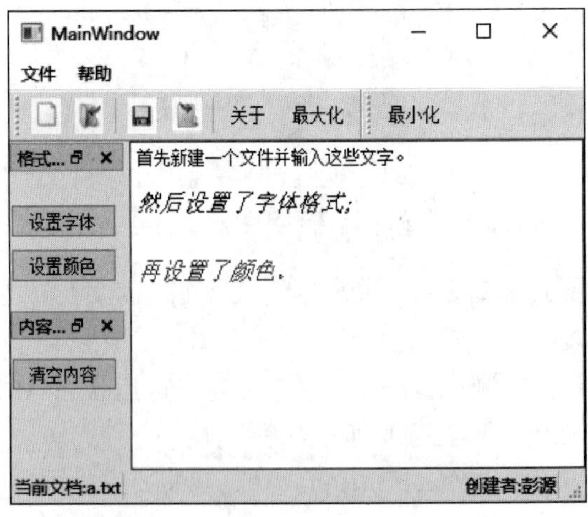

图 7-29　设置了字体和颜色后的效果

7.6　编程实例——学生信息登记系统

现实中对于大量的数据，如教师统计的学生成绩明细、银行的账户信息数据、通信公司客户的通话记录等，更常见的处理方法是存放在结构化的文件或数据库中。本节将实现一个简单的学生信息登记系统，向读者展示如何编写应用管理数据，以及介绍使用 Qt 自带的 QAxObject 类和 Microsoft Office 提供的 COM 组件实现对 Excel 文件的读写。

1. COM 组件和 Excel 读写过程

COM 是一种与平台无关、语言中立的中间件技术，本质上就是一套接口规范，提供了一种跨应用和语言共享二进制代码的方法。COM 组件实际上是一些小的二进制可执行程序，可为应用程序、操作系统和其他组件提供相应的功能实现服务。在进行软件开发时，有时需要使用第三方提供的 COM 组件（如本节使用 Microsoft Office 提供的 COM 组件实现对 Excel 文件的读写），Qt 中提供了 QAxObject 类支持 COM 的开发，通过该类对象可以将外部的 COM 组件接入 Qt 应用程序。

QAxObject 类属于 axcontainer 模块，所以在. pro 工程文件中须加上语句：

```
QT += axcontainer
```

且在使用时要添加头文件：

```
#include <QAxObject>
```

读写 Excel 文件需要经过以下步骤。

（1）创建一个用于 Excel 操作的运行环境。

```
QAxObject *excel = new QAxObject("Excel.Application");
```

（2）获取工作簿集合。

```
QAxObject *workBooks = excel->querySubObject("WorkBooks");
```

可通过它新建一个工作簿，再通过查找活动工作簿得到刚新建工作簿的指针。

```
workbooks->dynamicCall("Add");
QAxObject *workBook = excel->querySubObject("ActiveWorkBook");
```

或打开一个已存在的工作簿（即 Excel 文件）。

```
QAxObject *workBook = workBooks->querySubObject(
                                "Open(const QString&)",xlsxName);
```

其中，变量 xlsxName（QString 类型）表示要打开的 excel 文件名；Open（const QString&）是 COM 组件中的一个接口。这条语句的含义是调用 Open 接口（实参是 xlsxName），由 COM 组件完成实际的打开操作，workBooks 调用 querySubObject()成员函数找到此工作簿对应的 QAxObject 对象（进行了封装），即 workBook 指向当前打开的工作簿。

一个工作簿由多张工作表（称为 sheet）构成，图 7-30 所示的 a. xlsx 文件就是一个工作簿，它包含了两张工作表：Sheet1 和 Sheet2。工作表由单元格构成，行名用数字字符表示，列名用英文字符表示。例如，图 7-30 中值为 20190001 的这个单元格称为 A1 单元格。

图 7-30　一个 Excel 文件示例

(3) 操作。

打开工作簿后，就能对其进行各种操作了。例如，获取工作簿 workBook 中所有工作表：

```
QAxObject * sheets = workBook -> querySubObject("Sheets");
```

只获取某个工作表(下述代码为获取第一个工作表)：

```
QAxObject * sheet = workBook -> querySubObject("Sheets(int)",1);
```

将工作簿 workBook 另存为指定的文件名 newName：

```
workBook -> dynamicCall("SaveAs(const QString&)",
                        QDir::toNativeSeparators(newName));
```

获取工作簿 workBook 中的工作表数量：

```
workBook -> property("Count").toInt();
```

获取工作表 sheet 的名字：

```
sheet -> property("Name").toString();
```

设置工作表 sheet 的名字为 newName：

```
sheet -> setProperty("Name","newName");
```

在工作表 sheet 的前面插入一个工作表：

```
sheets -> querySubObject("Add(QVariant)",sheet -> asVariant());
```

删除工作表 sheet：

```
sheet -> dynamicCall("delete");
```

获取单元格(下面的 cell 表示工作表 sheet 的第 2 行，第 3 列的单元格，即 C2)：

```
QAxObject * cell = sheet -> querySubObject("Cells(int,int)",2,3);
```

获取单元格的值：

```
cell->dynamicCall("Value").toString();
```

清空单元格内容：

```
cell->dynamicCall("ClearContents()");
```

将单元格的值设置为“信息安全”：

```
cell->setProperty("Value","信息安全");
```

获取一块单元格区域(下面的 cells 表示从 A1 到 C2 的区域)：

```
QAxObject *cells = sheet->querySubObject("Range(const QString&)","A1:C2");
```

获取单元格区域中的值(结果存放于一个 QVariant 类型的对象中)：

```
cells->dynamicCall("Value");
```

操作完毕后关闭文件(false 表示关闭但不保存,true 表示保存后关闭)：

```
workBook->dynamicCall("Close(bool)",false);
```

运行环境不再使用后退出：

```
excel->dynamicCall("Quit()");
```

2. 代码实现

创建一个基于 QMainWindow 的项目 7_14。为了实现美观的效果,首先找到 3 个合适的图像文件(分边用于“打开已有数据文件”“写入数据并关闭”“新建数据文件并打开”动作的图标),然后通过系统的文件浏览器在项目目录下创建一个 ICO 文件夹,放入这 3 个图像文件。之后,回到 Qt Creator 集成开发环境,在本项目中添加一个资源文件 res.qrc,并将上述图像文件添加为资源。

接着设计主窗口界面,各个部件的名字及布局如图 7-31 所示。在属性窗口将主窗口的标题设置为“学生信息登记”。tableWidget 表格窗口部件中显示的效果,通过在该部件上双

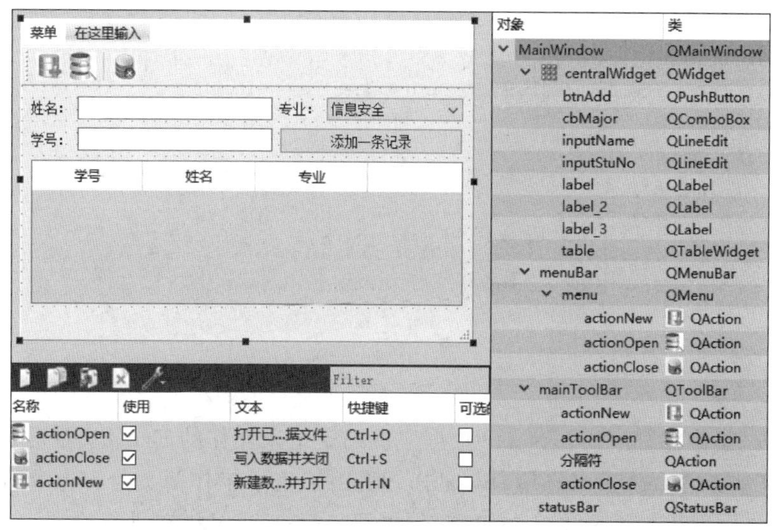

图 7-31　界面设计

击，在打开的“编辑表格窗口部件”的列选项卡内依次添加“学号”“姓名”“专业”。双击组合框，在打开的“编辑组合框”窗口中添加供选择的各个专业(如本例中添加了 4 个专业：信息安全、网络工程、计算机科学与技术、软件工程)。

在.pro 工程文件中添加语句 QT+=axcontainer，然后在自定义主窗口类 MainWindow 中实现各个功能。头文件代码如下。

```
/*************************************
* 项目名: 7_14
* 文件名: mainwindow.h
* 说  明: 主窗口类定义
*************************************/
#ifndef MAINWINDOW_H
#define MAINWINDOW_H
#include <QMainWindow>
#include <QAxObject>
#include <QTableWidgetItem>

namespace Ui {
class MainWindow;
}

class MainWindow : public QMainWindow
{
    Q_OBJECT
public:
    explicit MainWindow(QWidget *parent = nullptr);
    ~MainWindow();
private slots:
    void on_actionOpen_triggered();
    void on_actionNew_triggered();
    void on_actionClose_triggered();
    void on_btnAdd_clicked();
    void on_table_itemDoubleClicked(QTableWidgetItem *item);
private:
    Ui::MainWindow *ui;
    QString xlsxName;
    QAxObject *excel;
    QAxObject *workBooks;
    void setActionStat(bool isOpened);
};
#endif //MAINWINDOW_H
```

可以看到，类中添加了 xlsxName 数据成员用于记录操作的 Excel 文件的文件名；excel 数据成员用于表示 Excel 运行环境；workBooks 用于表示工作簿集合；还声明了成员函数 setActionStat()，用于对界面中的按钮、动作等是否处于可用状态进行设置，以及各个动作被触发时的自关联槽、“添加一条记录”按钮被单击时的自关联槽和双击表格部件中某行时的自关联槽。

主窗口类实现的 mainwindow.cpp 文件如下。

```
/*************************************
 * 项目名: 7_14
 * 文件名: mainwindow.cpp
 * 说  明: 主窗口类实现
*************************************/
#include "mainwindow.h"
#include "ui_mainwindow.h"
#include <QFileDialog>
#include <QFile>
#include <QMessageBox>
#include <QVariant>
MainWindow::MainWindow(QWidget *parent)
                :QMainWindow(parent),ui(new Ui::MainWindow)
{
  ui->setupUi(this);
  ui->table->setSelectionBehavior(QAbstractItemView::SelectRows); //可选整行
  ui->table->setEditTriggers(QAbstractItemView::NoEditTriggers); //不能编辑
  ui->inputStuNo->setValidator(new QRegExpValidator(QRegExp("[0-9]{8}"),
                                   this));            //限制学号为最多8位数字字符
  setActionStat(false);
  excel = new QAxObject("Excel.Application",this);
  excel->setProperty("Visible","false");            //设置不显示窗口
  excel->setProperty("DisplayAlerts",false);        //设置不显示任何警告信息
  workBooks = excel->querySubObject("WorkBooks");
}

MainWindow::~MainWindow()
{
    delete ui;
    excel->dynamicCall("Quit()");
    delete workBooks;
    delete excel;
}

void MainWindow::on_table_itemDoubleClicked(QTableWidgetItem *item)
{
    ui->table->removeRow(item->row());
}

void MainWindow::on_btnAdd_clicked()
{
    QString name = ui->inputName->text();
    QString stuNo = ui->inputStuNo->text();
    QString major = ui->cbMajor->currentText();
    if(name.isEmpty()||stuNo.isEmpty()||major.isEmpty())
```

```
    {
        QMessageBox::information(this,"提示","请填写完整");
        return;
    }
    int rowNumberForAdd = ui->table->rowCount();
    ui->table->insertRow(rowNumberForAdd);          //在界面的表中插入一行
    ui->table->setItem(rowNumberForAdd,0,new QTableWidgetItem(stuNo));
    ui->table->setItem(rowNumberForAdd,1,new QTableWidgetItem(name));
    ui->table->setItem(rowNumberForAdd,2,new QTableWidgetItem(major));
}

void MainWindow::setActionStat(bool isOpened)        //设置按钮和动作的状态
{
    ui->actionClose->setEnabled(isOpened);
    ui->actionNew->setEnabled(!isOpened);
    ui->actionOpen->setEnabled(!isOpened);
    ui->btnAdd->setEnabled(isOpened);
    ui->inputName->setEnabled(isOpened);
    ui->cbMajor->setEnabled(isOpened);
    ui->inputStuNo->setEnabled(isOpened);
    ui->inputName->clear();
    ui->inputStuNo->clear();
    if(isOpened == false)
        for(int i = ui->table->rowCount();i>=0;i--)  //删除所有行
            ui->table->removeRow(i);
}

void MainWindow::on_actionOpen_triggered()
{
    xlsxName = QFileDialog::getOpenFileName(this, "选择数据所在的 Excel 文件",
                                    QString(),"Office Excel(*.xlsx)");
    if(xlsxName.isEmpty())                          //未选择文件
        return;

    //从文件中获取数据
    QAxObject *workBook = workBooks->querySubObject(
                            "Open(const QString&)",xlsxName); //打开文件
    QAxObject *sheet = workBook->querySubObject("Sheets(int)",1); //第 1 个表
    QAxObject *dataRange = sheet->querySubObject("UsedRange");
                                                    //获取已有数据的区域
    QVariant allData = dataRange->dynamicCall("Value");  //获取该区域的值
    workBook->dynamicCall("Close(bool)",false);
    delete dataRange;
    delete sheet;
    delete workBook;

    //在界面表格窗口部件中显示数据
    QList<QVariant> listData = allData.toList();     //转换成以行为单位的列表
```

```
    for(int i = 0;i < listData.size();i++)
    {
        ui -> table -> insertRow(i);                    //在表格窗口部件中插入一个空白行
        QList < QVariant > curRowData = listData[i].toList(); //一行数据
        for(int j = 0;j <= 2;j++)                       //设置当前行每列的数据
            ui -> table -> setItem(i,j,
                      new QTableWidgetItem(curRowData[j].toString()));
    }
    setActionStat(true);
}

void MainWindow::on_actionNew_triggered()
{
  xlsxName = QFileDialog::getSaveFileName(this,"请给出新 Excel 数据文件的名字",
                              QString(),"Office Excel( * .xlsx)");
  if(xlsxName.isEmpty())
        return;

  if(QFile::exists(xlsxName))                         //若文件已存在,则删除掉原来的
        if(QFile::remove(QDir::toNativeSeparators(xlsxName)) == false)
        {   //删除失败
            QMessageBox::information(this,"提示","覆盖文件失败");
            return;
        }
  workBooks -> dynamicCall("Add");                    //新增一个工作簿
  QAxObject * workBook = excel -> querySubObject("ActiveWorkBook");
                                                      //获取活动(刚新增)的工作簿
  workBook -> dynamicCall("SaveAs(const QString&)",
                QDir::toNativeSeparators(xlsxName)); //以指定文件名另存
  workBook -> dynamicCall("Close(bool)",false);
  delete workBook;
  setActionStat(true);                         //设置按钮和动作的状态为文件读取之后的状态
}

void MainWindow::on_actionClose_triggered()
{
    QAxObject * workBook = workBooks -> querySubObject(
                          "Open(const QString&)",xlsxName); //打开文件
    QAxObject * sheet = workBook -> querySubObject("Sheets(int)",1);
    QAxObject * dataRange = sheet -> querySubObject("UsedRange");
    dataRange -> dynamicCall("ClearContents()");      //清空已有数据区域内的数据
    delete dataRange;

    if(ui -> table -> rowCount()> 0)
    {
        QString writeRangeStr = "A1:C" + QString::number(ui -> table -> rowCount());
        QAxObject * writeRange = sheet -> querySubObject("Range(const QString&)",
                                  writeRangeStr);   //要写入的单元格区域
```

```
        QList<QVariant> dataForWrite;
        for(int i = 0; i<ui->table->rowCount(); i++)
        {   //数据进行 QList 格式到 QVariant 格式的转换,以便整块写入
            QList<QVariant> oneRow;
            for(int j = 0; j<ui->table->columnCount(); j++)
                oneRow.append(QVariant(ui->table->item(i,j)->text()));
            dataForWrite.append(QVariant(oneRow));
        }
        writeRange->setProperty("Value",QVariant(dataForWrite)); //写入
        delete writeRange;
    }
    workBook->dynamicCall("Close(bool)",true);
    delete sheet;
    delete workBook;

    ui->statusBar->showMessage(
                "已更新至文件: " + QFileInfo(xlsxName).fileName(),3000);
    setActionStat(false);
}
```

构造函数中通过代码设置了表格窗口部件的一些属性：允许选中整行、不能对表格内容进行编辑，这些设置也可以在属性窗口中进行，效果是一样的。设置了 inputStuNo 部件的输入限制：QRegExp 是一个正则表达式，"[0－9]{8}"表示只接收 0～9 的数字字符，且最多为 8 位。

on_table_itemDoubleClicked()函数实现在表格窗口部件的某行双击时，将该行删除(仅在表格窗口部件中删除)的效果。

on_btnAdd_clicked()函数实现单击“添加一条记录”按钮时，将用户输入的姓名、学号和选中的专业作为一行添加到表格窗口部件中的效果。

setActionStat()函数根据是否已关联过一个数据文件或是否已写入并断开与数据文件的关联，设置界面上的按钮、动作是否为可用状态，以及进行一些界面上已显示内容的清除工作。

on_actionOpen_triggered()函数在“打开已有数据文件”动作被触发时运行，首先弹出选择文件的对话框，请用户选择要使用的 Excel 数据文件(文件名存储于 xlsxName 中)，打开文件工作簿(workBook)并获取第 1 张工作表(sheet)中的已有数据区域(dataRange)的值(存储于 allData 中)。QVariant 类型可以存放任何类型的对象，这里的 allData 实际上是一个类似于二维表的数据集合，代码中通过 toList()函数和 for 循环，依次取出其中的每个数据，经过转换后显示在表格窗口部件中。最后，调用自定义的 setActionStat()成员函数设置界面上各部件的状态。请注意：读数据完成后需要及时关闭工作簿，以便释放文件资源(否则文件一直处于被使用状态)。

on_actionNew_triggered()槽函数在“新建数据文件并打开”动作被触发后运行，首先弹出保存文件的对话框，请用户给出文件名并据此创建一个 Excel 文件(若已有同名文件，则删除已有同名文件)，然后调用 setActionStat()函数设置界面状态。

on_actionClose_triggered()函数在“写入数据并关闭”动作被触发后运行，打开关联的

Excel 数据文件(文件名存放于数据成员 xlsxName 中),清空该工作簿第 1 张工作表中的内容,然后将表格窗口部件中的数据写入。这里采用了整块写入的形式,因此对于写入的数据需要组织成合适的数据形式(每个数据转换成 QVariant 类型的对象,表示一行数据的 QList<QVariant>对象再转换成 QVariant 类型,各行构成一个 QList<QVariant>类型的列表,最终将此列表也转为 QVariant 类型)再写入。写入完成后关闭工作簿,最后,在状态栏提示已写入,并调用 setActionStat()函数更新界面的状态。

程序运行的效果如图 7-32 所示,图中状态为打开了如图 7-30 所示的 a. xlsx 文件,然后双击删除了第 2 行,又添加了一条记录后的效果。

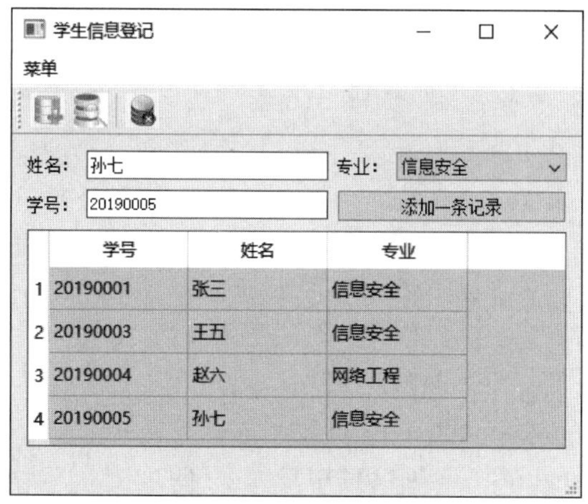

图 7-32 项目 7_14 的运行效果

本节编程实例的目的在于扩充知识面,希望能够通过读写 Excel 文件的介绍,使读者简单了解如何使用 COM 组件编程。程序中还有很多可以完善的地方,例如,可将专业信息也放在 Excel 的一张工作表中,从而实现数据和程序的更好分离。读者可在项目 7_14 代码的基础上,试着实现这些功能。

如果是更庞大的数据,且需要进行多角度的新增、查询、修改、删除等操作时,使用数据库存储数据是一个更好的选择。Qt 中的 SQL 模块提供了对数据库的支持,读者在具备了数据库相关的知识之后,可进一步学习使用该模块进行数据库操作的方法。

课后习题

一、选择题

1. 关于文件读写,下列说法错误的是(　　)。

   A. 文件有两种形式:文本文件和二进制文件

   B. 文件只能顺序读出或顺序写入,不能指定读或写的位置

   C. 打开文件时,可以使用相对路径,也可以使用绝对路径

   D. 对于 fstream 类型的对象,以 ios::in|ios::out 打开文件时,该文件可同时进行读和写

2. 下列说法正确的是(　　)。

A. ios::out 以写的方式打开文件,若文件不存在,则新创建一个文件并打开

B. ios::in 以读的方式打开文件,若文件不存在,则新创建一个文件并打开

C. ios::out 以写的方式打开文件,若文件不存在,则打开失败

D. ios::out 以写的方式打开文件,若文件存在,则打开文件并定位到文件尾

3. 以下函数的功能为(　　)。

```
int func(string filename)
{
    fstream file(filename,ios::in);
    if(!file.fail())
    {
        char ch;
        int i = 0;
        for(;!file.eof();i++)
            file.get(ch);                //读入一个字符到 ch
        file.close();
        return i - 1;
    }
    return - 1;
}
```

A. 返回字符串"filename"中的字符数

B. 读取文件 filename,并返回文件中最大字符的编码

C. 读取文件 filename,并返回文件中的字符数

D. 写入文件 filename,并返回写入的字符数

4. 关于 Qt 的 I/O 设备,下列说法错误的是(　　)。

A. QIODevice 是一个抽象类,它是 I/O 设备的基类

B. Qt 把文件也看作一种 I/O 设备

C. 绘图设备也可以看作一种 I/O 设备

D. 一块内存缓冲区也可以看作一种 I/O 设备

5. 打开一个文件 fileName 用于写入数据,下列不能实现这一目的的语句是(　　)。

A. QFile file(fileName);
file.open(QIODevice::WriteOnly);

B. QFile file(fileName);
file.open();

C. QFile file(fileName);
file.open(QIODevice::ReadWrite);

D. QFile file(fileName);
file.open(QIODevice::Append);

6. 关于 QFile、QTemporarilyFile、QSaveFile,下列说法错误的是(　　)。

A. 它们都与文件操作有关

B. QFile 用于操作指定的文件,QTemporaryFile 用于生成一个临时文件用于读写,QSaveFile 用于写入指定的文件

C. QSaveFile 保证了要写入的数据要么全部写入,要么全不写入

D. QTemporaryFile 可以操作用户指定的文件

7. Qt 应用中读写二进制文件,可以使用的辅助流类是( )。

A. QDataStream B. QTextStream

C. QBinaryStream D. iostream

8. 关于文件信息类 QFileInfo,下列说法错误的是( )。

A. 继承自 QIODevice

B. 提供了与文件相关的信息,如创建时间等

C. 可以用来获取文件大小

D. 可以用来获取文件的路径

9. 已知 C 盘下已有文件夹 abc 和 xyz,abc 下有子文件夹 aa,xyz 下有子文件夹 xx,当前目录为 C:/abc/aa,则下列能够表示路径 C:/xyz/xx 的是( )。

A. ../xx B. ../../xyz/xx

C. ./xx D. ../xyz/xx

10. 下列说法错误的是( )。

A. 在 Qt 中,建议使用斜杠(/)作为分隔符,Qt 会将其自动转换为符合底层操作系统的分隔符

B. 打开文件时,既可以使用相对路径,也可以使用绝对路径

C. 若 Qt 应用是运行在 Windows 操作系统上的,也可以使用\\作为分隔符

D. 使用相对路径时,需要编写代码以指明参考路径

11. QDir 类可以完成的功能不包括( )。

A. 创建一个子目录

B. 删除一个子目录

C. 移动子目录到另一个位置

D. 修改所表示目录下的子目录或文件的名字

12. 关于应用程序主窗口的设计,下列说法错误的是( )。

A. 一个主窗口中最多只能有一个菜单栏

B. 一个主窗口中最多只能有一个工具栏

C. 一个主窗口中必须包含且只能包含一个中心部件

D. 一个主窗口中可以有多个菜单

二、程序分析题

1. 下面函数的功能为等待用户输入数据,并向参数指定的文件中写入,直到输入−1为止,请填空。

```
void f(string filename)
{
    ______①______;
    int x;
    cout <<"input data:"<< endl;
    while(1)
    {
```

```
        cin>> x;
        if(x!= -1) file<< x <<' ';
        else break;
    }
    _____②_____;
}
```

2. 请阅读以下程序,描述程序的功能。

```
#include <QApplication>
#include <QFileDialog>
#include <QDir>
#include <QMessageBox>
int main(int argc, char * argv[])
{
    QApplication a(argc, argv);
    QDir srcDir = QFileDialog::getExistingDirectory(nullptr,"选源文件夹");
    QDir desDir = QFileDialog::getExistingDirectory(nullptr,"选目的文件夹");
    if(srcDir.isEmpty()||desDir.isEmpty())
        QMessageBox::information(nullptr,"错误提示",
                                        "必须选择源文件夹和目标文件夹");
    else
    {
        QStringList fileList = srcDir.entryList(QDir::Files,QDir::Name);
        for(QString file:fileList)
        {
            QFile::copy(srcDir.absolutePath() + '/' + file,
                                    desDir.absolutePath() + '/' + file);
            QFile::remove(srcDir.absolutePath() + '/' + file);
        }
        QMessageBox::information(nullptr,"完成提示","操作已完成");
    }
    return 0;
}
```

3. 已知程序运行界面如图 7-33 所示,未使用 Qt Designer,请在主窗口构造函数中填空,以完成界面的设计。

```
MainWindow::MainWindow(QWidget * parent):
                        QMainWindow(parent),ui(new Ui::MainWindow)
{
    ui->setupUi(this);
    this->setWindowTitle("ch7exam2_2");
    QToolButton * toolBtn = new QToolButton(ui->mainToolBar);
    toolBtn->setText(tr("退出"));
   _____①_____;
    QCalendarWidget * calendar = new QCalendarWidget(this);
    _____②_____;
    _____③_____ (new QLabel("永久信息"));
}
```

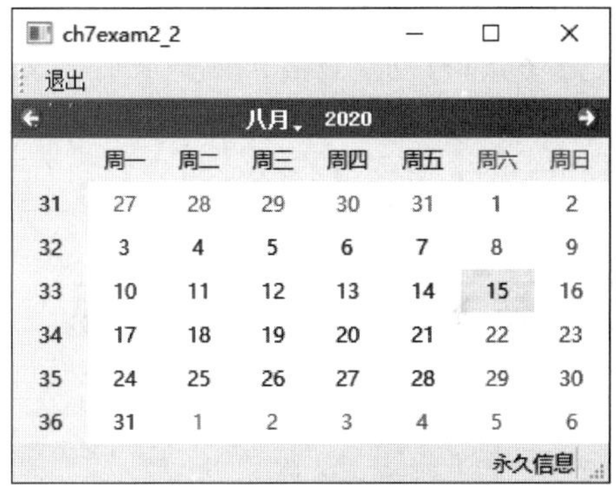

图 7-33　程序运行界面

三、编程题

1. 编写纯 C++程序，完成以下文件读写相关的功能：从一个已存在的 d:\a.txt 文件中读入字符，并逐个字符进行复制后写入另一个新文件 d:\b.txt。例如，d:\a.txt 文件内容为 hello，则程序运行后，生成 d:\b.txt 文件，且文件内容为 hheelllloo；然后在屏幕上输出 d:\a.txt 文件中的字符个数(如本例中输出结果为 5)。

2. 创建一个窗口，界面如图 7-34 所示，包括一个多行文本框和两个按钮。用户可以在多行文本框中输入内容，单击"保存为文件"按钮时，将信息保存为文件；单击"打开文件"按钮时，读出用户指定文件中的信息并显示在多行文本框中。

3. 创建一个窗口，界面如图 7-35 所示，包括两个按钮和一个列表部件(QListWidget)。单击"选择一个目录进行显示"按钮时打开对话框请用户选择一个目录，然后将目录中的项(不包括子文件夹下的项)显示在列表部件中。用户选中若干项并单击"删除"按钮后，依次将这些项删除，若成功，弹出某项已删除的提示；若不成功(如文件夹下还有项目)，则弹出某项删除失败的提示。

图 7-34　窗口设计(1)

图 7-35　窗口设计(2)

4. 按照 7.5 节所述，自行实现项目 7_13，并在此基础上添加"另存为"和"文件信息"的菜单项、工具按钮，并完成它们的功能实现。

四、思考题

1. 前面提到，文件只有文本文件和二进制文件两种形式，文本文件是以.txt 扩展名结尾的,那么二进制文件以什么扩展名结尾呢?以.mp3、.jpg、.xml为扩展名的文件又都是什么格式呢?关于此问题的思考,将有助于读者理解扩展名和文件类型的不同。

2. 既然QFile也能实现文件存储的功能,为什么还要有QSaveFile类呢?后者有什么好处?

实验7　文件读写和主窗口实现

一、实验目的

1. 熟悉标准C++中文件的读写过程。
2. 掌握Qt文件读写和目录设置。
3. 掌握主窗口的构成、设计与使用。

二、实验内容

1. 从文件d:\a.txt(见图7-36)中读取整型数据,并计算其平均值,并将计算的平均值输出到文件d:\b.txt中。

2. 创建Qt应用,界面如图7-37所示。用户可以输入姓名、性别(默认男)、年龄(默认0),单击"保存为文件"按钮时将信息保存为文件,当单击"从文件中读出"按钮时,读出信息并显示在界面中。

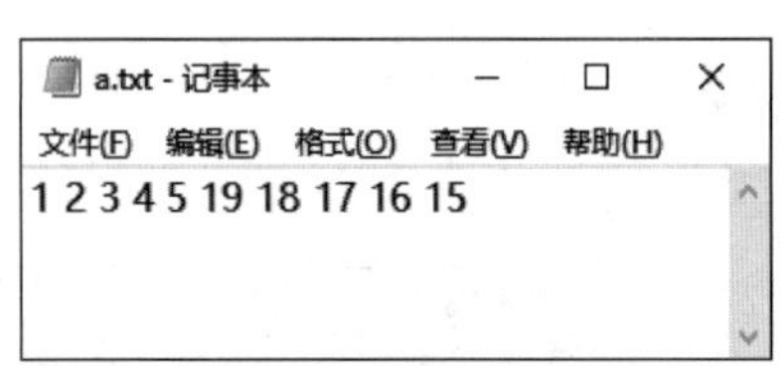

图7-36　a.txt文件内容

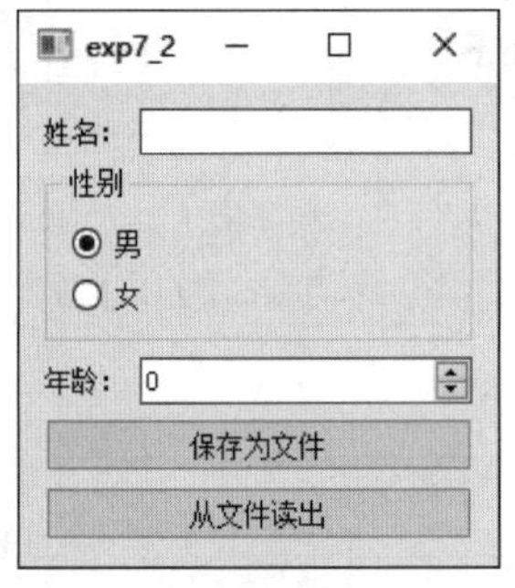

图7-37　实验内容2界面设计

3. 编写程序,完成目录复制(包括目录下的所有文件和子目录)的功能。程序运行界面如图7-38所示。初始时右边的文本浏览器中均为空白,用户单击"选择要复制的目录"按钮时,将该目录下的所有文件和文件夹列表显示在右边上方的文本浏览器中;用户单击"选择复制到的目录"按钮时,将上述列表中所有的文件夹和文件复制到目标目录下,然后将目标目录下的内容显示在右边下方的文本浏览器中。图7-38所示为要复制的目录是D:/abc/,复制到的目标目录是D:/bbb/的效果展示。

提示:可使用递归函数完成子目录的显示和复制。

4. 创建基于QMainWindow的Qt项目,实现以下要求。

(1) 创建"位图"菜单,包含一个菜单项,要求如下:菜单项初始为"显示",单击它后在窗口(中心部件中)会显示一幅图片,此时菜单项的文字由"显示"更改为"隐藏",再次单击"隐藏"菜单项,会隐藏图片,且菜单项内容更改为"显示"。

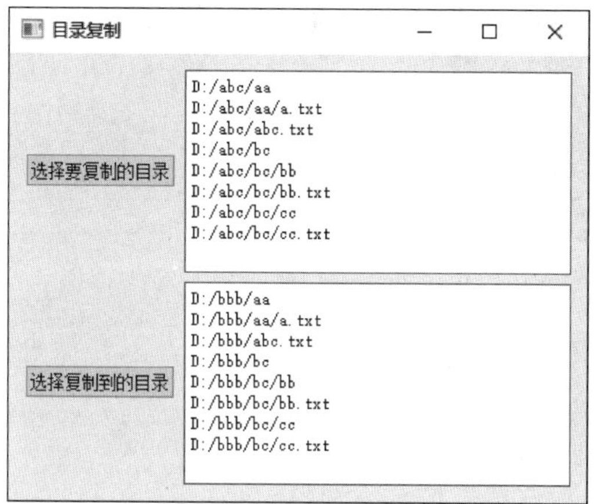

图 7-38 实验内容 3 界面设计

(2) 建立一个“缩放”菜单，包含“放大”“缩小”和“复原”3 个菜单项，实现对图像按比例放大、缩小或原尺寸显示功能(缩放比例在下面的可停靠窗口中设置)。

(3) 建立一个可停靠窗口，上面放置一个 Double SpinBox 部件，用于设置缩放比例，大小为 0.1～1，默认缩放比例为 0.8。

(4) 为每个菜单项定义快捷键和图标，其中要求菜单项为“显示”或“隐藏”时对应的图标不同。

(5) 在工具栏添加上面所有动作(QAction)的按钮，要求鼠标指针移动到对应按钮时，状态栏会显示相应的提示信息；要求“显示”和“隐藏”状态时，工具栏中显示的图标不同，状态栏的提示信息也不同；缩放因子大小不同时，状态栏的提示也不同。

效果如图 7-39 所示。

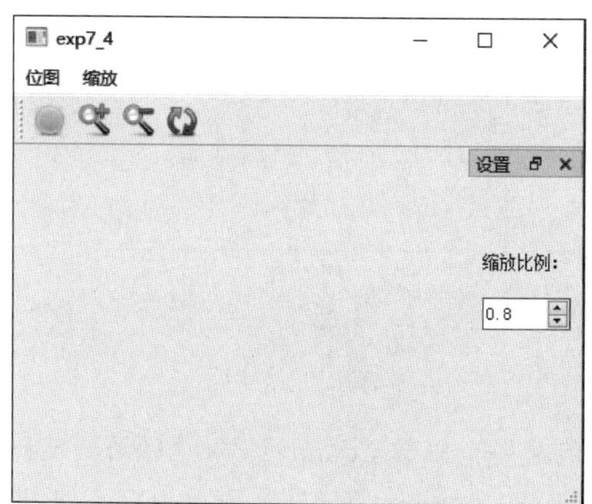

图 7-39 实验内容 4 界面设计及运行效果

友元、运算符重载与多文档应用

一般情况下，只有类的成员函数才能访问本类的私有成员，这是面向对象“封装和信息隐藏”特征的体现。但本章要讲的友元机制实际上破坏了这个特性，使其他不属于本类的函数（友元函数或友元类中的成员函数）也能够具有和本类成员函数一样的访问权限。

“友元”从字面上理解是朋友元素，它是定义在类外部的一个普通函数或类，需要在类中显式地说明另一个类或外部的某个普通函数是它的友元。作为某个类的“朋友”存在的友元可以访问类中的私有成员和保护成员（不包括继承自父类的私有成员）。一般地，只有和本类有着紧密关系的函数或类，才会被考虑设置成是本类的友元，以实现类之间的数据共享，从而减少系统开销，提高效率。但多数情况下，建议尽量不使用或少使用友元。

运算符重载实际上就是函数重载的一种特殊情况。通过运算符重载，我们可以像写“1＋2”一样使用＋运算符对两个用户自定义类型的对象进行相加，或者像写“cout << 2”一样使用插入运算符<<输出用户自定义对象。

本章的最后通过例子展示了 Qt 多文档应用程序的开发。

视频讲解

8.1 友元

8.1.1 友元函数

在开始本节内容之前，先考虑如下需求：定义一个复数 Complex 类，然后需要实现复数和复数之间加法运算的功能。此功能可以通过在 Complex 类中定义成员函数实现，也可以通过定义普通的函数实现，如项目 8_1 所示。

创建纯 C++项目 8_1，并添加一个 Complex 类。类定义的 complex.h 头文件代码如下。

```
/***************************************
 * 项目名: 8_1
```

```
* 文件名: complex.h
* 说  明: 复数类及与之相关的功能函数
*************************************/
#ifndef COMPLEX_H
#define COMPLEX_H
#include <iostream>

class Complex
{
    double real, img;
public:
    Complex(double _real = 0,double _img = 0);
    double getReal() const;
    double getImg() const;
    void setReal(double _real);
    void setImg(double _img);
    void show() const;
    Complex add(const Complex& b);
};

Complex add(const Complex& a,const Complex& b);
#endif //COMPLEX_H
```

注意,类定义体内声明了一个 add()函数,它是类的成员函数;类定义体外也声明了一个 add()函数,它只是普通函数,但由于其实现的功能和 Complex 类关系密切,因此也把它写在了同一个头文件中。

类实现和普通函数的实现在 complex. cpp 文件中,代码如下。

```
/*************************************
* 项目名: 8_1
* 文件名: complex.cpp
* 说  明: 复数类及与之相关的功能函数的实现
*************************************/
#include "complex.h"

Complex::Complex(double _real,double _img):real(_real),img(_img){
}
double Complex::getReal() const {
    return real;
}
double Complex::getImg() const {
    return img;
}
void Complex::setReal(double _real) {
    real=_real;
}
```

```
void Complex::setImg(double _img) {
    img = _img;
}
void Complex::show() const {
    std::cout <<"("<< real <<" + "<< img <<"i)";
}

Complex Complex::add(const Complex& b)
{
    Complex result;
    result.setReal(real + b.real);
    result.setImg(img + b.img);
    return result;
}

Complex add(const Complex& a,const Complex& b)
{
    Complex result;
    result.setReal(a.getReal() + b.getReal());
    result.setImg(a.getImg() + b.getImg());
    return result;
}
```

成员函数 add()和普通函数 add()的功能实际上是相同的,都返回两个复数相加的结果(Complex 对象)。

成员函数 add()中进行相加的第 1 个复数是当前对象,第 2 个是形参 b,由于是类的成员函数,因此可直接访问当前对象和形参对象(Complex 类型)的私有数据成员 real 和 img;普通函数 add()中两个相加的复数为形参 a 和 b,在该函数中,不能直接访问 a 和 b 的私有数据成员,只能通过公有接口 getReal()、getImg()进行。

两个 add()函数在调用格式上也有所不同,见主函数所在的 main.cpp 文件,代码如下。

```
/************************************
 * 项目名: 8_1
 * 文件名: main.cpp
 * 说  明: 复数类及与之相关的功能函数的使用
 ************************************/
#include <iostream>
#include "complex.h"
using namespace std;

int main()
{
    Complex a(2,3),b(4,5),res;
    res = a.add(b);                  //调用成员函数 add()实现 a 和 b 相加
```

```
    a.show();
    cout <<" + ";
    b.show();
    cout <<" = ";
    res.show();
    cout << endl;

    res = add(a,b);                //调用普通函数 add()实现 a 和 b 相加
    a.show();
    cout <<" + ";
    b.show();
    cout <<" = ";
    res.show();
    cout << endl;

    return 0;
}
```

程序运行结果如图 8-1 所示。

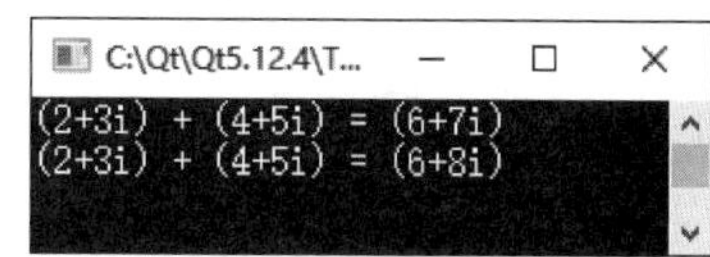

图 8-1　项目 8_1 的运行结果

提示：

(1) 由于 Complex 类构造函数的第 2 个形参设置了默认值，因此可以使用一个 double 类型的数对复数进行初始化，即意味着 a.add(1.2)、add(3.4,b)等调用形式是允许的，它们实现复数和 double 类型数的加法。

(2) 由于 int 型也可以默认转换为 double 型，因此它们也可实现复数和 int 类型数的加法。

采用成员函数 add()实现加法运算时，必须使用一个对象来调用，这让人理解困难，本来是希望两个复数对象相加，现在却必须要区分哪个是调用 add()成员函数的对象，哪个是被当作参数传递给 add()成员函数的对象。另外，这种实现方式在某些情况下会有一些限制，如将项目 8_1 中的对象 a 定义为是常对象，就不能再调用它的非常成员函数 add()了，这个时候就只能使用普通函数 add()完成两个复数相加的功能。

我们希望同等地对待两个要进行相加的复数，也就是使用普通函数 add()来实现，它比较符合正常的思维逻辑。即建议类中实现的成员函数功能应只与本对象相关，对象之间的操作可通过普通函数实现。

观察普通函数 add()，函数内部共计调用了 6 次复数类中的取值或赋值成员函数，每次调用这些函数时，都需要有相应的系统开销，为了提高程序的运行效率，C++提供了友元机制。该机制允许程序员将类外的某些函数(普通的函数或其他类的成员函数)声明为是本类的友元函数。所谓友元函数，是一个"朋友"函数，它虽然不是该类的成员函数，但一旦被该类声明为是它的友元函数，就可以像成员函数一样直接访问类中的所有成员了。

需要在类定义时声明某个函数是它的友元。类中声明友元函数的格式如下。

```
class className
{
  // …其他声明
  friend 返回类型 函数名(参数列表); //声明为 className 的友元函数
  // …其他声明
};
```

即将函数声明为类 className 的友元函数，这样它就具有了和类 className 的成员函数相同的访问权限，可直接访问类里的所有成员（不包括对派生类不可见的父类私有成员）。

由于友元函数不是类中的成员函数，因此声明不受关键字 public、private、protected 的限制，可以写在类定义语句中的任意位置。

对于上述例子，可编写一个友元的实现版本，如项目 8_2 所示。

```
/************************************
* 项目名: 8_2
* 文件名: complex.h
* 说　明: 复数类
************************************/
#ifndef COMPLEX_H
#define COMPLEX_H

class Complex
{
    double real, img;
public:
    Complex(double _real = 0, double _img = 0);
    void show() const;
    friend Complex add(const Complex& a, const Complex& b);
};

#endif //COMPLEX_H
```

add()函数的声明语句可以写在 public 下，也可以写在它之前，这并没有任何区别。类实现及友元函数的实现如下。

```
/************************************
* 项目名: 8_2
* 文件名: complex.cpp
* 说　明: 复数类的实现以及友元函数的实现
************************************/
#include <iostream>
#include "complex.h"

Complex::Complex(double _real, double _img):real(_real), img(_img){
```

```
}
void Complex::show() const{
    std::cout <<"("<< real <<" + "<< img <<"i)";
}

Complex add(const Complex& a,const Complex& b)
{
    Complex result;
    result.real = a.real + b.real;
    result.img = a.img + b.img;
    return result;
}
```

从代码中可以看到，友元函数 add()直接访问了类里的私有成员 real 和 img。这里由于函数内部并不修改形参 a 和 b 的值，所以可用 const 修饰形参 a 和 b，以避免不经意间的修改。主函数代码如下。

```
/************************************
* 项目名：8_2
* 文件名：complex.cpp
* 说  明：友元函数的使用
************************************/
#include <iostream>
#include "complex.h"
using namespace std;

int main()
{
    Complex a(2,3),b(4,5),c;
    c = add(a,b);
    a.show();
    cout <<" + ";
    b.show();
    cout <<" = ";
    c.show();
    return 0;
}
```

程序运行结果如图 8-2 所示。

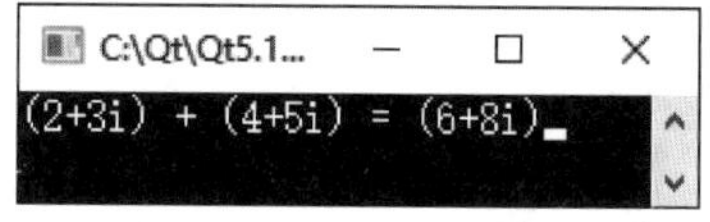

图 8-2 项目 8_2 的运行结果

8.1.2 友元类

类除了可以声明一个函数为它的友元之外，还可以声明另一个类是它的友元。如果类A是类B的友元类（由类B在自己的类中声明），则类A中的所有成员函数都可以像友元函数一样访问类B中的所有成员。

友元类在类中通过friend和class两个关键字声明，语法形式如下。

```
class B
{
    // …其他声明
    friend class A;                    //类 A 的所有成员函数均为类 B 的友元函数
   // …其他声明
};
```

和友元函数一样，友元类也不是本类的成员。在类B中指明类A（的所有函数）或某一类外的函数是它的友元，只是意味着类B授权给这些被指明的非本类的函数（或类），允许在这些函数（或类的成员函数）中引用或调用类B的所有成员。

关于友元关系，有以下性质。

(1) 友元关系不能传递。例如，类A是类B的友元，类B是类C的友元，并不意味着类A是类C的友元，如果没有声明，类A和类C之间没有任何关系。

(2) 友元关系是单向的。类A是类B的友元，不代表类B是类A的友元。

(3) 友元关系不被继承。类A是基类的友元，不代表类A和派生类也有友元关系。

项目8_3展示友元类的应用。创建一个纯C++项目，并添加一个点类Point，用于表示二维坐标上的一个点，定义如下。

```
/****************************************
* 项目名: 8_3
* 文件名: point.h
* 说  明: 点类
****************************************/
#ifndef POINT_H
#define POINT_H

class Point
{
    int x,y;
    friend class Line;
public:
    Point(int _x = 0,int _y = 0);
    void showCoordinate() const;
};

#endif //POINT_H
```

私有数据成员 x 和 y 分别表示 x 轴和 y 轴的坐标，类中还声明了 Line 类是它的友元类。点类实现如下。

```
/************************************
* 项目名: 8_3
* 文件名: point.cpp
* 说　明: 点类的实现
************************************/
#include "point.h"
#include <iostream>

Point::Point(int _x,int _y): x(_x),y(_y){
}

void Point::showCoordinate() const{
    std::cout <<"Point("<< x <<","<< y <<")";
}
```

再在项目中添加一个线段类 Line，用于代表一个线段。定义如下。

```
/************************************
* 项目名: 8_3
* 文件名: line.h
* 说　明: 线段类
************************************/
#ifndef LINE_H
#define LINE_H
#include "point.h"

class Line
{
    Point begin,end;
public:
    Line(int x1,int y1,int x2,int y2);
    void moveLeft(int step);
    void showInfo();
};

#endif //LINE_H
```

私有数据成员 begin 和 end 分别代表线段的起点和终点；moveLeft()函数用于将线段向左移动形参 step 个单位；showInfo()函数用于输出线段的相关信息。Line 类实现代码如下。

```
/************************************
* 项目名: 8_3
* 文件名: line.cpp
```

```
 * 说　明: 线段类的实现
 ************************************/
#include "line.h"
#include <iostream>
using namespace std;

Line::Line(int x1, int y1, int x2, int y2):begin(x1,y1),end(x2,y2){
}

void Line::moveLeft(int step)
{
    begin.x -= step;
    end.x -= step;
}

void Line::showInfo()
{
    std::cout <<"This Line is from ";
    begin.showCoordinate();
    cout <<" to ";
    end.showCoordinate();
    cout << endl;
}
```

观察 Line 类成员函数的实现，由于 Line 类已被 Point 类声明为是友元类，因此可直接使用类 Point 的私有数据成员 x 和 y。读者可在上述代码的基础上，进一步补充实现右移、上移、下移等功能的成员函数。

主函数代码如下。

```
/************************************
 * 项目名: 8_3
 * 文件名: main.cpp
 * 说　明: 友元类的使用
 ************************************/
#include <iostream>
#include "line.h"
using namespace std;

int main()
{
    Line line(1,2,11,12);
    line.showInfo();
    line.moveLeft(3);
    cout <<"After 3 steps left:"<< endl;
    line.showInfo();
    return 0;
}
```

程序运行结果如图 8-3 所示。

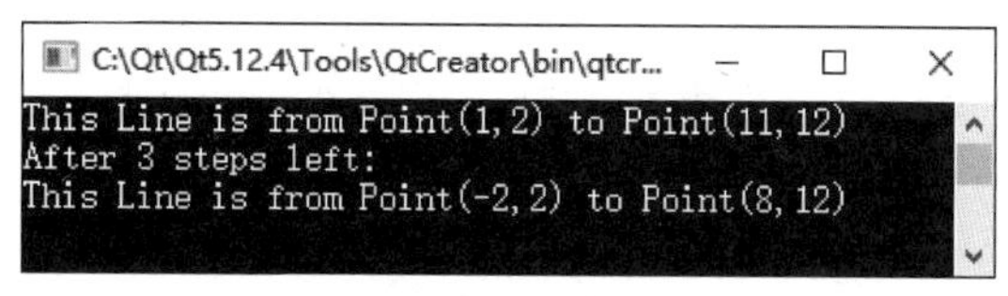

图 8-3　项目 8_3 的运行结果

提示：

(1) 友元提高了效率，增加了编程的灵活性，使程序可以在封装和快速性方面做出合理选择。

(2) 除非一些特殊情况，一般建议尽量不使用或少使用友元。

8.2　运算符重载

8.1.1 节关于复数的例子虽然使用函数实现了两个复数的加运算，但是对于复数 a 和复数 b，仍然需要以 add(a,b)的函数调用形式书写代码。想不想像整型数的加法那样，直接写成“a＋b”的形式呢？甚至在输出的时候，能否也能像“cout << a”这样，直接输出复数 a 呢？这就需要用到本节所讲的运算符重载了。

运算符重载实质上是函数重载的一种。运算符重载函数也是函数，只是这里的函数具有特殊的格式：它的函数名是固定的，由 operator 关键字加上要重载的运算符构成，如“operator＋”“operator++”等；运算符重载函数的参数个数和顺序是固定的，与运算符涉及的操作数有关。

运算符重载函数可以声明为一个普通函数的形式（更常见的情形是被声明为相关操作数类型的友元函数），格式如下。

```
返回类型 operator 运算符(形参列表);
```

其中，形参即代表参与该运算的操作数，形参个数等于操作数个数（个别特殊情形除外），且需要按照操作数的前后顺序依次排列。例如，对于双目算术运算符＋，它需要两个操作数，因此函数形参列表中只能有两个形参，且第 1 个形参的类型与左操作数类型一致（使用时，左操作数被会传递给第 1 个形参），第 2 个形参类型与右操作数一致（使用时，右操作数会被传递给第 2 个形参）。

通常情况下，形参列表中至少要包括一个自定义类类型的参数（否则就失去了重载的意义），也可以包括普通类型参数。

运算符重载还可以通过类的成员函数实现，声明格式如下。

```
返回类型 第 1 个操作数的类型::operator 运算符(形参列表);
```

此种形式下，形参个数等于运算符所需的操作数个数减 1（个别特殊情形除外）。减 1

的原因是默认调用该成员函数的对象为运算符的第 1 个操作数,因此形参列表中只需要依次列出其他操作数即可。

需要注意,由于是在第 1 个操作数的类型中添加该运算符重载成员函数的,因此第 1 个操作数的类型必须是用户自定义的类型。

在使用上,运算符重载函数可以不必像普通函数调用那样采用"函数名(实参列表)"的形式调用,而是可以像操作基本数据类型那样,直接使用运算符对实参进行操作。例如,普通函数 add()调用时,参数要在函数名之后的圆括号中给出,如 add(d1,d2);而加法运算符重载函数调用时,操作数 d1 和 d2 可以在运算符+的左侧和右侧列出,即写为 d1+d2 的形式。当然,该函数也可以使用常规的调用格式,即可写为 operator+(d1,d2)(被重载为普通函数的情形下)或 d1.operator+(d2)(被重载为成员函数的情形下)。

总结:

(1) 运算符重载定义时要在运算符之前添加关键字 operator,如 operator +是对运算符+的重载时的函数名。

(2) 运算符重载有两种实现方式:成员函数实现和普通函数(通常被声明为友元函数)实现。

(3) 运算符重载本质上就是一个函数,只是在调用时可以使用特殊的书写格式。

视频讲解

8.2.1 算术运算符

常见的算术运算符包括加、减、乘、除、自增、自减运算等。其中,需要注意前缀自增运算和后缀自增运算的运算符虽然都为++,但它们却是两个不同的运算符,它们实现了不同的操作(返回的值不同)。然而,这两个运算都只需要一个操作数,在重载时无法从函数名或操作数个数进行区别。因此,C++人为地规定,对于后缀的++运算,其形参列表中要多添加一个整型的形参放在最后。这个整型形参没有任何实际用处,使用时也没有显式地为其传递值,它的存在纯粹是为了和前缀的++运算区分开。前缀和后缀的自减运算符重载同理。

下面重写之前介绍过的复数类,以实现加、减、前缀自增、后缀自减这 4 个算术运算符重载。创建纯 C++项目 8_4,在其中添加一个复数类 Complex,定义如下。

```
/**************************************
 * 项目名: 8_4
 * 文件名: complex.h
 * 说  明: 重载了部分算术运算符的复数类
 **************************************/
#ifndef COMPLEX_H
#define COMPLEX_H

class Complex
{
    double real, img;
```

```
public:
    Complex(double _real = 0,double _img = 0);
    void show() const;
    Complex operator + (const Complex& b);
    Complex operator++();                           //前缀++运算
    friend Complex operator - (const Complex& a,const Complex& b);
    friend Complex operator -- (Complex& a,int);    //后缀 -- 运算
};

#endif //COMPLEX_H
```

在类中以成员函数的形式对加法运算符＋和前缀自增运算符＋＋的重载进行了声明，使复数间也能进行这两个运算。以普通函数的形式重载了减法运算符－和后缀自减运算符－－，由于这两个运算符重载的实现中要经常操作复数对象中的私有成员，因此在Complex类中将这两个函数声明为友元以简化访问。

对于成员函数operator＋而言，由于加法运算并不改变右操作数（即形参b对应的实参）的值，因此可将形参b限定为是const的，以避免对其不经意的改动。实际上，这里的形参b要求必须是const的，否则在进行例如a＋(a＋b)这样的连加运算时，就会出错。引用形式可以减少内存空间的开销，特别是一些占用内存空间较大的对象，因此也建议将b声明为引用。类似地，operator－函数中的形参a和b也可如此处理。

对友元函数operator－－()，形参a必须不能有const限定，且必须得是引用。这是因为－－运算实现时会修改操作数（即形参a对应的实参，其值要自减1），只有声明为引用且不加const限定，才能实际修改实参。该函数中的第2个参数只起到让编译器能区分出本函数是后缀的－－运算的作用，在函数实现时并无任何使用上的意义（称为哑元，即在函数中没有用到的形参）。

类实现代码如下。

```
/************************************
* 项目名: 8_4
* 文件名: complex.cpp
* 说  明: 重载了部分算术运算符的复数类实现
************************************/
#include <iostream>
#include "complex.h"

Complex::Complex(double _real,double _img):real(_real),img(_img)
{
}
void Complex::show() const
{
    std::cout <<"("<< real <<" + "<< img <<"i)";
}
```

```
Complex Complex::operator + (const Complex& b)
{
    Complex res;
    res.real = real + b.real;
    res.img = img + b.img;
    return res;
}
Complex Complex::operator++()
{
    real = real + 1;
    return *this;
}

Complex operator - (const Complex& a,const Complex& b)
{
    Complex res;
    res.real = a.real - b.real;
    res.img = a.img - b.img;
    return res;
}
Complex operator -- (Complex& a, int)
{
    Complex res = a;
    a.real = a.real - 1;
    return res;
}
```

实现时,成员函数 operator+()和友元函数 operator-()内部分别定义了一个 res 对象,用于存储加或减之后的结果,并作为函数的返回值。两者的区别在于:成员函数 operator+()的左操作数为当前调用它的对象,右操作数为形参 b 接收的对象;友元函数 operator-()的左右操作数分别为形参 a 和 b 接收的对象。

自增(或自减)运算实际进行了两部分的工作:一是将当前操作数的值增 1(或减 1);二是返回表达式的值(前缀运算返回操作数更新之后的值,后缀运算返回操作数更新之前的值)。因此,注意它们实现时的细节问题:实现前缀自增运算的成员函数 operator++()先将当前调用对象的实部值增 1,然后返回该修改后的对象值;而实现后缀自减运算的友元函数则先定义了 res 对象用于存储修改之前的值,然后再将其实部值减 1,最后返回的是修改前存储的值。

类的使用示例如项目 8_4 所示。

```
/*************************************
* 项目名: 8_4
* 文件名: main.cpp
* 说  明: 重载了部分算术运算符的复数类的使用
*************************************/
```

```
#include <iostream>
#include "complex.h"
using namespace std;

int main()
{
    Complex a(6,5),b(3,1),res;

    cout <<"a:";
    a.show();
    cout << endl <<"b:";
    b.show();

    res = a + b;
    cout << endl <<"a + b: ";
    res.show();

    res = a - b;
    cout << endl <<"a - b:";
    res.show();

    res = ++a;
    cout << endl <<"++a:";
    res.show();
    cout << endl <<"now a:";
    a.show();

    res = b -- ;
    cout << endl <<"b -- : ";
    res.show();
    cout << endl <<"now b:";
    b.show();

    return 0;
}
```

程序运行结果如图 8-4 所示。

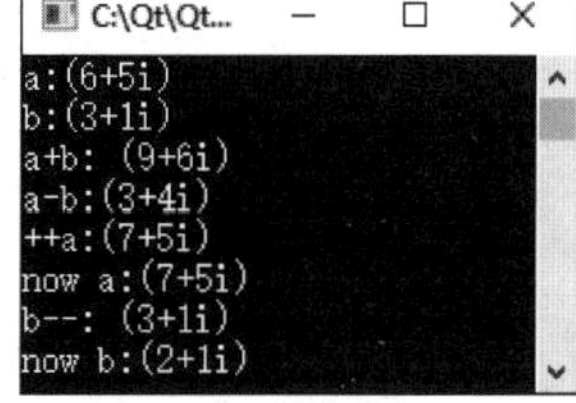

图 8-4　项目 8_4 的运行结果

main()函数中的代码“a＋b”也可以写为“a. operator＋(b)”，它们是等价的，只是前者是运算符重载函数调用时可以使用的特殊格式。同理：

```
a - b     等价于调用     operator - (a,b)
++a       等价于调用     a.operator++()
b --      等价于调用     operator -- (b,0)   //第 2 个值默认使用伪值 0,这里实际上
                                             //用什么整型值都无所谓
```

读者可以试着将代码修改为常规的函数调用形式，并观察运行效果。

提示：运算符重载可以让使用者对自定义类型的对象，也能够按照表达式的书写格式表示相关运算，写法上更加简洁明了。而运算的实现实际调用的是运算符重载函数。

视频讲解

8.2.2 提取和插入运算符

上述例子中只对算术运算符进行了重载，输出复数对象内容是使用 show()成员函数完成的，但这并不够简洁，每次输出一个表达式，都需要用多条 cout 语句和 show()函数调用才能完成。实际上，提取运算符>>和插入运算符<<也是可以重载的，本节将展示这两个运算符的重载实现。

对于这两个运算符，它们的左操作数都是流对象，而流对象的类型通常是标准库中已提供的流类，如 cin 对象是 istream 类型，cout 对象是 ostream 类型。程序员不能向库中的 istream 类(或 ostream 类、fstream 类等)添加成员函数，因此对于提取和插入运算符重载，只能重载为普通函数的形式。

下面修改项目 8_4，以实现使用输出流对复数对象进行输出、使用输入流对复数对象进行输入的功能。Complex 类将提取和插入运算符重载函数声明为友元，代码如下。

```
/************************************
 * 项目名: 8_5
 * 文件名: complex.h
 * 说  明: 复数类
 ************************************/
#ifndef COMPLEX_H
#define COMPLEX_H

class Complex
{
    double real, img;
public:
    Complex(double _real = 0, double _img = 0);
    Complex operator + (const Complex& b);
    Complex operator++();                              //前缀++运算
    friend Complex operator - (const Complex& a, const Complex& b);
    friend Complex operator -- (Complex& a, int);  //后缀 -- 运算
    friend ostream& operator <<(ostream& out, const Complex& a);
    friend istream& operator >>(istream& in, Complex& a);
};

#endif //COMPLEX_H
```

相比项目 8_4，上述代码中去掉了 show()成员函数，它的功能已由 operator <<()函数代替。

对于这两个运算符的重载函数，第 1 个形参必须是引用形式，且返回的流也必须是引用形式，这样函数内部实际使用和返回的都是实参流对象；另外，提取(或插入)运算符的左操

作对象不能具有常属性，因此也不能用 const 限定。

对于<<运算符重载函数，它的第二个形参 a 的 & 不是必需的。但如果没有 &，即不采用引用形式，而是直接值传递，那么实际上会根据实参去初始化形参对象 a，然后函数内部实际输出的是形参 a 对象的数据（虽然和实参的数据一致），所以还是建议加上 &。对象输出的时候不改变对象内部的数据，因此也应加上 const。实际上，这里的 const 是必需的，否则输出如 a+b 这样的表达式的值时就会出错。

对于>>运算符重载函数，由于该运算的功能为从流中读取数据，并按照重载函数的具体实现，将值存储到右操作对象（调用函数时给出的第 2 个实参）中，因此函数声明时，第 2 个形参 a 必须是不带 const 的引用。

两个运算符重载函数的实现如下。

```
/***********************************
 * 项目名: 8_5
 * 文件名: complex.cpp
 * 说  明: 输入和输出运算符的重载实现
 ***********************************/
//其他代码同项目 8_4 的 complex.cpp,并删除了 Complex::show()的实现,这里不再列出
ostream& operator <<(ostream& out,const Complex& a)
{
    out <<"("<< a.real <<" + "<< a.img <<"i)";
    return out;
}

istream& operator >>(istream& in,Complex& a)
{
    in >> a.real >> a.img;
    return in;
}
```

需要注意，无论是项目 8_4 中重载的减法运算、自减运算，还是项目 8_5 中重载的提取和插入运算，都不是必须要被声明为 Complex 类的友元。

如果不是友元，那么就需要改造 Complex 类，在其中添加对私有数据成员 img 和 real 访问的公有接口，然后在实现这些运算符重载函数时，通过公有接口间接访问 Complex 类对象的私有成员。

提示：运算符重载实现时通常都会涉及对操作对象的访问（或设置），因此使用普通函数形式实现时，一般都将其声明为操作对象类型的友元，这样可以提高效率。

有了这些提取和插入运算符的重载，对 Complex 类型的对象进行输入和输出就方便多了，下面是在 main()函数中的使用示例。

```
/***********************************
 * 项目名: 8_5
 * 文件名: main.cpp
 * 说  明: 输入和输出运算符重载使用示例
 ***********************************/
```

```
#include <iostream>
#include "complex.h"
using namespace std;
int main()
{
    Complex a,b;
    cout <<"pls input complex a and b:"<< endl;
    cin >> a >> b;

    cout << a <<" + "<< b <<" = "<< a + b << endl;
    cout << a <<" - "<< b <<" = "<< a - b << endl;
    cout <<"++a: "<<++a << endl;
    cout <<"a:"<< a << endl;
    cout <<"b-- : "<< b-- << endl;
    cout <<"b:"<< b << endl;

    return 0;
}
```

程序运行结果如图 8-5 所示。

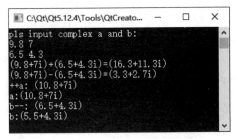

```
C:\Qt\Qt5.12.4\Tools\QtCreato...
pls input complex a and b:
9.8 7
6.5 4.3
(9.8+7i)+(6.5+4.3i)=(16.3+11.3i)
(9.8+7i)-(6.5+4.3i)=(3.3+2.7i)
++a: (10.8+7i)
a:(10.8+7i)
b--: (6.5+4.3i)
b:(5.5+4.3i)
```

图 8-5 项目 8_5 的运行结果

视频讲解

8.2.3 运算符重载的限制

1. 重载的限制

运算符不是可以任意重载的,它有以下一些限制。

(1) 运算符重载需要至少有一个操作对象属于自定义类型,即 C++基础类型间的运算不能进行重载。

(2) 只能对 C++中已有的运算符进行重载,不能创造自定义的运算符。已有的运算符中,也只有部分可以重载,表 8-1 列出了可以重载的运算符,表 8-2 列出了不能重载的运算符。

表 8-1 允许重载的运算符列表

+	-	*	/	%	^	&	|	~
==	!=	<	<=	>	>=	!	&&	||
=	+=	-=	*=	/=	%=	^=	&=	|=
<<	>>	<<=	>>=	++	--	[]	()	->
->*	new	new[]	delete	delete[]				

表 8-2　不允许重载的运算符列表

::	.*	.	?:	sizeof

(3) 运算符重载不改变操作对象的数目。例如,不能把二元运算符变成一元运算符,即不能改变运算符本身的运算性质。

(4) 运算符重载不改变运算符的优先级,优先级是 C++ 语言事先规定好的。例如,“a+b*c”总是先计算“b*c”,然后结果再和 a 相加。

(5) 运算符重载不改变运算符的结合性。例如,加法运算符+为从左向右结合,表达式“a+b+c”总是先执行“a+b”,然后结果再和 c 相加。

运算符重载不一定非得是同类型对象间的运算。例如,重载+运算符实现一个 Complex 类型对象和一个 double 类型变量相加,在 Complex 类中声明如下。

```
Complex operator + (const double& b);
```

然后实现如下。

```
Complex Complex::operator + (const double& b)
{
    Complex res;
    res.real = real + b;
    res.img = img;
    return res;
}
```

可以使用以下形式调用。

```
a + 2.3              //a 为 Complex 类对象;
```

上述书写格式的+运算符的重载,可以如前所述重载为成员函数,也可以重载为普通函数。但如果要实现书写格式为“2.3+a”的表达式(左操作数为基础数据类型),则必须重载为普通函数。即在类中声明友元函数:

```
friend Complex operator + (const double a,const Complex& b);
```

然后实现如下。

```
Complex operator + (const double a, const Complex &b)
{
    Complex res;
    res.real = a + b.real;
    res.img = b.img;
    return res;
}
```

注意:表达式“a+2.3”和“2.3+a”是不同的,它们分别调用了上述两个+运算符重载函数。

2. 应遵守的设计规则

运算符重载设计时，有一些广泛被接受的规则。

(1) 不建议重载具有内置含义的运算符(如逗号、取地址 &、逻辑与 && 和逻辑非 || 等)，重载会破坏这些含义。例如，对逻辑与运算符 && 的重载不会再具有“短路求值”等特征，而是运算符两边的值都会计算。

(2) 如果重载了算术运算符或位运算符，建议同时提供相应的复合赋值运算符的重载实现。

(3) 对于很少使用的运算，使用函数(普通的函数名)通常比重载运算符更好，这时没有必要为了简洁而使用运算符重载。

(4) 赋值=、下标[]、调用()和成员访问箭头->等运算符必须重载为成员函数。

(5) 提取>>和插入<<运算符需要重载为普通函数(友元函数)。

(6) 复合赋值运算符建议重载为成员函数。

(7) 算术运算符、关系运算符和位运算符建议重载为普通函数(友元函数)。

(8) 理论上，运算符重载函数的具体实现可以任意设计(例如，重载+运算符时，函数内部实际实现了减操作)，但从不违背常规思维的角度来讲，建议运算符重载实现要符合该运算符的实际含义。

上述的一些建议虽然不是必需的规则，但建议读者遵守它们。

8.3 Qt 多文档应用程序

7.5 节给出的例子只能同时打开和处理一份文档，本节将讲述如何在一个应用程序中同时打开和处理多份文档，并展示如何重载提取和插入运算符，以实现借助 QTextStream 文本流方便地从文件中读出或向文件中写入自定义类型的对象。

视频讲解

8.3.1 多文档界面

多文档界面最常见的实现方式是通过多文档接口(Multi-document Interface，MDI)区域部件 QMdiArea 和 MDI 子窗口部件 QMdiSubWindow 实现，它们都直接或间接地继承自 QWidget 类。QMdiArea 部件是一个用于在其中显示多个 MDI 子窗口的区域，读者可以在 Qt Designer 的部件面板 Containers 中找到它，它就像是 MDI 子窗口的窗口管理器一样，可以容纳自己管理的 MDI 子窗口，并以级联或平铺的模式排列它们。QMdiSubWindow 是 MDI 子窗口类，它是可以放置在 QMdiArea 中的顶级窗口，由标题栏和内部窗口部件构成的中心区域组成，如图 8-6 所示。

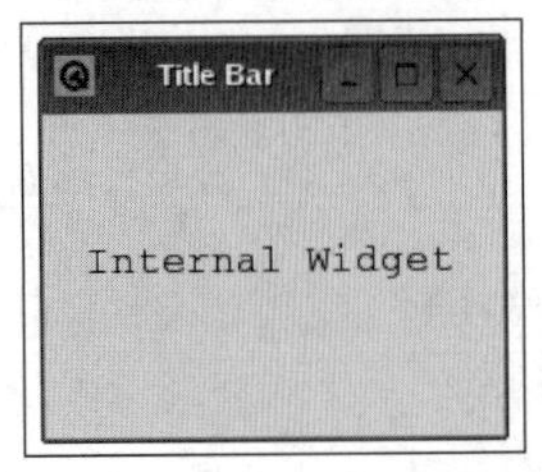

图 8-6 QMdiSubWindow 部件

通过 QMdiArea 的 addSubWindow(QWidget * widget,

Qt::WindowFlags windowFlags=…)函数可将 MDI 子窗口添加到 MDI 区域中。实际上，任何指向 QWidget 类实例或 QWidget 的派生类实例的指针都可以作为该函数的第 1 个实参(添加的子窗口)，函数执行完毕后，会返回指向该新增子窗口的 QMdiSubArea 指针。

下面通过例子说明如何编写多文档应用程序。

创建带界面、基于 QMainWindow 的应用程序(项目 8_6)。在主窗口中创建菜单和菜单项，添加必要的图标资源，拖入菜单项对应的动作到工具栏，拖入一个 QMdiArea 部件，如图 8-7 所示。

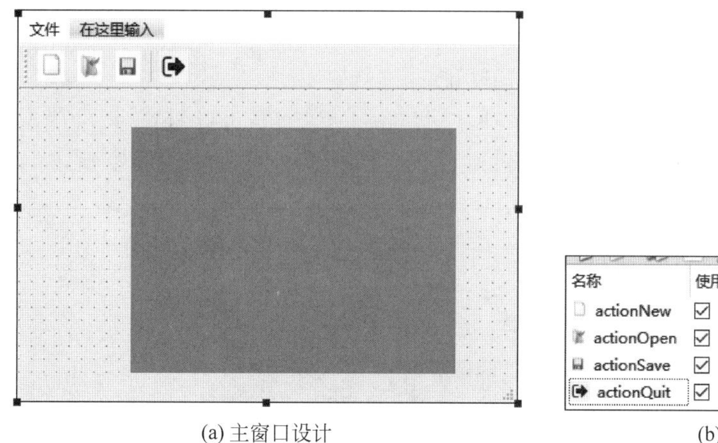

(a) 主窗口设计　　(b) 动作列表

图 8-7　主窗口及添加的动作

在自定义主窗口 MainWindow 类构造函数的最后，添加以下两条语句以设置主窗口标题栏中显示的文字，并实现将 MDI 区域设置为主窗口的中心部件。

```
setWindowTitle("绘制线段的多文档应用程序");
setCentralWidget(ui->mdiArea);
```

接着，在主窗口的实现文件 mainwindow.cpp 中添加头文件：

```
#include <QMdiSubWindow>
#include <QLabel>
```

然后为 actionNew 动作的 triggered 信号添加自关联槽，定义如下。

```
void MainWindow::on_actionNew_triggered()
{
    QMdiSubWindow *subWindow
              = ui->mdiArea->addSubWindow(new QMdiSubWindow(this));
    subWindow->setWindowTitle("A SubWindow");
    subWindow->resize(300,200);
    subWindow->setWidget(new QWidget(subWindow));
    QLabel *label = new QLabel(subWindow->widget());
    label->setText("I'm a Label");
    subWindow->show();
}
```

函数中，首先通过 addSubWindow()函数向 mdiArea 区域添加了一个 QMdiSubWindow 子窗口，并返回该子窗口的地址给 subWindow 指针。接着依次设置子窗口标题、子窗口大小、子窗口的内部窗口部件(通过 new 运算符申请的 QWidget 对象)。然后新创建一个以子窗口内部窗口为父对象的标签 label，设置标签文字内容。最后将该子窗口进行显示。

为 actionQuit 动作的 triggered 信号添加自关联槽，定义如下。

```
void MainWindow::on_actionQuit_triggered()
{
    close();
}
```

该槽函数实现关闭整个应用程序窗口的功能。

运行程序，并单击“新建图形文件”菜单项或对应的工具按钮，可以看到，每次单击它，都会新创建并在灰色背景的 MDI 区域显示出一个内部带有 QLabel 标签的子窗口，标签默认显示在内部窗口的(0,0)位置，如图 8-8 所示。

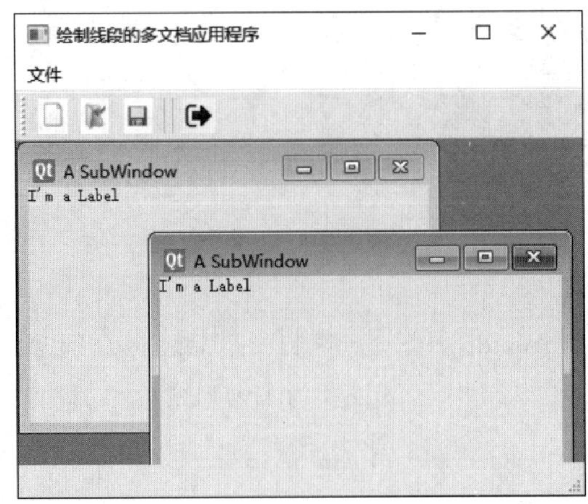

图 8-8　项目 8_6 的运行效果

视频讲解

8.3.2　带界面的自定义窗口类

在 8.3.1 节中，通过代码实现了向 MDI 子窗口的内部窗口中添加部件的操作。如果该内部窗口中部件较多，设计较复杂时，使用设计师界面将是一个更有效率的选择。此处，我们考虑在项目 8_6 的基础上，再添加一个派生自 QWidget、带界面的自定义窗口类，然后将该自定义窗口类的对象设置为 MDI 子窗口的内部窗口。操作步骤如下。

复制项目 8_6 为项目 8_7，然后在 Qt Creator 开发环境中打开项目 8_7，在项目名处右击，在弹出的菜单中选择 Add New 选项，然后选中 Qt 下的 Qt 设计师界面类(见图 3-34)，以创建一个 Qt 设计师界面类。接着选择使用 Widget 界面模板(见图 8-9)，即使用 QWidget 类作为基类。

单击“下一步”按钮，在类名文本框中填入自定义类的名字(本例使用 MyWidget)；再次单击“下一步”按钮，完成带界面自定义窗口类的初始创建。

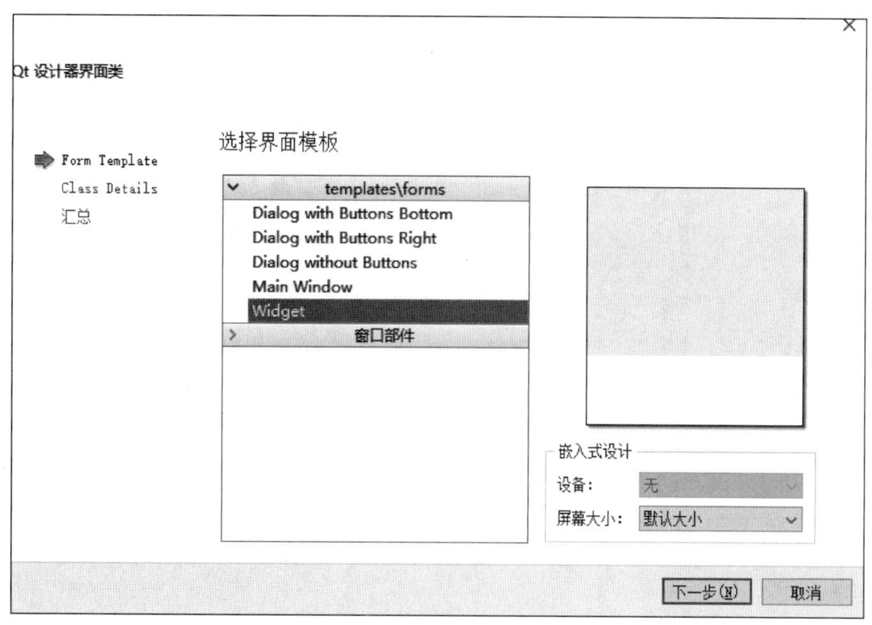

图 8-9 选择界面模板

为了展示效果,双击 mywidget.ui 文件,进入 Qt Designer 界面。分别向窗口中拖入一个标签,修改文字为“线段数:”;再拖入一个 LCD 数字框部件,默认初始值为 0,用于显示当前窗口上已绘制了多少条线段。

重写 on_actionNew_triggered()槽函数如下。

```
void MainWindow::on_actionNew_triggered()
{
    QMdiSubWindow * subWindow
        = ui->mdiArea->addSubWindow(new QMdiSubWindow(this));
    subWindow->setWindowTitle("unnamed.myfig");
    subWindow->resize(300,200);
    subWindow->setWindowIcon(QIcon(":/ico/new.png")); //设置子窗口图标
    subWindow->setWidget(new MyWidget(subWindow));
                    //新建一个 MyWidget 窗口作为内部窗口部件
    subWindow->show();
}
```

该函数的功能和之前类似,只是使用了自定义的 MyWidget 窗口作为 MDI 窗口的内部窗口,以及重设了 MDI 窗口图标。运行程序并多次选择“新建图形文件”菜单项后,效果如图 8-10 所示。

1. 线段绘制功能实现

接下来实现在 MyWidget 窗口中绘制线段的功能:按下鼠标左键时记录当前位置为线段起点,释放鼠标左键时记录位置为线段终点并绘制直线线段,用户可设置线段的颜色和粗细。为了完成这些功能,需要对自定义 MyWidget 类进行扩充和改造,具体操作如下。

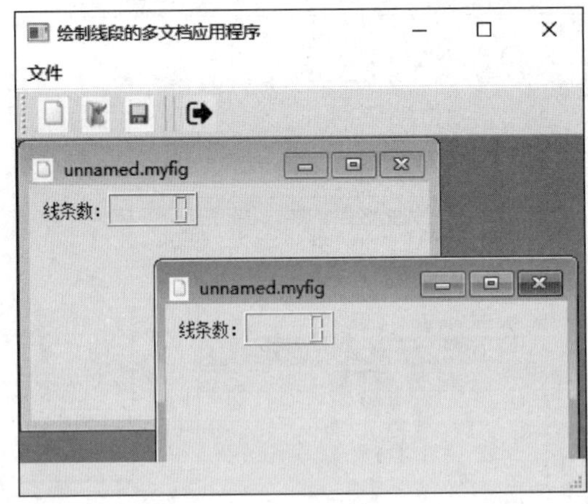

图 8-10　项目 8_7 自定义窗口类的运行效果

(1) 在 MyWidget 类的定义(mywidget.h)中添加以下私有数据成员。

```
private:
    QColor curColor;                    //用于存储当前的颜色
    int curPenWidth;                    //用于存储当前线段的宽度
    QPoint curBegin,curEnd;             //分别用于存储当前线段的起始点和终止点
```

然后在 MyWidget 类构造函数(mywidget.cpp 中)的末尾添加语句:

```
curColor = Qt::black;
curPenWidth = 1;
```

即设置私有数据成员 curColor 初始为黑色,curPenWidth 初始为 1。

(2) 在 MyWidget 类的定义(mywidget.h)中添加以下成员函数。

```
protected:
    void mousePressEvent(QMouseEvent * event);
    void mouseReleaseEvent(QMouseEvent * event);
    void paintEvent(QPaintEvent * );
```

即需要重写鼠标按下事件、鼠标释放事件和绘图事件的默认事件处理函数。为了实现这些函数,首先在 mywidget.cpp 文件中添加所需要的库,代码如下。

```
#include <QMouseEvent>
#include <QPainter>
```

然后在 mywidget.cpp 文件中实现 mousePressEvent()事件处理函数如下。

```
void MyWidget::mousePressEvent(QMouseEvent * event)
{
    if(event->button() == Qt::LeftButton)
        curBegin = event->pos();
}
```

该函数判断事件发生时按下的是否为鼠标左键。若是,则将私有数据成员 curBegin 设置为按下事件发生时鼠标所在的坐标。

在 mywidget.cpp 文件中实现 mouseReleaseEvent()事件处理函数，代码如下。

```
void MyWidget::mouseReleaseEvent(QMouseEvent * event)
{
    if(event->button() == Qt::LeftButton)
    {
        curEnd = event->pos();
        update();
    }
}
```

该函数判断鼠标释放事件发生时，释放的是否为鼠标左键。若是，则将事件发生时鼠标所在的坐标赋值给 curEnd，然后调用 update()函数（目的是产生一个 QPaintEvent 事件，从而导致 paintEvent()绘图事件处理函数的执行）以完成重绘。

最后在 mywidget.cpp 文件中实现 paintEvent()函数如下。

```
void MyWidget::paintEvent(QPaintEvent * )
{
    QPainter painter;
    painter.begin(this);
    QPen pen;
    pen.setColor(curColor);
    pen.setWidth(curPenWidth);
    painter.setPen(pen);
    painter.drawLine(curBegin,curEnd);
    painter.end();
}
```

该函数使用 curColor 和 curPenWidth 设置画笔，并使用画笔从 curBegin 到 curEnd 在当前 MyWidget 对象上画一条线段。

(3) 为了在主窗口中能够传递画笔颜色、粗细等数据给当前 MDI 子窗口中的内部窗口（MyWidget 类对象），在 MyWidget 类定义中添加两个公有成员函数：

```
public:
    void setColor(QColor color);
    void setWidth(int width);
```

然后在 mywidget.cpp 文件中实现它们。

```
void MyWidget::setColor(QColor color)
{
    curColor = color;
}
void MyWidget::setWidth(int width)
{
    curPenWidth = width;
}
```

目的是通过这两个公有接口分别设置内部私有数据成员 curColor 和 curPenWidth 的值。此时对于自定义类 MyWidget 的操作就完成了。

(4) 通过 Qt Designer,在 MainWindow 主窗口界面中添加一个"设置"菜单,在该菜单下添加"画笔颜色""画笔粗细"菜单项,并为其添加图标后拖入工具栏,具体设置如图 8-11 所示。

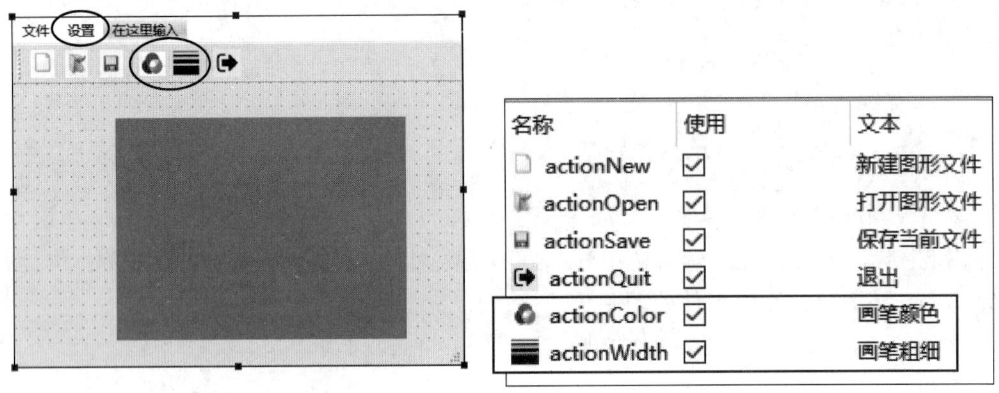

(a) 新增菜单、工具栏按钮　　(b) 新增动作

图 8-11　添加"设置"菜单及相关菜单项

在 mainwindow. cpp 文件中添加所需要的头文件,代码如下。

```
#include <QColorDialog>
#include <QInputDialog>
```

然后为新增 actionColor 动作的 triggered 信号添加自关联槽,代码如下。

```
void MainWindow::on_actionColor_triggered()
{
    if(ui->mdiArea->subWindowList().length() == 0)
            return;
    MyWidget *curSubWidget = dynamic_cast<MyWidget *>(
                        ui->mdiArea->currentSubWindow()->widget());
    QColor color = QColorDialog::getColor(Qt::black,this,"选择画笔颜色");
    if(color.isValid())
        curSubWidget->setColor(color);
}
```

该槽函数首先判断当前是否有 MDI 子窗口。若没有,则不进行任何操作,函数直接结束返回;若有,则顺序向下执行,实现请用户设置颜色,并将该颜色数据传递给当前 MDI 子窗口的内部窗口的功能。

槽函数中的第 2 句代码返回当前子窗口的内部窗口部件地址。首先使用 QMdiArea 的 currentSubWindow()函数返回当前 MDI 窗口,再使用该 MDI 窗口的 widget()成员函数获取它的内部窗口地址。返回地址默认是 QWidget *类型的,而在本例中内部窗口实际是自定义 MyWidget 类型的对象,因此将返回的地址强制转换为 MyWidget *,以便后面能使用自定义 MyWidget 类中新增的成员函数 setColor()。

槽函数第 3 句代码打开一个选择颜色的对话框并返回用户选择的颜色。

槽函数第 4 句代码判断颜色若有效,则调用 setColor()成员函数实现将用户选择的颜色传递给 curSubWidget 指向的对象(存储在它的私有数据成员 curColor 中)。

最后，为新增 actionWidth 动作的 triggered 信号添加自关联槽，代码如下。

```
void MainWindow::on_actionWidth_triggered()
{
    if(ui->mdiArea->subWindowList().length() == 0)
        return;
    MyWidget * curSubWidget = dynamic_cast<MyWidget *>(
                                ui->mdiArea->currentSubWindow()->widget());
    int width = QInputDialog::getInt(this,"输入框","请输入画笔宽度",1);
    if(width>0)
        curSubWidget->setWidth(width);
}
```

它的实现和 on_actionColor_triggered()是类似的，先判断是否有 MDI 子窗口，若有，则打开一个输入对话框请用户输入一个整型值，然后将该值传递给当前 MDI 子窗口的内部窗口部件。

提示：本例中，通过自定义 MyWidget 类提供的 setWidth()、setColor()公有接口，实现了将主窗口 MainWindow 中接收的用户数据传递给 MyWidget 类的私有数据成员的功能。

操作完毕后就可以运行程序了。单击“新建图形文件”按钮打开一个子窗口，在窗口中按下鼠标左键并拖动一段距离后松开，可以看到窗口中绘制了一条黑色的细线。再打开一个新的子窗口，类似地，绘制一条线段后单击“画笔颜色”按钮，在打开的对话框中选择红色并单击 OK 按钮；单击“画笔粗细”按钮，在打开的输入对话框中输入 10 并单击 OK 按钮，运行效果如图 8-12 所示。

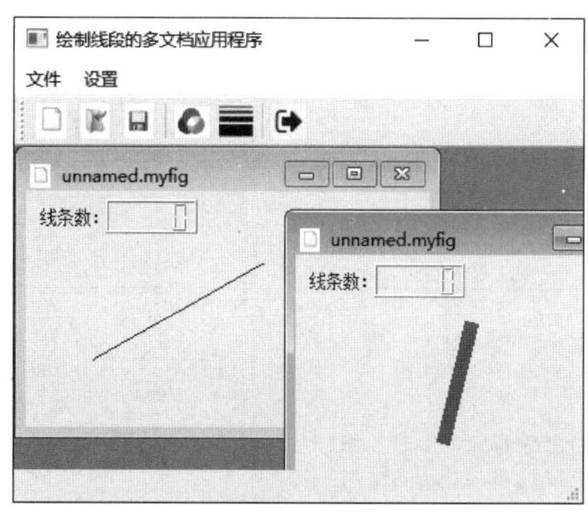

图 8-12　项目 8_7 线段绘制、颜色设置、宽度设置的运行效果

读者可试着在窗口中进行多次线段绘制。可以发现，每次只有最后一次绘制的线段会显示在窗口中，而以往的线段都没有了。这是因为 MyWidget 类在设计时，只使用私有数据成员记录了当前线段的信息，并未记录历史线段信息，绘图事件处理函数 paintEvent()也只对当前线段进行了绘制。

2. 线段增量绘制功能实现

为了能将以往画出的所有线段都显示在子窗口中，需要在 MyWidget 类中新增数据成员用于记录每条已画线段的起点、终点、颜色、粗细等信息。

复制项目 8_7 为项目 8_8。为了处理方便，为项目 8_8 新增一个 Line 类，该类用于存储一条线段的相关信息。Line 类的定义如下。

```
/***********************************
* 项目名: 8_8
* 文件名: line.h
* 说  明: 自定义线段类
***********************************/
#ifndef LINE_H
#define LINE_H

#include <QPoint>
#include <QColor>
#include <QTextStream>
class Line
{
    QPoint begin,end;
    QColor color;
    int penWidth;
public:
    Line();
    Line(QPoint _begin,QPoint _end,QColor _color,int _penWidth);
    QPoint getBegin();
    QPoint getEnd();
    QColor getLineColor();
    int getPenWidth();
};
#endif //LINE_H
```

Line 类的实现如下。

```
/***********************************
* 项目名: 8_8
* 文件名: line.cpp
* 说  明: 自定义线段类实现
***********************************/
#include "line.h"

Line::Line():begin(0,0),end(0,0),color(Qt::black),penWidth(1)
{
}
Line::Line(QPoint _begin,QPoint _end,QColor _color,int _penWidth)
    :begin(_begin),end(_end),color(_color),penWidth(_penWidth)
{
}
```

```
QPoint Line::getBegin()
{
    return begin;
}
QPoint Line::getEnd()
{
    return end;
}
QColor Line::getLineColor()
{
    return color;
}
int Line::getPenWidth()
{
    return penWidth;
}
```

该类比较简单，在此不再赘述。

接下来在 mywidget.h 头文件中添加需要的头文件：

```
#include <QList>
#include "line.h"
```

然后在 MyWidget 类定义中添加新的数据成员：

```
private:
    QList<Line> data;
```

该数据成员是一个列表，用于存储本窗口的所有已绘制的线段，列表的每项都对应一条线段（自定义 Line 类的对象）。

然后，修改 MyWidget 类的 paintEvent() 函数，实现对列表 data 中的每条线段都进行绘制的功能，代码如下。

```
void MyWidget::paintEvent(QPaintEvent *)
{
    QPainter painter;
    painter.begin(this);
    QPen pen;
    for(int i = 0;i < data.length();i++)    //画列表中的每条线段
    {
        pen.setColor(data[i].getLineColor());
        pen.setWidth(data[i].getPenWidth());
        painter.setPen(pen);
        painter.drawLine(data[i].getBegin(),data[i].getEnd());
    }
    painter.end();
}
```

不断向列表 data 中新增线段的操作在 MyWidget 类的 mouseReleaseEvent() 函数中实

现，代码重写如下。

```
void MyWidget::mouseReleaseEvent(QMouseEvent * event)
{
    if(event->button() == Qt::LeftButton)
    {
        curEnd = event->pos();
        data.append(Line(curBegin,curEnd,curColor,curPenWidth));
    }
    else if(event->button() == Qt::RightButton)
        data.removeLast();                    //新添功能,若为右键,则删除最后一条线段
    ui->lcdNumber->display(data.length());  //用 LCD 部件显示已有线段数
    update();
}
```

该函数判断若释放的是鼠标左键，说明此时新增了一条线段，应将其加入线段列表 data 中存储起来，然后调用 update()函数产生绘图事件，以便在 paintEvent()函数中重绘列表中的每条线段。

函数中还新增了删除的功能：若按下并释放的是鼠标右键，则将线段列表中的最后一条线段删除并更新显示；函数中的倒数第 2 句代码实现了用 LCD 部件显示已有线段数(线段列表的长度)的功能。

运行效果如图 8-13 所示，读者可以多次按下鼠标左键并拖动后释放以查看绘制效果，右击以查看删除效果。

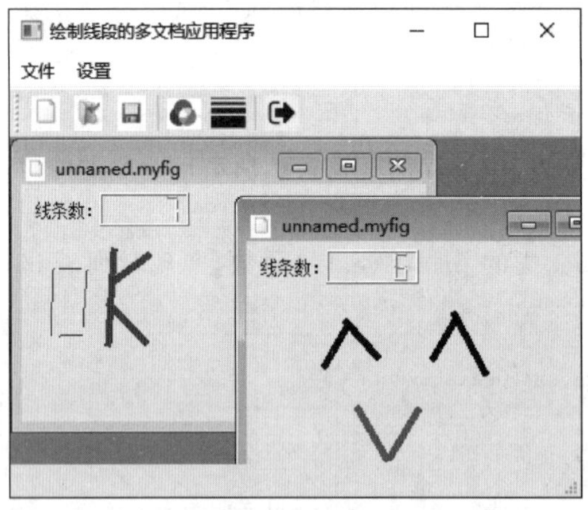

图 8-13　保留了历史线段的绘图效果

视频讲解

8.3.3　自定义类型的 I/O 操作

本节实现将已绘制的线段信息存储到文件(以文本文件形式存储)，以及从已存储的文件中读入线段数据并显示的功能。复制项目 8_8 为项目 8_9，然后对项目 8_9 实施操作如下。

1. 重载<<和>>运算符

考虑到对于每条线段都要存储它起点和终点的坐标、线段颜色(包括 3 个色彩通道和一

个 alpha 透明度通道的值）、线段宽度等，为了方便 Line 类对象的文件读写，下面对<<和>>运算符进行重载使用 QTextData 文本流读写 Line 类对象。具体操作如下。

首先在 line.h 头文件中添加需要的头文件，代码如下。

```
#include <QTextStream>
```

然后在 Line 类定义中添加两个友元函数，代码如下。

```
friend QTextStream& operator <<(QTextStream& stream,const Line& line);
friend QTextStream& operator >>(QTextStream& stream,Line& line);
```

最后在 line.cpp 文件中实现这两个函数，代码如下。

```
QTextStream& operator >>(QTextStream &stream, Line &line)
{
    int tmp;
    stream >> tmp;
    line.begin.setX(tmp);
    stream >> tmp;
    line.begin.setY(tmp);
    stream >> tmp;
    line.end.setX(tmp);
    stream >> tmp;
    line.end.setY(tmp);
    stream >> tmp;
    line.color.setRed(tmp);
    stream >> tmp;
    line.color.setGreen(tmp);
    stream >> tmp;
    line.color.setBlue(tmp);
    stream >> tmp;
    line.color.setAlpha(tmp);
    stream >> line.penWidth;
    return stream;
}
QTextStream& operator <<(QTextStream &stream, const Line &line)
{
    stream << endl << line.begin.x()<<" "<< line.begin.y()<<" "
           << line.end.x()<<" "<< line.end.y()<<" "
           << line.color.red()<<" "<< line.color.green()<<" "
           << line.color.blue()<<" "<< line.color.alpha()<<" "
           << line.penWidth;
    return stream;
}
```

上述代码为<<和>>运算符重载的常规实现，在此不再赘述。

2. 为 MyWidget 类添加保存文件和打开文件等功能实现

在 MyWidget 类定义中添加以下公有成员函数声明。

```
public:
    bool saveFile(QString filename);
    bool openFile(QString filename);
```

saveFile()函数将 data 中的数据实际写入文件，openFile()函数将文件打开并读出数据到 data。参数 filename 为用于读写的文件名，返回值表示是否操作成功。

它们的具体实现在 mywidget.cpp 中，首先在该源文件中添加包含文件：

```
#include <QMessageBox>
```

然后在该源文件中添加上述 saveFile()函数的实现，代码如下。

```
bool MyWidget::saveFile(QString filename)
{
    QFile file(filename);
    if(!file.open(QIODevice::WriteOnly|QIODevice::Text))
    {
        QMessageBox::information(this,"提示","文件打开失败,未保存");
        return false;
    }
    QTextStream stream(&file);
    for(int i = 0;i < data.length();i++)
        stream << data.at(i);
    return true;
}
```

该函数根据传入的文件名字符串创建文件设备并打开。如果打开不成功，则给出提示信息并结束函数，返回表示写入失败的值 false；否则顺序往下，借助文本流 stream，通过 for 循环将线段列表 data 中的数据依次写入文件，并返回表示写入成功的值 true。

继续在该源文件中添加 openFile()函数的实现，代码如下。

```
bool MyWidget::openFile(QString filename)
{
    data.clear();
    QFile file(filename);
    if(!file.open(QIODevice::ReadOnly|QIODevice::Text))
    {
        QMessageBox::information(this,"提示","文件打开失败,未保存");
        return false;
    }
    QTextStream stream(&file);
    while(!stream.atEnd())
    {
        Line line;
        stream >> line;
        data.append(line);
    }
    ui->lcdNumber->display(data.length());
    return true;
}
```

该函数首先清空线段列表 data，然后根据传入的文件名创建文件设备并打开。若打开不成功，则结束函数并返回 false；否则顺序往下执行，借助文本流 stream，通过 while 循环依次读入文件的信息到线段对象 line 并添加到列表中，最后在 LCD 部件中显示线段条数，并最终返回表示读文件成功的值 true。

因为在 Line 中对提取和插入运算符都进行了重写，所以这两个函数中借助文本流对 Line 对象进行读写的操作就变得非常方便了。

3. 在 MainWindow 中提供向 myWidget 类对象传递文件名的操作

首先在 mainwindow.cpp 文件中添加需要的头文件，代码如下。

```
#include <QFileDialog>
```

然后为"保存当前文件"动作的 triggered 信号添加自关联槽，定义如下。

```
void MainWindow::on_actionSave_triggered()
{
    if(ui->mdiArea->subWindowList().length() == 0)
        return;
    MyWidget *curSubWidget = dynamic_cast<MyWidget *>(
                              ui->mdiArea->currentSubWindow()->widget());
    QString saveFileName = QFileDialog::getSaveFileName(this,"保存为",
            ui->mdiArea->currentSubWindow()->windowTitle()," *.myfig");
    if(saveFileName.isNull())
        return;
    if(curSubWidget->saveFile(saveFileName))
        ui->statusBar->showMessage("保存成功!!!",5000);
    else
        ui->statusBar->showMessage("保存失败!!!",5000);
    ui->mdiArea->currentSubWindow()->
              setWindowTitle(QFileInfo(saveFileName).fileName());
}
```

该函数先判断 MDI 区域中是否有子窗口，若没有(说明根本没有窗口数据需要保存)，则直接结束返回；若有，则顺序执行第 2 句代码，获取当前活动子窗口的内部窗口部件地址给 curSubWidget。第 3 句代码打开保存文件的对话框请用户设置存储的文件名，若文件名有效(无效时结束函数)，则顺序往下调用 MyWidget 的成员函数 saveFile()实现文件的写入，并根据 saveFile()函数返回值在状态栏中显示写入成功或失败的提示；最后将当前活动子窗口的标题设置为用户指定的文件名。

最后给"打开图形文件"动作的 triggered 信号添加自关联槽，定义如下。

```
void MainWindow::on_actionOpen_triggered()
{
    QString openFileName = QFileDialog::getOpenFileName(this,
                          "打开文件",QDir::currentPath()," *.myfig");
    if(openFileName.isNull())
        return;
    QMdiSubWindow *subWindow = new QMdiSubWindow(this);
    MyWidget *curSubWidget = new MyWidget(this);
    subWindow->setWidget(curSubWidget);

    if(curSubWidget->openFile(openFileName))              //实现文件读入
        ui->statusBar->showMessage("打开成功!!!",5000);
    else
```

```
        ui->statusBar->showMessage("打开失败!!!",5000);

    subWindow->resize(300,200);                              //重设子窗口大小
    subWindow->setWindowTitle(QFileInfo(openFileName).fileName());
    subWindow->setWindowIcon(QIcon(":/ico/new.png"));       //设置子窗口图标
    ui->mdiArea->addSubWindow(subWindow);
    subWindow->show();
}
```

该函数实现的逻辑与保存操作类似,先打开文件对话框请用户选择要打开的文件,若文件名有效,则创建一个 MDI 子窗口 subWindow 和它的内部窗口部件 curSubWidget,然后调用内部窗口部件的 openFile()函数实现文件的实际打开并显示的操作,并根据该函数返回值在状态栏中显示文件打开成功或失败的提示,最后设置 MDI 子窗口 subWindow 的大小、标题名、图标等内容,再将其添加到 MDI 区域并显示。

至此就完成了整个应用程序的开发。图 8-14 给出了文件正常保存和文件打开后程序运行的效果。

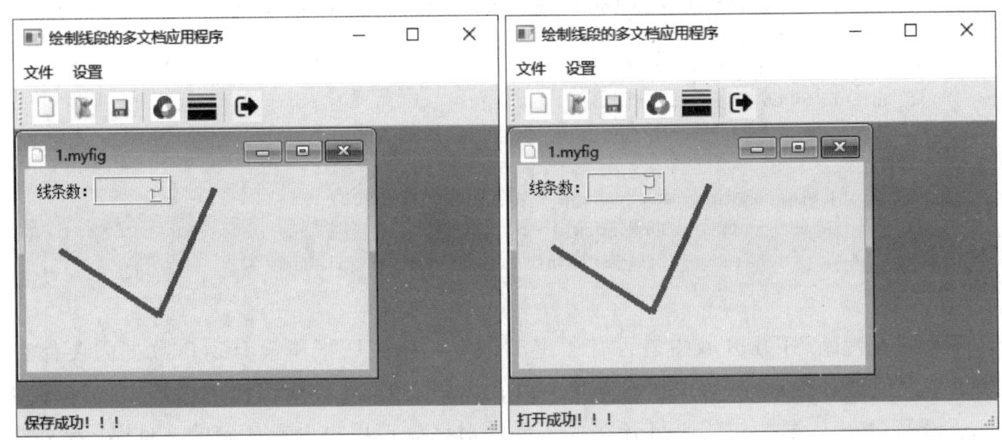

(a) 保存为文件1.myfig　　(b) 打开之前保存的文件

图 8-14 保存和打开文件操作

该应用程序只实现了线段的绘制和线段数据的 I/O 操作,读者可以在此基础上进一步扩充。例如,实现可绘制各种常见图形的操作等。

8.4 编程实例——矩阵计算

矩阵是由 $M \times N$ 个数据组成的一个 M 行 N 列的矩形表格,矩阵中的各个数据均称为矩阵的元素,通过行标和列标确定元素的位置。如果矩阵只有一行(或一列),称为向量。矩阵在众多科学领域中都有着举足轻重的意义,图像处理、信息压缩、数据拟合、特征表达、密码学、图论、规划问题等领域中都会用到矩阵相关的知识。

本节将综合本章所学,使用作为友元的运算符重载函数实现矩阵间的简单运算,以及使用 QMainWindow 主窗口和 QMdiArea 多文档区域部件为用户提供方便的操作界面。

1. 矩阵运算

(1) 加法：适用于相同规模(相同行列数)的两个矩阵，若矩阵 $\boldsymbol{A}$ 和 $\boldsymbol{B}$ 都是 M 行 N 列的，那么 $\boldsymbol{A}+\boldsymbol{B}$ 也是 M 行 N 列的，结果矩阵中各元素的值为 $\boldsymbol{A}$ 和 $\boldsymbol{B}$ 对应元素的和。例如：

$$\begin{pmatrix}1 & 3 & 5\\ 2 & 4 & 6\end{pmatrix}+\begin{pmatrix}10 & 30 & 50\\ 20 & 40 & 60\end{pmatrix}=\begin{pmatrix}11 & 33 & 55\\ 22 & 44 & 66\end{pmatrix}$$

(2) 减法：适用于相同规模(相同行列数)的两个矩阵，同加法运算，结果矩阵中各元素的值为 $\boldsymbol{A}$ 和 $\boldsymbol{B}$ 对应元素的差。例如：

$$\begin{pmatrix}1 & 3 & 5\\ 2 & 4 & 6\end{pmatrix}-\begin{pmatrix}10 & 30 & 50\\ 20 & 40 & 60\end{pmatrix}=\begin{pmatrix}-9 & -27 & -45\\ -18 & -36 & -54\end{pmatrix}$$

(3) 乘法：一个 $M\times N$ 的矩阵 $\boldsymbol{A}$ 可以和一个 $N\times W$ 的矩阵 $\boldsymbol{B}$ 相乘，得到一个 $M\times W$ 的矩阵 $\boldsymbol{C}$，结果矩阵中第 i 行 j 列元素的值等于矩阵 $\boldsymbol{A}$ 中的第 i 行的 N 个数和矩阵 $\boldsymbol{B}$ 中的第 j 列的 N 个数对应位置元素值两两相乘后求和。例如：

$$\begin{pmatrix}1 & 3 & 4\\ 2 & 4 & 5\end{pmatrix}\begin{pmatrix}1\\ 2\\ 3\end{pmatrix}=\begin{pmatrix}19\\ 25\end{pmatrix}$$

(4) 转置：一个 $M\times N$ 的矩阵 $\boldsymbol{A}$ 的转置是一个 $N\times M$ 的矩阵，结果矩阵中的第 j 行 i 列的值为 $\boldsymbol{A}$ 中第 i 行 j 列元素的值。例如：

$$\begin{pmatrix}1 & 2 & 3\\ 4 & 5 & 6\end{pmatrix}^{\mathrm{T}}=\begin{pmatrix}1 & 4\\ 2 & 5\\ 3 & 6\end{pmatrix}$$

向量可以认为是特殊的矩阵，遵循上述同样的运算规则。

2. 矩阵类及计算实现

创建一个基于 QMainWindow 的应用，在项目中添加 Matrix 类，类定义文件 matrix.h 如下。

```
/***********************************
* 项目名：8_10
* 文件名：matrix.h
* 说  明：矩阵类定义
***********************************/
#ifndef MATRIX_H
#define MATRIX_H

#include <QVector>
#include <QTableWidget>
class Matrix
{
protected:
    QVector<QVector<double>> arr;                    //存放矩阵各元素
    int row,col;                                     //矩阵行列数
public:
```

```
    Matrix(int row = 0, int col = 0, double initValue = 0);      //初始化大小和各元素
    void resize(int row = 0, int col = 0, double value = 0);     //重置大小,并初始化各元素
    bool setMember(int i, int j, double value);                  //设置第 i 行第 j 列元素的值
    Matrix T();                                                  //返回转置
    friend Matrix operator * (const Matrix& A, const Matrix& B);  // A * B
    friend Matrix operator + (const Matrix& A, const Matrix& B);  // A + B
    friend Matrix operator - (const Matrix& A, const Matrix& B);  // A - B
    friend void operator <<(QTableWidget * table, const Matrix& A);
                                                //将 A 输出显示到 table 中
};

#endif //MATRIX_H
```

各函数的说明见代码中的注释。内部存储的矩阵 arr 中每个元素为 double 类型，一行元素存储在一个向量(QVector<double>)容器中，多个向量(多行数据)构成矩阵，也使用向量(QVector<QVector<double>>)存储。

类的实现文件 matrix.cpp 如下。

```
/**********************************
* 项目名: 8_10
* 文件名: matrix.cpp
* 说  明: 矩阵类实现
**********************************/
#include "matrix.h"
#include <QTableWidgetItem>

void Matrix::resize(int row, int col, double initValue)
{
    arr.resize(row);
    for(int i = 0; i < row; i++)   //初始化矩阵各元素的值
    {
        arr[i].resize(col);
        for(int j = 0; j < col; j++)
            arr[i][j] = initValue;
    }
    this->row = row;
    this->col = col;
}

Matrix::Matrix(int row, int col, double initValue):row(0), col(0)
{
    arr.resize(row);
    for(int i = 0; i < row; i++)
    {
        arr[i].resize(col);
```

```
            for(int j = 0;j < col;j++)
                arr[i][j] = initValue;
        }
        this -> row = row;
        this -> col = col;
}

bool Matrix::setMember(int i,int j,double value)
{
    if(i >= row||j >= col||i < 0||j < 0)
        return false;
    else
    {
        arr[i][j] = value;
        return true;
    }
}

Matrix Matrix::T()
{
    Matrix res(col,row,0);
    for(int i = 0;i < col;i++)
        for(int j = 0;j < row;j++)
            res.arr[i][j] = arr[j][i];
    return res;
}

Matrix operator + (const Matrix& A,const Matrix& B)
{
    Matrix res(A.row,A.col,0);
    for(int i = 0;i < A.row;i++)
        for(int j = 0;j < A.col;j++)
            res.arr[i][j] = A.arr[i][j] + B.arr[i][j];
    return res;
}

Matrix operator - (const Matrix& A,const Matrix& B)
{
    Matrix res(A.row,A.col,0);
    for(int i = 0;i < A.row;i++)
        for(int j = 0;j < A.col;j++)
            res.arr[i][j] = A.arr[i][j] - B.arr[i][j];
    return res;
}

Matrix operator * (const Matrix& A,const Matrix& B)
{
    Matrix res(A.row,B.col,0);
```

```
    for(int i = 0;i < A.row;i++)
        for(int j = 0;j < B.col;j++)
            for(int k = 0;k < A.col;k++)
                res.arr[i][j] += A.arr[i][k] * B.arr[k][j];
    return res;
}

void operator <<(QTableWidget * table, const Matrix &A)
{
    table -> setRowCount(A.row);
    table -> setColumnCount(A.col);
    for(int i = 0;i < A.row;i++)
       for(int j = 0;j < A.col;j++)
         table -> setItem(i,j,new QTableWidgetItem(QString::number(A.arr[i][j])));
}
```

矩阵行号、列号均设计为从 0 开始。对于<<运算，由于本程序中并不需要连续输出的形式，因此该运算符重载函数的返回值设计为 void。QTableWidget 的 setItem()成员函数用于设置单元格的内容，每个单元格对应一个 QTableWidgetItem 对象。

3. 界面设计

在设计师界面中，主窗口设计如图 8-15 所示。

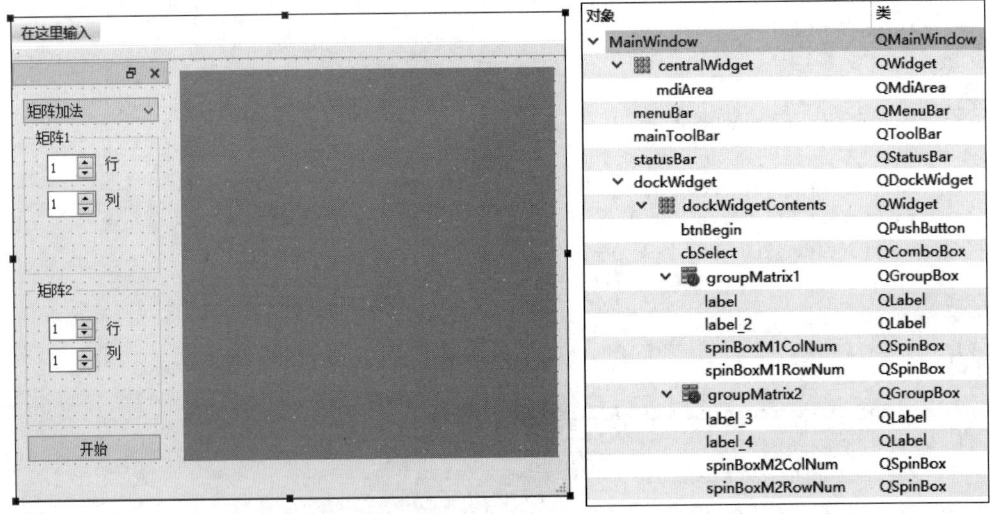

图 8-15　主窗口设计

分别在主窗口、可停靠窗口中使用栅格布局，以便各部件能随着窗口大小自动调整。组合框中添加的项依次为“矩阵加法”“矩阵减法”“矩阵乘法”“矩阵转置”。设置 4 个数字选择框的取值范围为 1～99。设置窗口标题为“矩阵计算”。

然后在项目中添加一个基于 QWidget 的界面类 MyWidget，该类主要用于 MDI 区域的子窗口。子窗口设计如图 8-16 所示。

各部件的名称和它表示的含义是一致的。

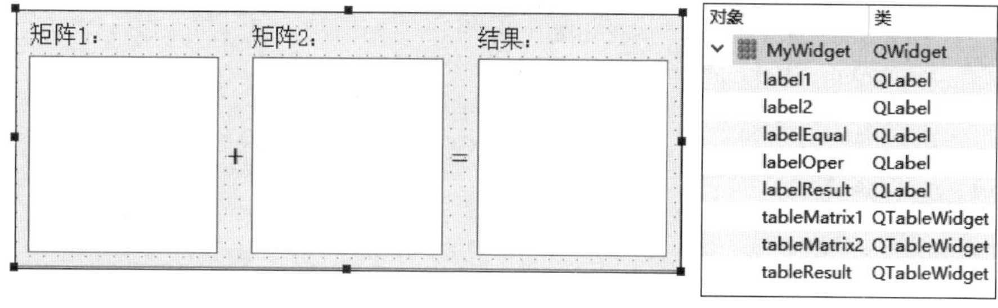

图 8-16　子窗口界面设计

4. 子窗口功能实现

在 mywidget.h 中添加头文件：

```
#include "matrix.h"
```

在子窗口 MyWidget 类的定义中添加数据成员：

```
private:
    Matrix matrix1,matrix2,matrixResult;
    int selectedOper = 0;
```

它们分别存储当前窗口内用于计算的第 1 个矩阵、第 2 个矩阵和计算结果矩阵，selectedOper 表示进行运算的种类，取值 0、1、2、3 分边代表加、减、乘、转置运算。

在类中添加一个公有的成员函数 initial()和两个槽函数，声明如下。

```
public:
    void initial(int selectedOper, int matrix1Row,
                 int matrix1Col, int matrix2Row, int matrix2Col);
private slots:
    void on_tableMatrix1_cellChanged(int row, int column);
    void on_tableMatrix2_cellChanged(int row, int column);
```

公有成员函数 initial()用于在子窗口显示时完成一些初始化工作，定义如下。

```
void MyWidget::initial(int oper, int matrix1Row,
                       int matrix1Col, int matrix2Row, int matrix2Col)
{
    selectedOper = oper;
    matrix1.resize(matrix1Row,matrix1Col,0);      //全 0 的矩阵 1
    matrix2.resize(matrix2Row,matrix2Col,0);      //全 0 的矩阵 2
    ui->tableMatrix1 << matrix1;                  //将 matrix1 显示在表格部件中
    ui->tableMatrix2 << matrix2;                  //将 matrix2 显示在表格部件中
    if(selectedOper == 0)                         //加
    {
        matrixResult = matrix1 + matrix2;
        ui->labelOper->setText("+");
        setWindowTitle(QString::number(matrix1Row) + "*" +
                       QString::number(matrix1Col) + "矩阵的加法");
    }
    else if(selectedOper == 1)                    //减
```

```
    {
        matrixResult = matrix1 - matrix2;
        ui -> labelOper -> setText(" - ");
        setWindowTitle(QString::number(matrix1Row) + " * " +
                       QString::number(matrix1Col) + "矩阵的减法");
    }
    else if(selectedOper == 2)                          //乘
    {
        matrixResult = matrix1 * matrix2;
        ui -> labelOper -> setText(" * ");
        setWindowTitle(QString::number(matrix1Row) + " * " +
                       QString::number(matrix1Col) + "矩阵和" +
                       QString::number(matrix2Row) + " * " +
                       QString::number(matrix2Col) + "矩阵的乘法");
    }
    else                                                //转置
    {
        ui -> label2 -> hide();
        ui -> tableMatrix2 -> hide();
        matrixResult = matrix1.T();
        ui -> labelOper -> setText("\'");
        setWindowTitle(QString::number(matrix1Row) + " * " +
                       QString::number(matrix1Col) + "矩阵的转置");
    }
    ui -> tableResult << matrixResult;
    this -> show();
}
```

首先根据传递来的矩阵行、列宽分别初始化矩阵 Matrix1 和 Matrix2 并显示，然后根据运算的类型(selectedOper)计算结果矩阵并显示标签内容、标题、结果等，最后调用 show()函数将自己(子窗口)显示出来。

槽函数 on_tableMatrix1_cellChanged()和 on_tableMatrix2_cellChanged()分别用于处理矩阵 1 和矩阵 2 对应的表格窗口部件中的单元格值被修改后应实施的动作，即根据更新后的矩阵重新计算结果矩阵并显示，它们的实现是类似的。例如，前者的代码如下。

```
void MyWidget::on_tableMatrix1_cellChanged(int row, int column)
{
    matrix1.setMember(row,column,
                      ui -> tableMatrix1 -> item(row,column) -> text().toDouble());
    if(selectedOper == 0)
        matrixResult = matrix1 + matrix2;
    else if(selectedOper == 1)
        matrixResult = matrix1 - matrix2;
    else if(selectedOper == 2)
        matrixResult = matrix1 * matrix2;
    else
        matrixResult = matrix1.T();
    ui -> tableResult << matrixResult;
}
```

读者可自行分析 on_tableMatrix2_cellChanged()函数的实现。上述成员函数中都用到了用于矩阵计算或输出的重载运算符,可以看到,重载运算符使程序变得简洁易读。

为了美观的效果,在 MyWidget 的构造函数末尾添加语句:

```
ui->tableResult->setDisabled(true);                  //结果表格窗口部件处于 disabled 状态
ui->tableResult->horizontalHeader()->
    setSectionResizeMode(QHeaderView::ResizeToContents);  //列宽自适应
ui->tableResult->verticalHeader()->
    setSectionResizeMode(QHeaderView::ResizeToContents);  //行高自适应
```

同样地,对界面中的其他两个表格窗口部件 tableMatrix1、tableMatrix2 也需要设置行高、列宽自适应,调用的代码是一样的,此处不再赘述。

5. 主窗口功能实现

针对组合框选项更改时发出的 currentIndexChanged()信号,添加自关联槽实现如下。

```
void MainWindow::on_cbSelect_currentIndexChanged(int index)
{
    ui->spinBoxM1RowNum->disconnect();                 //取消与该部件信号的关联
    ui->spinBoxM1ColNum->disconnect();
    if(index == 0||index == 1)                         //矩阵加法或矩阵减法
    {
        ui->spinBoxM2ColNum->setDisabled(true);
        ui->spinBoxM2RowNum->setDisabled(true);
        ui->spinBoxM2RowNum->setValue(ui->spinBoxM1RowNum->value());
        ui->spinBoxM2ColNum->setValue(ui->spinBoxM1ColNum->value());
        connect(ui->spinBoxM1RowNum,SIGNAL(valueChanged(int)),
                ui->spinBoxM2RowNum,SLOT(setValue(int)));
        connect(ui->spinBoxM1ColNum,SIGNAL(valueChanged(int)),
                ui->spinBoxM2ColNum,SLOT(setValue(int)));
    }
    else if(index == 2)                                //矩阵乘法
    {
        ui->spinBoxM2RowNum->setDisabled(true);
        ui->spinBoxM2RowNum->setValue(ui->spinBoxM1ColNum->value());
        ui->spinBoxM2ColNum->setEnabled(true);
        connect(ui->spinBoxM1ColNum,SIGNAL(valueChanged(int)),
                ui->spinBoxM2RowNum,SLOT(setValue(int)));
    }
    else if(index == 3)                                //矩阵转置
        ui->groupMatrix2->hide();
    }
```

由于不同矩阵运算对操作对象行列数的限制不同,以及需要的操作对象个数的不同,函数中根据组合框选项的不同,使某些部件处于不可用(disabled)状态(但设置其值与其他一些相关部件同步)或不可见状态。

对"开始"按钮被单击后发出的信号进行响应,添加自关联槽实现如下。

```
void MainWindow::on_btnBegin_clicked()
{
```

```
    MyWidget * subWgt = new MyWidget(this);
    ui -> mdiArea -> addSubWindow(subWgt);                    //在 MDI 区域添加一个子窗口
    subWgt -> initial(ui -> cbSelect -> currentIndex(),
                      ui -> spinBoxM1RowNum -> value(),
                      ui -> spinBoxM1ColNum -> value(),
                      ui -> spinBoxM2RowNum -> value(),
                      ui -> spinBoxM2ColNum -> value()
                      );
}
```

主要的功能是在 MDI 区域添加一个子窗口，并调用子窗口的 initial()函数完成子窗口的初始化工作及显示。

最后在构造函数的末尾调用语句：

```
on_cbSelect_currentIndexChanged(ui -> cbSelect -> currentIndex());
```

使数字选择框一开始就能按照要求的形式显示和获取值。

6. 运行效果

运行后，首先显示如图 8-17 所示的初始界面。

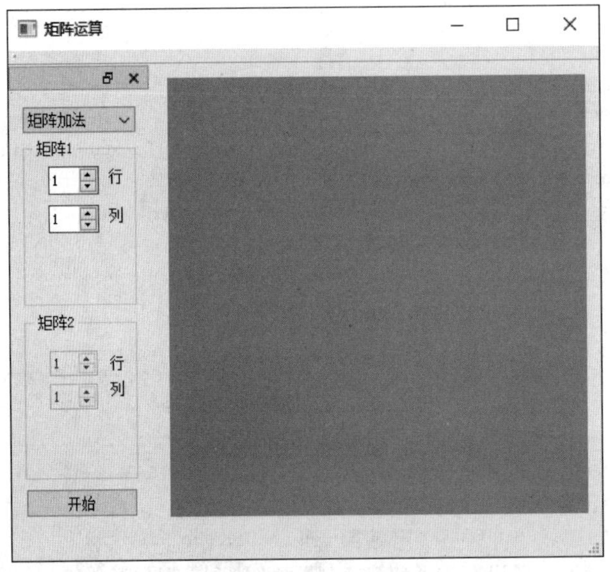

图 8-17　运行初始界面

可以看到矩阵 2 下的两个数字选择框已处于不可用状态，修改矩阵 1 下数字选择框的值，矩阵 2 下的两个数字选择框内的值会随之改变。选择组合框中的不同选项，可停靠窗口的界面也会有所变化。

图 8-18 所示为选择了“矩阵乘法”，并设置矩阵 1 为 3 行 2 列，矩阵 2 为 3 列之后的效果。

此时，可以在子窗口矩阵 1 和矩阵 2 对应的表格窗口部件内双击，以修改各个单元格的值，结果矩阵会实时显示更新后的值。图 8-19 所示为打开了两个子窗口并修改了部分值后的结果。

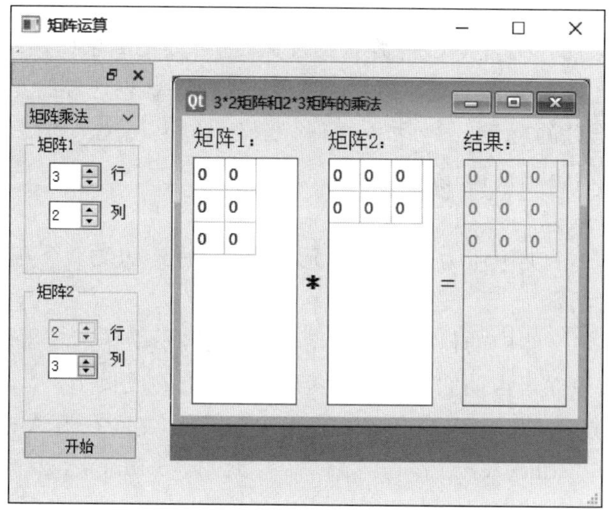

图 8-18 单击"开始"按钮之后的效果

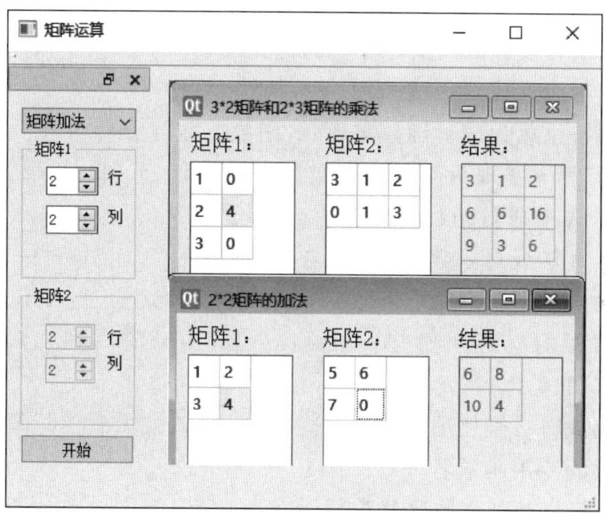

图 8-19 多个子窗口的运行效果

课后习题

一、选择题

1. 设置友元函数的目的是(　　)。

   A. 提高程序的运行效率　　B. 作为成员函数存在

   C. 实现了数据的隐藏性　　D. 增强了类的封装性

2. 想要将类 B 设置为是类 A 的友元，则需要(　　)。

   A. 在类 B 中进行声明　　B. 在类 A 中进行声明

C. 在类 A 和类 B 中都进行声明　　D. 在类定义体外进行声明

3. 若类 B 是类 A 的友元,类 C 是类 B 的友元,则可以推测出(　　)。

A. 类 C 是类 A 的友元　　B. 类 A 是类 B 的友元

C. 类 A 是类 C 的友元　　D. 以上说法都不对

4. 关于友元函数,下列说法错误的是(　　)。

A. 没有 this 指针

B. 某函数被一个类声明为是它的友元函数后,另外的类就不能再声明此函数是自己的友元函数了

C. 可以在类定义体中的任何位置声明友元关系,不受访问权限的控制

D. 友元函数独立于声明它是友元的类,并不是类的成员

5. 若需要将函数 void func(A a)声明为是类 A 的友元,则需在类 A 中添加语句(　　)。

A. friend void func(A a);　　B. void func(A a) friend;

C. void friend func(A a);　　D. void func(friend A a);

6. 关于运算符重载,下列描述正确的是(　　)。

A. 双目运算符重载使用友元函数实现时,函数需要两个形参

B. 运算符重载函数可以改变运算符的优先级别

C. []运算符不能重载

D. 单目运算符重载为成员函数实现时,函数不需要形参

7. 重载双目运算符 * 实现两个类 A 对象的乘法运算,下列定义形式正确的是(　　)。

A. 定义为类 A 的成员函数: void A::operator *(){ … }

B. 定义为类 A 的成员函数: A　A::operator *(A obj){ … }

C. 定义为类 A 的成员函数: A　A::operator *(A obj1,A obj2){ … }

D. 定义为类 A 的友元函数: A　operator *(A obj){ … }

8. 下列说法错误的是(　　)。

A. 运算符重载时必须使用关键字 operator,它和被重载的运算符一起作为重载运算符函数的专用函数名

B. 运算符重载是对已有的运算符赋予多重含义,使同一个运算符能作用于不同类型的对象,导致不同的行为

C. 作为成员函数实现的运算符重载不受访问权限的控制

D. 运算符重载的实质就是函数重载

9. 使用友元函数实现 ClassA 类对象的后缀++运算符重载,下列声明写法正确的是(　　)。

A. ClassA ClassA::operator++(ClassA);

B. ClassA ClassA::operator++(ClassA,int);

C. friend ClassA operator++(int);

D. friend ClassA operator++(ClassA,int);

10. 重载>>运算符实现通过输入流为 ClassA 类对象赋值,下列说法错误的是(　　)。

A. 一般使用友元函数实现

B. 输入流类型的形参不能使用 const 限制

C. ClassA 类型的形参可以使用 const 限制

D. ClassA 类型的形参必须是引用形式

11. 关于多文档应用，下列说法错误的是(   )。

A. 可通过 MDI 区域部件(QMdiArea)实现多文档应用界面，该部件用于容纳自己管理的 MDI 子窗口

B. MDI 区域中必须要有子窗口

C. MDI 区域中可以包含多个子窗口

D. 基本窗口(QWidget)也可以作为 MDI 区域中的子窗口

二、程序分析题

1. 请阅读程序，完成填空。

```
#include <iostream>
using namespace std;
class Person;
class Date
{
    int year,month,day;
public:
    Date(int y = 2000,int m = 1,int d = 1):year(y),month(m),day(d)
    {
    }
    ______①______;
};
class Person
{
private:
    string name;
    Date birth;
public:
    Person(string _name,Date _birth)
        :name(_name),birth(_birth)
    {
    }
    int getBirthYear()
    {
        return birth.year;
    }
    ______②______;
};

void showAgeInfo(Person person,int nowYear)
{
    cout << person.name <<"'s Age is:"<< nowYear - person.getBirthYear();
}

int main()
{
    Person person("john",Date(2002,3,15));
```

```
    showAgeInfo(person,2020);
}
```

2. 下面程序的运行结果为

```
John is in grade 1
Tom is in grade 2
John is in grade 2
Tom is in grade 2
```

请完成填空。

```
#include <iostream>
using namespace std;
class Student
{
    string name;
    unsigned grade;
public:
    Student(string n,unsigned g):name(n),grade(g)
    {
    }
    void ______①______
    {
        grade = grade + 1;
    }
    ______②______;
};
ostream& operator <<(ostream& out,Student stu)
{
    out <<____③____<<" is in grade "<< stu.grade << endl;
}
int main()
{
    Student stu1("John",1),stu2("Tom",2);
    cout << stu1 << stu2;
    stu1++;
    cout << stu1 << stu2;
    return 0;
}
```

三、编程题

1. 设计一个日期类 Date,包括年、月和日,要求编写友元函数,求两个日期之间相差的天数(为方便起见,可暂不考虑闰年情形)。

2. 设计坐标类 CoordinatePoint,包含二维坐标数据成员。设计一个三角形类 Triangle,包含 3 个顶点作为数据成员,将 Triangle 类声明为 CoordinatePoint 类的友元;有成员函数返回三角形的面积;有成员函数重载运算符+,以实现求两个三角形对象的面积之和;在类外重载-运算符,实现求两个三角形的面积之差。编写主函数进行测试。

3. 在编程题 2 的基础上,重载<<运算符输出 Triangle 对象的信息(包括三点坐标、面积等);重载>>运算符实现三角形数据的输入。

4. 创建基于 QMainWindow 的 Qt 项目，实现以下要求：在主窗口添加一个菜单，包括“打开”“保存”菜单项；在项目中添加一个派生自 Widget、带界面的自定义窗口类，要求包括一个 QSpinbox 数字选择框和一个 QTextEdit 多行文本框，界面如图 8-20 所示；在主窗口添加一个上述自定义窗口类对象，并将其设置为中心部件区；单击“保存”菜单项时，保存数字选择框和多行文本框的内容；单击“打开”菜单项时，将文件的内容显示在数字选择框和多行文本框中。

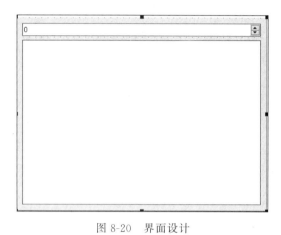

图 8-20　界面设计

四、思考题

1. 友元实际上破坏了类的封装与信息隐藏特性。那么你认为，是什么原因才使得在 C++语言中不惜破坏封装性而保留了这一机制呢？或者友元有什么好处？

2. 运算符重载在设计时，形参和返回类型在什么时候应该用 const 限制（或必须不能用），什么时候应该使用引用？请仔细思考和分辨一下。

实验 8　友元、重载与多文档应用

一、实验目的

1. 了解友元的作用，掌握友元的写法。
2. 掌握常见算术运算符的重载。
3. 掌握提取和插入运算符的重载。
4. 熟悉 Qt 多文档应用。

二、实验内容

1. 编写点类 Point，要求含有坐标等私有数据成员，具有相关的构造函数；编写矩形类 Rectangle，要求含有矩形类对角线上的两个坐标为数据成员，要求矩形类有计算周长、面积等功能，用友元类实现。

2. 设计一个时间类 Time，包括时、分、秒等私有数据成员。要求实现时间的基本运算，如一时间加上另一时间（要求通过成员函数重载＋运算符实现）、一时间减去另一时间（要求通过普通函数重载－运算符实现）等，编写主函数调用。

3. 在实验内容 2 的基础上,重载运算符<<和>>,使之可以用于时间的输入和输出。

4. 创建基于 QMainWindow 的 Qt 项目,实现以下功能。

(1) 在界面中拖入 MDI 区域部件;添加相应代码,将其设置为中心部件,在其中添加一个子窗口(QMdiSubWindow 对象)。

(2) 自定义一个包含界面的窗口类;界面中有一个 Text Edit 部件和一个按钮,按钮的功能为被单击时清空 Text Edit 部件中的内容。在界面上应用布局,使这两个部件随着窗口的大小变化而变化。

(3) 添加相应代码:调用步骤(1)中添加的 QMdiSubWindow 对象的 setWidget()函数以在该子窗口中添加一个自定义派生类的内部窗口对象。

第9章 综合实例

本章提供了几个综合应用实例，以引导读者针对实际应用需求进行分析和设计，逐步完成开发过程，以及介绍更多部件、类等的使用和示范运行效果。

9.1 随机抽组程序

1. 功能需求

本程序是根据授课的实际需求而设计的。在课程的实验教学时，采用了将学生分为小组进行组内合作，然后在课堂上随机抽取小组进行汇报、互动讨论的形式。其中在随机抽取小组进行汇报的环节，因为每次实验、每个题目的难度有所不同，为了让学生能看到一个公平的随机选择过程，避免人为的主观因素，也为了减轻教师统计的负担以及避免某组总被漏掉或总被抽到等不公平的情况，需要编写一个用于随机抽取(实验汇报)小组的程序。

具体需求如下。

(1) 学生分组信息(在开学初由学生自由组队，两人一组，一经确定后不再更改)存储于数据文件中，程序运行时显示分组列表和各组已被抽到过的情况。

(2) 抽组按轮进行，所有分组都被抽到一轮后才会继续下一轮。

(3) 指明当前要抽取的小组是要汇报哪个实验的哪道题。

(4) 由于实验课程分布于整个学期，因此每次抽取小组后，结果需要以数据文件的形式记录。且之前的抽组结果需要存档，以便在某些特殊情况下(如已抽到某组，但因各种原因该组无法汇报时)恢复到抽取之前的状态。

2. 界面设计

创建基于 QWidget 的项目 9_1，添加资源文件，并将“上海电力大学”图片添加为资源，然后进行如图 9-1 所示的界面设计。

图 9-1 中实线框的区域 horizontalLayout 是水平布局，读者可以在部件面板的 Layouts 下找到它。图 9-1 中已设置了标签和按钮上显示的文字或图片，组合框已设置了多个选项

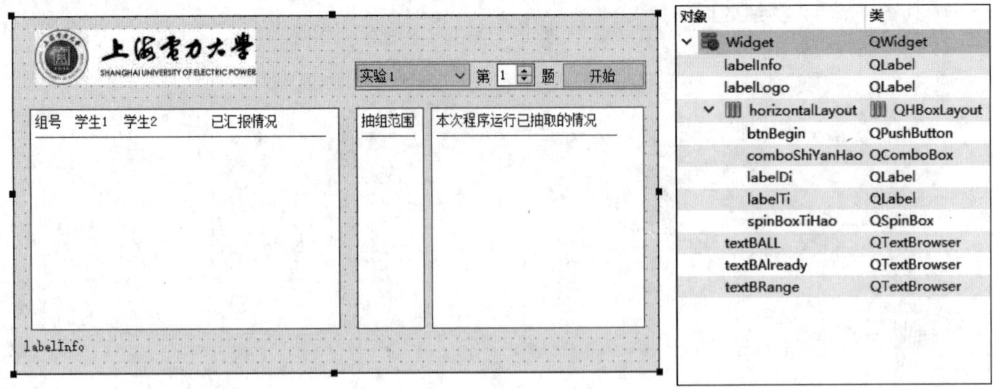

图 9-1 项目 9_1 的界面设计

(实验的名称,分别为"实验 1"至"实验 8"),数字选择框已设置了取值范围(1～5,即限制每次实验最多 5 题),文本浏览器中已设置了显示的文字颜色和文字,窗口标题已被设置为"随机抽组程序"。读者可按图 9-1 进行设置,为了方便对照,各部件的名称也对应进行了修改。

当前界面在程序运行时,如果拖动窗口改变大小,内部的部件大小是不变的,此问题可以通过在整个窗口上使用栅格布局解决。但是使用栅格布局后,读者可能会发现窗口内各个部件的大小变化了。中间的文本浏览器(显示"抽组范围")用于列出各个待抽取组的组号,并不需要太宽,可将它的 mininumSize 宽度属性设置为 20,maximumSize 也设置为 20,这样就可将其宽度固定下来。而左右两个文本框则会随着窗口的大小而变化,下面对它们的宽度比例进行设置。选中 Widget 窗口,在属性中找到 LayoutColumnStretch(如图 9-2 中虚线框所示),它的初始值默认是"0,0,0",代表目前窗口内有 3 列,列之间的宽度比例按默认;将其改为"2,0,1",表示设置第 1 列宽度是第 3 列的两倍,如图 9-2 所示。

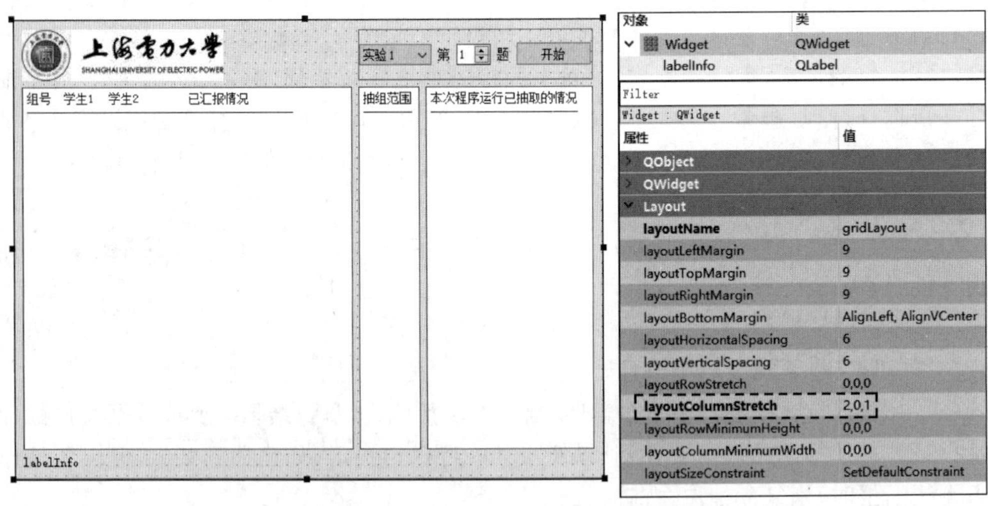

图 9-2 项目 9_1 的窗口布局

提示:图 9-2 的窗口使用了栅格布局(Grid Layout),包含了 3 行 3 列,其中 horizontalLayout(水平布局)横跨了两个单元格,labelInfo 标签横跨了 3 个单元格。

3. 分组类 Group

在项目中添加 Group 类,表示一个分组的信息。下面是该类的定义(由于该类较简单,因此成员函数均定义为内联成员函数,都写在了头文件中)。

```
/************************************
 * 项目名: 9_1
 * 文件名: group.h
 * 说  明: 组类的定义与实现
************************************/
#ifndef GROUP_H
#define GROUP_H
#include <QString>

class Group
{
public:
    Group(unsigned _no,QString s1,QString s2 = QString("0"),
            unsigned count = 0,QString detail = "")
        :no(_no),alreadyCount(count)
        ,student1(s1),student2(s2),alreadyDetail(detail)
    {
    }
    unsigned getNo() const
    {
        return no;
    }
    QString getStudent1() const
    {
        return student1
                ;}
    QString getStudent2() const
    {
        return student2;
    }
    unsigned getAlreadyCount() const
    {
        return alreadyCount;
    }
    QString getAlreadyDetail() const
    {
        return alreadyDetail;
    }
    void setgetAlreadyCount(unsigned num)
    {
        alreadyCount = num;
    }
    void setAlreadyDetail(QString str)
    {
        alreadyDetail = str;
    }
```

```
private:
    unsigned no,alreadyCount;
    QString student1,student2,alreadyDetail;
};

#endif //GROUP_H
```

类中的数据成员 no 表示当前组的编号，student1 和 student2 分别用于存储组内两个学生的姓名，alreadyCount 表示该组已被抽到的次数，alreadyDetail 记录被抽到的细节信息（第几个实验的第几题）。

4. 数据文件结构

数据文件均以文本文件的形式存储。学生分组信息提前存放于 groupList.txt 文件中，每组两人一行，组内学生姓名之间使用空白符分割（若某组只有一位成员，则第 2 位成员用 0 表示），示例文件如图 9-3(a)所示。调试时，需要将 groupList.txt 文件放在 build 目录下，运行时随发布文件夹一起发布。

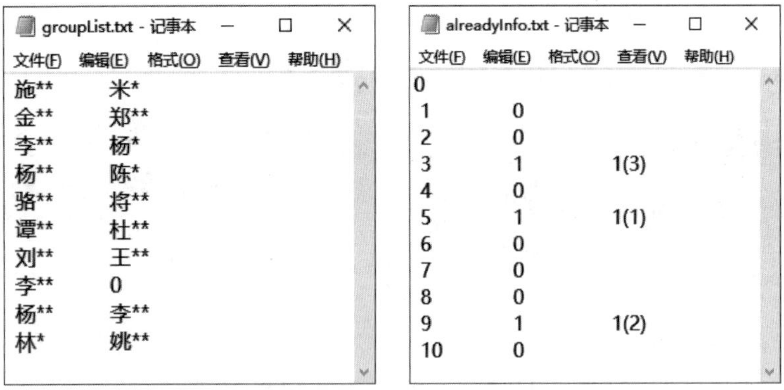

groupList.txt - 记事本
文件(F) 编辑(E) 格式(O) 查看(V) 帮助(H)

```
施**    米*
金**    郑**
李**    杨*
杨**    陈*
骆**    将**
谭**    杜**
刘**    王**
李**    0
杨**    李**
林*     姚**
```

(a) groupList.txt

alreadyInfo.txt - 记事本
文件(F) 编辑(E) 格式(O) 查看(V) 帮助(H)

```
0
1    0
2    0
3    1    1(3)
4    0
5    1    1(1)
6    0
7    0
8    0
9    1    1(2)
10   0
```

(b) alreadyInfo.txt

图 9-3　项目 9_1 的数据文件结构

每次抽取小组后，结果都会被更新到 alreadyInfo.txt 文件中（见图 9-3(b)），第 1 行数据表示已完成的轮数。之后各行中的数据依次是组号（按照 groupList.txt 中列出的顺序自动给各组编号）、本组已完成的汇报次数、汇报的细节信息。这个文件由程序自动生成，并在每次抽组后自动维护。

5. 窗口类 Widget 定义

为了实现需要的功能，在窗口类 Widget 中添加若干数据成员、成员函数和槽函数。类的定义如下。

```
/*************************************
* 项目名: 9_1
* 文件名: widget.h
* 说　明: 窗口类的定义与实现
*************************************/
```

```
#ifndef WIDGET_H
#define WIDGET_H
#include <QWidget>
#include "group.h"

namespace Ui {
class Widget;
}

class Widget : public QWidget
{
    Q_OBJECT

public:
    explicit Widget(QWidget *parent = nullptr);
    ~Widget();

private slots:
    void on_btnBegin_clicked();
    void on_btnBegin_released();
    void reUse();

private:
    Ui::Widget *ui;

    QString groupFileName,alreadyFileName;
    QList<Group> groupList,waitingList;
    unsigned roundNo,groupNum;

    void readGroupList();
    void readAlreadyList();
    void showInfo();
    void showWaiting();
    void generateWaitingList();
    void writeAlreadyList();
    void sleep(int i);
};

#endif //WIDGET_H
```

各个数据成员的含义说明如下：groupFileName 存储学生分组的数据文件名；alreadyFileName 存储抽组结果的数据文件名；groupList 存储所有的分组信息；groupNum 表示总共有多少组；waitingList 存储本轮还未被抽取到的组；roundNo 表示已进行了几轮抽取。

6. 信息读取与显示

成员函数 readGroupList()完成从已有的分组信息文件读入数据到 groupList 的功能，定义如下。

```
void Widget::readGroupList()
{
    groupList.clear();
    QFile file(groupFileName);
    if(!file.exists())
    {
        QMessageBox::information(this,"提示","未找到分组名单文件");
        exit(0);
    }
    if(!file.open(QIODevice::ReadOnly|QIODevice::Text))
    {
        QMessageBox::information(this,"提示","分组名单文件打开失败");
        exit(0);
    }
    QTextStream stream(&file);
    QString student1,student2;
    for(groupNum = 1;!stream.atEnd();groupNum++)
    {
        stream >> student1 >> student2;
        Group oneGroup(groupNum,student1,student2);
        groupList.append(oneGroup);
    }
    groupNum--;                              //总组数
    file.close();
}
```

函数运行时打开 groupFileName 表示的文件，若文件不存在或打开失败，则弹出相应的提示信息后结束程序；若正常打开，则使用 for 循环依次读出每组数据，并据此构造分组列表 groupList，同时设置总组数 groupNum 的值。

成员函数 readAlreadyList()从结果文件中读入各组已被抽取过的信息，并将信息更新到分组列表 groupList（填入各组的已被抽取情况）中。它的定义如下。

```
void Widget::readAlreadyList()
{
    QFile file(alreadyFileName);
    if(!file.exists())                      //文件不存在
    {
        file.open(QIODevice::ReadWrite|QIODevice::Text);
        QTextStream stream2(&file);
        stream2 << 0 <<"\t\t";
        for(unsigned i = 0;i < groupNum;i++)
            stream2 << endl <<" "<< i + 1 <<"\t"<< 0;
        file.close();
    }
    if(!file.open(QIODevice::ReadOnly|QIODevice::Text))
    {
        QMessageBox::information(this,"提示","文件打开失败");
        exit(0);
    }
    QTextStream stream3(&file);
```

```
    stream3 >> roundNo;                    //读入已进行了几轮
    ui -> labelInfo -> setText("共" + QString::number(groupNum) + "组,已轮流"
                          + QString::number(roundNo) + "轮,现在处于第"
                          + QString::number(roundNo + 1) + "轮");
    unsigned no,alreadyCount;
    QString alreadyDetail;
    for(int i = 0;!stream3.atEnd();i++)
    {
        stream3 >> no >> alreadyCount;
        groupList[i].setAlreadyCount(alreadyCount);
        if(alreadyCount!= 0)
        {
            stream3 >> alreadyDetail;
            groupList[i].setAlreadyDetail(alreadyDetail);
        }
    }
    file.close();
}
```

该函数运行时，会先判断结果文件是否存在。若不存在，说明本程序是第 1 次运行，则建立一个结果文件，先写入第 1 行数据 0(表示目前已完成 0 轮抽取)，然后循环写入每组的结果信息(组号、已被抽取次数 0)；若结果文件存在且打开成功，则先从结果文件中读入第 1 个数据(已进行了第几轮)，赋值给数据成员 roundNo，设置界面上显示的信息，然后通过循环读入每组的组号和已被抽取到的次数(若不为 0，还要读入被抽取的细节信息)，并更新至 groupList 中。

成员函数 showInfo()将分组信息和各组已被抽取的细节信息均显示在界面最左边的文本浏览器中，定义如下。

```
void Widget::showInfo()
{
    ui -> textBALL -> clear();
    ui -> textBALL -> setTextColor(Qt::blue);
    ui -> textBALL -> append("组号\t 学生 1\t 学生 2\t 已汇报情况");
    ui -> textBALL -> append(QString(50,'-'));
    ui -> textBALL -> setTextColor(Qt::black);
    for(int i = 0;i < groupList.size();i++)
    {
        QString info = QString::number(groupList.at(i).getNo())
                      + ":\t" + groupList.at(i).getStudent1();
        if(groupList.at(i).getStudent2()!= "0")
            info += "\t" + groupList.at(i).getStudent2();
        else
            info += "\t ";
        info += "\t" + groupList.at(i).getAlreadyDetail();
        ui -> textBALL -> append(info);
    }
}
```

由于该函数也被用来更新 textBALL 显示的内容(在成功抽取一组后)。因此，函数实现时首先会将 textBALL 的内容清空，然后再重写显示的表头。接着使用 for 循环从分组列表 groupList 中读取各组的信息(包括组号、组内学生姓名、已被抽取的细节信息(若有))并显示在 textBALL 中。

成员函数 generateWaitingList()根据分组列表 groupList 产生等待组(本轮还未被抽到的组)列表，定义如下。

```
void Widget::generateWaitingList(){
    waitingList.clear();
    for(int i = 0;i < groupList.size();i++)
    {
        if(groupList[i].getAlreadyCount()<= roundNo)
            waitingList.append(groupList.at(i));
    }
}
```

该函数主要依据各组已被抽到的次数和当前的轮数进行比较，以判定是否为等待组。成员函数 showWaiting()将等待组的组号显示在中间的文本浏览器中，定义如下。

```
void Widget::showWaiting()
{
    ui->textBRange->clear();
    ui->textBRange->setTextColor(Qt::blue);
    ui->textBRange->append("抽组范围");
    ui->textBRange->append(QString(8,'-'));
    ui->textBRange->setTextColor(Qt::black);
    if(waitingList.size()> 0)
      for(int i = 0;i < waitingList.size();i++)
        ui->textBRange->append(QString::number(waitingList[i].getNo()));
    else
    {
        roundNo = roundNo + 1;
        generateWaitingList();
        showWaiting();
    }
}
```

类似于 showInfo()函数，showWaiting()函数也先清空了 textBRange 中的内容，然后重写表头，接着进行判断。若等待组列表 waitingList 不为空(说明本轮未结束)，则使用 for 循环将各等待组的编号显示到 textBRange 中；否则说明本轮已结束，应开始下一轮(roundNo 加 1)，并重新生成等待组列表和显示。

最后在窗口类的构造函数中调用上述各个函数以完成显示功能，构造函数定义如下。

```
Widget::Widget(QWidget * parent) :QWidget(parent),ui(new Ui::Widget)
{
    ui->setupUi(this);
    setAutoFillBackground(true);
    QPalette pal  =  this->palette();
    pal.setColor(QPalette::Background, QColor(255,255,255));
    setPalette(pal);                          //设置背景为白色
```

```
        groupFileName = "grouplist.txt";
        alreadyFileName = "alreadyInfo.txt";
        readGroupList();
        readAlreadyList();
        showInfo();
        generateWaitingList();
        showWaiting();
}
```

添加的代码首先将窗口背景设置为白色，然后设置了分组数据文件名（该文件需已存在）和结果文件名，最后调用上述各个读取数据、生成数据和显示数据的函数，在界面上显示相应的信息。

提示：读者在复现该项目时，请记得添加以下头文件。

```
#include <QTextStream>
#include <QMessageBox>
#include <QFile>
```

此时，界面展示功能就已实现完毕了。以图 9-3 中 groupList.txt 文件为例，程序运行后会显示如图 9-4 所示的效果。

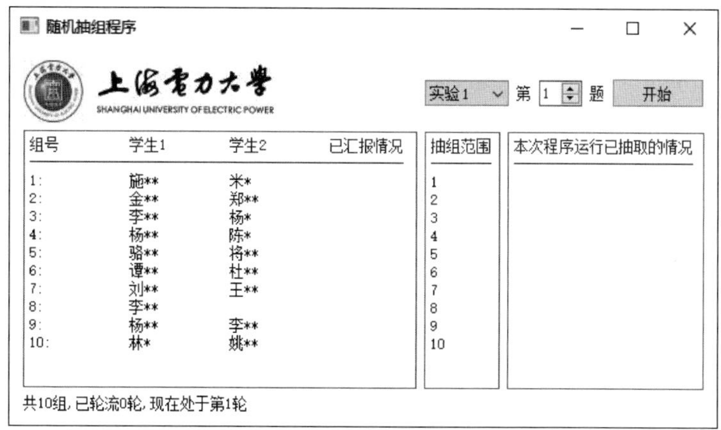

图 9-4　项目 9_1 的信息读取效果

由于抽组功能还未实现，此时显示的各组已汇报情况均为空。

7. 抽组功能的实现

先介绍 sleep() 函数，它实现的功能是将程序阻塞一段时间，定义如下。

```
void Widget::sleep(int i)
{
    QTime reachTime = QTime::currentTime().addSecs(i);
    while(QTime::currentTime()< reachTime)
        ;
}
```

reachTime 的值是在当前时间加上 i 秒，接着空循环不断运行，直到时间到达 reachTime 为止，从而实现了阻塞 i 秒的功能。

抽组完毕（实现在后面）后，信息会被更新到分组列表 groupList 中，此时需要将 groupList 中记录的信息（主要是抽组信息）写回到结果文件。这部分功能是通过成员函数 writeAlreadyList()实现的，它的定义如下。

```
void Widget::writeAlreadyList(){
    QFile file(alreadyFileName);
    QFileInfo fileInfo(alreadyFileName);
    QString newFileName = "alreadyInfo-"
            + QString::number(QDate::currentDate().month()) + "-"
            + QString::number(QDate::currentDate().day()) + "-"
            + QString::number(QTime::currentTime().hour()) + "-"
            + QString::number(QTime::currentTime().minute()) + "-"
            + QString::number(QTime::currentTime().second())
            + ".txt";
    if(!file.copy(fileInfo.absolutePath() + "\\" + newFileName))
        qDebug()<<"结果文件备份未成功";
    else
        qDebug()<<"原文件已备份为: "<< newFileName;
    int i = 0;
    for(;!file.open(QIODevice::WriteOnly|QIODevice::Text)&&i < 5;i++)
        sleep(1);
    if(i == 5)
    {
        QMessageBox::information(this,"提示","备份文件写入打开失败");
        exit(0);
    }
    QTextStream stream(&file);
    stream << roundNo <<"\t\t";                //重写 waiting 文件
    for(unsigned i = 0;i < groupNum;i++)
    {
        stream << endl <<" "<< i + 1 <<"\t"<< groupList[i].getAlreadyCount();
        if(groupList[i].getAlreadyCount()!= 0)
            stream <<"\t"<< groupList[i].getAlreadyDetail();
    }
    file.close();
}
```

首先根据原结果文件名（存储于 alreadyFileName）和当前时间生成一个新的存档文件名 newFileName，然后将原结果文件复制为 newFileName 文件以存档。

接着重写此结果文件，在打开时使用循环进行了最多 5 次的重试处理（因为有可能该文件资源还未完全被释放，循环会等待 1 秒后，再次尝试打开）。若能正常打开，则将数据成员 roundNo（已完成几轮）写入，通过 for 循环从 groupList 中得到各分组的组号、已被抽取到的次数、已被抽取的细节信息并写入。

提示：

（1）每次抽组后，都会调用该函数将之前的结果文件存档。

（2）若要恢复到存档文件时的状态，只需要关闭程序，然后将存档文件重命名为 alreadyInfo.txt，再打开程序即可。

单击“开始”按钮实现抽组功能，此按钮 clicked 信号的自关联槽定义如下。

```
void Widget::on_btnBegin_clicked()
```

```
{
    QTime time(QTime::currentTime());
    qsrand(time.msec() + time.second() * 1000);
    int n = qrand() % waitingList.size();
    int selectedNo = waitingList.at(n).getNo();
    QString str = "实验"
                + QString::number(ui->comboShiYanHao->currentIndex() + 1)
                + "第" + QString::number(ui->spinBoxTiHao->value())
                + "题:组" + QString::number(selectedNo) + "("
                + groupList.at(selectedNo - 1).getStudent1();
    if(groupList.at(selectedNo - 1).getStudent2()!= "0")
        str += "\t" + groupList.at(selectedNo - 1).getStudent2();
    str += ")";
    ui->textBAlready->append(str);
    waitingList.removeAt(n);
    QString tmp = QString::number(ui->comboShiYanHao->currentIndex() + 1)
                + "(" + QString::number(ui->spinBoxTiHao->value()) + ")";
    groupList[selectedNo - 1].setAlreadyCount(     //更新选中组的信息
            groupList.at(selectedNo - 1).getAlreadyCount() + 1);
    groupList[selectedNo - 1].setAlreadyDetail(
            groupList.at(selectedNo - 1).getAlreadyDetail() + tmp);
    writeAlreadyList();                       //写结果文件
    showInfo();                               //信息重新显示
    generateWaitingList();
    showWaiting();
}
```

函数先以当前时间的秒数和毫秒数为种子初始化随机数发生器(调用 qsrand()函数),生成随机数 n 并据此选中组 selectedNo,生成要显示的组信息字符串 str 追加显示到右边的文本浏览器 textBAlready 中,然后更新分组列表 groupList、结果文件、等待组列表 waitingList 和显示的信息。

接下来处理一些细节的问题。由于归档文件使用当前时间作为文件名,若同一秒钟内进行了两次抽组及归档(用户在抽组的时候单击按钮过快),则后一次归档结果文件会因已存在同名文件而失败。因此,这里考虑在按钮被单击后,间隔一段时间才能继续使用。

添加两个槽,一个是自定义槽函数 reUse(),定义如下。

```
void Widget::reUse()
{
    ui->btnBegin->setEnabled(true);
}
```

另一个是 btnBegin 按钮 release 信号的自关联槽,定义如下。

```
void Widget::on_btnBegin_released()
{
    ui->btnBegin->setEnabled(false);
    QTimer::singleShot(1000,this,SLOT(reUse()));
}
```

on_btnBegin_released()槽在按钮被释放时被触发,将按钮设置为不可用,然后产生一个只以 1000ms 为间隔、只会触发一次的定时器。定时器到期后执行 reUse()槽将按钮重新设置为可用。

到此为止,程序的功能就全部完成了。图 9-5 所示为已经随机抽取了 12 组之后的情形。

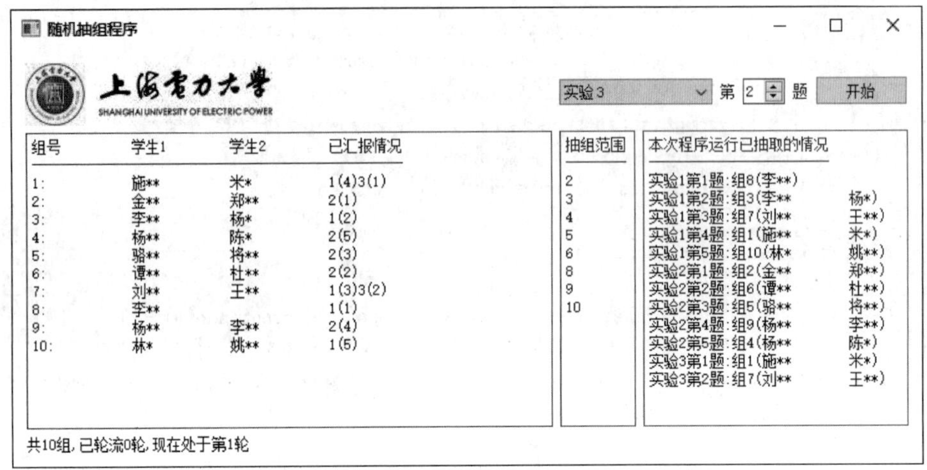

图 9-5　项目 9_1 的运行效果

提示:读者在复现此部分功能时,请记得添加以下头文件。

```
#include <QDebug>
#include <QTime>
#include <QDir>
#include <QTimer>
```

9.2　贪吃蛇游戏

相信很多读者都玩过贪吃蛇游戏吧。本节将介绍这个游戏的开发过程,展示它的设计思路和实现。

1. 功能需求

游戏的具体功能需求如下。

(1) 蛇可行走的范围为固定大小的棋盘格,四周为墙。

(2) 蛇按照固定的时间间隔向前进方向移动,每次蛇头和蛇身按照位置顺序依次前移。

(3) 在棋盘格中随机位置生成食物,当蛇咬到食物时得 1 分,同时蛇身变长一格,并生成一个新食物。

(4) 在界面上能实时显示已获得的分数。

(5) 玩家可以通过键盘上的上、下、左、右方向键控制蛇前进的方向,一旦撞墙或咬到自己的身体游戏即结束。

(6) 可以选择不同的难度,以蛇移动速度的快慢进行区分。

(7) 游戏过程可以暂停、继续和重新开始。

(8) 具有排行榜功能,在游戏结束时请用户输入玩家姓名,并参与排行。

2. 界面设计

根据以上需求创建基于 QWidget 的项目 9_2,并进行如图 9-6 所示的界面设计。图 9-6 中已修改了窗口标题为"贪吃蛇游戏",设置了各按钮上显示的文字,勾选了"暂停"按钮的 checkable 属性,指定了单选按钮组默认选中的选项,并使用布局对部件进行了排版。为方便读者对照,各部件也按照其所代表的功能设置了名字。

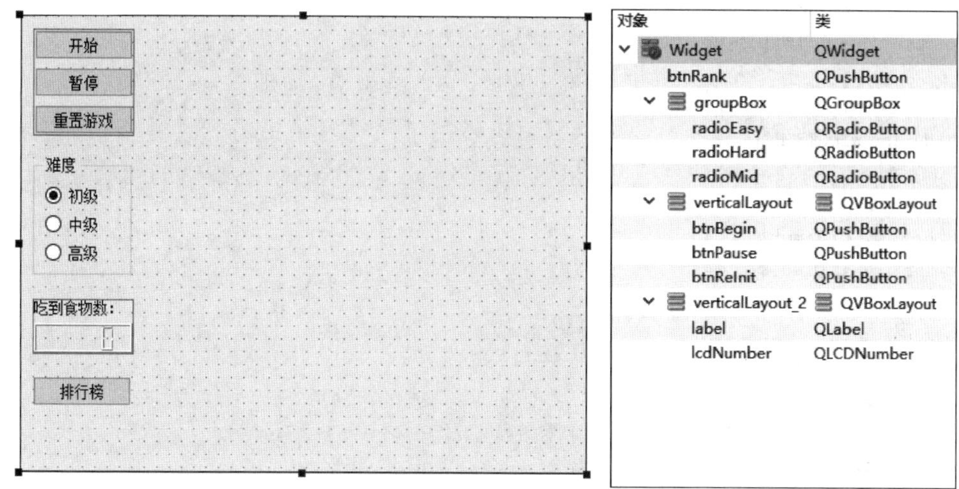

图 9-6 项目 9_2 的界面设计

选中这些部件,在属性窗口中批量将它们的 sizePolicy 的水平策略设置为 Fixed, MinimumSize 和 MaximumSize 的宽度均设置为 80,此操作的目的是固定部件的宽度,以便在右侧合适的坐标区域绘制棋盘。

同样,批量将它们的 focusPolicy 属性设置为 NoFocus,将 Widget 基本窗口的 focusPolicy 设置为 strongFocus,以便窗口总能接收按键事件。

3. 数据结构

根据需求分析可知,每个棋盘格应处于以下几种状态之一:空棋盘格、是蛇身、是蛇头、是墙、是食物,在本项目的类中,将使用嵌套的枚举类型 Role 表示棋盘格状态。所有棋盘格实时的状态可存储于一个表格结构中,它由指定行、列数(cellNumX、cellNumY)的单元格构成,本项目使用动态申请的二维数组 board 表示。

蛇使用点队列 snake 表示,每个点代表一个蛇身格子的坐标。考虑使用队列的原因在于:无论是蛇移动还是蛇吃食物,涉及坐标修改的实际上只有蛇头和蛇尾。例如,蛇向前移动一个位置,实际上是添加一个蛇头并删除一个蛇尾,蛇中间的部分无须修改;若是吃食物,只需要添加一个蛇头即可。添加蛇头时进行入队列操作,删除蛇尾时进行出队列操作。

蛇在棋盘格中游走时,有 4 个前进的方向:上、下、左、右,可用嵌套枚举类型 Direction 表示。其中,下一次前进的方向不能与当前前进方向相对,为了进行判断,分别使用 direct 和 newDirect 代表当前蛇前进的方向和用户希望蛇将要前进的方向。

为了以固定的时间间隔进行蛇的自动走动,需要创建定时器类对象 timer。另外,还需要有记录当前已吃到食物数的 foodNum、表示当前难度水平的 hardLevel、表示排行榜数据文件名 rankFile、指向排行榜窗口的 rankDlg、用于绘图时指明每个格子宽和高的 cellLengthX 和 cellLengthY 等数据成员。

根据以上分析，给出窗口类定义如下。

```
/**********************************
* 项目名: 9_2
* 文件名: widget.h
* 说  明: 窗口类的定义
**********************************/
#ifndef WIDGET_H
#define WIDGET_H

#include <QWidget>
#include <QTimer>
#include <QQueue>
#include "rankdialog.h"
namespace Ui {
class Widget;
}

class Widget : public QWidget
{
    Q_OBJECT

public:
    explicit Widget(QWidget * parent = nullptr);
    ~Widget();

protected:
    void paintEvent(QPaintEvent * );
    void keyPressEvent(QKeyEvent * event);

private slots:
    void on_btnBegin_clicked();
    void on_btnPause_toggled(bool checked);
    void on_btnReInit_clicked();
    void on_btnRank_clicked();
    void setHardLevel();
    void timeout();

private:
    Ui::Widget * ui;
    void generateFood();
    void initGame();
    void gameOver();
    enum Role                          //可选的棋盘格状态
```

```
    {
        NOTHING,SNAKEBODY,SNAKEHEAD,WALL,FOOD
    };
    enum Direction                          //可选的前进方向
    {
        UP,DOWN,LEFT,RIGHT
    };
    Role ** board;                          //用于存储整个棋盘
    QQueue<QPoint> snake;                   //用点坐标队列表示蛇身
    int cellNumX,cellNumY;                  //棋盘 x、y 方向上的格子数
    int cellLengthX,cellLengthY;            //一个格子的长和宽
    Direction direct,newDirect;             //当前蛇前进的方向,即将要前进的方向
    int hardLevel = 1;                      //当前难度水平
    QTimer * timer;                         //定时器
    int foodNum = 0;                        //总吃到食物数
    QString rankFile;                       //排行榜数据文件
    RankDialog * rankDlg;                   //排行榜窗口
};

#endif //WIDGET_H
```

代码中也给出了各个新增成员函数的声明。包含的自定义头文件 rankdialog.h 是关于排行榜对话框类 RankDialog 的定义,接下来将逐一对它们进行介绍。

4. 初始化显示

本部分介绍与初始化相关的几个函数。首先是窗口类的构造函数。

```
Widget::Widget(QWidget * parent):QWidget(parent),ui(new Ui::Widget)
{
    ui->setupUi(this);
    //设置初始参数
    cellNumX = cellNumY = 40;               //棋盘 x、y 方向上的格子数
    cellLengthX = cellLengthY = 10;         //一个格子的长和宽
    rankFile = "score.txt";
    rankDlg = new RankDialog(this,rankFile); //排行榜窗口
    timer = new QTimer(this);
    connect(timer, SIGNAL(timeout()), this, SLOT(timeout()));
    connect(ui->radioEasy,SIGNAL(clicked()),this,SLOT(setHardLevel()));
    connect(ui->radioMid,SIGNAL(clicked()),this,SLOT(setHardLevel()));
    connect(ui->radioHard,SIGNAL(clicked()),this,SLOT(setHardLevel()));
    resize(100 + 10 + cellNumX * cellLengthX,20 + cellNumY * cellLengthY);
                                                          //设置窗口大小
    setWindowFlags(windowFlags()&~Qt::WindowMaximizeButtonHint);
                                                          //禁止最大化按钮
    setFixedSize(this->width(),this->height());       //禁止拖动窗口大小
    //申请棋盘存储空间:动态二维数组 cellNumX * cellNumY
    board = new Role * [cellNumX];
    for (int i = 0; i < cellNumX; i++)
        board[i] = new Role[cellNumY];
```

```
    initGame();
}
```

构造函数中设置了棋盘包含 40×40 个格子，一个格子大小为 10×10 像素，指明了排序数据文件为 score.txt，排行榜窗口 rankDlg 指针先设置为空（待用到时再指向）。QTimer 是一个定时器类，用于以指定的时间间隔发出 timeout 信号，connect()函数将该信号与自定义关联槽 timout()连接，以便在定时器到期后能执行 timout()函数中设定的动作。3 个单选按钮的 clicked 信号也通过 connect()函数关联到自定义槽函数 setHardLevel()上（作用是设置数据成员 hardLevel 的值）。

之后的代码根据棋盘大小对窗口尺寸进行了设置，由于本项目的绘制实现是使用固定坐标，所以此处也设置了窗口不能最大化及不能通过鼠标拖动大小。

接下来为 board 申请动态的二维数组空间，它将在后续的实现中起到实时记录各个棋盘格状态的作用。

最后是调用自定义的 initGame()成员函数完成其他的初始化工作。

提示：本初始化显示部分需要添加的头文件如下。

```
#include <QPainter>
#include <QTimer>
#include <QTime>
```

构造函数中动态申请的内存空间需要在析构函数中释放，定义如下。

```
Widget::~Widget()
{
    delete ui;
    for (int i = 0; i < cellNumX; i++)      //释放棋盘空间
        delete board[i];
    delete board;
}
```

initGame()成员函数用来完成游戏初始化的工作，定义如下。

```
void Widget::initGame()
{
    foodNum = 0;                            //总吃到食物数
    ui->lcdNumber->display(foodNum);        //初始化 LCD 显示
    direct = newDirect = RIGHT;             //蛇当前前进的方向，下一次前进的方向初始值
    ui->radioEasy->setChecked(true);
    ui->btnBegin->setEnabled(true);
    ui->btnPause->setDisabled(true);
    ui->btnReInit->setDisabled(true);
    for (int i = 1; i < cellNumX - 1; i++) //设置空棋盘格的地方
        for (int j = 1; j < cellNumY - 1; j++)
            board[i][j] = NOTHING;
    for (int i = 0; i < cellNumX; i++)      //设置棋盘的最外圈是墙
    {
        board[i][0] = WALL;
        board[i][cellNumY - 1] = WALL;
        board[0][i] = WALL;
```

```
            board[cellNumX - 1][i] = WALL;
        }
        snake.clear();                          //产生初始的蛇
        snake.enqueue(QPoint(1,cellNumY/2));
        snake.enqueue(QPoint(2,cellNumY/2));
        snake.enqueue(QPoint(3,cellNumY/2));  //蛇头在队列尾
        board[1][cellNumY/2] = SNAKEBODY;
        board[2][cellNumY/2] = SNAKEBODY;
        board[3][cellNumY/2] = SNAKEHEAD;
        generateFood();                         //产生一个食物
        update();
    }
```

代码首先对界面上 LCD 的显示、按钮状态和前进方向等进行了初始设置，然后更新了棋盘的状态：中间棋盘格中没有内容，四周是墙。接着产生一个初始长度为 3 的蛇并更新了棋盘上蛇位置的状态。然后调用 generateFood()函数在棋盘上产生一个食物，最后调用 update()函数发出一个刷新事件，以便重绘窗口。

产生食物的 generateFood()函数定义如下。

```
    void Widget::generateFood()
    {
        qsrand(QTime::currentTime().msec()); //初始化随机种子
        do
        {
            int x = 1 + qrand() % (cellNumX - 1);
            int y = 1 + qrand() % (cellNumY - 1);
            if (board[x][y] == NOTHING)
            {
                board[x][y] = FOOD;
                break;
            }
        } while (true);
    }
```

该函数每次随机生成一个位置，若该位置上不是空白(如是墙、蛇身、蛇头等)，则重新随机生成，直到找到一个空白的随机位置为止，然后将它设置成食物所在位置。

刷新时最终会执行重写的 paintEvent()事件处理函数，定义如下。

```
    void Widget::paintEvent(QPaintEvent * )
    {
        QPainter painter(this);
        QBrush brush(Qt::SolidPattern);
        for(int i = 0;i < cellNumX;i++)
            for(int j = 0;j < cellNumY;j++)
            {
                switch(board[i][j])
                {
                case NOTHING:
                    brush.setColor(QColor(255,255,200)); //浅黄
                    break;
```

```
            case WALL:
                brush.setColor(Qt::black);
                break;
            case SNAKEBODY:
                brush.setColor(Qt::blue);
                break;
            case SNAKEHEAD:
                brush.setColor(Qt::darkBlue);
                break;
            case FOOD:
                brush.setColor(Qt::red);
                break;
            }
            painter.setBrush(brush);
            painter.drawRect(100 + i * cellLengthX,10 + j * cellLengthY,
                             cellLengthX,cellLengthY);
        }
    ui->lcdNumber->display(foodNum);
}
```

代码中使用了双重循环遍历棋盘中的每个单元格,并根据单元格状态的不同分别绘制不同颜色的方块。

此时就可以显示游戏的初始界面了,读者可以先注释掉 widget.h 中还未实现的成员函数、与包含文件 rankdialog.h 有关的部分,以及构造函数中的 4 个 connect()函数调用,然后运行程序,会显示如图 9-7 所示的运行效果。

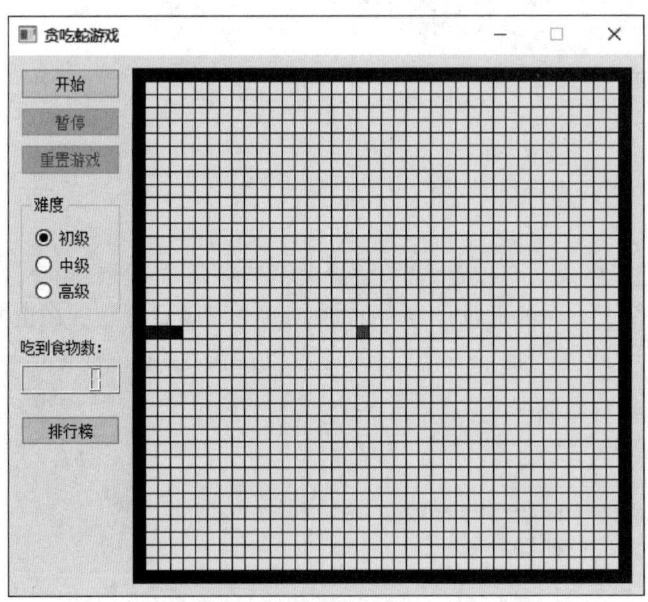

图 9-7 项目 9_2 初始显示的效果

5. 游戏基本功能

setHardLevel()槽在单选按钮被单击发出 clicked 信号时执行,作用是设置数据成员 hardLevel 的值,同时更新定时器的时间间隔,定义如下。

```
void Widget::setHardLevel()
{
    if(ui->radioEasy->isChecked())
        hardLevel = 1;
    else if(ui->radioMid->isChecked())
        hardLevel = 2;
    else
        hardLevel = 4;
    timer->setInterval(1000/hardLevel);
}
```

单击“开始”按钮时，开启定时器并设置按钮的可用状态。自关联槽函数定义如下。

```
void Widget::on_btnBegin_clicked()
{
    setHardLevel();
    timer->start(1000/hardLevel);
    ui->btnBegin->setDisabled(true);
    ui->btnPause->setEnabled(true);
    ui->btnReInit->setEnabled(true);
}
```

“暂停”按钮会根据是否处于选中状态决定是暂停还是继续。通过 QTimer 类的 blockSignals()成员函数可设置是否阻塞 timer 发出的信号。

```
void Widget::on_btnPause_toggled(bool checked)
{
    if(checked)
    {
        timer->blockSignals(true); //阻塞 timer 发出的信号
        ui->btnPause->setText("继续");
    }
    else
    {
        timer->blockSignals(false);
        ui->btnPause->setText("暂停");
    }
}
```

单击“重置游戏”按钮时恢复到游戏初始状态，自关联槽定义如下。

```
void Widget::on_btnReInit_clicked()
{
    timer->stop();
    initGame();
}
```

上述函数分别根据情况设置了定时器 timer 的状态及时间间隔，以分别控制游戏所处的不同状态。下面对定时器到期 timeout 信号关联的自定义 timeout()槽的实现进行说明。它的定义如下。

```
void Widget::timeout()
```

```
{
    QPoint delPoint;                          //蛇身上要删除的点
    QPoint snakeHead = snake.last();          //蛇头
    int newCellX = snakeHead.x();
    int newCellY = snakeHead.y();
    switch(direct)                            //更新当前方向(若为原反方向,则不变)
    {
    case UP:
        if(newDirect!= DOWN)
            direct = newDirect;
        break;
    case DOWN:
        if(newDirect!= UP)
            direct = newDirect;
        break;
    case LEFT:
        if(newDirect!= RIGHT)
            direct = newDirect;
        break;
    case RIGHT:
        if(newDirect!= LEFT)
            direct = newDirect;
        break;
    }
    switch(direct)                            //设置新蛇头的坐标
    {
    case UP:
        newCellY -= 1;
        break;
    case DOWN:
        newCellY += 1;
        break;
    case LEFT:
        newCellX -= 1;
        break;
    case RIGHT:
        newCellX += 1;
        break;
    }
    switch (board[newCellX][newCellY])
    {
    case WALL:
    case SNAKEHEAD:
    case SNAKEBODY:
        gameOver();
        break;
    case NOTHING:
        snake.enqueue(QPoint(newCellX,newCellY));
```

```
            delPoint = snake.dequeue();
            board[snakeHead.x()][snakeHead.y()] = SNAKEBODY;
            board[newCellX][newCellY] = SNAKEHEAD;
            board[delPoint.x()][delPoint.y()] = NOTHING;
            break;
        case FOOD:
            snake.enqueue(QPoint(newCellX,newCellY));
            board[snakeHead.x()][snakeHead.y()] = SNAKEBODY;
            board[newCellX][newCellY] = SNAKEHEAD;
            foodNum++;
            generateFood();
            break;
        }
        update();
    }
```

首先根据 newDirect(用户希望蛇将要前进的方向)更新 direct(蛇当前要前行的方向),这里需要注意的是蛇不能反向行进。例如,当前蛇前进的方向是向右,则下一时刻它能前行的方向为上、下、右,但不能向左,第 1 个 switch 语句中对此进行了处理。

第 2 个 switch 语句设置新的蛇头坐标,通过原蛇头坐标和前进方向计算得到。

第 3 个 switch 语句判断当前蛇前进一步后是正常状态还是吃到食物或撞到墙,并根据不同的情况进行处理。正常状态则添加新蛇头和删除旧蛇尾,即更新 snake(新蛇头进队列,旧蛇尾出队列)和棋盘 board 的状态(设置原蛇头坐标处为 SNAKEBODY,原蛇尾坐标处为 NOTHING,新蛇头坐标处为 SNAKEHEAD);吃到食物则只添加一个新蛇头(蛇身增长了),更新积分 foodNum,调用 generateFood()函数生成一个新食物;若吃到自己或撞墙则调用自定义 gameOver()成员函数结束本局游戏。

最后通过 update()调用,更新窗口棋盘的显示效果。

蛇将要前进的方向 newDirect 可由用户通过键盘进行控制,需要重写默认键盘按下事件处理函数,定义如下。

```
void Widget::keyPressEvent(QKeyEvent * event)
{
    switch (event->key())
    {
    case Qt::Key_Down:
        newDirect = DOWN;
        break;
    case Qt::Key_Up:
        newDirect = UP;
        break;
    case Qt::Key_Left:
        newDirect = LEFT;
        break;
    case Qt::Key_Right:
        newDirect = RIGHT;
    }
}
```

最后是游戏结束 gameOver()成员函数的实现。

```
void Widget::gameOver()
{
    timer->stop();
    QString playerName = QInputDialog::getText(this,"游戏结束!!!",
                                               "请输入玩家姓名:");
    if(!playerName.isEmpty())              //若输入了姓名
    {
        QFile file(rankFile);
        if(!file.exists())                 //若文件不存在,创建并写入
        {
            file.open(QIODevice::ReadWrite|QIODevice::Text);
            QTextStream stream(&file);
            stream <<" "<< playerName <<" "<< foodNum;
            file.close();
        }
        else if(!file.open(QIODevice::WriteOnly|QIODevice::Append|
                           QIODevice::Text))
            QMessageBox::information(this,"提示","排行榜文件打开失败");
        else
        {
            QTextStream stream(&file);
            stream <<" "<< playerName <<" "<< foodNum;
            file.close();
        }
    }
    initGame();
}
```

该函数实现的功能依次为:结束定时器,弹出一个对话框请用户输入玩家姓名并写入排行榜文件中(该文件若无则生成一个),再次初始化游戏以便为下局做好准备。

提示:本基本功能部分需要新增包含的头文件如下。

```
#include <QKeyEvent>
#include <QInputDialog>
#include <QTextStream>
#include <QMessageBox>
```

此时运行程序(需要注释掉与尚未实现 RankDialog 类有关的部分),效果如图 9-8 所示。

6. 排行榜

排行榜数据存放于外部的数据文件。从前面 gameOver()成员函数的实现可以看到,每次游戏结束时,相关的信息会被写入数据文件。

显示排行榜需要一个单独的对话框界面,为此,为项目添加一个基于 QDialog(选择 Dialog without Buttons 界面模板)的 Qt 设计师界面类 RankDialog,并在其中拖入一个列表部件(命名为 rankList,用于显示排名信息)。在 RankDialog 类中添加一个表示排行榜数据

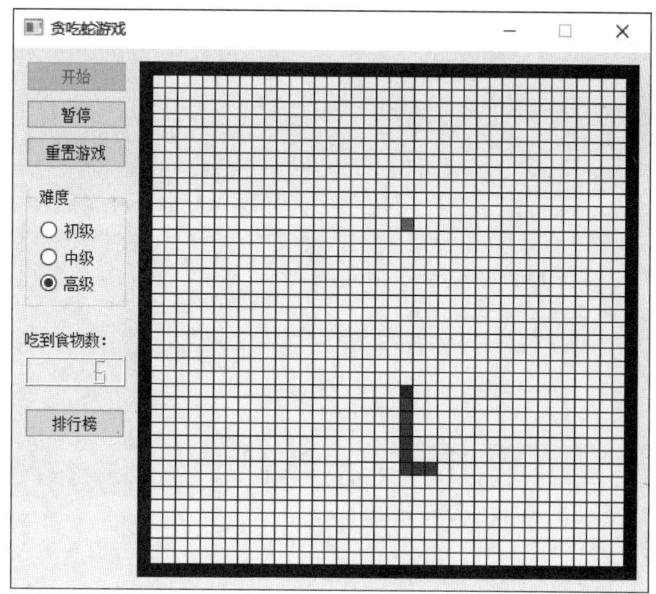

图 9-8　项目 9_2 游戏进行期间的效果展示

文件名的私有数据成员：

```
QString rankFile;
```

然后修改构造函数实现对它的赋值(添加了用于传递文件名的形参),定义如下。

```
RankDialog::RankDialog(QWidget * parent, QString rankFile) :
                    QDialog(parent),ui(new Ui::RankDialog)
{
    ui->setupUi(this);
    this->rankFile = rankFile;
}
```

单击游戏窗口中的“排行榜”按钮时,会弹出“排行榜”对话框,并展示排序好的得分数最高的 5 位玩家的信息。此部分功能是通过在 RankDialog 类中添加的公有成员函数 rankAndShow()实现的,定义如下。

```
void RankDialog::rankAndShow()
{
    QFile file(rankFile);
    if(!file.exists())                    //文件不存在
    {
        QMessageBox::information(this,"提示","未找到排行榜文件!");
        return;
    }
    if(!file.open(QIODevice::ReadOnly|QIODevice::Text))
    {
        QMessageBox::information(this,"提示","排行榜文件打开失败");
        return;
```

```
    }
    QString playerName;
    int playerScore;
    QList < QString > nameList;
    QList < int > scoreList;
    QTextStream stream(&file);
    while(!stream.atEnd())                    //读出所有的玩家数据
    {
        stream >> playerName >> playerScore;
        nameList.append(playerName);
        scoreList.append(playerScore);
    }
    file.close();
    for(int i = 0;i < scoreList.size() - 1;i++)  //按得分排序
        for(int j = i + 1;j < scoreList.size();j++)
            if(scoreList.at(j)> scoreList.at(i))
            {
                scoreList.swap(i,j);
                nameList.swap(i,j);
            }
    ui -> rankList -> clear();
    for(int i = 0;i < nameList.size()&&i < 5;i++)  //显示得分最高的前 5 名
        ui -> rankList -> addItem("第" + QString::number(i + 1) + "名: "
                                  + nameList.at(i)  + "\t"
                                  + QString::number(scoreList.at(i)) + "分");

    show();
}
```

若数据文件存在且打开成功，则通过 while 循环依次读入每个玩家的姓名和得分，分别存放在列表 nameList 和 scoreList 中。然后通过双重 for 循环按得分进行排序，再在窗口的列表部件加入前 5 名的信息，最后调用 show()函数把自己显示出来。

提示： rankdialog.cpp 中需要新增包含的头文件如下。

```
#include < QFile >
#include < QMessageBox >
#include < QList >
#include < QTextStream >
```

现在回到游戏窗口，实现单击“排行榜”按钮时的功能。clicked 信号的自关联槽定义如下。

```
void Widget::on_btnRank_clicked()
{
    if(rankDlg == nullptr)
        rankDlg = new RankDialog(this,rankFile);  //排行榜窗口
    rankDlg -> rankAndShow();
}
```

排行榜效果如图 9-9 所示。

至此，游戏的功能就全部完成了。现在放松一下，玩两局测试一下吧！

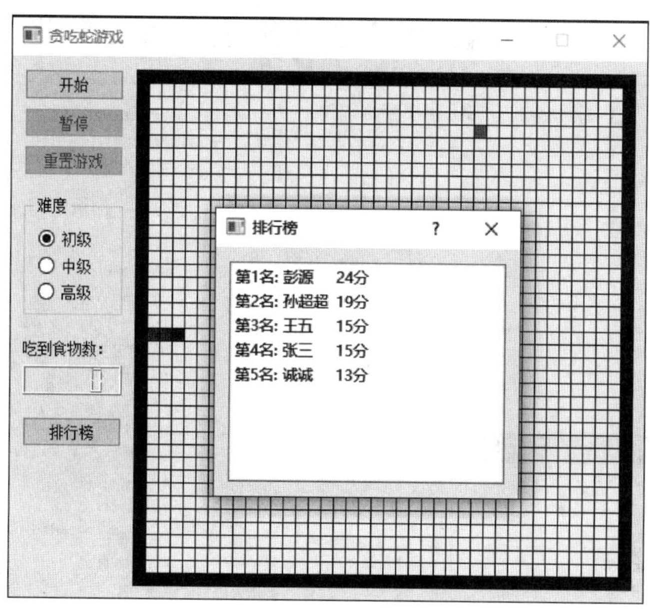

图 9-9　项目 9_2 排行榜效果展示

9.3　图片浏览器

1. 功能需求

本节实现的图片浏览器是一个较常见的软件，用户可以方便地浏览计算机中的图像文件，并进行与显示效果有关的简单操作。本程序支持常见的图像文件格式（JPG、BMP、PNG 等），具体的功能需求分析如下。

（1）能够列出用户指定目录内的图像文件。

（2）可按顺序浏览图片（提供前后图片切换的功能按钮）以及自由切换图片。

（3）图像可放大、缩小显示，可自适应窗口大小显示或按照原图大小显示。

（4）可调整图像显示的方向。

（5）提供当前文件信息查看的功能。

（6）具有友好的操作接口，界面美观实用。

2. 界面设计及简单交互实现

根据上述需求创建基于 QMainWindow 的项目 9_3，读者请自行添加图标资源，然后设计如图 9-10 所示的界面。限于篇幅显示的关系，图中对象浏览器内折叠了 mainToolBar 的部分，读者可通过动作编辑器窗口和设计的窗体对照进行查看。

除图 9-10 中已有的设置之外，通过 Qt Designer 还进行了以下操作：将主窗口的 WindowTitle 属性设置为“图片浏览器”，删除了默认生成的 statusBar 对象（未使用到），设置 dockWidget 的可停靠区域为窗口的左右两边（allowedAreas 属性勾选 LeftDockWidgetArea、RightDockWidgetArea），将 scrollArea 部件的 frameShap 属性设置为 noFrame（不显示边

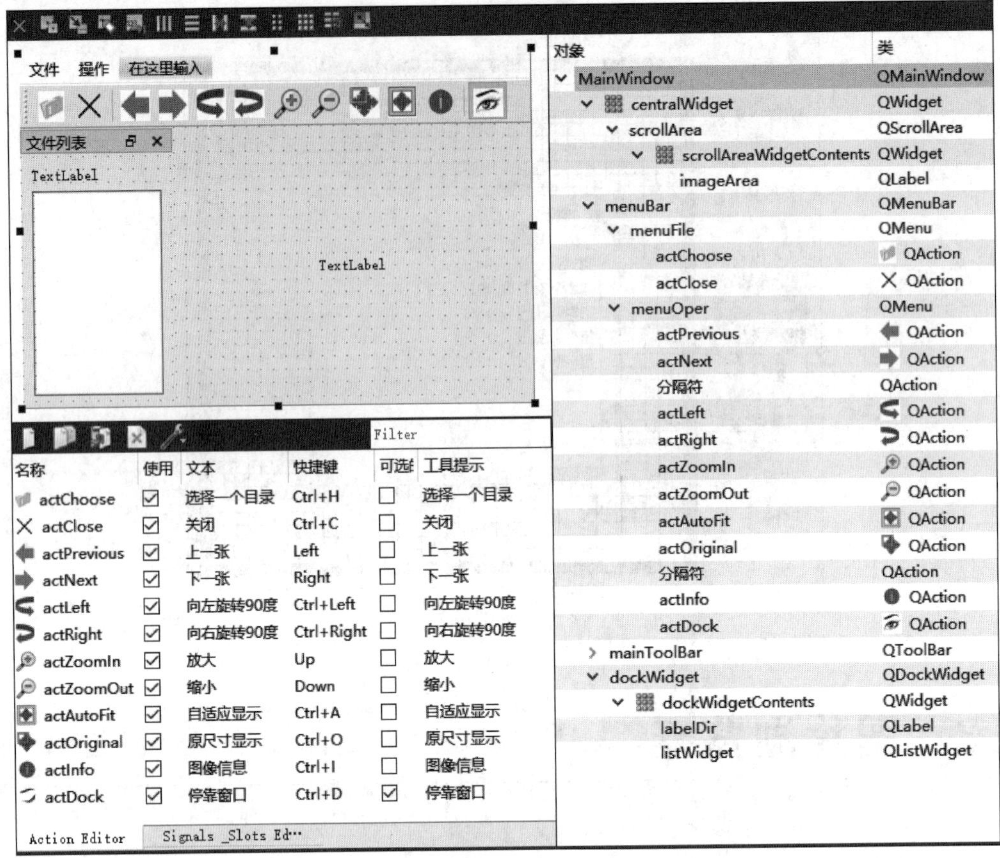

图 9-10　项目 9_3 的界面设计

框)，将 imageArea 部件的 alignment 属性设置为水平、垂直均居中对齐(AlignHCenter、AlignVCenter)。

提示：QScrollArea 滚动区域部件可在部件面板 Containers 下找到，它是一个可带有滚动条的区域，用于容纳其他部件。当区域内的部件尺寸超过了滚动区域大小时会显示出滚动条。

在信号与槽编辑器窗口关联如图 9-11 所示的信号与槽，目的是触发 actDock 时(图标为眼睛的按钮)可停靠窗口 dockWidget 能随之显示或隐藏；反之亦如此。

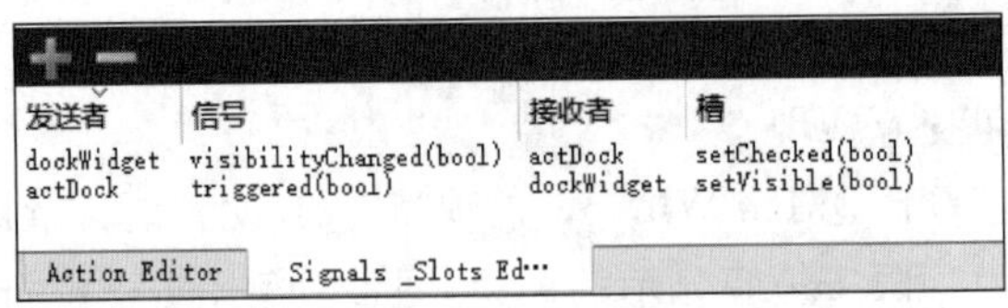

图 9-11　项目 9_3 的信号与槽关联

3. 主窗口类定义

根据程序实现的需要，在主窗口类中需要添加若干用于存储信息的数据成员、用于实现各功能的成员函数和槽，定义如下。

```
/**********************************
 * 项目名: 9_3
 * 文件名: mainwindow.h
 * 说  明: 主窗口类的定义
**********************************/
#ifndef MAINWINDOW_H
#define MAINWINDOW_H

#include <QMainWindow>
#include <QFileInfoList>
#include <QListWidgetItem>
namespace Ui {
class MainWindow;
}

class MainWindow : public QMainWindow
{
    Q_OBJECT

public:
    explicit MainWindow(QWidget *parent = nullptr);
    ~MainWindow();

private slots:
    void on_actChoose_triggered();
    void initState();
    void on_actNext_triggered();
    void on_actPrevious_triggered();
    void on_listWidget_itemClicked(QListWidgetItem *);
    void on_actLeft_triggered();
    void on_actRight_triggered();
    void on_actZoomIn_triggered();
    void on_actZoomOut_triggered();
    void on_actOriginal_triggered();
    void on_actAutoFit_triggered();
    void on_actInfo_triggered();

protected:
    void resizeEvent(QResizeEvent *event);

private:
    Ui::MainWindow *ui;

    void showImage();
    QFileInfoList fileList;              //当前目录下的图像文件列表
    int rotate;                          //旋转角度
    double zoomFactor;                   //缩放因子
    int currentIdx;                      //当前文件索引
    bool isAutoFit;                      //是否自适应大小显示
};

#endif //MAINWINDOW_H
```

fileList 用于在用户指定目录后，存储该目录下所有符合条件的图像文件信息；rotate 记录图像显示时用户指定的旋转角度，取值有 4 个：0、90、180、270；zoomFactor 是缩放因子，表示图像显示尺寸与原图尺寸的比例关系，在缩放图像时使用；currentIdx 是当前文件索引，与 fileList 配合使用，以确定当前操作的图像文件；isAutoFit 是一个布尔类型的数据成员，用于指示当前是否以自适应主窗口大小的方式显示图像。

4. 初始显示

主窗口构造函数对主窗口和可停靠窗口的背景进行了设置，然后调用 initStat()自定义槽完成初始的设置工作，并将 actClose 被单击时触发的 triggered()信号（作用为关闭当前目录）与 initStat()槽关联。

```
MainWindow::MainWindow(QWidget * parent)
            :QMainWindow(parent),ui(new Ui::MainWindow)
{
    ui->setupUi(this);
    QPalette pal = this->palette();
    pal.setColor(QPalette::Background, Qt::white);
    setPalette(pal);                          //设置主窗口背景为白色
    pal = ui->dockWidget->palette();
    pal.setColor(QPalette::Background, QColor(240,240,240));
    ui->dockWidget->widget()->setAutoFillBackground(true);
    ui->dockWidget->setPalette(pal);   //设置可停靠窗口背景为浅灰色
    initState();
    connect(ui->actClose,SIGNAL(triggered()),this,SLOT(initState()));
}
```

initState()自定义槽实现也比较简单，主要是设置数据成员的初始值和界面上各部件的可用状态，定义如下。

```
void MainWindow::initState()
{
    ui->listWidget->clear();
    ui->imageArea->clear();
    ui->labelDir->clear();
    rotate = 0;
    zoomFactor = 1;
    currentIdx = -1;
    fileList.clear();
    isAutoFit = true;                         //图像初始默认以自适应大小的形式显示
    ui->actClose->setDisabled(true);
    ui->actPrevious->setDisabled(true);
    ui->actNext->setDisabled(true);
    ui->actZoomIn->setDisabled(true);
    ui->actZoomOut->setDisabled(true);
    ui->actLeft->setDisabled(true);
    ui->actRight->setDisabled(true);
    ui->actAutoFit->setDisabled(true);
    ui->actOriginal->setDisabled(true);
    ui->actInfo->setDisabled(true);
}
```

5. 指定目录并显示第 1 幅图像

单击 actChoose 选项可打开一个选择目录的对话框,并完成用户指定目录下图像文件名的列表展示、目录名显示和第 1 幅图像显示的功能。它的定义如下。

```
void MainWindow::on_actChoose_triggered()
{
    QString dirPath = QFileDialog::getExistingDirectory(this,
                        "请选择目录","c:/");
    if(dirPath.isNull())
        return;
    initState();
    ui->labelDir->setText(dirPath);              //显示目录信息
    QDir dir(dirPath);
    QStringList suffixList;
    suffixList<<"*.jpg"<<"*.bmp"<<"*.png";       //文件名过滤器
    fileList = dir.entryInfoList(suffixList,QDir::Files);
    if(fileList.size() == 0)                      //目录下无指定扩展名的图像文件
    {
        ui->imageArea->clear();
        ui->actClose->setEnabled(true);
    }
    else
    {
        for(int idx = 0;idx < fileList.size();idx++)  //显示图像文件列表
                ui->listWidget->addItem(fileList.at(idx).fileName());
        currentIdx = 0;                           //默认当前为第 1 幅图像
        ui->actClose->setEnabled(true);
        ui->actZoomIn->setEnabled(true);
        ui->actZoomOut->setEnabled(true);
        ui->actLeft->setEnabled(true);
        ui->actRight->setEnabled(true);
        ui->actAutoFit->setEnabled(true);
        ui->actOriginal->setEnabled(true);
        ui->actInfo->setEnabled(true);
        showImage();                              //显示图像
    }
}
```

这里通过字符串列表 suffixList 给出了本程序支持的图像文件扩展名列表,读者也可自行扩充(需是 QImage 类能够支持的格式,如 *.jiff 等)。主要的显示操作功能在自定义成员函数 showImage()中实现,它的定义如下。

```
void MainWindow::showImage()
{
    QImage imgOrigin = QImage(fileList.at(currentIdx).absoluteFilePath());
    QMatrix matrix;
    matrix.rotate(rotate);
    QImage imgRotate = imgOrigin.transformed(matrix);  //旋转
    if(isAutoFit)
    {
```

```
        double z1 = (ui->scrollArea->width())/double(imgRotate.width());
        double z2 = (ui->scrollArea->height())/double(imgRotate.height());
        zoomFactor = z1 < z2?z1:z2;
    }
    QSize curSize = imgRotate.size() * zoomFactor;
    if(isAutoFit)
    { //自适应大小时,要将图像尺寸设置的比滚动区域小一些,重新计算缩放因子
        curSize.setWidth(curSize.width() - 25);
        curSize.setHeight(curSize.height() - 25);
        double z1 = curSize.width()/double(imgRotate.width());
        double z2 = curSize.height()/double(imgRotate.height());
        zoomFactor = z1 < z2?z1:z2;
    }
    if(curSize.width()< 20)                              //图像太小时,设置最小尺寸
        curSize.setWidth(20);
    if(curSize.height()< 20)
        curSize.setHeight(20);
    QImage imgScaled = imgRotate.scaled(curSize,Qt::KeepAspectRatio);
    ui->imageArea->setPixmap(QPixmap::fromImage(imgScaled));
    ui->listWidget->setCurrentRow(currentIdx);
    if(currentIdx >= 1)
        ui->actPrevious->setEnabled(true);
    else
        ui->actPrevious->setDisabled(true);
    if(currentIdx < fileList.size() - 1)
        ui->actNext->setEnabled(true);
    else
        ui->actNext->setDisabled(true);
}
```

此函数获取原始图像到 imgOrigin 后,先通过 transformed()成员函数进行了旋转变换得到旋转后图像 imgRotate,其中 matrix 是一个变换矩阵。然后再进行尺度的变换,若是自适应窗口大小,还需要先计算缩放因子(根据滚动区域和图像原始尺寸的比例关系确定),再据此设置显示图像的大小。为了避免出现滚动条,自适应大小的图像实际显示时尺寸应比滚动区域要小一些,代码中对此细节问题进行了处理。

6. 其他的显示功能

单击触发 actNext 选项实现显示下一幅图像,单击触发 actPrevious 选项实现显示上一幅图像。它们的实现代码是类似的。以 actNext 为例,自关联槽定义如下。

```
void MainWindow::on_actNext_triggered()
{
    currentIdx = currentIdx + 1;
    showImage();
}
```

actPrevious 的自关联槽只需将代码中的 currentIdx 加 1 变成减 1 即可。

单击触发 actZoomIn 选项实现将图像放大显示,单击触发 actZoomOut 选项实现将图像缩小显示。前者的自关联槽定义如下。

```
void MainWindow::on_actZoomIn_triggered()
{
    isAutoFit = false;
    zoomFactor = zoomFactor * 1.1;
    showImage();
}
```

而对 actZoomOut 被触发时的槽实现，只需将 zoomFactor 值更新为乘上 0.9 即可。

actLeft、actRight 被触发时执行的槽分别实现将图像向左、向右旋转 90°的功能。前者的定义如下。

```
void MainWindow::on_actLeft_triggered()
{
    rotate = (rotate - 90) % 360;
    showImage();
}
```

同理，对于 actRight 被触发时执行的槽，将代码中的"－90"改为"＋90"即可。

自适应窗口大小 actAutoFit 被触发时的自关联槽定义如下。

```
void MainWindow::on_actAutoFit_triggered()
{
    isAutoFit = true;
    showImage();
}
```

类似地，以原始尺寸显示图像 actOriginal 的自关联槽定义如下。

```
void MainWindow::on_actOriginal_triggered()
{
    isAutoFit = false;
    zoomFactor = 1;
    showImage();
}
```

单击列表框中的项时可自由切换当前显示的图像，关联的槽函数定义如下。

```
void MainWindow::on_listWidget_itemClicked(QListWidgetItem * )
{
    isAutoFit = true;                                    //默认显示为自适应窗口大小
    currentIdx = ui -> listWidget -> currentRow();
    showImage();
}
```

在自适应窗口大小显示时，如果用户重设了主窗口的大小（如通过鼠标拖动边界、单击最大化按钮等方式），图像也应当能够重新根据新的窗口尺寸自动更新显示。这需要重写主窗口默认 QResizeEvent 事件的处理函数，定义如下。

```
void MainWindow::resizeEvent(QResizeEvent * event)
{
    QMainWindow::resizeEvent(event);                     //完成默认操作
    if(isAutoFit&&!fileList.isEmpty())
```

```
        showImage();
    }
```

最后是文件信息显示 actInfo 功能的实现。

```
void MainWindow::on_actInfo_triggered()
{
    QImage img = QImage(fileList.at(currentIdx).absoluteFilePath());
    QFileInfo info(fileList.at(currentIdx).absoluteFilePath());
    QString str;
    str += "分辨率:\t\t" + QString::number(img.width())
                                + " * " + QString::number(img.height()) + "\n";
    str += "位深度:\t\t" + QString::number(img.depth()) + "\n";
    str += "创建日期:\t" + info.birthTime().toString() + "\n";
    QMessageBox::information(this,"关于" + info.fileName() + "的信息",str);
}
```

被触发执行时会显示一个消息框,给出当前图像的分辨率、位深度、创建日期等信息。

提示:mainwindow.cpp 中需要另添加的头文件如下。

```
#include <QPixmap>
#include <QDir>
#include <QFileDialog>
#include <QMessageBox>
#include <QDateTime>
```

此时已完成了全部的开发过程。图 9-12 所示为已打开一个目录,选择显示最后一幅图片且已单击触发 actInfo 后的运行效果。显示的方式设置为自适应窗口大小、向右旋转 90°。

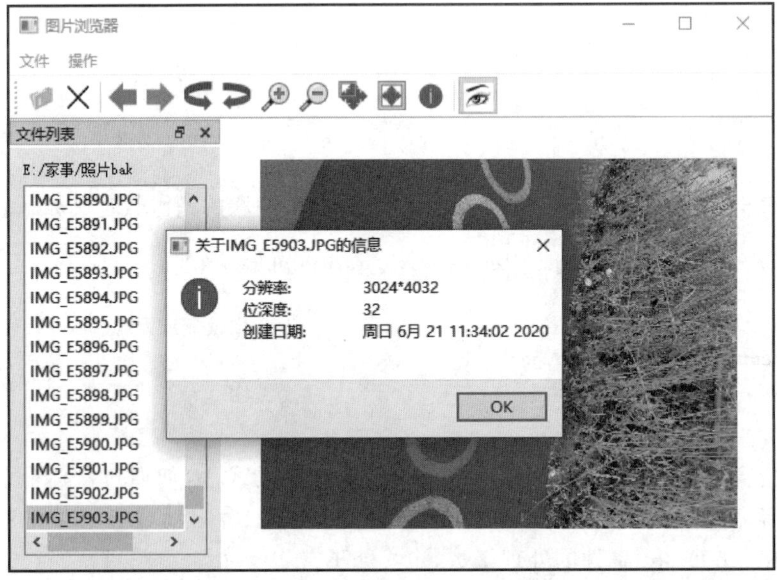

图 9-12　项目 9_3 的运行效果

附录A 集成开发环境 Qt Creator

1. Qt 介绍

Qt 是一个基于 C++语言的跨平台开发框架。它最初只是一个 GUI 开发框架，经过多年的发展，目前已成为完善的 C++应用开发框架，提供了网络、数据库、OpenGL、Web 技术、传感器、通信协议、XML 和 JSON 处理、打印、PDF 生成等众多领域的跨平台开发模块。

Qt 是面向对象的，因此模块化的程度非常高，可重用性好；提供了丰富的 API，使用户能够快速方便地进行开发；引入了特有的信号与槽通信机制，使互不相关的对象之间可以以一种非常简单的方式相互通信，此机制在 GUI 应用开发中使用尤其广泛；具有优良的跨平台特性(即使用 Qt 编写出的代码一般不需要做特殊处理，就可以在不同的操作系统平台上进行编译)，支持 Windows、Linux、Android、iOS、Mac OS 等系统，基本覆盖了现有的所有主流平台。

Qt 为开发大规模复杂应用程序提供了保障，是目前基于 C++语言的发展最好的一个通用开发框架。大量的应用产品都基于 Qt 开发，如广为熟悉的办公软件 WPS Office、谷歌地球(Google Earth)、Opera 浏览器、思科网络模拟器 GNS、即时通信软件 Skype、LaTeX 编辑器 TexWorks、极品飞车游戏等。在工业控制、3D、虚拟现实、军工、船舶、机械嵌入软件、汽车等行业领域也大量地使用了 Qt 进行开发，全世界多数新的核电站、能源、舰船等的控制系统都是基于 Qt 开发的，几乎所有国家的防御、情报、应急等控制中心都是基于 Qt 开发，或正在转向使用 Qt 开发(其实最主要的原因是使用 C++进行开发)。

2. 下载与安装

本书使用的操作系统环境为 Windows10(x64)，Qt 版本是 Qt5.12.4，读者可在本书提供的电子资源中获取此版本安装包的下载链接。

提示：

Qt5.12 是一个受长期支持(Long-term Support，LTS)的版本，官方提供三年的后续支持，Qt5.12.4 于 2019 年 6 月发布。

Qt 官网目前仅提供在线安装包，读者可以从地址 https://www.qt.io/download-open-source 中点击“Qt Online Installer”，然后根据所使用的操作系统平台下载对应的在线安装包,并在安装时选择最新的 Qt 版本(如 6.7.2)。

Qt 安装包中已包含了一个 Qt Creator,这是一个用于 Qt 开发的轻量级跨平台的集成开发环境,读者可使用该集成开发平台完成代码的编写、调试和运行等工作。当然,读者也可以使用其他的集成开发环境,并在其中安装 Qt 库以支持 Qt 应用的编写(如在 Visual Studio 中安装 Qt)。

下面以 Windows 下 Qt5.12.4 的安装为例,说明安装过程。

双击下载的文件开始安装,按默认选项,依次单击 Next 按钮,新创建一个 Qt 账户并接受服务协议,依次单击 Next 按钮、"下一步"按钮、"下一步"按钮,进入如图 A-1 所示的"选择组件"界面。

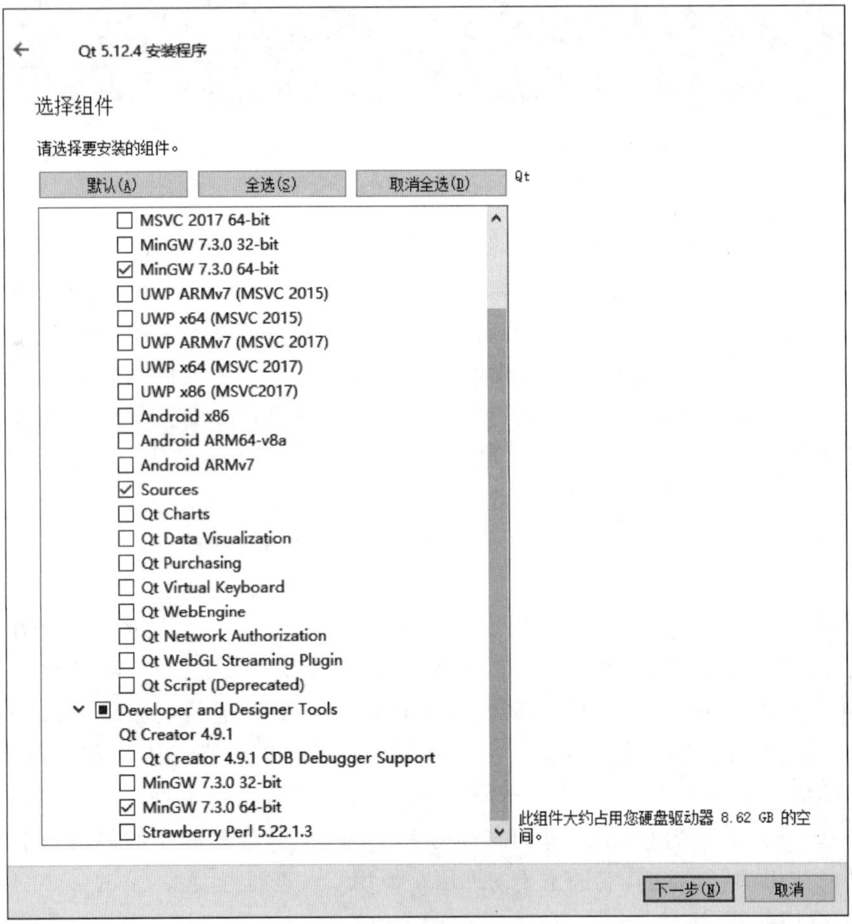

图 A-1　选择组件

在该界面中选择要安装的模块,Qt5.12.4 菜单下是 Qt 的功能模块,可根据需要进行添加。Developer and Design Tools 菜单下是一些工具软件。由于 Qt Creator 集成开发环境中并不包括自己的编译器,而是使用第三方编译器,因此这里至少需要选择一个 C++编译集成软件包(如 MingGW、MSVC 等),本书使用安装包中自带的 MinGW 7.3.0 64-bit,勾选与之相关的组件和工具,如图 A-1 所示。另外,Sources 组件中是 Qt 的源程序,出于学习的目的,建议安装该模块。其他组件模块和工具可根据需要自行选择。

之后按照默认选项依次单击“下一步”按钮，勾选 I have read and agree to the terms contained in the license agreements 后单击“下一步”按钮，单击“安装”按钮，等待安装过程结束。

提示：安装期间如果发生.dll 文件拒绝访问等错误，请关闭杀毒软件等再试。

安装完成后，打开操作系统的“开始”菜单，会发现出现了一个 Qt5.12.4 菜单组，组内的 Qt Creator4.9.1 即为集成的编程开发环境，单击它即可打开默认的欢迎界面，如图 A-2 所示。

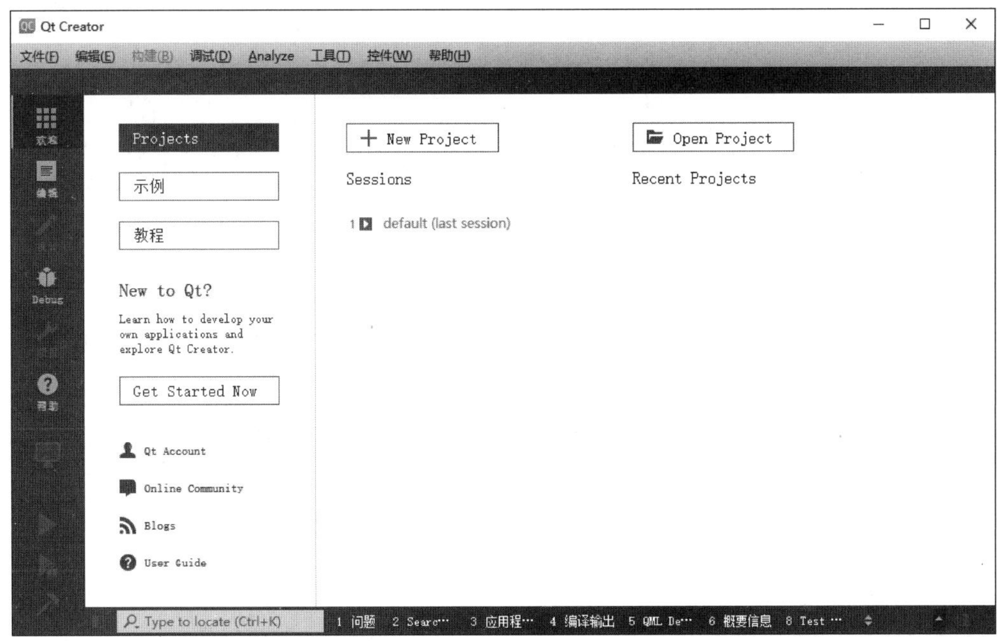

图 A-2　Qt Creator 集成开发环境

按照 3.4.1 节所述，使用向导创建一个项目（注意项目路径中不要有中文），若能正确编译运行，则说明开发环境安装正常。

附录B 计算机视觉库 OpenCV

1. OpenCV 介绍

OpenCV(Open Source Computer Vision Library)是由 Intel 公司开发的一个开源、跨平台的计算机视觉库，实现了图形图像处理和计算机视觉领域中的很多算法。该库使用了 C 和 C++语言编写完成，主要接口是 C++语言，但也提供了大量的 Python、Java 和 Matlab 等语言的接口，支持 Windows、Linux、Android、iOS、FreeBSD 和 Mac OS 等操作系统。

OpenCV 库主要的应用领域包括图像数据操作、图像处理算法、矩阵计算及线性代数算法、运动跟踪、运动分析、目标识别、机器学习等。

2. 下载与安装

下面介绍在已按照附录 A 安装了 Qt5.12.4 的 Windows 10(x64)平台上进行 OpenCV 的配置。

提示：

(1) 关于如何在 Windows 上安装 Qt 和 OpenCV 库，官方指导文件地址为 https://wiki.qt.io/How_to_setup_Qt_and_openCV_on_Windows。

(2) 由于配置过程较烦琐，建议读者按照书中同样的目录进行设置。

1) 下载 OpenCV 库

OpenCV 库的下载地址为 https://opencv.org/releases/，打开网页后可看到各个 OpenCV 库的版本，本书使用的是 4.3.0 版，单击其中的 Windows(见图 B-1)按钮即可开始安装文件的下载(文件名为 opencv-4.3.0-vc14_vc15.exe)。

下载完毕后双击安装文件，这里的安装实际上是一个解压缩的过程，将文件解压到用户指定的位置(本书设置的目录为 C:\ opencv-4.3)。

2) 安装 CMake 软件

CMake 是一个跨平台的编译配置工具，此处用它实现 OpenCV 库针对 MinGW 编译器的编译配置。CMake 的下载地址为 https://cmake.org/download/。本书使用的是 3.17.3 版的 Windows 版本，安装文件名为 cmake-3.17.3-win64-x64.msi，读者也可选择网站上提供的最新版本。

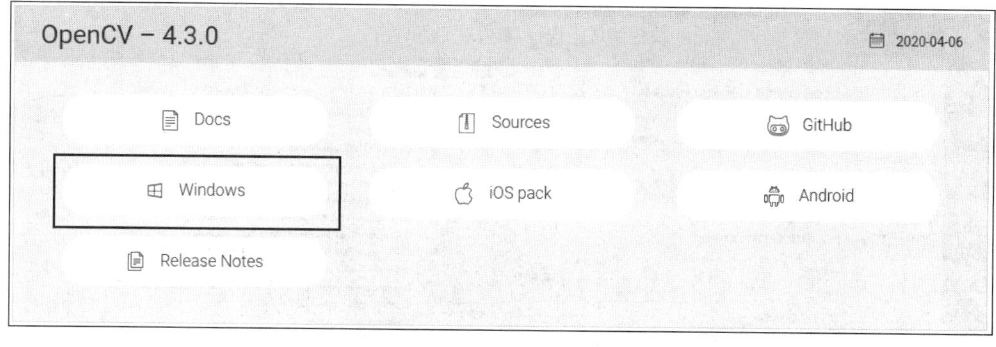

图 B-1　OpenCV 下载

双击安装文件，单击 Next 按钮，勾选 I accept the terms in the License Agreement 选项，继续单击 Next 按钮，打开如图 B-2 所示的安装选项界面，勾选 Add CMake to the sytem PATH for all users 选项。

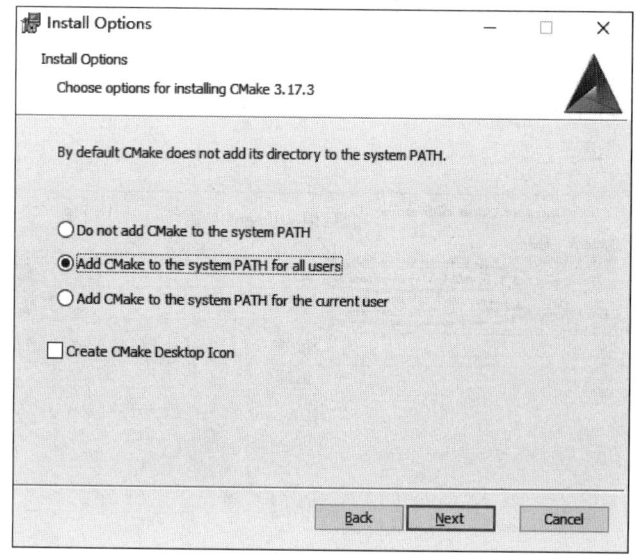

图 B-2　安装选项

继续单击 Next 按钮，使用默认安装目录(C:\Program Files\CMake，也可自行指定安装目录)，再依次单击 Next 和 Install 按钮，等待安装完成。

3) 使用 CMake 进行 OpenCV 库的编译配置

前面下载并解压后的 OpenCV 库需要经过编译才能使用。在此之前，首先使用 CMake 工具进行一些编译配置。

首先将 MinGW 添加到系统环境变量中，以便系统能自动找到 MingGW 工具。具体操作如图 B-3 所示。右击“此电脑”图标，在弹出的快捷菜单中选择“属性”，打开图 B-3 中步骤 2 所在的窗口，接着依次单击步骤 2～步骤 5 所示的按钮(相关窗口会在单击按钮后打开)，最终在步骤 6 处添加 MingGW 编译工具所在的目录。本书 Qt 安装在 C:\Qt\Qt5.12.4 路径下，自带的 MinGW 工具的目录为 C:\Qt\Qt5.12.4\5.12.4\mingw73_64\bin，读者可根据自己实际的 Qt 安装目录，参照找到 MinGW 工具的路径并设置。

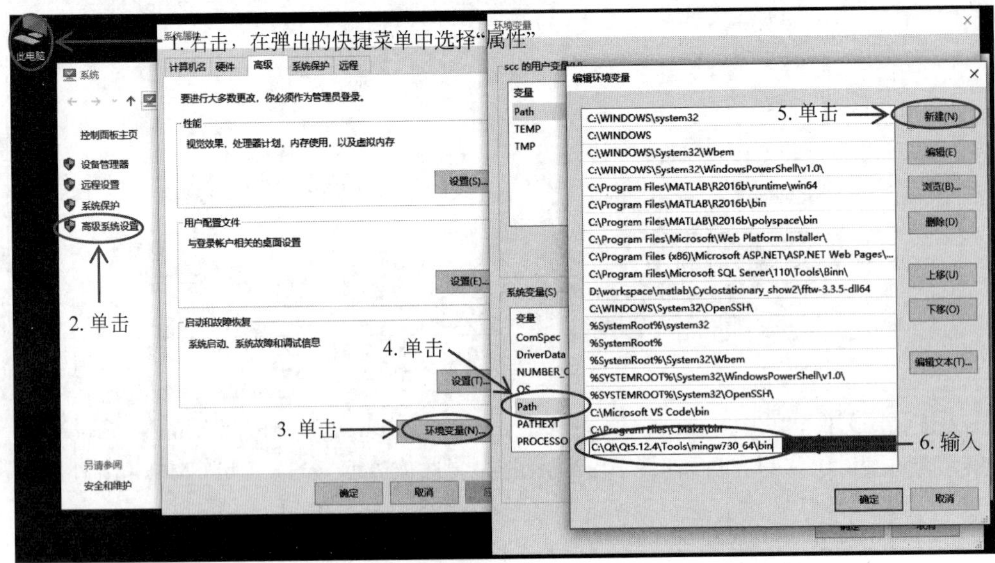

图 B-3 设置系统环境变量

然后，启动安装好的 CMake 工具(单击“开始”菜单→CMake→CMake(cmake-gui))，打开如图 B-4 所示的界面。

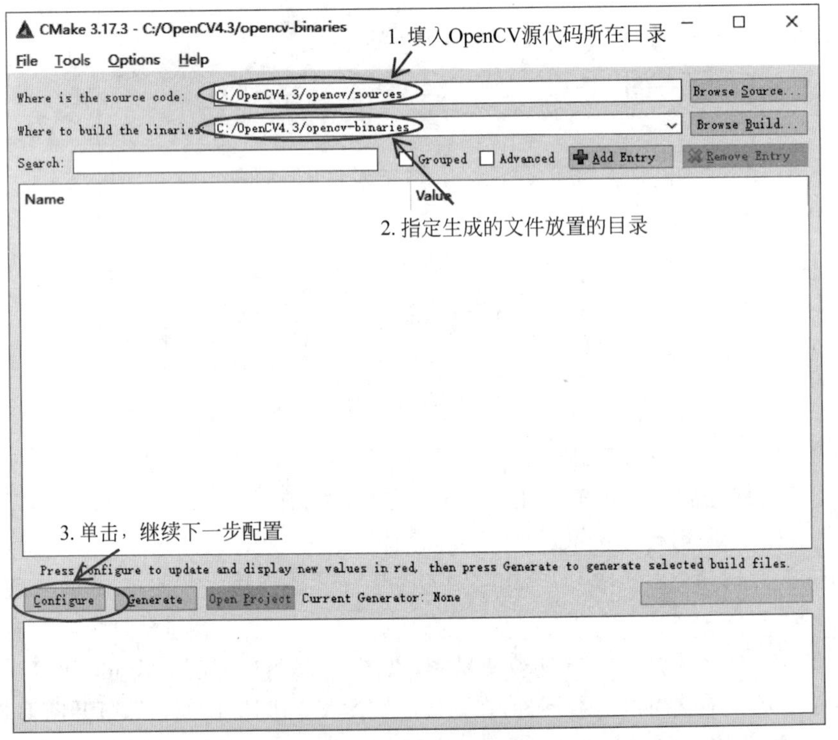

图 B-4 CMake 工具使用

在图 B-4 中步骤 1 和步骤 2 的位置填入目录。其中，步骤 1 设置的目录是之前 OpenCV 解压目录下的 Source 文件夹，步骤 2 设置的是 OpenCV 编译配置的输出文件所在的文件夹(可自行指定)。单击 Configure 按钮,若步骤 2 设置的目录不存在,会弹出一个创建目录的消息框,单击 YES 按钮后进入图 B-5 所示的界面。

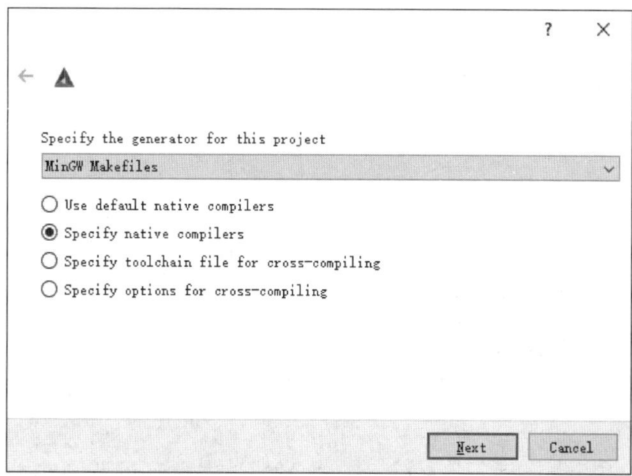

图 B-5　指定项目的生成器

请注意,按照图 B-5 进行配置,然后单击 Next 按钮进入如图 B-6 所示的界面。

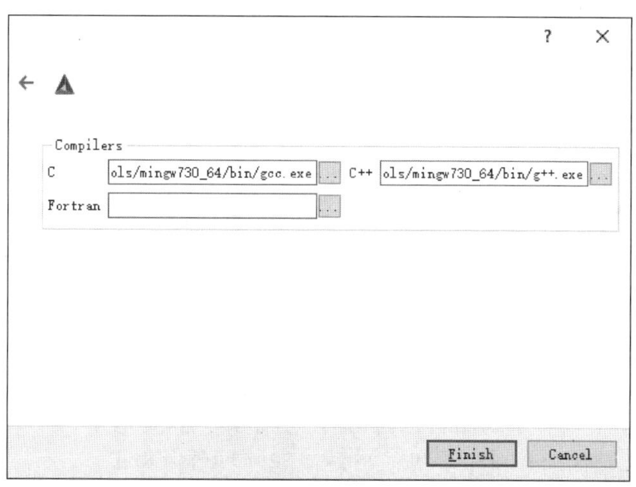

图 B-6　配置 C 和 C++编译器

在该界面中指定使用的 C 编译器和 C++编译器。以本书的 Qt 安装路径(C:/Qt/Qt5.12.4/)为例,这两个编译器的地址分别为

```
C:/Qt/Qt5.12.4/Tools/mingw730_64/bin/gcc.exe
C:/Qt/Qt5.12.4/Tools/mingw730_64/bin/g++.exe
```

其中,前者是 C 编译器,后者是 C++编译器(参考图 B-6 的设置),设置完毕后单击 Finish 按钮等待第 1 次配置完毕(在配置过程中可能会下载一些文件,请确保网络畅通)。

如图 B-7 所示,待下方的文本框中出现 Configuring done 之后,窗口中间的空白区域内会出现一些红色底色的选项。找到并勾选上 WITH_QT、WITH_OPENGL,取消勾选 OPENCV_ENABLE_ALLOCATOR_STATS 后,再次单击 Configure 按钮进行第 2 次配

置。等待配置完成后,会出现如图 B-8 所示的界面。

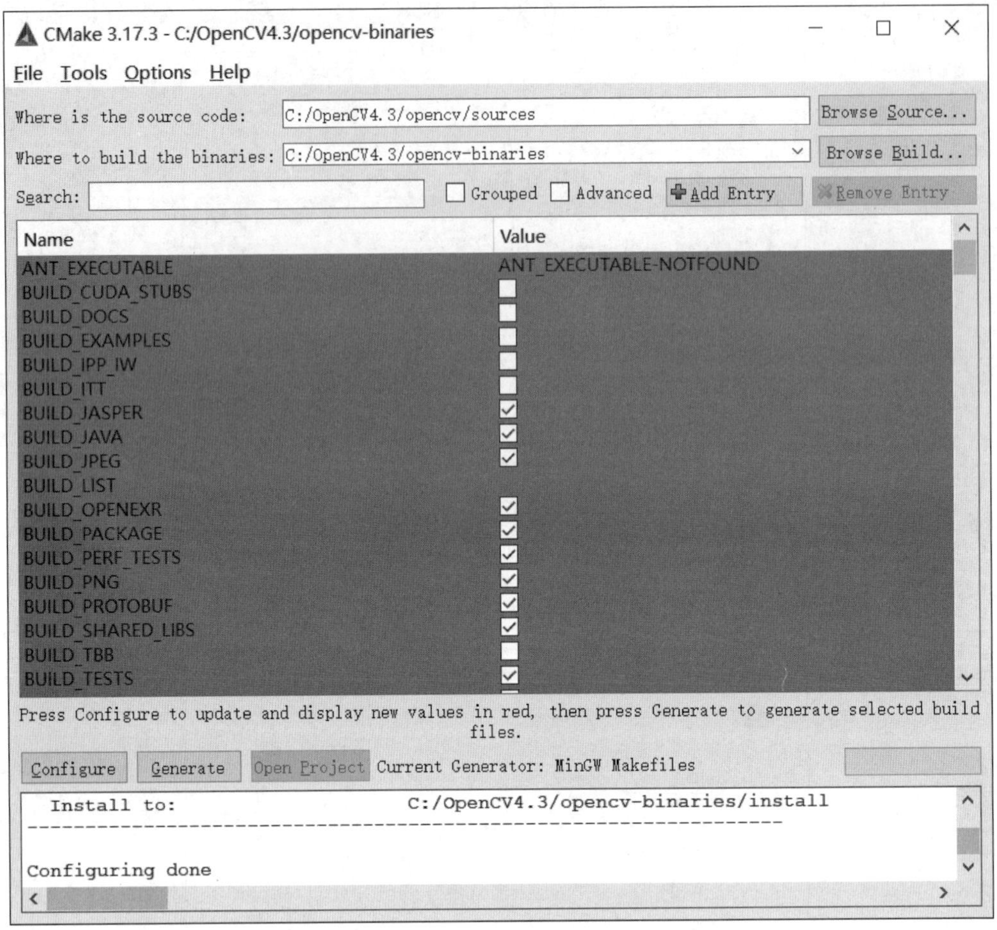

图 B-7　第 1 次配置完毕后的界面

请仔细将标红项目的路径值和系统中的路径进行对比(若有某些标红项目的值未配置等情况时,请参考图 B-8 所示的路径进行配置),若无问题,再次单击 Configure 按钮进行第 3 次配置,直到出现如图 B-9 所示的界面(没有标红的项目)为止。

单击 Generate 按钮,等待下方文本框中出现 Generating done 之后关闭 CMake。

4）编译和安装 OpenCV

打开"命令提示符"窗口(单击"开始"菜单→"Windows 系统"菜单→"命令提示符"),然后以本书的配置为例,在命令行中输入如图 B-10 中步骤 1 的指令。按 Enter 键,切换到 OpenCV 的编译配置目录(即图 B-4 步骤 2 填入的目录,读者请根据实际情况设置)。

接着再输入图 B-10 中步骤 2 的指令,目的是对 OpenCV 库进行编译构建,按下 Enter 键后,请等待漫长的编译过程结束。

提示:若计算机为多核的(以 8 核为例),还可以输入以下命令并行执行,以加快编译速度。8 为设置的线程数,一般设置为与 CPU 核的个数相同。

```
mingw32-make -j 8
```

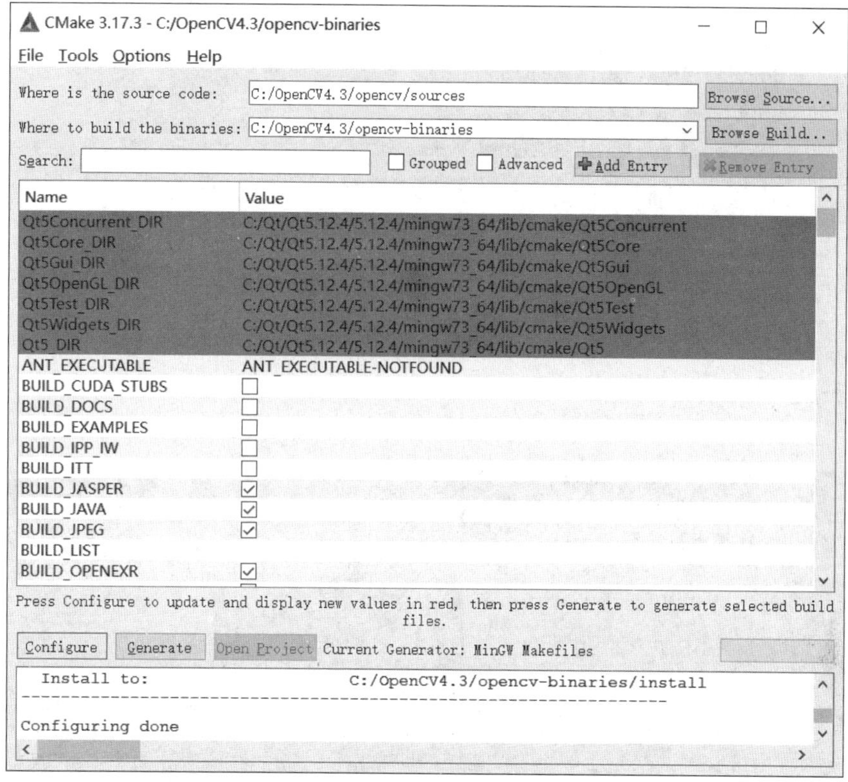

图 B-8　第 2 次配置完毕后的界面

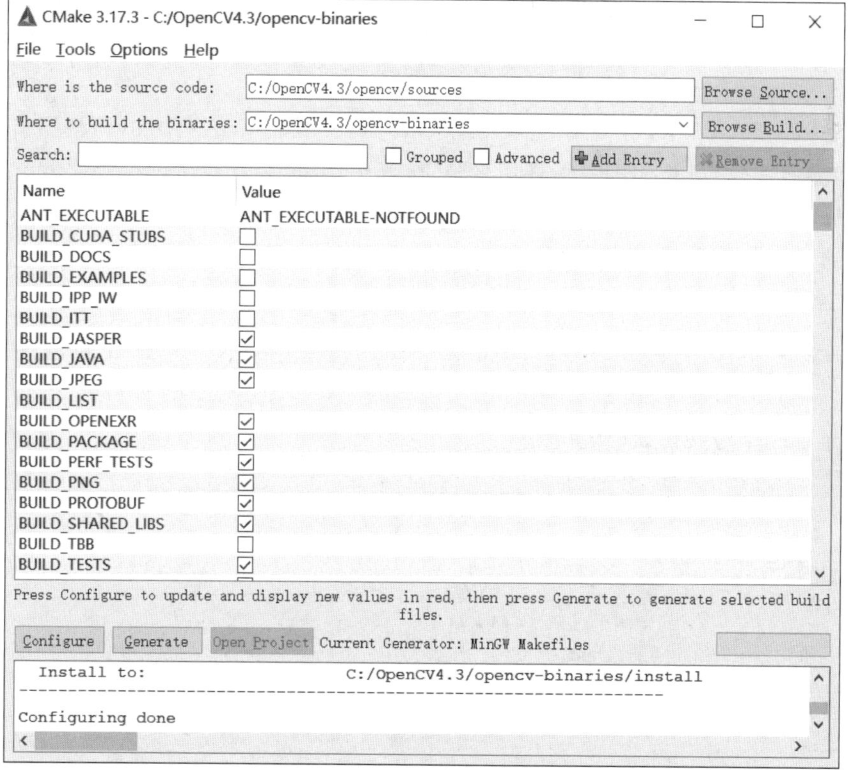

图 B-9　第 3 次配置完毕后的界面

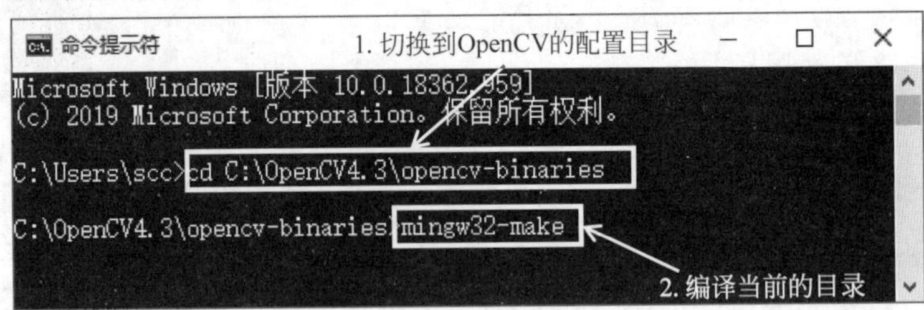

图 B-10　编译命令

完成后会显示如图 B-11 所示的状态。接着输入如图 B-11 中步骤 3 所示的命令，按 Enter 键等待操作完成。

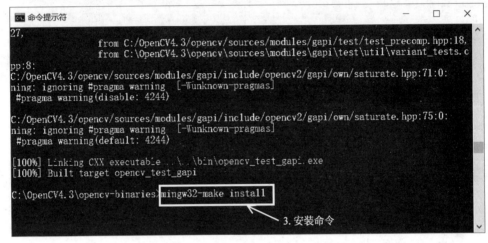

```
27,
                 from C:/OpenCV4.3/opencv/sources/modules/gapi/test/test_precomp.hpp:18,
                 from C:\OpenCV4.3\opencv\sources\modules\gapi\test\util\variant_tests.c
pp:8:
C:/OpenCV4.3/opencv/sources/modules/gapi/include/opencv2/gapi/own/saturate.hpp:71:0:
ning: ignoring #pragma warning  [-Wunknown-pragmas]
 #pragma warning(disable: 4244)

C:/OpenCV4.3/opencv/sources/modules/gapi/include/opencv2/gapi/own/saturate.hpp:75:0:
ning: ignoring #pragma warning  [-Wunknown-pragmas]
 #pragma warning(default: 4244)

[100%] Linking CXX executable ..\..\bin\opencv_test_gapi.exe
[100%] Built target opencv_test_gapi

C:\OpenCV4.3\opencv-binaries>mingw32-make install
```

3. 安装命令

图 B-11　安装命令

最后按照图 B-3 所示，将目录 C:\OpenCV4.3\opencv-binaries\bin(请根据自己设置的输出目录，参照修改)也添加到系统环境变量 Path 中，并重启计算机使路径生效。

3. 测试

下面通过一个简单的程序测试一下 OpenCV 库是否安装成功。按照 1.6.1 节的步骤新建一个空项目 B_1，在.pro 工程文件中添加语句：

```
INCLUDEPATH += C:/OpenCV4.3/opencv/build/include
LIBS += C:/OpenCV4.3/opencv - binaries/lib/lib*.a
```

然后添加一个源文件，代码如下。

```
/**************************************
* 项目名: B_1
* 说　明: OpenCV 安装测试
**************************************/
#include <opencv2/opencv.hpp>
using namespace cv;

int main()
```

```
{
    Mat img = imread("../B_1/a.jpg",1);
    imshow("OpenCV Image Window", img);
    waitKey(0);
    return 0;
}
```

请确保当前工程目录 B_1 下有一个名为 a.jpg 的图像文件。如果能正常编译，说明 OpenCV 安装成功，运行效果如图 B-12 所示。按下键盘上的任意键可结束程序。

图 B-12 项目 B_1 运行效果

图书资源支持

感谢您一直以来对清华版图书的支持和爱护。为了配合本书的使用，本书提供配套的资源，有需求的读者请扫描下方的“书圈”微信公众号二维码，在图书专区下载，也可以拨打电话或发送电子邮件咨询。

如果您在使用本书的过程中遇到了什么问题，或者有相关图书出版计划，也请您发邮件告诉我们，以便我们更好地为您服务。

我们的联系方式：

地　　址：北京市海淀区双清路学研大厦 A 座 714

邮　　编：100084

电　　话：010-83470236　010-83470237

客服邮箱：2301891038@qq.com

QQ：2301891038（请写明您的单位和姓名）

资源下载：关注公众号“书圈”下载配套资源。

资源下载、样书申请

书圈

图书案例

清华计算机学堂

观看课程直播